由浅入深精通 LS-DYNA
（第二版）

辛春亮　李彦君　王　伟　李国杰　王岗罡　编著

中国水利水电出版社
www.waterpub.com.cn
·北京·

内 容 提 要

本书首先简要介绍了通用网格划分软件 TrueGrid（2019 年最新版 4.02）的使用方法，然后详细介绍了通用多物理场动力学分析软件 LS-DYNA（2022 年最新版 13.1）的入门基础知识、侵彻计算、爆炸计算、传热分析、显式和隐式转换分析、重启动分析、ALE 及其流-固耦合、光滑粒子流体动力学（SPH）、无单元迦辽金（EFG）、压力管传感器碰撞信号计算、爆炸作用快速计算、结构化 S-ALE、时-空守恒元/解元（CESE）、双网格时-空守恒元/解元（DUALCESE）、不可压缩流（ICFD）、光滑粒子迦辽金（SPG）、近场动力学（Peridynamics）、电磁（EM）、离散元（DEM）、随机粒子（STOCHASTIC PARTICLES）、化学反应（CHEMISTRY）、动态设计分析方法（DDAM）、粒子爆破法（PBM）、双重尺度协同仿真等算法及多物理场耦合计算方法，并结合工程应用给出了 55 个计算算例。对于每个精心准备的算例，详细阐述了 TrueGrid 建模过程、相关 LS-DYNA 关键字的参数含义和使用方法、数值计算结果。全部算例建模步骤简单易学，参数设置合理，计算结果准确可信。

本书紧跟 LS-DYNA 最新发展，贴近工程应用，适合作为理工科院校有限元、爆炸力学、冲击动力学、计算流体力学等课程的辅助教材，也可作为各行各业工程技术人员的数值模拟和产品开发设计的参考手册，通过学习本书，读者可大幅提高 LS-DYNA 软件的使用水平及工程分析能力。

本书还提供了算例文件，读者可以从万水书苑网站（www.wsbookshow.com）免费下载。

图书在版编目（CIP）数据

由浅入深精通LS-DYNA / 辛春亮等编著. -- 2版. -- 北京 : 中国水利水电出版社, 2022.11
ISBN 978-7-5226-1109-9

Ⅰ. ①由… Ⅱ. ①辛… Ⅲ. ①非线性－有限元分析－应用程序－教材 Ⅳ. ①O241.82

中国版本图书馆CIP数据核字(2022)第215983号

责任编辑：杨元泓　　加工编辑：王开云　　封面设计：李　佳

书　　名	由浅入深精通 LS-DYNA（第二版） YOUQIANRUSHEN JINGTONG LS-DYNA
作　　者	辛春亮　李彦君　王　伟　李国杰　王岗罡　编著
出版发行	中国水利水电出版社 （北京市海淀区玉渊潭南路 1 号 D 座　100038） 网址：www.waterpub.com.cn E-mail：mchannel@263.net（答疑） sales@mwr.gov.cn 电话：（010）68545888（营销中心）、82562819（组稿）
经　　售	北京科水图书销售有限公司 电话：（010）68545874、63202643 全国各地新华书店和相关出版物销售网点
排　　版	北京万水电子信息有限公司
印　　刷	三河市德贤弘印务有限公司
规　　格	184mm×260mm　16 开本　27.5 印张　686 千字
版　　次	2019 年 7 月第 1 版　2019 年 7 月第 1 次印刷 2022 年 11 月第 2 版　2022 年 11 月第 1 次印刷
印　　数	0001—2000 册
定　　价	118.00 元

前　　言

我从 1999 年硕士毕业后开始接触 LS-DYNA 软件，从此 LS-DYNA 带我走进了爆炸与冲击数值模拟领域。在这二十多年中，LS-DYNA 不仅教给了我很多数值模拟方面的知识，更让我的工作如虎添翼，我也很荣幸地见证了 LS-DYNA 从发展到壮大直至伟大的过程。LSTC 公司的创始人、睿智的 J.O.Hallquist 博士为 LS-DYNA 研发人员创造了自由宽松、务实创新的开发环境，由此造就了功能强大、应用广泛的 LS-DYNA。在此谨向以 J.O.Hallquist 博士为首的开发团队致以崇高的敬意！

《由浅入深精通 LS-DYNA》出版后热销，并受到读者广泛好评。得益于读者的热心反馈和 LS-DYNA 的快速发展，本书面世了。本书紧跟 LS-DYNA 最新发展，贴近工程应用，由浅入深、循序渐进地讲述了 LS-DYNA 软件的使用方法，并对 TrueGrid 软件作了简要介绍。

TrueGrid 是美国 XYZ Scientific Applications 公司推出的通用网格划分软件，是一套交互式、批处理、参数化前处理器。TrueGrid 简单易学、功能强大，可以方便快捷地生成优化的、高质量的、多块体结构化网格，非常适合为有限差分和有限元软件如 LS-DYNA 做前处理器。

ANSYS LST 公司（2019 年收购了 LSTC 公司）的 LS-DYNA 已经发展成为世界上最著名的通用多物理场动力学分析程序，能够模拟真实世界的各种复杂问题，特别适合求解各种一维、二维、三维结构的爆炸冲击和金属成型等非线性动力学冲击问题，同时可以求解传热、流体、声学、离散元、电磁、化学反应、多物理场耦合及多尺度协同仿真问题，在许多行业具有广泛的应用。

根据读者的反馈，本书在第一版的基础上有针对性地增加了一些读者感兴趣的功能介绍及其计算算例。近年来，LS-DYNA 发展迅速，根据 LS-DYNA 的最新发展也对书中原有内容进行了更新。

本书第 1 章简要介绍了 TrueGrid 基本操作，例如运行模式、软件设置、基本概念、软件界面、使用注意事项等，并给出了几个建模范例。

第 2 章介绍了 LS-DYNA 软件的基本功能、应用领域、最新发展、未来发展方向，及其专业前后处理软件 LS-PrePost 的功能和建模范例。

第 3 章内容为 LS-DYNA 入门基础知识，介绍了单位制、关键字输入数据格式、常用命令行语法、求解感应控制开关、文件系统、重启动分析、单精度和双精度求解器的应用范围、隐式和显式分析、接触、三种常用算法等。

第 4 章介绍了 24 种不同算法在泰勒杆撞击刚性墙分析中的应用。通过这种最简单的算例，读者可以学习到多种算法。

第 5 章通过 6 种侵彻计算算例，详细阐述了破片撞击陶瓷二维轴对称计算模型及自然破片统计分析、弹体侵彻随机分层岩石计算模型、小球撞网计算模型、弹体侵彻两层间隔钢板

SPG 计算模型、楔形体入水二维平面应变 SPH 模型、压力管传感器碰撞信号计算模型。在本章中，后 3 种算例是新增算例，这有助于帮助读者拓宽侵彻计算应用。①弹体侵彻两层间隔钢板 SPG 计算模型。弹体侵彻钢板时钢板会发生穿透性破坏。对于传统有限元法，通常采用单元失效删除方法来模拟材料的破坏效应，其缺点是质量、动量和能量不守恒，极易低估接触抗力，进而对侵彻过程产生较大的影响。SPG 算法通过键失效模拟材料破坏，不用删除单元，能够更为准确地计算出接触抗力。②楔形体入水二维平面应变 SPH 计算模型。SPH 算法用于固体结构时，容易出现拉伸不稳定的现象。而流体不能承受压力，采用 SPH 算法模拟流体时，不存在拉伸不稳定问题，因此 SPH 算法很适合解决结构入水问题。③压力管传感器碰撞信号计算模型。压力管传感器是汽车主动式机罩系统常用的探测器，碰撞信号的探测辨析一直是数值计算的难点之一。LS-DYNA 软件中的*DEFINE_PRESSURE_TUBE 采用梁单元模拟压力管，可快速有效地预测不同工况碰撞的剧烈程度，区分行人与非行人碰撞信号。

第 6 章简要总结了 LS-DYNA 软件中的爆炸计算方法，并给出了 7 个爆炸计算算例。除了第 1 版原有的空中爆炸一维冲击波计算算例、水中爆炸一维到三维映射计算算例、岩石深孔爆破计算算例和飞片冲击起爆炸药计算算例外，读者还可以在本章学习到新增的*LOAD_BLAST 爆炸加载计算算例、*LOAD_BLAST_ENHANCED 爆炸加载计算算例、地雷爆炸毁伤车辆简易计算算例。

在第一版中，爆炸及其对结构的毁伤计算大都采用 ALE 或 S-ALE 算法，这些算法计算耗费很大。LS-DYNA 软件中还实现了多种爆炸毁伤快速计算方法，如*LOAD_BLAST、*LOAD_BLAST_ENHANCED 以及*INITIAL_IMPULSE_MINE，这些是第二版新增的方法，都是在对大量爆炸试验数据总结分析的基础上提出来的，既能保证计算结果的准确性，又能大大提高计算效率。

第 7 章详细阐述了 S-ALE、ICFD、CESE、DUALCESE、EM、DEM、Peridynamics、STOCHASTIC 随机粒子、CHEMISTRY、DDAM、双重尺度协同仿真等新增算法的功能特点、应用领域和 18 个计算算例，其中部分算例涉及多物理场耦合。在本章中，新增了如下算例：①混凝土爆破 S-ALE 二维流-固耦合计算模型。近期陈皓博士又在 LS-DYNA 中实现了 S-ALE 二维流-固耦合算法，大大提高了计算准确性和计算效率。②CESE 联合*LOAD_BLAST_ENHANCED 流-固耦合计算模型。CESE 联合 CHEMISTRY 模块进行爆炸反应模拟的计算效率很低，而 CESE 可以联合*LOAD_BLAST_ENHANCED 关键字进行中远场空中爆炸计算，这种计算方法既不用考虑炸药各组分的反应，也不用考虑初期冲击波的传播，因此，计算速度很快。③楞次实验 EM 计算模型。最新版 LS-DYNA 中加入了永磁铁模拟功能，进一步拓宽了 EM 求解器的应用范围。④激波与气泡作用 DUALCESE 计算模型。DUALCESE 算法是 LS-DYNA 的新增算法。与传统 CESE 求解器相比，DUALCESE 计算结果更加精确，计算稳定性更高。⑤岩石爆破 PBM 计算模型。PBM 方法是 CPM 方法的扩展，这种方法考虑处于非平衡热力学状态气体的余容效应，主要用于模拟高能炸药爆炸及周围空气对结构的作用。该方法基于拉格朗日描述，与 ALE 流-固耦合算法相比，更加简单、稳定和高效。⑥DDAM 舰载设备抗冲击分析模型。自 R10 版本开始，LS-DYNA 新增了 DDAM 方法，该方法可用于考核水下爆炸作用下舰船设备的抗冲击能力，是一种舰船设备生命力的快速评估分析方法。⑦双重尺度协同仿真模型。多尺度协同仿真是 R13 版本的新增功能，也是数值模拟研究热点之一，在本书的最后给出了薄壁管撞击双重尺度协同仿真算例。

本书第一版出版后，读者胡成和叶亚齐指出了其中的两个错误。在第二版的编写过程中，大连富坤科技开发有限公司的王凯，ANSYS 中国的王强、周少林，上海浩亘软件有限公司的黄晓忠博士，ANSYS LST 的黄云博士、陈皓博士，瑞典吕勒奥理工大学的易长平博士，吉利汽车的王丹，上海仿坤软件科技有限公司的袁志丹、刘治材均提供了一定的帮助，在此对他们表示感谢！

由于编者水平有限，本书难免存在错误和不足之处，欢迎广大读者和同行专家提出批评和指正。读者在阅读时若发现错误，请通知编者（邮箱：329867314@qq.com，微信：lsdyna），编者将不胜感激。

编者谨识

2022 年 7 月于北京东高地

目　　录

第 1 章　预备篇——TrueGrid 网格划分入门

TrueGrid 是美国 XYZ Scientific Applications 公司推出的通用网格划分软件，是一款交互式、批处理、参数化前处理器，它可以支持三十多款当今主流的数值计算软件。TrueGrid 简单易学、功能强大，可以方便快捷地生成优化的、高质量的、多块体结构化网格，非常适合作为有限差分和有限元软件的前处理器，输出计算分析软件所需的网格文件，甚至可以设置计算参数，其独特的网格生成方法可为用户节省大量的建模时间。TrueGrid 最新版是 2019 年 10 月发布的 4.02 版。

TrueGrid 软件的优势表现在以下几个方面：

（1）投影方法。采用投影方法可以快速简便地生成网格，将用户从繁杂的几何建模工作中解脱出来。图 1-1 所示为通过投影方法生成的自行车和人体骨骼网格模型。

图 1-1　TrueGrid 生成的网格

（2）多块体结构。TrueGrid 采用多块体方法生成网格，能够生成高质量的块体结构化六面体网格，来保证计算结果的准确性，多块体结构能够处理最复杂的几何结构，可大大减少复杂模型的建模工作量。这种多块体建模方法与 ICEM CFD、LS-INGRID 网格划分软件的建模思路类似。

（3）不需要进行几何清理。TrueGrid 可以采用 IGES 格式文件准确无误地导入 CAD/CAM 和三维实体模型表面。

（4）几何库。除了可导入外部几何文件外，TrueGrid 还有内置几何库，用户可以创建自己的几何体，或为外部导入的几何体添加面。

（5）参数化和脚本功能。TrueGrid 是一种既能进行交互式，又能进行批处理的网格生成软件。在交互模式下，可以编辑脚本文件来生成参数化模型，高质量的参数化模型能够适应几何模型的修改，快速地重新生成新网格，从而节省许多建模时间。

（6）前处理。TrueGrid 可为支持的计算分析软件提供完善的前处理，为分析程序输出计算输入所需的网格文件。

（7）与 ANSYS Workbench、PATRAN、HYPERMESH 等前处理软件相比，TrueGrid 软件占用内存少，运行时 BUG 极少，能够生成大规模的网格模型，在 32 位系统下最多可以生成 1500 万个节点的网格，64 位系统下没有节点规模的限制。

1.1 TrueGrid 运行模式

TrueGrid 有三种运行模式：

（1）交互模式：通过图形用户界面交互地执行在菜单中选中或手动输入的命令。

（2）批处理模式：运行命令文件。

（3）交互模式和批处理混合模式：将命令文件提交给 TrueGrid 运行，并通过图形用户界面交互地生成网格。

TrueGrid 可以在这三种模式之间来回切换：通过 resume 命令可从交互模式切换为批处理模式；通过 interrupt 命令可从批处理模式切换为交互模式。

1.2 TrueGrid 设置

在 Windows 系统中安装好 TrueGrid 后，建议先运行\Truegrid\Utilities 目录下的 tgpref.exe 文件，设置运行参数，如图 1-2 所示。

（1）每次建模时将工作目录（Working Directory）由系统默认的 C:\Truegrid\Examples 修改为当前建模的工作目录，用于存放 TrueGrid 输入文件和输出模型文件，这是一个非常好的习惯。

（2）勾选“Own the ‘.TG’ file extension”选项，将后缀带有.TG 的文件设置为 TrueGrid 类型文件，以后通过双击该文件即可运行该类文件内的全部命令。

（3）点选“3 Button Mouse”。

（4）修改“Megabytes of Memory”。输入数值的单位为 MB。与其他建模软件相比，运行 TrueGrid 需要的内存很少，但为了方便生成特大规模模型，建议将默认值 20 修改为 500。

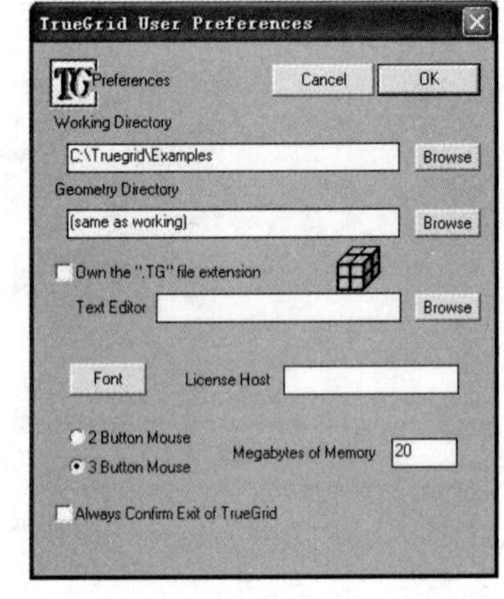

图 1-2　TrueGrid 用户参数设置

1.3 TrueGrid 快速入门

1.3.1 TrueGrid 快速上手方法

《TrueGrid 3.00 版本用户手册》（*TrueGrid User's Manual Version 3.00*）分为上下两册，总页数过千，全部掌握要耗费大量的时间和精力。最快也最简单的 TrueGrid 学习方法是：

（1）首先了解 TrueGrid 建模思想。

（2）熟悉 TrueGrid 基本概念。

（3）学习十几条常用命令。

（4）掌握几个建模范例。

（5）找一个与工作相关的 CAD 模型，逐条命令地建立网格模型，等模型建立完成后就基本掌握了 TrueGrid 的建模方法。

读者没有必要花费很多时间熟悉 TrueGrid 用户手册中的全部内容，掌握了 TrueGrid 建模方法后，需要时可以再去查阅 TrueGrid 用户手册中的相关命令。

1.3.2　TrueGrid 中的三个阶段

在 Windows 系统下启动 TrueGrid，可双击 TrueGrid 图标或桌面上的快捷方式，或通过开始→所有程序→XYZ Scientific Applications 单击 TrueGrid。TrueGrid 运行后弹出的第一个窗口如图 1-3 所示，如果在该窗口中选择命令文件，将以批处理模式运行命令文件。

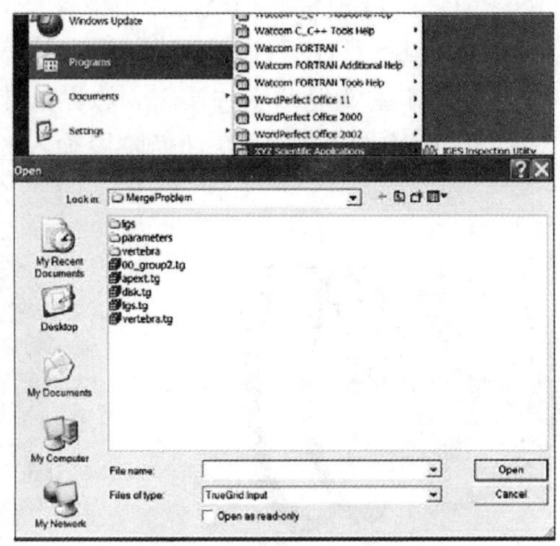

图 1-3　TrueGrid 启动窗口

单击 Cancel 按钮，忽略以批处理模式读入命令文件，就进入了 Control Phase 阶段。

TrueGrid 建模有三个阶段（Phase）：Control Phase、Part Phase 和 Merge Phase，如图 1-4 所示。对应于每个阶段，在 TrueGrid 的左上角窗口标题上都会显示相应阶段标题。不同的阶段，对应软件不同的功能，只能运行与该阶段相关的命令。

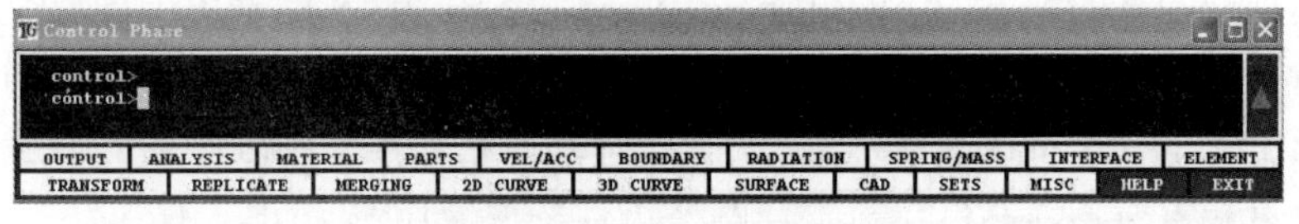

（a）控制阶段（Control Phase）

（b）部件阶段（Part Phase）

（c）合并阶段（Merge Phase）

图 1-4　TrueGrid 的三个阶段

（1）Control Phase。启动 TrueGrid 时如果不打开 tg 命令文件，启动后默认的状态即为 Control Phase。该阶段主要用于设置输出选项、定义材料模型和状态方程、从外部导入几何模型等。在这个阶段不能使用图形功能。在任何阶段输入 control 命令都可进入 Control Phase 阶段。

（2）Part Phase。通过 block 或 cylinder 命令生成块体网格，即可进入 Part Phase 阶段，同时原来文本/菜单窗口的标题变成了 Part Phase。该阶段主要用于创建几何模型、生成并修改网格、定义边界条件和载荷等。在该阶段会出现三个新的窗口：计算窗口（Computational Window）、物理窗口（Physical Window）和环境窗口（Environment Window）。

（3）Merge Phase。Merge Phase 阶段是合并网格阶段，主要将 Part Phase 阶段生成的多个 Part 网格组装成一个整体模型，如图 1-5 所示。在这个阶段没有计算窗口，只有物理窗口和环境窗口。在 Merge Phase 中进行的操作主要包括文件输出、边界条件及荷载的施加、网格质量检查以及网格的可视化操作等，还可生成梁单元。在任何阶段输入 merge 命令即可进入 Merge Phase 阶段。

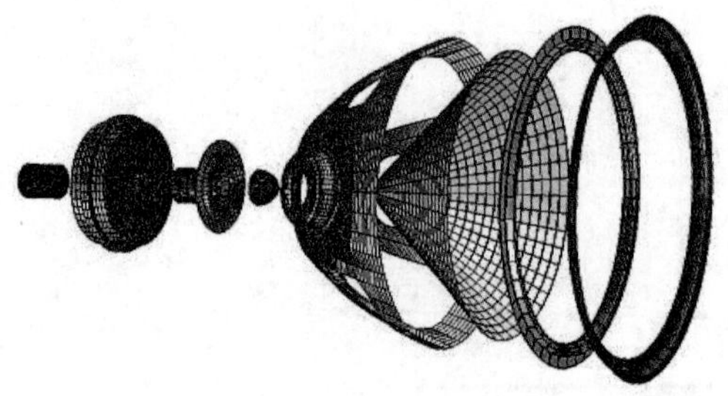

（a）合并前

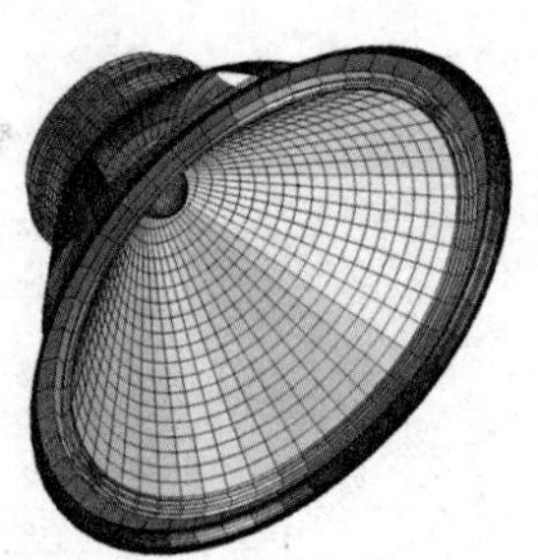

（b）合并后

图 1-5　在 Merge Phase 阶段合并组装模型

1.3.3　TrueGrid 中的两种网格

TrueGrid 同时定义了两种网格：物理网格和计算网格（图 1-6）。物理网格位于物理窗口，也就是要建模划分网格的地方，其窗口悬浮于屏幕左下角。计算网格位于抽象空间，只有整数点，其窗口悬浮于屏幕右上角。这两种网格相当于以两种不同的方式看待同一物体，每个计算网格节点对应于一个物理网格节点，反之亦然。计算网格相当于物理网格的导航图，便于用计算网格的整数点来索引物理网格，对物理网格进行变换操作。

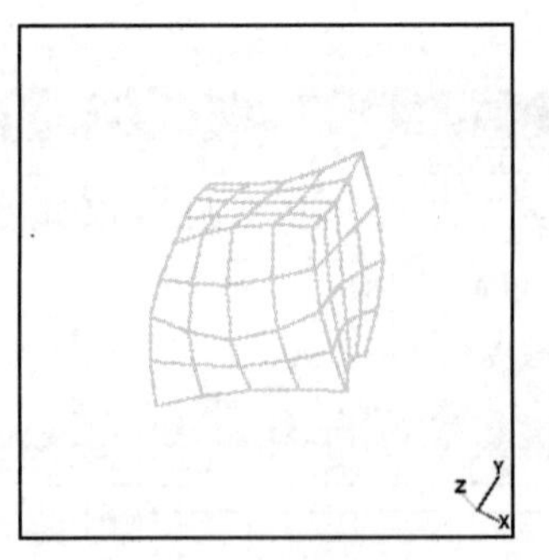

（a）物理网格

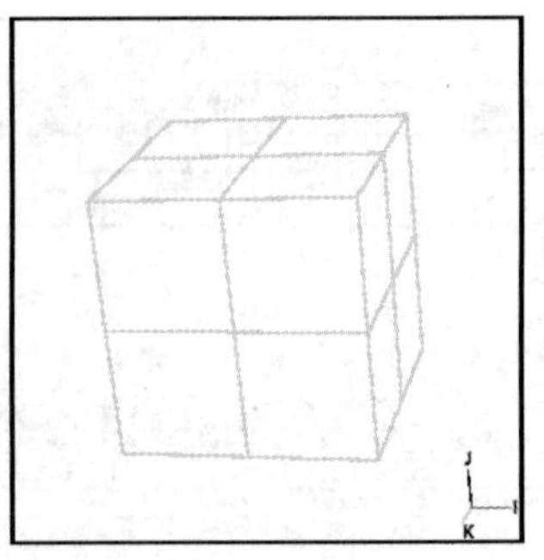

（b）计算网格

图 1-6　物理网格和计算网格

在 TrueGrid 里，物理窗口中的坐标为 X、Y、Z，计算窗口中的坐标为 I、J、K。

部件（Part）可由命令 block 或 cylinder 生成。如果模型很复杂，就需要建立多个部件，在 merge 阶段将它们合并在一起，组装生成用户需要的模型。

为了获得具有复杂几何形状的网格模型，需要在 TrueGrid 里将初始正正方方的物理网格进行投影，这由命令 sf 或 sfi 来完成。对于每一投影需要指定网格区域和投影面。针对物理窗口中的每一节点，TrueGrid 以它到投影面上最近的距离进行投影。TrueGrid 还提供了插值和松弛算法来改善网格的质量。

1.3.4 1/4 圆柱建模范例

本节通过 1/4 圆柱建模范例来简单介绍 TrueGrid 软件。

下面这组命令建立了 1/4 图柱。

```
block 1 5 9; 1 5 9;1 7;0 4 8;0 4 8;0 6;
dei 2 3; 2 3; 1 2;
sd 1 cy 0 0 0 0 0 1 8
sfi -3; 1 2; 1 2;sd 1
sfi 1 2; -3; 1 2;sd 1
sd 2 plan 0 0 0 1 -1 0
sfi 2 3; -2; 1 2;sd 2
sfi -2; 2 3; 1 2;sd 2
pb 2 2 1 2 2 2 xy 3.5 3.5
endpart
merge
stp 0.01
lsdyna keyword
write
```

TrueGrid 根据输入命令的不同会呈现不同的显示界面。运行 TrueGrid，在弹出的 Open 窗口中，单击 Cancel。显示在屏幕左上角的是带有“Control Phase”标题的文本/菜单窗口，这个特殊窗口的标题用于提示 TrueGrid 当前所处的阶段。“Control Phase”表示当前处于控制阶段。

在 TrueGrid 命令行上输入第一条命令：

```
block 1 5 9; 1 5 9;1 7;0 4 8;0 4 8;0 6;
```

可生成如下模型，通过鼠标中键对该左下角和右上角两个窗口中的模型进行旋转操作，可显示如图 1-7 所示的图形。

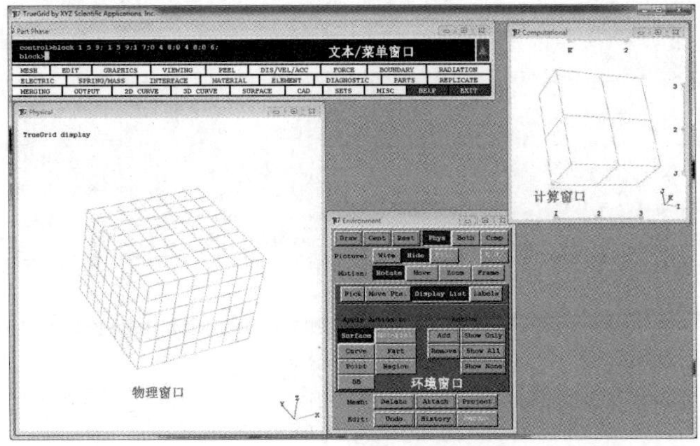

图 1-7 TrueGrid 中的 4 类窗口

图 1-7 中左上角是文本/菜单窗口（Text/Menu Window），左下角是物理窗口（Physical Window），右上角是计算窗口（Computational Window），右下角是环境窗口（Environment Window）。

此时，文本/菜单窗口的标题已经变换为“Part Phase”，这表示已经进入了部件生成（Part）阶段，建模工作由此开始了。通常情况下文本/菜单窗口下面有许多菜单项，用户可以用鼠标单击菜单项，根据提示逐个输入参数。当 TrueGrid 要在此显示输出信息时，菜单项因占用显示空间会被自动取消。实际上 TrueGrid 菜单很少有人用，有经验的用户喜欢在命令行上直接输入命令。

计算窗口显示的是计算网格，其 IJK 坐标系位于计算窗口的右下角。I、J 和 K 三个方向菜单条的按钮是与计算窗口和物理窗口的网格区域相联系的。单击按钮可以进行开/关切换，便于准确地选取点、线、面和体网格。

物理窗口显示的是物理网格，其 XYZ 坐标系位于物理窗口的右下角。

环境窗口（图 1-8）中的按钮用于频繁的图形和交互式网格操作，这些操作均有相应命令与之对应。

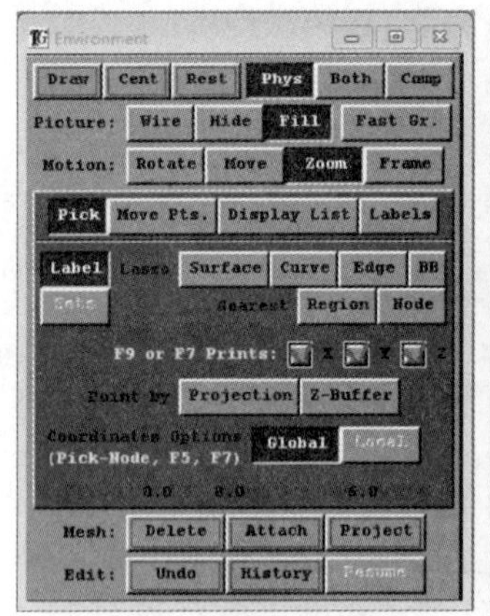

（a）Pick 按钮

（b）Move Pts.按钮

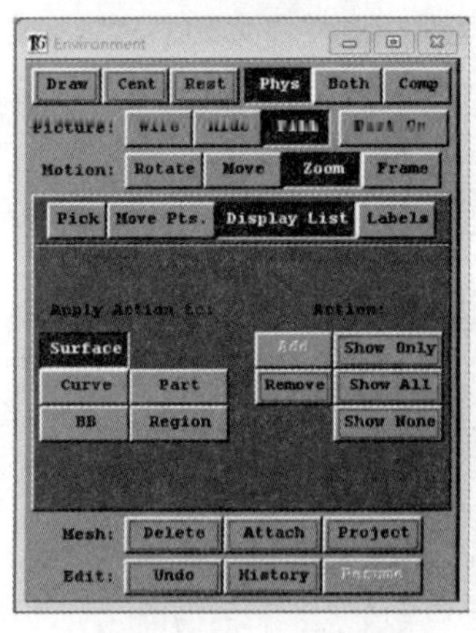

（c）Display List 按钮

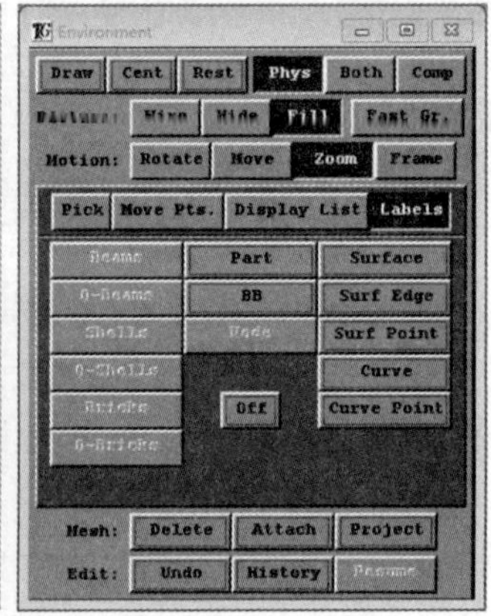

（d）Labels 按钮

图 1-8 环境窗口

下面是环境窗口中常用按钮的功能说明：

Draw：重新绘制模型。

Cent：居中模型。

Rest：将模型回到原地（默认的旋转方向）。

Phys：环境窗口中的按钮仅作用于物理窗口。

Both：环境窗口中的按钮同时作用于物理和计算窗口。

Comp：环境窗口中的按钮仅作用于计算窗口。

Wire：以线框方式绘制网格，如图 1-9（a）所示。

Hide：以消除隐藏线的方式绘制网格，如图 1-9（b）所示。

Fill：以填充方式绘制网格，如图 1-9（c）所示。

Fast Gr.：激活图形硬件功能（如光照、雾以及其他硬件功能）。

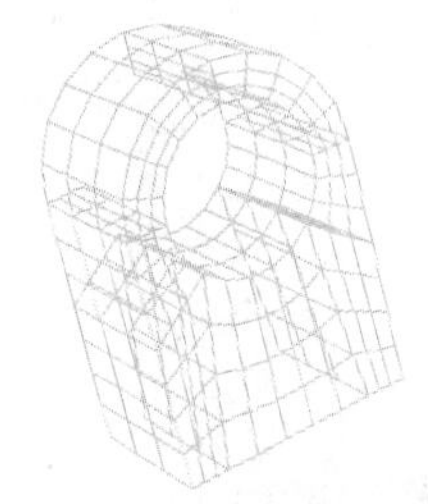

（a）Wire（线框）绘制方式　（b）Hide（消隐）绘制方式

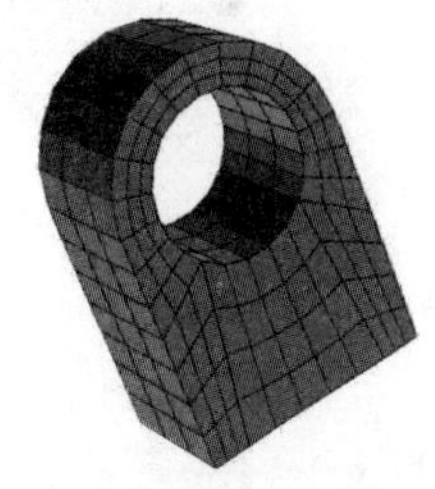

（c）Fill（填充）绘制方式

图 1-9　网格绘制方式

Rotate：通过鼠标中键旋转模型。

Move：通过鼠标中键平移模型。

Zoom：通过鼠标中键缩放模型。

Frame：通过鼠标中键拖拉方框缩放模型。

Pick：在物理窗口中进行选择操作。如选择表面、曲线、节点、BB 边界、区域等。

Move Pts.：移动网格区域或节点。

Display List：显示列表，显示/不显示表面、曲线、材料、Part、节点、BB 边界、区域等。

Labels：显示/不显示标号。

Delete：删除选中的网格。

Attach：将点附着在表面或曲线上。

Project：将点、线、面向表面或曲线上投影。

Undo：撤销命令，取消上一次命令的运行。

History：命令历史。在这里可以关闭/激活运行过的命令，然后重新绘制网格，以此查看某个命令的作用效果。

Resume：结束批处理模式，回到命令行模式。

简单介绍了 TrueGrid 界面后，再回来看看刚才建立的模型及相关命令。

第一行 block 1 5 9; 1 5 9;1 7;0 4 8;0 4 8;0 6;中的 block 是 Part 生成命令，命令后的 6 组数字分别用分号隔开。

1 5 9; 1 5 9;1 7;分别是 X、Y、Z 方向网格划分数，该例中 X、Y、Z 方向分别划分了 9-1=8、9-1=8、7-1=6 个网格。其中，第一个 1 5 9 是 X 方向网格划分数，分别对应计算网格中的 I 坐标，即 I：1、2、3。第二个 1 5 9 是 Y 方向网格划分数，分别对应计算网格中的 J 坐标，即 J：

1、2、3。1 7 是 Z 方向网格划分数，分别对应计算网格中的 K 坐标，即 K：1、2。

后三列 0 4 8;0 4 8;0 6;是与前面 I、J、K 相对应的 X、Y、Z 方向初始坐标，其中第一个 0 4 8 是 X 方向坐标；第二个 0 4 8 是 Y 方向坐标；0 6 是 Z 方向坐标。

第二行 dei 2 3; 2 3; 1 2;表示删除计算网格四块中的一块，dei 是删除命令，后面紧跟的是 I、J、K 计算网格坐标。该命令执行后，图 1-10（a）中的计算窗口和物理窗口中的图形分别被删除了一块，如图 1-10（b）所示。也可以在计算窗口中用鼠标左键选中要删除的区域：在计算窗口里，将鼠标对准图中待选区域的一点（此处为上表面中点），按下左键，朝斜对角点方向拖，区域变成青色后表示已被选中。然后单击环境窗口中的 Delete 按钮来执行删除操作。

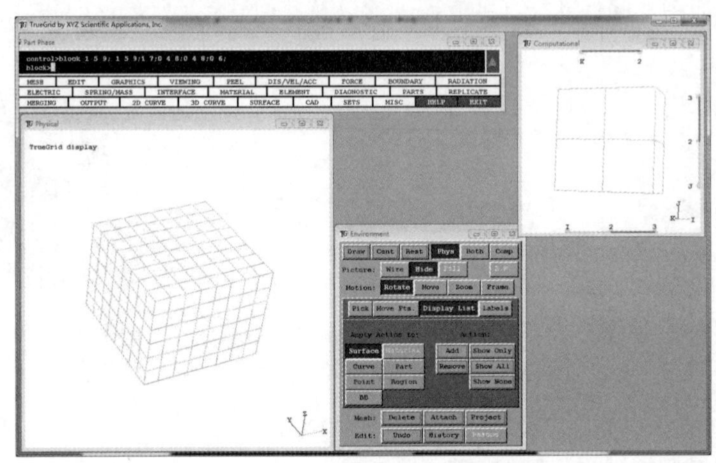

（a）选中区域

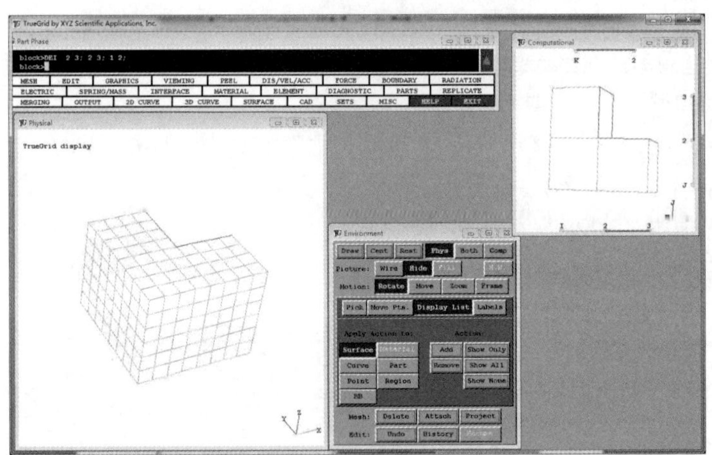

（b）执行删除操作

图 1-10　执行 dei 删除命令前后的效果

第三行 sd 1 cy 0 0 0 0 0 1 8 表示定义一个辅助圆柱面。sd 是定义表面命令；1 是圆柱面的编号，只能用唯一的数字表示；cy 是表面类型，这是圆柱面 cylinder 的缩写；圆柱面的圆心坐标是 0 0 0；紧随其后的 0 0 1 是对称轴，即对称轴为 Z 轴；圆柱面的半径是 8。图 1-11 中的圆柱面即是新建立的投影面。

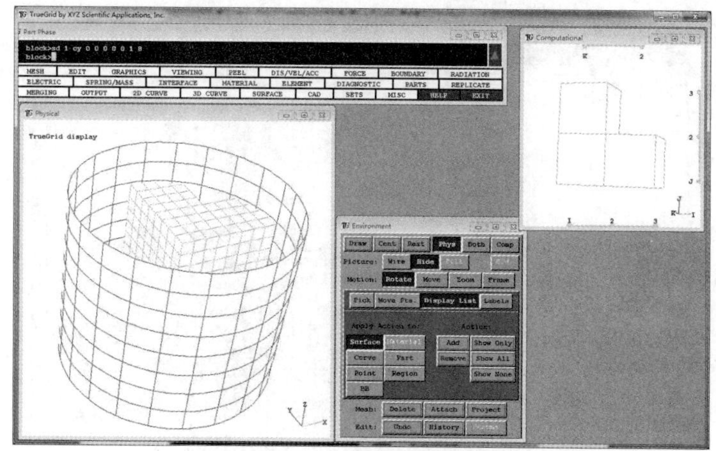

图 1-11　执行 sd 命令后的效果

随后的 sfi -3; 1 2; 1 2;sd 1 表示将模型的一个外表面向圆柱面投影。sfi 命令后的-3; 1 2; 1 2;是 Part 在 X 正方向对应的外表面，投影面 sd 1 是刚才定义的圆柱面。

也可以用鼠标左键选择需要投影的网格表面：在计算窗口里，将鼠标对准图中网格待选表面的一点，按下左键，朝对角点拖，即可选中表面。选中后，表面的颜色就由绿色变成黄色，如图 1-12 所示。接着在环境窗口中连续单击 Pick→Surface，并在物理窗口中用鼠标选择圆柱面，圆柱面被选中后即由红色变成青色，并在环境窗口中 Surf.输入框中自动显示圆柱面编号 1。随后单击 Project 即可完成投影操作。图 1-12 是 sfi 命令执行后的效果，可以看出，该 Part 的 X 正方向对应的外表面已经变成了圆柱面。

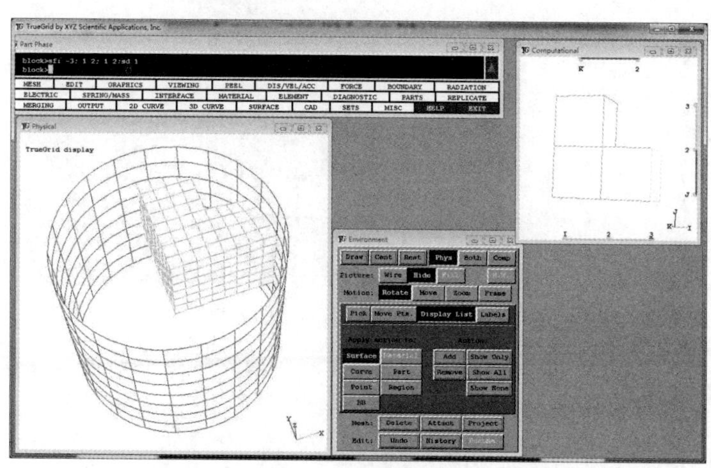

图 1-12　表面第一次被选中并投影后的效果

sfi 1 2; -3; 1 2;sd 1 表示将模型的 Y 正方向对应的外表面向圆柱面投影。该命令执行后的效果如图 1-13 所示。

投影后的 Part 中间两个面还是分离的，需要将其合并到一起。这就需要建立第二个投影面对分离面处的网格进行投影。

sd 2 plan 0 0 0 1 -1 0 表示建立一个平面，2 是平面编号，plan 是平面的缩写，该平面通过 0 0 0 点，法线方向为 1 -1 0。

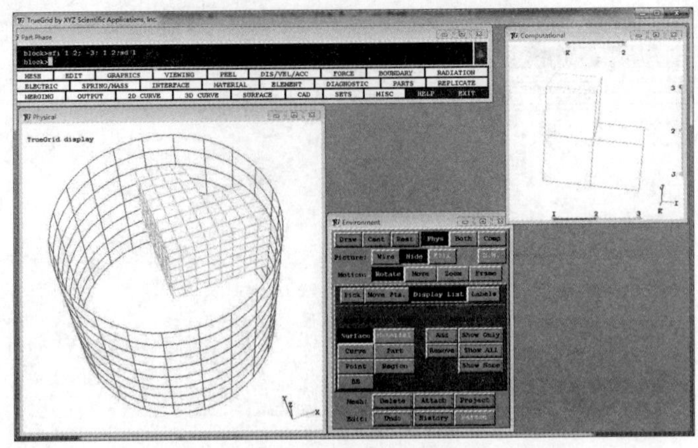

图 1-13　表面第二次被选中并投影后的效果

随后的两条命令 sfi 2 3; -2; 1 2;sd 2 和 sfi -2; 2 3; 1 2;sd 2 将中间两个分离面向平面 2 进行投影。

在物理窗口中两个投影面遮盖了部分网格，用鼠标左键依次单击环境窗口中的 Display List→Surface→Show None，或者在命令行里执行命令 rasd，在物理窗口中将不再显示投影面，图 1-14 是向平面投影并移除投影面后的效果。

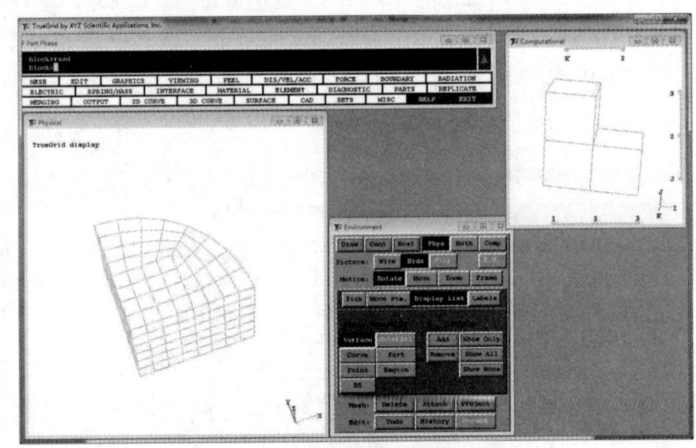

图 1-14　移除投影面后的效果

投影后 Part 中间的两个面虽然已经合并在一起，但两个面的节点还是彼此分离的，这需要在后面的 Merge 阶段合并节点。

图 1-14 中的物理网格间距并不均匀，pb 2 2 1 2 2 2 xy 3.5 3.5 命令将中心线 2 2 1 2 2 2 移动到 XY 坐标点 3.5 3.5。也可以用鼠标选择需要移动的线：在计算窗口里，将鼠标对准图中待选线的一点，按下左键，朝另一点拖，即可选中该线。选中后，线的颜色由绿色变成蓝色。由图 1-15 可以看出，执行该命令后网格尺寸变均匀了。

endpart 命令用于结束当前 Part。

输入 merge 命令后，文本/菜单窗口标题变成“Merge Phase”，在 Part 阶段右上角显示的计算窗口也已经消失，这表示已经进入了合并阶段。在这个阶段，可以将建好的所有部件组装成整个模型，并合并节点，检查网格质量，显示边界条件，输出模型。

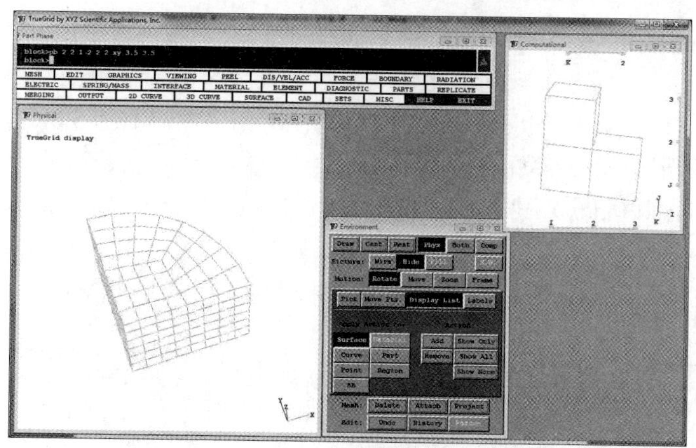

图 1-15 移动命令执行后的效果

stp 0.01 命令设置节点合并阈值，即如果节点之间的距离小于 0.01，两个节点就被合并为一个节点。执行该命令后，文本/菜单窗口显示如下信息，表示在 Part 1 中有 28 个节点与其他节点进行了合并。

```
MERGED NODES SUMMARY
        28 nodes merged between parts        1 and        1
        28 nodes were deleted by tolerancing
```

随后的 lsdyna keyword 命令是声明要为 LS-DYNA 软件输出关键字格式文件。

最后一句 write 命令是输出网格模型文件，执行该命令后，在 TrueGrid 工作目录里会多一个 trugrdo 文件。该文件内容如下：

```
*KEYWORD
$
$ NODES
$
*NODE
1,0.000000000E+00,0.000000000E+00,0.000000000E+00,0,0
2,0.000000000E+00,0.000000000E+00,1.00000000,0,0
......................................................................
426,6.65175629,4.44456291,5.00000000,0,0
427,6.65175629,4.44456291,6.00000000,0,0
$
$ ELEMENT CARDS FOR SOLID ELEMENTS
$
*ELEMENT_SOLID
1,1,1,36,43,8,2,37,44,9
2,1,36,71,78,43,37,72,79,44
......................................................................
287,1,370,398,307,300,371,399,308,301
288,1,398,426,314,307,399,427,315,308
*END
```

1.3.5 TrueGrid 基本概念

本节介绍 TrueGrid 的一些基本概念。

区域（Region）是计算窗口中组成矩形区域的节点组，它可以是网格中的顶点、边、面和体。

索引（Index）是计算窗口的实际坐标，每个网格节点都有索引。

简单索引（Simple Index）又称全索引（Full Index），一般仅在采用 block 或 cylinder 命令进行网格初始化时使用，同一个方向上相邻两个数字表示区域内节点的数目，其差值是该区域的网格数量。例如，对于命令 block 1 6 9 13 18;1 5;1 4 8;1 4 8 12 16;0 5;0 5 10;，全索引是 1 6 9 13 18; 1 5;1 4 8;，所形成的网格如图 1-16 所示。

简化索引（Reduced Index），其数字是 block 或 cylinder 命令中 I 或 J 或 K 方向的节点序号，代表的是区域在整个部件 I 或 J 或 K 方向的位置，如图 1-17 中加粗斜体数字。大多数 TrueGrid 命令引用网格区域时采用简化索引的方式，不能采用全索引或节点编号。

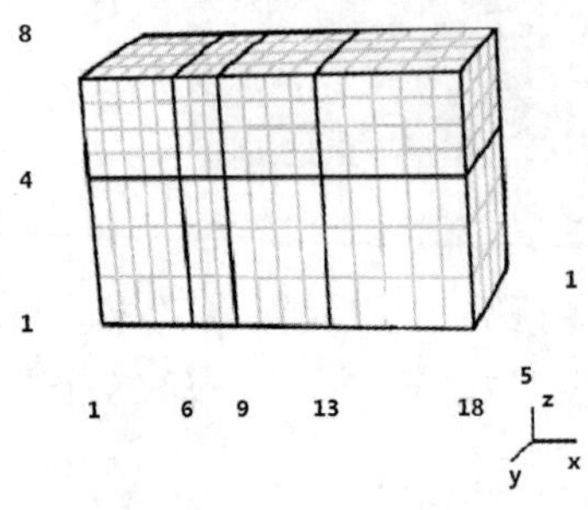

图 1-16　全索引说明

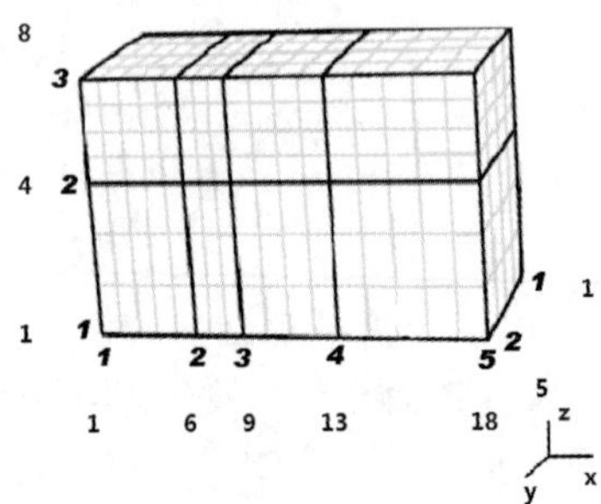

图 1-17　简化索引说明

进阶索引（Progressions Index）是用简单输入几个数字来指定复杂区域的方法。进阶索引中的数字代表的是区域在整个部件中的位置。

进阶索引采用的形式为：$i_1 i_2 \cdots i_m; j_1 j_2 \cdots j_m; k_1 k_2 \cdots k_m;$。其中的每个数字为简化索引或负简化索引或 0 索引。当所有数字为正值时，它表示用相邻简化索引对所能组合出的所有区域。例如，对于命令 block 1 6 9 13 18;1 3 5 7 9 11;2 4 6 8 10 12 14 16 18; 0 3 6 9 12;0 1 2 3 4 5;1 2 3 4 5 6 7 8 9，进阶索引 1　2　3　4;5　6;8　9;和下面三个区域等同：

1　5　8　2　6　9 和 2　5　8　3　6　9 和 3　5　8　4　6　9

或等同于三个小区域：1　2;5　6;8　9;和 2　3;5　6;8　9;和 3　4;5　6;8　9，即分别对应图 1-18 中的选中区域 1、2 和 3。

进阶索引中也采用 0 索引，0 打断了进阶，0 之前和 0 之后的索引不能连在一起形成连续的区域。例如在图 1-19 中，右下后角 1 和右下前角 2 这两个选中区域可表示为：

```
1 2 0 4 5; 5 6; 1 2;
```

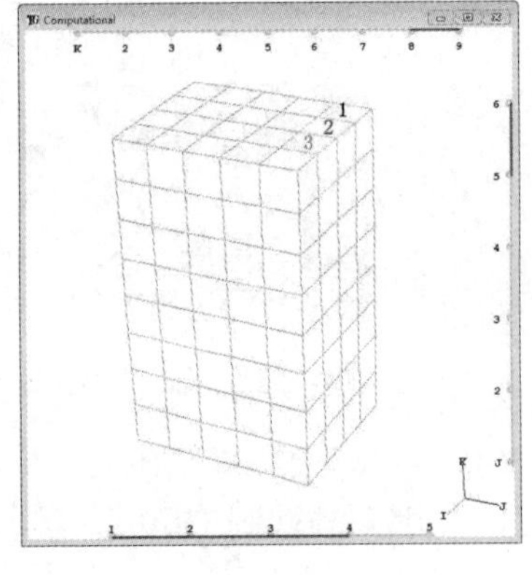

图 1-18　进阶索引说明

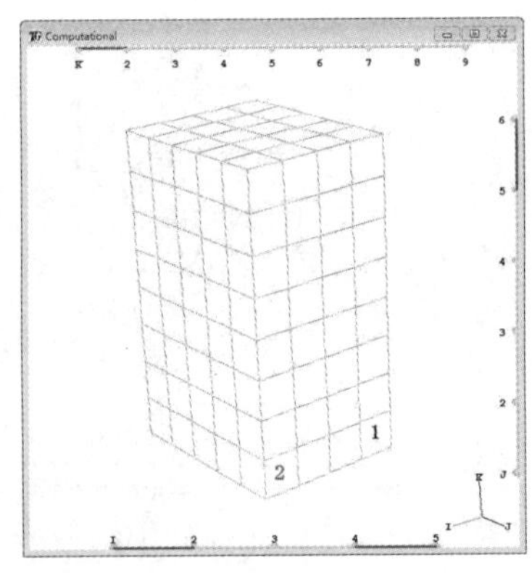

图 1-19　进阶索引中的 0 索引说明

单进阶索引中的负索引表示常数简化索引。例如，图 1-20 中的顶面为：

```
1 5; 1 6; -9;
```

而-1 -5; -1 -6; 1 9;则表示网格块体的四个侧面，如图 1-21 所示。

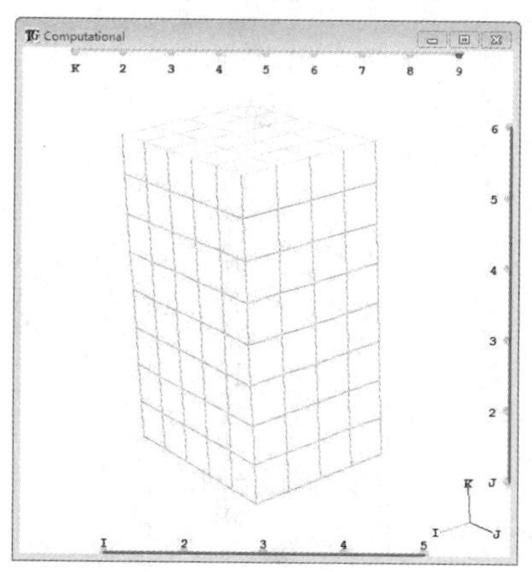

图 1-20　进阶索引中的负索引说明

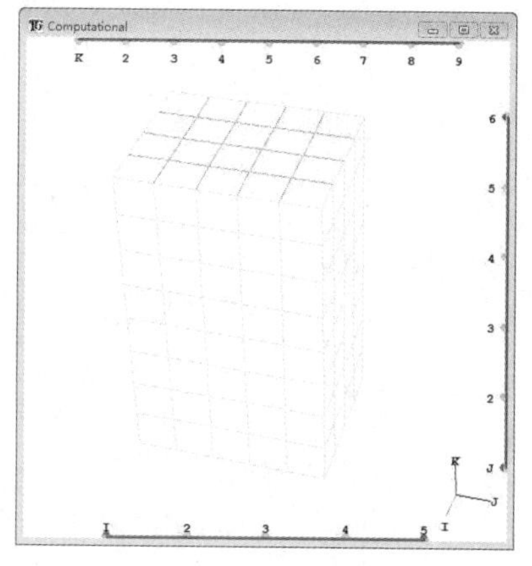

图 1-21　用进阶索引中的负索引表示 4 个侧面

同样，网格块的 12 条边可用下面的进阶索引表示出来：

```
1 5 ; -1 0 -6; -1 0 -9;
-1 0 -5; -1 0 -6; 1 9;
-1 0 -5; 16 ; -1 0 -9;
```

若在 block 命令中 I 或 J 或 K 方向内同时使用负索引和正索引，则表示创建的这段索引区域不连续（图 1-22），如以下命令：

```
block -1 4 7;-1 4 7;-1 4 7;-2 0 2;-2 0 2;-2 0 1;
```

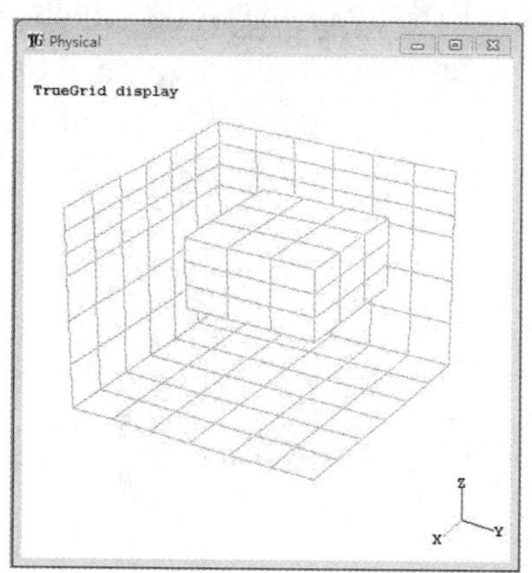

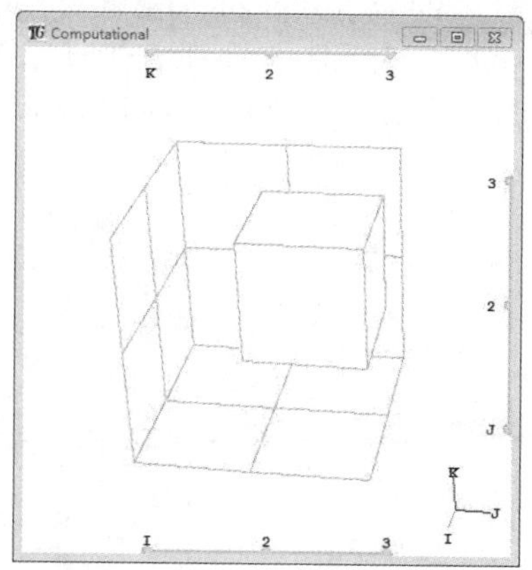

图 1-22　用进阶索引中的负索引和正索引表示区域不连续

1.3.6　部件生成初始命令

部件可由 block 和 cylinder 命令生成，并且可以生成任意多个。

（1）block 命令。block 命令采用笛卡儿坐标系生成网格，多用于生成块体网格（图 1-23）。其用法如下：

```
block i_indices; j_indices; k_indices; x_coordinates y_coordinates z_coordinates
```

其中：i_indices;j_indices;k_indices 是全索引（或称简单索引，但不是简化索引）。i_indices;、j_indices;和 k_indices 都是 i1 i2 … in 的形式，这里 i1=1 并且|i1|<|i2|<…<|in|。通常情况下每个索引都是正整数，负整数用于创建壳单元，0 用于分割网格区域。

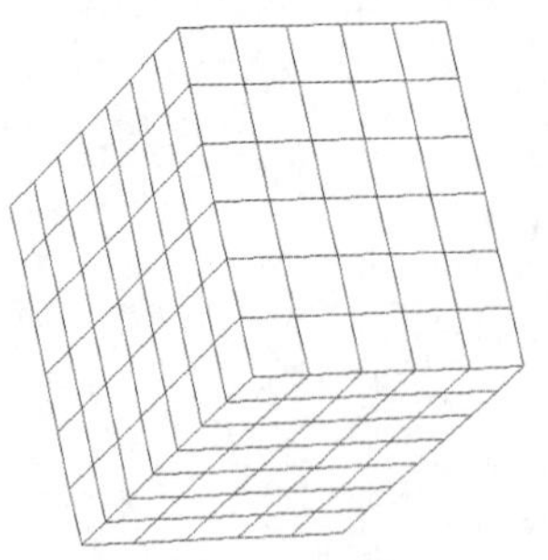

（a）六面体网格

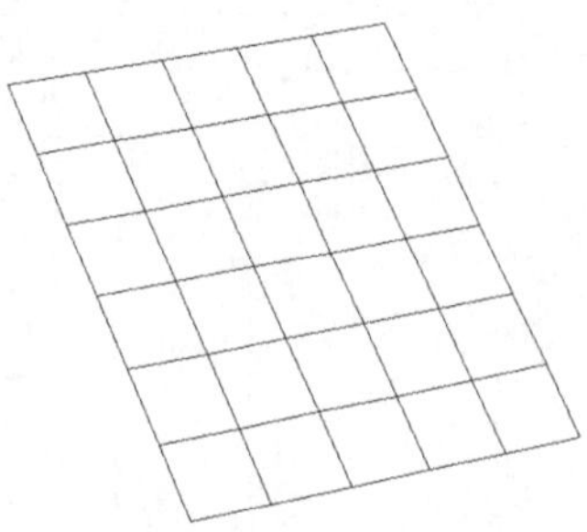

（b）四边形网格

图 1-23　block 命令生成的六面体网格和四边形网格

x_coordinates、y_coordinates 和 z_coordinates 是物理坐标值，与索引值一一对应，x 坐标对应 I 索引，y 坐标对应 J 索引，z 坐标对应 K 索引。

例如，下面两条 block 命令分别生成六面体网格和四边形网格。

```
block 1 6;1 7;1 8;0 5;0 6;0 7
block 1 6;1 7;-1;0 5;0 6;0
```

（2）cylinder 命令。cylinder 命令采用的是柱坐标系，常用于生成空心柱体网格（图 1-24）。其用法如下：

```
cylinder i_indices; j_indices; k_indices; r_coordinates Ø_coordinates z_coordinates
```

其中：i_indices;j_indices;k_indices 是全索引（不是简化索引）。i_indices;或 j_indices;或 k_indices 都是 i1 i2 … in 的形式，这里 i1=1 并且|i1|<|i2|<…<|in|。通常情况下每个索引都是正整数，但负整数用于创建壳单元，0 用于分割网格区域。

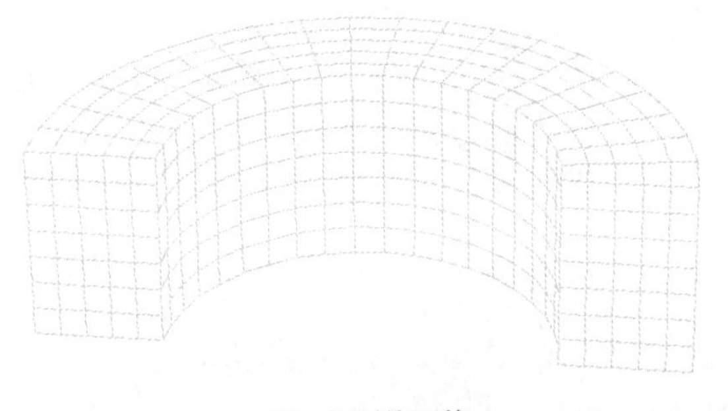

（a）六面体网格

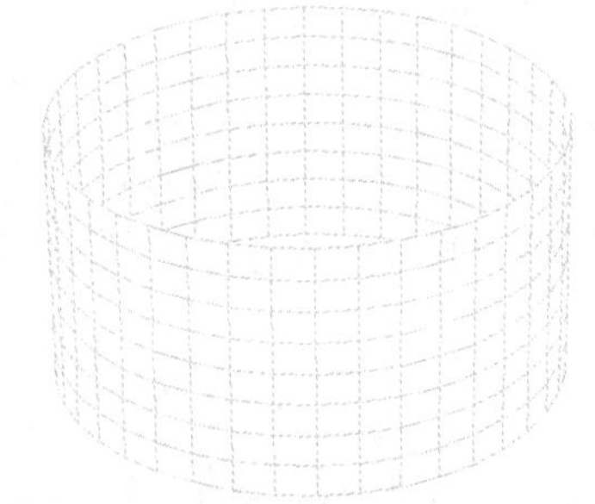

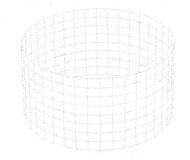

（b）四边形网格

图 1-24　cylinder 命令生成的六面体网格和四边形网格

r_coordinates、Ø_coordinates 和 z_coordinates 是物理坐标值，与索引值一一对应，r 坐标（即圆柱径向坐标）对应 I 索引，Ø 坐标（即圆柱环向角度坐标）对应 J 索引，z 坐标（即圆柱轴向坐标）对应 K 索引。

下面给出两个 cylinder 命令分别为空心柱体和空心柱壳生成六面体网格、四边形网格。

```
cylinder 1 6;1 21;1 8;3 5;0 180;1 4
cylinder -1;1 41;1 9;4;0 360;1 5
```

（3）block 和 cylinder 命令练习。

1）block 命令练习 1，如图 1-25 所示。

```
block-1 -6 -11; 1 8; -1 -6; 0 2 4; 0 5; 0 1;
dei 1 2 ; ; -1;
dei 2 3 ; ; -2;
endpart
```

2）block 命令练习 2，如图 1-26 所示。

```
block-1 4 7 -10; -1 4 7 -10; 1 4; 1 2 3 4; 1 2 3 4; 1 2;
endpart
```

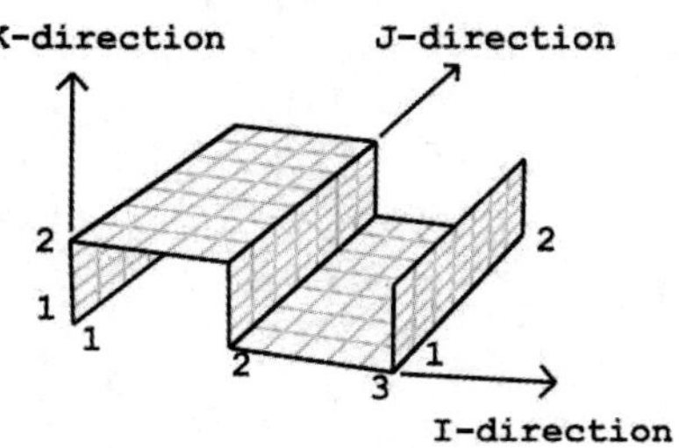

图 1-25　block 命令练习 1

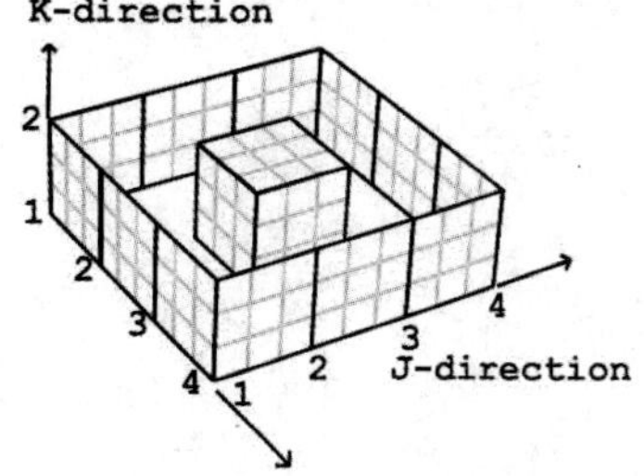

图 1-26　block 命令练习 2

3）block 命令练习 3，如图 1-27 所示。

```
block 1 3 5 7 9;1 3 5 7 9;1 3 5 7 9;-2.5 -2.5 0 2.5 2.5;-2.5 -2.5 0 2.5 2.5;-2.5 -2.5 0 2.5 2.5;
dei 1 2 0 4 5; 1 2 0 4 5;;
dei 1 2 0 4 5;;1 2 0 4 5;
dei ;1 2 0 4 5;1 2 0 4 5;
sfi -1 -5;-1 -5;-1 -5; sp 0 0 0 5
```

4）cylinder 命令练习，如图 1-28 所示。

```
cylinder 1 3 5 7 9;1 41;1 3 5 7 9;1 2 3 4 5;0 360;0 1 2 3 4;
dei 4 5;; 2 5;
dei 3 5;; 3 5;
dei 2 5;; 4 5;
```

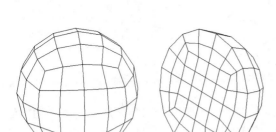

图 1-27　block 命令练习 3

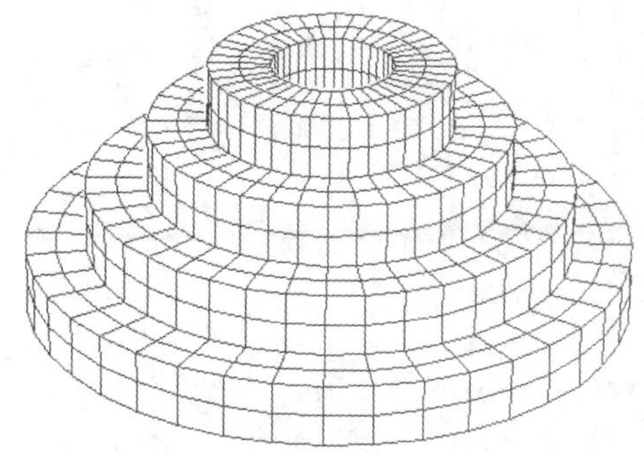

图 1-28　cylinder 命令练习

1.3.7　合并网格

建立模型时，可以单独建立多个部件，然后将它们合并，组装成一个大模型。下面是一个合并两个部件的例子，如图 1-29 所示。

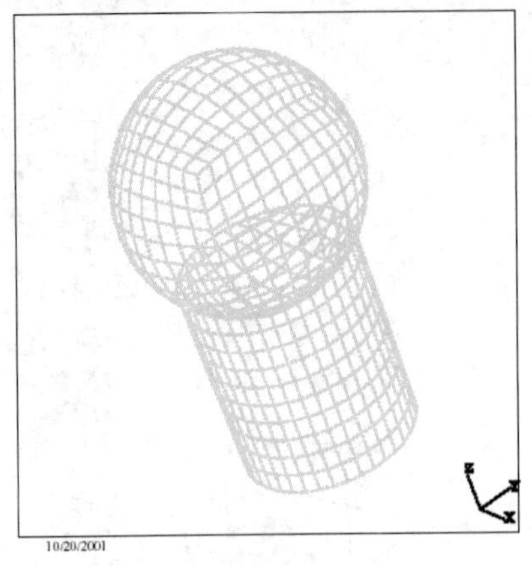

（a）合并前

（b）合并后

图 1-29　合并命令执行效果

首先，初始化部件 1，生成圆柱面和球面。

```
block 1 11; 1 11; 1 11; -1 1; -1 1; -1 1;
sd 1 cy 0 0 0 0 0 1 1.1          c 圆柱面
sd 2 sp 0 0 2.5 1.5              c 球面
```

然后将网格投影到 3D 几何面上。

```
sfi -1 -2; -1 -2;; sd 1          c 投影到圆柱面
sfi ;; -2; sd 2                  c 投影到球面
endpart                          c 结束当前 part
```

接着，初始化部件 2 并投影。

```
block 1 11; 1 11; 1 11; -1 1; -1 1; 1.5 3.5;
sfi -1 -2; -1 -2; -1 -2; sd 2          c 投影到球面
sfi -1 0 -2;; -1; sd 1                 c 将两条边投影到圆柱面
sfi ; -1 0 -2; -1; sd 1                c 将另外两条边投影到圆柱面
endpart                                c 结束当前 part
```

最后将两个部件合并成一个模型。

```
merge                    c 进入合并阶段
stp 0.0001               c 设置节点合并阈值
rx -45                   c 将模型绕 X 轴旋转-45° 显示
ry -45                   c 将模型绕 Y 轴旋转-45° 显示
labels tol 1 2           c 显示已合并的节点
```

1.3.8　蝴蝶形网格划分方法

当规划设计模型网格时，有多种建模策略。这些策略主要基于对网格质量和疏密的考虑，复杂度则是次要的考虑因素。例如，对于图 1-30 中的支架模型，可以设计多种网格拓扑结构，网格质量各不相同，用于计算时计算耗时和计算准确度也会存在差异。

在图 1-31 的例子中，sfi 命令将块体网格 4 个侧面投影到圆柱面上。

```
block 1 11; 1 11; 1 20; -2.0 2.0 -2.0 2.0 0 6.0
sd 1 cy 0 0 0 0 0 1 4.0
sfi -1 -2;-1 -2;1 2;sd 1
```

由图 1-31 可知，投影后生成的网格质量较差，边角处部分单元内角接近 180°。将上述模型分成多个区域，然后再分别进行投影，则可以生成较高质量的蝴蝶形网格，如图 1-32 所示，这种蝴蝶形网格划分方法在本书中将经常用到。

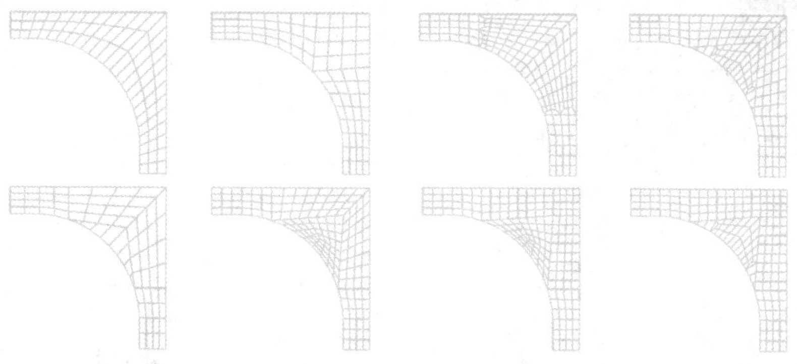

图 1-30　支架模型的 8 种网格

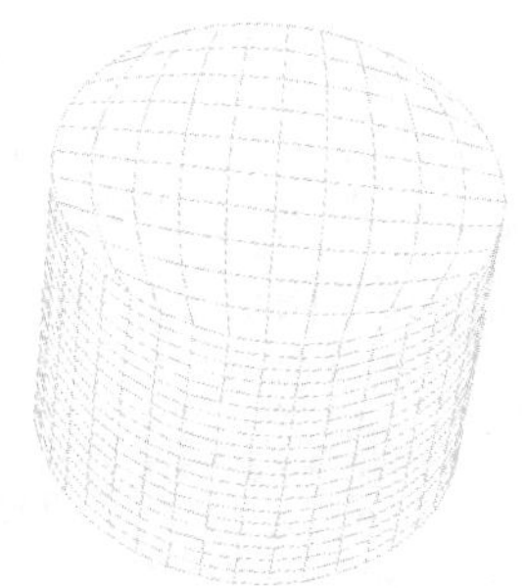

图 1-31　圆柱外表面投影效果

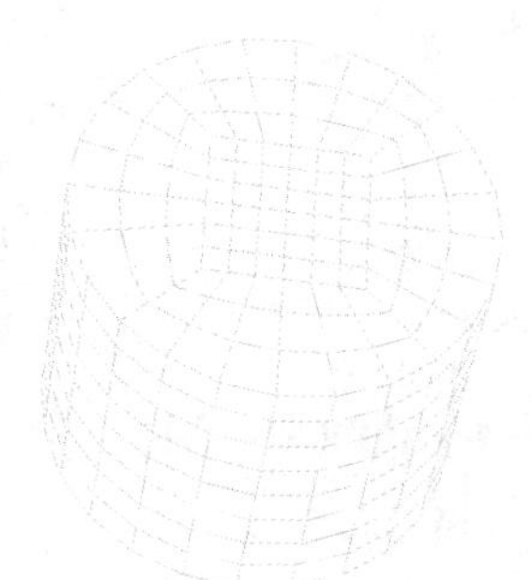

图 1-32　蝴蝶形网格

```
block 1 4 10 13;1 4 10 13;1 9;-2.0 -2.0 2.0 2.0;-2.0 -2.0 2.0 2.0;0 6.0
sd 1 cy 0 0 0 0 0 1 4.0
dei 1 2 0 3 4;1 2 0 3 4;1 2;
sfi -1 -4;-1 -4;1 2;sd 1
pb 3 3 1 3 3 2 xy 1.5 1.5
pb 2 3 1 2 3 2 xy -1.5 1.5
pb 2 2 1 2 2 2 xy -1.5 -1.5
pb 3 2 1 3 2 2 xy 1.5 -1.5
```

1.4　几种常用的界面操作

1.4.1　投影

投影和附着按钮如图 1-33 所示。

图 1-33　环境窗口中的投影（Project）和附着（Attach）按钮

在 TrueGrid 软件中投影使用非常频繁，其重要程度仅次于 block 和 cylinder 命令。投影（sf 和 sfi）命令将网格上的点投影锁定到指定 3D 面上最近点。在环境窗口中投影菜单操作步骤为：Pick→Surface→Project。投影命令如图 1-34 所示。

```
block 1 11; 1 11; 1 11; -2.0 2.0 -2.0 2.0 0 4.0
sd 1 sp 4 0 2 2.0
sfi -2; 1 2; 1 2;sd 1
```

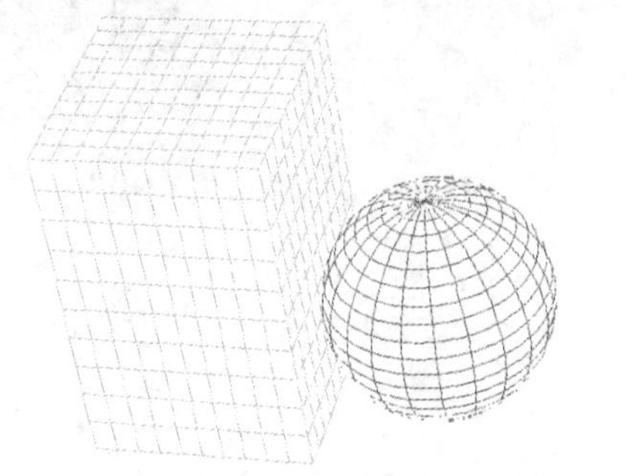

（a）投影前

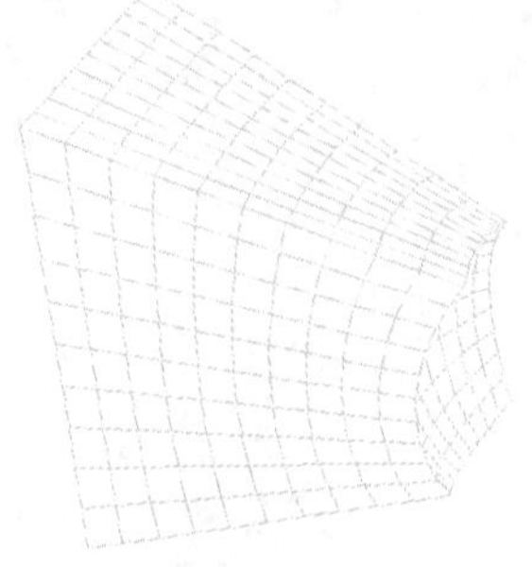

（b）投影后

图 1-34　投影命令

1.4.2　附着

附着命令与投影命令类似，该命令将网格上的点投影锁定到指定 3D 曲线等几何体上的最近点。在环境窗口中附着菜单操作步骤为：Pick→Curve→Attach。附着命令如图 1-35 所示。

```
curd 1 lp3 9 0 0 11 9 0;;
    arc3 seqnc rt 11 9 0 rt 13 13.5 0 rt 11 17 0;;
block 1 11;1 21;-1;0 8;0 16;0
cur 2 1 1 2 2 1 1
```

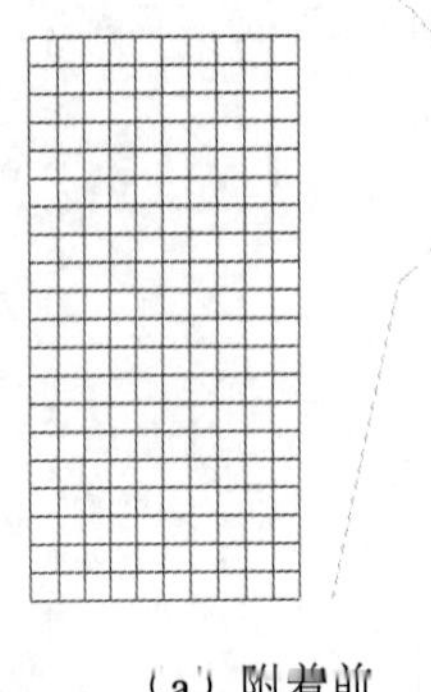

（a）附着前

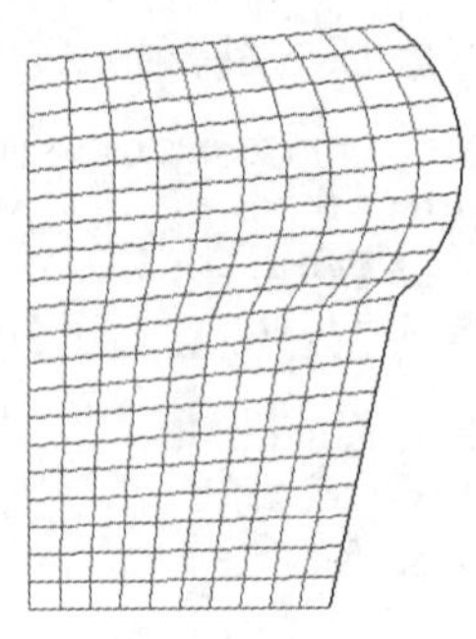

（b）附着后

图 1-35　附着命令

1.4.3　回退

环境窗口中的回退（Undo）按钮（图 1-36）可用于撤销上一步网格操作命令（不能撤销 block 和 cylinder 网格初始化命令以及 CAD 绘图命令，如定义曲线和曲面）。多次按 Undo 按钮可连续撤销多个命令。

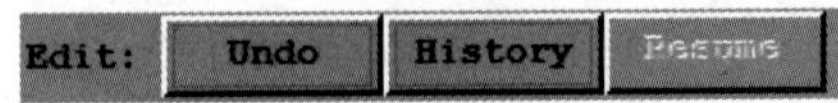

图 1-36　环境窗口中的回退（Undo）和历史（History）按钮

1.4.4　历史窗口

在环境窗口中单击 History 按钮（图 1-36），即可启动如图 1-37 所示的历史窗口，该窗口仅在 Part 阶段可用。在历史窗口中，可以激活/禁用命令，以帮助用户检查命令对网格选定区域的执行效果，便于诊断并调整网格。用鼠标中键单击 Act/Deact 下的任意一行，可以将其由 Active 状态切换为 Deactive 状态，即禁用该命令，类似于 Undo 按钮。再次单击该行，将由 Deactive 状态重新切换为 Active 状态。

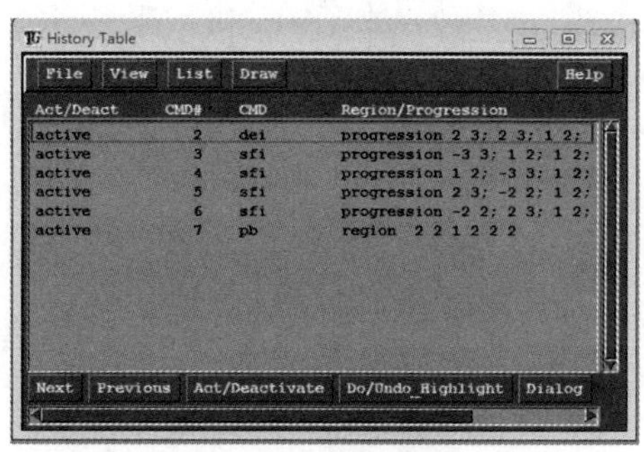

图 1-37　历史窗口

1.5　TrueGrid 建模步骤

TrueGrid 的建模过程如同艺术家雕塑一块泥土，TrueGrid 中的原材料是多块结构化网格，有些块需要删除以在网格中生成空腔，网格边和面可以投影成需要的形状，另有许多函数用来控制网格的分布，默认情况下，区域内网格被自动插值。TrueGrid 的建模过程如下：

（1）运行 TrueGrid。

（2）进入控制阶段（Control Phase）。

- 输入标题。
- 设置输出格式（即指定具体分析软件）。
- 定义材料模型和参数（须保持单位一致）。
- 选择滑移界面（如定义接触）和对称平面。
- 定义截面属性。
- 输入几何模型（需要的话）。

（3）进入部件阶段（Part Phase，可重复多次）。

- 建立部件。
- 选择节点和节点分布。
- 在需要的位置生成几何模型。
- 将网格投影到几何上。
- 检查网格质量。
- 选择边界条件。

（4）进入合并阶段（Merge Phase）。

- 将部件合并。
- 检查网格质量。
- 生成梁和特殊单元。
- 输出网格模型文件。

1.6 命令执行顺序

TrueGrid 并不是按照命令出现的先后顺序执行的，而是以特定顺序执行命令。TrueGrid 中的每条命令都有其“命令层级”，并按以下准则执行。

- 准则 1：点、线、面、体以其顺序自动计算。
- 准则 2：根据命令的类型依次执行。
- 准则 3：同类命令按顺序执行。

TrueGrid 各类命令的执行顺序，即“命令层级”如下：

（1）初始化。有三种类型的初始化：

- block 和 cylinder 包含了各点的初始坐标。
- bb 和 trbb 初始化并锁定块体界面节点。
- pb、mb、pbs、q 和 tr 也初始化点。

（2）指定边的网格间距插值方式（cur、cure、curf、curs、edge、splint、patch）。

（3）将点投影到指定面上（sf、ms、ssf、spp）。

（4）对指定边进行线性插值（lin）。

（5）进行默认的边线性插值。

（6）将边投影到指定面上（sf、mf、ssf）。

（7）对指定面进行双线性插值（lin）。

（8）进行默认的面插值。

（9）将面投影到指定面上（sf、mf、ssf、patch）。

（10）对指定面进行无限插值（tf）。

（11）在指定面进行等势松弛（relax、esm）。

（12）在指定面进行 Thomas-Middlecoff 椭圆松弛（tme）。

（13）将被（10）、（11）、（12）影响过的边、面重新插值和投影。

（14）对指定实体区域进行三线性插值（lin）。

（15）进行默认的实体区域三线性插值。

（16）对指定实体区域进行无限插值（tf）。

（17）对指定实体区域进行等势松弛（relax）。

（18）对指定实体区域进行 Thomas-Middlecoff 椭圆松弛（tme）。

（19）对指定实体区域进行标准光顺椭圆松弛（unifm）。

（20）表达式（X=、Y=、Z=、T1=、T2=、T3=）。

（21）执行块体界面命令——主面（bb）。

1.7 鼠标和键盘快捷键的功能

TrueGrid 提供了一些常用的快捷键，其功能如下：

- LB 鼠标左键用于选择和输入参数。
- MB 鼠标中键用于旋转、移动、缩放 3D 实体和粘贴执行命令。

- RB 鼠标右键用于创建附加窗口，写 Postscript 文件。
- Ctrl+r 移走显示列表里的实体。
- Ctrl+s 显示显示列表里的实体。
- Ctrl+u 清除文本串。
- Ctrl+v 显示隐藏命令选项名称。
- Ctrl+z 从选中高亮文本中重新生成对话框。
- F1 将选择的网格（索引）输入命令后的对话框中。
- F2 清除选择的网格。
- F3 在文本窗口中显示命令历史。
- F4 锁定当前的窗口设置。
- F5 选择网格开始点。
- F6 选择网格结束点。
- F7 从选中节点中提取坐标。
- F8 改变文本窗口或对话窗口的标签选取类型。

需要注意的是，在 TrueGrid 命令窗口中不能直接使用 Ctrl+C 和 Ctrl+V 来进行复制和粘贴的操作。如果想复制命令窗口中的内容，首先用鼠标左键选中要复制内容的起始，然后拖动至结尾，即完成复制操作。如果要在命令窗口中粘贴内容，则直接在命令提示处按下鼠标中键即可完成。

1.8 TrueGrid 常用命令简介

TrueGrid 用户手册中命令很多，全部掌握很不现实。实际上大部分命令极少有应用，下面仅介绍建模过程中的常用命令。

1.8.1 部件类命令

b 和 bi：定义节点约束。

bb：定义块体边界界面——主面。

eset 和 eseti：定义输出单元组。

fset 和 fseti：定义输出面段组。

ibm 和 ibmi：在 I 方向生成梁单元。

jbm 和 jbmi：在 J 方向生成梁单元。

kbm 和 kbmi：在 K 方向生成梁单元。

mate：为 Part 的全部区域设置材料号。

mt 和 mti：为 Part 的特定区域设置材料号，并覆盖以前的材料号设置。

mtv：为指定的体赋予材料号。

n：设置壳单元法线方向，用于定义 orpt 命令的作用区域。

nset 和 nseti：定义输出节点组。

orpt：定义壳单元法线方向。

pb：移动节点坐标。

res：控制节点疏密分布。

th 和 thi：设置壳单元厚度。

thic：设置默认的壳单元厚度。

trbb：定义块体边界界面——从面。

1.8.2 几何类命令

cur：向 3D 曲线投影。

curd：定义 3D 曲线。

iges：从 iges 文件中抽取曲线或曲面。

lcd：定义加载曲线。

ld：定义二维曲线。

sd：定义三维面。

sf 和 sfi：将区域向指定面投影。

vd：定义一个体。

1.8.3 合并类命令

bm：生成一串梁单元。

endpart：正常结束当前 Part 命令，并将其添加到数据库中。

partmode：设置 Part 生成命令的索引格式。需要用在 Part 之前才能起作用。

1.8.4 全局类命令

beam：初始化梁单元 Part。

block：初始化方形块体 Part。

bptol：通常用于禁止两个部件（Part）之间合并节点。

c：该命令后面的文字为注释。

cylinder：初始化圆柱形 Part。

gct：定义全局复制变换。

gmi：用于全局复制变换时递增材料号。

grep：当前 Part 的全局复制变换。

include：调用执行 include 包含的批处理文件中的命令。

interrupt：当以批处理命令模式自动执行 tg 文件时，该命令将中断 tg 文件的运行，进入交互模式，即以键盘和鼠标输入的模式。

lct：定义局部复制变换。

lmi：局部复制变换时递增材料号。

lrep：对当前 Part 执行局部复制变换。

merge：进入 merge 阶段，合并 Part。

offset：在输出中偏移实体编号。

para 或 parameter：用于定义参数，以建立参数化模型。

plane：设置边界平面。

resume：恢复批处理命令运行模式。

stp 和 tp：设置节点合并阈值，并输出合并信息。如果节点之间的距离小于设定的阈值，两个节点就被合并为一个节点。

title：设置作业标题。

xoff、yoff 和 zoff：对该命令后面的 Part 进行坐标偏移。

xsca、ysca、zsca 和 csca：对该命令后面的 Part 进行缩放。

1.8.5　输出类命令

abaqus：设置输出格式为 ABAQUS 软件输入文件格式。

autodyn：设置输出格式为 AUTODYN 软件输入文件格式。该命令必须置于所有 Part 命令之前。

lsdyeos：为 LS-DYNA 软件定义材料状态方程参数。

lsdymats：为 LS-DYNA 软件定义材料本构模型参数。

lsdyna：设置输出格式为 LS-DYNA 输入文件格式。

lsdyopts：为 LS-DYNA 软件设置求解控制和数据输出参数。

mof：指定输出的网格模型文件名称。

1.8.6　显示命令

TrueGrid 显示命令见表 1-1。

表 1-1　TrueGrid 显示命令

菜单	面	3D 曲线	部件	材料	界面	CAD	CAD
类型	面(sd)	3D 曲线(cd)	部件(p)	材料(m)	边界(bb)	组(grp)	级别(lv)
显示 1 个（da*）	dsd #	dcd #	dp #	dm #	dbb #	dgrp #	dlv #
追加显示 1 个（a*）	asd #	acd #	ap #	am #	abb #	agrp #	alv #
删除 1 个（r*）	rsd #	rcd #	rp #	rm #	rbb #	rgrp #	dlv #
显示多个（d*s）	dsds list;	dcds list;	dps list;	dms list;	dbbs list;	dgrps list;	dlvs list;
追加显示多个（a*s）	asds list;	acds list;	aps list;	ams list;	abbs list;		
删除多个（r*s）	rsds list;	rcds list;	rps list;	rms list;	rbbs list;		
显示全部（da*）	dasd	dacd	dap	dam	dabb		
删除全部（ra*）	rasd	racd	rap	ram	rabb		

1.9　使用 TrueGrid 软件的其他注意事项

下面是使用 TrueGrid 软件的一些注意事项：

（1）推荐使用高版本 TrueGrid，如 3.00 以上版本，本书中许多命令只能在高版本下运行，如 for 和 endfor 命令、when 和 endwhen 命令、while 和 endwhile 命令，输出网格模型文件重命名命令 mof，以及同一 PART 内成对的 bb 和 trbb 命令。

（2）对于 TrueGrid 3.00 以上版本，工作目录和文件名中可以有空格。文件名（包含路径的文件名）必须放在双引号里，例如：

正确：tg i="blank in path/input.tg"

错误：tg i="blank in path"/input.tg

上述限制同样适用于 TrueGrid 的命令：

正确：iges "geometry/blank in filename.igs" 1 1;

错误：iges geometry/"blank in filename.igs" 1 1;

（3）在 TrueGrid 2.1 版本中，同一行内 TrueGrid 命令不要超过 80 个字符，在 TrueGrid 3.00 版本中，文件名以及文件路径字符长度扩展到了 256 个字符。

（4）TrueGrid 不区分大小写。

（5）Esc 键可用于终止任意命令行输入。

（6）同一行内可以输入多个命令，中间用空格隔开。

（7）一条命令可以分多行书写。

（8）TrueGrid 命令中的分号（;）为英文半角。

（9）特别注意 MERGE 阶段多个 Part 之间的合并，该合并的一定要合并，不该合并的千万不要合并，这对 LS-DYNA 尤其重要。

（10）在命令行上输入 help 命令名，可获取该命令的帮助说明。例如，help block 给出 block 命令的帮助说明。

（11）推荐采用 UltraEdit 软件编辑 TrueGrid 命令输入文件。

（12）在 TrueGrid 中，数字的格式非常灵活，例如下列格式的数字都是等同的：

```
1.0
.10E+01
.10e1
10.0E-01
1
```

（13）注释。注释以 C（或 c）开头，然后是空格，注释可以出现在 tg 输入文件的任何地方，同一行中 c 后面的字符均被视为注释。若有多行注释文字，则应该以{ }括起来。

```
C This is comment 1
block
c This is comment 2
1 9;    c i-list   注释 3
c 注释 4
1 10;   c j-list   注释 5
1 8;    c k-list   注释 6
c This is comment 7
-2 2;    c x-coordinates   注释 8
-6 -6;    c y-coordinates   注释 9
-2 2;    c z-coordinates   注释 10
{These   这五行为注释 11
also
are
comment
lines}
```

第 2 章　初识篇——LS-DYNA 和 LS-PrePost 软件简介

LS-DYNA 起源于美国 Lawrence Livermore 国家实验室的 DYNA3D，是由美国工程院院士、有限元计算业界最受人尊敬的专家之一 J.O.Hallquist 于 1976 年主持开发完成的，早期主要用于冲击载荷下结构的应力分析。1988 年 J.O.Hallquist 创建 LSTC 公司（Livermore Software Technology Corporation），推出 LS-DYNA 程序系列，主要包括 LS-DYNA2D、LS-DYNA3D、LS-NIKE2D、LS-NIKE3D、LS-TOPAZ2D、LS-TOPAZ3D、LS-MAZE、LS-ORION、LS-INGRID、LS-TAURUS 等商用程序，进一步规范和完善了 DYNA 的研究成果，使得 DYNA 程序在国防和民用领域的应用范围扩大、功能增强，并建立了完备的质量保证体系。LSTC 于 1997 年将 LS-DYNA2D、LS-DYNA3D、LS-TOPAZ2D、LS-TOPAZ3D 等程序整合成一个软件包，称为 LS-DYNA。2019 年 9 月 ANSYS 公司收购了 LS-DYNA 软件，LSTC 公司因此更名为 ANSYS LST（Livermore Software Technology，an ANSYS company）。LS-DYNA 最新版本是 2022 年 3 月发布的 13.1 版。LS-DYNA 发展史如图 2-1 所示。

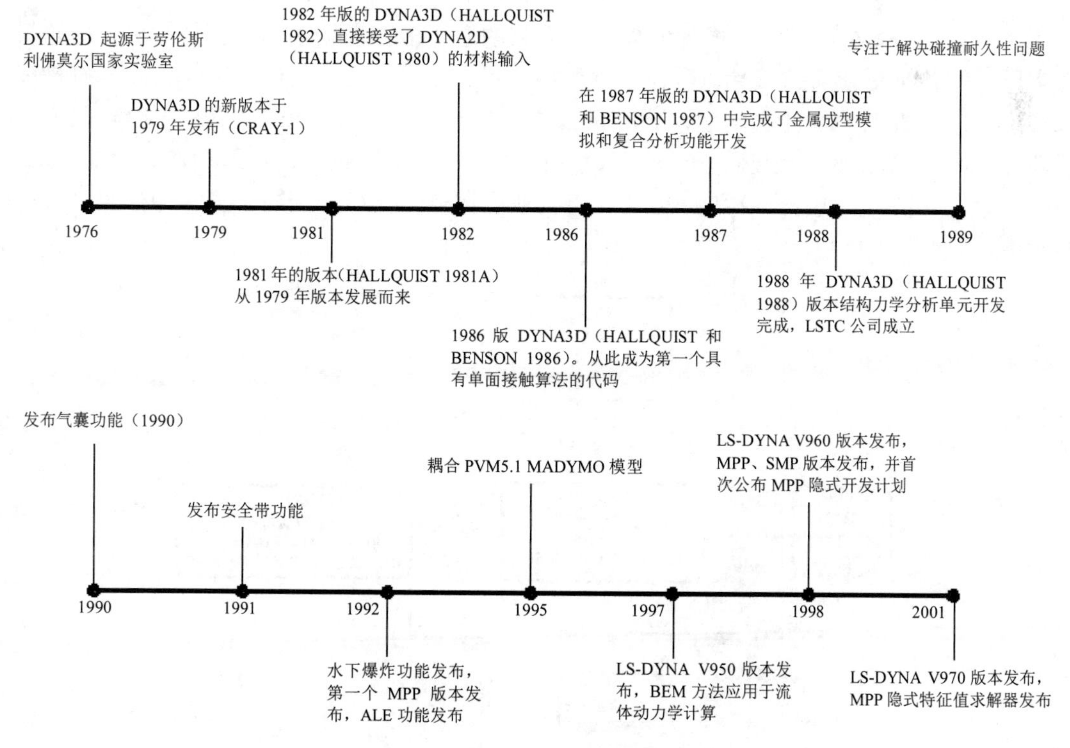

图 2-1　LS-DYNA 发展史

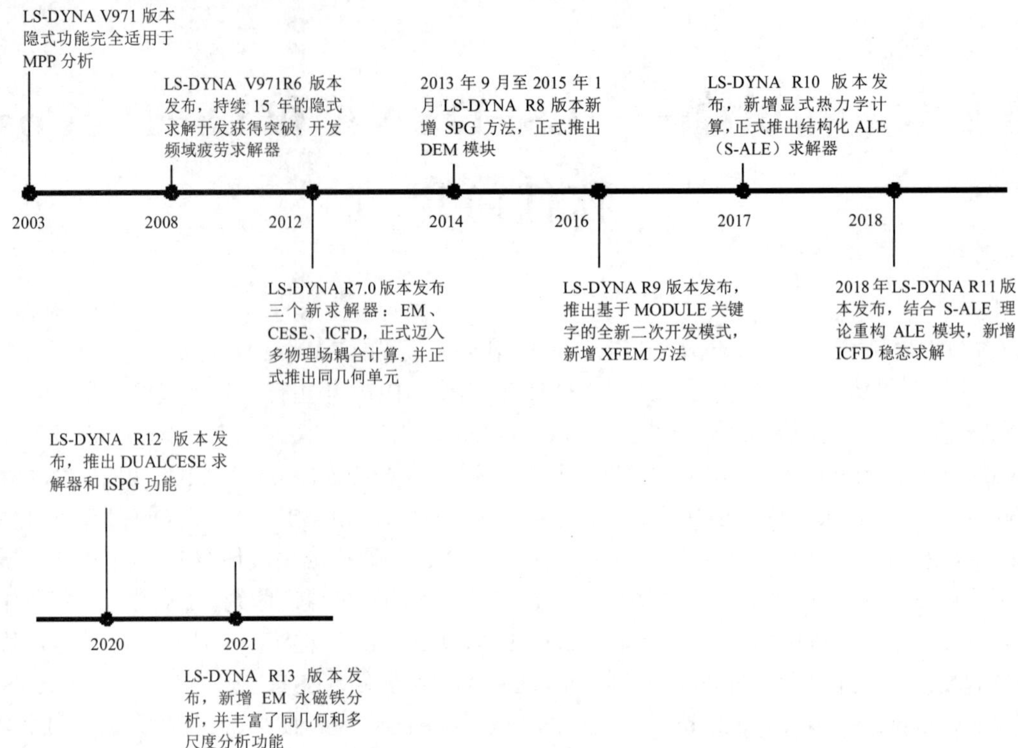

图 2-1　LS-DYNA 发展史（续）

目前 LS-DYNA 已经发展成为世界上最著名的通用多物理场动力学分析程序，能够模拟真实世界的各种复杂问题，特别适合求解各种一维、二维、三维结构的爆炸，高速碰撞和金属成型等非线性动力学冲击问题，同时可以求解传热、流体、声学、电磁、化学反应、流-固耦合、声-固耦合及多尺度协同仿真问题（图 2-2），在航空航天、机械制造、兵器、汽车、船舶、建筑、国防、电子、石油、地震、核工业、体育、材料、生物、医学等行业具有广泛的应用。

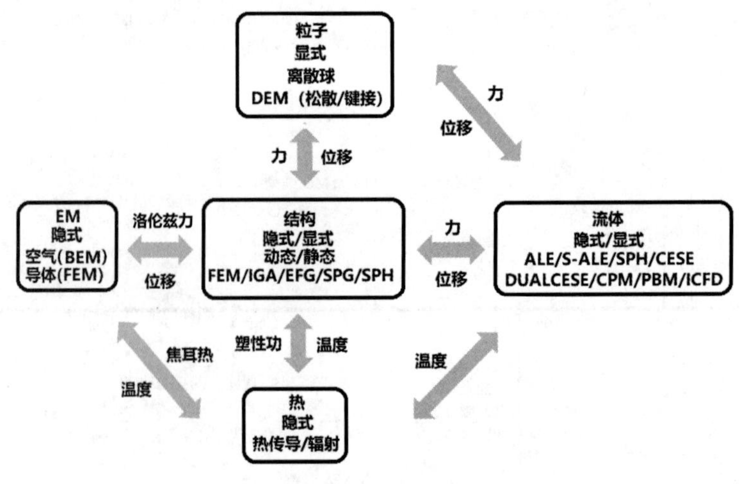

图 2-2　LS-DYNA 中的多物理场耦合

2.1 LS-DYNA 基本功能

LS-DYNA 程序是功能齐全的几何非线性（大位移、大转动和大应变）、材料非线性（超过 300 种材料动态模型）和接触非线性（近百种）程序。它以拉格朗日算法（Lagrangian）为主，兼有 ALE 和欧拉算法（Euler）；以显式求解为主，兼有隐式求解功能；以结构分析为主，兼有传热、流体、声学、电磁、离散元、化学反应和多物理场耦合功能；以非线性动力分析为主，兼有静力分析功能。LS-DYNA 是军用和民用相结合的通用非线性多物理场分析程序。

LS-DYNA 的功能特点如下所述。

2.1.1 材料模型

材料模型用来描述材料状态变量（如应力、应变、温度）及时间之间的相互关系，主要是应力与应变之间的关系。

LS-DYNA 有超过 300 种材料模型，如弹性、正交各向异性弹性、随动/各向同性塑性、热塑性、可压缩泡沫、线粘弹性、Blatz-Ko 橡胶、Mooney-Rivlin 橡胶、流体弹塑性、温度相关弹塑性、各向同性弹塑性、Johnson-Cook 塑性模型、伪张量地质模型以及用户自定义材料模型等，适用于金属、塑料、玻璃、泡沫、编织物、橡胶、蜂窝材料、复合材料、混凝土、土壤、岩石、陶瓷、炸药、推进剂、生物体等材料。

2.1.2 状态方程

状态方程是表征流体内压力、密度、温度等三个热力学参量的关系式。当材料内的应力超过材料屈服强度数倍或几个数量级时，材料在高压下的剪切效应可忽略不计，固体也会呈现出流体性质，材料的响应可用热力学参数来描述，即采用高压固体状态方程来描述材料的体积变形、温度和流体静压之间的关系。

LS-DYNA 至少有 17 种状态方程，如线性多项式、JWL、GRUNEISEN、MURNAGHAN、IDEAL_GAS、TABULATED、IGNITION_AND_GROWTH_OF_REACTION_IN_HE，以及 CESE、DUALCESE、EM 等求解器内置的多种状态方程。此外，用户还可以自定义状态方程。

2.1.3 单元类型

单元类型有实体单元、厚壳单元、壳单元、梁单元、弹簧单元、杆单元、阻尼单元、质量单元等，每种单元类型又有多种单元算法可供选择，如图 2-3 所示。

2.1.4 接触类型

有近百种接触类型，如变形体对变形体接触、变形体对刚体接触、刚体对刚体接触、边边接触、侵蚀接触、拉延筋接触、SPH 专用接触、SPG 专用接触、DEM 专用接触、EM 专用接触等。图 2-4 为多体接触计算结果。

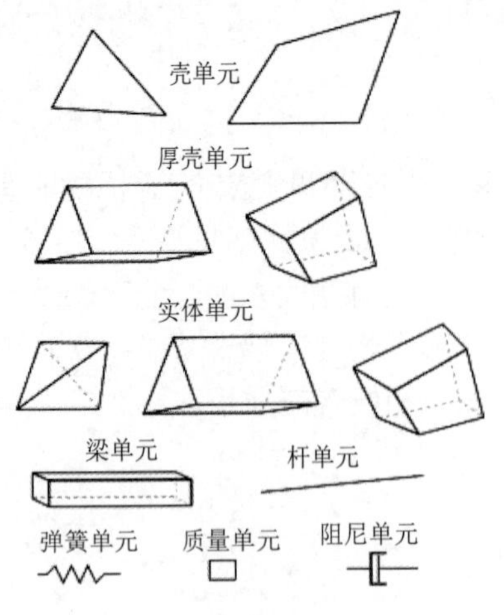

图 2-3 LS-DYNA 中的几种单元类型

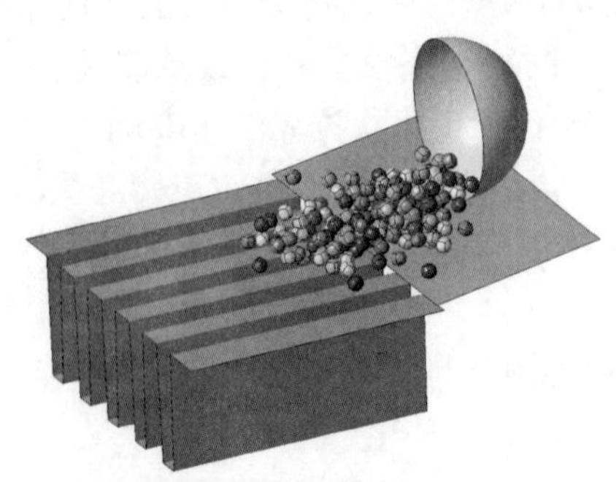

图 2-4 多体接触计算结果

2.1.5 汽车行业的专门功能

LS-DYNA 提供了用于汽车行业的焊点、安全带、滑环、预紧器、卷收器、传感器、加速度计、气囊、假人模型、与 Madymo 软件耦合等多种专门功能。LS-DYNA 垄断了国内外汽车厂商的碰撞安全性分析应用，据统计，全球超过 80%的汽车制造商将 LS-DYNA 作为首选碰撞分析工具，90%的一级供应商使用该工具。图 2-5 为气囊展开计算结果。

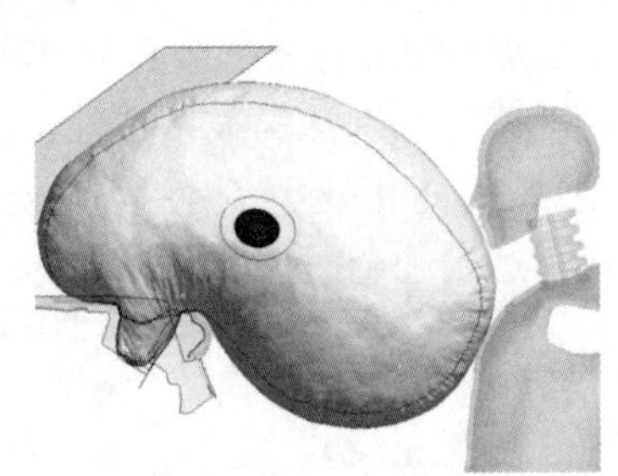

图 2-5 气囊展开计算结果

2.1.6 初始条件、载荷和约束定义功能

LS-DYNA 可以定义以下内容：

- 初始速度、初始应力、初始应变、初始动量（模拟脉冲载荷）。
- 高能炸药起爆。
- 节点载荷、压力载荷、体力载荷、热载荷、重力载荷。
- 循环约束、对称约束（可带失效）、无反射边界。
- 给定节点运动（速度、加速度或位移）、节点约束。
- 铆接、焊接（点焊、对焊、角焊）。
- 两个刚体之间的连接：球形连接、转动连接、柱形连接、平面连接、万向连接、平移连接。
- 位移/转动之间的线性约束、壳单元边与固体单元之间的固连。
- 带失效的节点固连。

2.1.7 自适应网格功能

自适应网格划分技术通常用于薄板冲压变形模拟、薄壁结构受压屈曲、三维锻压问题等大变形情况。

除了拉格朗日单元自适应网格外，LS-DYNA 中的无单元迦辽金法（EFG）（图 2-6）和任意拉格朗日欧拉（ALE）也可进行自适应网格重分。

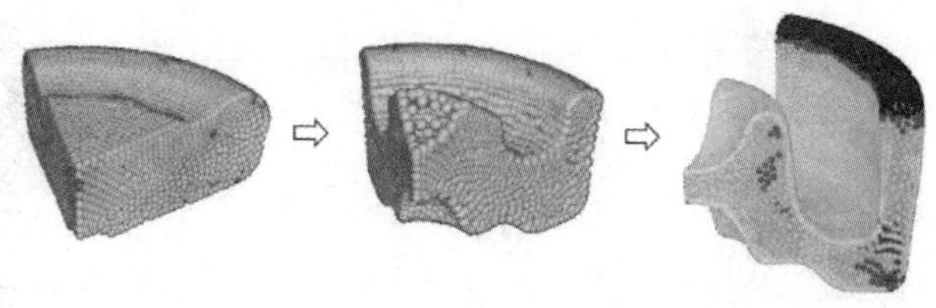

图 2-6　采用自适应 EFG 技术模拟金属锻压

2.1.8　刚体动力学功能

LS-DYNA 同样包含多体动力学方面的功能：

- 刚体。
- 刚体向变形体的切换。
- 变形体向刚体的切换。
- 刚体之间的连接：球形连接、转动连接、柱形连接、平面连接、万向连接、平移连接。
- 接触：刚体与变形体的接触、刚体与刚体接触。
- 几种离散单元（颗粒状）。

2.1.9　拉格朗日算法

拉格朗日算法是 LS-DYNA 最基本的算法，其优点是控制方程简单，求解过程非常高效，可自动跟踪不同材料的界面以及材料状态的动态变化，能够精确模拟应变率相关的材料热力学行为。针对一维、二维和三维单元，LS-DYNA 有多种拉格朗日算法，并可实现二维到二维、三维到三维、二维到三维和三维到二维的结果映射。

2.1.10　ALE 和 Euler 算法

ALE 算法和 Euler 算法可以克服 Lagrangian 单元严重畸变引起的数值求解困难，并可进行流-固耦合动态分析。在 LS-DYNA 程序中 ALE 和 Euler 算法有以下功能：

- 单物质 ALE 单元算法和单物质 Euler 单元算法。
- 多物质 ALE 单元，最多可达 20 种材料。
- 一维、二维、三维 ALE 单元算法。
- 一维到二维、一维到三维、二维到二维、二维到三维［图 2-7（a）］、三维到三维 ALE 结果映射。
- ALE 到 Lagrangian 结果映射［图 2-7（b）］。
- 若干种 Smoothing 算法选项。
- 一阶和二阶精度的输运算法。
- 空材料。
- 滑移和黏着 Euler 边界条件。
- 声学压力算法。

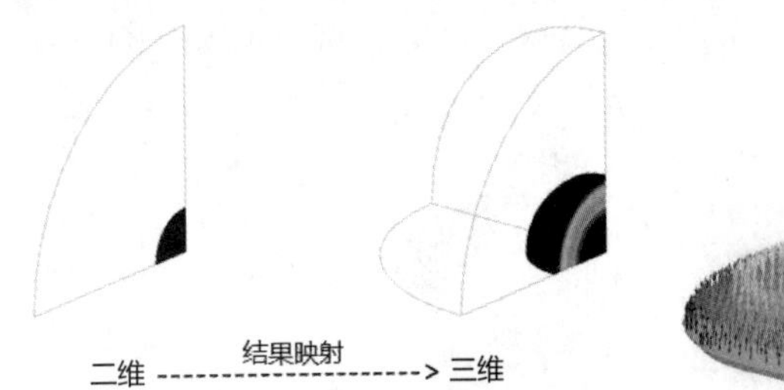

（a）二维 ALE 到三维 ALE 映射

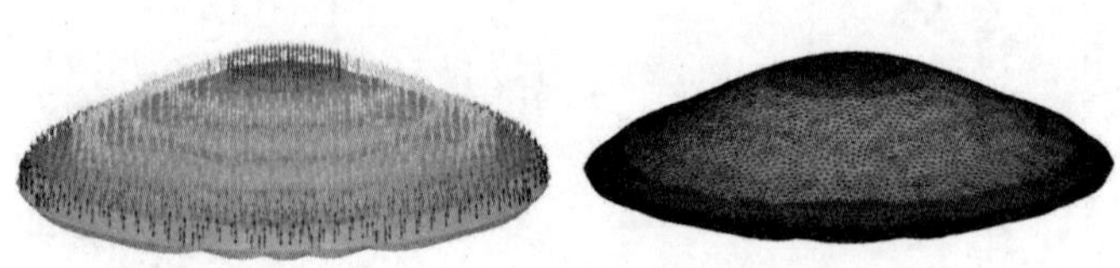

（b）三维 ALE 到三维 Lagrangian 映射

图 2-7　ALE 结果映射

- ALE 自适应网格技术。
- 结构化 S-ALE（Structured ALE）算法。
- 二维和三维流-固耦合算法。
- 与 Lagrangian 算法的壳单元、实体单元和梁单元耦合。
- 与 SPH 粒子的耦合。
- 与 SPG 粒子的耦合。
- 与 DEM 粒子的耦合。
- 与显式或隐式热学模块耦合。

2.1.11　SPH 算法

光滑粒子流体动力学（Smoothed Particle Hydrodynamics，SPH）算法是一种无网格 Lagrangian 算法，最早用于模拟天体物理问题，后来发现可用于解决其他物理问题，如液体流动、连续体结构的解体、碎裂、固体的层裂、脆性断裂等。SPH 算法不存在网格畸变和单元失效问题，在解决超高速碰撞、靶板贯穿等极度变形和破坏类型的问题上有着其他方法无法比拟的优势，具有很好的发展前景。图 2-8 为采用 SPH 算法模拟大坝泄洪。

图 2-8　采用 SPH 算法模拟大坝泄洪

近年来，LS-DYNA 中又实现了不可压缩 SPH（Incompressible SPH，ISPH），专门处理诸如汽车涉水、电机冷却、齿轮润滑等大型不可压缩流体仿真，允许比传统的显式 SPH 仿真更大的时间步长，计算耗时更少。

2.1.12　EFG 方法

无单元迦辽金法（Element Free Galerkin，EFG）方法可用于模拟结构的大变形问题，这种方法计算准确度很高，还具有自适应功能。图 2-9 为采用自适应 EFG 方法模拟金属切削过程。

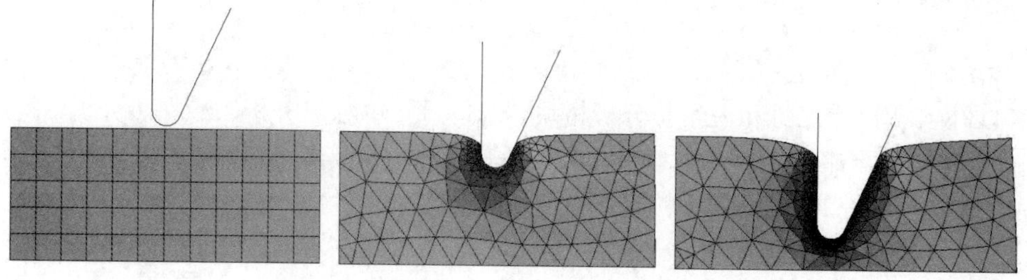

图 2-9　采用自适应 EFG 方法模拟切削过程

2.1.13　边界元方法

LS-DYNA 程序采用边界元法（Boundary Element Method，BEM）可分析各类声学问题，求解流体绕刚体或变形体的稳态或瞬态流动，该算法限于非黏性和不可压缩的附着流动。LS-DYNA 通过边界元声学与结构振动分析相结合，可以提供完整的振动声学解决方案，如图 2-10 所示。

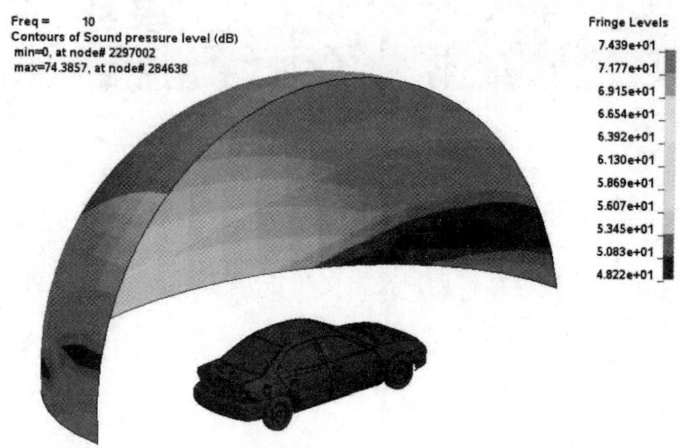

图 2-10　声学边界元方法用于计算辐射噪声

2.1.14　隐式算法

隐式算法用于非线性结构静、动力分析，包括结构固有频率和振型计算。LS-DYNA 中可以交替使用隐式求解和显式求解，进行薄板冲压成型的回弹计算、结构动力学分析之前施加预应力等。图 2-11 为螺栓预紧和车身顶压分析。

图 2-11　螺栓预紧和车身顶压分析

2.1.15 热分析

LS-DYNA 程序有二维和三维热分析模块，可以进行单独热分析、稳态热分析、瞬态热分析、与 Lagrangian 结构耦合分析、与 ALE/S-ALE 耦合分析、与 SPH 粒子耦合分析、与 SPG 粒子耦合分析等。图 2-12 为 SPH 粒子传热分析算例。

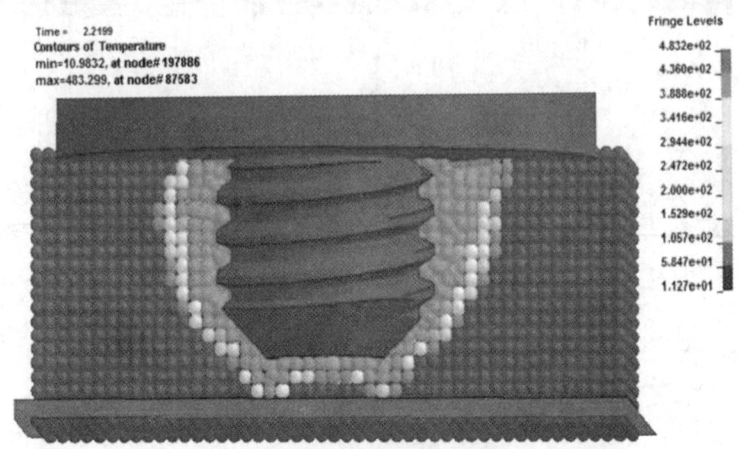

图 2-12　SPH 粒子传热分析算例

2.1.16 多功能控制选项

多种控制选项和用户子程序使得用户在定义和分析问题时有很大的灵活性。

- 输入文件可分成多个子文件。
- 用户自定义子程序。
- 重启动分析。
- 数据库输出控制。
- 求解感应控制开关监视计算状态。
- 单精度或双精度分析。

2.1.17 前后处理功能

多种前处理和后处理软件支持 LS-DYNA，如 TrueGrid、LS-PrePost、ANSYS、PATRAN、HYPERMESH、ETA/VPG、LS-INGRID、FEMB、EnSight、EASi-CRASH DYNA 和 LS-POST 等，可与大多数的 CAD/CAE 软件集成并有接口。

2.1.18 支持的硬件平台

LS-DYNA 可以被移植到所有常用的 HPC 平台，包括大规模并行版本（MPP——信息传递程序设计）、共享内存的版本（SMP——对称内存处理）和混合版本（CPU 内用 SMP，CPU 间用 MPP）以及对应的单精度和双精度版本。MPP 版本并行效率很高，可最大限度地利用已有的计算设备，大幅度减少计算时间。LS-DYNA SMP 和 MPP 并行效率比较如图 2-13 所示。

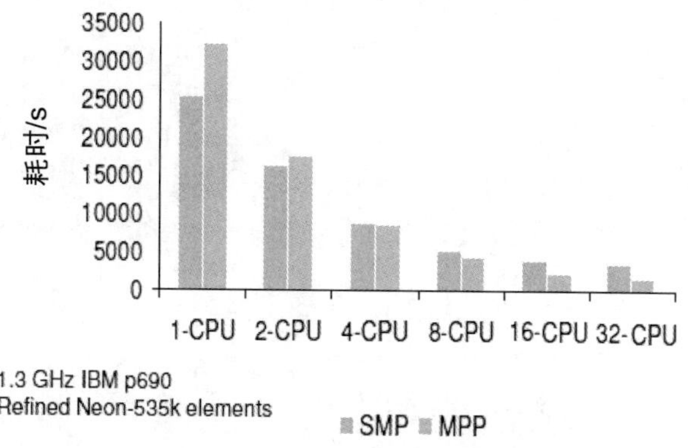

图 2-13 LS-DYNA SMP 和 MPP 并行效率比较

不同版本可以在 PC 机（Windows、Linux 环境）、工作站、超级计算机上运行。

2.2 LS-DYNA 最新发展

LS-DYNA 近年来发展极为迅猛，新增了 ICFD、CESE、DUALCESE、化学反应、离散元、电磁、SPG、XFEM、S-ALE、Peridynamics 等算法，多种求解器之间可以相互耦合，LS-DYNA 已逐渐发展成为一款功能全面的通用型多物理场求解器。多物理场软件 LS-DYNA 功能展示如图 2-14 所示。

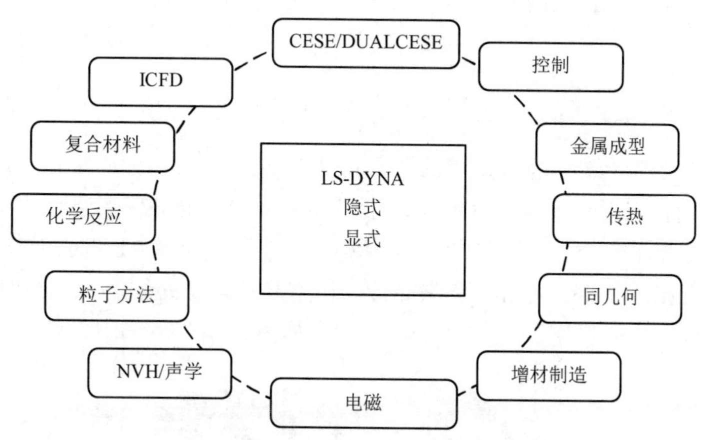

图 2-14 多物理场软件 LS-DYNA 功能展示

2.2.1 不可压缩流 ICFD 求解器

LS-DYNA 不可压缩流（ICFD）隐式求解器用于模拟分析瞬态、不可压、黏性流体动力学现象。目前已实现多种湍流模型。可对流体域自动划分三角形（二维模型）或四面体（三维模型）非结构化网格，适合于解决稳态、涡流、边界层效应以及其他长时流体问题。ICFD 求解器还可以采用 ALE 网格运动方法或网格自适应技术解决流体与结构之间的强/弱耦合问题。ICFD 求解器的典型应用包括汽车流场分析、旗帜风中摆动、心脏瓣膜开合、结构低速入水砰击等，这些问题中马赫数小于 0.3。ICFD 典型算例如图 2-15 所示。

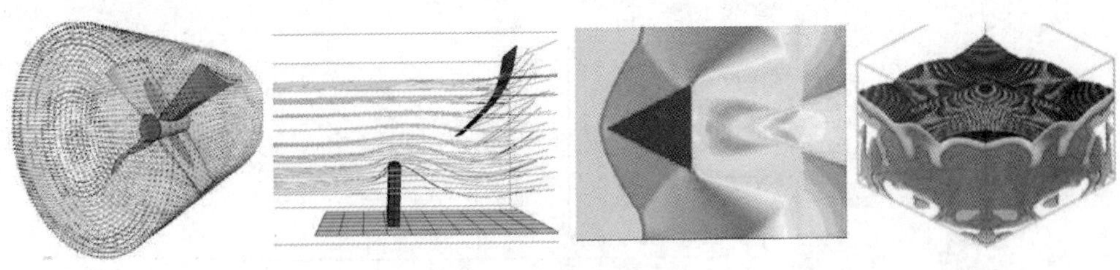

图 2-15　ICFD 典型算例

2.2.2　时-空守恒元/解元（CESE）和 DUALCESE 求解器

CESE 是高精度、单流体、可压缩流、显式求解器。采用 Euler 网格，能够精确捕捉非等熵问题细节，可用于超音速气动分析、高马赫数冲击波和声波传播计算、流-固耦合分析，这些问题中马赫数大都大于 0.3。图 2-16 为冲击波在拐角处的绕射计算结果和实验结果对比。

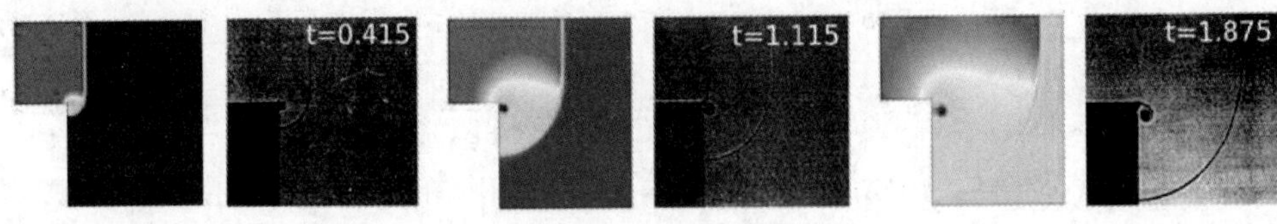

图 2-16　冲击波在拐角处的绕射计算结果和实验结果对比

ANSYS LST 还在 CESE 求解器基础上开发了 DUALCESE 求解器，可进行多相流和多流体计算。

2.2.3　微粒法（CPM）和粒子爆破法（PBM）

2004 年，LSTC 公司开始考虑将微粒法（Corpuscular Particle Method，CPM）用于气囊建模分析（图 2-17），这种方法基于分子运动理论，把由大量分子组成的系统简化为由少量粒子组成的模型，每颗粒子代表许多分子，这些刚性粒子遵循牛顿力学定律。LSTC 又在 CPM 基础上开发了粒子爆破法（Particle Blast Method，PBM），该方法可与 Lagrangian、SPH、DEM 方法耦合，用于模拟炸药对结构的作用，例如地雷在土中爆炸对装甲车辆的毁伤。

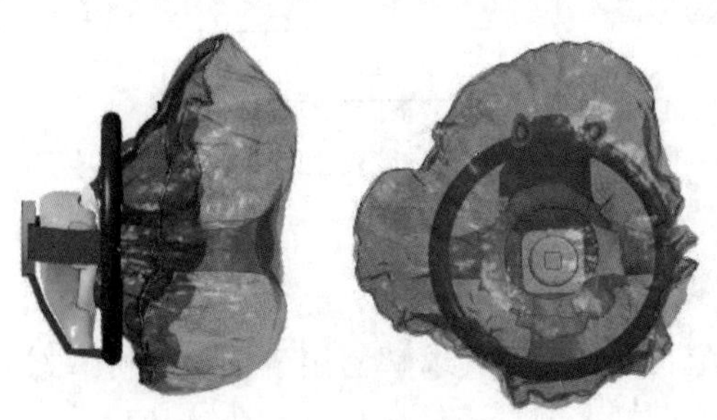

图 2-17　CPM 方法计算汽车气囊展开

2.2.4　离散元方法（DEM）

离散元方法（Discrete Element Method，DEM）起源于分子动力学，可用于模拟粒子之间的相互作用，如颗粒材料的混合、分离、注装、仓储和运输过程（图 2-18），以及连续体结构在准静态或动态条件下的变形及破坏过程。

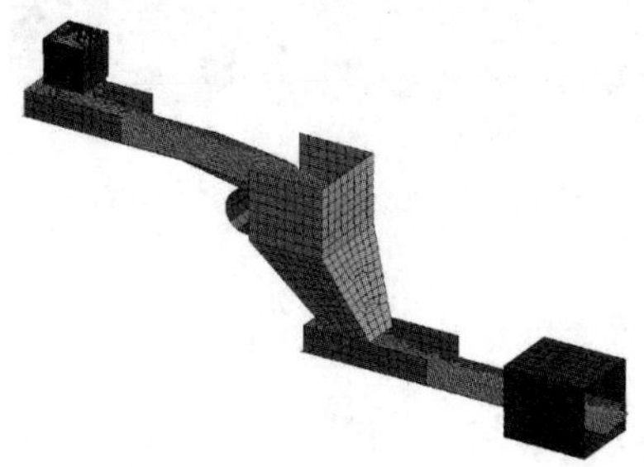

图 2-18　颗粒物质传送分析

2.2.5　电磁（EM）模块

电磁（Electromagnetism，EM）模块通过求解麦克斯韦方程模拟涡电流、感应加热（图 2-19）、电阻加热问题，可以与结构、热、ICFD 模块耦合，典型的应用有电磁金属成型和电磁金属焊接等。

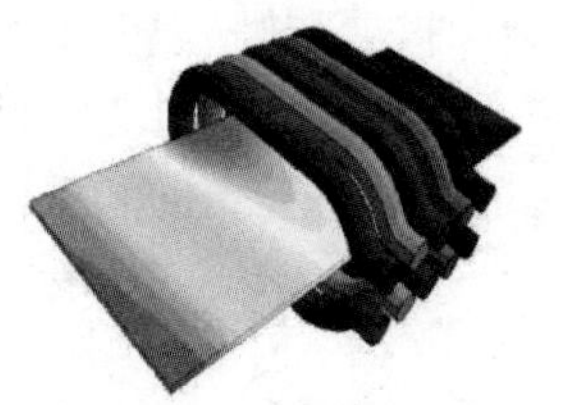

图 2-19　线圈电磁感应加热分析

2.2.6　近场动力学（PD）算法

LS-DYNA 是第一款引入近场动力学（Peridynamics，PD）方法的商业软件，这种方法基于不连续迦辽金有限元模拟脆性材料的三维断裂（图 2-20）。

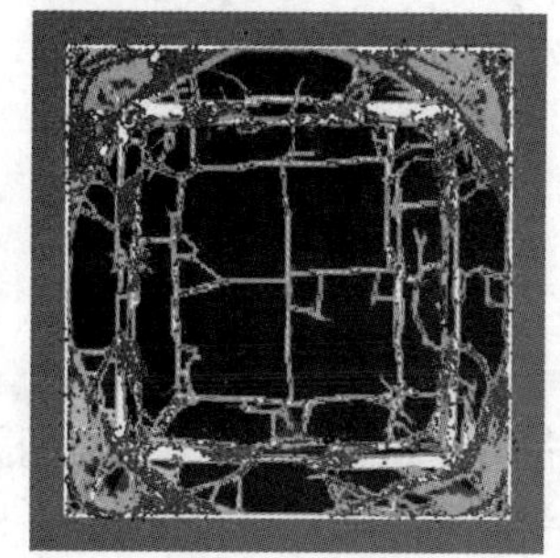

图 2-20　爆炸作用下玻璃碎裂模拟

2.2.7　光滑粒子迦辽金（SPG）算法

光滑粒子迦辽金（Smoothed Particle Galerkin，SPG）算法是 LS-DYNA 软件所独有的，适用于弹塑性（如金属）及半脆性（如混凝土）材料的失效与破坏分析，它已被成功应用于金属与混凝土及金属与金属的高速碰撞，金属的磨削、铆接、切削、流钻螺丝连接、自冲铆接、自攻螺丝连接及钻孔等过程的模拟计算。这些过程的共同特点就是由于材料失效和破坏的发生使得传统有限元仿真变得很困难。SPG 算法区别于其他失效与破坏算法的最显著特点是它可以不删除失效的单元，并且计算结果对网格划分和失效准则的敏感度不高。图 2-21 为不同金属之间铆接 SPG 模拟。

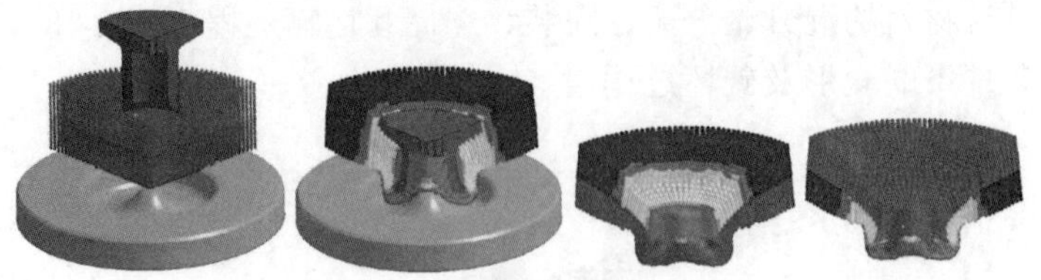

图 2-21　不同金属之间铆接 SPG 模拟

2.2.8　扩展有限元方法（XFEM）

传统有限元法在模拟结构的破坏时，其裂纹的位置必须沿着单元的边界，同时在裂纹尖端附近的节点位置也需特别处理，当裂纹成长时，网格亦须随之重建，建模分析工作很烦琐，可信度也不高。

扩展有限元方法（Extended Finite Element Method，XFEM）是基于单位分解（Partition of Unity）、水平集（Level Set）和内聚区模型（Cohesive Zone Model）的扩展有限元方法。XFEM 在有限元法近似函数中加入阶梯函数和裂纹尖端近似位移场的渐进函数，使其可以处理网格中不连续和奇异点问题，很适合于板壳结构的破坏失效和动态裂纹扩展的模拟分析。这种方法既可以应用于脆性/半脆性材料的断裂分析（采用基于应力的裂纹初始和扩展准则），也可以应用于延性材料的断裂分析（采用基于应变的裂纹初始和扩展准则）。由于裂纹可以穿越有限单元扩展，扩展壳单元可显著降低网格离散和网格取向对裂纹扩展的影响。延性材料的断裂分析中存在的网格尺寸效应也可以通过应变正则化（Strain Regularization）得以纠正。无预置裂纹高强钢结构三点弯曲 XFEM 模拟如图 2-22 所示。

图 2-22　无预置裂纹高强钢结构三点弯曲 XFEM 模拟

2.2.9　结构化任意拉格朗日欧拉（S-ALE）方法

S-ALE（Structured ALE）方法能够在 LS-DYNA 计算初始化阶段自动生成正交结构化 ALE 网格，可简化有限元建模过程，提高流-固耦合问题求解的稳定性，大大降低求解时间。自然破片战斗部爆炸过程 S-ALE 和 SPG 耦合模拟如图 2-23 所示。

图 2-23　自然破片战斗部爆炸过程 S-ALE 和 SPG 耦合模拟

2.2.10 随机粒子（STOCHASTIC PARTICLES）模块

随机粒子（STOCHASTIC PARTICLES）模块通过求解随机偏微分方程来描述粒子，目前实现了两种随机偏微分方程模型：温压炸药内嵌粒子模型和喷雾模型（图 2-24）。

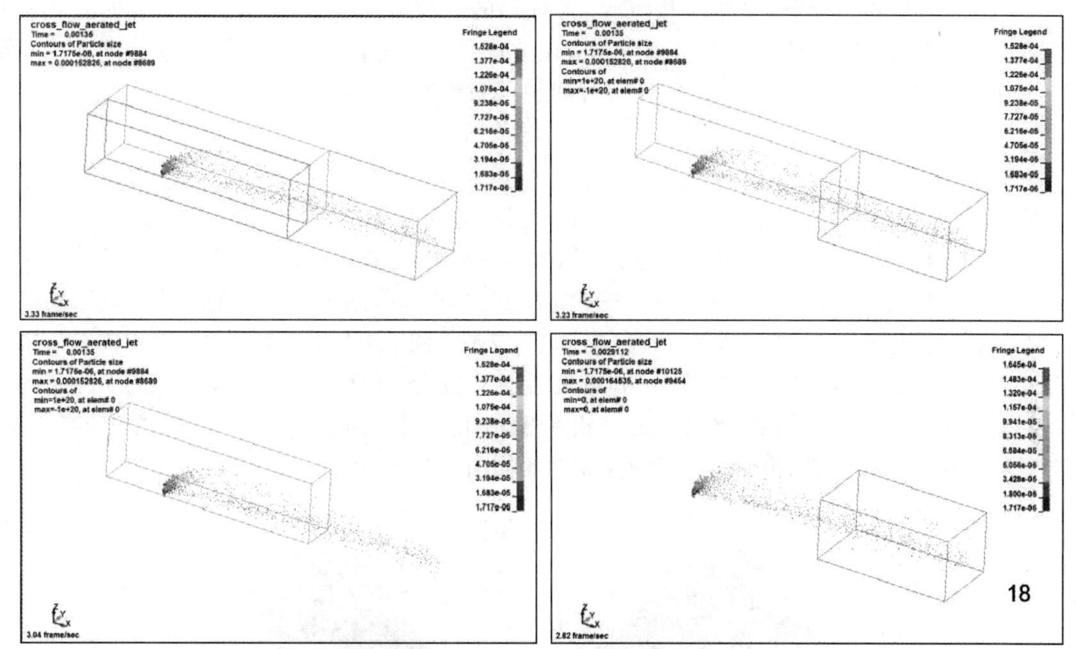

图 2-24　发动机喷嘴超音速横向流计算

2.2.11 化学反应（CHEMISTRY）模块

化学反应（CHEMISTRY）模块可模拟高能炸药如 TNT 与铝粉反应、气囊烟火药燃烧反应、气体爆炸与结构的作用、核容器的多尺度分析等化学反应问题（图 2-25）。

图 2-25　H_2、O_2、Ar 混合气体化学反应计算

2.2.12 *DEFINE_OPTION_FUNCTION 函数定义功能

*DEFINE_OPTION_FUNCTION 系列关键字包括：*DEFINE_FUNCTION、*DEFINE_CURVE_FUNCTION 和*DEFINE_FUNCTION_TABULATED。

这里之所以将其单独列出作为 LS-DYNA 软件的一个最新功能，是因为这三个关键字采用一种类似 C 语言的脚本语言，不用编译，应用非常广泛，可自由灵活地定义各类载荷，例如引用计算时间、几何坐标、速度、温度、时间和压力等作为载荷变量。

2.2.13 同几何分析功能

同几何分析（Isogeometric Analysis，IGA），又称等几何分析，是 Hughes 等提出的一种能直接建立在 CAD 几何模型基础上的计算方法，这种方法采用 CAD 的几何计算公式（如各种不同的几何基函数）代替传统有限元分析中使用的拉格朗日插值，同时采用有限元方法中的计算思路，来进行工程计算分析。LS-DYNA 从 2014 年开始开发基于同几何分析法的壳单元、实体单元和修剪壳单元，并已用于显式和隐式分析、模态分析及接触分析。现在 LS-DYNA 可以使用曲面网格替代以前的平面网格，在不减少网格尺寸（不降低时间步长）的前提下，提高曲面模拟的精度。有限元模型和同几何模型的塑性应变计算结果对比如图 2-26 所示。

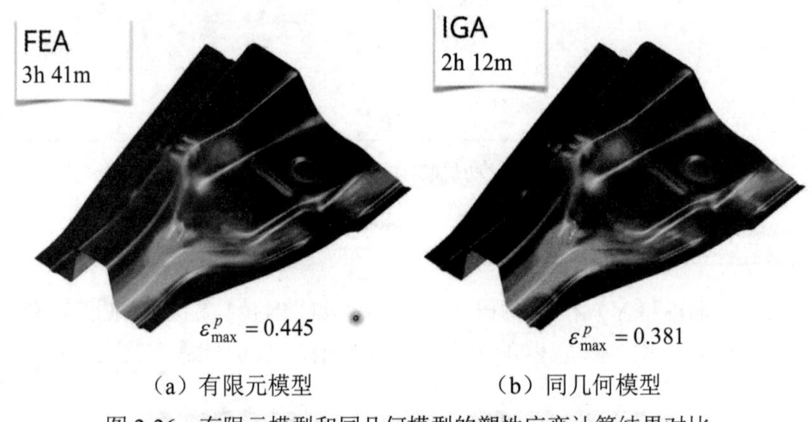

（a）有限元模型　　（b）同几何模型

图 2-26　有限元模型和同几何模型的塑性应变计算结果对比

2.2.14 转子动力学

转子动力学（Rotational Dynamics）是一门研究转动结构动力学特性的科学，其研究对象包括发动机、涡轮机和计算机硬盘等中的旋转部件。在转子动力特性的研究中，临界转速尤其是大家关注的重点，因为它会引起共振现象，从而导致旋转部件产生很大的变形，以至于整个结构出现不稳定振动。为了确定临界转速，有必要对旋转部件进行模态分析，并研究其频率随着转速的变化情况，即坎贝尔图。除此之外，转子在非平衡力作用下的动态响应对转动结构的安全性影响也非常重要。现有的分析通常不考虑陀螺效应及离心软化效应，而这些效应对转子的动态响应及模态响应影响非常大，为此 LS-DYNA 加入了转子动力学，研究离心力作用下的静态响应、陀螺效应及离心软化效应如何影响转子的动态响应及频谱响应（图 2-27）。

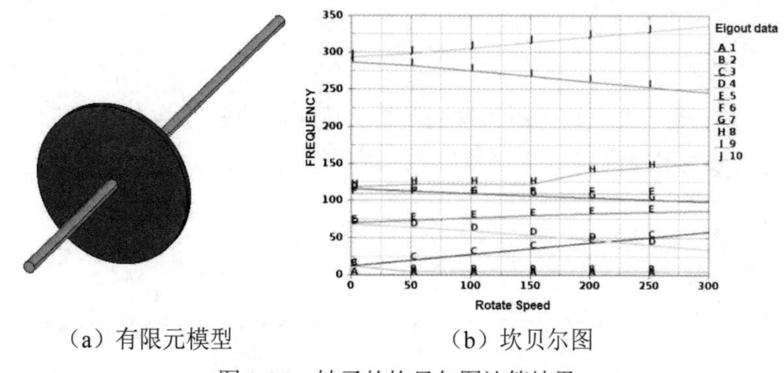

（a）有限元模型　　（b）坎贝尔图

图 2-27　转子的坎贝尔图计算结果

2.2.15　钣金成型行业的专门功能

LS-DYNA 在钣金冲压成型模拟中的应用始于 1990 年左右，经过多年的发展，已经成为这个领域的主流求解软件。LS-DYNA 新增的很多功能（如成型接触类型、拉延筋、自适应细化和粗化网格、回弹预测和补偿、修边、最佳拟合、网格质量的自动检查、钣金初始形状计算等）对钣金成型模拟产生巨大影响，并在生产中得到广泛的应用，如图 2-28 所示。但是，长期以来一直依赖第三方软件用户界面，导致求解器的优点不能充分体现。为此，ANSYS LST 推出了全新的冲压成型分析工具 Ansys Forming，该软件高度集成了前、后处理功能，利用 LS-DYNA 的最新技术，保证高效且精确地求解。

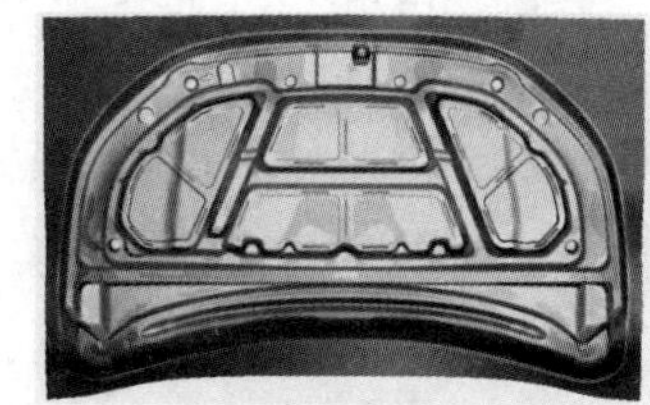

图 2-28　钣金冲压成型分析

除钣金冲压成型外，LS-DYNA 也能用于其他成型工艺的仿真，如管成型、切割、挤压、脉冲成型、锻造、轧制、焊接、卷边、翻边、电磁成型和弯曲成型等。这些方面的应用可涉及到不同学科之间的耦合，如拉格朗日自适应网格、EFG 及其自适应网格、无网格法、不同时间步切换、ALE、热分析、刚体动力学等功能都可以同时使用。

2.2.16　NVH、疲劳和频域分析

从 LS-DYNA 971 R5 开始，LS-DYNA 逐渐增加了一些频域内振动和声学分析的计算功能，这些新功能包括：频率响应函数、稳态振动、随机振动和随机疲劳（图 2-29）、反应谱分析、有限元声学和边界元声学等。

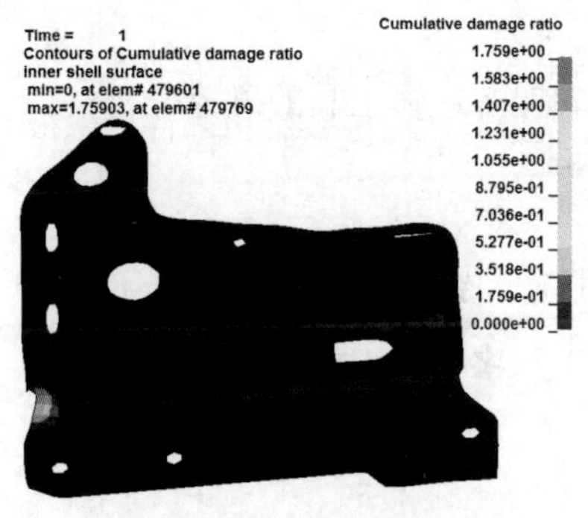

图 2-29　结构疲劳分析

2.2.17 多尺度分析

LS-DYNA 开发了数种多尺度分析方法来解析大尺度结构分析中的几何细节，例如子模型、代表性体积单元、深度材料网络、双重尺度几何协同仿真等。

2.3 LS-DYNA 未来发展重点

在过去的二十多年中，LSTC 公司（2019 年被 ANSYS 收购后改称为 ANSYS LST 公司）秉承“一个软件，一个模型，多种应用”的理念，致力于将 LS-DYNA 打造成一款高度可扩展的软件，努力为用户创造一个统一的模拟环境，在工程设计阶段不必采用多个计算软件，而是仅采用一个 LS-DYNA 计算模型即可进行大规模、多物理场、多尺度、多工序、多阶段、全模型、线性和非线性、静态和瞬态的计算。

以下是 LS-DYNA 未来发展的重点：

- 电磁。
- 声学。
- 可压缩流和不可压缩流。
- 同几何壳单元和实体单元，同几何接触算法。
- 离散元。
- 无网格方法，如 SPH、SPG 和 EFG 单元算法。
- 近场动力学。
- 基于气囊折叠和 THUMS 假人姿态调整的分析。
- 控制系统，可连接第三方控制系统软件。
- 复合材料加工。
- 汽车碰撞安全分析中的电池响应。
- 可扩展至巨多核数的稀疏求解器。
- 多尺度分析功能。

2.4 LS-DYNA 应用领域

LS-DYNA 的应用可分为民用和国防两大类。

民用领域的应用主要有：

- 汽车、飞机、火车、轮船等运输工具的碰撞分析。
- 汽车安全气囊展开分析。
- 乘客被动安全。
- 金属成型，如滚压、挤压、铸造、锻压、挤拉、切割、超塑成型、薄板冲压、仿形滚压、深拉伸、液压成型、多阶段工序等。
- 金属切割。
- 汽车零部件的机械制造。
- 塑料成型，玻璃成型。

- 生物和医学工程，如血液流动、骨折、心脏瓣膜工作模式、运动员运动受力分析。
- 地震工程。
- 消费品的跌落安全性分析。
- 电子封装。
- 电子产品受热分析。
- 地震作用下建筑物、核废料容器等结构的安全性分析。
- 点焊、铆接、螺栓联结。
- 流体—结构相互作用，如油箱晃动。
- 运输容器设计。
- 公路桥梁设计。
- 爆破工程的设计分析。
- 增材制造（3D 打印）。

国防领域的应用主要有：

- 战斗部结构的设计分析。LS-DYNA 可轻松实现杀爆战斗部数十万破片爆炸抛撒模拟，如图 2-30 所示。

图 2-30　异形杀爆战斗部爆炸后破片抛撒模拟

- 内弹道发射对结构的动力响应分析。
- 外弹道气动力学分析。
- 终点弹道的爆炸驱动和破坏效应分析。
- 侵彻过程与爆炸成坑模拟分析。
- 飞行器鸟撞和叶片包容性分析。
- 武器装备空投分析。
- 军用设备和结构设施受碰撞和爆炸冲击加载的结构动力分析。
- 介质（包括空气、水和地质材料等）中爆炸及对结构作用的全过程模拟分析。
- 军用新材料（包括炸药、复合材料、特种金属等）的研制和动力特性分析。
- 火箭级间爆炸分离模拟分析。
- 爆炸容器优化分析。
- 超高速碰撞模拟，如太空碎片对宇航器和航天员的危害分析。
- 特种复合材料设计。
- 战场上有生力量的毁伤效应分析。

2.5 LSTC 产品相关资源网站

ANSYS LST、DYNAmore GmbH 等多家公司网站上有许多关于 LS-DYNA 和 LS-PrePost 的算例、动画、教程、论文，可供大家下载学习使用。常用的 ANSYS LST 产品相关资源网站有：

（1）ftp.lstc.com。这是 LS-DYNA 开发商 ANSYS LST 公司的官方 FTP，从该 FTP 上可下载最新的 LS-DYNA 软件、优化求解器 LS-OPT 和 LS-TaSC、前后处理软件 LS-PrePost、各种版本用户手册、一些关键字文件和假人模型等。

（2）www.lstc.com（访问时会自动跳转至新网页 https://lsdyna.ansys.com）和 www.ls-dyna.com。这两个均是 ANSYS LST 公司的官方网站，从 www.lstc.com 上可下载 LS-DYNA 培训课程介绍、各种版本用户手册和 LS-PrePost 网上教程。www.ls-dyna.com上有许多 LS-DYNA 算例的 AVI 动画。

（3）www.feainformation.com。这个网站上有 ANSYS LST 公司产品的最新发展动态。

（4）www.dynalook.com。此网站上有历届 LS-DYNA 国际会议和欧洲会议论文集，这两类会议隔年错开举行，均是每两年一次。

（5）www.dynaexamples.com。这个网站上有许多 LS-DYNA 算例，包括关键字输入文件，本书的部分算例也来自该网站。

（6）www.dynasupport.com。此为 LS-DYNA 官方技术支持网站，这个网站上有许多关于 LS-DYNA 的教程、常见问题解答、手册和发行说明。

（7）www.lsoptsupport.com。ANSYS LST 公司另一产品 LS-OPT 优化求解器的技术支持网站。

（8）www.dummymodels.com。这个网站上有许多关于 LS-DYNA 假人模型及其验证情况的详细说明。

（9）www.topcrunch.com。这个网站上可以找到 LS-DYNA 在不同硬件平台上的基准测试结果，可用于硬件性能的评估和比较。

（10）blog.d3view.com。这个网站上有许多关于 LS-DYNA 功能的各种评论和详细信息。

（11）www.ncac.gwu.edu/vml/models.html。这个网址由 NCAC 维护，提供了各种车辆和道路隔离护栏的有限元模型。

（12）www.lstc-cmmg.org。ANSYS LST 计算和多尺度分析小组（Computational and Multi-scale Mechanics Group）网站。

（13）www.dynamore.de。德国 DYNAmore GmbH 公司官方网站，上面有许多动画和文章可供下载。

（14）www.lancemore.jp。日本 LS-DYNA 代理公司网站，上面有许多有关 LS-DYNA 新功能的算例动画。

（15）http://tech.groups.yahoo.com/group/LS-DYNA/。雅虎上的 LS-DYNA 技术讨论组。

（16）http://groups.yahoo.com/group/ls-prepost/。雅虎上的 LS-PrePost 技术讨论组。

（17）https://v.ansys.com.cn/。ANSYS在线论坛。

2.6 LS-DYNA 专用前后处理软件 LS-PrePost 功能简介

LS-PrePost是一款专为LS-DYNA开发的免费的有限元前后处理软件，主要用于LS-DYNA

计算模型的创建、导入、编辑、导出和 LS-DYNA 计算结果的可视化，可运行在 Windows、Linux 和 UNIX 系统上，具有操作简便、运行高效的特点。当前最新版本是 2022 年 3 月发布的 LS-PrePost 4.9 版。

2.6.1 主要功能

（1）LS-PrePost 核心功能。

- 几何实体建模和网格划分。
- 面向所有最新 CAD 数据格式的几何清理及模型修改。
- LS-DYNA 输入数据的创建及修改。
- 全面支持 LS-DYNA 关键字。
- 全面支持 LS-DYNA 结果文件。
- LS-DYNA 模型编辑及检查。
- 高级后处理及可视化。
- 面向特定领域的应用模块。

（2）前处理功能。

- 基于尺寸或偏差的曲面网格自动划分功能（面向冲压应用）。
- 基于索引空间技术的实体模型六面体网格划分功能，这与 TrueGrid 块体网格划分方式类似。
- 由不同实体生成单元网格的功能，如拖曳直线以生成壳单元、平移壳单元生成实体单元或由实体面生成壳单元。
- 简单几何体的网格生成，即块、球、圆柱体、平板等实体的网格生成。
- LS-DYNA 数据的创建与修改，如坐标系、边界条件、初始条件、点、压力载荷、刚体约束、接触定义、刚体墙、载荷曲线以及集合数据等。
- 关键字数据创建与编辑，如材料数据、输出定义、控制参数、截面属性等。
- 面向特定领域的应用，如金属钣金成型工艺创建、安全气囊折叠、假人模型姿态调整、安全带匹配、穿透检查及模型的综合检查。

（3）后处理功能。

- 基于 RGB 或其他格式图片文件的输出。
- 云图渲染和基于云图数据的动画演示。
- 面向特征分析模型动画。
- 面向 D3PLOT、ASCII、BINOUT 及用户自定义数据的时间历程曲线绘制。
- 粒子数据模型的可视化。
- 计算流体力学数据的可视化。
- 数据通用测量。
- 切片显示。

（4）批处理和二次开发功能。

- 批处理运行模式。
- 命令行文件的创建与执行。
- 宏命令。

- 面向重复命令的脚本语言。
- 自定义按钮。
- 基于 SCL 语言的二次开发。
- 基于 LS-READER 语言的二次开发。
- 基于 Keyword READER 的二次开发。

2.6.2 主界面

LS-PrePost 安装完成后，第一次打开软件后进入图 2-31（a）所示的界面，此界面为软件新界面。对于 LS-PrePost V4.6 以前的旧版本，按快捷键 F11 可进入如图 2-31（b）所示的旧界面。

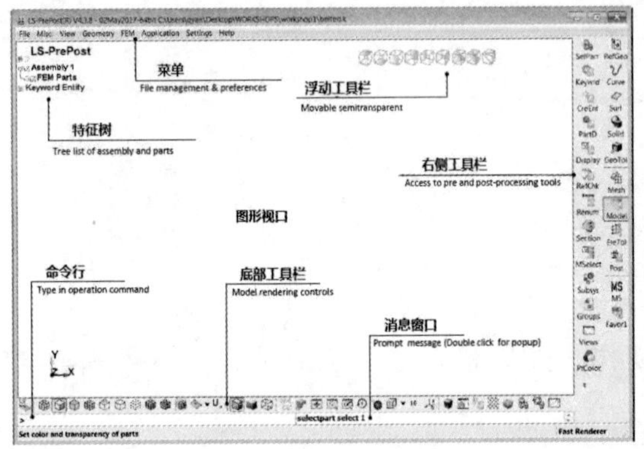

（a）新界面　　　　（b）旧界面

图 2-31　LS-PrePost 主界面

对于 LS-PrePost V4.6 以后的新版本，不再保留旧界面，但通过单击菜单栏 Help→Old to New（图 2-32），可以查看旧界面和新界面的功能对应关系，如图 2-33 所示。很多习惯使用旧界面的用户不喜欢 LS-PrePost 新界面，通过该菜单可以获取旧界面的相关功能。

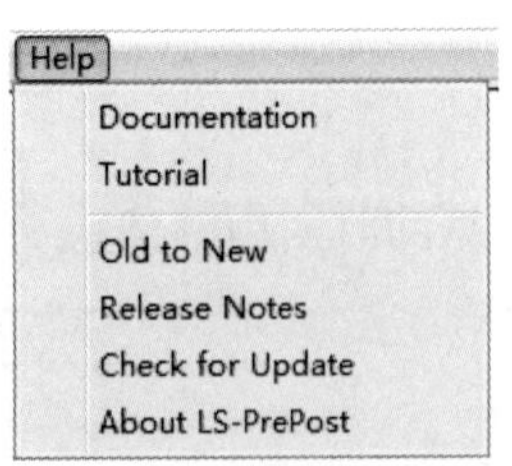

图 2-32　Help 子菜单

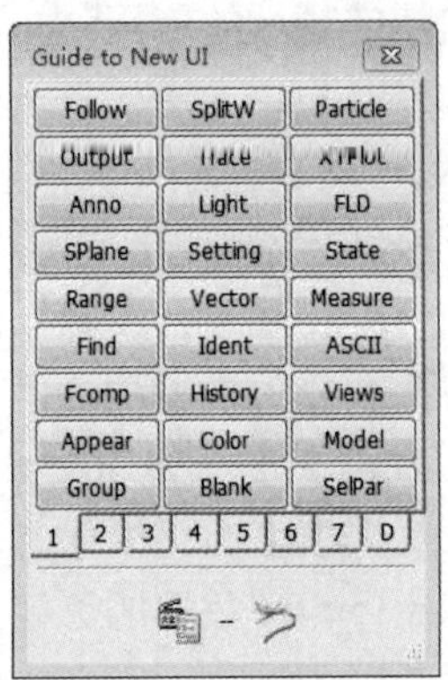

图 2-33　新旧用户界面的对应关系

2.6.3 鼠标与键盘主要操作

（1）动态模型操作。需要同时按下 Shift 或 Ctrl 键，按下 Ctrl 时，模型以 edge 模式显示。

- 旋转：Shift+鼠标左键。

- 平移：Shift+鼠标中键。
- 缩放：Shift+鼠标右键或 Shift+滚轮。

（2）图形拾取。

- Pick：单一拾取，采用鼠标左键单击拾取。
- Area：采用矩形框拾取，采用鼠标左键单击，然后拖拉拾取。
- Poly：采用多边形拾取，采用鼠标左键单击角点，右键单击结束拾取。

（3）列表选择。

- 连续多选：鼠标左键拖拉或 Shift+鼠标左键。
- 多选：按住 Ctrl，在列表中单击拾取多个项目。

（4）鼠标悬停在工具栏的图标及其功能选项上，可以在状态栏上显示相应的帮助信息。

2.6.4　泰勒杆网格划分例子

圆柱形泰勒杆半径为 5mm，长度为 70mm。半径和长度方向网格划分数量分别为 10 和 140。LS-PrePost 有多种针对圆柱体的网格划分方法，这里仅介绍两种。

（1）Shape Mesher 网格划分方式（图 2-34）。具体操作过程如下：

1）在 LS-PrePost 新界面中依次单击以下按钮，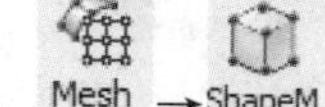。

2）在弹出的网格划分对话框中选择 Entity:Cylinder Solid，输入泰勒杆尺寸和网格划分数。

3）依次单击按钮 Create、Accept 和 Done，接受网格。

4）单击主菜单 File→Save As→Save Keyword As...，保存网格。

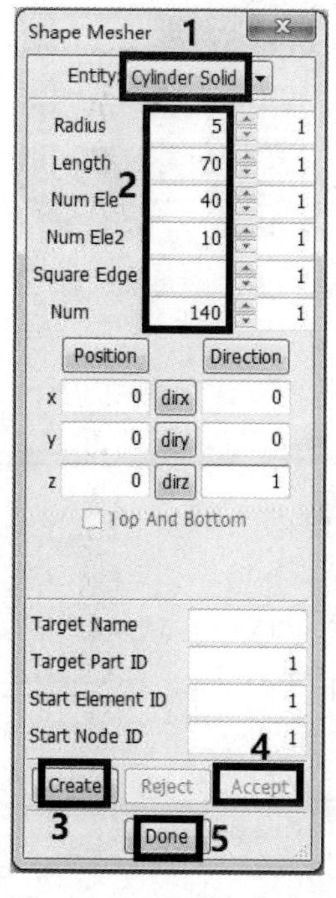

（a）Shape Mesher 网格划分对话框

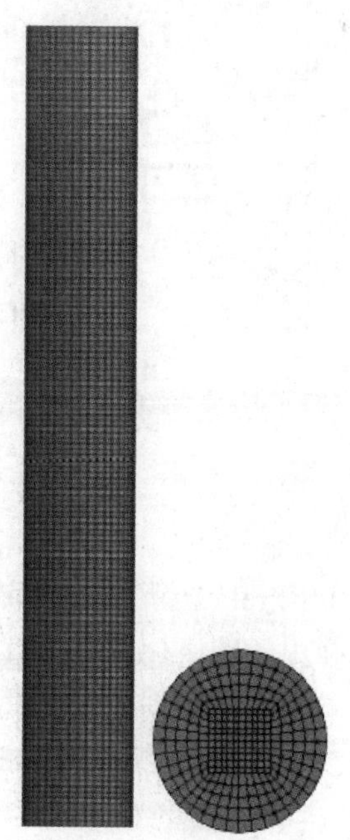

（b）泰勒杆网格

图 2-34　泰勒杆网格划分（1）

（2）Block Mesher 网格划分方式（图 2-35）。具体操作过程如下：

1）在 LS-PrePost 新界面中依次单击以下按钮，。

2）在弹出的网格划分对话框中选择蝴蝶形网格划分方式（Type:Butterfly Blocks），输入泰勒杆尺寸和网格划分数。

3）依次单击按钮 Create、Accept 和 Done，接受网格。

4）单击主菜单 File→Save As→Save Keyword As...，保存网格。

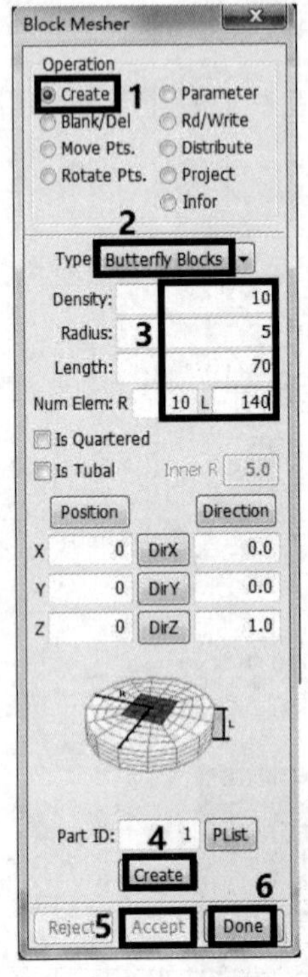

（a）Block Mesher 网格划分对话框　　　　（b）泰勒杆网格

图 2-35　泰勒杆网格划分（2）

2.6.5　离散元粒子填充例子

在方盒里填充离散元粒子（图 2-36），具体操作过程如下：

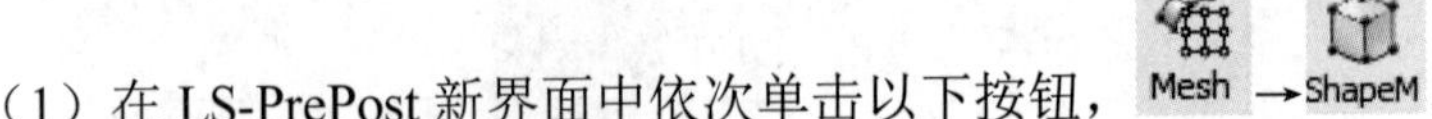

（1）在 LS-PrePost 新界面中依次单击以下按钮，Mesh →ShapeM。

（2）在弹出的网格划分对话框中选择 Entity:Box Shell。

（3）在弹出的网格划分对话框中输入方盒尺寸和网格划分数。

（4）依次单击按钮 Create、Accept 和 Done，接受方盒网格。

（5）单击按钮 。

（6）单击方盒，并输入粒子半径及其占比。

（7）依次单击按钮 Create、Accept 和 Done，接受网格。

（8）依次单击按钮 Model→SelPart，仅选择 2 Disc_Sphere_2。

（9）单击主菜单 File→Save As→Save Active Keyword As...，保存离散元粒子。

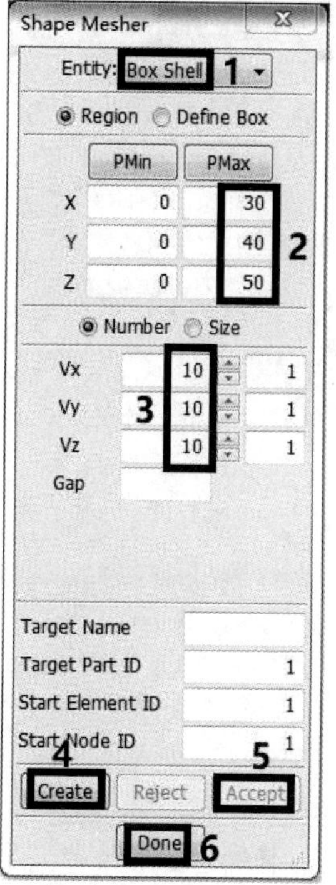

（a）方盒网格划分对话框

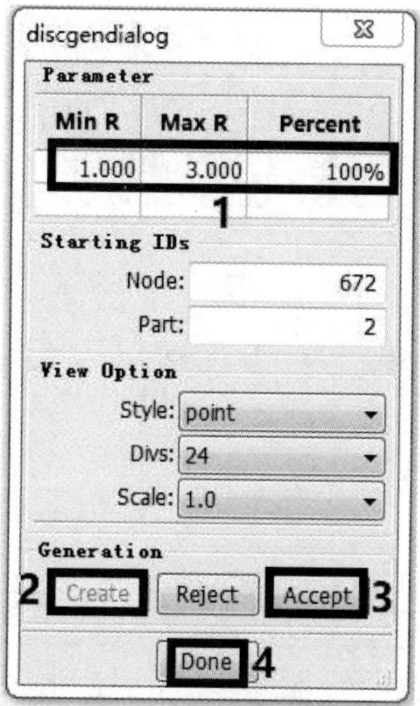

（b）离散元粒子填充对话框

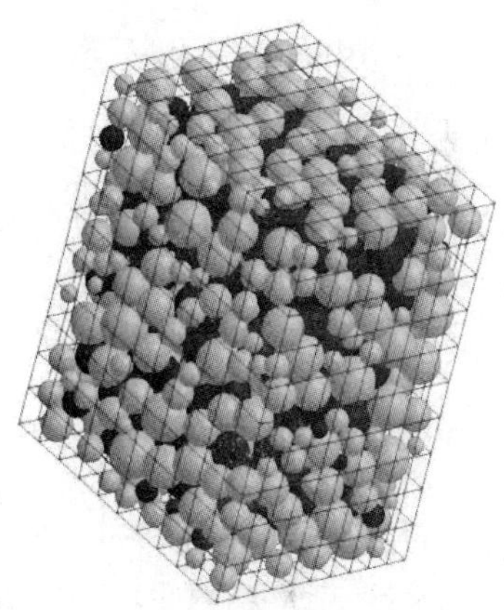

（c）方盒内的离散元粒子

图 2-36　离散元粒子填充

第 3 章　入门篇——LS-DYNA 基础知识

3.1　计算单位制

LS-DYNA 软件并不限定在计算中必须使用何种单位制。

3.1.1　力学单位

在 LS-DYNA 中不同力学单位的定义：
1 力单位＝ 1 质量单位 ×1 加速度单位
1 加速度单位 =1 长度单位/1 时间单位的平方
表 3-1 提供了一些力学单位换算关系。

表 3-1　数值计算常用力学单位换算表

质量	长度	时间	力	应力	能量	密度	杨氏模量	速度（56.3km/h）	重力加速度
kg	m	s	N	Pa	Joule	7.83E3	2.07E11	15.65	9.806
kg	cm	s	1.0E-2N			7.83E-3	2.07E9	1.56E3	9.806E2
kg	cm	ms	1.0E4N			7.83E-3	2.07E3	1.56	9.806E-4
kg	cm	μs	1.0E10N			7.83E-3	2.07E-3	1.56E-3	9.806E-10
kg	mm	ms	1.0E3N	GPa	1.0E3N.mm	7.83E-6	2.07E2	15.65	9.806E-3
g	cm	s	dyne	dyne/cm^2	erg	7.83	2.07E12	1.56E3	9.806E2
g	cm	μs	1.0E7N	Mbar	1.0E7N.cm	7.83	2.07	1.56E-3	9.806E-10
g	mm	s	1.0E-6N	Pa		7.83E-3	2.07E11	1.56E4	9.806E3
g	mm	ms	N	MPa	N.mm	7.83E-3	2.07E5	15.65	9.806E-3
ton	mm	s	N	MPa	N.mm	7.83E-9	2.07E5	1.56E4	9.806E3
lbf.s^2/in	in	s	lbf	psi	lbf.in	7.33E-4	3.00E7	6.16E2	386
slug	ft	s	lbf	psf	lbf.ft	15.2	4.32E9	51.33	32.17
kgf.s^2/mm	mm	s	kgf	kgf/mm^2	kgf.mm	7.98E-10	2.11E4	1.56E4	9.806E3
kg	mm	s	1.0E-3N	1000Pa		7.83E-6	2.07E8	1.56E4	9.806E3
g	cm	ms		100000Pa		7.83	2.07E6	1.56	9.806E-4

3.1.2　热学单位

热-结构耦合分析的国际单位制见表 3-2～表 3-4。

表 3-2　国际单位制基本单位

温度	kelvin	K

表 3-3　国际单位制导出单位

功、能量	joule	J=N·m
功率	watt	W=J/s

表 3-4　国际单位制导出量

热传导系数（k）	W/(m.K)
比热（C_p）	J/(kg.K)
热流密度	W/m^2

在进行热-结构耦合分析时，也要采用协调一致的单位制。表 3-5 是用于金属冲压成型的典型单位。当功的力学单位和能量的热学单位不匹配时就会出现问题，有两种方法来实现单位制的协调一致。

方法 1：将热学单位转换为力学问题中的基本单位。如表 3-5 中的第 1 套和第 2 套单位制所示。第 1 套力学单位中的热学单位是焦耳和瓦特，而第 2 套却不是，虽然第 2 套也协调一致，但其中的热学单位并不为大家所熟知。

方法 2：热能用国际单位焦耳，然后定义热功转换的力学等效，例如表 3-5 中的第 3 套单位。热功当量换算系数通过*CONTROL_THERMAL_SOLVER 关键字来输入。

表 3-5　用于金属冲压成型的 3 套典型单位制

质量	长度	时间	力	压力	功或能量	热功当量	密度	弹性模量	热传导系数	比热	热流密度
国际单位											
kg	m	s	N	Pa	N.m=J	N.m=J	kg/m^3	Pa	W/(m.K)	J/(kg.K)	W/m^2
						1.0	7.87E3	2.05E11	5.19E1	4.86E2	1.0
第 1 套单位											
kg	mm	ms	kN	GPa	N.m=J	kN.mm=J	kg/mm^3	GPa	kW/(mm.K)	J/(kg.K)	kW/mm^2
						1.0	7.87E-6	2.05E2	5.19E-5	4.86E2	1.0E-9
第 2 套单位											
ton	mm	s	N	MPa	N.mm	不适用	ton/mm^3	MPa	Ton.mm/(s^3.K)	mm^2/(s^2.K)	ton/s^3
						1.0	7.87E-9	2.05E5	5.19E1	4.86E8	1.0E-3
第 3 套单位											
ton	mm	s	N	MPa	N.mm	N.mm=10^{-3}J	ton/mm^3	MPa	W/(mm.K)	J/(ton.K)	W/mm^2
						1.0E-3	7.87E-9	2.05E5	5.19E-2	4.86E5	1.0E-6

3.1.3 电磁学单位

对于电磁学，一致单位换算见表 3-6。

表 3-6 电磁学一致单位换算

	USI	等效（$[kg]^\alpha \times [m]^\beta \times [s]^\gamma$）			例 1	例 2
Mass	kg	$[kg]^\alpha$	$[m]^\beta$	$[s]^\gamma$	g	g
Length	m				mm	mm
Time	s				s	ms
Energy	J	1	2	-2	1E-9	1E-3
Force	N	1	1	-2	1E-6	1
Stress	Pa	1	-1	-2	1	1E6
Density	kg/m^3	1	-3	0	1E6	1E6
Heat capacity	J/(kg.K)	0	2	-2	1E-6	1
Thermal Cond.	J/(m.s.K)	1	1	-3	1E-6	1E3
Current	A	0.5	0.5	-1	1E-3	1
Resistance	Ohm	0	1	-1	1E-3	1
Inductance	H	0	1	0	1E-3	1E-3
Capacity	F	0	-1	1	1E-3	1
Voltage	V	0.5	1.5	-2	1E-6	1
B field	T	0.5	-0.5	-1	1	1E3
Conductivity	1/(Ohm.m)	0	-2	1	1E6	1E3

3.1.4 ICFD 单位

对于 ICFD，一致单位换算见表 3-7。

表 3-7 ICFD 一致单位换算

	USI	等效（$[kg]^\alpha \times [m]^\beta \times [s]^\gamma$）			例 1	例 2
Mass	kg	$[kg]^\alpha$	$[m]^\beta$	$[s]^\gamma$	g	g
Length	m				mm	mm
Time	s				s	ms
Energy	J	1	2	-2	1E-9	1E-3
Force	N	1	1	-2	1E-6	1
Stress/Pressure	Pa	1	-1	-2	1	1E6
Velocity	m/s	0	1	-1	1E-3	1
Density	kg/m^3	1	-3	0	1E6	1E6

续表

	USI	等效（$[kg]^{\alpha} \times [m]^{\beta} \times [s]^{\gamma}$）			例 1	例 2
Dynamic Viscosity	Pa.s	1	-1	-1	1	1E3
Thermal Diffu.	m^2/s	0	2	-1	1E-6	1E-3
Heat Capacity	J/(kg.K)	0	2	-2	1E-6	1
Thermal Cond.	J/(m.s)	1	1	-3	1E-6	1E3

3.2 关键字输入数据格式

LS-DYNA 输入文件的数据格式有结构化和关键字两种，早期版本采用结构化输入数据格式，在 LS-DYNA 程序 93x 以后的版本中，采用关键字输入格式。关键字格式可以更加灵活和合理地组织输入数据，使新用户易于理解，更方便地阅读输入数据。

3.2.1 关键字输入数据格式的特点

关键字输入数据格式具有如下特点：

（1）关键字输入文件以*KEYWORD 开头，以*END 终止，LS-DYNA 程序只会编译*KEYWORD 和*END 之间的部分。假如在读取过程中遇到文件结尾，则认为没有*END 文件终止关键字。

（2）在关键字格式中，相似的功能在同一关键字下组合在一起。例如，在关键字*ELEMENT 下包括实体单元、壳单元、梁单元、弹簧单元、离散阻尼器、安全带元和质量单元。

（3）许多关键字具有如下选项标识：OPTIONS 和{OPTIONS}。区别在于：OPTIONS 是必选项，要求必须选择其中一个选项才能完成关键字命令；{OPTIONS}是可选项，并不是关键字命令所必需的。

（4）每个关键字前面的星号（*）必须在第一列中，关键字后面跟着与关键字相关的数据块。LS-DYNA 程序在读取数据块期间遇到的下一个关键字标志该块的结束和新块的开始。

（5）第一列中的符号“$”表示其后的内容为注释，LS-DYNA 会忽略该输入行的内容。

（6）除了下列关键字外，整个 LS-DYNA 输入与关键字顺序无关。

1）*KEYWORD，定义文件开头。

2）*END，定义文件结尾。

3）*DEFINE_TABLE，后面须紧跟*DEFINE_CURVE。

4）*DEFINE_TRANSFORM，须在*INCLUDE_TRANSFORM 之前定义。

5）*PARAMETER，参数必须先定义，然后才能引用。

（7）关键字输入不区分大小写。

（8）关键字下面的数据可采用固定格式，中间用空格隔开。例如，在下面例子里，*NODE 定义了两个节点及其坐标，*ELEMENT_SHELL 定义了两个壳单元及其所在 PART 标识和构成单元的节点。

$ 定义两个节点：

```
*NODE
10101    x    y    z
10201    x    y    z
```

$ 定义两个壳单元：

```
*ELEMENT_SHELL
10201    pid    n1    n2    n3    n4
10301    pid    n1    n2    n3    n4
```

（9）每个关键字也可以分多次定义成多个数据组，上面的例子还可以采用逐个定义节点和单元的输入方式。

$ 定义一个节点：

```
*NODE
10101    x    y    z
```

$ 定义一个壳单元：

```
*ELEMENT_SHELL
10201    pid    n1    n2    n3    n4
```

$ 定义另一个节点：

```
*NODE
10201    x    y    z
```

$ 定义另一个壳单元：

```
*ELEMENT_SHELL
10301    pid    n1    n2    n3    n4
```

（10）每个关键字后面的输入数据还可采用自由格式输入，此时输入数据由逗号分隔，即：

```
*NODE
10101,x,y,z
10201,x,y,z
*ELEMENT_SHELL
10201,pid,n1,n2,n3,n4
```

（11）用空格分隔的固定格式和用逗号分隔的自由格式可以在整个输入文件中混合使用，甚至可以在同一个关键字的不同行中混合使用，但不能在同一行中混用。例如，下面的关键字格式是正确的。

```
*NODE
10101    x    y    z
10201,x,y,z
*ELEMENT_shell
10201    pid    n1    n2    n3    n4
```

现以图 3-1 为例说明 LS-DYNA 输入数据组织的原理，以及输入文件中各种实体如何相互关联。

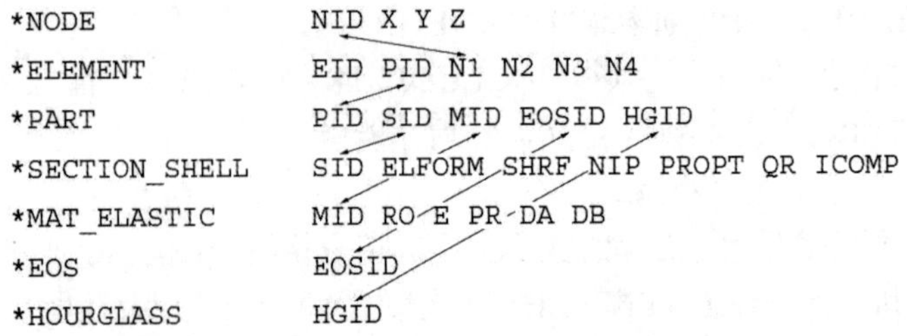

```
*NODE               NID X Y Z
*ELEMENT            EID PID N1 N2 N3 N4
*PART               PID SID MID EOSID HGID
*SECTION_SHELL      SID ELFORM SHRF NIP PROPT QR ICOMP
*MAT_ELASTIC        MID RO E PR DA DB
*EOS                EOSID
*HOURGLASS          HGID
```

图 3-1　LS-DYNA 关键字输入方式的数据组织

在图 3-1 中，关键字*ELEMENT 包含的数据是单元标识 EID、PART 标识 PID、节点标识 NID，节点标识定义单元的连通性：N1、N2、N3 和 N4。

节点标识 NID 在*NODE 中定义，每个 NID 只能定义一次。

*PART 关键字定义的 PART 将材料、单元算法、状态方程、沙漏等集合在一起，该 PART 具有唯一的 PART 标识 PID、单元算法标识 SID、材料本构模型标识 MID、状态方程标识 EOSID 和沙漏控制标识 HGID。

*SECTION 关键字定义了单元算法标识 SID，包括指定的单元算法、剪切因子 SHRF 和数值积分准则 NIP 等参数。

*MAT 关键字为所有单元类型（包括实体、梁、壳、厚壳、安全带、弹簧和阻尼器）定义了材料本构模型参数。

*EOS 关键字定义了仅用于实体单元的某些*MAT 材料的状态方程参数。

由于 LS-DYNA 中的许多单元都使用缩减积分，单元积分点的数量少于完全积分单元，因此可能导致沙漏这种零能变形模式，可通过*HOURGLASS 关键字设置人工刚度或黏性来抵抗零能模式的形成，从而控制沙漏。

在每个关键字输入文件中，下列关键字是必须有的：

```
*KEYWORD
*CONTROL_TERMINATION
*NODE
*ELEMENT
*MAT
*SECTION
*PART
*DATABASE_BINARY_D3PLOT
*END
```

3.2.2 关键字用户手册卡片格式说明

在 LS-DYNA 输入文件中，每个关键字命令下的每一行数据块称为一张卡片。在 *LS-DYNA KEYWORD USER'S MANUAL* 中，每张卡片都以固定格式进行描述，大多数卡片都是 8 个字段，每个字段长度为 10 个字符，共 80 个字符。示例卡片见表 3-8。当卡片格式不同于上述格式时，会特别明确说明。

表 3-8 关键字卡片示例

Card [N]	1	2	3	4	5	6	7	8
Variable	NSID	PSID	A1	A2	A3	KAT		
Type	I	I	F	F	F	I		
Default	none	none	1.0	1.0	0	1		
Remarks	1			2		3		

对于固定格式和自由格式，用于指定数值的字符数均不得超过规定的字段长度。例如，I8 数字被限制为最大 99999999，并且不允许多于 8 个字符。另一个限制是忽略每行的第 80 列以后的字符。

在上面的示例中，标有“Type”的行给出了变量类型，F 表示浮点数，I 表示整数。如果指定了 0、该字段留空或未定义卡片，则表示变量将采用“Default”行指定的默认值。“Remarks”

是指该部分末尾留有备注。

每个关键字卡片之后是一组数据卡。数据卡可以是以下三种：

（1）必需卡片。除非另有说明，否则卡片是必需的。

（2）条件卡。条件卡需要满足一些条件。表 3-9 是一个典型的条件卡。

表 3-9　ID 关键字选项的附加条件卡

ID	1	2	3	4	5	6	7	8
Variable	ABID	HEADING						
Type	I	A70						

（3）可选卡。可选卡是可以被下一张关键字卡替换的卡。可选卡中省略的字段将被赋予默认值。

例如，假设*KEYWORD 由 3 张必需卡片和 2 张可选卡片组成。然后，第 4 张卡可以被下一张关键字卡替换。省略的第 4 张和第 5 张卡片中的所有字段都会被赋予默认值。虽然第 4 张卡是可选的，输入文件也不能从第 3 张卡直接跳到第 5 张卡。唯一可以替换卡片 4 的是下一张关键字卡。

3.2.3　关键字输入文件格式检查

LS-DYNA 程序对关键字输入文件的格式检查非常严格。在读取数据的关键字输入阶段，只对数据进行有限的检查。在输入数据的第二阶段，将进行更多的检查。LS-DYNA 曾试图在输入阶段检查并给出输入文件中的所有错误，遗憾的是这难以实现，LS-DYNA 可能会遇到第一个出错信息就终止运行，无法给出后续的错误信息。由于 LS-DYNA 保留了读取较早的非关键字格式输入文件的功能，因此会像以前版本的 LS-DYNA 一样，将数据输出到 d3hsp 文件中。用户应该检查输出文件 d3hsp 或 messag 文件中的单词“Error”，查找出错原因。

LS-DYNA 专用前后处理软件 LS-PrePost 可对关键字输入文件的格式进行全面检查，通过菜单栏 Applications→Model Check 即可进入模型检查界面，如图 3-2 所示。该界面除了检查输入文件格式外，还可以检查初始穿透、单元质量。但 LS-PrePost 也无法准确地定位所有错误。

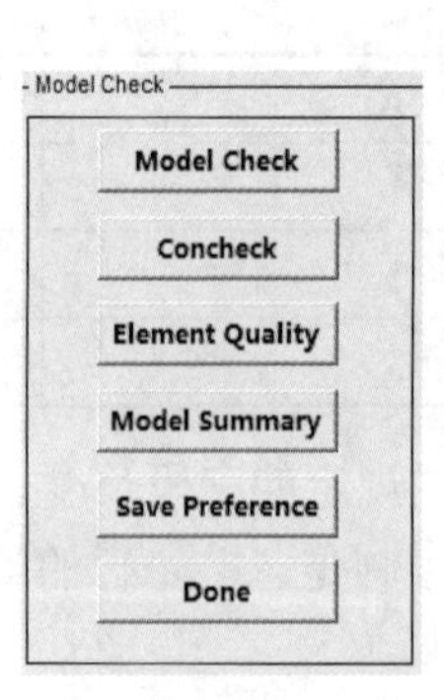

（a）模型检查界面

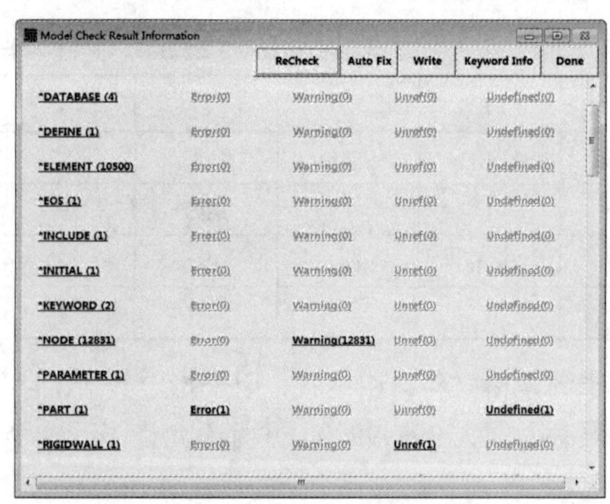

（b）检查结果

图 3-2　LS-PrePost 检查关键字输入文件格式

3.3 基本关键字简介

LS-DYNA 关键字用户手册按关键字的字母顺序编写，详细列出了每个关键字及其卡片的使用说明。为了更好地理解关键字概念以及选项的工作模式，下面给出主要关键字的简要说明。

***AIRBAG**

本部分说明安全气囊几何定义和充气模型的热力学特性，它还可以用于轮胎、气动阻尼器等。

***ALE**

该关键字为 ALE 和 S-ALE 算法定义输入数据。

***BOUNDARY**

本部分用于指定边界条件。为了与旧版本的 LS-DYNA 兼容，还可以在*NODE 卡片约束节点自由度。

***CASE**

此关键字选项提供了一种按顺序运行多个载荷工况的方法。在每种工况下，输入参数（包括载荷、边界条件、控制卡、接触定义、初始条件等）都可能发生变化。如果需要，可以在初始化期间使用前一个工况的计算结果。通过将 CID*n* 附加到默认文件名，每种工况都会为所有输出结果文件创建唯一的文件名。

***COMMENT**

此关键字注释紧随其后的关键字命令及其所有相关的输入数据，下一个关键字不受其影响。例如，在下面的关键字输入数据中，包括空行在内的 4 行被注释掉。

```
*KEYWORD
*COMMENT
Units of this model are mks.
Input prepared by John Doe.

*CONTROL_TERMINATION
1.E-02
```

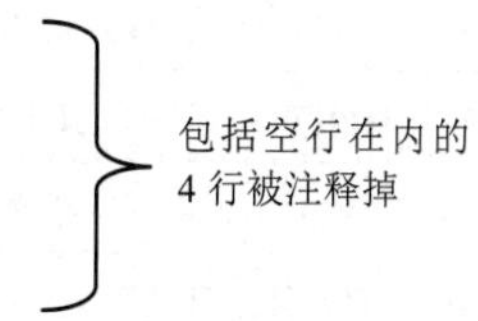

***COMPONENT**

本部分包含专用部件，如放置在车辆内部并隐式集成的解析刚体假人。

***CONSTRAINED**

本部分在结构 PART 之间施加约束。例如，刚性节点、铆接、点焊、线性约束、带失效的壳边与壳边固连、合并刚体、在刚体上附加节点以及定义刚体铰接等。

***CONTACT**

该部分用于定义分离的拉格朗日 PART 之间的相互作用。LS-DYNA 有多种接触类型，可用于处理变形体与变形体的接触、变形体单面接触、变形体与刚体接触以及基于塑性应变的固连失效等。关键字格式的接触类型与旧的结构化版本的接触类型对应关系见表 3-10。

表 3-10　关键字格式接触类型与旧的结构化版本的接触类型对应关系

结构化输入类型	关键字输入类型
1	SLIDING_ONLY
p1	SLIDING_ONLY_PENALTY
2	TIED_SURFACE_TO_SURFACE
3	SURFACE_TO_SURFACE
a3	AUTOMATIC_SURFACE_TO_SURFACE
4	SINGLE_SURFACE
5	NODES_TO_SURFACE
a5	AUTOMATIC_NODES_TO_SURFACE
6	TIED_NODES_TO_SURFACE
7	TIED_SHELL_EDGE_TO_SURFACE
8	TIEBREAK_NODES_TO_SURFACE
9	TIEBREAK_SURFACE_TO_SURFACE
10	ONE_WAY_SURFACE_TO_SURFACE
a10	AUTOMATIC_ONE_WAY_SURFACE_TO_SURFACE
13	AUTOMATIC_SINGLE_SURFACE
a13	AIRBAG_SINGLE_SURFACE
14	ERODING_SURFACE_TO_SURFACE
15	ERODING_SINGLE_SURFACE
16	ERODING_NODES_TO_SURFACE
17	CONSTRAINT_SURFACE_TO_SURFACE
18	CONSTRAINT_NODES_TO_SURFACE
19	RIGID_BODY_TWO_WAY_TO_RIGID_BODY
20	RIGID_NODES_TO_RIGID_BODY
21	RIGID_BODY_ONE_WAY_TO_RIGID_BODY
22	SINGLE_EDGE
23	DRAWBEAD

***CONTROL**

该部分用于：

（1）激活求解选项，例如隐式分析、自适应网格、质量缩放等。

（2）重置默认的全局参数，例如沙漏类型、接触罚函数缩放因子、壳单元算法、数值阻尼和终止时间。

除了*CONTROL_TERMINATION 是必需的以外，其他所有*CONTROL 关键字卡片都是可选的。

***DAMPING**

通过全局或 PART 标识定义阻尼。

***DATABASE**

该关键字用于控制 ASCII 结果文件和二进制结果文件的输出。使用这个关键字可以定义各种数据文件的写入频率。

***DEFINE**

本部分用于：

（1）定义加载曲线、本构特性等。

（2）定义方盒用于限制某些输入的几何范围。

（3）定义局部坐标系。

（4）定义矢量。

（5）定义针对于弹簧和阻尼单元的方向矢量。

（6）定义接触（耦合），如不同 SPH PART 之间的接触。

***DEFORMABLE_TO_RIGID**

本部分用于在分析开始时将变形体 PART 切换为刚体。此功能为某些模拟工况（如车辆翻覆计算工况）提供了一种经济高效的分析方法。例如，在模拟车辆翻覆时，通过将不变形的 PART 切换成刚体 PART，可显著降低计算成本。在车辆与地面接触之前，可以停止计算，随后进行重启动分析，并将该 PART 重新切换成变形体。

***ELEMENT**

在 LS-DYNA 中定义包括实体、壳、厚壳、梁、弹簧、阻尼器、安全带和质量单元在内的所有单元标识及相关节点。

***EOS**

本部分定义状态方程参数。状态方程标识 EOSID 指向*PART 卡中引用的状态方程 ID。

***HOURGLASS**

定义沙漏和体积黏性属性。*HOURGLASS 卡中的标识 HGID 指向*PART 卡中引用的 HGID。

***INCLUDE**

为了使输入文件易于维护，采用该关键字可将输入文件分割为多个子文件。每个子文件可以再次分割成多个子子文件，以此类推。当输入数据文件非常大时，此选项非常有用。

其中的*INCLUDE_TRANSFORM 关键字还可用来：

（1）缩放模型。例如，将模型从一种单位制转换为另一种单位制。不同单位制转换示例如下：

```
*INCLUDE_TRANSFORM
model.k
$idnoff,ideoff,idpoff,idmoff,idsoff,idfoff,iddoff
0,0,0,0,0,0,0
$idroff
0
$fctmas,fcttim,fctlen,fcttem,incout1
$$ mks to English (inch, lbf-s^2/inch, sec)，即国际单位制到英制单位转换。
 0.00571,1.,39.37,KtoF,1
$$ English (inch, lbf-s^2/inch, sec) to mks，即英制单位到国际单位制转换。
```

```
$ 175.1,1.,0.0254,FtoK,1
$$ English (inch, lbf-s^2/inch, sec) to mm, ms, kg，即英制单位到 mm-ms-kg 单位制转换。
$ 175.1,1000.,25.4,FtoK,1
$$ g cm microsec to 1000kg mm sec，即 g-cm-microsec 单位制到 ton-mm-sec 单位制转换。
$ 1.e-6,1.e-6,10.,,1
$$ g,micros,cm   to   mks，即 g-micros-cm 单位制到国际单位制转换。
$ 0.001,1.e-6,.01,,1
$tranid
0
```

（2）平移和旋转模型。

（3）偏移实体 ID。对节点 ID、单元 ID、PART ID 等进行偏移，避免多个模型文件中节点 ID 或单元 ID 相互冲突。

***INITIAL**

可以在本部分中指定结构的初始速度、动量、温度、单元应力和应变等。初始速度可由*INITIAL_VELOCITY_NODE 或*INITIAL_VELOCITY 指定。在*INITIAL_VELOCITY_NODE 中，使用节点标识来指定节点的速度分量。由于系统中的所有节点速度都初始化为零，因此只需要指定具有非零速度的节点。*INITIAL_VELOCITY 卡提供了使用组或方盒指定速度的功能。

***INTEGRATION**

本部分定义梁和壳单元的积分准则。IRID 指向*SECTION_BEAM 和*SECTION_SHELL 卡上的积分准则编号 IRID。如果*SECTION_SHELL 和*SECTION_BEAM 卡中的积分准则为负数，负数的绝对值是用户自定义的积分准则编号。正的积分准则编号是指 LS-DYNA 内置的积分准则。

***INTERFACE**

*INTERFACE_COMPONENTS 定义表面、节点线和节点，用于模拟大结构内部小部件（或局部区域）的详细响应。用户可在指定的输出频率（*CONTROL_OUTPUT）下保存其位移和速度时间历程，这些数据在随后的分析中用作界面 ID，作为*INTERFACE_LINKING_DISCRETE_NODE 的主节点，或作为*INTERFACE_LINKING_SEGMENT 的主面段，或作为*INTERFACE_LINKING_EDGE 一系列节点的主边线。

此功能对于研究大型结构中小部件的详细响应特别有用。对于第一次分析，对感兴趣的小部件划分较粗的网格，网格细化程度使其边界上的位移和速度合理准确即可。第一次分析完成后，小部件可以在界面范围内划分更为细密的网格，并忽略大结构的其他部分。最后，进行第二次分析以获得局部感兴趣区域更为详细的计算结果。

开始进行第一次分析时，使用 LS-DYNA 命令行上的 Z=ifac 指定界面段文件的名称。开始第二次分析时，应在 LS-DYNA 命令行上使用 L=ifac 指定在第一次运行中创建的界面段文件的名称。按照上述过程，可轻松实现多层次子模型的建立。界面段文件可能包含大量的界面定义，因此一次完整模型的运行可以为许多部件分析提供足够的界面数据。界面功能是 LS-DYNA 分析功能的强大扩展。*INTERFACE_SSI 具有与之类似的功能，可用于地震激励下的土和结构相互作用分析。

第二次分析中子模型的界面是由运动（位移）驱动，而不是力驱动。

不能传递到子模型的载荷必须包含在子模型的输入数据中。例如，如果第一次分析中有重力载荷，则重力（*LOAD_BODY）也应包含在子模型中。

第一次分析全模型界面必须和第二次分析子模型界面的空间位置一致。

***KEYWORD**

表示 LS-DYNA 输入卡采用关键字格式，这必须是输入文件中的第一张卡。或者，通过在命令行上输入“keyword”，也表示采用关键字输入格式，这样输入文件中就不再需要“*KEYWORD”关键字。如果在这张卡上 KEYWORD 之后有一个数字，它表示以字为单位的内存大小。对于 32 位和 64 位操作系统，一个字分别等于 4 个和 8 个字节。内存大小也可以在命令行上设置，需要注意的是，命令行上指定的内存会覆盖*KEYWORD 卡上指定的内存。

***LOAD**

本部分定义了加载于结构的集中点载荷、分布压力、体力载荷和各种热载荷。

***MAT**

本部分定义 LS-DYNA 中材料模型的本构参数。材料标识 MID 指向*PART 卡上的 MID。

***NODE**

定义节点标识、坐标以及节点约束。

***PARAMETER**

定义在整个输入文件中引用的参数的数值。建议将参数定义放在*KEYWORD 之后的输入文件的开头，即在使用之前定义。*PARAMETER_EXPRESSION 可使用代数表达式定义参数。引用参数时，要在参数名前加一个“&”。

***PART**

这个关键字有两个用途：

（1）将*SECTION、*MATERIAL、*EOS 和*HOURGLASS 部分与 PART ID 关联。

（2）作为可选项，对于刚体材料，可以指定刚体惯性和初始条件。如果在*PART 卡（如*PART_REPOSITION）上激活调姿选项，则可以在此指定变形体材料的调姿数据。

***PERTURBATION**

该关键字提供了一种定义与结构设计产生偏差的方法，例如屈曲缺陷。

***RAIL**

该关键字定义用于铁路的轮轨接触算法，该算法也可用于其他领域。车轮节点（在*RAIL_TRAIN 中定义）表示车轮和导轨之间的接触面。

***RIGIDWALL**

刚性墙的定义分为两种：PLANAR（平面墙）和 GEOMETRIC（几何墙）。平面墙可以是静止的或以一定质量和初始速度作平移运动。平面墙可以是有限的或无限的。几何墙可以是平面的，也可以是其他几何形状，如矩形棱柱、圆柱形棱柱和球体。默认情况下，这些墙是固定的，除非激活选项 MOTION，用于指定平移速度或位移。与平面墙不同，几何墙的运动受加载曲线控制。可以定义多个几何墙的组合以模拟复杂几何形状。例如，用 CYLINDER 选项定义的墙可以与用 SPHERICAL 选项定义的两个墙组合，以模拟两端带有半球形盖的圆柱体。

***SECTION**

定义单元属性（或者统称为单元算法），包括单元算法、积分准则、节点厚度和截面特性。*SECTION 定义的所有单元算法标识，可为数字或字符，SECID 必须唯一，不能重复定义。

***SENSOR**

该关键字提供了激活/禁用边界条件、安全气囊、离散元、铰接、接触、刚性墙、单点约束和受约束节点的便捷方式。传感器功能在 LS-DYNA 971 R2 版本中发布，并在后续版本中继续发展，以涵盖更多 LS-DYNA 功能，同时取代一些现有功能，例如安全气囊传感器逻辑。

***SET**

定义数据实体组，即整个 LS-DYNA 输入卡中采用的节点组、单元组、材料组等。数据实体组可以用于输出，也可以用于接触定义。

关键字*SET 可以用两种方式定义：

（1）选项 LIST 需要一个实体列表，每张卡片有 8 个实体，可根据需要定义多个实体。

（2）选项 COLUMN 需要每行输入 1 个实体和最多 4 个属性值，属性可用于其他关键字，例如指定*CONTACT_CONSTRAINT_NODES_TO_SURFACE 所需的失效准则。这是 LS-DYNA 首推的定义方式。

***TERMINATION**

该关键字定义了在计算终止时间到达之前停止计算的条件。计算终止时间在*CONTROL_TERMINATION 中定义，并用于终止计算，不管*TERMINATION 定义的停止计算条件是否达到。

***TITLE**

定义分析作业的标题。

***USER_INTERFACE**

通过用户定义的子程序控制接触算法的某些选项，如摩擦系数。

RESTART

该部分包含多个重启动关键字，允许用户通过重启动文件和可选的重启动输入文件来进行重启动分析。重启动输入文件包括对模型的修改，例如删除接触、材料、单元，将 PART 从刚体切换为变形体，变形体切换为刚体等。

***RIGID_DEFORMABLE**

该部分将刚体 PART 在重启动时切换成变形体。

***STRESS_INITIALIZATION**

这是一个可用于完全重启动分析的选项。在某些情况下，用户可能需要添加接触、单元等，简单和小型重启动分析就无法胜任。如果在重启动时调用*STRESS_INITIALIZATION 选项，则需要完全重启动输入文件。

3.4 常用命令行语法

运行 LS-DYNA 程序的常用命令行（不区分大小写）如下所示：

```
LS-DYNA I=inf O=otf G=ptf D3PART=d3part D=dpf F=thf T=tpf A=rrd M=sif S=iff H=iff Z=isf1 L=isf2 B=rlf X=scl C=cpu K=kill V=vda Y=c3d BEM=bof {KEYWORD} {THERMAL} {COUPLE} {ncycle=1}{CASE} {PGPKEY} MEMORY=nwds NCPU=ncpu PARA=para ENDTIME=time NCYCLE=ncycle JOBID=jobid D3PROP=d3prop GMINP=gminp GMOUT= gmout MCHECK=y MAP=map MAP1=map1 LAGMAP=lagmap LAGMAP1=lagmap1
```

对于其中的每一项：

I=inf

inf=用户指定的输入文件。

O=otf

otf=高速输出文件（默认文件名为 d3hsp）。

G=ptf

ptf=用于后处理的二进制绘图文件（默认文件名为 d3plot）。

D3PART=d3part

d3part=仅包含 PART 组的二进制绘图文件（默认文件名为 d3part）。

D=dpf

dpf=用于重启动分析的二进制重启动文件（默认文件名为 d3dump）。*DATABASE_BINARY_D3DUMP 定义该文件在每次运行期间和运行结束时的输出。要想不生成此重启动文件，请指定“d=nodump”。

F=thf

thf=所选数据的时间历程二进制绘图文件（默认文件名为 d3thdt）。

T=tpf

tpf=可选温度文件。

A=rrd

rrd=运行中输出的重启动文件（默认文件名为 runrsf）。

M=sif

sif=应力初始化文件（由用户指定）。

S=iff H=iff

iff=界面力文件（由用户指定）。

Z=isf1

isf1=要创建的界面段保存文件（默认文件名为 infmak）。

L=isf2

isf2=要使用的已有界面段保存文件（由用户指定）。

B=rlf

rlf=用于动态松弛的二进制绘图文件（默认文件名为 d3drfl）。

X=scl

scl=二进制文件大小的缩放因子（默认值为 70）。

C=cpu

cpu=整个模拟的累计 CPU 时间限制（以秒为单位）。如果 CPU 为正数，则包括所有重启动分析。如果 CPU 为负数，则 CPU 的绝对值为第一次运行和每次后续重启动分析的 CPU 时间限制（以秒为单位）。

K=kill

kill=如果 LS-DYNA 遇到这个文件名，将输出重启动文件并终止计算（默认文件名为 d3kil）。

V=vda

vda=用于几何表面构形的 VDA/IGES 数据文件。

Y=c3d

c3d=CAL3D 输入文件。

BEM=bof

bof=*FREQUENCY_DOMAIN_ACOUSTIC_BEM 输出的文件。

MEMORY=nwds

nwds=要分配的内存，以字（word）计。在 32 位和 64 位工作站上，一个字分别是 4 个和 8 个字节。该数字将覆盖关键字输入文件开头的*KEYWORD 卡上指定的内存大小。

如果没有采用“memory=nwds”设置内存，LS-DYNA 将自动给出默认内存大小。如果 LS-DYNA 程序因默认内存值过小而终止计算，则必须采用“memory=nwds”选项指定更大内存。计算机一个核最大可用内存不超过其物理内存的 80%，假如计算机每个核的内存为 8GB，且采用双精度 LS-DYNA 求解器计算，每个字（word）将有 8 个字节（byte），则最大可用内存为：80%×(8e9 bytes)/(8 bytes/word)=8e8 words，也就是最多可设置 memory=800m。如果用户要精确设置计算实际所需内存，可先设置一个很大的内存值进行试算，然后打开计算生成的 d3hsp 文件，在文件中查找“Memory required to begin solution”，即可根据该字串后面指定的数值精确设置所需内存。

NCPU=ncpu

ncpu=覆盖*CONTROL_PARALLEL 中定义的 NCPU 和 CONST。正值设置 CONST=2，负值设置 CONST=1。请参阅*CONTROL_PARALLEL 命令以获取这些参数的解释。*KEYWORD 关键字提供了另一种设置 CPU 数量的方法。

PARA=para

para=覆盖*CONTROL_PARALLEL 中定义的 PARA。

ENDTIME=time

time=覆盖*CONTROL_TERMINATION 中定义的 ENDTIM。

NCYCLE=ncycle

ncycle=覆盖*CONTROL_TERMINATION 中定义的 ENDCYC。

JOBID=jobid

jobid=作为所有输出文件前缀的字符串。最大长度是 72 个字符，不要包含以下 6 种字符：) (* / ? \。

如果在同一个目录下进行多个作业计算，就容易混淆计算结果，LS-PrePost 对计算结果进行后处理时可能会显示出令人困惑的结果。为了避免出现这种情况，可以使用命令行参数“jobid”，或者在单独的目录中执行每个 LS-DYNA 作业。如果在同一目录中重新运行作业，应先删除或重命名旧文件以避免文件混淆。

D3PROP=d3prop

d3prop=请参阅*DATABASE_BINARY_D3PROP 中的输入参数 IFILE 来查看相关选项。

GMINP=gminp

gminp=用于在*INTERFACE_SSI（默认文件名为 gmbin）中读取记录运动的输入文件。

GMOUT=gmout

gmout=用于在*INTERFACE_SSI_AUX（默认文件名为 gmbin）中写入记录运动的输出文件。

MAP=map

map=在 ALE 映射时读写数据采用的输入/输出文件，由*INITIAL_ALE_MAPPING 或*BOUNDARY_ALE_MAPPING 关键字控制。

MAP1=map1

map1=在 ALE 映射时写入数据采用的不同输出文件，由*INITIAL_ALE_MAPPING 或

*BOUNDARY_ALE_MAPPING 关键字控制。

LAGMAP=lagmap

lagmap=在 Lagrangian 映射时读写数据采用的输入/输出文件，由*INITIAL_LAG_MAPPING 关键字控制。

LAGMAP1=lagmap1

lagmap1=在 Lagrangian 映射时写入数据采用的不同输出文件，由*INITIAL_LAG_MAPPING 关键字控制。

{KEYWORD}

在命令行的任何位置包含“keyword”，或者如果*KEYWORD 是输入文件中的第一张卡片，则采用的是关键字格式；否则，就是采用旧的结构化输入文件格式。

{COUPLE}

要运行热耦合分析，命令“couple”必须包含在命令行中。

{THERMAL}

若只进行热分析，可以在命令行中包含“thermal”。

{PGPKEY}

命令行选项“pgpkey”将输出 LS-DYNA 用于输入加密的当前公用 PGP 密钥。密钥和关于如何使用密钥的一些说明将输出到屏幕以及写入名为“lstc_pgpkey.asc”的文件中。

{ncycle=1}

命令行上的“ncycle=1”命令会导致计算只运行一个时间步，接着输出完全重启动文件并终止运行。不需要对这个文件作任何编辑，然后可以在有或没有任何附加输入的情况下进行重启动分析。有时，如果在命令行中提供了所需的内存，并且由于开始不知道实际所需内存因而指定的内存太大，则可以使用此选项来减少重启动时的内存。这个选项通常在开始新计算时使用。

{CASE}

如果命令行中出现“case”这个词，那么输入文件中的*CASE 关键字将由内置的驱动例程处理。否则，它们应该由外部“lscasedriver”程序处理，如果遇到任何*CASE 关键字，则会导致错误。

MCHECK=y

如果在命令行上给出“mcheck=y”，程序将切换到“模型检查”模式。在这种模式下，程序只运行 10 个时间步，仅是验证模型将启动。对于隐式问题，将完成所有初始化工作，但会在第一个时间步之前停止运行。如果正在使用网络 license，程序将尝试检出程序名称为“LS-DYNAMC”的 license，以免使用正常的 DYNA license。如果失败，将使用正常的 license。

3.5 求解感应控制开关

LS-DYNA 程序有几个求解感应控制开关，可以用来中断运行中的 LS-DYNA，检查求解状态。这是通过“^C”（即 Ctrl+C）键来完成的，此操作向 LS-DYNA 发送一个中断，并提示用户输入感应控制开关代码。LS-DYNA 有如下几个感应控制开关：

- SW1：输出重启动文件并且终止 LS-DYNA 运行。
- SW2：LS-DYNA 在屏幕上显示时间和循环数（时间步数）。
- SW3：输出重启动文件，且 LS-DYNA 继续运行。

- SW4：向 D3PLOT 文件写入一个绘图状态，且 LS-DYNA 继续运行。
- SWA：把输出缓冲区中内容写入相关 ASCII 文件。
- SWB：输出 dynain 文件，且 LS-DYNA 继续运行。对于 SWB、SWC 和 SWD，输入文件中需要定义*INTERFACE_SPRINGBACK_LSDYNA。文件名为 dynain.#，每次执行 SWB、SWC 和 SWD，#就递增 1。
- SWC：输出重启动文件和 dynain 文件，并且 LS-DYNA 继续运行。
- SWD：输出重启动文件和 dynain 文件，且终止 LS-DYNA 运行。
- SWE：终止显式动态松弛，LS-DYNA 接着进行瞬态分析。
- endtime=t：计算终止时间调整为 t（t 为实数）。
- conv：暂时覆盖非线性收敛容差。
- iter：启用/禁用在每次平衡迭代后显示网格的二进制绘图数据文件 d3iter 的输出，用于调试收敛问题。
- lprint：启用/禁用方程求解器内存和 CPU 需求的输出。
- nlprint：启用/禁用输出非线性平衡迭代信息。
- prof：将当前时序信息输出到 messag（SMP）或 prof.out（MPP）。
- stop：立即停止运行，关闭打开的文件。

在 UNIX、Linux 和 Windows 系统上，如果作业在后台或批处理模式下运行，感应控制开关仍然可以使用。要中断 LS-DYNA，只需创建一个名为 d3kil 的文件，其中包含所需的感应控制开关，例如“SW1”。LS-DYNA 周期性地查找这个文件，如果找到，则调用包含在文件中的感应控制开关并且 d3kil 文件被删除。空的 d3kil 文件相当于“SW1”。

当 LS-DYNA 终止运行时，所有临时文件都将被删除，只有重启动文件、绘图文件和高速输出文件（即 d3hsp 文件）保留在硬盘上。其中，只有重启动文件才能继续进行中断了的分析。

需要说明的是，LS-DYNA 开始运行时预估的 CPU 时间往往并不准确，可以在程序运行一段时间后，用 Ctrl+C 中断 LS-DYNA 的求解，然后输入感应控制开关 SW2 获得更为准确的运行时间预估，如图 3-3 所示。

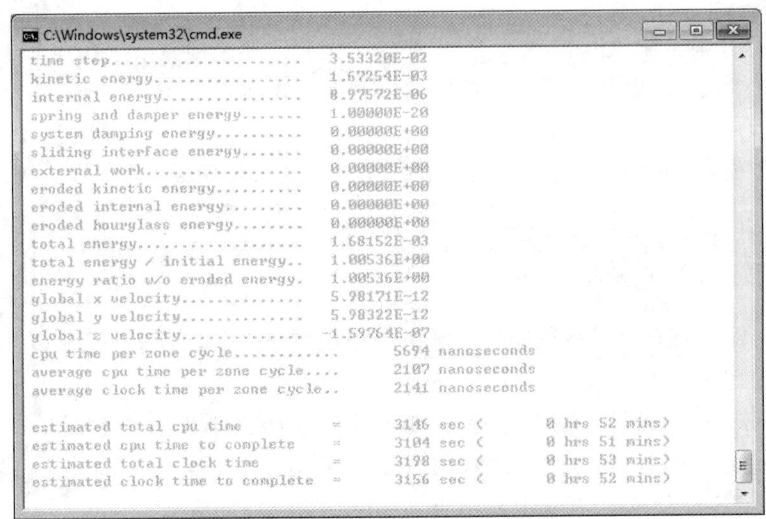

图 3-3　采用开关 SW2 预估求解时间

输入感应控制开关 SW2 后，LS-DYNA 程序会回应输出如下当前全局信息：

- 当前计算时间。
- 当前计算时间步长和控制该步长的单元。
- 动能。
- 内能。
- 弹簧和阻尼器能。
- 沙漏能。
- 系统阻尼能。
- 接触能。
- 外力做功。
- 总能量。
- 当前和初始总能之比，比值应该接近 1。
- x、y 和 z 方向速度。
- 预估结束时间。

3.6 文件系统

LS-DYNA 输出如下三种类型的文件：

（1）二进制文件，例如 d3plot、d3plot01、d3dump01、d3dump02、d3thdt、d3thdt01 等。

（2）ASCII 结果文件，例如 glstat、matsum、nodout、rwforc 等。

（3）ASCII 信息文件，例如 d3hsp、messag。

LS-DYNA 输入/输出文件具有如下特点：

（1）唯一性。文件名必须唯一。

（2）界面力。仅当在命令行“S=iff”中指定界面力文件时才会创建界面力文件。

（3）文件容量限制。对于非常大的模型，由于二进制输出文件默认容量的限制，可能不足以使单个文件存储单个绘图状态，在这种情况下，可以通过在执行时指定“X=scl”来增加文件容量限制。默认文件容量限制 X=70，为 18.35 M 字，相当于 73.4 MB（对于 32 位输出）或 146.8 MB（对于 64 位输出）。

（4）CPU 限制。使用“C=cpu”定义最大 CPU 时间。当超过指定的 CPU 时间时，LS-DYNA 将输出重启动文件并终止运行。在重启动期间，应将 CPU 设置为前面分析所用 CPU 时间加上重启动分析使用的 CPU 时间以及所需的额外时间量。

（5）重启动时的文件使用。以重启动文件进行重启动分析时，命令行变为：

```
LS-DYNA I=inf O=otf G=ptf D=dpf R=rtf F=thf T=tpf A=rrd S=iff Z=isf1 L=isf2 B=rlf W=root E=efl X=scl C=cpu K=kill Q=option KEYWORD MEMORY=nwds
```

其中：

```
rtf=[LS-DYNA 输出的重启动文件]
```

由 LS-DYNA 输出的重启动文件的文件名由 dpf（默认文件名 d3dump）和 rrd（默认文件名 runrsf）控制。一个两位数的数字跟在文件名后面，例如 d3dump01、d3dump02 等，以区分每一个重启动文件。通常，每个重启动文件对应不同的模拟时间。LS-DYNA 输入/输出文件系统如图 3-4 所示。

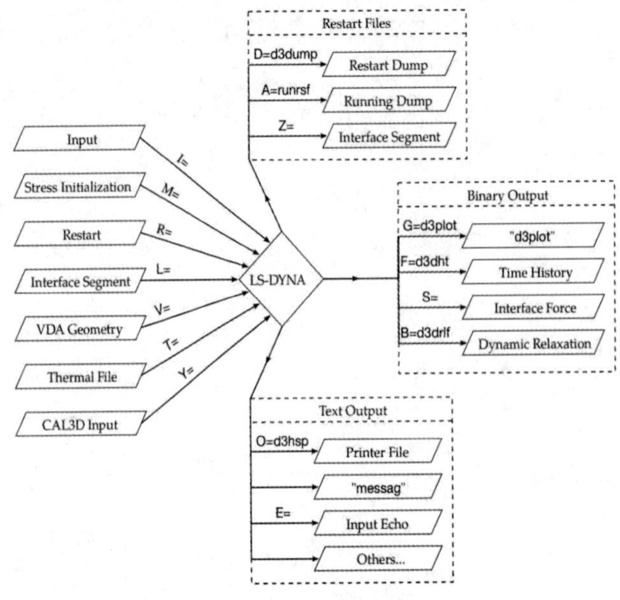

图 3-4 LS-DYNA 输入/输出文件系统

自适应重启动文件包含成功进行重启动所需的所有信息（CAD 表面数据除外）。当使用 VDA/IGES 表面数据进行重启动时，必须按如下方式指定 vda 输入文件：

```
LS-DYNA R=d3dump01 V=vda
```

此时的重启动不能进行应力初始化，也不能改变 VDA 和 CAL3D 文件。

（6）界面段分析（即子模型分析）。对于使用界面段的分析，第一次分析中的命令行如下：

```
LS-DYNA I=inf Z=isf1
```

第二次分析的命令行为：

```
LS-DYNA I=inf L=isf1
```

3.7 重启动分析

LS-DYNA 重启动分析功能可以将分析分成多个阶段。在每个阶段计算完成后，将输出重启动文件，其中包含继续分析所需的全部信息。这个重启动文件的大小与计算实际所需的内存大小大致相同。

重启动分析功能通常用于删除极度扭曲的单元、不再关注的 PART 以及不再需要的接触，也可以改变各种数据的输出频率。通常，这些简单的修改可使计算得以成功完成。重启动还可以帮助诊断模型出错原因。在出错之前进行重启动分析，并更加频繁地输出结果文件，然后对输出数据进行后处理分析，有助于定位出错位置和错误发生的原因，以避免将宝贵的计算时间浪费在错误分析上。

如果希望以重启动文件 D3DUMP*nn* 为起点重新开始分析，需要遵循以下步骤：

（1）根据需要创建重启动关键字输入文件，例如将此文件称为 restartinput。

（2）从命令行启动 LS-DYNA：

```
LS-DYNA I=restartinput R=D3DUMPnn
```

（3）如果未对模型进行任何更改，则命令行只需：

```
LS-DYNA R=D3DUMPnn
```

如果初始分析中的默认文件名已被更改，则应该在命令行调用更改后的文件名称。

重启动分析分为简单重启动、小型重启动和完全重启动。完全重启动最为复杂，允许用户以上一次的计算结果（选定材料的变形形状和应力）作为分析起点进行新的分析。新的分析可以与初始分析不同，例如新增接触、新增几何结构（新分析没有继承的部分）等。典型的应用算例包括：

（1）添加新接触继续进行碰撞分析。

（2）用不同的工件进行钣金成型，以模拟多阶段成型过程。

典型的完全重启动分析场景如下：使用名为 job1.k 的输入文件运行 LS-DYNA，并输出名为 d3dump01 的重启动文件。然后生成一个新的输入文件 job2.k 提交，并以 R=d3dump01 作为重启动文件提交。输入文件 job2.k 包含处于初始未变形状态的整个模型，但具有新增接触、新的输出数据等。

在完全重启动分析中，必须告诉 LS-DYNA，模型的哪些 PART 应该被初始化。计算开始时，LS-DYNA 会读取文件 d3dump01 中包含的重启动数据，并创建新数据以在输入文件 job2.k 中初始化模型。在初始化过程结束时，LS-DYNA 用 d3dump01 保存的数据初始化所选的全部 PART。这意味着将指定每个 PART 单元上节点的变形位置和速度，以及单元中的应力和应变（以及如果 PART 的材料是刚性的，刚体属性）。

在此过程中，假定要应力初始化的 PART 在 job1 和 job2 中具有相同的单元和相同的拓扑结构，否则无法初始化 PART。这些 PART 的 ID 可以不同。

未初始化的 PART 将没有初始变形或应力。但是，如果初始化 PART 和未初始化 PART 共节点，则节点将被初始化 PART 移动，从而导致未初始化 PART 突然变形。这可能会导致载荷突然增加。

在重启动分析中，job2 的时间和输出间隔与 job1 连续，即 job2 的初始计算时间不会重置为零。

当进行重启动分析时，要保证使用的求解程序版本、内存大小（针对旧版 LS-DYNA）和 CPU 数量（针对旧版 LS-DYNA）不变。

3.8 单精度计算和双精度计算

LS-DYNA 求解器有单精度（Single Precision）和双精度（Double Precision）之分。与其他有限元求解算法相比，LS-DYNA 采用的显式时间积分算法通常对计算机精度更不敏感，因此双精度一般很少用到。双精度版本一般比单精度版本多 30%的运行时间，所需内存也增加一倍，但单精度版本对两时间步之间的数值截断误差比双精度版本更敏感。

以下情况下，建议使用双精度版本：

（1）对于内存使用超过 20 亿字的大规模计算问题或当时间步数超过 50 万时，以最大限度地降低四舍五入造成的误差。

（2）对单精度计算结果产生怀疑时，也应使用双精度版本试算一次。

（3）一般而言，隐式分析对数值截断误差比显式分析更敏感，在进行屈曲问题、特征值分析和使用线性单元算法（18 号壳单元、18 号实体单元）等隐式分析时，也建议使用双精度版本。

（4）XFEM、CESE、DUALCESE、ICFD、EM 等求解算法必须采用双精度版本，对于 SPG 算法推荐采用双精度版本。

3.9 隐式分析和显式分析

LS-DYNA 以显式分析为主，又可进行隐式分析，还可以进行显式-隐式或隐式-显式转换连续求解。

在显式分析中，第 n+1 个时间步的量可由第 n 个时间步的量直接求得，而隐式分析中第 n+1 个时间步的量不可以由第 n 个时间步的量直接求得。

在静态分析中，由于没有质量（惯性）或阻尼的影响，可使用 LS-DYNA 中的隐式分析功能。在动态分析中，需要考虑与质量/惯性和阻尼相关的节点力，可采用 LS-DYNA 中的显式分析或隐式分析功能。显式分析常用于求解高频响应、波传播等短时动态问题，如各类爆炸和冲击。隐式分析适于求解低频响应、振动等长时结构动态问题，如静态强度计算和动态强度计算。

显式分析收敛较慢，是条件稳定的，时间步长必须小于 Courant 时间步长（声波传播通过单元的时间）。隐式分析收敛速度较快，是无条件稳定的，对时间步长的大小没有固定限制。因此，隐式分析的时间步长通常比显式分析的时间步长大几个数量级。

与隐式分析相比，显式分析处理接触非线性和材料非线性等非线性问题相对容易。

在非线性隐式分析中，每一步都要对平衡方程进行反复迭代求解。隐式分析需要在载荷/时间步内将刚度矩阵转置一次甚至多次。这种矩阵转置是一种非常耗时的操作，特别是对于大模型。而显式分析不需要这一步。在显式动态分析中，节点加速度等于对角线质量矩阵转置乘以净节点力矢量，可不用迭代直接求解。

显式分析计算流程如图 3-5 所示。

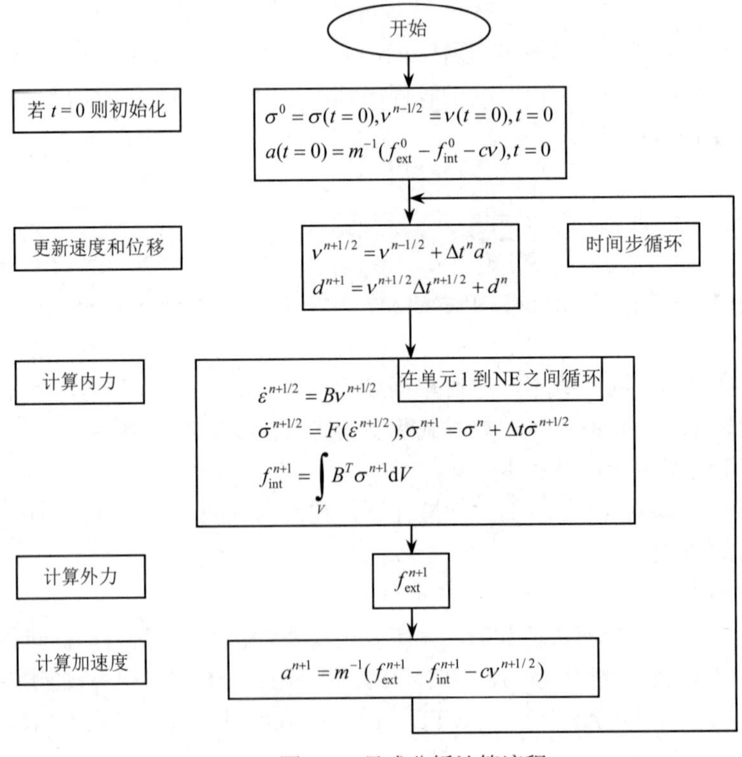

图 3-5　显式分析计算流程

3.10 接触

接触是 LS-DYNA 的重要功能，用于定义分离的拉格朗日 PART 之间的相互作用。定义接触时，接触的一侧被指定为从面，另一侧被指定为主面。

3.10.1 接触处理算法分类

LS-DYNA 实现了三种不同的接触处理算法：运动约束法、对称罚函数法和分配参数法。

（1）运动约束法。这种算法首先在 DYNA 2D 中实现，随后扩展到 DYNA 3D 中的三维模型。这种方法在每一步更新构形前，检查从节点是否穿透主表面，并调整时间步长大小，使其不穿透主表面，对所有已经和主表面接触的从节点施加约束条件，保持从节点和主表面接触。此外检查与主表面接触的从节点所属单元是否存在受拉界面力，若有则采用释放条件使从节点脱离主表面。

运动约束法用于固连接触。

（2）对称罚函数法。对称罚函数法在所有穿透节点和接触表面之间放置法向弹簧。每一时间步首先检查各从节点是否穿透主面，没有穿透则不对该从节点进行处理。如果穿透，则在该从节点与主表面间、主节点与从表面间引入一个较大的界面接触力，其大小与穿透深度、接触刚度成正比，即在其中放置法向弹簧，限制穿透。

与约束方法形成鲜明对比的是，罚函数法可以激发很少的网格沙漏，这主要归功于该方法的对称性。这种方法无需施加冲击和释放条件，就可以保证动量完全守恒。此外，不需要对交叉接口进行特殊处理，从而大大简化了程序实现。

目前实现了三种罚函数算法：

1）标准罚函数法。

2）软（SOFT）约束罚函数法。用于处理刚度差异较大的物体（例如钢和泡沫）之间的接触，刚度计算及其更新与标准罚函数法不同。

3）基于段的罚函数法。这是一种强大的接触算法，其逻辑是从段-主段方法，而不是传统的从节点-主段方法。这种接触对于充气和复杂接触条件下的气囊自动接触非常有用。

对称罚函数法是 LS-DYNA 默认的接触算法。

（3）分配参数法。在分配参数算法中，每个接触单元的从单元质量的一半被分配到被覆盖的主表面区域上。而且，每个单元的内应力决定了接收质量的主表面区域的压力分布。完成质量和压力分配后，就可以更新主表面的加速度，然后对从节点加速度和速度施加约束，以确保它们沿主表面运动，程序不允许从属节点穿透主表面。

分配参数法用于滑移接触。

3.10.2 接触类型

为了灵活地定义接触，LS-DYNA 提供了多种接触类型：

- *CONTACT_OPTION1_{OPTION2}_{OPTION3}_{OPTION4}_{OPTION5}
- *CONTACT_AUTO_MOVE
- *CONTACT_COUPLING

- *CONTACT_ENTITY
- *CONTACT_GEBOD_OPTION
- *CONTACT_GUIDED_CABLE
- *CONTACT_INTERIOR
- *CONTACT_RIGID_SURFACE
- *CONTACT_1D
- *CONTACT_2D_OPTION1_{OPTION2}_{OPTION3}
- *CONTACT_SPG
- *DEFINE_DE_TO_...
- *DEFINE_SPH_...
- *EM_CONTACT

其中，*CONTACT_...和*CONTACT_2D_...分别是通用三维和二维接触算法。

对于三维接触*CONTACT_OPTION1_{OPTION2}_{OPTION3}_{OPTION4}_{OPTION5}，OPTION1 可指定如下接触类型：

- AIRBAG_SINGLE_SURFACE
- AUTOMATIC_BEAMS_TO_SURFACE
- AUTOMATIC_GENERAL
- AUTOMATIC_GENERAL_EDGEONLY
- AUTOMATIC_GENERAL_INTERIOR
- AUTOMATIC_NODES_TO_SURFACE
- AUTOMATIC_NODES_TO_SURFACE_SMOOTH
- AUTOMATIC_ONE_WAY_SURFACE_TO_SURFACE
- AUTOMATIC_ONE_WAY_SURFACE_TO_SURFACE_TIEBREAK
- AUTOMATIC_ONE_WAY_SURFACE_TO_SURFACE_SMOOTH
- AUTOMATIC_SINGLE_SURFACE
- AUTOMATIC_SINGLE_SURFACE_MORTAR
- AUTOMATIC_SINGLE_SURFACE_SMOOTH
- AUTOMATIC_SINGLE_SURFACE_TIED
- AUTOMATIC_SURFACE_TO_SURFACE
- AUTOMATIC_SURFACE_TO_SURFACE_MORTAR
- AUTOMATIC_SURFACE_TO_SURFACE_MORTAR_TIED
- AUTOMATIC_SURFACE_TO_SURFACE_TIED_WELD
- AUTOMATIC_SURFACE_TO_SURFACE_MORTAR_TIED_WELD
- AUTOMATIC_SURFACE_TO_SURFACE_TIEBREAK
- AUTOMATIC_SURFACE_TO_SURFACE_TIEBREAK_MORTAR
- AUTOMATIC_SURFACE_TO_SURFACE_SMOOTH
- CONSTRAINT_NODES_TO_SURFACE
- CONSTRAINT_SURFACE_TO_SURFACE
- DRAWBEAD

- ERODING_NODES_TO_SURFACE
- ERODING_SINGLE_SURFACE
- ERODING_SURFACE_TO_SURFACE
- FORCE_TRANSDUCER_CONSTRAINT
- FORCE_TRANSDUCER_PENALTY
- FORMING_NODES_TO_SURFACE
- FORMING_NODES_TO_SURFACE_SMOOTH
- FORMING_ONE_WAY_SURFACE_TO_SURFACE
- FORMING_SURFACE_TO_SURFACE_MORTAR
- FORMING_ONE_WAY_SURFACE_TO_SURFACE_SMOOTH
- FORMING_SURFACE_TO_SURFACE
- FORMING_SURFACE_TO_SURFACE_SMOOTH
- NODES_TO_SURFACE
- NODES_TO_SURFACE_INTERFERENCE
- NODES_TO_SURFACE_SMOOTH
- ONE_WAY_SURFACE_TO_SURFACE
- ONE_WAY_SURFACE_TO_SURFACE_INTERFERENCE
- ONE_WAY_SURFACE_TO_SURFACE_SMOOTH
- RIGID_NODES_TO_RIGID_BODY
- RIGID_BODY_ONE_WAY_TO_RIGID_BODY
- RIGID_BODY_TWO_WAY_TO_RIGID_BODY
- SINGLE_EDGE
- SINGLE_SURFACE
- SLIDING_ONLY
- SLIDING_ONLY_PENALTY
- SPOTWELD
- SPOTWELD_WITH_TORSION
- SPOTWELD_WITH_TORSION_PENALTY
- SURFACE_TO_SURFACE
- SURFACE_TO_SURFACE_INTERFERENCE
- SURFACE_TO_SURFACE_SMOOTH
- SURFACE_TO_SURFACE_CONTRACTION_JOINT
- TIEBREAK_NODES_TO_SURFACE
- TIEBREAK_NODES_ONLY
- TIEBREAK_SURFACE_TO_SURFACE
- TIED_NODES_TO_SURFACE
- TIED_SHELL_EDGE_TO_SURFACE
- TIED_SHELL_EDGE_TO_SOLID
- TIED_SURFACE_TO_SURFACE

- TIED_SURFACE_TO_SURFACE_FAILURE

对于二维接触*CONTACT_2D_OPTION1_{OPTION2}_{OPTION3}，OPTION1 可指定如下接触类型：

- SLIDING_ONLY
- TIED_SLIDING
- SLIDING_VOIDS
- AUTOMATIC_TIED_ONE_WAY
- AUTOMATIC_TIED
- PENALTY_FRICTION
- PENALTY
- AUTOMATIC_SINGLE_SURFACE
- AUTOMATIC_SINGLE_SURFACE_MORTAR
- AUTOMATIC_SURFACE_TO_SURFACE
- AUTOMATIC_SURFACE_TO_SURFACE_MORTAR
- AUTOMATIC_ONE_WAY_SURFACE_TO_SURFACE
- AUTOMATIC_SURFACE_IN_CONTINUUM
- AUTOMATIC_TIED
- AUTOMATIC_TIED_ONE_WAY
- FORCE_TRANSDUCER
- NODE_TO_SOLID
- NODE_TO_SOLID_TIED

3.11 三类常用算法

Lagrangian/ALE/Euler 算法是 LS-DYNA 软件中爆炸冲击计算常用的三类算法。

3.11.1 Lagrangian/Euler/ALE 算法简介

（1）Lagrangian 算法。这种算法的特点是：材料附着在网格上，材料跟随着网格运动变形。Lagrangian 算法能够精确地描述结构边界的运动，但在结构大变形情况下网格极易发生畸变，导致较大的数值误差，计算耗时加长，甚至计算提前终结。

（2）Euler 算法。Euler 算法中网格总是固定不动，材料在网格中流动。首先，材料以一个或几个 Lagrangian 时间步进行变形，然后将变形后的 Lagrangian 单元变量（密度、能量、应力张量等）和节点速度矢量映射和输送回到固定的空间网格中去。

（3）任意拉格朗日-欧拉（Arbitrary Lagrangian Eulerian，ALE）算法。ALE 与 Euler 算法类似，不同的就是 ALE 算法中空间网格是可以任意运动的。ALE 计算时先执行一个或几个 Lagrangian 时间步计算，此时单元网格随材料流动而产生变形，然后执行 ALE 时间步计算：①保持变形后的物体边界条件，对内部单元进行重分网格，网格的拓扑关系保持不变；②将变形网格中的单元变量（密度、能量、应力张量等）和节点速度矢量输运到重分后的新网格中。Lagrangian/ALE/Euler 算法网格构形如图 3-6 所示。

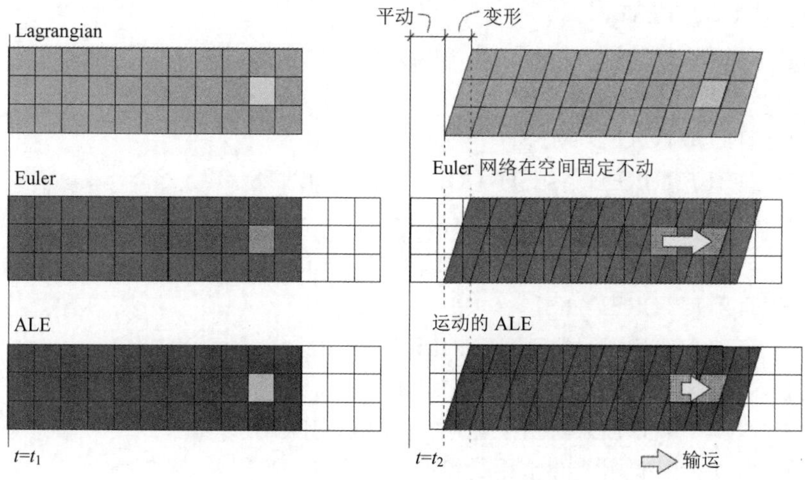

图 3-6 Lagrangian/ALE/Euler 算法网格构形

一般来说，Lagrangian 算法的计算准确度和计算效率都比较高，但不适于极大变形。ALE 和 Euler 算法适合于求解大变形问题，但算法复杂度增加，计算效率相应降低，算法本身具有耗散效应和色散效应，物质界面不清晰，无法精确模拟历史、与应变率相关的材料热力学行为，计算准确度通常低于 Lagrangian 算法。

3.11.2 Euler/ALE 算法常用关键字

Euler/ALE 算法涉及的关键字如下。

（1）传统 ALE 功能常用关键字。

- *ALE_AMBIENT_HYDROSTATIC
- *ALE_COUPLING_NODAL_CONSTRAINT
- *ALE_COUPLING_NODAL_DRAG
- *ALE_COUPLING_NODAL_PENALTY
- *ALE_COUPLING_RIGID_BODY
- *ALE_ESSENTIAL_BOUNDARY
- *ALE_FAIL_SWITCH_MMG
- *ALE_FRAGMENTATION
- *ALE_FSI_PROJECTION
- *ALE_FSI_SWITCH_MMG_{OPTION}
- *ALE_MULTI-MATERIAL_GROUP
- *ALE_REFERENCE_SYSTEM_CURVE
- *ALE_REFERENCE_SYSTEM_GROUP
- *ALE_REFERENCE_SYSTEM_NODE
- *ALE_REFERENCE_SYSTEM_SWITCH
- *ALE_REFINE
- *ALE_SMOOTHING

- *ALE_TANK_TEST
- *ALE_UP_SWITCH

（2）S-ALE 常用关键字。

- *ALE_STRUCTURED_MESH
- *ALE_STRUCTURED_MESH_CONTROL_POINTS
- *ALE_STRUCTURED_MESH_MOTION
- *ALE_STRUCTURED_MESH_VOLUME_FILLING
- *ALE_STRUCTURED_FSI
- *ALE_STRUCTURED_MESH_TRIM
- *ALE_STRUCTURED_MESH_REFINE
- *ALE_STRUCTURED_MULTI-MATERIAL_GROUP

（3）其他与 ALE 功能相关的常用关键字。

- *ALE_TANK_TEST
- *BOUNDARY_AMBIENT_EOS
- *CONSTRAINED_EULER_IN_EULER
- *CONSTRAINED_LAGRANGE_IN_SOLID
- *CONTROL_ALE
- *DATABASE_FSI
- *INITIAL_VOID
- *INITIAL_VOLUME_FRACTION
- *INITIAL_VOLUME_FRACTION_GEOMETRY
- *SECTION_SOLID
- *SECTION_POINT_SOURCE_FOR_GAS_ONLY
- *SECTION_POINT_SOURCE_MIXTURE
- *SET_MULTIMATERIAL_GROUP_LIST
- *CONSTRAINED_EULER_IN_EULER

在随后的章节中将针对具体算例分别介绍其中的几个常用关键字。

3.11.3 PART 和 AMMG 的区别

在 LS-DYNA 的多物质 ALE 算法中，PART 和 AMMG 是两个不同的概念。

PART 指的是一组单元，是零时刻包含一种材料的网格，随着求解的进行，由于 ALE 材料在网格中输运，PART 中的每个单元可至少包含一种物质材料，也就是多材料。

AMMG 指的是包含一种物质材料的区域。对于多物质材料 ALE 算法，采用*ALE_MULTI-MATERIAL_GROUP 建立 ALE 多物质组，程序跟踪每个 AMMG 的界面。ALE 多物质组可包含至少一个 PART。

3.12 关键字文件的编辑和分割

虽然 TrueGrid 前处理软件支持 LS-DYNA 的大部分关键字，但仍有一些关键字 TrueGrid

并不支持，例如：

（1）EULER、ALE 等单元算法。

（2）一些材料模型和状态方程。

（3）一些单元类型，例如安全带元。

（4）局部坐标系下的刚体约束。

（5）2D 面段组（SEGMENT SET）。

（6）LS-DYNA 的最新功能（关键字），如*CESE、*EM、*ICFD 等新算法。

用户可以在关键字文件中手动修改添加相应关键字，推荐使用 UltraEdit 文本编辑软件编辑生成关键字输入文件。UltraEdit 是一款专业的文本/十六进制编辑器，查找和修改替换关键字、比较文件都非常方便，可以同时编辑多个文件，打开和处理大文件时速度非常快。

如果关键字文件包含的单元和节点数量很多，关键字文件就很大，打开和修改很不方便。这里强烈建议，对于大型算例使用*INCLUDE 将关键字文件分割成几个文件。在本书中，一个算例的关键字文件至少有两个：一个计算模型参数主控文件如 main.k、一个或多个网格模型文件如*.k 或 trugrdo。

计算模型参数主控文件 main.k 包含了材料模型、状态方程、接触、约束、计算结束时间、时间步长、计算输出、载荷等内容。在计算准备阶段需要频繁修改主控文件中的各类计算参数，因此要求计算模型参数主控文件很小，便于快速查找关键字进行修改。建议拷贝一个与之相近的已有算例主控文件，在此基础上进行修改。

网格模型文件很大，仅包含节点、单元、节点组、单元组和面段（SEGMENT）组等，网格生成后一般很少改动网格模型文件。

3.13 批处理运行

通过批处理方式运行 LS-DYNA 可以简化作业提交手续，还可以进行多种工况连续计算。可以创建一个*.bat 文件，比如 910s-500M-4.bat，其中 910 表示 LS-DYNA R9.10 版，s 代表单精度，500M 表示计算采用的内存设置，最后的 4 表示调用 4 个 CPU。这种命名方式简单明了，通过文件名就可知悉 LS-DYNA 命令行求解设置参数。

多种工况连续计算批处理文件 910s-500M-4.bat 内的语句如下：

```
F:
cd F:\work1\
D:\lsdyna \ls910s.exe   i=main.k   memory=500M   ncpu=4
cd F:\work2\
D:\lsdyna \ ls910s.exe   i=main.k   memory=500M   ncpu=4
pause
```

第 1 步：F:表示待求解的关键字文件所在目录位于 F 盘。

第 2 步：cd F:\work1\表示进入关键字文件所在工作目录。

第 3 步：调用 LS-DYNA 求解器，这里求解器文件名为 ls910s.exe，位于 D:\lsdyna 目录下。待求解的关键字文件名为 main.k，需要内存 500M 字和 4 个 CPU。

第 4～5 步：若有多个作业需要提交，可多次复制第 2～3 步的内容，修改相应的路径和输入文件名即可。

第 6 步：pause 表示求解完成后，不关闭 LS-DYNA 的 DOS 求解窗口，便于用户查看求解时间、警告以及错误信息。

最后，保存批处理文件，双击批文件名即可运行求解。

3.14 计算算法的选择

LS-DYNA 有多种求解算法，如传统的 FEM（在本书中特指传统的拉格朗日算法）、EULER、ALE、SPH 等，以及新增的 EFG、S-ALE、SPG、Peridynamics、DEM、CESE、DUALCESE、EM、ICFD 等，对于具体问题，选择哪种计算算法，下面给出了大致建议：

（1）橡胶材料：FEM、EFG、MEFEM、SPG。

（2）泡沫材料：FEM、SPH、EFG、SPG。

（3）金属材料：FEM、SPH、EFG、MEFEM、自适应 FEM、自适应 EFG、SPG。

（4）延性材料失效：FEM、SPG。

（5）脆性和准脆性材料断裂：FEM、SPH、EFG、SPG、Peridynamics。

（6）带有状态方程的材料和高速碰撞：ALE/S-ALE、CESE/DUALCESE、SPH、SPG。

（7）壳体断裂：FEM、EFG、XFEM。

（8）土壤：ALE/S-ALE、SPH、SPG。

（9）颗粒材料：离散元（DEM）。

（10）复合材料和单胞分析：FEM、EFG、SPG。

（11）炸药爆炸冲击波计算（不显含化学反应）：ALE/S-ALE、DUALCESE。

（12）炸药和气体爆炸冲击波计算（显含化学反应）：CESE+CHEMISTRY。

（13）爆炸作用下结构响应：ALE/S-ALE、SPH、ALE/S-ALE+FEM 流-固耦合、ALE+SPH 流-固耦合、*LOAD_BLAST+FEM、*LOAD_BLAST_ENHANCED+FEM、ALE+*LOAD_BLAST_ENHANCED+FEM、CESE/DUALCESE+CHEMISTRY+FSI、*CESE_BOUNDARY_BLAST_LOAD+*LOAD_BLAST_ENHANCED+FSI、*LOAD_SSA+FEM、PBM+FEM、PBM+DEM、声-固耦合等。

（14）物体入水：ALE/S-ALE+FEM 流-固耦合、FEM+SPH 接触、SPH+SPH、ICFD+FEM 流-固耦合。

（15）自然破片战斗部：ALE/S-ALE+SPG 算法、ALE/S-ALE+SPH 算法、ALE/S-ALE+DEM 算法、ALE/S-ALE+固连失效 FEM、*ALE_FRAGMENTATION 等。

（16）低马赫数长时流体问题：ICFD。

（17）低马赫数长时流-固耦合问题：ICFD+FEM 流-固耦合。

（18）亚声速气动分析：ICFD。

（19）超声速气动分析：CESE/DUALCESE。

3.15 LS-DYNA 常见警告和错误汇总

LS-DYNA 求解过程中经常会出现各种各样难以解决的问题，例如求解时间太长、节点速度无穷大、负体积、浮点溢出等。要解决上述问题，得到准确的计算结果，就需要细心编辑并耐心调试关键字文件，仔细检查 d3hsp 和 messag 文件，通过 LS-PrePost 载入计算结果文件检查各类输出是否正常等。

3.15.1 LS-DYNA 读入初始化错误

（1）计算输入文件读入检查阶段出现的错误。需要检查提示出错的关键字以及前面的关键字定义是否正确，如关键字下的卡片数量是否正确、字段中的参数、隐藏的 TAB 和回车键。

（2）引用了没定义的节点、曲线等。

（3）个别情况下，指示控制卡片出错，可能与旧的格式化输入有关，可在关键字输入文件中添加*CONTROL_STRUCTURED 关键字以创建结构化输入文件 dyna.str，通过与关键字输入文件相互比较进行查错。

3.15.2 LS-DYNA 非致命的警告

（1）某个 Part 过小的惯量（为了保证计算稳定，LS-DYNA 可能提高惯量）。

（2）删除了刚体。

1）零长度*CONSTRAINED_SPOTWELD。

2）带有无质量节点的 2 节点 RB。

3）采用*MAT_RIGID 定义的刚体 Part（不是大问题）。

（3）两个或多个 CNRB 共节点（对于 971 以前版本，这经常是致命错误）。

（4）初始接触渗透。

（5）翘曲壳单元。

（6）无质量节点。这很常见，通常可以接受，但弹簧和阻尼节点必须具有质量。

3.15.3 LS-DYNA 常见致命错误

（1）刚体极大的惯量。解决办法：

1）减小刚体密度/尺寸/厚度。

2）尝试更改单位制，使惯量小于 E15。

3）尝试采用双精度求解器。

（2）实体单元负体积或复杂声速。

（3）在质量缩放求解中添加了过多的质量。

（4）节点速度无穷大，即“Out - of - range nodal velocities”或“NAN”(“Not A Number”) nodal velocities。

（5）引用了未定义的节点或曲线等。

（6）不同的刚体共节点。

3.15.4 LS-DYNA 常用调试方法

（1）更加频繁地输出 D3PLOT 状态文件或 ASCII（如 GLSTAT、MATSUM、SLEOUT、RCFORC 等）数据文件，以找出计算异常区域。

（2）检查 d3hsp 和 messag 文件。

（3）检查是否采用了一致的单位制。

（4）采用求解感应控制开关。

（5）检查能量。

（6）以动画的形式对整个作用过程进行后处理。

（7）逐一消除法。逐一删除载荷、接触、初始条件、控制卡片、非标准材料模型，用简单模型进行调试。

3.16 关于计算结果的准确性和可信度的讨论

数值计算结果的准确性和可信度是大家最为关心的问题，多种因素制约了计算结果的准确性。

（1）将工程问题简化为物理模型本身就忽略了许多因素。

（2）物理问题转换为数学模型又存在简化。

（3）数学模型到计算模型之间存在逼近误差。LS-DYNA 数值计算是采用离散的方法对具体问题的逼近，其计算结果本身就不是该问题的精确解。逼近的细化程度即计算规模的限制也是制约数值计算结果准确性的因素。

（4）计算模型的任何细节如算法选取、网格划分、控制参数设置、计算时间步长、边界条件、材料模型和失效模型选择及其参数的合理性都会影响到计算结果的准确性，而这又与个人软件使用经验和力学基础知识息息相关，换句话说，计算结果可能会因人而异。

1）计算算法。一般来说，对于侵彻计算，各类算法计算准确度比较如下：SPG 和 EFG 算法计算准确度很高，其次是 FEM，然后是 SPH、ALE，而 PD 算法计算准确度偏低；对于冲击波传播计算，各类算法计算准确度比较如下：DUALCESE>CESE>ALE。

2）网格划分。需要着重说明的是，侵彻和爆炸作用下结构的破坏有限元计算结果与网格划分密切相关。通常情况下数值计算前需要对网格尺寸的收敛性进行分析，确定可接受的网格尺寸。实际上由于结构破坏计算模型中通常会采用失效模型，网格的失效删除导致所有物理量不守恒，同时缺乏基于物理的单元删除准则，这会严重影响计算结果，即使不断细化网格依然难以获得唯一的收敛解。对于特定网格划分需要采用试验标定失效参数，网格尺寸改变后失效参数需要重新标定。建议尝试一些新的算法，如 SPG、PD 等，这些算法对网格划分和失效参数依赖程度低。

而对于爆炸冲击波的计算，由于炸药爆炸初期产生的冲击波是高频波，在数值计算模型中炸药及其附近区域需要划分细密网格才能反映出足够频宽的冲击波特性，否则计算出的压力峰值会被抹平。

对于爆轰驱动计算，网格尺寸效应也很明显。常见的例子如破片战斗部，爆轰压力对破片初速影响很大，作用在破片上的压力是整个单元内的平均压力，炸药单元尺寸越大，单元内的平均压力就越低，破片初速相应就越低。

3）控制参数设置。计算软件中的很多控制参数也会影响到计算结果的准确性，甚至影响计算稳定性。例如爆炸计算中 ALE 算法的控制参数。这与个人软件使用经验关系很大。

4）计算时间步长。一般来说，计算时间步长越小，计算结果越精确。并且，有时计算时间步长过大会影响到接触的稳定性。

5）边界条件。例如爆炸冲击计算常用的无反射边界，实际上冲击波/应力波的透射效果并不理想。

6）材料模型和失效模型选择及其参数。正确地描述材料的应力应变关系，包括失效位置、模式和程度，可以保证动态仿真的精度。

（5）数值计算结果的处理和可视化也会影响数值计算结果的准确性。

要判断计算结果的“好”与“坏”，最好的方法是将数值计算结果与实验结果、经验公式计算值或理论解进行对比，其次是凭借个人经验和直觉判断计算结果（如变形动画）是否合理，最后检查能量（如滑移能、沙漏能）是否存在异常。

第 4 章　起步篇——泰勒杆撞击刚性墙计算

LS-DYNA 是汇集了众多算法的通用多物理场计算软件，如拉格朗日、ALE、Euler、EFG、SPH、SPG、传热等，每种算法各有其特点和适用范围。

泰勒杆是一种非常简单的用于测试金属以及高聚物材料在高速冲击条件下动态屈服应力的方法。LS-DYNA 软件中许多算法可以模拟泰勒杆撞击刚性墙过程，本章主要利用同一个简单的泰勒杆撞击刚性墙算例，来介绍不同算法的使用方法。需要注意的是，本章中不同计算模型的计算结果可能会存在差异。

4.1　拉格朗日单元算法二维轴对称计算模型

这个算例的主要目的是介绍二维轴对称模型建模方法和二维轴对称冲击计算方法。

二维轴对称计算模型必须采用*SECTION_SHELL 关键字来定义轴对称算法。对于 LS-DYNA 中的二维轴对称模型，在笛卡儿坐标系中 Y 轴是默认的对称轴，建模时只需建立一半模型，且 $X \geqslant 0$，即只建立坐标系中右半部分模型。

4.1.1　*SECTION_SHELL

*SECTION_SHELL 为壳单元设置单元算法。注意：二维和三维单元在同一模型中不能混用。*SECTION_SHELL 关键字卡片 1 见表 4-1。

表 4-1　*SECTION_SHELL 关键字卡片 1

Card 1	1	2	3	4	5	6	7	8
Variable	SECID	ELFORM	SHRF	NIP	PROPT	QR/IRID	ICOMP	SETYP
Type	I/A	I	F	I	F	F	I	I
Default	none	none	1.0	2	0.0	0.0	0	1

- SECID：单元算法 ID。SECID 被*PART 卡片引用，可为数字或字符，该 ID 不可重复定义。
- ELFORM：单元算法选项。其中：
  - ELFORM=1：Hughes-Liu。
  - ELFORM=2：Belytschko-Tsay。
  - ELFORM=3：BCIZ 三角形单元。
  - ELFORM=4：C0 三角形单元。
  - ELFORM=5：Belytschko-Tsay 薄膜单元。
  - ELFORM=6：选择缩减积分 Hughes-Liu 壳单元。
  - ELFORM=7：选择缩减积分、共旋 Hughes-Liu 壳单元。

- ELFORM=8：Belytschko-Leviathan 壳单元。
- ELFORM=9：全积分 Belytschko-Tsay 薄膜单元。
- ELFORM=10：Belytschko-Wong-Chiang。
- ELFORM=11：快速（共旋）Hughes-Liu。
- ELFORM=12：平面应力（XY 平面）。
- ELFORM=13：平面应变（XY 平面）。
- ELFORM=14：面积加权轴对称实体单元（XY 平面，Y 轴为对称轴）。
- ELFORM=15：体积加权轴对称实体单元（XY 平面，Y 轴为对称轴）。
- ELFORM=16：快速全积分壳单元。
- ELFORM=-16：修正的更准确的全积分壳单元。
- ELFORM=17：全积分 DKT、三角形壳单元。
- ELFORM=18：全积分线性 DK 四边形/三角形壳单元。
- ELFORM=20：全积分假定线性应变 C0 壳单元。
- ELFORM=21：全积分假定线性应变 C0 壳单元（5 个 DOF）。
- ELFORM=22：线性剪切面板单元，每个节点有 3 个 DOF（自由度）。
- ELFORM=23：8 节点二次四边形壳单元。
- ELFORM=24：6 节点二次三角形壳单元。
- ELFORM=25：带有厚度延伸的 Belytschko-Tsay 壳单元。
- ELFORM=26：带有厚度延伸的全积分壳单元
- ELFORM=27：带有厚度延伸的 C0 三角形壳单元。
- ELFORM=29：用于壳单元边边连接的内聚壳单元。
- ELFORM=-29：用于壳单元边边连接的内聚壳单元（更适用于纯剪切）。
- ELFORM=30：基于 ELFORM=16 的带有两个面内积分点的快速全积分壳单元。
- ELFORM=41：无单元迦辽金（EFG）壳单元局部方法（更适用于汽车碰撞分析）。
- ELFORM=42：无单元迦辽金（EFG）壳单元全局方法（更适用于金属钣金冲压成型分析）。
- ELFORM=43：无单元迦辽金（EFG）平面应变算法（XY 平面）。
- ELFORM=44：无单元迦辽金（EFG）轴对称实体单元算法（XY 平面，Y 轴为对称轴）。
- ELFORM=46：用于二维平面应变、平面应力和面积加权轴对称问题的内聚单元（与 14 号壳单元一起使用）。
- ELFORM=47：用于二维体积加权轴对称问题的内聚单元（与 15 号壳单元一起使用）。
- ELFORM=52：平面应变（XY 平面）XFEM，基单元类型为全积分 13 号。
- ELFORM=54：壳单元 XFEM，基单元类型由 BASELM 定义（默认为 16）。
- ELFORM=55：8 节点奇异平面应变（XY 平面）有限单元。
- ELFORM=98：插值壳单元。
- ELFORM=99：用于时域振动研究的简化线性单元。
- ELFORM=101：用户自定义壳单元。
- ELFORM=102：用户自定义壳单元。
- ELFORM=103：用户自定义壳单元。
- ELFORM=104：用户自定义壳单元。
- ELFORM=105：用户自定义壳单元。
- ELFORM=201：NURBS 同几何壳单元。
- ELFORM=1000：广义壳单元算法（用户自定义）。

- SHRF：用于缩放横向剪切应力的剪切修正因子。LS-DYNA 中的壳体算法，除了 BCIZ 和 DK 单元，都是基于一阶剪切变形理论，该理论产生恒定的横向剪切应变，这违反了壳体顶部和底部表面上的零拉力条件。剪切修正因子用于补偿该错误。对于各向同性材料，建议值为 5/6，对于三明治和铺层壳单元，该值并不正确，因此在一些材料模型（22、54、55 号）中，三明治和铺层壳单元是其一个选项。
- NIP：沿厚度方向积分点个数。可以使用 Gauss（默认）或 Lobatto 积分准则，*CONTROL_SHELL 中的 INTGRD 设置积分准则。
- PROPT：输出选项（没有激活）。

- PROPT=1.0：平均合力和纤维长度。
- PROPT=2.0：计划点的合力和纤维长度。
- PROPT=3.0：全部点的合力、应力和纤维长度。

- QR/IRID：积分准则。
  - QR/IRID<0.0：绝对值是指定的准则号。
  - QR/IRID=0.0：Gauss/Lobatto（最多允许 10 个点）。
  - QR/IRID=1.0：梯形，由于准确性的原因，不推荐采用。
- ICOMP：用于正交各向异性/各向异性铺层复合材料模型的标志。该选项用于 21、22、23、33、33_96、34、36、40、41～50、54、55、58、59、103、103_P、104、108、116、122、133、135、135_PLC、136、157、158、190、219、226、233、234、235、242 号和 243 号材料模型，对于这些材料模型，*PART_COMPOSITE 可用于替换 *SECTION_SHELL。
  - ICOMP=1：为每个沿厚度方向积分点定义材料角度（单位：度），这样每个铺层有一个积分点。
- SETYP：没有使用（已废弃）。

*SECTION_SHELL 关键字卡片 2 见表 4-2。

表 4-2 *SECTION_SHELL 关键字卡片 2

Card 2	1	2	3	4	5	6	7	8
Variable	T1	T2	T3	T4	NLOC	MAREA	IDOF	EDGSET
Type	F	F	F	F	F	F	F	I
Default	0.0	T1	T1	T1	0.0	0.0	0.0	↓

- T1：如果*ELEMENT_SHELL_OPTION 没有定义厚度，则 T1 是节点 n1 处的壳厚度。
- T2：如果*ELEMENT_SHELL_OPTION 没有定义厚度，则 T2 是节点 n2 处的壳厚度。
- T3：如果*ELEMENT_SHELL_OPTION 没有定义厚度，则 T3 是节点 n3 处的壳厚度。
- T4：如果*ELEMENT_SHELL_OPTION 没有定义厚度，则 T4 是节点 n4 处的壳厚度。
- NLOC：三维壳单元的参考面（壳中间厚度）位置。
- MAREA：单位面积的非结构化质量。
- IDOF：沿厚度的应变处理方法。
- EDGSET：用于壳类型安全带的边节点组。

4.1.2 计算模型概况

圆柱形泰勒杆直径 10mm，长度为 70mm，材料为 OFHC 无氧铜，初速为 165m/s。**在以下所有算例中，若无特别说明，计算初始条件均与此一致。**

泰勒杆材料模型为*MAT_JOHNSON_COOK，刚性墙采用*RIGIDWALL_PLANAR 关键字模拟。

采用二维轴对称模型建模计算，计算单位制为 cm-g-μs。

4.1.3 TrueGrid 建模

泰勒杆的 TrueGrid 建模长度单位为 mm，相关命令流如下：

```
mate 1                                   c 为泰勒杆指定材料号（LS-DYNA PART 号）
block 1 10 11;1 141;-1;0 4.5 5;0 70.0;0  c 创建 PART
eset 2 1 1 3 2 1 = output                c 定义要输出数据的单元组
endpart                                  c 结束当前 Part 命令
merge                                    c 进入 merge 阶段，合并 Part
```

```
lsdyna keyword                          c 声明要为 LS-DYNA 软件输出关键字格式文件
write                                   c 输出网格模型文件
```

泰勒杆网格划分如图 4-1 所示。

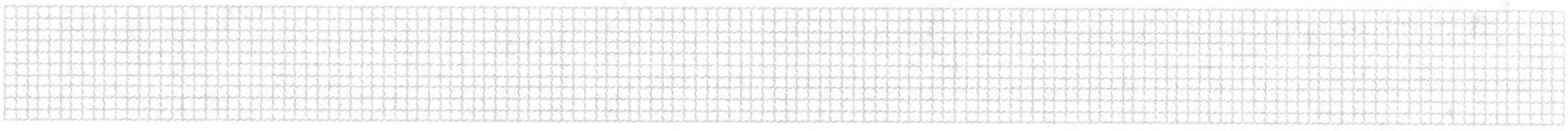

图 4-1 泰勒杆网格划分

4.1.4 关键字文件讲解

下面讲解相关的 LS-DYNA 关键字文件。关键字输入文件有 2 个：计算模型参数主控文件 main.k 和网格模型文件 trugrdo。

计算模型参数主控文件 main.k 中的内容及相关讲解如下。

$ 首行*KEYWORD 表示输入文件采用的是关键字输入格式。

```
*KEYWORD
```

$ 设置分析作业标题。

```
*TITLE
Tayler Impact
```

$ 为二进制结果文件定义输出格式，IFORM=0 表示输出的是 LS-DYNA 数据库格式文件。

```
*DATABASE_FORMAT
$ IFORM,IBINARY
0
```

$ 定义单元算法，14 表示面积加权轴对称算法。

```
*SECTION_SHELL
$ SECID,ELFORM,SHRF,NIP,PROPT,QR/IRID,ICOMP,SETYP
1,14,0.833,5.0
$ T1,T2,T3,T4,NLOC,MAREA,IDOF,EDGSET
0.00,0.00,0.00,0.00,0.00
```

$ 这是*MAT_015 材料模型，用于定义泰勒杆 JOHNSON-COOK 材料模型及参数。

$ MID 可为数字或字符，其 ID 必须唯一，且被*PART 卡片所引用。

```
*MAT_JOHNSON_COOK
$ MID,RO,G,E,PR,DTF,VP,RATEOP
1,8.94,0.6074,1.64,0.350,0.000E+00,1
$ A,B,N,C,M,TM,TR,EPS0
1.4954E-3,3.0536E-3,0.096,0.034,1.09,1083,288.,5.000E-04
$ CP,PC,SPALL,IT,D1,D2,D3,D4
4.40E-6,-9.00,3.00,0.000E+00,0.000E+00,0.000E+00,0.000E+00,0.000E+00
$ D5,C2/P/XNP,EROD,EFMIN,NUMINT
0.000E+00
```

$ 这是*EOS_004 状态方程，用于定义泰勒杆的状态方程参数。

$ 三维 PART 引用*MAT_JOHNSON_COOK 材料模型时，必须同时引用状态方程。

$ EOSID 可为数字或字符，其 ID 必须唯一，且被*PART 卡片所引用。

```
*EOS_GRUNEISEN
$ EOSID,C,S1,S2,S3,GAMAO,A,E0
1,0.394,1.489,0.000E+00,0.000E+00,2.02,0.47,0.000E+00
$ V0
0.000E+00
```

$ 定义泰勒杆 PART，引用定义的单元算法、材料模型和状态方程。PID 必须唯一。

```
*PART
$ HEADING

$ PID,SECID,MID,EOSID,HGID,GRAV,ADPOPT,TMID
1,1,1,1,0,0,0
```

$ 给泰勒杆施加初始撞击速度。

```
*INITIAL_VELOCITY_GENERATION
$ ID,STYP,OMEGA,VX,VY,VZ,IVATN,ICID
1,2,,,-0.0165
$ XC,YC,ZC,NX,NY,NZ,PHASE,IRIGID
```

$ 定义刚性墙。

```
*RIGIDWALL_PLANAR
$ NSID,NSIDEX,BOXID,OFFSET,BIRTH,DEATH,RWKSF
0,
$ XT,YT,ZT,XH,YH,ZH,FRIC,WVEL
0,-0.1,0,0,1,0
```

$ 定义时间步长控制参数。

$ TSSFAC=0.9 为计算时间步长缩放因子。

```
*CONTROL_TIMESTEP
$ DTINIT,TSSFAC,ISDO,TSLIMT,DT2MS,LCTM,ERODE,MS1ST
0,0.9
```

$ 定义计算结束条件。

$ ENDTIM 定义计算结束时间，这里 ENDTIM=300μs。

```
*CONTROL_TERMINATION
$ ENDTIM,ENDCYC,DTMIN,ENDENG,ENDMAS,NOSOL
300
```

$ 定义二进制时间历程文件 D3THDT 的输出。

$ DT=0.1μs 表示输出时间间隔。

```
*DATABASE_BINARY_D3THDT
$ DT/CYCL,LCDT/NR,BEAM,NPLTC,PSETID,CID
0.1
```

$ 定义二进制状态文件 D3PLOT 的输出。

$ DT=3.00μs 表示输出时间间隔。

```
*DATABASE_BINARY_D3PLOT
$ DT/CYCL,LCDT/NR,BEAM,NPLTC,PSETID,CID
3.00
```

$ 设置输出结果数据的壳单元组。

```
*DATABASE_HISTORY_SHELL_SET
$ ID1,ID2,ID3,ID4,ID5,ID6,ID7,ID8
1
```

$ 为*INCLUDE_TRANSFORM 关键字定义几何变换。

$ *DEFINE_TRANSFORMATION 必须在*INCLUDE_TRANSFORM 前面定义。

$ OPTION=SCALE 时，缩放模型。建模时长度单位采用 mm，计算时采用 cm。

```
*DEFINE_TRANSFORMATION
$ TRANID
1
$ OPTION,A1,A2,A3,A4,A5,A6,A7
```

```
SCALE,0.1,0.1,0.1
```

$ 引用*DEFINE_TRANSFORMATION 定义的几何变换，包含泰勒杆网格模型文件。

$ TRANID=1 是前面定义的几何变换。

```
*INCLUDE_TRANSFORM
$ FILENAME
trugrdo
$ IDNOFF,IDEOFF,IDPOFF,IDMOFF,IDSOFF,IDFOFF,IDDOFF

$ IDROFF,PREFIX,SUFFIX

$ FCTMAS,FCTTIM,FCTLEN,FCTTEM,INCOUT1

$ TRANID
1
```

$ *END 表示关键字文件的结束，LS-DYNA 读入时将忽略该语句后的所有内容。

```
*END
```

网格模型文件 trugrdo 中的内容及相关讲解如下。

$ 首行*KEYWORD 表示输入文件采用的是关键字输入格式。

```
*KEYWORD
$
$ NODES
$
```

$ 在全局坐标系中定义节点及其坐标、约束。

$ NID 是节点 ID；X、Y 和 Z 是坐标；TC 和 RC 分别为平动和转动约束。

```
*NODE
$ NID,X,Y,Z,TC,RC
1,0.000000000E+00,0.000000000E+00,0.000000000E+00,0,0
2,0.000000000E+00,0.500000000,0.000000000E+00,0,0
..........................................
1550,5.00000000,69.4999619,0.000000000E+00,0,0
1551,5.00000000,70.0000000,0.000000000E+00,0,0
$
$ ELEMENT CARDS FOR SHELL ELEMENTS
$
```

$ 定义壳单元。

$ EID 是单元 ID；PID 是单元 PART ID；N1、N2、N3、N4 分别为单元 4 个节点。

$ THIC1～THIC4 分别为壳单元在节点 N1～N4 处的厚度。

```
*ELEMENT_SHELL_THICKNESS
$ EID,PID,N1,N2,N3,N4,N5,N6,N7,N8
1,1,1,142,143,2
$ THIC1,THIC2,THIC3,THIC4,BETA or MCID
0.000000E+00,0.000000E+00,0.000000E+00,0.000000E+00
2,1,142,283,284,143
0.000000E+00,0.000000E+00,0.000000E+00,0.000000E+00
..........................................
1399,1,1408,1549,1550,1409
0.000000E+00,0.000000E+00,0.000000E+00,0.000000E+00
1400,1,1409,1550,1551,1410
0.000000E+00,0.000000E+00,0.000000E+00,0.000000E+00
$
```

```
$ Shell Element set output
$
```

$ 定义壳单元组。

$ SID 为单元组 ID。

$ EID1～EID8 为单元 ID。

```
*SET_SHELL_LIST
$ SID,DA1,DA2,DA3,DA4
1,0.,0.,0.,0.
$ EID1,EID2,EID3,EID4,EID5,EID6,EID7,EID8
1261,1262,1264,1280,1296,1312,1344,1376
1328,1360,1392,1266,1268,1272,1288,1304
……………………………………………
1383,1335,1367,1399,1295,1327,1359,1391
1279,1311,1343,1375
```

$ *END 表示关键字文件的结束，LS-DYNA 读入时将忽略该语句后的所有内容。

```
*END
```

4.1.5 数值计算结果

计算完成后，在 LS-PrePost 软件中按如下操作步骤可生成泰勒杆变形动画。

（1）在 File 菜单下读入 D3PLOT 文件（File→Open→Binary Plot）。

（2）在 Misc 菜单下将 1/2 模型镜像为全模型（Misc→Reflect Model→Reflect About YZ Plane）。

（3）如果使用的是 LS-PrePost V4.6 以上版本，则切换至旧界面（Help→Old to New）。**在以下所有算例的计算结果处理中，若无特别说明，不再重复该步骤。**

（4）显示塑性应变（Page 1→Fcomp→Stress→effective plastic strain）。

（5）输出动画（File→Movie...）。

动画输出对话框和泰勒杆变形计算结果分别如图 4-2 和图 4-3 所示。

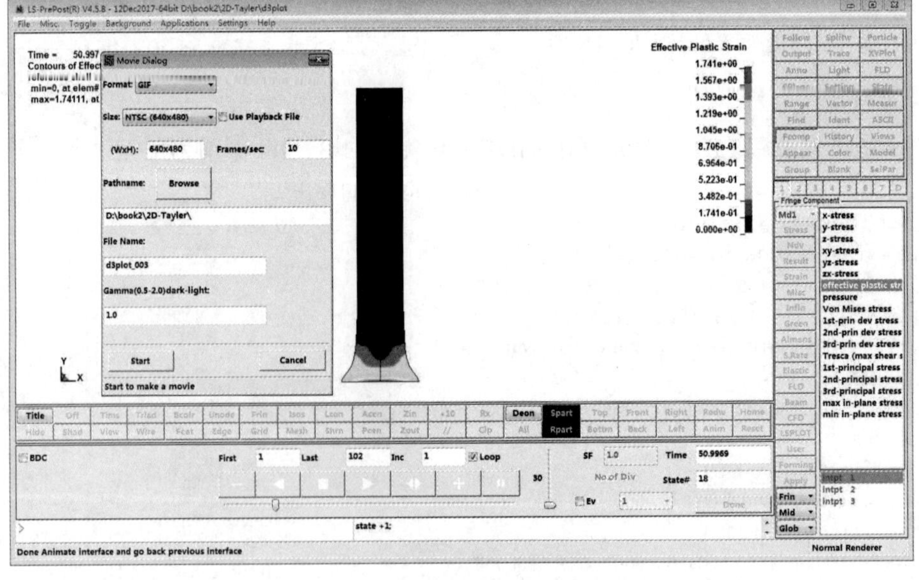

图 4-2　动画输出对话框

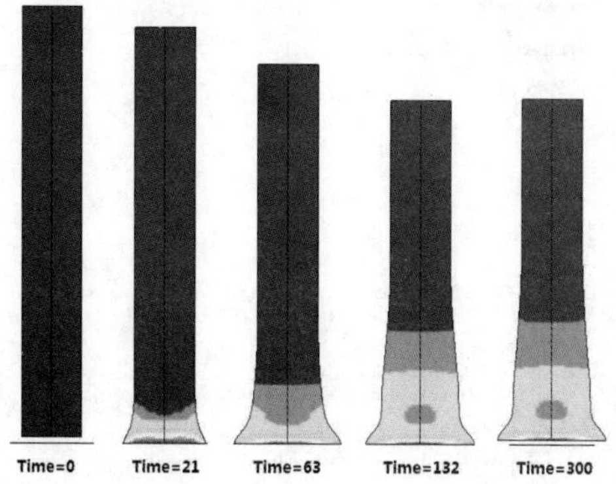

图 4-3　泰勒杆变形计算结果

将二进制时间历程文件 D3THDT 读入 LS-PrePost 软件，按如下操作步骤可输出特定单元的应变曲线。

（1）在 File 菜单下读入 D3THDT 文件（File→Open→Binary Plot）。

（2）在右侧工具栏中选择输出单元的有效塑性应变（Page 1→History→Element→Effective Plastic Strain）。

（3）在底部工具栏单元下拉列表中选择 1261 号单元。

（4）在右侧工具栏中单击 Plot，绘制 1261 号单元的有效塑性应变-时间曲线（图 4-4）。

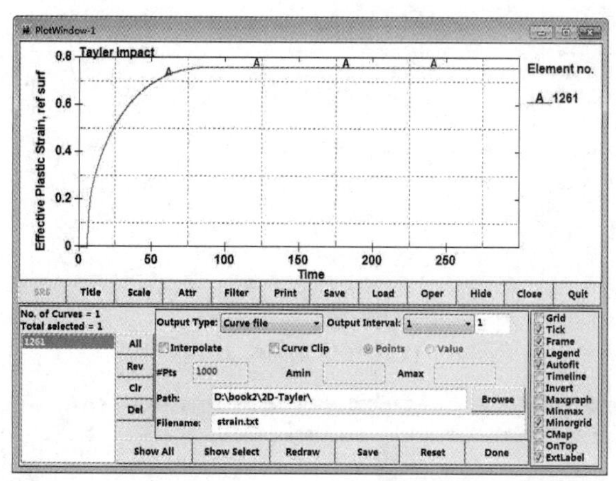

图 4-4　1261 号单元的应变曲线

（5）在曲线绘制对话框中单击 Save，输入文件名：strain.txt，最后单击对话框下端中间的 Save 按钮，将数据保存到该文本文件中。

按类似步骤操作可输出 1261 号单元的应力曲线（图 4-5）：

（1）在右侧工具栏中选择输出单元的 VON Mises 应力 [Page 1→History→Element→Effective Stress(v-m)]。

（2）在底部工具栏单元下拉列表中选择 1261 号单元。

（3）在右侧工具栏中单击 Plot，绘制 1261 号单元的有效塑性应变-时间曲线。

（4）在曲线绘制对话框中单击 Save，输入文件名：stress.txt，最后单击对话框下端中间的 Save 按钮，将数据保存到该文本文件中。

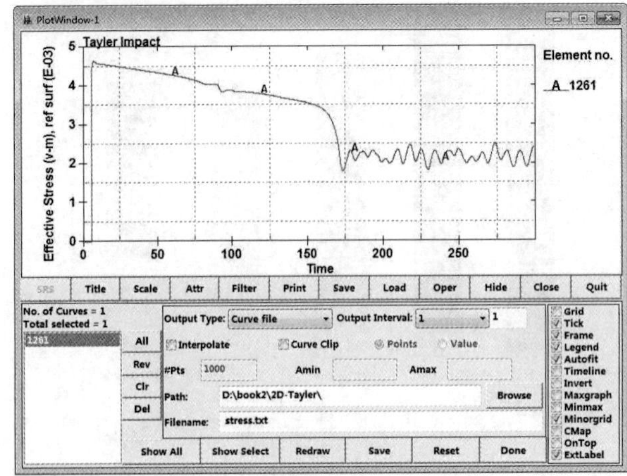

图 4-5　1261 号单元的应力曲线

交叉绘制 1261 号单元的应力-应变曲线（图 4-6），LS-PrePost 操作步骤（图 4-7）如下：

（1）选择 Page 1→Xyplot→File→Cross。

（2）单击 strain.txt，将其置入 x-axis 对话框中。

（3）单击 stress.txt，将其置入 y-axis 对话框中。

（4）单击 Plot。

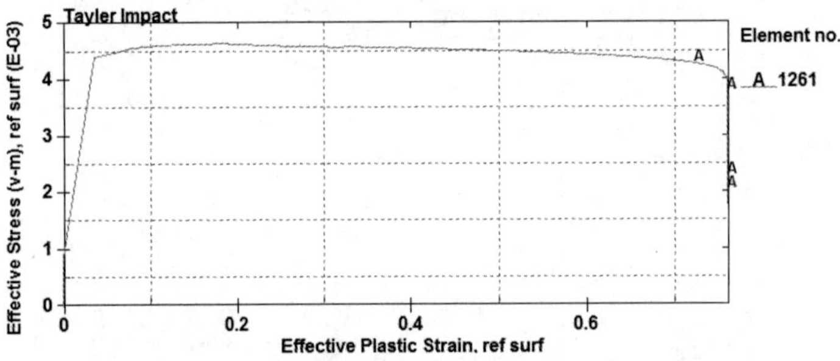

图 4-6　1261 号单元的应力-应变曲线

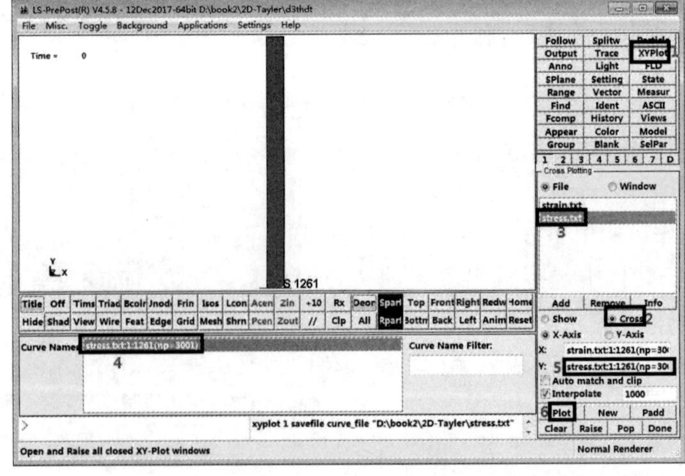

图 4-7　交叉绘制单元的应力-应变曲线步骤

LS-PrePost 可以从读入的 D3PLOT 或 D3THDT 文件（至少存有两个子步数据）中显示模型或特定 PART 的质量，操作步骤如下：

（1）选择 Page 1→Measur→Item: Mass→All→Apply。

（2）在底部命令行右边框中将自动显示 Total mass of active parts = 7.82248，该值乘以 2π 就是泰勒杆质量，即 49.15gram，而手动计算泰勒杆质量为 $\pi \times 0.5^2 \times 7 \times 8.94 = 49.15\text{gram}$，二者相符。

还可以通过 Page 1→History→Y-Rigid Body Acceleration 输出泰勒杆轴向平均过载曲线，如图 4-8 所示。

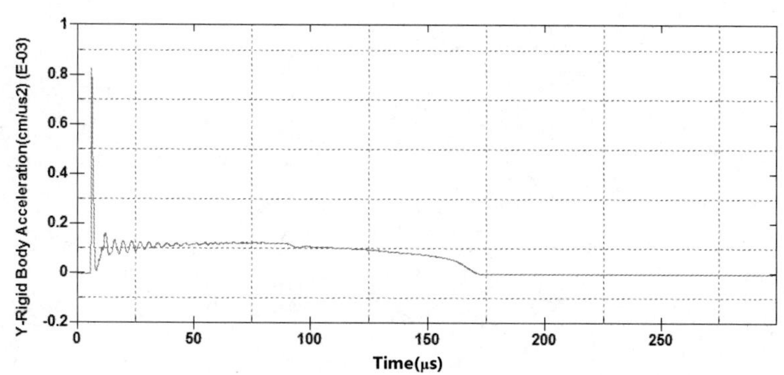

图 4-8 泰勒杆轴向平均过载曲线

4.2 拉格朗日自适应网格算法二维轴对称计算模型

从 4.1 节的算例中可以看到，在泰勒杆撞击后期，网格畸变严重，时间步长急剧减小，计算精度下降，计算耗时增加。下面的算例主要介绍二维轴对称拉格朗日自适应单元算法，这种算法可对变形后的网格进行重划分，显著减缓网格变形。

4.2.1 计算模型概况

泰勒杆采用拉格朗日自适应网格算法。

采用二维轴对称计算模型，计算单位制采用 cm-g-μs。

4.2.2 TrueGrid 建模

TrueGrid 建模长度单位采用 cm，相关命令流如下：

```
mate 1                          c 为泰勒杆指定材料号（LS-DYNA PART 号）
block 1 11;1 141;-1;0 0.5;0 7.0;0         c 创建二维 PART
endpart                          c 结束当前 Part 命令
merge                            c 进入 merge 阶段，合并 Part
lsdyna keyword                   c 声明要输出 LS-DYNA 关键字格式文件
write                            c 输出网格模型文件
```

4.2.3 关键字文件讲解

下面讲解相关的 LS-DYNA 关键字文件。关键字输入文件有 2 个：计算模型参数主控文件

main.k 和网格模型文件 trugrdo。其中 main.k 中的内容及相关讲解如下。

$ 首行*KEYWORD 表示输入文件采用的是关键字输入格式。

```
*KEYWORD
```

$ 设置分析作业标题。

```
*TITLE
Tayler Impact
```

$ 为二进制结果文件定义输出格式，IFORM=0 表示输出的是 LS-DYNA 数据库格式文件。

```
*DATABASE_FORMAT
$ IFORM,IBINARY
0
```

$ 定义单元算法，14 表示面积加权轴对称算法。

```
*SECTION_SHELL
$ SECID,ELFORM,SHRF,NIP,PROPT,QR/IRID,ICOMP,SETYP
1,14,0.833,5.0
$ T1,T2,T3,T4,NLOC,MAREA,IDOF,EDGSET
0.00,0.00,0.00,0.00,0.00
```

$ 这是*MAT_015 材料模型，用于定义泰勒杆 JOHNSON_COOK 材料模型及参数。

$ MID 可为数字或字符，其 ID 必须唯一，且被*PART 卡片所引用。

```
*MAT_JOHNSON_COOK
$ MID,RO,G,E,PR,DTF,VP,RATEOP
1,8.94,0.6074,1.64,0.350,0.000E+00,1
$ A,B,N,C,M,TM,TR,EPS0
1.4954E-3,3.0536E-3,0.096,0.034,1.09,1083,288.,5.000E-04
$ CP,PC,SPALL,IT,D1,D2,D3,D4
4.40E-6,-9.00,3.00,0.000E+00,0.000E+00,0.000E+00,0.000E+00,0.000E+00
$ D5,C2/P/XNP,EROD,EFMIN,NUMINT
0.000E+00
```

$这是*EOS_004 状态方程，用于定义泰勒杆的状态方程参数。

$ 三维 PART 引用*MAT_JOHNSON_COOK 材料模型时，必须同时引用状态方程。

$ EOSID 可为数字或字符，其 ID 必须唯一，且被*PART 卡片所引用。

```
*EOS_GRUNEISEN
$ EOSID,C,S1,S2,S3,GAMAO,A,E0
1,0.394,1.489,0.000E+00,0.000E+00,2.02,0.47,0.000E+00
$ V0
0.000E+00
```

$ 定义泰勒杆 Part，引用定义的单元算法、材料模型和状态方程。PID 必须唯一。

$ ADPOPT=2，定义二维实体单元所在 PART 自适应网格重分。

```
*PART
$ HEADING

$ PID,SECID,MID,EOSID,HGID,GRAV,ADPOPT,TMID
1,1,1,1,0,0,2
```

$ 设置网格自适应。

```
*CONTROL_ADAPTIVE
$adpfreq,adptol,adpopt,maxlvl,tbirth,tdeath,lcadp,ioflag
30,0.06,8,3
```

$ 给泰勒杆施加初始撞击速度。

```
*INITIAL_VELOCITY_GENERATION
```

```
$ ID,STYP,OMEGA,VX,VY,VZ,IVATN,ICID
1,2,,,-0.0165
$ XC,YC,ZC,NX,NY,NZ,PHASE,IRIGID
```

$ 定义刚性墙。

```
*RIGIDWALL_PLANAR
$ NSID,NSIDEX,BOXID,OFFSET,BIRTH,DEATH,RWKSF
0,
$ XT,YT,ZT,XH,YH,ZH,FRIC,WVEL
0,-0.1,0,0,1,0
```

$ 定义时间步长控制参数。

$ TSSFAC=0.9 为计算时间步长缩放因子。

```
*CONTROL_TIMESTEP
$ DTINIT,TSSFAC,ISDO,TSLIMT,DT2MS,LCTM,ERODE,MS1ST
0,0.9
```

$ 定义计算结束条件。

$ ENDTIM 定义计算结束时间，这里 ENDTIM=300μs。

```
*CONTROL_TERMINATION
$ ENDTIM,ENDCYC,DTMIN,ENDENG,ENDMAS,NOSOL
300
```

$ 定义二进制时间历程文件 D3THDT 的输出。

$ DT=0.1μs 表示输出时间间隔。

```
*DATABASE_BINARY_D3THDT
$ DT/CYCL,LCDT/NR,BEAM,NPLTC,PSETID,CID
0.1
```

$ 定义二进制状态文件 D3PLOT 的输出。

$ DT=3μs 表示输出时间间隔。

```
*DATABASE_BINARY_D3PLOT
$ DT/CYCL,LCDT/NR,BEAM,NPLTC,PSETID,CID
3.00
```

$ 包含泰勒杆网格模型文件。

```
*INCLUDE
$ FILENAME
trugrdo
```

$ *END 表示关键字文件的结束，LS-DYNA 读入时将忽略该语句后的所有内容。

```
*END
```

从 main.k 中的内容可以看到，由于 TrueGrid 建模采用的长度单位为 cm，与计算单位制一致，这里没有采用*INCLUDE_TRANSFORM 关键字缩放模型进行单位制转换。

4.2.4 数值计算结果

计算完成后，按如下操作步骤可显示泰勒杆变形，如图 4-9 所示，其中的网格畸变显著改善。

（1）在 File 菜单下读入 D3PLOT 文件（File→Open→Binary Plot）。

（2）在 Misc 菜单下将 1/2 模型镜像为全模型（Misc→Reflect Model→Reflect About YZ Plane）。

（3）在下端工具栏单击 Unode，关闭没有引用的节点。

（4）显示塑性应变（Page 1→Fcomp→Stress→effective plastic strain）。

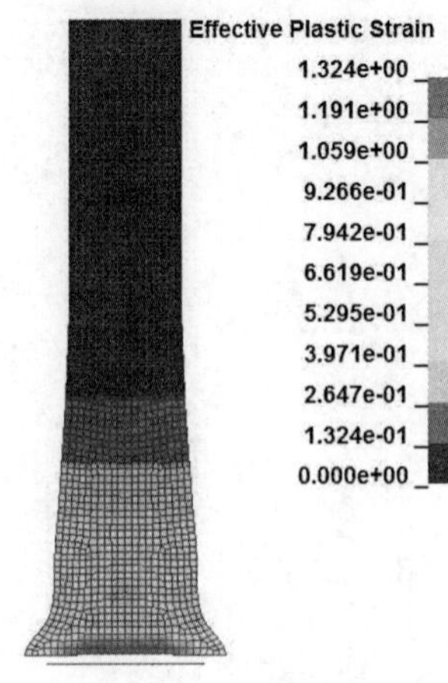

图 4-9 泰勒杆变形

4.3 拉格朗日单元算法三维 1/4 对称计算模型

这个算例的主要目的是介绍三维 1/4 对称模型建模方法和三维冲击计算方法。

4.3.1 *SECTION_SOLID

*SECTION_SOLID 为三维结构和流体单元定义 Lagrangian/ALE/Euler 算法，这通过 ELFORM 选项来实现。*SECTION_SOLID 关键字卡片 1 见表 4-3。

表 4-3 *SECTION_SOLID 关键字卡片 1

Card 1	1	2	3	4	5	6	7	8
Variable	SECID	ELFORM	AET				COHOFF	GASKETT
Type	I/A	I	I				F	F

- SECID：单元算法 ID。SECID 被*PART 卡片引用，可为数字或字符，该 ID 不可重复定义。
- ELFORM：单元算法选项。其中：
  - ELFORM=-18：带有 13 种不兼容模态的 8 点应变增强实体单元。
  - ELFORM=-2：主要用于较大长细比的六面体单元，计算准确度很高。
  - ELFORM=-1：主要用于较大长细比的六面体单元，计算效率高。
  - ELFORM=0：用于*MAT_MODIFIED_HONEYCOMB 的单点共旋实体单元。
  - ELFORM=1：常应力实体单元。这是默认的单元类型。
  - ELFORM=2：8 节点六面体单元。
  - ELFORM=3：带有节点转动的全积分二次 8 节点实体单元。
  - ELFORM=4：带有节点转动的 S/R 二次四面体单元。
  - ELFORM=5：单点积分 ALE 单元，单元内为单一材料，仅此种 ALE 单元支持接触。
  - ELFORM=6：单点积分 Eulerian 单元，单元内为单一材料。
  - ELFORM=7：单点积分环境 Eulerian 单元，用于 Eulerian 计算的进出口边界。
  - ELFORM=8：声单元。
  - ELFORM=9：用于*MAT_MODIFIED_HONEYCOMB 的单点共旋单元。
  - ELFORM=10：单点四面体单元。
  - ELFORM=11：单点积分 ALE 多物质单元，一个单元内可以包含多种物质，这是最常用的 ALE 算法。

- ELFORM=12：单点积分带空材料的单物质 ALE 单元。
- ELFORM=13：单点节点压力四面体单元。
- ELFORM=14：8 节点声单元。
- ELFORM=15：2 节点五面体单元。
- ELFORM=16：4 或 5 点 10 节点四面体单元。
- ELFORM=17：10 节点复合材料四面体单元。
- ELFORM=18：带有 12 种不兼容模态的 9 点应变增强实体单元，仅用于隐式分析。
- ELFORM=19：8 节点、4 点内聚单元。
- ELFORM=20：与壳单元一起使用的带偏移的 8 节点、4 点内聚单元。
- ELFORM=21：6 节点、1 点五面体内聚单元。
- ELFORM=22：与壳单元一起使用的带偏移的 6 节点、1 点五面体内聚单元。
- ELFORM=23：20 节点实体单元。
- ELFORM=24：27 节点全积分 S/R 二次实体单元。
- ELFORM=25：21 节点二次五面体单元。
- ELFORM=26：15 节点二次四面体单元。
- ELFORM=27：20 节点三次四面体单元。
- ELFORM=28：40 节点三次五面体单元。
- ELFORM=29：64 节点三次六面体单元。
- ELFORM=41：无单元迦辽金（EFG）实体单元算法。
- ELFORM=42：自适应 4 节点无单元迦辽金（EFG）实体单元算法。
- ELFORM=43：无网格增强有限单元。
- ELFORM=45：固连无网格增强有限单元。
- ELFORM=47：光滑粒子迦辽金（SPG）算法。
- ELFORM=60：单点四面体单元。
- ELFORM=62：假设应变不兼容模态 8 点块体单元。
- ELFORM=98：插值实体单元。
- ELFORM=99：用于时域振动研究的简化线性单元。
- ELFORM=101：用户自定义实体单元。
- ELFORM=102：用户自定义实体单元。
- ELFORM=103：用户自定义实体单元。
- ELFORM=104：用户自定义实体单元。
- ELFORM=105：用户自定义实体单元。
- ELFORM=115：带有沙漏控制的单点五面体单元。
- ELFORM=201：NURBS 同几何实体单元。
- ELFORM≥1000：广义用户自定义实体单元。

- AET：环境单元类型。仅用于 ELFORM=7/11/12。
  - AET=0：非环境。
  - AET=1：温度（当前不可用）。
  - AET=2：压力和温度（当前不可用）。
  - AET=3：压力流出（已废弃）。
  - AET=4：压力流入/流出（对于 ELFORM=7 是默认设置）。
  - AET=5：爆炸载荷受体（参见*LOAD_BLAST_ENHANCED，仅用于 ELFORM=11）。
- COHOFF：用于 20、22 号内聚实体单元，COHOFF 用于指定内聚层的相对位置。
- GASKETT：垫圈厚度，用于将 19、20、21、22 号单元转换为垫圈单元，须采用*MAT_COHESIVE_GASKET 材料模型。

4.3.2　计算模型概况

泰勒杆采用三维常应力实体单元算法。

采用三维 1/4 对称模型，计算模型关于 YOZ 和 XOZ 平面对称。计算单位制为 cm-g-μs。

4.3.3　TrueGrid 建模

泰勒杆的 TrueGrid 建模长度单位为 mm，相关命令流如下：

```
plane 1 0 0 0 1 0 0 0.001 symm;       c 定义模型关于 YOZ 平面对称
plane 2 0 0 0 0 1 0 0.001 symm;       c 定义模型关于 XOZ 平面对称
mate 1                                c 为泰勒杆指定材料号（LS-DYNA PART 号）
partmode i                            c Part 命令的间隔索引格式，便于建立三维网格
block 5 5;5 5;140;                    c 创建三维 PART
    0 2.5 2.5;0 2.5 2.5;0 70
dei 2 3; 2 3; 1 2;                    c 删除局部网格
sfi -3; 1 2; 1 2;cy 0 0 0 0 0 1 5     c 向圆柱面投影
sfi 1 2; -3; 1 2;cy 0 0 0 0 0 1 5     c 向圆柱面投影
pb 2 2 1 2 2 2 xy 2.1 2.1             c 将节点移至指定位置
endpart                               c 结束当前 Part 命令
merge                                 c 进入 merge 阶段，合并 Part
stp 0.01                              c 设置节点合并阈值，节点之间距离小于该值即被合并
lsdyna keyword                        c 声明要为 LS-DYNA 软件输出关键字格式文件
write                                 c 输出网格模型文件
```

泰勒杆 1/4 对称模型计算网格图如图 4-10 所示。

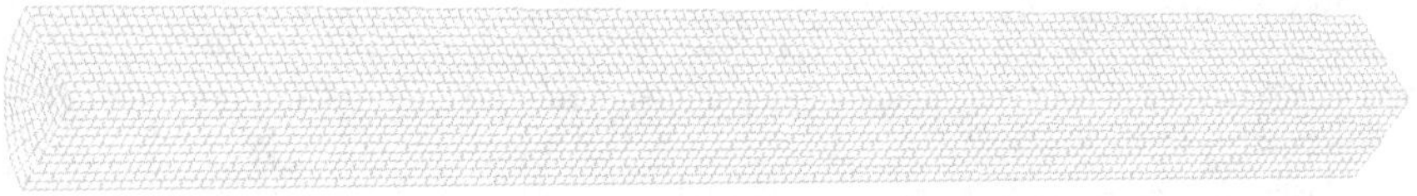

图 4-10　泰勒杆 1/4 对称模型计算网格图

4.3.4 关键字文件讲解

下面讲解相关的 LS-DYNA 关键字文件。关键字输入文件有 2 个：计算模型参数主控文件 main.k 和网格模型文件 trugrdo。其中 main.k 中的内容及相关讲解如下。

$ 首行*KEYWORD 表示输入文件采用的是关键字输入格式。

```
*KEYWORD
```

$ 为二进制结果文件定义输出格式，IFORM=0 表示输出的是 LS-DYNA 数据库格式文件。

```
*DATABASE_FORMAT
$ IFORM,IBINARY
0
```

$ *SECTION_SOLID 定义常应力实体单元算法。

```
*SECTION_SOLID
$ SECID,ELFORM,AET
1,1
```

$ 这是*MAT_015 材料模型，用于定义泰勒杆材料模型参数。

```
*MAT_JOHNSON_COOK
$ MID,RO,G,E,PR,DTF,VP,RATEOP
1,8.94,0.6074,1.64,0.350,0.000E+00,1
$ A,B,N,C,M,TM,TR,EPS0
1.4954E-3,3.0536E-3,0.096,0.034,1.09,1083,288.,5.000E-04
$ CP,PC,SPALL,IT,D1,D2,D3,D4
4.40E-6,-9.00,3.00,0.000E+00,1.000E+00,0.000E+00,0.000E+00,0.000E+00
$ D5,C2/P/XNP,EROD,EFMIN,NUMINT
0.000E+00
```

$这是*EOS_004 状态方程，用于定义泰勒杆的状态方程参数。

```
*EOS_GRUNEISEN
$ EOSID,C,S1,S2,S3,GAMAO,A,E0
1,0.394,1.489,0.000E+00,0.000E+00,2.02,0.47,0.000E+00
$ V0
0.000E+00
```

$ 定义泰勒杆 Part，引用定义的单元算法、材料模型和状态方程。PID 必须唯一。

```
*PART
$ HEADING

$ PID,SECID,MID,EOSID,HGID,GRAV,ADPOPT,TMID
1,1,1,1,0,0,0
```

$ 给泰勒杆施加初始撞击速度。

```
*INITIAL_VELOCITY_GENERATION
$ ID,STYP,OMEGA,VX,VY,VZ,IVATN,ICID
1,2,,,, -1.65e-2
$ XC,YC,ZC,NX,NY,NZ,PHASE,IRIGID
```

$ 定义刚性墙。

```
*RIGIDWALL_PLANAR
$ NSID,NSIDEX,BOXID,OFFSET,BIRTH,DEATH,RWKSF
0,
$ XT,YT,ZT,XH,YH,ZH,FRIC,WVEL
0,0,-0.1,0,0,1
```

$ 定义时间步长控制参数。

```
*CONTROL_TIMESTEP
$ DTINIT,TSSFAC,ISDO,TSLIMT,DT2MS,LCTM,ERODE,MS1ST
0,0.9
```

$ 定义计算结束条件。

```
*CONTROL_TERMINATION
$ ENDTIM,ENDCYC,DTMIN,ENDENG,ENDMAS,NOSOL
300
```

$ 定义二进制时间历程文件 D3THDT 的输出。

```
*DATABASE_BINARY_D3THDT
$ DT/CYCL,LCDT/NR,BEAM,NPLTC,PSETID,CID
0.1
```

$ 定义二进制状态文件 D3PLOT 的输出。

```
*DATABASE_BINARY_D3PLOT
$ DT/CYCL,LCDT/NR,BEAM,NPLTC,PSETID,CID
3.00
```

$ 定义刚性墙力 ASCII 文件 RWFORC 的输出。

```
*DATABASE_RWFORC
$ DT,BINARY,LCUR,IOOPT,OPTION1,OPTION2,OPTION3,OPTION4
0.1
```

$ 为*INCLUDE_TRANSFORM 关键字定义几何变换。

$ *DEFINE_TRANSFORMATION 必须在*INCLUDE_TRANSFORM 前面定义。

$ OPTION=SCALE 时，缩放模型。建模时长度单位采用 mm，计算时采用 cm。

```
*DEFINE_TRANSFORMATION
$ TRANID
1
$ OPTION,A1,A2,A3,A4,A5,A6,A7
SCALE,0.1,0.1,0.1
```

$ 引用*DEFINE_TRANSFORMATION 定义的几何变换，包含泰勒杆网格模型文件。

$ TRANID=1 是前面定义的几何变换。

```
*INCLUDE_TRANSFORM
$ FILENAME
trugrdo
```

```
$ IDNOFF,IDEOFF,IDPOFF,IDMOFF,IDSOFF,IDFOFF,IDDOFF

$ IDROFF,PREFIX,SUFFIX

$ FCTMAS,FCTTIM,FCTLEN,FCTTEM,INCOUT1

$ TRANID
1
```

$ *END 表示关键字文件的结束，LS-DYNA 读入时将忽略该语句后的所有内容。

```
*END
```

4.3.5 数值计算结果

计算完成后，按如下操作步骤可显示泰勒杆 Von Mises 应力。

（1）在 File 菜单下读入 D3PLOT 文件（File→Open→Binary Plot）。

（2）在 Misc 菜单下将 1/4 模型镜像为 1/2 模型（Misc→Reflect Model→Reflect About YZ Plane）。

（3）显示 Von Mises 应力（Page 1→Fcomp→Stress→Von Mises stress）。

（4）单击底部工具栏中 Mesh 按钮显示网格。由图 4-11 可见，泰勒杆底部网格严重畸变。

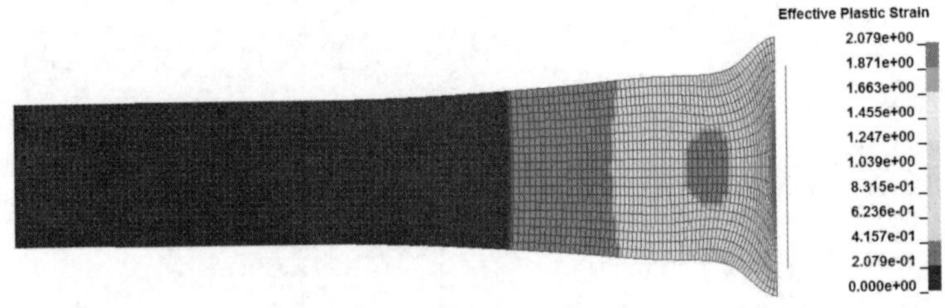

图 4-11　泰勒杆应力云图

还可以通过 LS-PrePost 软件输出刚性墙力（图 4-12），步骤如下：

（1）在右侧工具栏中读入 rwforc 文件（Page 1→ASCII→rwforc*→Load）。

（2）在中间列表框中选择 Wall1。

（3）在下侧列表框中选择 3-Z-force。

（4）单击 Plot。

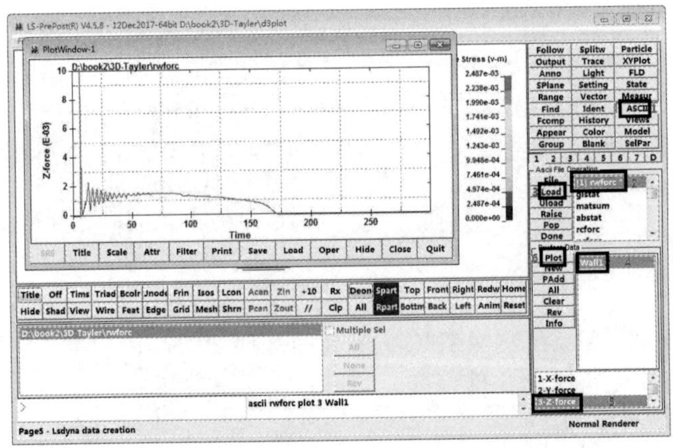

图 4-12　刚性墙力曲线绘制步骤

还可以通过 Page 1→History→Z-Rigid Body Acceleration，输出泰勒杆轴向平均过载曲线，如图 4-13 所示。

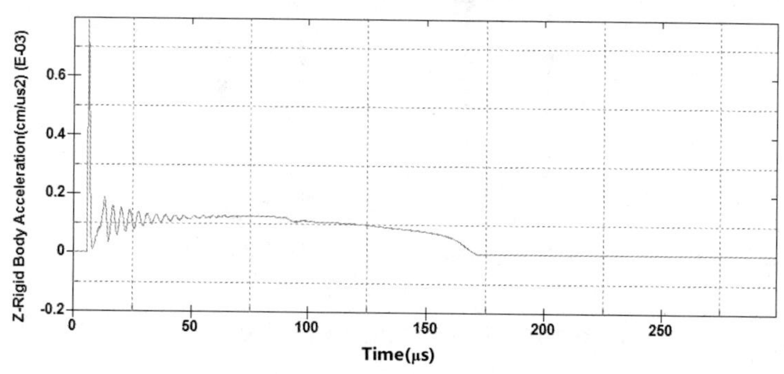

图 4-13　泰勒杆轴向平均过载曲线

4.4　20 节点六面体单元算法 1/4 对称计算模型

感兴趣的读者还可以尝试一下带中节点的高级单元，例如 20 节点六面体单元、27 节点六面体单元、64 节点六面体单元。这个算例的主要目的是介绍 20 节点六面体单元的使用方法。

4.4.1　计算模型概况

泰勒杆采用 20 节点六面体单元和三维 1/4 对称模型，计算模型关于 YOZ 和 XOZ 平面对称。计算单位制为 cm-g-μs。

4.4.2　TrueGrid 建模

泰勒杆的 TrueGrid 建模命令流与 4.3.3 节相同。

```
plane 1 0 0 0 1 0 0 0.001 symm;     c 定义模型关于 YOZ 平面对称
plane 2 0 0 0 0 1 0 0.001 symm;     c 定义模型关于 XOZ 平面对称
mate 1                              c 为泰勒杆指定材料号（LS-DYNA PART 号）
partmode i                          c Part 命令的间隔索引格式，便于建立三维网格
block 5 5;5 5;140;                  c 创建三维 PART
   0 2.5 2.5;0 2.5 2.5;0 70
dei 2 3; 2 3; 1 2;                  c 删除局部网格
sfi -3; 1 2; 1 2;cy 0 0 0 0 0 1 5   c 向圆柱面投影
sfi 1 2; -3; 1 2;cy 0 0 0 0 0 1 5   c 向圆柱面投影
pb 2 2 1 2 2 2 xy 2.1 2.1           c 将节点移至指定位置
endpart                             c 结束当前 Part 命令
merge                               c 进入 merge 阶段，合并 Part
stp 0.01                            c 设置节点合并阈值，节点之间距离小于该值即被合并
lsdyna keyword                      c 声明要为 LS-DYNA 软件输出关键字格式文件
write                               c 输出网格模型文件
```

网格生成后修改网格模型文件 trugrdo，将 8 节点六面体单元修改为 20 节点六面体单元：即将 12840 行处的*ELEMENT 修改为*ELEMENT_SOLID_H8TOH20。20 节点六面体单元节点分布如图 4-14 所示。

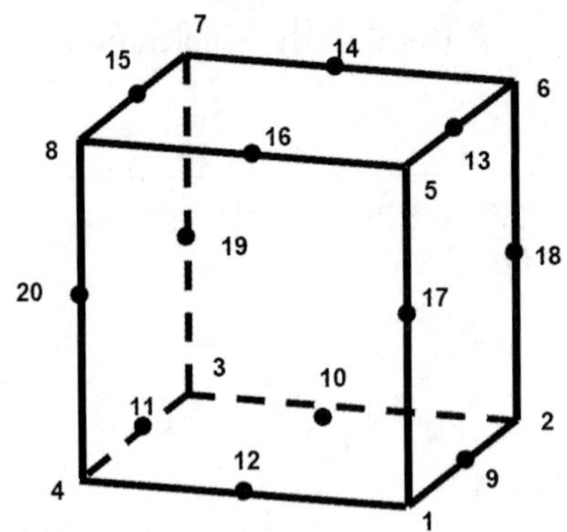

图 4-14　20 节点六面体单元节点分布

4.4.3 关键字文件讲解

下面讲解相关的 LS-DYNA 关键字文件。关键字输入文件有 2 个：计算模型参数主控文件 main.k 和网格模型文件 trugrdo。其中 main.k 中的内容及相关讲解如下。

$ 首行*KEYWORD 表示输入文件采用的是关键字输入格式。

```
*KEYWORD
```

$ 为二进制结果文件定义输出格式，IFORM=0 表示输出的是 LS-DYNA 数据库格式文件。

```
*DATABASE_FORMAT
$ IFORM,IBINARY
0
```

$ *SECTION_SOLID 定义 20 节点六面体单元算法。

```
*SECTION_SOLID
$ SECID,ELFORM,AET
1,23
```

$ 这是*MAT_015 材料模型，用于定义泰勒杆材料模型参数。

```
*MAT_JOHNSON_COOK
$ MID,RO,G,E,PR,DTF,VP,RATEOP
1,8.94,0.6074,1.64,0.350,0.000E+00,1
$ A,B,N,C,M,TM,TR,EPS0
1.4954E-3,3.0536E-3,0.096,0.034,1.09,1083,288.,5.000E-04
$ CP,PC,SPALL,IT,D1,D2,D3,D4
4.40E-6,-9.00,3.00,0.000E+00,1.000E+00,0.000E+00,0.000E+00,0.000E+00
$ D5,C2/P/XNP,EROD,EFMIN,NUMINT
0.000E+00
```

$这是*EOS_004 状态方程，用于定义泰勒杆的状态方程参数。

```
*EOS_GRUNEISEN
$ EOSID,C,S1,S2,S3,GAMAO,A,E0
1,0.394,1.489,0.000E+00,0.000E+00,2.02,0.47,0.000E+00
$ V0
0.000E+00
```

$ 定义泰勒杆 Part，引用定义的单元算法、材料模型和状态方程。PID 必须唯一。

```
*PART
$ HEADING

$ PID,SECID,MID,EOSID,HGID,GRAV,ADPOPT,TMID
1,1,1,1,0,0,0
```

$ 给泰勒杆施加初始撞击速度。

```
*INITIAL_VELOCITY_GENERATION
$ ID,STYP,OMEGA,VX,VY,VZ,IVATN,ICID
1,2,,,, -1.65e-2
$ XC,YC,ZC,NX,NY,NZ,PHASE,IRIGID
```

$ 定义刚性墙。

```
*RIGIDWALL_PLANAR
$ NSID,NSIDEX,BOXID,OFFSET,BIRTH,DEATH,RWKSF
0,
$ XT,YT,ZT,XH,YH,ZH,FRIC,WVEL
0,0,-0.1,0,0,1
```

$ 定义时间步长控制参数。

```
*CONTROL_TIMESTEP
$ DTINIT,TSSFAC,ISDO,TSLIMT,DT2MS,LCTM,ERODE,MS1ST
0,0.9
```

$ 定义计算结束条件。

```
*CONTROL_TERMINATION
$ ENDTIM,ENDCYC,DTMIN,ENDENG,ENDMAS,NOSOL
300
```

$ 定义二进制时间历程文件 D3THDT 的输出。

```
*DATABASE_BINARY_D3THDT
$ DT/CYCL,LCDT/NR,BEAM,NPLTC,PSETID,CID
0.1
```

$ 定义二进制状态文件 D3PLOT 的输出。

```
*DATABASE_BINARY_D3PLOT
$ DT/CYCL,LCDT/NR,BEAM,NPLTC,PSETID,CID
3.00
```

$ 定义刚性墙力 ASCII 文件 RWFORC 的输出。

```
*DATABASE_RWFORC
$ DT,BINARY,LCUR,IOOPT,OPTION1,OPTION2,OPTION3,OPTION4
0.1
```

$ 为*INCLUDE_TRANSFORM 关键字定义几何变换。

$ *DEFINE_TRANSFORMATION 必须在*INCLUDE_TRANSFORM 前面定义。

$ OPTION=SCALE 时，缩放模型。建模时长度单位采用 mm，计算时采用 cm。

```
*DEFINE_TRANSFORMATION
$ TRANID
1
$ OPTION,A1,A2,A3,A4,A5,A6,A7
SCALE,0.1,0.1,0.1
```

$ 引用*DEFINE_TRANSFORMATION 定义的几何变换，包含泰勒杆网格模型文件。

$ TRANID=1 是前面定义的几何变换。

```
*INCLUDE_TRANSFORM
$ FILENAME
trugrdo
$ IDNOFF,IDEOFF,IDPOFF,IDMOFF,IDSOFF,IDFOFF,IDDOFF

$ IDROFF,PREFIX,SUFFIX

$ FCTMAS,FCTTIM,FCTLEN,FCTTEM,INCOUT1

$ TRANID
1
```

$ *END 表示关键字文件的结束，LS-DYNA 读入时将忽略该语句后的所有内容。

```
*END
```

4.4.4 数值计算结果

计算完成后，采用 LS-PrePost 软件读入 D3PLOT 文件，显示泰勒杆应变，如图 4-15 所示。

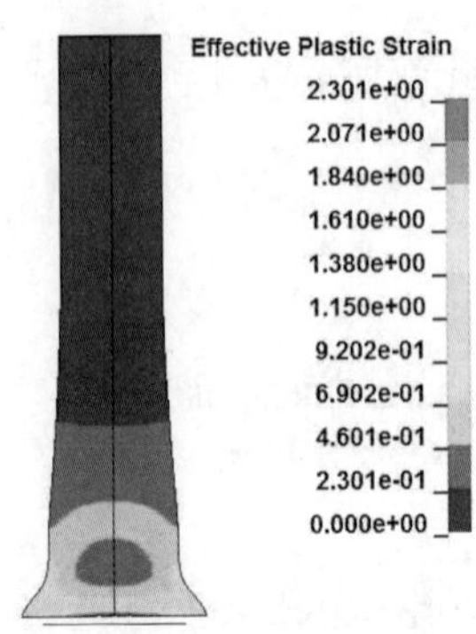

图 4-15 泰勒杆应变云图

4.5 EFG 单元算法三维 1/4 对称计算模型

这个算例的主要目的是介绍无单元迦辽金法（Element Free Galerkin，EFG）单元算法。

拉格朗日算法的缺点是大变形下网格存在严重畸变，计算精度下降，甚至可能导致计算终止，解决的方法之一是采用 EFG 算法。EFG 算法计算准确度较高，适用于解决大变形问题，缺点是计算耗费大，比标准的拉格朗日实体单元计算成本高出 4～5 倍，此外，在极大变形特别是材料断裂问题中也会面临求解困难。

4.5.1 计算模型概况

泰勒杆采用 EFG 单元算法。

采用三维 1/4 对称模型，计算模型关于 YOZ 和 XOZ 平面对称。计算单位制为 cm-g-μs。

4.5.2 TrueGrid 建模

泰勒杆的 TrueGrid 建模命令流与 4.3.3 节相同。

4.5.3 关键字文件讲解

下面讲解相关的 LS-DYNA 关键字文件。关键字输入文件有 2 个：计算模型参数主控文件 main.k 和网格模型文件 trugrdo。其中 main.k 中的内容及相关讲解如下。

$ 首行*KEYWORD 表示输入文件采用的是关键字输入格式。

```
*KEYWORD
```

$ 为二进制结果文件定义输出格式。

```
*DATABASE_FORMAT
$ IFORM,IBINARY
0
```

$ 定义 EFG 单元算法。，ELFORM=41 表示 EFG 实体单元算法。

```
*SECTION_SOLID_EFG
$ secid,elform,aet
1,41
$ dx,dy,dz,ispline,idila,iebt,idim(2),toldef
1.25,1.25,1.25,,,3,2
$ ips,stime,iken,sf,cmid,ibr,ds,ecut
1
```

$ 这是*MAT_015 材料模型，用于定义泰勒杆材料模型参数。

```
*MAT_JOHNSON_COOK
$ MID,RO,G,E,PR,DTF,VP,RATEOP
1,8.94,0.6074,1.64,0.350,0.000E+00,1
$ A,B,N,C,M,TM,TR,EPS0
1.4954E-3,3.0536E-3,0.096,0.034,1.09,1083,288.,5.000E-04
$ CP,PC,SPALL,IT,D1,D2,D3,D4
4.40E-6,-9.00,3.00,0.000E+00,1.000E+00,0.000E+00,0.000E+00,0.000E+00
$ D5,C2/P/XNP,EROD,EFMIN,NUMINT
0.000E+00
```

$ 这是*EOS_004 状态方程，用于定义泰勒杆的状态方程参数。

```
*EOS_GRUNEISEN
$ EOSID,C,S1,S2,S3,GAMAO,A,E0
1,0.394,1.489,0.000E+00,0.000E+00,2.02,0.47,0.000E+00
$ V0
0.000E+00
```

$ 定义泰勒杆 Part，引用定义的单元算法、材料模型和状态方程。

```
*PART
$ HEADING

$ PID,SECID,MID,EOSID,HGID,GRAV,ADPOPT,TMID
1,1,1,1,0,0,0
```

$ 给泰勒杆施加初始撞击速度。

```
*INITIAL_VELOCITY_GENERATION
$ ID,STYP,OMEGA,VX,VY,VZ,IVATN,ICID
1,2,,,, -1.65e-2
$ XC,YC,ZC,NX,NY,NZ,PHASE,IRIGID
```

$ 定义刚性墙。

```
*RIGIDWALL_PLANAR
$ NSID,NSIDEX,BOXID,OFFSET,BIRTH,DEATH,RWKSF
0,
$ XT,YT,ZT,XH,YH,ZH,FRIC,WVEL
0,0,-0.1,0,0,1
```

$ 定义时间步长控制参数。

```
*CONTROL_TIMESTEP
$ DTINIT,TSSFAC,ISDO,TSLIMT,DT2MS,LCTM,ERODE,MS1ST
0,0.9
```

$ 定义计算结束条件。

```
*CONTROL_TERMINATION
$ ENDTIM,ENDCYC,DTMIN,ENDENG,ENDMAS,NOSOL
300
```

$ 定义二进制时间历程文件 D3THDT 的输出。

```
*DATABASE_BINARY_D3THDT
$ DT/CYCL,LCDT/NR,BEAM,NPLTC,PSETID,CID
0.1
```

$ 定义二进制状态文件 D3PLOT 的输出。

```
*DATABASE_BINARY_D3PLOT
$ DT/CYCL,LCDT/NR,BEAM,NPLTC,PSETID,CID
3.00
```

$ 定义刚性墙力 ASCII 文件 RWFORC 的输出。

```
*DATABASE_RWFORC
$ DT,BINARY,LCUR,IOOPT,OPTION1,OPTION2,OPTION3,OPTION4
0.1
```

$ 为*INCLUDE_TRANSFORM 关键字定义几何变换。

$ *DEFINE_TRANSFORMATION 必须在*INCLUDE_TRANSFORM 前面定义。

$ OPTION=SCALE 时，缩放模型。建模时长度单位采用 mm，计算时采用 cm。

```
*DEFINE_TRANSFORMATION
$ TRANID
1
$ OPTION,A1,A2,A3,A4,A5,A6,A7
SCALE,0.1,0.1,0.1
```

$ 引用*DEFINE_TRANSFORMATION 定义的几何变换，包含泰勒杆网格模型文件。

$ TRANID=1 是前面定义的几何变换。

```
*INCLUDE_TRANSFORM
$ FILENAME
trugrdo
$ IDNOFF,IDEOFF,IDPOFF,IDMOFF,IDSOFF,IDFOFF,IDDOFF

$ IDROFF,PREFIX,SUFFIX

$ FCTMAS,FCTTIM,FCTLEN,FCTTEM,INCOUT1

$ TRANID
1
```

$ *END 表示关键字文件的结束，LS-DYNA 读入时将忽略该语句后的所有内容。

```
*END
```

4.5.4 数值计算结果

图 4-16 是分别采用常应力单元算法和 EFG 单元算法时网格变形对比，可以看出采用 EFG 单元算法后网格畸变和塑性变形均略微降低。

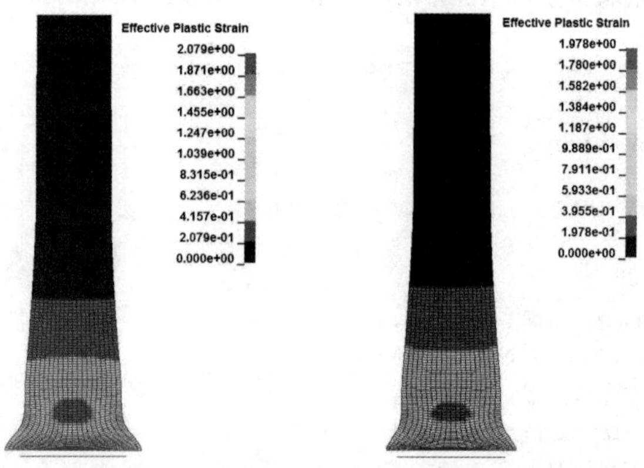

（a）采用常应力单元算法　　（b）采用 EFG 单元算法

图 4-16　两种单元算法网格变形对比

4.6 EFG 单元算法二维轴对称计算模型

这个算例的主要目的是介绍二维轴对称 EFG 单元算法。

4.6.1 计算模型概况

泰勒杆采用二维轴对称 EFG 单元算法，计算单位制为 cm-g-μs。

4.6.2 TrueGrid 建模

泰勒杆的 TrueGrid 建模命令流与 4.1.3 节相同。

4.6.3 关键字文件讲解

下面讲解相关的 LS-DYNA 关键字文件。关键字输入文件有 2 个：计算模型参数主控文件 main.k 和网格模型文件 trugrdo。其中 main.k 中的内容及相关讲解如下。

$ 首行*KEYWORD 表示输入文件采用的是关键字输入格式。

```
*KEYWORD
```

$ 设置分析作业标题。

```
*TITLE
Tayler Impact
```

$ 为二进制结果文件定义输出格式。

```
*DATABASE_FORMAT
$ IFORM,IBINARY
0
```

$ 定义单元算法，ELFORM=44 表示二维轴对称 EFG 单元算法。

```
*SECTION_SHELL_EFG
$ SECID,ELFORM,SHRF,NIP,PROPT,QR/IRID,ICOMP,SETYP
1,44,0.833,5.0
$ T1,T2,T3,T4,NLOC,MAREA,IDOF,EDGSET
0.00,0.00,0.00,0.00,0.00
$ DX,DY,ISPLINE,IDILA,IEBT,IDIM
1.25,1.25,,,1,2
```

$ 这是*MAT_015 材料模型，用于定义泰勒杆 JOHNSON-COOK 材料模型及参数。

```
*MAT_JOHNSON_COOK
$ MID,RO,G,E,PR,DTF,VP,RATEOP
1,8.94,0.6074,1.64,0.350,0.000E+00,1
$ A,B,N,C,M,TM,TR,EPS0
1.4954E-3,3.0536E-3,0.096,0.034,1.09,1083,288.,5.000E-04
$ CP,PC,SPALL,IT,D1,D2,D3,D4
4.40E-6,-9.00,3.00,0.000E+00,0.000E+00,0.000E+00,0.000E+00,0.000E+00
$ D5,C2/P/XNP,EROD,EFMIN,NUMINT
0.000E+00
```

$这是*EOS_004 状态方程，用于定义泰勒杆的状态方程参数。

```
*EOS_GRUNEISEN
$ EOSID,C,S1,S2,S3,GAMAO,A,E0
1,0.394,1.489,0.000E+00,0.000E+00,2.02,0.47,0.000E+00
$ V0
0.000E+00
```

$ 定义泰勒杆 Part，引用定义的单元算法、材料模型和状态方程。PID 必须唯一。

```
*PART
$ HEADING

$ PID,SECID,MID,EOSID,HGID,GRAV,ADPOPT,TMID
1,1,1,1,0,0,0
```

$ 给泰勒杆施加初始撞击速度。

```
*INITIAL_VELOCITY_GENERATION
$ ID,STYP,OMEGA,VX,VY,VZ,IVATN,ICID
1,2,,,-0.0165
$ XC,YC,ZC,NX,NY,NZ,PHASE,IRIGID
```

$ 定义刚性墙。

```
*RIGIDWALL_PLANAR
$ NSID,NSIDEX,BOXID,OFFSET,BIRTH,DEATH,RWKSF
0,
$ XT,YT,ZT,XH,YH,ZH,FRIC,WVEL
0,-0.1,0,0,1,0
```

$ 定义时间步长控制参数。

```
*CONTROL_TIMESTEP
$ DTINIT,TSSFAC,ISDO,TSLIMT,DT2MS,LCTM,ERODE,MS1ST
0,0.9
```

$ 定义计算结束条件。

```
*CONTROL_TERMINATION
$ ENDTIM,ENDCYC,DTMIN,ENDENG,ENDMAS,NOSOL
300
```

$ 定义二进制时间历程文件 D3THDT 的输出。

```
*DATABASE_BINARY_D3THDT
$ DT/CYCL,LCDT/NR,BEAM,NPLTC,PSETID,CID
0.1
```

$ 定义二进制状态文件 D3PLOT 的输出。

```
*DATABASE_BINARY_D3PLOT
$ DT/CYCL,LCDT/NR,BEAM,NPLTC,PSETID,CID
3.00
```

$ 设置输出结果数据的壳单元组。

```
*DATABASE_HISTORY_SHELL_SET
$ ID1,ID2,ID3,ID4,ID5,ID6,ID7,ID8
1
```

$ 为*INCLUDE_TRANSFORM 关键字定义几何变换。

$ *DEFINE_TRANSFORMATION 必须在*INCLUDE_TRANSFORM 前面定义。

$ OPTION=SCALE 时，缩放模型。建模时长度单位采用 mm，计算时采用 cm。

```
*DEFINE_TRANSFORMATION
$ TRANID
1
$ OPTION,A1,A2,A3,A4,A5,A6,A7
SCALE,0.1,0.1,0.1
```

$ 引用*DEFINE_TRANSFORMATION 定义的几何变换，包含泰勒杆网格模型文件。

$ TRANID=1 是前面定义的几何变换。

```
*INCLUDE_TRANSFORM
```

```
$ FILENAME
trugrdo
$ IDNOFF,IDEOFF,IDPOFF,IDMOFF,IDSOFF,IDFOFF,IDDOFF

$ IDROFF,PREFIX,SUFFIX

$ FCTMAS,FCTTIM,FCTLEN,FCTTEM,INCOUT1

$ TRANID
1
```

$ *END 表示关键字文件的结束，LS-DYNA 读入时将忽略该语句后的所有内容。

```
*END
```

4.6.4 数值计算结果

图 4-17 是分别采用二维轴对称拉格朗日单元算法和二维轴对称 EFG 单元算法时塑性变形对比。可以看出，采用 EFG 单元算法后塑性变形略微降低。

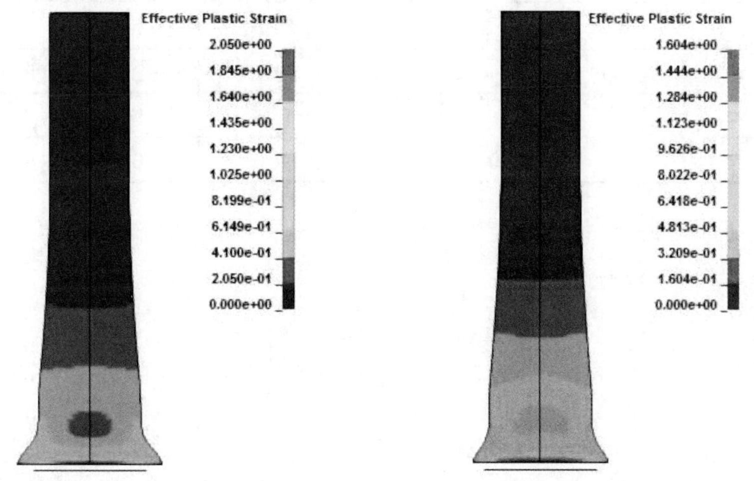

（a）采用二维轴对称拉格朗日单元算法　　（b）采用二维轴对称 EFG 单元算法

图 4-17　两种单元算法塑性变形对比

4.7 单物质 ALE 单元算法三维 1/4 对称计算模型

ALE 算法更适合于解决大变形问题，本节算例将采用单点积分单物质 ALE 算法计算泰勒杆撞击刚性墙。

*SECTION_SOLID 中的 ELFORM=5 或 6 或 7 或 11 或 12 时均可看作 ALE 算法，其中：

- ELFORM=5 是单点积分单物质 ALE 算法，适用于具有规则几何外形的模型，且变形不能过大。
- ELFORM=6 和 7 仅适用于单流体。
- ELFORM=11 最为常用。
- ELFORM=11 和 12 均可用于流-固耦合分析。

- ELFORM=5、6 和 7 均不能用于流-固耦合分析。
- ELFORM=5、6、7 和 12 基本弃之不用。

4.7.1 *CONTROL_ALE

当*SECTION_SOLID 中的单元算法 ELFORM=5 或 6 或 7 或 11 或 12 时，*CONTROL_ALE 为 ALE 和 Eulerian 计算设置全局控制参数。*CONTROL_ALE 关键字卡片见表 4-4 和表 4-5。

表 4-4 *CONTROL_ALE 关键字卡片 1

Card 1	1	2	3	4	5	6	7	8
Variable	DCT	NADV	METH	AFAC	BFAC	CFAC	DFAC	EFAC
Type	I	I	I	F	F	F	F	F
Default	1	1	2	0.0	0.0	0.0	0.0	0.0

表 4-5 *CONTROL_ALE 关键字卡片 2

Card 2	1	2	3	4	5	6	7	8
Variable	START	END	AAFAC	VFACT	PRIT	EBC	PREF	NSIDEBC
Type	I	I	F	F	I	F	F	F
Default	0	10^{20}	1.0	10^{-6}	0	0	0.0	none

- DCT：激活 ALE 交替输运逻辑的标志。注意，对于 S-ALE，关闭 DCT，一直采用改进的交替输运逻辑。
  - DCT≠-1：使用默认输运逻辑。
  - DCT=-1：使用交替输运逻辑，特别推荐用于炸药的爆轰模拟。
- NADV：输运步之间的循环数，即 Lagrangian 步数，通常设为 1，NADV 越大，计算速度越快，也越不稳定。
- METH：输运方法。
  - METH=1：带有 Half Index Shift（HIS）的 Donor cell 方法，一阶精度，保证内能守恒。
  - METH=2：带有 HIS 的 Van Leer 方法，二阶精度，这是默认设置。
  - METH=-2：带有 HIS 的 Van Leer 方法，并且输运阶段单调性条件被松弛，以更好地保持*MAT_HIGH_EXPLOSIVE_BURN 材料界面。
  - METH=3：带有修正 Half Index Shift（HIS）的 Donor cell 方法，每一输运步保证总能量守恒。
  - METH=6：带有通量修正输运（Flux Corrected Transport，FCT）的有限体积法。目前仅支持采用*EOS_IDEAL_GAS 或*EOS_LINEAR_POLYNOMIAL 状态方程的理想气体 ALE 单元。
- AFAC：ALE 光滑加权因子——简单平均，用于 ELFORM=5。
  - AFAC=-1.0，关闭光滑加权。
- BFAC：ALE 光滑加权因子——体积加权，用于 ELFORM=5。
- CFAC：ALE 光滑加权因子——等参加权，用于 ELFORM=5。
- DFAC：ALE 光滑加权因子——等势加权，用于 ELFORM=5。
- EFAC：ALE 光滑加权因子——平衡加权，用于 ELFORM=5。
- START：ALE 光滑或输运（若没有使用光滑）开始时间。
- END：ALE 光滑或输运（若没有使用光滑）结束时间。
  - END<0.0：|END|时刻后删除 ALE 网格。

- AAFAC：ALE 输运系数，这是 Donor cell 算法选项，默认值为 1.0。
- VFACT：用于重置单材料和空材料算法中应力的体积份额限制，单元中的体积份额少于 VFACT 时，应力被重置为零。

➤ VFACT=0.0：重设为默认值 10^{-6}。

- PRIT：打开/关闭多物质材料单元中压力平衡迭代选项的标志。

➤ PRIT=0：关闭（默认设置）。
➤ PRIT=1：打开。

- EBC：自动 Eulerian 边界条件。

➤ EBC=0：关闭。
➤ EBC=1：粘着边界条件。
➤ EBC=2：滑移边界条件。

- PREF：等同于环境压力的伪参考压力，用于设置 ALE 计算域或网格的自由表面压力，一般用于设置外界大气压，如 1.01325E5Pa。
- NSIDEBC：被 EBC 约束排除在外的节点组 ID（NSET）。

4.7.2 计算模型概况

泰勒杆采用单物质 ALE 算法。

采用三维 1/4 对称模型，计算模型关于 YOZ 和 XOZ 平面对称。计算单位制采用 cm-g-μs。

4.7.3 TrueGrid 建模

泰勒杆的 TrueGrid 建模命令流与 4.3.3 节相同。

4.7.4 关键字文件讲解

下面讲解相关的 LS-DYNA 关键字文件。关键字输入文件有 2 个：计算模型参数主控文件 main.k 和网格模型文件 trugrdo。其中 main.k 中的内容及相关讲解如下。

$ 首行*KEYWORD 表示输入文件采用的是关键字输入格式。

```
*KEYWORD
```

$ 为二进制结果文件定义输出格式。

```
*DATABASE_FORMAT
$ IFORM,IBINARY
0
```

$ 此处设置 ALE 算法全局控制参数。

$ DCT=0 表示采用默认的输运逻辑。

$ NADV=10 表示每两个 ALE 子步之间有 10 个拉格朗日子步。

$ 拉格朗日子步数量越多，计算速度越快，也越不稳定。

$ METH=1 表示采用带有 HIS 的 Donor cell 一阶精度输运算法。

$ AFAC,BFAC,CFAC,DFAC,EFAC 是 ALE 光滑加权系数。

```
*CONTROL_ALE
$ DCT,NADV,METH,AFAC,BFAC,CFAC,DFAC,EFAC
0,10,1,0.1000000,0.0000000,0.0000000,1.0000000
$ START,END,AAFAC,VFACT,PRIT,EBC,PREF,NSIDEBC
0000.0000,0.0000000,0.0000000
```

$ 此处定义单点单物质 ALE 算法，即 ELFORM=5。

```
*SECTION_SOLID
$ SECID,ELFORM,AET
1,5
```

$ 这是*MAT_015 材料模型，用于定义泰勒杆材料模型参数。

```
*MAT_JOHNSON_COOK
$ MID,RO,G,E,PR,DTF,VP,RATEOP
1,8.94,0.6074,1.64,0.350,0.000E+00,1
$ A,B,N,C,M,TM,TR,EPS0
1.4954E-3,3.0536E-3,0.096,0.034,1.09,1083,288.,5.000E-04
$ CP,PC,SPALL,IT,D1,D2,D3,D4
4.40E-6,-9.00,3.00,0.000E+00,1.000E+00,0.000E+00,0.000E+00,0.000E+00
$ D5,C2/P/XNP,EROD,EFMIN,NUMINT
0.000E+00
```

$ 这是*EOS_004 状态方程，用于定义泰勒杆的状态方程参数。

```
*EOS_GRUNEISEN
$ EOSID,C,S1,S2,S3,GAMAO,A,E0
1,0.394,1.489,0.000E+00,0.000E+00,2.02,0.47,0.000E+00
$ V0
0.000E+00
```

$ 定义泰勒杆 Part，引用定义的单元算法、材料模型和状态方程。

```
*PART
$ HEADING

$ PID,SECID,MID,EOSID,HGID,GRAV,ADPOPT,TMID
1,1,1,1,0,0,0
```

$ 给泰勒杆施加初始撞击速度。

```
*INITIAL_VELOCITY_GENERATION
$ ID,STYP,OMEGA,VX,VY,VZ,IVATN,ICID
1,2,,,, -1.65e-2
$ XC,YC,ZC,NX,NY,NZ,PHASE,IRIGID
```

$ 定义刚性墙。

```
*RIGIDWALL_PLANAR
$ NSID,NSIDEX,BOXID,OFFSET,BIRTH,DEATH,RWKSF
0,
$ XT,YT,ZT,XH,YH,ZH,FRIC,WVEL
0,0,-0.1,0,0,1
```

$ 定义时间步长控制参数。

```
*CONTROL_TIMESTEP
$ DTINIT,TSSFAC,ISDO,TSLIMT,DT2MS,LCTM,ERODE,MS1ST
0,0.9
```

$ 定义计算结束条件。

```
*CONTROL_TERMINATION
$ ENDTIM,ENDCYC,DTMIN,ENDENG,ENDMAS,NOSOL
300
```

$ 定义二进制时间历程文件 D3THDT 的输出。

```
*DATABASE_BINARY_D3THDT
$ DT/CYCL,LCDT/NR,BEAM,NPLTC,PSETID,CID
0.1
```

$ 定义二进制状态文件 D3PLOT 的输出。

```
*DATABASE_BINARY_D3PLOT
```

```
$ DT/CYCL,LCDT/NR,BEAM,NPLTC,PSETID,CID
3.00
```

$ 定义刚性墙力 ASCII 文件 RWFORC 的输出。

```
*DATABASE_RWFORC
$ DT,BINARY,LCUR,IOOPT,OPTION1,OPTION2,OPTION3,OPTION4
0.1
```

$ 为*INCLUDE_TRANSFORM 关键字定义几何变换。

```
*DEFINE_TRANSFORMATION
$ TRANID
1
$ OPTION,A1,A2,A3,A4,A5,A6,A7
SCALE,0.1,0.1,0.1
```

$ 引用*DEFINE_TRANSFORMATION 定义的几何变换，包含泰勒杆网格模型文件。

```
*INCLUDE_TRANSFORM
$ FILENAME
trugrdo
$ IDNOFF,IDEOFF,IDPOFF,IDMOFF,IDSOFF,IDFOFF,IDDOFF

$ IDROFF,PREFIX,SUFFIX

$ FCTMAS,FCTTIM,FCTLEN,FCTTEM,INCOUT1

$ TRANID
1
```

$ *END 表示关键字文件的结束，LS-DYNA 读入时将忽略该语句后的所有内容。

```
*END
```

4.7.5 数值计算结果

图 4-18 是采用不同单元算法网格变形对比，由图可见，采用单点 ALE 单元后显著降低了网格的畸变程度。

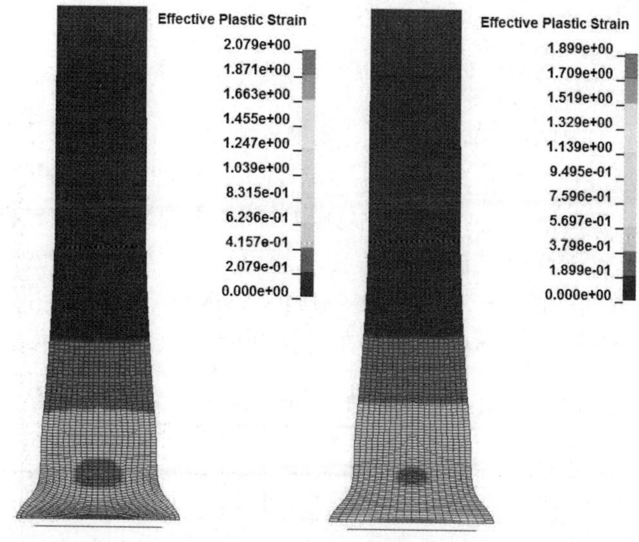

（a）采用常应力单元算法　（b）采用单点 ALE 单元算法

图 4-18　两种单元算法网格变形对比

计算输出的信息文件 d3hsp 和 messag 包含了许多有用信息，从中可以查看单元最小时间步长和计算耗费时间。不同算法的单元最小时间步长和计算耗费时间对比见表 4-6。

表 4-6　不同算法的单元最小时间步长和计算耗费时间对比

对比量	二维轴对称拉格朗日模型	二维轴对称拉格朗日自适应网格模型	三维 1/4 对称拉格朗日模型	三维 1/4 对称 EFG 模型	三维 1/4 对称单物质 ALE 模型
单元最小时间步长/μs	1.11E-02	2.80 E-02	1.11E-02	1.29E-02	2.78E-02
计算耗费时间/s	5	1	95	742	67

（1）二维轴对称计算模型计算耗时显著低于三维 1/4 对称模型。

（2）由于采用了自适应网格算法，网格形状得到了显著改善，提高了泰勒杆发生大变形时的计算时间步长，二维轴对称拉格朗日自适应网格模型计算耗时最少。

（3）三维 1/4 对称 EFG 算法计算耗费时间（742s）远远高于其他算法。

（4）三维 1/4 对称单物质 ALE 模型中单元最小时间步长为 2.78E-02μs，而采用拉格朗日常应力单元算法的最小时间步长为 1.11E-02μs，由此可见，更改单元算法后最小时间步长也提高了很多。虽然 ALE 算法复杂度高于拉格朗日算法，但计算耗费时间（67s）反而低于拉格朗日算法（95s）。

4.8　多物质 ALE 单元算法三维 1/4 对称计算模型

多物质 ALE 算法适用于复杂几何模型，本节算例将采用多物质 ALE 算法模拟泰勒杆撞击刚性墙。在该计算模型中网格固定不动，泰勒杆材料在网格中输运，即等同于多物质 Euler 算法。

注意：对于固体材料，多物质 ALE 算法仅适用于高速和超高速碰撞场合。本算例属于低速碰撞问题，仅用于演示多物质 ALE 算法的使用方法。

4.8.1　*ALE_MULTI-MATERIAL_GROUP

*ALE_MULTI-MATERIAL_GROUP 定义多物质组 AMMG，以进行界面重构，可以定义多至 20 种材料。当*SECTION_SOLID、*SECTION_ALE1D 或*SECTION_ALE2D 中的 ELFORM=11 时，必须定义该关键字卡片。根据物质间能否混合将各种材料定义在不同的多物质组 AMMG 中，每一 AMMG 相当于一种单独的“流体”，可与模型中的任意 Lagrangian 发生作用。卡片中的每一数据行代表一种 ALE 多物质组(AMMG)，第 1 行定义 AMMGID 1，第 2 行定义 AMMGID 2，以此类推。*ALE_MULTI-MATERIAL_GROUP 关键字卡片 1 见表 4-7。

表 4-7　*ALE_MULTI-MATERIAL_GROUP 关键字卡片 1

Card 1	1	2	3	4	5	6	7	8
Variable	SID	IDTYPE						
Type	I	I						
Default	none	0						

- SID：组 ID。
- IDTYPE：组类型。
  - IDTYPE=0：Part 组。
  - IDTYPE=1：Part。

定义了*ALE_MULTI-MATERIAL_GROUP 后，将允许在一个单元中容纳多种 ALE 物质材料。一个 AMMG 被自动赋予一个 ID（AMMGID），可包含一个或多个 PartID。在 LS-PrePost 中每个 AMMGID 用一种材料云图颜色表示。

假设这么一个 ALE 模型：包含三个容器，容器材料为同一种金属，容器内有两种液体，容器外是空气。容器爆炸后，液体外泄，需要跟踪流体的流动和混合情况。这个模型中共有 7 个 Part，且都采用*SECTION_SOLID 中的 ELFORM=11 定义了 ALE 多物质单元算法。如图 4-19 所示，该模型中共有 4 种物质材料。

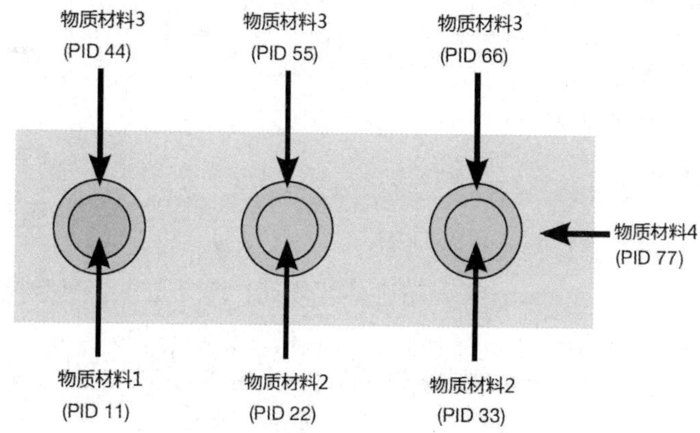

图 4-19　AMMG 多物质材料的定义

ALE 多物质建模方法 1：只跟踪物质材料的界面。

```
$...|....1....|....2....|....3....|....4....|....5....|....6....|....7....|....8
*SET_PART
1
11
*SET_PART
2
22,33
*SET_PART
3
44,55,66
*SET_PART
4
77
*ALE_MULTI-MATERIAL_GROUP
1,0  ←  1st line=1st AMMG  ⇒  AMMGID=1
2,0  ←  2nd line=2nd AMMG  ⇒  AMMGID=2
3,0  ←  3rd line=3rd AMMG  ⇒  AMMGID=3
4,0  ←  4th line=4th AMMG  ⇒  AMMGID=4
$...|....1....|....2....|....3....|....4....|....5....|....6....|....7....|....8
```

在这种方法中，只定义了 4 种 AMMG，其中两种相同液体为同一种 AMMG，三种相同容器材料为同一种 AMMG。在 LS-PrePost 中绘制物质材料云图时，只能看到 4 种颜色，每种颜色对应一种 AMMG。Part 22 和 Part 33 流入相同单元内时会合并，二者之间不存在明显界面。对于具有相同热力学状态的流体来说，这是可以的。而对于固体来说，就容易出问题，容器破碎后会形成相互分离的碎片，不会粘合在一起。假如 Part 44、Part 55 和 Part 66 中的固体容器材料流入一个单元内，它们会如同同种材料一样合并，它们之间没有可以跟踪的界面。

ALE 多物质建模方法 2：重构尽可能多的物质材料的界面，跟踪每个 Part 的界面。

```
$...|....1....|....2....|....3....|....4....|....5....|....6....|....7....|....8
*ALE_MULTI-MATERIAL_GROUP
1,1 ← 1st line=1st AMMG ⇒ AMMGID=1
2,1 ← 2nd line=2nd AMMG ⇒ AMMGID=2
3,1 ← 3rd line=3rd AMMG ⇒ AMMGID=3
4,1 ← 4th line=4th AMMG ⇒ AMMGID=4
5,1 ←5th line=5th AMMG ⇒ AMMGID=5
6,1 ←6th line=6th AMMG ⇒ AMMGID=6
7,1 ←7th line=7th AMMG ⇒ AMMGID=7
$...|....1....|....2....|....3....|....4....|....5....|....6....|....7....|....8
```

这里共有 7 种 AMMG。由于需要额外的物质跟踪，计算耗费相应增加，计算准确度也会下降，这就需要更加细密的网格。

4.8.2 *INITIAL_VOLUME_FRACTION_GEOMETRY

有多种方法可以实现 ALE 物质体积填充：

（1）通过*Part 定义 ALE Part，实现精确体积填充，缺点是对于复杂模型建模过程较为复杂，可能导致网格 Jacobian 较差。

（2）通过 LS-PrePost 软件新界面 Application→ALE Setup 实现体积填充，也可以通过右侧工具栏中的按钮（新界面中才有，若不出现可按 F11）来访问该模块。ALE Setup 模块还可以定义材料模型和状态方程、AMMG、计算控制、边界条件、网格运动、FSI 等 ALE 相关控制选项。这种界面操作方法使填充过程透明化，并简化 ALE/FSI 建模过程。

（3）通过 LS-PrePost 软件新界面 Solution Explorer 快速填充。

（4）通过*INITIAL_VOLUME_FRACTION 关键字逐个填充单元，这种方式过于烦琐。

（5）通过*INITIAL_VOLUME_FRACTION_GEOMETRY 关键字填充 Part 或 Part 组。

（6）通过*ALE_STRUCTURED_MESH_VOLUME_FILLING 关键字填充，仅用于 S-ALE。

其中，*INITIAL_VOLUME_FRACTION_GEOMETRY 体积填充关键字最为常用，该关键字用于定义各种 ALE 多物质材料组（AMMG）在 ALE 模型中的体积分数。该关键字仅适用于 *SECTION_ALE2D 中的 ALEFORM=11、*SECTION_SOLID 中的 ELFORM=11 和 ELFORM=12。对于 ELFORM=12，AMMGID 2 是空材料。见本节后述备注 2。

表 4-8 为背景 ALE 网格卡片，定义背景 ALE 网格组和最初填充它的 AMMGID。

表 4-8　背景 ALE 网格卡片

Card 1	1	2	3	4	5	6	7	8
Variable	FMSID	FMIDTYP	BAMMG	NTRACE				
Type	I	I	I	I				
Default	none	0	none	3				

- FMSID：背景 ALE 流体网格 SID，将被初始化或填充各种 AMMG。该 ID 是指一个或多个 ALE 网格 Part。
- FMIDTYP：ALE 流体网格组 ID 类型。

> - FMIDTYP=0：FMSID 是 ALE part 组 ID（PSID）。
> - FMIDTYP=1：FMSID 是 ALE part ID（PID）。

- BAMMG：背景流体组 ID 或 ALE 多物质材料组 ID（AMMGID），最初填充由 FMSID 定义的所有 ALE 网格区域。对于 S-ALE，AMMG 名称（AMMGNM）也可用于替代 AMMGID。
- NTRACE：体积填充探测的采样点数量。通常 NTRACE 的范围从 3 到 10（或更高），NTRACE 越大，ALE 单元被分割得越细，以便可以填充 2 个拉格朗日壳体之间的小间隙。请参阅本节后述备注 4。

每个容器包括一个“容器卡”（卡片 2，见表 4-9）和一个几何卡（卡片 3，见表 4-10～表 4-16），即**容器卡对**，根据需要可包含多对。此输入结束于下一个关键字（“*”）卡。容器卡定义容器类型和填充的 AMMGID。

表 4-9 容器卡

Card 2	1	2	3	4	5	6	7	8
Variable	CNTTYP	FILLOPT	FAMMG	VX	VY	VZ		
Type	I	I	I	F	F	F		
Default	none	0	none	0	0	0		

- CNTTYP：容器定义了一个空间区域的拉格朗日表面边界，AMMG 将填满其内部（或外部）。CNTTYP 定义此表面边界（或壳体结构）的容器几何类型。

> - CNTTYP=1：容器几何形状由 PART ID（PID）或 PART 组 ID（PSID）定义，这里的 PART（参见*PART 或 *SET_PART）可以是壳单元（三维模型）、梁单元（二维模型），但如果是三维实体单元组成的 PART 或二维壳单元组成的 PART，则由 PART 边界定义容器几何。填充示意如图 4-20 所示。

图 4-20 根据 PART 边界定义容器几何

> - CNTTYP=2：容器几何由面段组（SGSID）定义。
> - CNTTYP=3：容器几何由平面定义：点和法线方向。
> - CNTTYP=4：容器几何形状由圆锥表面定义：2 个端点和 2 个对应的半径（对于 2D，请参阅本节后述备注 6）。
> - CNTTYP=5：容器几何形状由长方体或矩形盒定义：2 个相对的端点，最小到最大坐标。
> - CNTTYP=6：容器几何由球体定义：1 个中心点和 1 个半径。
> - CNTTYP=7：容器几何由用户自定义函数（*DEFINE_FUNCTION）定义，函数参数是点坐标(x、y、z)。如果点位于几何体内，则返回 1.0。

- FILLOPT：用于指示 AMMG 应填充容器表面的哪一侧的标志。对于 CNTTYP=1、2、3，容器表面/面段的“头”侧被定义为段的法线方向的头部所指向的一侧，“尾”侧指的是与“头”相反的方向。见本节后述备注 5。

注意：对于 CNTTYP=1 和 2，流体界面可以通过容器壁偏移 XOFFST 而得到，XOFFST 不能用于其他类型容器。

> FILLOPT=0：上面定义的几何体的“头部”一侧将充满流体（默认）。对于 CNTTYP=4、5、6 和 7，填充容器内部。
> FILLOPT=1：上面定义的几何体的“尾部”一侧将充满流体。对于 CNTTYP=4、5、6 和 7，填充容器外部。

- FAMMG：定义了将填充由容器定义的空间内部（或外部）的流体组 ID 或 ALE 多物质组 ID（AMMGID）。AMMGID 的顺序取决于它们在*ALE_MULTI-MATERIAL_GROUP 卡片中排列的顺序。例如，*ALE_MULTI-MATERIAL_GROUP 关键字下的第一个数据卡定义 ID 为 AMMGID=1 的多物质组，第二个数据卡定义为 AMMGID=2 等。

> FAMMG<0：|FAMMG|是列出组 ID 对的*SET_MULTI-MATERIAL_GROUP_LIST ID。对于每一对，第二组替换容器中的第一组。

- VX：此 AMMGID 在全局 x 方向上的初始速度。
- VY：此 AMMGID 在全局 y 方向上的初始速度。
- VZ：此 AMMGID 在全局 z 方向上的初始速度。

表 4-10　PART/PART 组容器卡（CNTTYP=1 的附加卡）

Card 3a	1	2	3	4	5	6	7	8
Variable	SID	STYPE	NORMDIR	XOFFST				
Type	I	I	I	F				
Default	none	0	0	0.0				

- SID：定义填充容器的拉格朗日壳单元的 PART ID（PID）或 PART 组 ID（PSID）。
- STYPE：ID 类型。

> STYPE=0：容器 SID 是拉格朗日 PART 组 ID（PSID）。
> STYPE=1：容器 SID 是拉格朗日 PART ID（PID）。

- NORMDIR：已废弃不用。
- XOFFST：|XOFFST|是将流体界面从名义流体界面偏移的绝对长度，否则将默认定义。XOFFST 的符号决定了流体界面偏移的方向，基于容器面段的法向矢量进行偏移。

> XOFFST>0：沿着容器面段的正向偏移流体界面。
> XOFFST<0：沿着容器面段的负向偏移流体界面。

XOFFST 适用于容器内有高压流体的情况，偏移距离允许 LS-DYNA 程序有时间防止泄漏。通常，XOFFST 可以设置为 ALE 单元宽度的 5%～10%。只有当 ILEAK 打开以使程序有时间“捕捉”泄漏时才有可能起重要作用。如果 ILEAK 未打开，则不需要该选项。

表 4-11　面段组容器卡（CNTTYP=2 的附加卡）

Card 3b	1	2	3	4	5	6	7	8
Variable	SGSID	NORMDIR	XOFFST					
Type	I	I	F					
Default	none	0	0.0					

- SGSID：定义容器的面段组 ID。
- NORMDIR：已废弃不用。参见本节后述备注 5。
- XOFFST：|XOFFST|是将流体界面从标称流体界面偏移的长度，否则 LS-DYNA 将默认定义。XOFFST 的符号决定了流体界面偏移的方向，基于容器面段的法向矢量进行偏移。
  - XOFFST>0：沿着容器面段的正向偏移流体界面。
  - XOFFST<0：沿着容器面段的负向偏移流体界面。

  XOFFST 适用于容器内有高压流体的情况，偏移距离允许 LS-DYNA 程序有时间防止泄漏。通常，XOFFST 可以设置为 ALE 单元宽度的 5%～10%。只有当 ILEAK 打开以使程序有时间“捕捉”泄漏时才有可能起重要作用。如果 ILEAK 未打开，则不需要该选项。

表 4-12　平面卡（CNTTYP=3 的附加卡）

Card 3c	1	2	3	4	5	6	7	8
Variable	X0	Y0	Z0	XCOS	YCOS	ZCOS		
Type	F	F	F	F	F	F		
Default	none	none	none	none	none	none		

- X0、Y0、Z0：平面上空间点的 X、Y 和 Z 坐标。
- XCOS、YCOS、ZCOS：平面法线方向的 X、Y、Z 方向余弦，填充将发生在平面法线矢量指向的一侧（或“头部”一侧）。

表 4-13　圆柱/圆锥容器卡［CNTTYP=4 的附加卡（请参阅用于 2D 的备注 6）］

Card 3d	1	2	3	4	5	6	7	8
Variable	X0	Y0	Z0	X1	Y1	Z1	R1	R2
Type	F	F	F	F	F	F	F	F
Default	none	none	none	none	none	none	none	none

- X0、Y0、Z0：圆锥第一个底中心的 X、Y 和 Z 坐标。
- X1、Y1、Z1：圆锥第二个底中心的 X、Y 和 Z 坐标。
- R1：圆锥第一个底的半径。
- R2：圆锥第二个底的半径。

表 4-14　矩形盒容器卡（CNTTYP=5 的附加卡）

Card 3e	1	2	3	4	5	6	7	8
Variable	X0	Y0	Z0	X1	Y1	Z1	LCSID	
Type	F	F	F	F	F	F	I	
Default	none	none	none	none	none	none	none	

- X0、Y0、Z0：方盒的最小 X、Y 和 Z 坐标。
- X1、Y1、Z1：方盒的最大 X、Y 和 Z 坐标。

- LCSID：局部坐标系 ID，如果已定义，则该方盒与局部坐标系对齐，而不是全局坐标系。

表 4-15　球形容器卡（CNTTYP=6 的附加卡）

Card 3f	1	2	3	4	5	6	7	8
Variable	X0	Y0	Z0	R0				
Type	F	F	F	F				
Default	none	none	none	none				

- X0、Y0、Z0：球心的 X、Y 和 Z 坐标。
- R0：球体的半径。

表 4-16　用户自定义容器卡（CNTTYP=7 的附加卡）

Card 3g	1	2	3	4	5	6	7	8
Variable	IDFUNC							
Type	F							
Default	none							

- IDFUNC：定义容器几何的函数 ID(*DEFINE_FUNCTION)。如果点（X、Y、Z）在容器内，函数返回 1.0。

备注：

备注 1　数据卡的结构。在卡片 1 定义由特定流体组（AMMGID）填充的基本网格之后，每个填充动作将需要 2 个额外的输入行（卡片 2 和卡片 3a，其中 a 是 CNTTYP 值）。该命令至少需要 3 张卡片（卡片 1、卡片 2 和卡片 3a）用于 1 次填充动作。

该命令的每个实例可以有一个或多个填充动作。填充动作按照指定的顺序进行，且具有累积效果，之后的填充动作将覆盖以前的填充动作。因此，对于复杂的填充，需要事前规划填充逻辑。例如，以下卡片序列使用 2 个填充动作：

```
*INITIAL_VOLUME_FRACTION_GEOMETRY
[Card 1]
[Card a, CNTTYP=1]
[Card b1]
[Card a,CNTTYP=3]
[Card b3]
```

这一系列卡片规定了背景 ALE 网格要执行 2 个填充动作。第一个填充 CNTTYP=1，第二个填充 CNTTYP=3。

所有容器几何类型（CNTTYP）都需要卡片 2。卡片 3a 定义容器的实际几何形状，并对应于每个 CNTTYP 选项。

备注 2　ELFORM=12 的组 ID。如果使用 ELFORM=12，则 SECTION_SOLID 中采用单物质和空材料单元算法。其中非空材料默认为 AMMG=1，空材料为 AMMG=2。即使没有 *ALE_MULTI-MATERIAL_GROUP 卡，这些多物质组也是隐含定义的。

备注 3　用壳体分割空间。一个简单的 ALE 背景网格（例如，长方体网格）可以用一些拉格朗日壳体结构（或容器）包围构造而成。该拉格朗日壳体容器内的 ALE 区域可以填充一个多物质材料组（AMMG1），外部区域填充另一个（AMMG2）。这种方法简化了具有复杂几何形状的 ALE 材料 PART 的网格划分。

备注 4　NTRACE。默认 NTRACE=3，在这种情况下每个 ALE 单元的细分总数是：

```
(2×NTRACE+1)^3=7^3
```

这意味着 ALE 单元被细分为 7×7×7 个区域，每个都要填充适当的 AMMG。此应用的例子是将多层拉格朗日安全气囊壳单元之间的初始气体充满相同的 ALE 单元。

备注 5　内部/外部填充设置。要设置填充容器的哪一侧：①定义具有向内法线方向的壳体（或面段）容器；②对于容器内部，设置卡片 2 上的 FILLOPT=0，对应于法线的头部，对于容器外部，设置 FILLOPT=1，对应于法线的尾部。

备注 6　二维几何。如果 ALE 模型是 2D（采用*SECTION_ALE2D 定义而不是*SECTION_SOLID），则 CNTTYP=4 将定义一个四边形。在这种情况下，在 3D 情况下定义锥体的字段被用来定义具有顺时针方向顶点的（向内法线）四边形，4 个顶点为（X1，Y1）、（X2，Y2）、（X3，Y3）和（X4，Y4）。CNTYPE=4 输入字段 X0、Y0、Z0、X1、Y1、Z1、R1 和 R2 分别变为 X1、Y1、X2、Y2、X3、Y3、X4 和 Y4。CNTTYP=6 则用来填充一个圆。

备注 7　CNTTYP=1 时的三维实体网格（二维壳网格）。如果 PART P 定义了 CNTTYP=1 的几何容器，PART P 采用 3D 实体单元或 2D 壳单元进行网格划分，并且在 ALE 组 FAMMG 中（P 在*ALE_MULTI-MATERIAL_GROUP 中，且采用 ALE 算法 11），与 P 重叠的 ALE 单元将用 FAMMG 填充。P 的网格将成为一个虚拟刚性 PART。

备注 8　S-ALE 的 AMMG 名称。对于传统 ALE 求解器，使用*ALE_MULTI-MATERIAL_GROUP 定义每个 AMMG。在这种情况下，每个 AMMG 只能由它们的 AMMGID 引用。每个 AMMG 的 AMMGID 是 AMMG 在输入卡中的出现顺序。对于 S-ALE 求解器，可以使用*ALE_STRUCTURED_MULTI-MATERIAL_GROUP 替换*ALE_MULTI-MATERIAL_GROUP 来定义 AMMG。使用*ALE_STRUCTURED_MULTI-MATERIAL_GROUP，可以使用 AMMGNM 为每个 AMMG 命名，然后可以使用其名称或 AMMGID（也是其出现顺序）来引用使用该关键字定义的每个 AMMG。建议使用该名称，这样可以减少错误。例如，如果添加或删除 AMMG，则 AMMGID 可能会更改。然后，需要找到所有这些引用并相应地更改它们。使用该名称，无需为未更改的 AMMG 修改输入卡。

填充例子：

考虑使用 ALE PART 的 H1～H5（可能有 5 个 AMMG）和 1 个拉格朗日壳体（容器）PART S6 的简单 ALE 模型。只有 PART H1 和 S6 最初定义了它们的网格。我们将执行 4 个填充动作。下面显示每个步骤后的体积填充结果，以阐明体积填充关键字的概念。体积填充的输入如下所示。

$ H1=AMMG 1=流体 1 最初占据全部 ALE 网格=背景网格。

$ H5=AMMG 5=流体 5 填充平面下的区域=填充动作 1=CNTTYP=3。

$ H2=AMMG 2=流体 2 填充 S5 外部区域=填充动作 2=CNTTYP=1。

$ H3=AMMG 3=流体 3 填充圆锥内的区域=填充动作 3=CNTTYP=4。

$ H4=AMMG 4=流体 4 填充方盒内部区域=填充动作 4=CNTTYP=5。

$ S6=Lagrangian 壳体容器。

```
*ALE_MULTI-MATERIAL_GROUP
1,1
2,1
```

```
3,1
4,1
5,1
*INITIAL_VOLUME_FRACTION_GEOMETRY
$ 第一张卡用 AMMG 1 填充 H1 所在 PART 的全部=背景 ALE 网格。
$ FMSID FMIDTYP BAMMG <===卡片 1：背景网格。
1,1,1
$填充动作 1=AMMG 5 平面下的所有单元。
$ CNTTYP FILLOPT FILAMMGID <===卡片 a，容器：CNTTYP=3 为平面。
3,0,5
$ X0, Y0, Z0, NX, NY, NZ <===卡片 b3，定义平面容器的信息。
25.0,20.0,0.0,0.0,-1.0,0.0
$ 填充动作 2=AMMG 2 填充壳体 S6 外部区域（FILLOPT=1，法线向内）。
$ CNTTYPE FILLOPT FAMMG <==卡片 a：容器 1，FILLOPT=1=填充尾部。
1,1,2
$ SETID SETTYPE NORMDIR <==卡片 b1：定义容器 1 的信息
6,1,0
$ 填充动作 3=AMMG 3 填充 CONICAL 区域内的所有单元。
$ CNTTYP FILLOPT FAMMG CNTTYP=4=容器=圆锥区域。
4,0,3
$ X1 Y1 Z1 X2 Y2 Z2 R1 R2
25.0,75.0,0.0,25.0,75.0,1.0,8.0,8.0
$填充动作 4=AMMG 4 填充 BOX 内的全部单元。
$ CNTTYP FILLOPT FFLUIDID : CNTTYP=5="BOX"
5,0,4
$ XMIN YMIN ZMIN XMAX YMAX ZMAX
65.0,35.0,0.0,85.0,65.0,1.0
$...|....1....|....2....|....3....|....4....|....5....|....6....|....7....|....8
```

在第一次填充动作之前，H1PART 所在的整个 ALE 网格用 AMMG1 填充（白色）。在第一次填充动作之后，AMMG 5 填充到指定平面的下方（图 4-21）。

在第一次和第二次填充动作之后，用 AMMG 2 填充壳（S6）外的区域（图 4-22）。

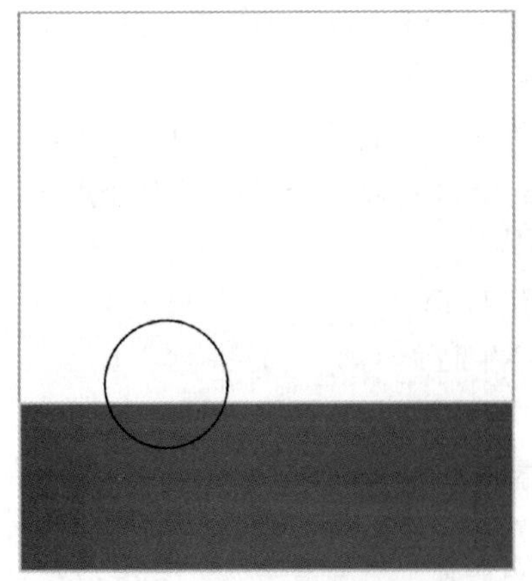

图 4-21　第一次填充动作后的填充效果

图 4-22　第二次填充动作后的填充效果

在第一次、第二次和第三次填充动作之后，使用 AMMG 3 填充球（图 4-23）。

在第一、第二、第三次和第四次填充动作之后，用 AMMG4 填充矩形区域（图 4-24）。

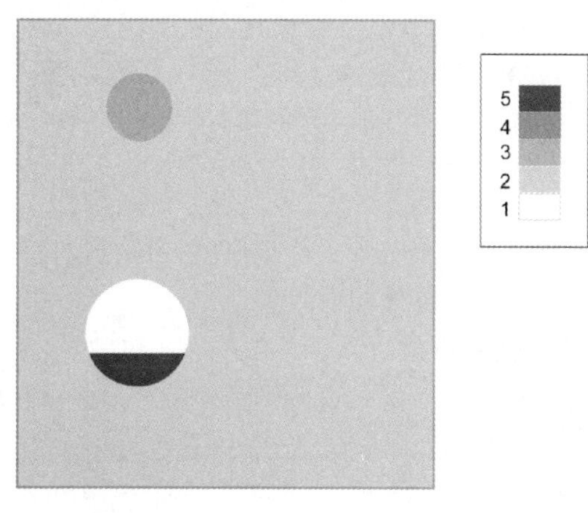

图 4-23　第三次填充动作后的填充效果

图 4-24　第四次填充动作后的填充效果

4.8.3　计算模型概况

泰勒杆采用多物质 ALE 算法。泰勒杆和周围空气材料共节点，空气 PART 提供泰勒杆变形流动的空间。

采用三维 1/4 对称计算模型（图 4-25），计算单位制为 cm-g-μs。

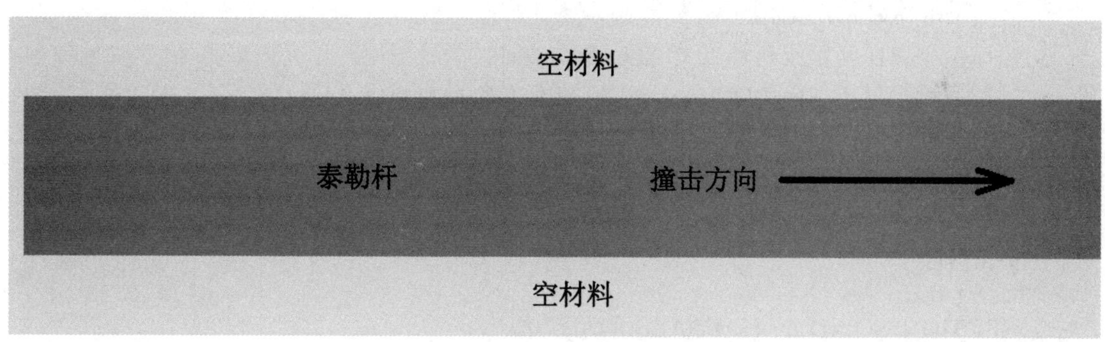

图 4-25　计算模型

4.8.4　TrueGrid 建模

泰勒杆的 TrueGrid 建模长度单位为 mm，相关命令流如下：

```
plane 1 0 0 0 1 0 0 0.001 symm;        c 定义模型关于 YOZ 平面对称
plane 2 0 0 0 0 1 0 0.001 symm;        c 定义模型关于 XOZ 平面对称
mate 1                                 c 为泰勒杆指定材料号（LS-DYNA PART 号）
partmode i                             c Part 命令的间隔索引格式，便于建立三维网格
block 10 10;10 10;142;                 c 创建三维 PART
    0 5 5;0 5 5;0 71
dei 2 3; 2 3; 1 2;                     c 删除局部网格
sfi -3; 1 2; 1 2;cy 0 0 0 0 0 1 10     c 向圆柱面投影
sfi 1 2; -3; 1 2;cy 0 0 0 0 0 1 10     c 向圆柱面投影
```

```
pb 2 2 1 2 2 2 xy 4.2 4.2          c 将节点移至指定位置
b 1 1 1 3 3 1 dz 1;                c 约束底面节点 Z 方向平动，以此替代刚性墙
endpart                            c 结束当前 Part 命令
merge
stp 0.01                           c 设置节点合并阈值，节点之间距离小于该值即被合并
lsdyna keyword                     c 声明要为 LS-DYNA 软件输出关键字格式文件
write                              c 输出网格模型文件
```

4.8.5 关键字文件讲解

下面讲解相关的 LS-DYNA 关键字文件。关键字输入文件有 2 个：计算模型参数主控文件 main.k 和网格模型文件 trugrdo。其中 main.k 中的内容及相关讲解如下。

$ 首行*KEYWORD 表示输入文件采用的是关键字输入格式。

```
*KEYWORD
```

$ 为二进制结果文件定义输出格式。

```
*DATABASE_FORMAT
$ IFORM,IBINARY
0
```

$ 为 ALE 算法设置全局控制参数。

$ DCT≠-1，表示采用默认的输运逻辑。

$ METH=2 表示采用默认的带有 HIS 的 Van Leer 物质输运算法，具有二阶精度。

```
*CONTROL_ALE
$ DCT,NADV,METH,AFAC,BFAC,CFAC,DFAC,EFAC
0,0,2,0.0000000,0.0000000,0.0000000,0.0000000
$ START,END,AAFAC,VFACT,PRIT,EBC,PREF,NSIDEBC
0000.0000,0.0000000,0.0000000
```

$ 当模型中存在两种或两种以上 ALE 多物质时，为了对同一单元内多种 ALE 物质界面

$ 进行重构，采用下面关键字卡片定义 ALE 多物质材料组 AMMG。

$ 当 ELFORM=11 时必须定义该关键字卡片。

```
*ALE_MULTI-MATERIAL_GROUP
$SID,IDTYPE
1,1
$SID,IDTYPE
2,1
```

$ *SECTION_SOLID 定义三维 ALE 单元算法。

$ ELFORM=11 为单点多物质 ALE 单元算法。

```
*SECTION_SOLID
$ SECID,ELFORM,AET
1,11
```

$ 这是*MAT_015 材料模型，用于定义泰勒杆材料模型参数。

```
*MAT_JOHNSON_COOK
$ MID,RO,G,E,PR,DTF,VP,RATEOP
1,8.94,0.6074,1.64,0.350,0.000E+00,1
$ A,B,N,C,M,TM,TR,EPS0
1.4954E-3,3.0536E-3,0.096,0.034,1.09,1083,288.,5.000E-04
$ CP,PC,SPALL,IT,D1,D2,D3,D4
4.40E-6,-9.00,3.00,0.000E+00,0.000E+00,0.000E+00,0.000E+00,0.000E+00
$ D5,C2/P/XNP,EROD,EFMIN,NUMINT
0.000E+00
```

$这是*EOS_004 状态方程，用于定义泰勒杆的状态方程参数。

```
*EOS_GRUNEISEN
$ EOSID,C,S1,S2,S3,GAMAO,A,E0
1,0.394,1.489,0.000E+00,0.000E+00,2.02,0.47,0.000E+00
$ V0
0.000E+00
```

$这是*MAT_009 材料模型，用于定义空气的材料模型参数。

```
*MAT_NULL
$ MID,RO,PC,MU,TEROD,CEROD,YM,PR
2,1.280E-03,0.000E+00,0.000E+00,0.000E+00,0.000E+00
```

$这是*EOS_001 状态方程，用于定义空气的状态方程参数。

```
*EOS_LINEAR_POLYNOMIAL
$ EOSID,C0,C1,C2,C3,C4,C5,C6
2,0.000E-00,0.0,0.000E+00,0.000E+00,0.400,0.400,0.000E+00
$ E0,V0
2.5E-6,1
```

$ 定义泰勒杆 Part，引用定义的单元算法、材料模型和状态方程。

```
*PART
$ HEADING

$ PID,SECID,MID,EOSID,HGID,GRAV,ADPOPT,TMID
1,1,1,1,0,0,0
```

$ 定义空气 Part，引用定义的单元算法、材料模型和状态方程。

```
*PART
$ HEADING

$ PID,SECID,MID,EOSID,HGID,GRAV,ADPOPT,TMID
2,1,2,2,0,0,0
```

$ *INITIAL_VOLUME_FRACTION_GEOMETRY 在 ALE 网格中填充多物质材料。

$ FMSID 为背景 ALE 网格。

$ 当 FMSID 为 Part Set 时，FMIDTYP=0；当 FMSID 为 Part 时，FMIDTYP=1。

$ BAMMG 为最初填充 FMSID 的 ALE 网格区域的多物质材料组。

$ BAMMG=2，表示空气材料所在的多物质材料组 AMMG 2。

$ CNTTYP=4，表示采用锥体方式进行填充。

$ FILLOPT 表示采用几何体内或体外方式填充多物质材料组。

$ FILLOPT=0 表示体内填充方式。

$ FAMMG 是要填充的多物质材料组。

```
*INITIAL_VOLUME_FRACTION_GEOMETRY
$FMSID,FMIDTYP,BAMMG,NTRACE
1,1,2,
$ CNTTYP,FILLOPT,FAMMG,VX,VY,VZ
4,0,1,,,-1.65e-2
$ X0,Y0,Z0,X1,Y1,Z1,R1,R2
0,0,0,0,0,7,0.5,0.5
```

$ 定义时间步长控制参数。

```
*CONTROL_TIMESTEP
$ DTINIT,TSSFAC,ISDO,TSLIMT,DT2MS,LCTM,ERODE,MS1ST
0.0000,0.9000,0,0.00,0.00
```

$ 定义计算结束条件。

```
*CONTROL_TERMINATION
$ ENDTIM,ENDCYC,DTMIN,ENDENG,ENDMAS,NOSOL
300
```

$ 定义二进制时间历程文件 D3THDT 的输出。

```
*DATABASE_BINARY_D3THDT
$ DT/CYCL,LCDT/NR,BEAM,NPLTC,PSETID,CID
0.1
```

$ 定义二进制状态文件 D3PLOT 的输出。

```
*DATABASE_BINARY_D3PLOT
$ DT/CYCL,LCDT/NR,BEAM,NPLTC,PSETID,CID
3.00
```

$ 为*INCLUDE_TRANSFORM 关键字定义几何变换。

$ *DEFINE_TRANSFORMATION 必须在*INCLUDE_TRANSFORM 前面定义。

$ OPTION=SCALE 时，缩放模型。建模时长度单位采用 mm，计算时采用 cm。

```
*DEFINE_TRANSFORMATION
$ TRANID
1
$ OPTION,A1,A2,A3,A4,A5,A6,A7
SCALE,0.1,0.1,0.1
```

$ 引用*DEFINE_TRANSFORMATION 定义的几何变换，包含泰勒杆网格模型文件。

$ TRANID=1 是前面定义的几何变换。

```
*INCLUDE_TRANSFORM
$ FILENAME
trugrdo
$ IDNOFF,IDEOFF,IDPOFF,IDMOFF,IDSOFF,IDFOFF,IDDOFF

$ IDROFF,PREFIX,SUFFIX

$ FCTMAS,FCTTIM,FCTLEN,FCTTEM,INCOUT1

$ TRANID
1
```

$ *END 表示关键字文件的结束，LS-DYNA 读入时将忽略该语句后的所有内容。

```
*END
```

4.8.6 数值计算结果

计算完成后，按如下操作步骤可显示泰勒杆材料体积分数和应变。

（1）在 File 菜单下读入 D3PLOT 文件（File→Open→Binary Plot）。

（2）在 Misc 菜单下将 1/4 模型镜像为 1/2 模型（Misc→Reflect Model→Reflect About YZ Plane）。

（3）显示泰勒杆材料体积分数（Page 1→Misc→volume fraction mat#1）。

（4）显示等效塑性应变（Page 1→Fcomp→Stress→effective plastic strain）。

由图 4-26 可见，由于采用了多物质 ALE 算法，泰勒杆物质界面即外轮廓并不十分清晰。

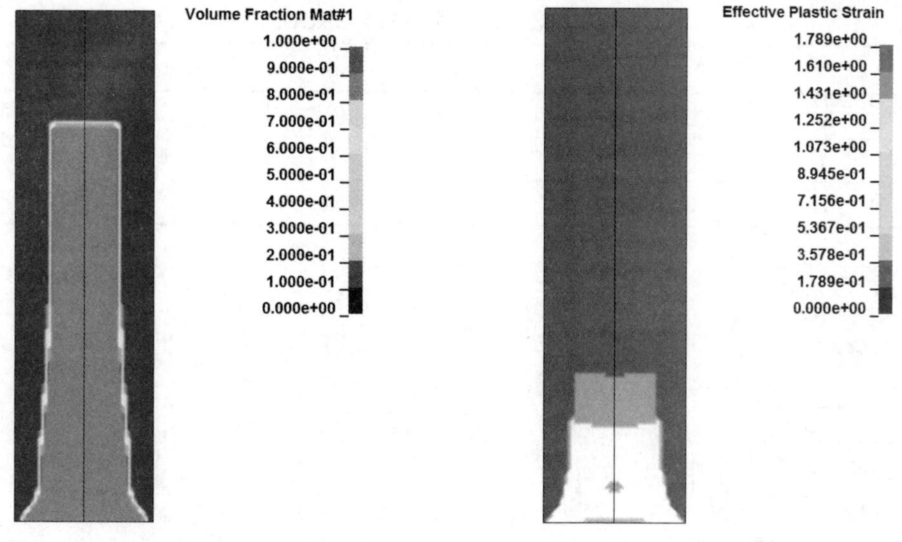

（a）体积分数　　（b）等效塑性应变

图 4-26　多物质 ALE 算法计算结果

4.9　多物质 ALE 网格自适应运动三维 1/4 对称计算模型

本算例仅用于展示 ALE 网格运动方法。

4.9.1　ALE 网格运动

通常很少指定 ALE 网格运动，此时的 ALE 算法为 Euler 算法，即网格固定不动。LS-DYNA 还可以指定 ALE 网格运动，以减少 ALE 网格数量，减少单元间物质输运量，降低耗散误差，相关的关键字为：

- *ALE_REFERENCE_SYSTEM_GROUP
- *ALE_REFERENCE_SYSTEM_NODE
- *ALE_REFERENCE_SYSTEM_CURVE
- *ALE_REFERENCE_SYSTEM_SWITCH

其中关键字*ALE_REFERENCE_SYSTEM_GROUP 在 ALE 网格运动中应用最多。该关键字定义几何实体所经历的参考系或变换的类型。换句话说，它规定了指定的网格如何平移、旋转、扩展、收缩、在空间中固定等。其关键字卡片见表 4-17 和表 4-18。

表 4-17　*ALE_REFERENCE_SYSTEM_GROUP 关键字卡片 1

Card 1	1	2	3	4	5	6	7	8
Variable	SID	STYPE	PRTYPE	PRID	BCTRAN	BCEXP	BCROT	ICR/NID
Type	I	I	I	I	I	I	I	I
Default	none	0	0	0	0	0	0	0

表 4-18 *ALE_REFERENCE_SYSTEM_GROUP 关键字卡片 2

Card 2	1	2	3	4	5	6	7	8
Variable	XC	YC	ZC	EXPLIM	EFAC		FRCPAD	IEXPND
Type	F	F	F	F	F		F	I
Default	0.0	0.0	0.0	∞	0.0		0.1	0

- SID：组 ID。
- STYPE：组类型。
  - STYPE=0：part 组。
  - STYPE=1：part。
  - STYPE=2：节点组。
  - STYPE=3：面段组。
- PRTYPE：参考系类型。
  - PRTYPE=0：Eulerian。
  - PRTYPE=1：Lagrangian。
  - PRTYPE=2：传统的 ALE 网格光滑。
  - PRTYPE=3：指定跟随曲线（由*ALE_REFERENCE_SYSTEM_CURVE 定义）的网格运动。
  - PRTYPE=4：网格自动跟随 ALE 网格中的质量加权平均速度运动。
  - PRTYPE=5：网格自动跟随由用户指定的三个节点（请参见*ALE_REFERENCE_SYSTEM_NODE）组成的局部坐标系运动。
  - PRTYPE=6：按时间在不同类型坐标系中转换（*ALE_REFERENCE_SYSTEM_SWITCH）。
  - PRTYPE=7：网格自动扩张以包含多至 12 个用户自定义节点（请参见*ALE_REFERENCE_SYSTEM_NODE）。
  - PRTYPE=8：用于冲击波的网格光滑选项，单元网格会在冲击波前附近收缩，这又可称为延迟 ALE 选项。该选项用于控制映射步中的网格运动量，这需要定义卡片 2 中的参数 EFAC。
  - PRTYPE=9：网格自动扩张/转动以包含 Lagrangian 结构。

（1）跟随局部 Lagrangian 参考坐标系（其*ALE_REFERENCE_SYSTEM_NODE 卡片 ID 由参数 BCTRAN 定义）平动或转动。

（2）扩张或收缩以包含由参数 PRID 定义的 Lagrangian part 组 ID。

（3）由参数 ICR/NID 定义一个 Lagrangian 节点 ID 作为 ALE 扩张的中心。

- PRID：根据参考坐标系 PRTYPE 选项定义的坐标系转换列表 ID、节点组或曲线组。
  - PRTYPE=3：PRID 定义用于网格平动时指定*ALE_REFERENCE_SYSTEM_CURVE 卡片的加载曲线组 ID。可定义多至 12 条曲线，以指定系统运动。
  - PRTYPE=4：PRID 定义节点组 ID（*SET_NODE），用于计算质量平均速度，该速度控制网格运动。
  - PRTYPE=5：PRID 定义指定*ALE_REFERENCE_SYSTEM_NODE 卡片的节点组 ID。通过三个节点可定义一个局部坐标系。
  - PRTYPE=6：PRID 定义指定*ALE_REFERENCE_SYSTEM_SWITCH 卡片的转换列表 ID，该卡片定义了转换时间和转换之间的时间间隔内选取的参考坐标系。
  - PRTYPE=7：PRID 定义指定*ALE_REFERENCE_SYSTEM_NODE 卡片的节点组 ID。最多可定义 12 个节点，这些节点形成的区域由 ALE 网格包围。
  - PRTYPE=9：PRID 定义 Lagrangian part 组 ID（PSID），定义的 Lagrangian part 运动范围由 ALE 网格包围，这对于气囊模拟很有用。
- 如果 PRTYPE=4 或 PRTYPE=5，那么，BCTRAN 是平动约束。
  - BCTRAN=0：无约束。
  - BCTRAN=1：约束 X 方向平动。
  - BCTRAN=2：约束 Y 方向平动。
  - BCTRAN=3：约束 Z 方向平动。
  - BCTRAN=4：约束 X 和 Y 方向平动。
  - BCTRAN=5：约束 Y 和 Z 方向平动。
  - BCTRAN=6：约束 Z 和 X 方向平动。
  - BCTRAN=7：约束 X、Y 和 Z 方向平动。

否则，如果 PRTYPE=9，那么，BCTRAN 是*ALE_REFERENCE_SYSTEM_NODE 卡片定义的节点组 ID，用于指定局部坐标系（3 个节点 ID），ALE 跟随该局部坐标系运动。

否则，BCTRAN 被忽略。

- BCEXP：对于 PRTYPE=4 和 7，BCEXP 是扩张约束；否则，忽略该参数。
  - BCEXP=0：无约束。
  - BCEXP=1：约束 X 方向扩张。
  - BCEXP=2：约束 Y 方向扩张。
  - BCEXP=3：约束 Z 方向扩张。
  - BCEXP=4：约束 X 和 Y 方向扩张。
  - BCEXP=5：约束 Y 和 Z 方向扩张。
  - BCEXP=6：约束 Z 和 X 方向扩张。
  - BCEXP=7：约束 X、Y 和 Z 方向扩张。
- BCROT：对于 PRTYPE=4，BCROT 是转动约束，否则被忽略。
  - BCROT=0：无约束。
  - BCROT=1：约束 X 方向转动。
  - BCROT=2：约束 Y 方向转动。
  - BCROT=3：约束 Z 方向转动。
  - BCROT=4：约束 X 和 Y 方向转动。
  - BCROT=5：约束 Y 和 Z 方向转动。
  - BCROT=6：约束 Z 和 X 方向转动。
  - BCROT=7：约束 X、Y 和 Z 方向转动。

如果 PRTYPE=4，ICR 是 LS-DYNA 用于确定扩张和转动中心点的方法标志。

- ICR=0：中心是 ALE 网格的重心。
- ICR=1：中心位于(XC,YC,ZC)，该点仅是空间一点，不必定义节点。

否则，如果 PRTYPE=9，NID 设置用于系住 ALE 网格扩张和旋转中心的 Lagrangian 节点 ID。

- XC、YC、ZC：PRTYPE=4 时的网格扩张中心点；否则被忽略。
- EXPLIM：网格扩张和收缩时的限制比率，每个笛卡儿坐标方向单独处理。节点之间的距离增量不得超过 EXPLIM 或减少量不得少于 1/EXPLIM。仅用于 PRTYPE=4，否则被忽略。
- EFAC：仅用于 PRTYPE=8 的网格映射系数，否则被忽略。EFAC 在 0.0 和 1.0 之间，当 EFAC 接近 1.0 时，映射接近于 Euler 行为，EFAC 值越小，冲击波波前附近的网格运动越接近于材料流动，即越接近 Lagrangian 行为。需要注意的是，如果 EFAC 过小，网格会因跟随材料流动而发生严重畸变。
- FRCPAD：对于 PRTYPE=9，FRCPAD 用于定义 ALE 网格扩张分数，否则被忽略。FRCPAD 在 0.01 和 0.2 之间，如果 Lagrangian 网格特征长度 $\mathrm{d}L_1$ 超过 $(1-2\times FRCPAD)\times \mathrm{d}L_\mathrm{A}$，这里，$\mathrm{d}L_\mathrm{A}$ 是 ALE 网格特征长度，那么 ALE 网格扩张，以使

$$\mathrm{d}L_\mathrm{A}=\frac{\mathrm{d}L_1}{1-2\times FRCPAD}$$

- IEXPND：PRTYPE=9 时 IEXPND 是 ALE 网格扩张控制标志，否则被忽略。
  - IEXPND=0：允许网格同时扩张和收缩。
  - IEXPND=1：只允许网格扩张。

*ALE_REFERENCE_SYSTEM_GROUP 关键字可选卡片 3 见表 4-19。

表 4-19 *ALE_REFERENCE_SYSTEM_GROUP 关键字可选卡片 3

Card 3	1	2	3	4	5	6	7	8
Variable	IPIDXCL	IPIDTYP						
Type	I	I						
Default	0	0						

- IPIDXCL：网格扩张或收缩时被排除在外的 ALE 组 ID。允许平动和转动。
- IPIDTYP：IPIDXCL 的组类型。
  - IPIDTYP=0：PSID。
  - IPIDTYP=1：PID。

4.9.2 计算模型概况

泰勒杆采用自适应网格多物质 ALE 算法。泰勒杆和周围空气材料共节点，空气 PART 提供泰勒杆变形流动的空间。

采用二维轴对称模型，计算单位制为 cm-g-μs。

4.9.3 TrueGrid 建模

为了便于观察 ALE 网格自适应运动，在这个算例中，流体域外围直径略小于以前的模型。TrueGrid 建模长度单位为 mm，相关命令流如下：

```
plane 1 0 0 0 1 0 0 0.001 symm;       c 定义模型关于 YOZ 平面对称
plane 2 0 0 0 0 1 0 0.001 symm;       c 定义模型关于 XOZ 平面对称
mate 1                                c 为泰勒杆指定材料号（LS-DYNA PART 号）
partmode i                            c Part 命令的间隔索引格式，便于建立三维网格
block 10 10;10 10;142;                c 创建三维 PART
    0 4 4;0 4 4;0 71
dei 2 3; 2 3; 1 2;                    c 删除局部网格
sfi -3; 1 2; 1 2;cy 0 0 0 0 0 1 8     c 向圆柱面投影
sfi 1 2; -3; 1 2;cy 0 0 0 0 0 1 8     c 向圆柱面投影
pb 2 2 1 2 2 2 xy 3.3 3.3             c 将节点移至指定位置
b 1 1 1 3 3 1 dz 1;                   c 约束底部节点 Z 向平动
endpart                               c 结束当前 Part 命令
merge                                 c 进入 merge 阶段，合并 Part
stp 0.01                              c 设置节点合并阈值，节点之间距离小于该值即被合并
lsdyna keyword                        c 声明要为 LS-DYNA 软件输出关键字格式文件
write                                 c 输出网格模型文件
```

4.9.4 关键字文件讲解

下面讲解相关的 LS-DYNA 关键字文件。关键字输入文件有 2 个：计算模型参数主控文件 main.k 和网格模型文件 trugrdo。其中 main.k 中的内容及相关讲解如下。

$ 首行*KEYWORD 表示输入文件采用的是关键字输入格式。

```
*KEYWORD
```

$ 为二进制结果文件定义输出格式。

```
*DATABASE_FORMAT
$ IFORM,IBINARY
0
```

$ 为 ALE 算法设置全局控制参数。

$ DCT≠-1，表示采用默认的输运逻辑。

$ METH=2 表示采用默认的带有 HIS 的 Van Leer 物质输运算法，具有二阶精度。

```
*CONTROL_ALE
$ DCT,NADV,METH,AFAC,BFAC,CFAC,DFAC,EFAC
0,0,2,0.0000000,0.0000000,0.0000000,0.0000000
$ START,END,AAFAC,VFACT,PRIT,EBC,PREF,NSIDEBC
0000.0000,0.0000000,0.0000000
```

$ 当模型中存在两种或两种以上 ALE 多物质时，为了对同一单元内多种 ALE 物质界面进

$ 行重构，采用下面关键字卡片定义 ALE 多物质材料组 AMMG。

```
*ALE_MULTI-MATERIAL_GROUP
$SID,IDTYPE
1,1
$SID,IDTYPE
2,1
```

$ 定义 ALE 网格自适应运动。

$ PRTYPE=4 表示网格自动跟随 ALE 网格中的质量加权平均速度运动。

$ BCTRAN=4 表示约束 X 和 Y 方向平动。

$ BCROT=7 表示约束 X、Y、Z 方向转动。

```
*ALE_REFERENCE_SYSTEM_GROUP
$ SID,STYPE,PRTYPE,PRID,BCTRAN,BCEXP,BCROT,ICR/NID
1,1,4,,4,,7
$ XC,YC,ZC,EXPLIM,EFAC,,FRCPAD,IEXPND
```

$ 定义三维多物质 ALE 单元算法。

```
*SECTION_SOLID
$ SECID,ELFORM,AET
1,11
```

$ 这是*MAT_015 材料模型，用于定义泰勒杆材料模型参数。

```
*MAT_JOHNSON_COOK
$ MID,RO,G,E,PR,DTF,VP,RATEOP
1,8.94,0.6074,1.64,0.350,0.000E+00,1
$ A,B,N,C,M,TM,TR,EPS0
1.4954E-3,3.0536E-3,0.096,0.034,1.09,1083,288.,5.000E-04
$ CP,PC,SPALL,IT,D1,D2,D3,D4
4.40E-6,-9.00,3.00,0.000E+00,1.000E+00,0.000E+00,0.000E+00,0.000E+00
$ D5,C2/P/XNP,EROD,EFMIN,NUMINT
0.000E+00
```

$这是*EOS_004 状态方程，用于定义泰勒杆的状态方程参数。

```
*EOS_GRUNEISEN
$ EOSID,C,S1,S2,S3,GAMAO,A,E0
1,0.394,1.489,0.000E+00,0.000E+00,2.02,0.47,0.000E+00
$ V0
0.000E+00
```

$这是*MAT_009 材料模型，用于定义空气的材料模型参数。

```
*MAT_NULL
$ MID,RO,PC,MU,TEROD,CEROD,YM,PR
2,1.280E-03,0.000E+00,0.000E+00,0.000E+00,0.000E+00
```

$这是*EOS_001 状态方程，用于定义空气的状态方程参数。

```
*EOS_LINEAR_POLYNOMIAL
```

```
$ EOSID,C0,C1,C2,C3,C4,C5,C6
2,0.000E-00,0.0,0.000E+00,0.000E+00,0.400,0.400,0.000E+00
$ E0,V0
2.5E-6,1
```

$ 定义泰勒杆 Part，引用定义的单元算法、材料模型和状态方程。

```
*PART
$ HEADING

$ PID,SECID,MID,EOSID,HGID,GRAV,ADPOPT,TMID
1,1,1,1,0,0,0
```

$ 定义空气 Part，引用定义的单元算法、材料模型和状态方程。

```
*PART
$ HEADING

$ PID,SECID,MID,EOSID,HGID,GRAV,ADPOPT,TMID
2,1,2,2,0,0,0
```

$ *INITIAL_VOLUME_FRACTION_GEOMETRY 在 ALE 网格中填充多物质材料。

$ FMSID 为背景 ALE 网格。

$ 当 FMSID 为 Part Set 时，FMIDTYP=0；当 FMSID 为 Part 时，FMIDTYP=1。

$ BAMMG 为最初填充 FMSID 的 ALE 网格区域的多物质材料组。

$ BAMMG=2，表示空气材料所在的多物质材料组 AMMG 2。

$ CNTTYP=4，表示采用锥体方式进行填充。

$ FILLOPT 表示采用几何体内或体外方式填充多物质材料组。

$ FILLOPT=0 表示体内填充方式。

$ FAMMG 是要填充的多物质材料组。

```
*INITIAL_VOLUME_FRACTION_GEOMETRY
$FMSID,FMIDTYP,BAMMG,NTRACE
1,1,2,
$ CNTTYP,FILLOPT,FAMMG,VX,VY,VZ
4,0,1,,,-1.65e-2
$ X0,Y0,Z0,X1,Y1,Z1,R1,R2
0,0,0,0,0,7,0.5,0.5
```

$ 定义时间步长控制参数。

```
*CONTROL_TIMESTEP
$ DTINIT,TSSFAC,ISDO,TSLIMT,DT2MS,LCTM,ERODE,MS1ST
0.0000,0.9000,0,0.00,0.00
```

$ 定义计算结束条件。

```
*CONTROL_TERMINATION
$ ENDTIM,ENDCYC,DTMIN,ENDENG,ENDMAS,NOSOL
300
```

$ 定义二进制时间历程文件 D3THDT 的输出。

```
*DATABASE_BINARY_D3THDT
$ DT/CYCL,LCDT/NR,BEAM,NPLTC,PSETID,CID
0.1
```

$ 定义二进制状态文件 D3PLOT 的输出。

```
*DATABASE_BINARY_D3PLOT
$ DT/CYCL,LCDT/NR,BEAM,NPLTC,PSETID,CID
3.00
```

$ 为*INCLUDE_TRANSFORM 关键字定义几何变换。

$ *DEFINE_TRANSFORMATION 必须在*INCLUDE_TRANSFORM 前面定义。

$ OPTION=SCALE 时，缩放模型。建模时长度单位采用 mm，计算时采用 cm。

```
*DEFINE_TRANSFORMATION
$ TRANID
1
$ OPTION,A1,A2,A3,A4,A5,A6,A7
SCALE,0.1,0.1,0.1
```

$ 引用*DEFINE_TRANSFORMATION 定义的几何变换，包含泰勒杆网格模型文件。

$ TRANID=1 是前面定义的几何变换。

```
*INCLUDE_TRANSFORM
$ FILENAME
trugrdo
$ IDNOFF,IDEOFF,IDPOFF,IDMOFF,IDSOFF,IDFOFF,IDDOFF

$ IDROFF,PREFIX,SUFFIX

$ FCTMAS,FCTTIM,FCTLEN,FCTTEM,INCOUT1

$ TRANID
1
```

$ *END 表示关键字文件的结束，LS-DYNA 读入时将忽略该语句后的所有内容。

```
*END
```

4.9.5 数值计算结果

图 4-27 是泰勒杆网格和材料体积分数。

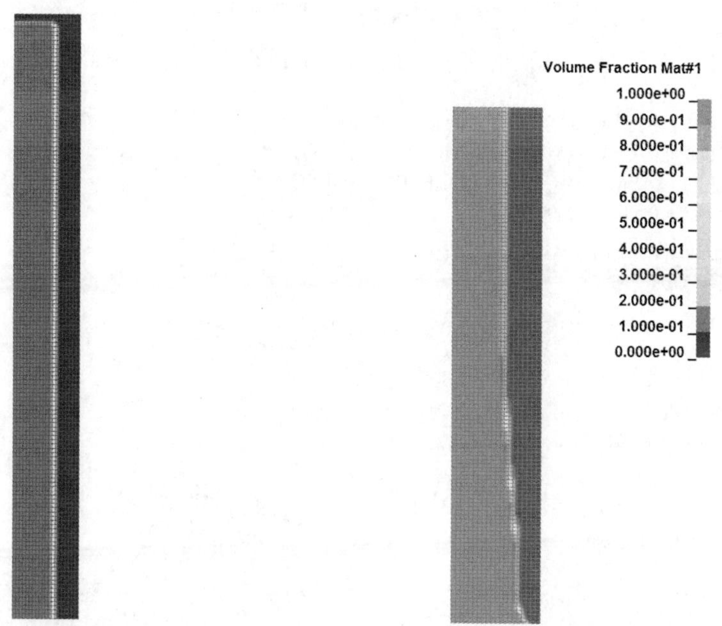

（a）初始网格和泰勒杆材料体积分数　　（b）最终网格和泰勒杆材料体积分数

图 4-27　泰勒杆网格和材料体积分数

4.10 单物质空材料 ALE 单元算法三维 1/4 对称计算模型

本算例主要介绍单物质空材料 ALE 单元算法的使用方法。

4.10.1 计算模型概况

泰勒杆采用单物质 ALE 算法。泰勒杆和周围空材料共节点，空 PART 提供泰勒杆变形流动的空间。

采用三维 1/4 对称计算模型，计算单位制为 cm-g-μs。

4.10.2 TrueGrid 建模

TrueGrid 建模命令流同 4.8.4 节。

4.10.3 关键字文件讲解

下面讲解相关的 LS-DYNA 关键字文件。关键字输入文件有 2 个：计算模型参数主控文件 main.k 和网格模型文件 trugrdo。其中 main.k 中的内容及相关讲解如下。

$ 首行*KEYWORD 表示输入文件采用的是关键字输入格式。

```
*KEYWORD
```

$ 为二进制结果文件定义输出格式。

```
*DATABASE_FORMAT
$ IFORM,IBINARY
0
```

$ 为 ALE 算法设置全局控制参数。

$ DCT≠-1，表示采用默认的输运逻辑。

$ METH=2 表示采用默认的带有 HIS 的 Van Leer 物质输运算法，具有二阶精度。

```
*CONTROL_ALE
$ DCT,NADV,METH,AFAC,BFAC,CFAC,DFAC,EFAC
0,0,2,0.0000000,0.0000000,0.0000000,0.0000000
$ START,END,AAFAC,VFACT,PRIT,EBC,PREF,NSIDEBC
0000.0000,0.0000000,0.0000000
```

$ 定义初始空材料 PART。

```
*INITIAL_VOID_PART
$ PID
1
```

$ 定义单物质空材料 ALE 单元算法。

```
*SECTION_SOLID
$ SECID,ELFORM,AET
1,12
```

$ 这是*MAT_015 材料模型，用于定义泰勒杆材料模型参数。

```
*MAT_JOHNSON_COOK
$ MID,RO,G,E,PR,DTF,VP,RATEOP
1,8.94,0.6074,1.64,0.350,0.000E+00,1
$ A,B,N,C,M,TM,TR,EPS0
1.4954E-3,3.0536E-3,0.096,0.034,1.09,1083,288.,5.000E-04
$ CP,PC,SPALL,IT,D1,D2,D3,D4
```

```
4.40E-6,-9.00,3.00,0.000E+00,1.000E+00,0.000E+00,0.000E+00,0.000E+00
$ D5,C2/P/XNP,EROD,EFMIN,NUMINT
0.000E+00
```

$这是*EOS_004 状态方程，用于定义泰勒杆的状态方程参数。

```
*EOS_GRUNEISEN
$ EOSID,C,S1,S2,S3,GAMAO,A,E0
1,0.394,1.489,0.000E+00,0.000E+00,2.02,0.47,0.000E+00
$ V0
0.000E+00
```

$ 定义泰勒杆 Part，引用定义的单元算法、材料模型和状态方程。

```
*PART
$ HEADING

$ PID,SECID,MID,EOSID,HGID,GRAV,ADPOPT,TMID
1,1,1,1,0,0,0
```

$ 定义空 Part，引用定义的单元算法、材料模型和状态方程。

```
*PART
$ HEADING

$ PID,SECID,MID,EOSID,HGID,GRAV,ADPOPT,TMID
2,1,1,1,0,0,0
```

$ *INITIAL_VOLUME_FRACTION_GEOMETRY 在 ALE 网格中填充多物质材料。

```
*INITIAL_VOLUME_FRACTION_GEOMETRY
$FMSID,FMIDTYP,BAMMG,NTRACE
1,1,2,
$ CNTTYP,FILLOPT,FAMMG,VX,VY,VZ
4,0,1,,,
$ X0,Y0,Z0,X1,Y1,Z1,R1,R2
0,0,0,0,0,7,0.5,0.5
```

$ 给泰勒杆施加初始撞击速度。

```
*INITIAL_VELOCITY_GENERATION
$ ID,STYP,OMEGA,VX,VY,VZ,IVATN,ICID
1,2,,,, -1.65e-2
$ XC,YC,ZC,NX,NY,NZ,PHASE,IRIGID

```

$ 定义时间步长控制参数。

```
*CONTROL_TIMESTEP
$ DTINIT,TSSFAC,ISDO,TSLIMT,DT2MS,LCTM,ERODE,MS1ST
0.0000,0.9000,0,0.00,0.00
```

$ 定义计算结束条件。

```
*CONTROL_TERMINATION
$ ENDTIM,ENDCYC,DTMIN,ENDENG,ENDMAS,NOSOL
300
```

$ 定义二进制时间历程文件 D3THDT 的输出。

```
*DATABASE_BINARY_D3THDT
$ DT/CYCL,LCDT/NR,BEAM,NPLTC,PSETID,CID
0.1
```

$ 定义二进制状态文件 D3PLOT 的输出。

```
*DATABASE_BINARY_D3PLOT
$ DT/CYCL,LCDT/NR,BEAM,NPLTC,PSETID,CID
3.00
```

$ 为*INCLUDE_TRANSFORM 关键字定义几何变换。

```
*DEFINE_TRANSFORMATION
$ TRANID
1
$ OPTION,A1,A2,A3,A4,A5,A6,A7
SCALE,0.1,0.1,0.1
```

$ 引用*DEFINE_TRANSFORMATION 定义的几何变换，包含泰勒杆网格模型文件。

```
*INCLUDE_TRANSFORM
$ FILENAME
trugrdo
$ IDNOFF,IDEOFF,IDPOFF,IDMOFF,IDSOFF,IDFOFF,IDDOFF

$ IDROFF,PREFIX,SUFFIX

$ FCTMAS,FCTTIM,FCTLEN,FCTTEM,INCOUT1

$ TRANID
1
```

$ *END 表示关键字文件的结束，LS-DYNA 读入时将忽略该语句后的所有内容。

```
*END
```

4.10.4 数值计算结果

图 4-28 是计算出的泰勒杆材料密度和有效塑性应变。

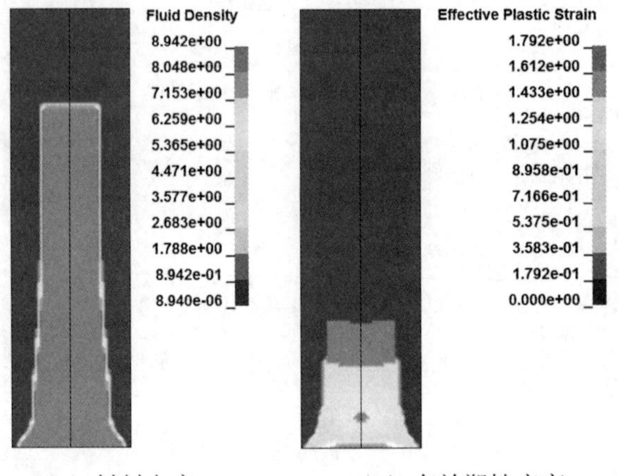

（a）材料密度　　（b）有效塑性应变

图 4-28　泰勒杆材料密度和有效塑性应变

4.11　多物质 ALE 单元算法二维轴对称计算模型

本算例主要介绍二维轴对称多物质 ALE 单元算法的使用方法。

4.11.1　*SECTION_ALE2D

在新版本中，*SECTION_ALE2D 为二维 ALE 单元定义单元算法，旧版本 LS-DYNA 采用

*SECTION_SHELL 定义二维 ALE 单元算法。*SECTION_ALE2D 关键字卡片见表 4-20。

表 4-20 *SECTION_ALE2D 关键字卡片 1

Card 1	1	2	3	4	5	6	7	8
Variable	SECID	ALEFORM	AET	ELFORM				
Type	I/A	I	I	I				
Default	none	none	0	none				

- SECID：单元算法 ID。SECID 被*PART 卡片引用，可为数字或字符，其 ID 必须唯一。
- ALEFORM：ALE 算法。
  - ALEFORM=11：多物质 ALE 算法。
- AET：PART 类型标志。
  - AET=0：常规或非环境 PART（默认选项）。
  - AET=4：储源或环境 PART。
  - AET=5：储源或环境 PART，仅用于*LOAD_BLAST_ENHANCED 和 ALEFORM=11。
- ELFORM：单元算法。
  - ELFORM=13：平面应变（X-Y 平面）。
  - ELFORM=14：轴对称体（X-Y 平面，Y 轴是对称轴）—面积加权。

4.11.2 计算模型概况

泰勒杆和周围空气采用多物质 ALE 算法。泰勒杆和周围空气共节点，给出泰勒杆变形流动的空间。

采用二维轴对称计算模型，计算单位制为 cm-g-μs。

4.11.3 TrueGrid 建模

TrueGrid 建模长度单位采用 mm，相关命令流如下：

```
mate 2                          c 为空气指定材料号（LS-DYNA PART 号）
block 1 11 21;1 141 143;-1;0 5 10;0 70 71;0   c 创建二维 PART
mti 1 2; 1 2; -1; 1             c 指定部分区域网格为泰勒杆材料
b 1 1 1 3 1 1 dy 1;             c 约束底部节点 Y 向平动
endpart                         c 结束当前 Part 命令
merge                           c 进入 merge 阶段，合并 Part
lsdyna keyword                  c 声明要输出 LS-DYNA 关键字格式文件
write                           c 输出网格模型文件
```

4.11.4 关键字文件讲解

$ 首行*KEYWORD 表示输入文件采用的是关键字输入格式。

$ 设置分析作业标题。

```
*TITLE
Tayler Impact
```

$ 为二进制结果文件定义输出格式。

```
*DATABASE_FORMAT
$ IFORM,IBINARY
0
```

$ *SECTION_ALE2D 定义二维 ALE 单元算法。

$ ALEFORM=11 表示采用多物质 ALE 算法。

$ ELFORM=14 表示面积加权轴对称算法。

```
*SECTION_ALE2D
$ SECID,ALEFORM,AET,ELFORM
1,11,,14
```

$ 当模型中存在两种或两种以上 ALE 多物质时，为了对同一单元内多种 ALE 物质界面

$ 进行重构，采用下面关键字卡片定义 ALE 多物质材料组 AMMG。

$ 当 ELFORM=11 时必须定义该关键字卡片。

```
*ALE_MULTI-MATERIAL_GROUP
$SID,IDTYPE
1,1
$SID,IDTYPE
2,1
```

$ 这是*MAT_015 材料模型，用于定义泰勒杆材料模型参数。

```
*MAT_JOHNSON_COOK
$ MID,RO,G,E,PR,DTF,VP,RATEOP
1,8.94,0.6074,1.64,0.350,0.000E+00,1
$ A,B,N,C,M,TM,TR,EPS0
1.4954E-3,3.0536E-3,0.096,0.034,1.09,1083,288.,5.000E-04
$ CP,PC,SPALL,IT,D1,D2,D3,D4
4.40E-6,-9.00,3.00,0.000E+00,1.000E+00,0.000E+00,0.000E+00,0.000E+00
$ D5,C2/P/XNP,EROD,EFMIN,NUMINT
0.000E+00
```

$ 这是*EOS_004 状态方程，用于定义泰勒杆的状态方程参数。

```
*EOS_GRUNEISEN
$ EOSID,C,S1,S2,S3,GAMAO,A,E0
1,0.394,1.489,0.000E+00,0.000E+00,2.02,0.47,0.000E+00
$ V0
0.000E+00
```

$ 这是*MAT_009 材料模型，用于定义空气的材料模型参数。

```
*MAT_NULL
$ MID,RO,PC,MU,TEROD,CEROD,YM,PR
2,1.280E-03,0.000E+00,0.000E+00,0.000E+00,0.000E+00
```

$ 这是*EOS_001 状态方程，用于定义空气的状态方程参数。

```
*EOS_LINEAR_POLYNOMIAL
$ EOSID,C0,C1,C2,C3,C4,C5,C6
2,0.000E-00,0.0,0.000E+00,0.000E+00,0.400,0.400,0.000E+00
$ E0,V0
2.5E-6,1
```

$ 定义泰勒杆 Part，引用定义的单元算法、材料模型和状态方程。

```
*PART
$ HEADING

$ PID,SECID,MID,EOSID,HGID,GRAV,ADPOPT,TMID
1,1,1,1,0,0,0
```

$ 定义空气 Part，引用定义的单元算法、材料模型和状态方程。

```
*PART
$ HEADING

$ PID,SECID,MID,EOSID,HGID,GRAV,ADPOPT,TMID
2,1,2,2,0,0,0
```

$ 给泰勒杆施加初始撞击速度。

```
*INITIAL_VELOCITY_GENERATION
$ ID,STYP,OMEGA,VX,VY,VZ,IVATN,ICID
1,2,,, -1.65e-2
$ XC,YC,ZC,NX,NY,NZ,PHASE,IRIGID
```

$ 定义时间步长控制参数。

```
*CONTROL_TIMESTEP
$ DTINIT,TSSFAC,ISDO,TSLIMT,DT2MS,LCTM,ERODE,MS1ST
0,0.9
```

$ 定义计算结束条件。

```
*CONTROL_TERMINATION
$ ENDTIM,ENDCYC,DTMIN,ENDENG,ENDMAS,NOSOL
300
```

$ 定义二进制时间历程文件 D3THDT 的输出。

```
*DATABASE_BINARY_D3THDT
$ DT/CYCL,LCDT/NR,BEAM,NPLTC,PSETID,CID
0.1
```

$ 定义二进制状态文件 D3PLOT 的输出。

```
*DATABASE_BINARY_D3PLOT
$ DT/CYCL,LCDT/NR,BEAM,NPLTC,PSETID,CID
3.00
```

$ 为*INCLUDE_TRANSFORM 关键字定义几何变换。

```
*DEFINE_TRANSFORMATION
$ TRANID
1
$ OPTION,A1,A2,A3,A4,A5,A6,A7
SCALE,0.1,0.1,0.1
```

$ 引用*DEFINE_TRANSFORMATION 定义的几何变换，包含泰勒杆网格模型文件。

```
*INCLUDE_TRANSFORM
$ FILENAME
trugrdo
$ IDNOFF,IDEOFF,IDPOFF,IDMOFF,IDSOFF,IDFOFF,IDDOFF

$ IDROFF,PREFIX,SUFFIX

$ FCTMAS,FCTTIM,FCTLEN,FCTTEM,INCOUT1

$ TRANID
1
```

$ *END 表示关键字文件的结束，LS-DYNA 读入时将忽略该语句后的所有内容。

```
*END
```

4.11.5 数值计算结果

计算完成后，按如下操作步骤可显示泰勒杆材料体积分数。

（1）在 File 菜单下读入 D3PLOT 文件（File→Open→Binary Plot）。

（2）在 Misc 菜单下将 1/2 模型镜像为全模型（Misc→Reflect Model→Reflect About YZ Plane）。

（3）在右端工具栏（Page 1→SelPar），勾选 Fluid/Ale 选项，去掉 Shell 选项，显示泰勒

杆材料。二维多物质 ALE 算法计算结果如图 4-29 所示。

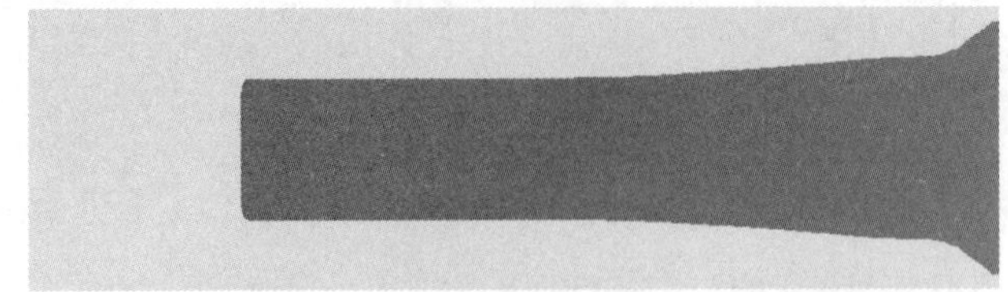

图 4-29　二维多物质 ALE 算法计算结果

4.12　SPH 单元算法三维全尺寸计算模型

本算例主要介绍三维全尺寸 SPH 模型建模方法和三维 SPH 单元算法的使用方法。

Lagrangian 单元在处理大变形问题时可能会发生严重畸变，引起数值求解困难。SPH（Smoothed Particle Hydrodynamics）方法可以很好地解决这一问题，这种方法是将连续的物质表示为带有速度的可运动的离散粒子的集合。粒子遵从质量、动量及能量的守恒定理，结合材料本构方程求解，从而获得物质的运动规律，可用于解决自由表面流、高度可压缩流、爆炸模拟、固体的延性和脆性断裂（图 4-30）等问题。在 LS-DYNA R13 版本中，还实现了隐式不可压缩 SPH 算法，允许采用较大的时间步长，适用于不可压缩流体计算，如涉水计算问题(图 4-31)。

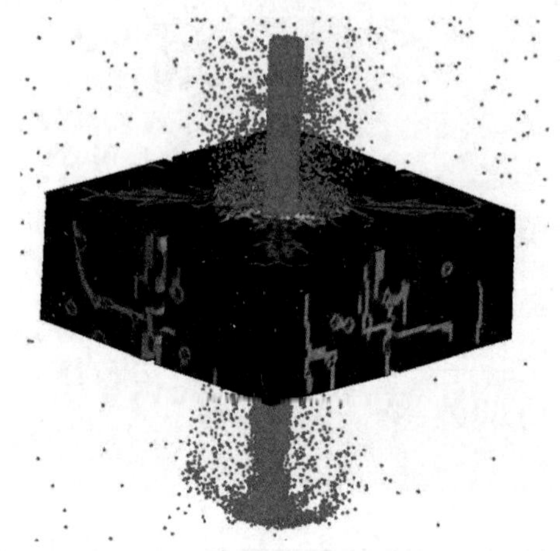

图 4-30　水射流冲蚀煤层

图 4-31　汽车涉水计算

4.12.1　*CONTROL_SPH

*CONTROL_SPH 用于设置 SPH 参数。*CONTROL_SPH 关键字卡片见表 4-21。

表 4-21　*CONTROL_SPH 关键字卡片 1

Card 1	1	2	3	4	5	6	7	8
Variable	NCBS	BOXID	DT	IDIM	NMNEIGH	FORM	START	MAXV
Type	I	I	F	I	I	I	F	F
Default	1	0	10^{20}	none	150	0	0.0	10^{15}

- NCBS：粒子分类搜索间隔的时间步数（循环次数）。
- BOXID：指定方盒内的 SPH 粒子参与 SPH 近似计算。当粒子超出方盒后，该粒子就失效，这有助于消除不再和结构接触的粒子，进而降低计算耗时。
- DT：粒子失效时间。用于决定 SPH 计算何时结束。
- IDIM：SPH 粒子空间维数。

> IDIM=3：三维问题。
> IDIM=2：二维平面应变问题。
> IDIM=-2：二维轴对称问题。

当这个值无法自动指定 LS-DYNA 的维数时，程序通过核对使用三维、二维或轴对称的单元来确定空间维数。

- NMNEIGH：用于定义每个粒子的初始邻近粒子数。
- FORM：粒子近似理论。

> FORM=0：传统标准近似（Rappel）算法。
> FORM=1：归一化标准算法。
> FORM=2：对称算法。
> FORM=3：归一化对称算法。
> FORM=4：张量算法。
> FORM=5：流体（Nouvelles）算法。
> FORM=6：归一化流体算法。
> FORM=7：完全 Lagrangian 算法。
> FORM=8：归一化完全 Lagrangian 算法。
> FORM=9：带有各向异性光滑张量的自适应 SPH 算法（ASPH）。
> FORM=10：用于带有各向异性光滑张量的归一化自适应 SPH 算法（ASPH）。
> FORM=12：最小移动二乘算法。
> FORM=13：隐式不可压缩流算法。
> FORM=15：增强流体算法。
> FORM=16：归一化增强流体算法。

- START：粒子近似开始时间。当分析时间达到 START 定义的值时开始计算粒子近似。
- MAXV：SPH 粒子速度最大值。粒子速度超过 MAXV 时，该粒子就失效。负的 MAXV 将关闭 MAXV 速度检查。

4.12.2 *SECTION_SPH

*SECTION_SPH 为 SPH 粒子定义单元算法。*SECTION_SPH 关键字卡片见表 4-22。

表 4-22 *SECTION_SPH 关键字卡片 1

Card 1	1	2	3	4	5	6	7	8
Variable	SECID	CSLH	HMIN	HMAX	SPHINI	DEATH	START	SPHKERN
Type	I/A	F	F	F	F	F	F	I
Default	none	1.2	0.2	2.0	0.0	10^{20}	0.0	0

- SECID：单元算法 ID。SECID 被*PART 卡片引用，可为数字或字符，其 ID 必须唯一。
- CSLH：用于计算粒子初始光滑长度的常数。推荐采用默认值，对于大多数问题，默认值很合适，CSLH 在 1.05 和 1.3 之间都是可以接受的，其值越大，计算时间越长。
- HMIN：最小光滑长度缩放因子。如果在*CONTROL_SPH 中设置 FORM=12，则忽略 CSLH。

- HMAX：最大光滑长度缩放因子。如果在*CONTROL_SPH 中设置 FORM=12，则忽略 CSLH。
- SPHINI：初始光滑长度（覆盖真正的光滑长度，可选项）。采用该选项避免 LS-DYNA 在初始化阶段计算光滑长度，此时字段 CSLH 的作用就失效。
- DEATH：施加 SPH 近似的结束时间。
- START：施加 SPH 近似的开始时间。
- SPHKERN：SPH 核函数（光滑函数）选项。

> SPHKERN=0：三次样条核函数（默认选项）。
> SPHKERN=1：五次样条核函数，这是带有更大支持域（建议采用 HMAX=3.0 或更大值）的高阶光滑函数，仅用于三维情况下 FORM=0、1、5、6、9、10 的工况（参见*CONTROL_SPH）。
> SPHKERN=2：二次样条核函数，有助于减轻高速碰撞条件下压缩不稳定现象，仅用于三维情况下 FORM=0、1、5、6 的工况（参见*CONTROL_SPH）。
> SPHKERN=3：四次核函数，该核函数很接近三次样条核函数，但更加稳定，仅用于三维情况下 FORM=0、1、5、6 的工况（参见*CONTROL_SPH）。

关键字的 ELLIPSE 选项（即*SECTION_SPH_ELLIPSE）附加卡片见表 4-23。

表 4-23　关键字的 ELLIPSE 选项（即*SECTION_SPH_ELLIPSE）附加卡片

Card 2	1	2	3	4	5	6	7	8
Variable	HXCSLH	HYCSLH	HZCSLH	HXINI	HYINI	HZINI		
Type	F	F	F	F	F	F		

- HXCSLH：椭圆情况下用于 X 方向光滑长度的常数。
- HYCSLH：椭圆情况下用于 Y 方向光滑长度的常数。
- HZCSLH：椭圆情况下用于 Z 方向光滑长度的常数。
- HXINI：椭圆情况下 X 方向的可选光滑长度（覆盖真正的光滑长度）。
- HYINI：椭圆情况下 Y 方向的可选光滑长度（覆盖真正的光滑长度）。
- HZINI：椭圆情况下 Z 方向的可选光滑长度（覆盖真正的光滑长度）。

4.12.3　计算模型概况

泰勒杆采用 SPH 单元算法，材料模型不再采用*MAT_JOHNSON_COOK，取而代之的是*MAT_PLASTIC_KINEMATIC。

采用三维全尺寸计算模型，计算单位制为 cm-g-μs。

4.12.4　TrueGrid 建模

TrueGrid 建模长度单位采用 cm，相关命令流如下：

```
lct 3 rz 90;rz 180;rz 270;            c 定义局部复制变换
mate 1                                c 为泰勒杆指定材料号（LS-DYNA PART 号）
partmode i                            c Part 命令的间隔索引格式，便于建立三维网格
block 5 5;5 5;140;                    c 创建三维 PART
    0 0.25 0.25;0 0.25 0.25;0 7.0
dei 2 3; 2 3; 1 2;                    c 删除局部网格
sfi -3; 1 2; 1 2;cy 0 0 0 0 0 1 0.5   c 向圆柱面投影
sfi 1 2; -3; 1 2;cy 0 0 0 0 0 1 0.5   c 向圆柱面投影
pb 2 2 1 2 2 2 xy .21 .21             c 将节点移至指定位置
```

```
lrep 0 1 2 3;          c 执行局部复制变换
endpart                c 结束当前 Part 命令
merge                  c 进入 merge 阶段，合并 Part
stp 0.01               c 设置节点合并阈值，节点之间距离小于该值即被合并
lsdyna keyword         c 声明要为 LS-DYNA 软件输出关键字格式文件
write                  c 输出网格模型文件
```

在 TrueGrid 中运行上述命令，生成网格模型文件 trugrdo 后，还需要在 LS-PrePost 中将 trugrdo 网格模型文件修改为 SPH 粒子模型文件。具体操作如图 4-32 所示。

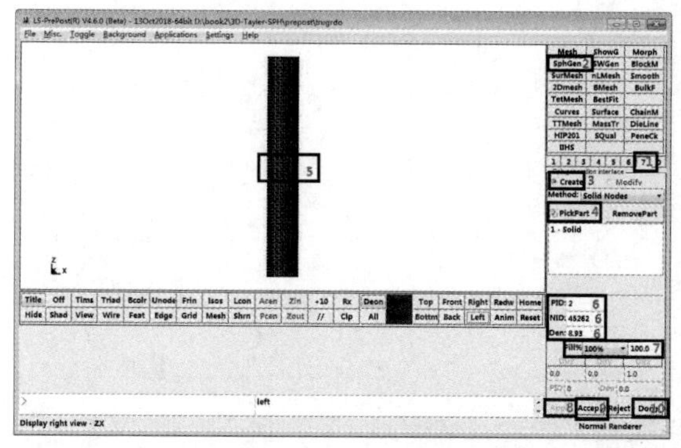
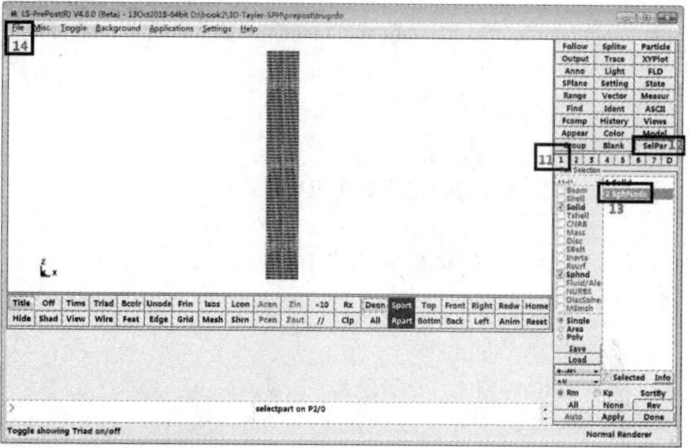

图 4-32 实体单元转换为 SPH 粒子操作步骤

（1）单击右端工具栏 Page 7→SphGen→Create。

（2）选择 Method：Solid Nodes。

（3）勾选 PickPart，在图形显示区单击泰勒杆 Part，下拉列表中就会显示 1-Solid。

（4）依次输入：PID:2（输入框中自动显示该数字），NID:45262（输入框中自动显示该数字），Den:8.93。

（5）选择 Fill%为 100.0%。

（6）依次单击 Apply、Accept 和 Done，完成泰勒杆 SPH Part 的创建。

（7）单击右端工具栏 Page 7→sphGen→Create。

（8）单击右端工具栏 Page 1→SelPar，仅选择 2 SphNode。

（9）单击主菜单 File→Save As→Save Keyword As...，将当前活动的 SPH Part 另存为 sph.k。

最后用 UltraEdit 软件打开 sph.k 文件，删除全部 Part 定义行（即文件尾*END 前的第 90530～90534 行），并仍以原文件名 sph.k 保存。

4.12.5 关键字文件讲解

下面讲解相关的 LS-DYNA 关键字文件。关键字输入文件有 2 个：计算模型参数主控文件 main.k 和网格模型文件 trugrdo。其中 main.k 中的内容及相关讲解如下。

$ 首行*KEYWORD 表示输入文件采用的是关键字输入格式。

```
*KEYWORD
```

$ 为二进制结果文件定义输出格式。

```
*DATABASE_FORMAT
$ IFORM,IBINARY
0
```

$ 这是*MAT_003 材料模型，用于定义泰勒杆材料模型参数。

```
*MAT_PLASTIC_KINEMATIC
$ MID,RO,E,PR,SIGY,ETAN,BETA
1,8.930,1.17,0.35,4.0000E-3,1.0000E-3,1.000000
$ SRC,SRP,FS,VP
0.000,0.000,0.0000,0.000
```

$ 定义泰勒杆 Part，引用定义的单元算法和材料模型。

```
*PART
$ HEADING

$ PID,SECID,MID,EOSID,HGID,GRAV,ADPOPT,TMID
2,1,1,0,0,0,0
```

$ 给泰勒杆施加初始撞击速度。

```
*INITIAL_VELOCITY
$ NSID,NSIDEX,BOXID,IRIGID,ICID

$ VX,VY,VZ,VXR,VYR,VZR
,,-1.65e-2
```

$ 定义刚性墙。

```
*RIGIDWALL_PLANAR
$ NSID,NSIDEX,BOXID,OFFSET,BIRTH,DEATH,RWKSF
0,
$ XT,YT,ZT,XH,YH,ZH,FRIC,WVEL
0,0,-0.1,0,0,1
```

$ 定义 SPH 控制参数。IDIM 是 SPH 粒子空间维数，3 表示三维模型。

```
*CONTROL_SPH
$ NCBS,BOXID,DT,IDIM,MEMORY,FORM,START,MAXV
1,0,1.0000E+14,3,-300,0,0.000
$cont,derive

```

$ *SECTION_SPH 定义 SPH 粒子算法。

```
*SECTION_SPH
$ SECID,CSLH,HMIN,HMAX,SPHINI,DEATH,START
1,1.250000,0.200000,2.000000,0.000,1.0000E+10,0.000
```

$ 定义时间步长控制参数。

```
*CONTROL_TIMESTEP
$ DTINIT,TSSFAC,ISDO,TSLIMT,DT2MS,LCTM,ERODE,MS1ST
0.0000,0.5000,0,0.00,0.00
```

$ 定义计算结束条件。

```
*CONTROL_TERMINATION
$ ENDTIM,ENDCYC,DTMIN,ENDENG,ENDMAS,NOSOL
300
```

$ 定义二进制时间历程文件 D3THDT 的输出。

```
*DATABASE_BINARY_D3THDT
$ DT/CYCL,LCDT/NR,BEAM,NPLTC,PSETID,CID
0.1
```

$ 定义二进制状态文件 D3PLOT 的输出。

```
*DATABASE_BINARY_D3PLOT
$ DT/CYCL,LCDT/NR,BEAM,NPLTC,PSETID,CID
3.00
```

$ 定义刚性墙力 ASCII 文件 RWFORC 的输出。

```
*DATABASE_RWFORC
```

```
$ DT,BINARY,LCUR,IOOPT,OPTION1,OPTION2,OPTION3,OPTION4
0.1
```

$ 包含泰勒杆节点模型文件。

```
*INCLUDE_TRANSFORM
$ FILENAME
sph.k
```

$ *END 表示关键字文件的结束，LS-DYNA 读入时将忽略该语句后的所有内容。

```
*END
```

4.12.6 数值计算结果

计算完成后，在 LS-PrePost V4.6 中按如下操作步骤可显示泰勒杆 Von Mises 应力。

（1）在 File 菜单下读入 D3PLOT 文件（File→Open→Binary Plot）。

（2）在右侧工具栏中只选择泰勒杆 PART（Page 1→SelPar→2）。

（3）按 F11 进入软件新界面。

（4）在 Settings→General Settings 菜单下点选 SPH/Particle，设置 Radius Scale：0.4；设置 Sphere divs:12；在 Style:下选择 smooth 模式；勾选 Fixed Radius；最后单击 Apply 按钮（图 4-33）。

（5）按 F11 回到软件旧界面。

（6）在右侧工具栏中（Page 1→Appear）选择粒子球体绘制模式：勾选 Shrn 和 Sphere，然后单击 AllVis。

（7）在右侧工具栏中（Page 1→SelPar）选择全部 PART，即同时显示刚性墙。

（8）在右侧工具栏中（Page 1→Fcomp→Stress→Von Mises stress）显示应力（图 4-34）。

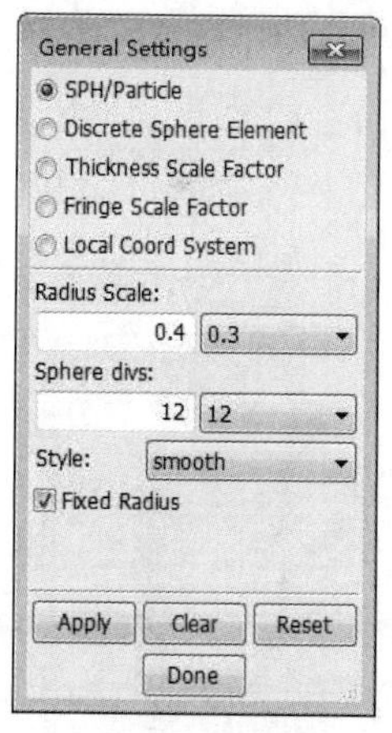

图 4-33 粒子显示设置界面

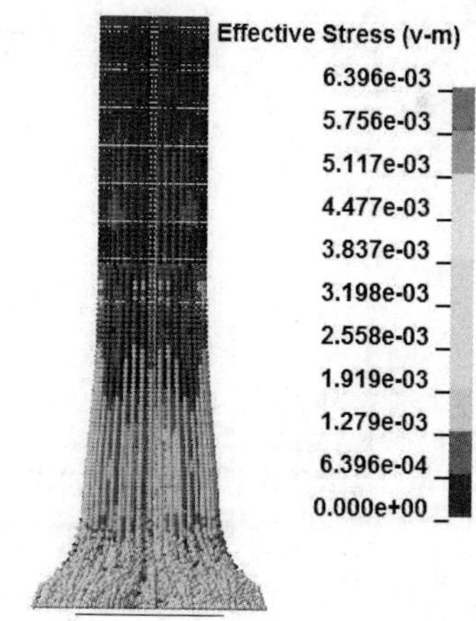

图 4-34 泰勒杆 Von Mises 应力

4.13 SPH 单元算法二维轴对称计算模型

本算例主要介绍二维轴对称 SPH 建模方法和单元算法的使用方法。

4.13.1 计算模型概况

泰勒杆采用二维轴对称 SPH 单元算法。计算单位制采用 cm-g-μs。

4.13.2 TrueGrid 建模

TrueGrid 建模长度单位采用 cm，相关命令流如下：

```
mate 1                                c 为泰勒杆指定材料号（LS-DYNA PART 号）
block 1 11;1 141;-1;0 0.5;0 7.0;0    c 创建二维 PART
endpart                               c 结束当前 Part 命令
merge                                 c 进入 merge 阶段，合并 Part
lsdyna keyword                        c 声明要输出 LS-DYNA 关键字格式文件
write                                 c 输出网格模型文件
```

在 TrueGrid 中运行上述命令，生成网格模型文件 trugrdo 后，还需要在 LS-PrePost 中将 trugrdo 网格模型文件修改为 SPH 粒子模型文件。具体操作如图 4-35 所示。

（1）单击右端工具栏 Page 7→SphGen→Create。

（2）选择 Method：Shell Volume。

（3）勾选 PickPart，在图形显示区单击泰勒杆 Part，下拉列表中就会显示 1-Shell。

（4）依次输入：PID:2（输入框中自动显示该数字），NID:1552（输入框中自动显示该数字），Den:178.6，PitX:0.05，PitY:0.05，PitZ:0.05。其中密度 178.6=8.93*1/0.05（不明白 LS-PrePost 在二维 SPH 填充操作中为何如此定义密度）。

（5）选择 Fill%为 100.0%。

（6）依次单击 Apply、Accept 和 Done，完成泰勒杆 SPH Part 的创建。

（7）单击右端工具栏 Page 1→SelPar，仅选择 2 SphNode。

（8）单击主菜单 File→Save As→Save Keyword As...，将当前活动的 SPH Part 另存为 sph.k。

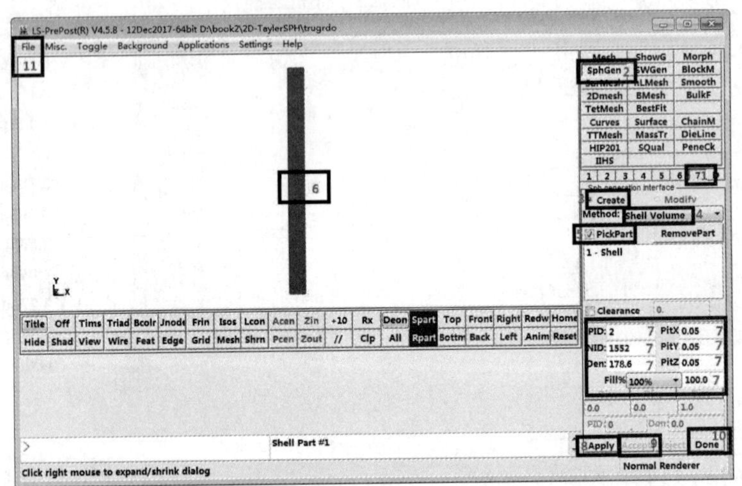

图 4-35 FEM 模型转换为 SPH 粒子模型步骤

最后用 UltraEdit 软件打开 sph.k 文件，删除全部 Part 定义行（即文件尾*END 前的第 2808～2812 行），并仍以原文件名 sph.k 保存。

4.13.3 关键字文件讲解

下面讲解相关的 LS-DYNA 关键字文件。关键字输入文件有 2 个：计算模型参数主控文件 main.k 和网格模型文件 trugrdo。其中 main.k 中的内容及相关讲解如下。

$ 首行*KEYWORD 表示输入文件采用的是关键字输入格式。

```
*KEYWORD
```

$ 为二进制结果文件定义输出格式。

```
*DATABASE_FORMAT
$ IFORM,IBINARY
0
```

$ 定义泰勒杆材料模型参数。

```
*MAT_PLASTIC_KINEMATIC
$ MID,RO,E,PR,SIGY,ETAN,BETA
1,8.930,1.17,0.35,4.0000E-3,1.0000E-3,1.000000
$ SRC,SRP,FS,VP
0.000,0.000,0.0000,0.000
```

$ 定义泰勒杆 Part，引用定义的单元算法和材料模型。

```
*PART
$ HEADING

$ PID,SECID,MID,EOSID,HGID,GRAV,ADPOPT,TMID
2,1,1,0,0,0
```

$ 给泰勒杆施加初始撞击速度。

```
*INITIAL_VELOCITY
$ NSID,NSIDEX,BOXID,IRIGID,ICID

$ VX,VY,VZ,VXR,VYR,VZR
,-1.65e-2
```

$ 定义刚性墙。

```
*RIGIDWALL_PLANAR
$ NSID,NSIDEX,BOXID,OFFSET,BIRTH,DEATH,RWKSF
0,
$ XT,YT,ZT,XH,YH,ZH,FRIC,WVEL
0,-0.1,0,0,1,0
```

$ 定义 SPH 控制参数。IDIM 是 SPH 粒子空间维数，-2 表示二维轴对称模型。

```
*CONTROL_SPH
$ NCBS,BOXID,DT,IDIM,MEMORY,FORM,START,MAXV
1,0,1.0000E+14,-2,-300,0,0.000
$cont,derive

```

$ *SECTION_SPH 定义 SPH 粒子算法。

```
*SECTION_SPH
$ SECID,CSLH,HMIN,HMAX,SPHINI,DEATH,START
1,1.200000,0.200000,2.000000,0.000,1.0000E+10,0.000
```

$ 定义时间步长控制参数。

$ 为了保证计算稳定，设置 TSSFAC=0.1。

```
*CONTROL_TIMESTEP
$ DTINIT,TSSFAC,ISDO,TSLIMT,DT2MS,LCTM,ERODE,MS1ST
0.0000,0.1000,0,0.00,0.00
```

$ 定义计算结束条件。

```
*CONTROL_TERMINATION
$ ENDTIM,ENDCYC,DTMIN,ENDENG,ENDMAS,NOSOL
300
```

$ 定义二进制时间历程文件 D3THDT 的输出。

```
*DATABASE_BINARY_D3THDT
```

```
$ DT/CYCL,LCDT/NR,BEAM,NPLTC,PSETID,CID
0.1
```

$ 定义二进制状态文件 D3PLOT 的输出。

```
*DATABASE_BINARY_D3PLOT
$ DT/CYCL,LCDT/NR,BEAM,NPLTC,PSETID,CID
3.00
```

$ 定义刚性墙力 ASCII 文件 RWFORC 的输出。

```
*DATABASE_RWFORC
$ DT,BINARY,LCUR,IOOPT,OPTION1,OPTION2,OPTION3,OPTION4
0.1
```

$ 包含泰勒杆节点模型文件。

```
*INCLUDE
sph.k
```

$ *END 表示关键字文件的结束，LS-DYNA 读入时将忽略该语句后的所有内容。

```
*END
```

4.13.4 数值计算结果

计算完成后，在 LS-PrePost V4.6 中按如下操作步骤可显示泰勒杆变形（图 4-36）。

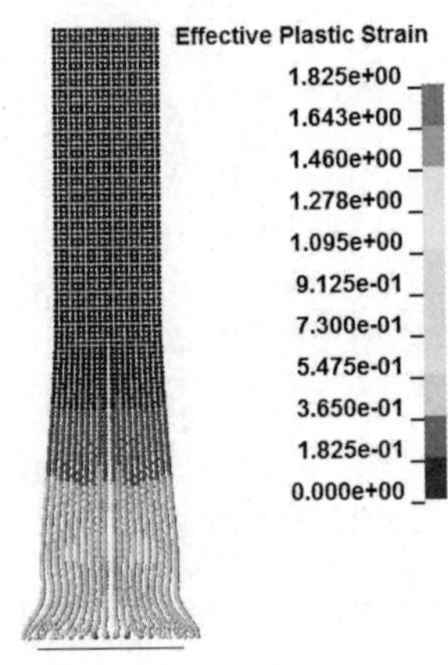

图 4-36　泰勒杆变形

（1）在 File 菜单下读入 D3PLOT 文件（File→Open→Binary Plot）。

（2）在 Misc 菜单下将 1/2 模型镜像为全模型（Misc→Reflect Model→Reflect About YZ Plane）。

（3）在右侧工具栏中只选择泰勒杆 PART（Page 1→SelPar→2）。

（4）按 F11 进入软件新界面。

（5）在 Settings→General Settings 菜单下点选 SPH/Particle，设置 Radius Scale：0.4；设置 Sphere divs:12；在 Style:下选择 smooth 模式；勾选 Fixed Radius；最后单击 Apply 按钮。

（6）按 F11 或通过菜单 Help→Old to New 回到软件旧界面。

（7）在右侧工具栏中（Page 1→Appear）选择粒子球体绘制模式：勾选 Shrn 和 Sphere，然后单击 AllVis。

（8）在右侧工具栏中（Page 1→SelPar）选择全部 PART，即同时显示刚性墙。

（9）在右侧工具栏中（Page 1→Fcomp→Stress→effective plastic strain）显示应力。

4.14 单元失效转化为 SPH 粒子二维轴对称计算模型

本算例主要介绍拉格朗日单元失效后转换为 SPH 单元粒子的二维轴对称计算方法。

材料失效表示在达到某一准则后，结构不再具有承受载荷的功能。LS-DYNA 中的单元在受力过程中当某一物理量（压力、应力、应变、应变能量、时间或时间步长等）达到临界值时就会失效，程序随之将单元删除。单元失效删除方法破坏了计算模型的质量守恒、动量守恒和能量守恒。泰勒杆撞击刚性墙过程中也会发生因局部变形过大而失效的情况，在下面的算例中，我们将失效单元转换为 SPH 粒子，以保证质量守恒、动量守恒和能量守恒。

4.14.1 计算模型概况

采用二维轴对称计算模型。泰勒杆材料模型采用*MAT_PLASTIC_KINEMATIC，为了让拉格朗日单元失效后转变为 SPH 粒子，特意设置单元失效阈值为 FS=0.98。

关键字输入文件中除了要为泰勒杆定义拉格朗日 PART 外，还要预定义一个 SPH PART。

计算单位制采用 cm-g-μs。

4.14.2 TrueGrid 建模

泰勒杆的 TrueGrid 建模命令流同 4.1.3 节。

4.14.3 关键字文件讲解

下面讲解相关的 LS-DYNA 关键字文件。关键字输入文件有 2 个：计算模型参数主控文件 main.k 和网格模型文件 trugrdo。其中 main.k 中的内容及相关讲解如下。

$ 首行*KEYWORD 表示输入文件采用的是关键字输入格式。

```
*KEYWORD
```

$ 设置分析作业标题。

```
*TITLE
Tayler Impact
```

$ 为二进制结果文件定义输出格式。

```
*DATABASE_FORMAT
$ IFORM,IBINARY
0
```

$ 定义单元算法，14 表示面积加权轴对称算法。

```
*SECTION_SHELL
$ SECID,ELFORM,SHRF,NIP,PROPT,QR/IRID,ICOMP,SETYP
1,14,0.833,5.0
$ T1,T2,T3,T4,NLOC,MAREA,IDOF,EDGSET
0.00,0.00,0.00,0.00,0.00
```

$ 定义泰勒杆材料模型参数。

```
*MAT_PLASTIC_KINEMATIC
$ MID,RO,E,PR,SIGY,ETAN,BETA
2,8.930,1.17,0.35,4.0000E-3,1.0000E-3,1.000000
$ SRC,SRP,FS,VP
0.000,0.000,0.980000,0.000
```

$ 定义泰勒杆 Part，引用定义的单元算法和材料模型。

```
*PART
$ HEADING

$ PID,SECID,MID,EOSID,HGID,GRAV,ADPOPT,TMID
1,1,2,0,0,0,0
```

$ 定义泰勒杆 SPH Part，引用定义的单元算法和材料模型。

```
*PART
$ HEADING

$ PID,SECID,MID,EOSID,HGID,GRAV,ADPOPT,TMID
2,2,2,0,0,0,0
```

$ 定义 SPH 控制参数。IDIM 是 SPH 粒子空间维数，-2 表示二维轴对称模型。

```
*CONTROL_SPH
$ NCBS,BOXID,DT,IDIM,MEMORY,FORM,START,MAXV
1,0,1.0000E+14,-2,-300,0,0.000
$cont,derive
```

$ *SECTION_SPH 定义 SPH 粒子算法。

```
*SECTION_SPH
$ SECID,CSLH,HMIN,HMAX,SPHINI,DEATH,START
2,1.200000,0.200000,2.000000,0.000,1.0000E+10,0.000
```

$ 定义以 SPH 粒子替代 Lagrangian 单元。

```
*DEFINE_ADAPTIVE_SOLID_TO_SPH
$IPID,ITYPE,NQ,IPSPH,ISSPH,ICPL,IOPT,CPCD
1,0,2,2,2,1,1
```

$ 给泰勒杆施加初始撞击速度。

```
*INITIAL_VELOCITY_GENERATION
$ ID,STYP,OMEGA,VX,VY,VZ,IVATN,ICID
1,2,,,-0.0165
$ XC,YC,ZC,NX,NY,NZ,PHASE,IRIGID
```

$ 定义刚性墙。

```
*RIGIDWALL_PLANAR
$ NSID,NSIDEX,BOXID,OFFSET,BIRTH,DEATH,RWKSF
0,
$ XT,YT,ZT,XH,YH,ZH,FRIC,WVEL
0,-0.1,0,0,1,0
```

$ 定义时间步长控制参数。

```
*CONTROL_TIMESTEP
$ DTINIT,TSSFAC,ISDO,TSLIMT,DT2MS,LCTM,ERODE,MS1ST
0.0000,0.9000,0,0.00,0.00
```

$ 定义计算结束条件。

```
*CONTROL_TERMINATION
$ ENDTIM,ENDCYC,DTMIN,ENDENG,ENDMAS,NOSOL
300
```

$ 定义二进制时间历程文件 D3THDT 的输出。

```
*DATABASE_BINARY_D3THDT
$ DT/CYCL,LCDT/NR,BEAM,NPLTC,PSETID,CID
0.1
```

$ 定义二进制状态文件 D3PLOT 的输出。

```
*DATABASE_BINARY_D3PLOT
```

```
$ DT/CYCL,LCDT/NR,BEAM,NPLTC,PSETID,CID
3.00
```

$ 定义刚性墙力 ASCII 文件 RWFORC 的输出。

```
*DATABASE_RWFORC
$ DT,BINARY,LCUR,IOOPT,OPTION1,OPTION2,OPTION3,OPTION4
0.1
```

$ 引用*DEFINE_TRANSFORMATION 定义的几何变换，包含泰勒杆网格模型文件。

$ TRANID=1 是前面定义的几何变换。

```
*INCLUDE_TRANSFORM
$ FILENAME
trugrdo
$ IDNOFF,IDEOFF,IDPOFF,IDMOFF,IDSOFF,IDFOFF,IDDOFF

$ IDROFF,PREFIX,SUFFIX

$ FCTMAS,FCTTIM,FCTLEN,FCTTEM,INCOUT1

$ TRANID
1
```

$ *END 表示关键字文件的结束，LS-DYNA 读入时将忽略该语句后的所有内容。

```
*END
```

4.14.4 数值计算结果

图 4-37 是泰勒杆撞击刚性墙后的变形，从图中可以看出单元失效后转换成的 SPH 粒子。

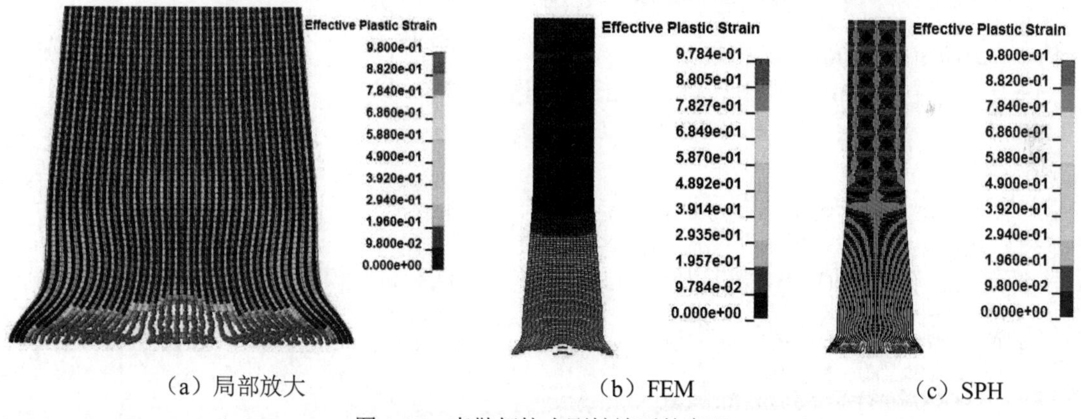

（a）局部放大　（b）FEM　（c）SPH

图 4-37　泰勒杆撞击刚性墙后的变形

4.15 单元失效转化为 SPH 粒子三维 1/4 对称计算模型

本算例主要介绍拉格朗日单元失效后转换为 SPH 单元粒子的三维 1/4 对称模型计算方法。

4.15.1 计算模型概况

泰勒杆材料模型采用*MAT_PLASTIC_KINEMATIC，为了让拉格朗日单元失效后转变为 SPH 粒子，特意设置单元失效阈值为 FS=0.98。

关键字输入文件中除了要为泰勒杆定义拉格朗日 PART 外，还要预定义一个 SPH PART。

采用三维 1/4 对称模型，计算单位制采用 cm-g-μs。

4.15.2 TrueGrid 建模

泰勒杆的 TrueGrid 建模命令流同 4.3.3 节。

4.15.3 关键字文件讲解

下面讲解相关的 LS-DYNA 关键字文件。关键字输入文件有 2 个：计算模型参数主控文件 main.k 和网格模型文件 trugrdo。其中 main.k 中的内容及相关讲解如下。

$ 首行*KEYWORD 表示输入文件采用的是关键字输入格式。

```
*KEYWORD
```

$ 为二进制结果文件定义输出格式。

```
*DATABASE_FORMAT
$ IFORM,IBINARY
0
```

$ *SECTION_SOLID 定义常应力实体单元算法。

```
*SECTION_SOLID
$ SECID,ELFORM,AET
1,1
```

$ 这是*MAT_003 材料模型，用于定义泰勒杆材料模型参数。

```
*MAT_PLASTIC_KINEMATIC
$ MID,RO,E,PR,SIGY,ETAN,BETA
2,8.930,1.17,0.35,4.0000E-3,1.0000E-3,1.000000
$ SRC,SRP,FS,VP
0.000,0.000,0.9800,0.000
```

$ 定义泰勒杆 Part，引用定义的单元算法和材料模型。

```
*PART
$ HEADING

$ PID,SECID,MID,EOSID,HGID,GRAV,ADPOPT,TMID
1,1,2,0,0,0,0
```

$ 定义泰勒杆 SPH Part，引用定义的 SPH 单元算法和材料模型。

```
*PART
$ HEADING

$ PID,SECID,MID,EOSID,HGID,GRAV,ADPOPT,TMID
2,2,2,0,0,0,0,0
```

$ 给泰勒杆施加初始撞击速度。

```
*INITIAL_VELOCITY
$ NSID,NSIDEX,BOXID,IRIGID,ICID

$ VX,VY,VZ,VXR,VYR,VZR
,,-1.65e-2
```

$ 定义刚性墙。

```
*RIGIDWALL_PLANAR
$ NSID,NSIDEX,BOXID,OFFSET,BIRTH,DEATH,RWKSF
0,
$ XT,YT,ZT,XH,YH,ZH,FRIC,WVEL
0,0,-0.1,0,0,1
```

$ 为 SPH 定义对称平面，即 YOZ 对称平面。

```
*BOUNDARY_SPH_SYMMETRY_PLANE
$VTX,VTY,VTZ,VHX,VHY,VHZ
0.000,0.000,0.000,-10.000000,0.000,0.000
```

$ 为 SPH 定义对称平面，即 XOZ 对称平面。

```
*BOUNDARY_SPH_SYMMETRY_PLANE
$VTX,VTY,VTZ,VHX,VHY,VHZ
0.000,0.000,0.000,0.000,10.000,0.000000
```

$ 定义 SPH 控制参数。IDIM 是 SPH 粒子空间维数，3 表示三维模型。

```
*CONTROL_SPH
$ NCBS,BOXID,DT,IDIM,MEMORY,FORM,START,MAXV
1,0,1.0000E+14,3,-300,0,0.000
$CONT,DERIV,INI,ISHOW,IEROD,ICONT,IAVIS,ISYMP
0,0,,,,0
```

$ *SECTION_SPH 定义 SPH 粒子算法。

```
*SECTION_SPH
$ SECID,CSLH,HMIN,HMAX,SPHINI,DEATH,START
2,1.200000,0.200000,2.000000,0.000,1.0000E+10,0.000
```

$ 定义以 SPH 粒子替代 Lagrangian 单元。

```
*DEFINE_ADAPTIVE_SOLID_TO_SPH
$IPID,ITYPE,NQ,IPSPH,ISSPH,ICPL,IOPT,CPCD
1,0,2,2,2,1,1
```

$ 定义时间步长控制参数。

```
*CONTROL_TIMESTEP
$ DTINIT,TSSFAC,ISDO,TSLIMT,DT2MS,LCTM,ERODE,MS1ST
0,0.9
```

$ 定义计算结束条件。

```
*CONTROL_TERMINATION
$ ENDTIM,ENDCYC,DTMIN,ENDENG,ENDMAS,NOSOL
300
```

$ 定义二进制时间历程文件 D3THDT 的输出。

```
*DATABASE_BINARY_D3THDT
$ DT/CYCL,LCDT/NR,BEAM,NPLTC,PSETID,CID
0.1
```

$ 定义二进制状态文件 D3PLOT 的输出。

```
*DATABASE_BINARY_D3PLOT
$ DT/CYCL,LCDT/NR,BEAM,NPLTC,PSETID,CID
3.00
```

$ 定义刚性墙力 ASCII 文件 RWFORC 的输出。

```
*DATABASE_RWFORC
$ DT,BINARY,LCUR,IOOPT,OPTION1,OPTION2,OPTION3,OPTION4
0.1
```

$ 为*INCLUDE_TRANSFORM 关键字定义几何变换。

```
*DEFINE_TRANSFORMATION
$ TRANID
1
$ OPTION,A1,A2,A3,A4,A5,A6,A7
SCALE,0.1,0.1,0.1
```

$ 引用*DEFINE_TRANSFORMATION 定义的几何变换，包含泰勒杆网格模型文件。

```
*INCLUDE_TRANSFORM
$ FILENAME
```

```
trugrdo
$ IDNOFF,IDEOFF,IDPOFF,IDMOFF,IDSOFF,IDFOFF,IDDOFF

$ IDROFF,PREFIX,SUFFIX

$ FCTMAS,FCTTIM,FCTLEN,FCTTEM,INCOUT1

$ TRANID
1
```

$ *END 表示关键字文件的结束，LS-DYNA 读入时将忽略该语句后的所有内容。

```
*END
```

4.15.4 数值计算结果

图 4-38 是泰勒杆撞击刚性墙后的变形，从图中可以看出单元失效后转换成的 SPH 粒子。

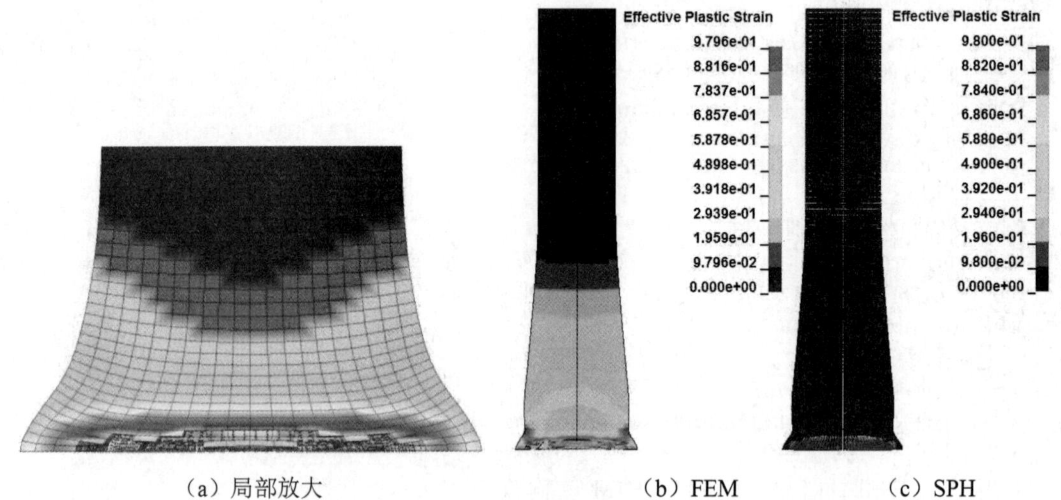

（a）局部放大　（b）FEM　（c）SPH

图 4-38　泰勒杆撞击刚性墙后的变形

4.16 泰勒杆和刚体 PART 接触算法三维 1/4 对称计算模型

在这个算例中介绍三维接触定义方法。

4.16.1 *CONTACT_...

*CONTACT_...关键字卡片用于定义三维接触。必选关键字卡片 1 见表 4-24。

表 4-24　必选关键字卡片 1

Card 1	1	2	3	4	5	6	7	8
Variable	SSID	MSID	SSTYP	MSTYP	SBOXID	MBOXID	SPR	MPR
Type	I	I	I	I	I	I	I	I
Default	none	none	none	none			0	0

- SSID：从面段组（SEGMENT SET）、节点组 ID、PART 组 ID、PART ID 或壳单元组 ID。对于 ERODING_SINGLE_SURFACE 和 ERODING_SURFACE_TO_SURFACE 接触类型，使用 PART ID 或 PART 组 ID。对于 ERODING_NODES_TO_SURFACE 接触，由于单元可能发生侵蚀失效，从而使用包含所有可能发生接触的节点组成的节点组。
  - SSID=0：在单面接触中包含所有 Part。
- MSID：主面段 ID、PART 组 ID、PART ID 或壳单元组 ID。
  - MSID=0：在单面接触中，不用再指定主面。
- SSTYP：SSID 的类型。
  - SSTYP=0：用于面面接触的面段组 ID。
  - SSTYP=1：用于面面接触的壳单元组 ID。
  - SSTYP=2：Part 组 ID。
  - SSTYP=3：Part ID。
  - SSTYP=4：用于点面接触的节点组 ID。
  - SSTYP=5：包含所有（省略 SSID）。
  - SSTYP=6：排除在外的 Part 组 ID。所有未被排除的 Part 用于接触。
  - SSTYP=7：树枝 ID，请参见*SET_PART_TREE。

对于*AUTOMATIC_BEAMS_TO_SURFACE 可指定 Part 组 ID 或 Part ID。

- MSTYP：MSID 的类型。
  - MSTYP=0：面段组 ID。
  - MSTYP=1：壳单元组 ID。
  - MSTYP=2：Part 组 ID。
  - MSTYP=3：Part ID。
  - MSTYP=4：节点组 ID（仅用于侵蚀计算的力传感器）。
  - MSTYP=5：包含所有（省略 MSID）。
  - MSTYP=6：排除在外的 Part 组 ID。所有未被排除的 Part 用于接触。
  - MSTYP=7：树枝 ID，请参见*SET_PART_TREE。
- SBOXID：接触定义中只包含方盒 SBOXID（即*DEFINE_BOX 定义的 BOXID）内的从节点和从面段，或若 SBOXID 为负，仅是接触体|SBOXID|（即*DEFINE_CONTACT_VOLUME 定义的 CVID）内的从节点和从面段。SBOXID 仅用于 SSTYP=2、3 和 6 时，即 SSID 为 PART ID 或 PART 组 ID。SBOXID 不能用于带有_ERODING 选项的侵蚀接触。
- MBOXID：接触定义中只包含方盒 MBOXID（即*DEFINE_BOX 定义的 BOXID）内的主节点和主面段，或若 MBOXID 为负，仅是接触体|MBOXID|（即*DEFINE_CONTACT_VOLUME 定义的 CVID）内的主节点和主面段。MBOXID 仅用于 MSTYP=2、3 和 6 时，即 MSID 为 PART ID 或 PART 组 ID。MBOXID 不能用于带有_ERODING 选项的侵蚀接触。
- SPR：在*DATABASE_NCFORC 和*DATABASE_BINARY_INTFOR 界面力文件中包含从面，并且可以选择在 dynain 文件中包含磨损：
  - SPR=0：不包含。
  - SPR=1：包含从面力。
  - SPR=2：和 SPR=1 相同，但从节点的磨损以*INITIAL_CONTACT_WEAR 的形式写入 dynain 文件。
- MPR：在*DATABASE_NCFORC 和*DATABASE_BINARY_INTFOR 界面力文件中包含主面，并且可以选择在 dynain 文件中包含磨损：
  - MPR=0：不包含。
  - MPR=1：包含主面力。
  - MPR=2：和 MPR=1 相同，但主节点的磨损以*INITIAL_CONTACT_WEAR 的形式写入 dynain 文件。

必选关键字卡片 2 见表 4-25。

表 4-25　必选关键字卡片 2

Card 2	1	2	3	4	5	6	7	8
Variable	FS	FD	DC	VC	VDC	PENCHK	BT	DT
Type	F	F	F	F	F	I	F	F
Default	0.	0.	0.	0.	0.	0.	0.	1.0E20

如果 OPTION1 是 TIED_SURFACE_TO_SURFACE_FAILURE，那么：

- *FS*：失效时的拉伸正应力，在以下条件下发生失效：

$$\left[\frac{\max(0.0,\sigma_{\text{normal}})}{FS}\right]^2+\left[\frac{\sigma_{\text{shear}}}{FD}\right]^2>1$$

式中，σ_{normal} 和 σ_{shear} 分别为接触面正应力和剪应力。

- *FD*：失效时的剪应力。

否则：

- *FS*：静摩擦系数。如果 $FS>0$ 且 $FS\neq 2$，摩擦系数与接触面间的相对速度 v_{rel} 有关：

$$u_{\text{c}}=FD+(FS-FD)e^{-DC|v_{\text{rel}}|}$$

> FS=-2：如果用*DEFINE_FRICTION 只定义了一张摩擦系数表，就使用该表，不用再定义 FD。如果定义了不止一张摩擦系数表，下面的 FD 定义了摩擦表 ID。

> FS=-1：如果要使用*PART 部分定义的摩擦系数，设置 FS=-1。
> 警告：请注意 FS=-1.0 和 FS=-2.0 选项仅适用于以下接触类型：
> SINGLE_SURFACE
> AUTOMATIC_GENERAL
> AUTOMATIC_SINGLE_SURFACE
> AUTOMATIC_SINGLE_SURFACE_MORTAR
> AUTOMATIC_NODES_TO_SURFACE
> AUTOMATIC_SURFACE_TO_SURFACE
> AUTOMATIC_SURFACE_TO_SURFACE_MORTAR
> AUTOMATIC_ONE_WAY_SURFACE_TO_SURFACE
> ERODING_SINGLE_SURFACE

> FS=2：对于 SURFACE_TO_SURFACE 接触类型的子集，FD 用作表 ID，该表定义了不同接触压力下摩擦系数—相对速度曲线（图 4-39），这样摩擦系数就变成压力和相对速度的函数。

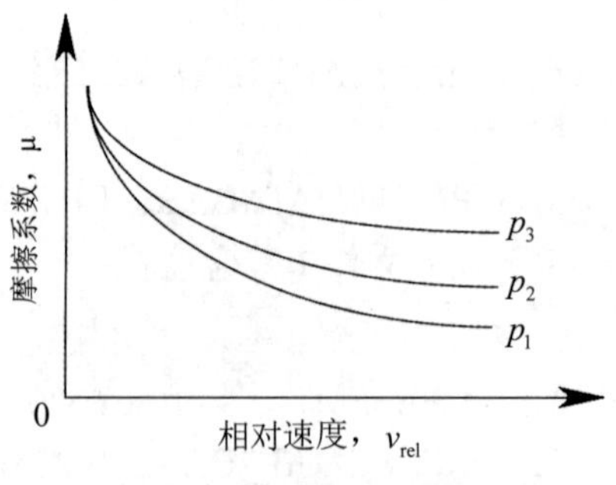

图 4-39　摩擦系数表

- FD：动摩擦系数。如果 $FS>0$ 且 $FS\neq 2$，假定摩擦系数与接触面间的相对速度 v_{rel} 有关：

$$u_{\text{c}}=FD+(FS-FD)e^{-DC|v_{\text{rel}}|}$$

否则：

➢ FS=-2：且定义了不止一张摩擦系数表，就用 FD 定义表的 ID。
➢ FS=2：表 ID 定义了不同接触压力下摩擦系数—相对速度曲线。

对于所有接触类型：

- DC：指数衰减系数。假定摩擦系数与接触面间的相对速度 v_{rel} 有关：

$$u_c = FD + (FS - FD)e^{-DC|v_{rel}|}$$

- VC：黏性摩擦系数。用于将摩擦力限制为一最大值，

$$F_{lim} = VC \times A_{cont}$$

式中，A_{cont} 为接触节点接触到的面段的面积，建议 VC 的取值为剪切屈服应力，

$$VC = \frac{\sigma_0}{\sqrt{3}}$$

式中，σ_0 为接触材料的屈服应力。

- VDC：黏性阻尼系数，以临界值的百分比表示，或恢复系数，以百分比表示。为避免接触中不希望的震荡，如钣金成型模拟，施加垂直于接触面的接触阻尼。
- PENCHK：接触搜索选项中小的渗透。如果从节点的穿透量（渗透）超过面段厚度乘以 XPENE，就忽略穿透，并释放从节点。如果面段属于壳单元则取壳单元厚度为面段厚度，或者如果面段属于实体单元，则取为实体单元最短对角线长度的 1/20。该选项用于面面接触算法。
- BT：起始时间（该时刻激活接触）。

➢ BT<0：起始时间设为|BT|。BT 为负时，动力松弛计算阶段启用起始时间，动力松弛阶段结束后，不管 BT 的数值，立刻激活接触。
➢ BT=0：禁用起始时间，即接触始终被激活。
➢ BT>0：如果 DT=-9999，BT 是定义多对起始时间/终止时间的加载曲线或表 ID。如果 DT>0，起始时间既用于动力松弛阶段，也用于动力松弛阶段之后。

- DT：终止时间（该时刻禁用接触）。

➢ DT<0：如果 DT=-9999，BT 是定义多对起始时间/终止时间的加载曲线或表 ID。如果 DT<0，动力松弛阶段禁用接触，起始时间/终止时间紧随动力松弛阶段之后，且分别被设为|BT|和|DT|。
➢ DT=0：DT 默认为 1.E+20。
➢ DT>0：终止时间，用于设置禁用接触的时间。

必选关键字卡片 3 见表 4-26。

表 4-26 必选关键字卡片 3

Card 3	1	2	3	4	5	6	7	8
Variable	SFS	SFM	SST	MST	SFST	SFMT	FSF	VSF
Type	F	F	F	F	F	F	F	F
Default	1.	1.	单元厚度	单元厚度	1.	1.	1.	1.

- SFS：SOFT=0 或 SOFT=2 时从罚刚度默认值的缩放因子。
- SFM：SOFT=0 或 SOFT=2 时主罚刚度默认值的缩放因子。
- SST：可选的从面接触厚度（覆盖默认接触厚度）。该选项用于带有壳和梁单元的接触。SST 不会影响单元的实际厚度，仅影响接触面位置。对于*CONTACT_TIED_…选项，SST 和 MST 可定义为负值，用于根据分离距离相对于这些厚度绝对值决定节点是否固连。

- MST：可选的主面接触厚度（覆盖默认接触厚度）。该选项仅用于带有壳和梁单元的接触。
- SFST：从面接触厚度缩放因子。该选项用于带有壳和梁单元的接触。SFST 不会影响单元的实际厚度，仅影响接触面位置。如果不是 MORTAR 接触且 SST 非零，则忽略 SFST。
- SFMT：主面接触厚度缩放因子。该选项仅用于带有壳和梁单元的接触。SFMT 不会影响单元的实际厚度，仅影响接触面位置。如果不是 MORTAR 接触且 MST 非零，则忽略 SFMT。
- FSF：库仑摩擦缩放因子。库仑摩擦系数缩放为：$u_{sc} = FSC \times u_c$。
- VSF：黏性摩擦缩放因子。如果定义了该系数，则将摩擦力限制为 $F_{lim} = VSF \times VC \times A_{cont}$。

对于不同的接触类型，卡片 4 也不相同。下面仅列出侵彻计算最常用的侵蚀接触 ERODING_..._SURFACE 所用的卡片 4（表 4-27）。对于以下三种接触类型，该卡片是必需的：

*CONTACT_ERODING_NODES_TO_SURFACE

*CONTACT_ERODING_SINGLE_SURFACE

*CONTACT_ERODING_SURFACE_TO_SURFACE

表 4-27　关键字卡片 4 ERODING_..._SURFACE

Card 4	1	2	3	4	5	6	7	8
Variable	ISYM	EROSOP	IADJ					
Type	I	I	I					
Default	0	0	↓					

- ISYM：对称平面选项。
  - ISYM=0：关闭，这是默认选项。
  - ISYM=1：不包含带有法向边界约束的面（如对称面上实体单元的面段）。该选项有助于对称模型保持正确的边界条件。
- EROSOP：侵蚀/内部节点选项。
  - EROSOP=0：只保存外部边界信息（已不再支持该选项）。
  - EROSOP=1：保存内部和外部节点信息，这样侵蚀接触才能进行；否则，单元侵蚀后就假定不会发生接触。
- IADJ：实体单元的邻近材料的处理方式。
  - IADJ=0：实体单元面仅包含在自由边界中。
  - IADJ=1：若在材料子集边界上，则包含实体单元面，该选项允许实体内的侵蚀和随后的接触处理。

关键字可选卡片 A 见表 4-28。

表 4-28　关键字可选卡片 A

Optional	1	2	3	4	5	6	7	8
Variable	SOFT	SOFSCL	LCIDAB	MAXPAR	SBOPT	DEPTH	BSORT	FRCFRQ
Type	I	F	I	F	F	I	I	I
Default	0	0.1	0	1.025	2	2	10～100	1

- SOFT：接触算法。
  - SOFT=0：标准罚函数算法。
  - SOFT=1：软约束罚函数算法。

- SOFT=2：基于面段的罚函数算法。
- SOFT=4：用于 FORMING 接触选项的约束方法。该选项仅用于单面成型接触。如果罚函数算法导致了很大的接触渗透，就使用该方法，但是计算结果对阻尼敏感。
- SOFT=6：隐式重力加载时处理钣金边缘（变形体）和量规销（刚体壳）接触的特殊接触算法，仅用于*CONTACT_FORMING_NODES_TO_SURFACE 接触。

当构成接触面的单元材料体积模量差异较大时软约束很有用。在软约束选项中，界面刚度计算基于节点质量和全局时间步长，这种方法计算出的界面刚度高于采用体积模量的方法，因此，该方法主要用于泡沫材料和金属相互作用的场合。

- SOFSCL：软约束选项（SOFT=1）中约束力的缩放因子（默认值为 0.1）。对于单面接触，SOFSCL 不得大于 0.5；对于单向接触，SOFSCL 不得大于 1.0。
- LCIDAB：为接触类型 a13（*CONTACT_AIRBAG_SINGLE_SURFACE）定义的气囊厚度—时间的加载曲线 ID。
- MAXPAR：面段检查的最大参数化坐标（推荐值介于 1.025 和 1.20 之间），仅适用于 SMP。对于 MPP，参见 PARMAX。该值越大，计算成本越高。若为零，则为大多数接触设置默认值 1.025。其他默认值为：

- MAXPAR=1.006：用于 SPOTWELD。
- MAXPAR=1.006：用于 TIED_SHELL_…_CONSTRAINED_OFFSET。
- MAXPAR=1.006：用于 TIED_SHELL_…_OFFSET。
- MAXPAR=1.006：用于 TIED_SHELL_…_:BEAM_OFFSET。
- MAXPAR=1.100：用于 AUTOMATIC_GENERAL。

该参数允许增大面段尺寸，这对尖角很有用。对于 SPOTWELD 和…_OFFSET 选项，更高的 MAXPAR 数值可能导致数值不稳定，但有时很有必要采用高的数值来保证所有感兴趣节点固连。

- SBOPT：基于面段的接触选项（SOFT=2）。

- SBOPT=0：与默认 SBOPT=2 相同。
- SBOPT=1：pinball 边边接触（不推荐）。
- SBOPT=2：假定平面段（默认）。
- SBOPT=3：翘曲面段检查。
- SBOPT=4：滑移选项。
- SBOPT=5：SBOPT=3+SBOPT=4，即翘曲面段检查+滑移选项。

- DEPTH：自动接触的搜索深度，在最近的接触面段中检查节点渗透。对于大多数碰撞应用，DEPTH=1（即 1 个面段）就足够准确，且计算成本不高。LS-DYNA 为提高准确度将其设置为默认值 2（即 2 个面段），DEPTH=0 时同 DEPTH=2。对于*CONTACT_AUTOMATIC_GENERAL 默认搜索深度 DEPTH=3。

- DEPTH<0：|DEPTH|是定义搜索深度-时间的加载曲线 ID（SOFT=2 时不可用）。

- BSORT：桶排序间隔的循环数。对于接触类型 4 和 13（SINGLE_SURFACE），推荐值分别为 25 和 100。对于面面和点面接触，BSORT=10～15，就足够了。如果 BSORT=0，由 LS-DYNA 程序确定间隔。在 Mortar 接触中 SOFT=2 的情况下，BSORT 既可用于 SMP，也可用于 MPP，其他情况下 BSORT 仅用于 SMP。对于 Mortar 接触，BSORT 默认值为*CONTROL_CONTACT 中的 NSBCS。

- BSORT<0：|BSORT|是定义桶排序频率—时间的加载曲线 ID。

- FRCFRQ：罚函数接触中接触力更新间隔的循环数。该选项可大幅提高接触处理速度，使用时要非常谨慎，FRCFRQ>3 或 FRCFRQ>4 较为危险。

- FRCFRQ=0：FRCFRG 设为 1，每个循环进行力计算。强烈推荐。

关键字可选卡片 B 见表 4-29。

表 4-29　关键字可选卡片 B

Optional	1	2	3	4	5	6	7	8
Variable	PENMAX	THKOPT	SHLTHK	SNLOG	ISYM	I2D3D	SLDTHK	SLDSTF
Type	F	I	I	I	I	I	F	F
Default	↓	0	0	0	0	0	0.0	0.0

- PENMAX：对于 3、5、8、9、10 这些旧接触类型和 Mortar 接触，PENMAX 是最大渗透深度；对于接触类型 a3、a5、a10、13、15 和 26，面段厚度乘以 PENMAX 定义了许可的最大渗透深度。
  - PENMAX=0.0：对于旧接触类型 3、5 和 10，使用小的渗透量搜索和由厚度和 XPENE 计算出的数值。
  - PENMAX=0.0：对于接触类型 a3、a5、a10、13 和 15，默认值为 0.4 或面段厚度的 40%。
  - PENMAX=0.0：对于接触类型 26，默认值是 10 倍面段厚度。
  - PENMAX=0.0：对于 Mortar 接触，默认值是单元特征尺寸。
- THKOPT：对于接触类型 3、5 和 10，THKOPT 是厚度选项。
  - THKOPT=0：从控制卡*CONTROL_CONTACT 中获取默认值。
  - THKOPT=1：包含厚度偏移量。
  - THKOPT=2：不包含厚度偏移量（旧方法）。
- SHLTHK：只有 THKOPT≥1 时才定义。在面面接触和点面接触类型中考虑壳单元厚度，下面的选项 SHLTHK=1 或 2 激活新的接触算法。在单面接触和约束方法接触类型中通常包含厚度偏移量。
  - SHLTHK=0：不考虑厚度。
  - SHLTHK=1：考虑除了刚体之外的厚度。
  - SHLTHK=2：考虑包含刚体在内的厚度。
- SNLOG：对于 SOFT=0 或 1，在厚度偏移接触中禁用发射节点逻辑。激活发射节点逻辑后，在第一个循环中从节点穿透主面段后，不用施加任何接触力即将该节点移回主面。
  - SNLOG=0：激活逻辑（默认）。
  - SNLOG=1：禁用逻辑（有时在金属成型计算或包含泡沫材料的接触中推荐使用）。
- ISYM：对称平面选项。
  - ISYM=0：关闭。
  - ISYM=1：不包含带有法向边界约束的面（例如，对称面上实体单元的面段）。该选项有助于对称模型保持正确的边界条件。对于 ERODING 接触，该选项也可在卡片 4 上定义。
- I2D3D：面段搜索选项。
  - I2D3D=0：查找定位面段时先搜索 2D 单元（壳单元），后搜索 3D 单元（实体单元和厚壳单元）。
  - I2D3D=1：查找定位面段时先搜索 3D 单元（实体单元和厚壳单元），后搜索 2D 单元（壳单元）。
- SLDTHK：可选的实体单元厚度。对于非 Mortar 接触，非零正值将在使用偏移的接触算法中激活接触厚度偏移。接触处理如同实体单元外包空壳单元。下面的接触刚度参数 SLDSTF 也可用于覆盖默认值。

  对于 Mortar 接触，SLDTHK 是从实体单元表面沿法线方向到接触作用点的偏移量。因此，在这种情况下，SLDTHK 定义为负值。Mortar 接触忽略 SLDTF。
- SLDSTF：可选的实体单元刚度。非零正值 SLDSTF 会覆盖实体单元所用材料模型中的体积模量。对于基于面段的接触（SOFT=2），SLDSTF 替代罚函数中所用的刚度，这个参数不能用于 Mortar 接触。

4.16.2 计算模型概况

在该算例中，刚性墙不再采用*RIGIDWALL_PLANAR 定义，而是采用刚体 PART，其材料模型为*MAT_RIGID。

泰勒杆和刚性墙之间通过关键字*CONTACT_AUTOMATIC_SURFACE_TO_SURFACE 定义接触关系。定义接触时，从面和主面可以分别为面段组、节点组、PART 组、PART 或壳单元组等，在本算例中，从面和主面均采用面段组。

采用三维 1/4 对称模型，计算单位制采用 cm-g-μs。计算模型如图 4-40 所示。

图 4-40 计算模型

4.16.3 TrueGrid 建模

TrueGrid 建模长度单位采用 mm，相关命令流如下：

```
plane 1 0 0 0 1 0 0 0.001 symm;          c 定义模型关于 YOZ 平面对称
plane 2 0 0 0 0 1 0 0.001 symm;          c 定义模型关于 XOZ 平面对称
mate 1                                   c 为泰勒杆指定材料号（LS-DYNA PART 号）
partmode i                               c Part 命令的间隔索引格式，便于建立三维网格
block 5 5;5 5;140;                       c 创建三维泰勒杆 PART
    0 2.5 2.5;0 2.5 2.5;0 70
dei 2 3; 2 3; 1 2;                       c 删除局部网格
sfi -3; 1 2; 1 2;cy 0 0 0 0 0 1 5        c 向圆柱面投影
sfi 1 2; -3; 1 2;cy 0 0 0 0 0 1 5        c 向圆柱面投影
pb 2 2 1 2 2 2 xy 2.1 2.1                c 将节点移至指定位置
fset 1 1 1 3 3 1 = SFACE                 c 输出 SEGMENT SET，以定义接触从面
endpart                                  c 结束当前 Part 的定义
mate 2                                   c 为刚体 PART 指定材料号（LS-DYNA PART 号）
block 10;10;1;                           c 创建三维刚体 PART
    0 10;0 10;-2 -1
fset 1 1 2 2 2 2 = mface                 c 输出 SEGMENT SET，以定义接触主面
endpart                                  c 结束当前 PART 的定义
merge                                    c 进入 merge 阶段，合并 PART
stp 0.01                                 c 设置节点合并阈值，节点之间距离小于该值即被合并
lsdyna keyword                           c 声明要为 LS-DYNA 软件输出关键字格式文件
write                                    c 输出网格模型文件
```

4.16.4 关键字文件讲解

下面讲解相关的 LS-DYNA 关键字文件。关键字输入文件有 2 个：计算模型参数主控文件 main.k 和网格模型文件 trugrdo。其中 main.k 中的内容及相关讲解如下。

$ 首行*KEYWORD 表示输入文件采用的是关键字输入格式。

```
*KEYWORD
```

$ 为二进制结果文件定义输出格式。

```
*DATABASE_FORMAT
$ IFORM,IBINARY
0
```

$ *SECTION_SOLID 定义常应力实体单元算法。

```
*SECTION_SOLID
$ SECID,ELFORM,AET
1,1
```

$ 这是*MAT_015 材料模型，用于定义泰勒杆材料模型参数。

```
*MAT_JOHNSON_COOK
$ MID,RO,G,E,PR,DTF,VP,RATEOP
1,8.94,0.6074,1.64,0.350,0.000E+00,1
$ A,B,N,C,M,TM,TR,EPS0
1.4954E-3,3.0536E-3,0.096,0.034,1.09,1083,288.,5.000E-04
$ CP,PC,SPALL,IT,D1,D2,D3,D4
4.40E-6,-9.00,3.00,0.000E+00,1.000E+00,0.000E+00,0.000E+00,0.000E+00
$ D5,C2/P/XNP,EROD,EFMIN,NUMINT
0.000E+00
```

$这是*EOS_004 状态方程，用于定义泰勒杆的状态方程参数。

```
*EOS_GRUNEISEN
$ EOSID,C,S1,S2,S3,GAMAO,A,E0
1,0.394,1.489,0.000E+00,0.000E+00,2.02,0.47,0.000E+00
$ V0
0.000E+00
```

$这是*MAT_020 材料模型，用于定义刚体。

```
*MAT_RIGID
$MID,RO,E,PR,N,COUPLE,M,ALIAS or RE
2,7.85,2.1,0.3
$ CMO,CON1,CON2
1,7,7
$ LCO or A1,A2,A3,V1,V2,V3
```

$ 定义泰勒杆 Part。

```
*PART
$ HEADING

$ PID,SECID,MID,EOSID,HGID,GRAV,ADPOPT,TMID
1,1,1,1,0,0,0
```

$ 定义三维刚体 PART。

```
*PART


2,1,2,0,0,0,0
```

$ 给泰勒杆施加初始撞击速度。

```
*INITIAL_VELOCITY_GENERATION
$ ID,STYP,OMEGA,VX,VY,VZ,IVATN,ICID
1,2,,,, -1.65e-2
$ XC,YC,ZC,NX,NY,NZ,PHASE,IRIGID
```

$ 通过 SEGMENT SET 定义泰勒杆和刚体 PART 之间的接触。

$ 泰勒杆底面为接触从面，刚体 PART 顶面为接触主面。

```
*CONTACT_AUTOMATIC_SURFACE_TO_SURFACE
$ SSID,MSID,SSTYP,MSTYP,SBOXID,MBOXID,SPR,MPR
```

```
1,2,0,0,0,0,0,0
$ FS,FD,DC,VC,VDC,PENCHK,BT,DT
0.0000,0.000,0.000,0.000,0.000,0,0.000,0.1000E+08
$ SFS,SFM,SST,MST,SFST,SFMT,FSF,VSF
1.000,1.000,0.000,0.000,1.000,1.000,1.000,1.000
```

$ 定义时间步长控制参数。

```
*CONTROL_TIMESTEP
$ DTINIT,TSSFAC,ISDO,TSLIMT,DT2MS,LCTM,ERODE,MS1ST
0.0000,0.9000,0,0.00,0.00
```

$ 定义计算结束条件。

```
*CONTROL_TERMINATION
$ ENDTIM,ENDCYC,DTMIN,ENDENG,ENDMAS,NOSOL
300
```

$ 定义二进制时间历程文件 D3THDT 的输出。

```
*DATABASE_BINARY_D3THDT
$ DT/CYCL,LCDT/NR,BEAM,NPLTC,PSETID,CID
0.1
```

$ 定义二进制状态文件 D3PLOT 的输出。

```
*DATABASE_BINARY_D3PLOT
$ DT/CYCL,LCDT/NR,BEAM,NPLTC,PSETID,CID
3.00
```

$ 定义刚性墙力 ASCII 文件 RWFORC 的输出。

```
*DATABASE_RWFORC
$ DT,BINARY,LCUR,IOOPT,OPTION1,OPTION2,OPTION3,OPTION4
0.1
```

$ 为*INCLUDE_TRANSFORM 关键字定义几何变换。

```
*DEFINE_TRANSFORMATION
$ TRANID
1
$ OPTION,A1,A2,A3,A4,A5,A6,A7
SCALE,0.1,0.1,0.1
```

$ 引用*DEFINE_TRANSFORMATION 定义的几何变换，包含泰勒杆网格模型文件。

```
*INCLUDE_TRANSFORM
$ FILENAME
trugrdo
$ IDNOFF,IDEOFF,IDPOFF,IDMOFF,IDSOFF,IDFOFF,IDDOFF

$ IDROFF,PREFIX,SUFFIX

$ FCTMAS,FCTTIM,FCTLEN,FCTTEM,INCOUT1

$ TRANID
1
```

$ *END 表示关键字文件的结束，LS-DYNA 读入时将忽略该语句后的所有内容。

```
*END
```

4.16.5 数值计算结果

计算得到的泰勒杆变形如图 4-41 所示。

还可以通过 LS-PrePost 软件输出接触力，步骤如下：

（1）在右侧工具栏中读入 rcforc 文件（Page 1→ASCII→rcforc*→Load）。

（2）在中间列表框中选择 SI-1:（contact input#　　1）。

（3）在下侧列表框中选择 3-Z-force。

（4）单击 Plot。

接触力曲线如图 4-42 所示。

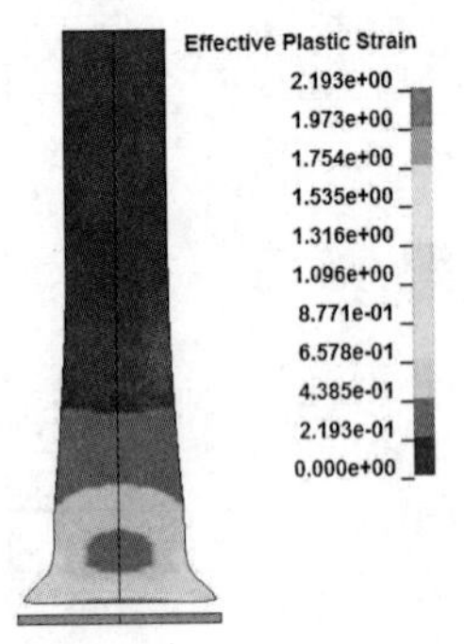

图 4-41　泰勒杆变形

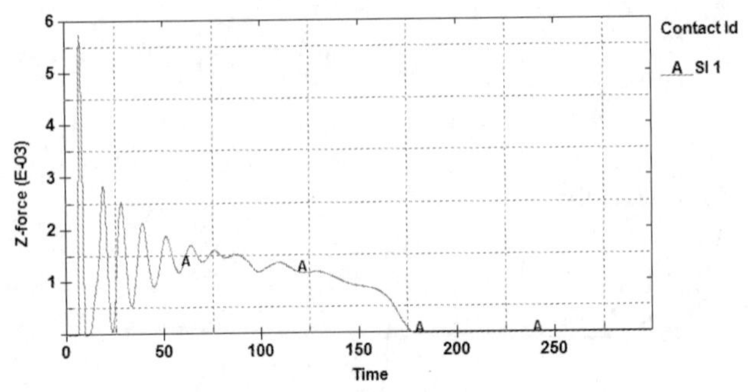

图 4-42　接触力曲线

4.17　泰勒杆和刚体 PART 接触算法二维轴对称计算模型

在这个算例中介绍二维接触定义方法。

4.17.1　*CONTACT_2D_...

*CONTACT_2D_...关键字定义二维接触界面或滑移线，可用于二维实体单元和采用平面应力、平面应变或轴对称算法的壳单元。

下面仅介绍最为常用的*CONTACT_2D_AUTOMATIC 接触。关键字卡片 1 见表 4-30。

表 4-30　关键字卡片 1

Card 1	1	2	3	4	5	6	7	8
Variable	SURFA	SURFB	SFACT	FREQ	FS	FD	DC	
Type	I	I	F	I	F	F	F	
Default	none	↓	1.0	50	0.	0.	0.	

- SURFA：接触从面组 ID。
  - SURFA>0：为 Part 组 ID。
  - SURFA=0：全部模型参与接触。
  - SURFA<0：|SURFA|为节点组 ID。
- SURFB：接触从面组 ID。
  - SURFB>0：为 Part 组 ID。
  - SURFB<0：为节点组 ID。
- SFACT：罚刚度缩放因子。
- FREQ：搜索频率，桶排序间隔的时间步数。对于隐式分析，FREQ=1。
  - FREQ=0：重设为默认值 50。
- FS：静摩擦系数。摩擦系数与接触面间的相对速度 v_{rel} 有关，即

$$u_c = FD + (FS - FD)e^{-DC|v_{rel}|}$$

- FD：动摩擦系数。假定摩擦系数与接触面间的相对速度 v_{rel} 有关，即

$$u_c = FD + (FS - FD)e^{-DC|v_{rel}|}$$

该参数不能用于 MORTAR 接触。

- DC：指数衰减系数。假定摩擦系数与接触面间的相对速度 v_{rel} 有关，即

$$u_c = FD + (FS - FD)e^{-DC|v_{rel}|}$$

该参数不能用于 MORTAR 接触。

关键字卡片 2 见表 4-31。

表 4-31 关键字卡片 2

Card 2	1	2	3	4	5	6	7	8
Variable	TBIRTH	TDEATH	SOA	SOB	NDA	NDB	COF	INIT
Type	F	F	F	F	I	I	I	I
Default	0.0	10^{20}	1.0	1.0	0	0	0	0

- TBIRTH：接触起始时间（该时刻激活接触）。
- TDEATH：接触终止时间（该时刻禁用接触）。
- SOA：距中线的面偏移量，用于 SURFA 面的二维壳单元。
  - SOA=0.0：重设为默认为 1.0。
  - SOA>0.0：实际厚度的缩放因子。
  - SOA<0.0：其绝对值用作偏移量。
- SOB：距中线的面偏移量，用于 SURFB 面的二维壳单元。
  - SOB=0.0：重设为默认为 1.0。
  - SOB>0.0：实际厚度的缩放因子。
  - SOB<0.0：其绝对值用作偏移量。
- NDA：SURFA 面二维壳单元的法向标志。
  - NDA=0：自动确定法向。
  - NDA=1：正方向为法向。
  - NDA=-1：负方向为法向。
- NDB：SURFB 面二维壳单元的法向标志。
  - NDB=0：自动确定法向。
  - NDB=1：正方向为法向。
  - NDB=-1：负方向为法向。
- COF：冲压成型隐式接触的开/关标志。该参数不能用于 MORTAR 接触。
  - COF=0：推荐用于间隙关闭时的大部分问题。
  - COF=1：推荐用于间隙打开时的问题，以避免粘连。
- INIT：初始化阶段的特殊处理。
  - INIT=0：不做特殊处理。
  - INIT=1：成型选项。

4.17.2 计算模型概况

在该算例中，刚性墙不再采用*RIGIDWALL_PLANAR 定义，而是采用刚体 PART，其材料模型为*MAT_RIGID。

泰勒杆和刚性墙之间通过关键字*CONTACT_2D_AUTOMATIC 定义接触关系。定义接触

时，SURFA 面包含全部模型，从而不用定义 SURFB 面。

采用二维轴对称模型，计算单位制采用 cm-g-μs。计算模型如图 4-43 所示。

图 4-43　计算模型

4.17.3　TrueGrid 建模

TrueGrid 建模长度单位采用 mm，相关命令流如下：

```
mate 1                                  c 为泰勒杆指定材料号（LS-DYNA PART 号）
block 1 10 11;1 141;-1;0 4.5 5;0 70.0;0 c 创建泰勒杆 PART
endpart                                 c 结束当前 Part 命令
mate 2                                  c 为刚体 PART 指定材料号（LS-DYNA PART 号）
block 1 11;1 2;-1;0 10;-2 -1;0          c 创建刚体 PART
endpart                                 c 结束当前 Part 命令
merge                                   c 进入 merge 阶段，合并 Part
lsdyna keyword                          c 声明要为 LS-DYNA 软件输出关键字格式文件
write                                   c 输出网格模型文件
```

4.17.4　关键字文件讲解

下面讲解相关的 LS-DYNA 关键字文件。关键字输入文件有 2 个：计算模型参数主控文件 main.k 和网格模型文件 trugrdo。其中 main.k 中的内容及相关讲解如下。

$ 首行*KEYWORD 表示输入文件采用的是关键字输入格式。

```
*KEYWORD
```

$ 设置分析作业标题。

```
*TITLE
Tayler Impact
```

$ 为二进制结果文件定义输出格式。

```
*DATABASE_FORMAT
$ IFORM,IBINARY
0
```

$ 定义面积加权轴对称单元算法。

```
*SECTION_SHELL
$ SECID,ELFORM,SHRF,NIP,PROPT,QR/IRID,ICOMP,SETYP
1,14,0.833,5.0
$ T1,T2,T3,T4,NLOC,MAREA,IDOF,EDGSET
0.00,0.00,0.00,0.00,0.00
```

$ 这是*MAT_015 材料模型，用于定义泰勒杆材料模型参数。

```
*MAT_JOHNSON_COOK
$ MID,RO,G,E,PR,DTF,VP,RATEOP
1,8.94,0.6074,1.64,0.350,0.000E+00,1
$ A,B,N,C,M,TM,TR,EPS0
```

```
1.4954E-3,3.0536E-3,0.096,0.034,1.09,1083,288.,5.000E-04
$ CP,PC,SPALL,IT,D1,D2,D3,D4
4.40E-6,-9.00,3.00,0.000E+00,1.000E+00,0.000E+00,0.000E+00,0.000E+00
$ D5,C2/P/XNP,EROD,EFMIN,NUMINT
0.000E+00
```

$这是*EOS_004 状态方程，用于定义泰勒杆的状态方程参数。

```
*EOS_GRUNEISEN
$ EOSID,C,S1,S2,S3,GAMAO,A,E0
1,0.394,1.489,0.000E+00,0.000E+00,2.02,0.47,0.000E+00
$ V0
0.000E+00
```

$这是*MAT_020 材料模型，用于定义刚体。

```
*MAT_RIGID
$MID,RO,E,PR,N,COUPLE,M,ALIAS or RE
2,7.85,2.1,0.3
$ CMO,CON1,CON2
1,7,7
$ LCO or A1,A2,A3,V1,V2,V3
```

$ 定义泰勒杆 Part。

```
*PART
$ HEADING

$ PID,SECID,MID,EOSID,HGID,GRAV,ADPOPT,TMID
1,1,1,1,0,0,0
```

$ 定义刚性墙 Part。

```
*PART
$ HEADING

$ PID,SECID,MID,EOSID,HGID,GRAV,ADPOPT,TMID
2,1,2,0,0,0,0
```

$ 给泰勒杆施加初始撞击速度。

```
*INITIAL_VELOCITY_GENERATION
$ ID,STYP,OMEGA,VX,VY,VZ,IVATN,ICID
1,2,,,-0.0165
$ XC,YC,ZC,NX,NY,NZ,PHASE,IRIGID
```

$ 定义二维自动接触。

```
*CONTACT_2D_AUTOMATIC
$ SURFA,SURFB,SFACT,FREQ,FS,FD,DC
,,1
$ TBIRTH,TDEATH,SOA,SOB,NDA,NDB,COF,INIT
```

$ 定义时间步长控制参数。

```
*CONTROL_TIMESTEP
$ DTINIT,TSSFAC,ISDO,TSLIMT,DT2MS,LCTM,ERODE,MS1ST
0.0000,0.5000,0,0.00,0.00
```

$ 定义计算结束条件。

```
*CONTROL_TERMINATION
$ ENDTIM,ENDCYC,DTMIN,ENDENG,ENDMAS,NOSOL
300
```

$ 定义二进制时间历程文件 D3THDT 的输出。

```
*DATABASE_BINARY_D3THDT
$ DT/CYCL,LCDT/NR,BEAM,NPLTC,PSETID,CID
0.1
```

$ 定义二进制状态文件 D3PLOT 的输出。

```
*DATABASE_BINARY_D3PLOT
$ DT/CYCL,LCDT/NR,BEAM,NPLTC,PSETID,CID
3.00
```

$ 为*INCLUDE_TRANSFORM 关键字定义几何变换。

```
*DEFINE_TRANSFORMATION
$ TRANID
1
$ OPTION,A1,A2,A3,A4,A5,A6,A7
SCALE,0.1,0.1,0.1
```

$ 引用*DEFINE_TRANSFORMATION 定义的几何变换，包含泰勒杆网格模型文件。

```
*INCLUDE_TRANSFORM
$ FILENAME
trugrdo
$ IDNOFF,IDEOFF,IDPOFF,IDMOFF,IDSOFF,IDFOFF,IDDOFF

$ IDROFF,PREFIX,SUFFIX

$ FCTMAS,FCTTIM,FCTLEN,FCTTEM,INCOUT1

$ TRANID
1
```

$ *END 表示关键字文件的结束，LS-DYNA 读入时将忽略该语句后的所有内容。

```
*END
```

4.17.5 数值计算结果

计算得到的泰勒杆变形如图 4-44 所示。

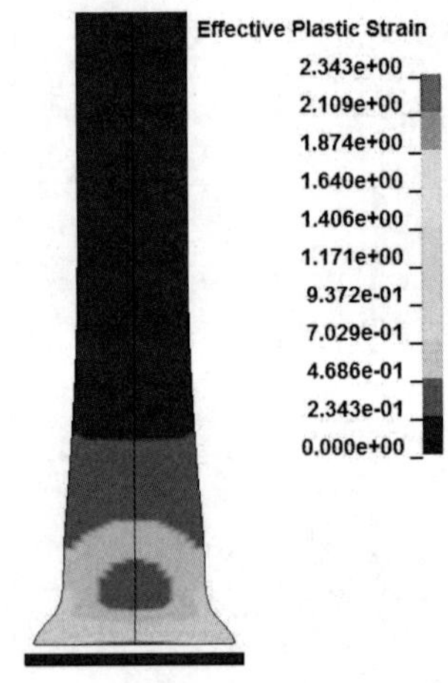

图 4-44　泰勒杆变形

4.18 SPG 单元算法三维 1/4 对称计算模型

本算例主要介绍 SPG 单元算法的使用方法。

长期以来，固体材料大变形和破坏行为的分析一直是业界的难点，在加工制造、冲击和穿甲等实际应用中这个问题尤为明显。在传统的有限元框架下，最常用的方法是基于连续介质破坏模型预测材料破坏行为以及使用单元删除避免数值求解困难，这样的处理带来很多的问题，包括质量、动量和能量无法守恒，计算结果受单元分布和尺寸影响很大，数值收敛性差等。这些传统方法的应用局限和工业界的普遍需求之间的矛盾极大地推动了过去数十年各种新型数值方法的创新和发展。ANSYS LST 的研发团队一直致力于将最新的研究成果应用于工程实践，目前开发了基于多种先进有限元和无网格法的求解模块，主要包含光滑粒子迦辽金法（SPG）、键型近场动力学法（Bond-based Peridynamics）以及扩展有限元法（eXtended FEM，XFEM）等，其中 SPG 算法是 LS-DYNA（自 R9.0 始）所独有的，且计算精度很高。

4.18.1　SPG 算法基础

由 C.T.Wu 博士主持开发的光滑粒子迦辽金算法（Smoothed Particle Galerkin，SPG）是一种无网格方法，在处理大变形问题时计算时间步长不会突然下降，目前有 SMP 和 MPP 版本。与 EFG 算法相比，它不需要背景网格。推荐采用 LS-DYNA 双精度求解器。SPG 与 SPH 方法的异同点见表 4-32。

表 4-32　SPG 与 SPH 方法的异同点

SPG	SPH
显式和隐式（ISPG） 迦辽金法 准确度高，效率低	显式和隐式（ISPH） 配点法 效率高，准确度低
很容易与 FEM 耦合	难以与 FEM 耦合
从低速到高速问题	高速问题
碰撞/侵彻 汽车碰撞、机械制造 可压缩/不可压缩流 处理材料失效	碰撞/侵彻 固体和流体 可压缩流和弱不可压缩流 处理自由液面流动
3D	2D 和 3D
比 SPH 稳定 自接触、无伪损伤生长 热、浸入式耦合	拉伸不稳定性、低能模式、自愈、材料融合、热

4.18.1.1　*SECTION_SOLID_SPG 关键字

SPG 粒子算法通过*SECTION_SOLID_SPG 关键字卡片定义。*SECTION_SOLID_SPG 关键字卡片 1 见表 4-33。

表 4-33　*SECTION_SOLID_SPG 关键字卡片 1

Card 1	1	2	3	4	5	6	7	8
Variable	SECID	ELFORM	AET					
Type	I/A	I	I					

- SECID：单元/粒子属性（算法）ID。SECID 由*PART 引用，可为数字或字符，ID 必须唯一。
- ELFORM：定义 SPG 单元/粒子算法，对于 SPG 粒子，ELFORM=47。
- AET：环境单元类型。

*SECTION_SOLID_SPG 关键字卡片 2 见表 4-34。

表 4-34　*SECTION_SOLID_SPG 关键字卡片 2

Card 2	1	2	3	4	5	6	7	8
Variable	DX	DY	DZ	ISPLINE	KERNEL		SMSTEP	MSC
Type	F	F	F	I	I		I	F
Default	↓	↓	↓	0	0		↓	0

- DX、DY、DZ：核函数在 x、y、z 方向的归一化支撑尺寸，即节点影响域，用于在构建无网格形函数时提供光滑性和紧支性。节点影响域的大小由该节点附近单元尺寸和输入的系数 DX、DY、DZ 来决定。对于非均布网格，各节点影响域的大小受各自网格密度影响。相对 EFG 法，SPG 要求较大的节点影响域。该值不得小于 1.0，推荐值为 1.4～1.8。该值越大计算成本越高，也易于出现收敛困难问题。其默认值取决于 KERNEL 的取值。

> 对于以拉伸为主的问题 KERNEL=0，DX、DY、DZ 默认值为 1.6。
> 对于制造问题 KERNEL=1，DX、DY、DZ 默认值为 1.8。
> 对于高速变形问题 KERNEL=2，DX、DY、DZ 默认值为 1.5。

- ISPLINE：核函数的样条函数类型。

> ISPLINE=0：带有立方体支撑域的三次样条函数（默认）。
> ISPLINE=1：带有立方体支撑域的二次样条函数。
> ISPLINE=2：球形支撑域三次样条函数。

- KERNEL：核支撑域的更新机制。

> KERNEL=0：更新 Lagrangian 核函数。适用于进行失效和非失效分析、拉伸为主的问题。可用于橡胶和泡沫材料的压缩变形、金属剪切和铆接等领域。
> KERNEL=1：Eulerian 核函数。适用于进行失效分析、大变形和极大变形分析、全局响应分析。可用于金属剪切、切削、磨削、自冲铆、铆接、内爆等领域。传统的欧拉型影响域大小在空间不变，材料变形时容易导致所谓的拉伸不稳定问题，进而发生数值而非物理的“材料分离”，严重影响固体材料真实破坏情况的预测分析。SPG 的欧拉型影响域会根据材料变形进行调整，保证材料破坏发生时基于物理模型而非数值“分离”。
> KERNEL=2：伪 Lagrangian 核函数。适用于进行失效分析、极大变形分析、局部响应分析。可用于碰撞侵彻、金属切削、磨削、加工等领域。

- SMSTEP：核函数更新间隔的时间步。SPG 通过数值光滑避免基于节点积分的数值震荡，同时通过更新核函数影响域提高对材料大变形和破坏分析的能力。

> 对于以拉伸为主的失效分析，当 KERNEL=0 时默认值为 15。
> 对于全局响应问题如钻孔、铆接和冲压，当 KERNEL=1 时默认值为 5。
> 对于局部响应问题如碰撞侵彻和金属加工，当 KERNEL=2 时默认值为 30。

- MSC：光滑模式，仅用于动量一致 SPG，即 MCSPG，此时 ITB=3。

> MSC=0：常规光滑模式。
> MSC=1：用于低速变形问题的新光滑模式，与常规光滑模式相比，能更好地控制低能模式。

*SECTION_SOLID_SPG 关键字可选卡片 3 见表 4-35。

表 4-35 *SECTION_SOLID_SPG 关键字可选卡片 3

Card 3	1	2	3	4	5	6	7	8
Variable	IDAM	FS	STRETCH	ITB	MSFAC	ISC	BOXID	PDAMP
Type	I	F	F	I	F	I	I	F
Default	1	10^{10}	↓	↓	↓	0	0	-0.001

- IDAM：键失效机制选项。

> IDAM=1：有效塑性应变（唯象应变损伤），这是默认选项。
> IDAM=2：最大主应力。
> IDAM=3：最大剪应变。
> IDAM=4：最小主应变（必须输入正值）。
> IDAM=5：有效塑性应变+最大剪应变。
> IDAM=7：蜂窝材料（只能采用*MAT_126 材料模型）的各向异性损伤，建议与 ITB=3 一起使用。这是 R13 才加入的功能。
> IDAM=11：脆性材料失效的预损伤模型（带有裂纹扩展），包含键失效和应力弱化，建议与 ITB=3 一起使用。
> IDAM=13：延性材料失效的预损伤模型，包含应力弱化，但没有键失效，建议与 ITB=3 一起使用。

- FS：激活 IDAM 键失效机制的临界阈值。默认值为 10^{10}，表示不发生失效。
  对于*MAT_003 和*MAT_024，材料卡片上的 FS 会覆盖此值。如果定义了这些材料模型卡片上的 FS，阈值达到后，不仅发生键失效，应力也会置零。如果仅在此处定义 FS，键失效时应力不会置零。
- STRETCH：键接的两个节点在键失效时的临界相对变形（相对伸长或压缩比）。
- ITB：稳定指示器。

> ITB=1：流体粒子近似（准确但慢）。通常与 KERNEL=0 或 1 一起使用，ITB=1 很少与伪 Lagrangian 核函数一起用。用于冲压、切削、钻孔、自攻螺接、铆接、内爆。
> ITB=2：简化流体粒子近似（高效稳健）。ITB=2 通常与 KERNEL=2 一起使用，常用于碰撞侵彻和机加。
> ITB=3：动量一致性光滑质点迦辽金无网格法（Momentum Consistent SPG，MCSPG），可用于大变形、拉伸为主的问题，还可用于热固耦合分析。建议与 KERNEL=1 一起使用。

- MSFAC：表面节点的正交因子，以抑制薄结构中的剪切锁定，仅用于 ITB=3 的动量一致 SPG（MCSPG）。建议使用最新的 R13 以上版本（包括 Beta 版本）。常规实体结构的默认值为 1.00，而薄结构的默认值为 0.75。
- ISC：自接触指示器。

> ISC=0：不考虑自接触。
> ISC>0：在同一 PART 的键失效粒子之间考虑自接触。通常取为材料杨氏模量的 0.01～0.1 倍，这对于碰撞侵彻分析很重要，可避免自渗透和材料融合（自愈），目前仅有 SMP 版本。

- BOXID：定义活动 SPG 粒子区域的方盒 ID，超出此区域的粒子看作刚体，SPG 计算不再考虑，粒子自由运动。
- PDAMP：粒子间的阻尼系数，仅用于 ITB=3 的动量一致 SPG（MCSPG）。建议 PDAMP 取值范围为-0.01～-0.001，建议不要采用正值。

4.18.1.2 SPG 算法中的耦合和接触

SPG 算法支持耦合作用，可以通过*CONSTRAINED_IMMERSED_IN_SPG 等关键字将钢筋耦合在 SPG 混凝土中，模拟钢筋与混凝土之间的粘结关系。

SPG 粒子可与 FEM 面通过*CONTACT_[AUTOMATIC_]NODES_TO_SURFACE 建立接触关系，其中 SPG 粒子为从面，FEM 面为主面（非失效）。这种接触方式也可用于两个不同的 SPG PART。需要注意的是：

（1）从面最好定义为节点组，而不是 PART 或 PART 组。

（2）使用可选卡片 A 的 SOFT=1 选项。

（3）对于可变形的主面（可能为曲面或变形为曲面），使用可选卡片 A 的 SBOPT=5 选项，这对机加应用很重要，因为涉及很多曲面刀具。

也可采用*CONTACT_[AUTOMATIC_]SURFACE_TO_SURFACE，其中必须使用 SOFT=2 选项。

此外，还有基于粒子的接触：*CONTACT_SPG 和*CONTACT_SPG_SPH。

4.18.1.3 SPG 算法中的失效

SPG 算法通过键失效模拟材料破坏，采用*SECTION_SOLID_SPG 关键字中的 IDAM、FS、STRETCH 以及材料模型中的失效参数、*MAT_ADD_EROSION 实现。SPG 计算结果如侵深、剩余速度等对失效准则、网格划分不是特别敏感。SPG 算法中键失效准则见表 4-36。

表 4-36 SPG 算法中键失效准则

IDAM	准则	FS	STRETCH	备注
1	有效塑性应变	临界塑性应变	相对伸长	拉伸为主，无超大应变
2	第一主应力	临界应力	相对伸长	拉伸为主，无超大应变
3	最大剪应变	临界应变	相对伸长或压缩	剪切为主，无超大应变
4	第三主应变	临界应变	相对伸长或压缩	压缩为主，无超大应变
5	塑性应变+最大剪应变	临界塑性应变	最大剪应变	剪切为主，无超大应变

SPG 失效与 FEM 失效的对比见表 4-37。

表 4-37 SPG 失效与 FEM 失效的对比

对比量	FEM 失效	SPG 失效
准则	有效塑性应变 *MAT_ADD_EROSION 附加失效 网格相关	有效塑性应变 *MAT_ADD_EROSION 附加失效 网格依赖性低
失效后	零应力 可能删除单元	正常的应力/应变演化 不用删除单元的键失效
动量	不守恒	守恒
质量	可能不守恒	守恒
力	低估	物理的

4.18.2 计算模型概况

采用 LS-DYNA 双精度求解器中的 SPG 算法和三维 1/4 对称模型，计算单位制为 cm-g-μs。

4.18.3 TrueGrid 建模

泰勒杆的 TrueGrid 建模命令流与 4.3.3 节相同。

4.18.4 关键字文件讲解

下面讲解相关的 LS-DYNA 关键字文件。关键字输入文件有 2 个：计算模型参数主控文件 main.k 和网格模型文件 trugrdo。其中 main.k 中的内容及相关讲解如下。

$ 首行*KEYWORD 表示输入文件采用的是关键字输入格式。

```
*KEYWORD
```

$ 为二进制结果文件定义输出格式。

```
*DATABASE_FORMAT
$ IFORM,IBINARY
0
```

$ 定义 SPG 单元算法，ELFORM=47。

```
*SECTION_SOLID_SPG
$ SECID,ELFORM,AET
1,47
$dx,dy,dz,ispline, KERNEL,lscale,smstep,swtime
1.6,1.6,1.6
$idam,fs,stretch,itb,,isc
1,2.5
```

$ 这是*MAT_015 材料模型，用于定义泰勒杆材料模型参数。

```
*MAT_JOHNSON_COOK
$ MID,RO,G,E,PR,DTF,VP,RATEOP
1,8.94,0.6074,1.64,0.350,0.000E+00,1
$ A,B,N,C,M,TM,TR,EPS0
1.4954E-3,3.0536E-3,0.096,0.034,1.09,1083,288.,5.000E-04
$ CP,PC,SPALL,IT,D1,D2,D3,D4
4.40E-6,-9.00,3.00,0.000E+00,1.000E+00,0.000E+00,0.000E+00,0.000E+00
$ D5,C2/P/XNP,EROD,EFMIN,NUMINT
```

0.000E+00

$ 这是*EOS_004 状态方程，用于定义泰勒杆的状态方程参数。

```
*EOS_GRUNEISEN
$ EOSID,C,S1,S2,S3,GAMAO,A,E0
1,0.394,1.489,0.000E+00,0.000E+00,2.02,0.47,0.000E+00
$ V0
0.000E+00
```

$ 定义泰勒杆 Part。

```
*PART
$ HEADING

$ PID,SECID,MID,EOSID,HGID,GRAV,ADPOPT,TMID
1,1,1,1,0,0,0
```

$ 给泰勒杆施加初始撞击速度。

```
*INITIAL_VELOCITY_GENERATION
$ ID,STYP,OMEGA,VX,VY,VZ,IVATN,ICID
1,2,,,, -1.65e-2
$ XC,YC,ZC,NX,NY,NZ,PHASE,IRIGID

```

$ 定义刚性墙。

```
*RIGIDWALL_PLANAR
$ NSID,NSIDEX,BOXID,OFFSET,BIRTH,DEATH,RWKSF
```

```
0,
$ XT,YT,ZT,XH,YH,ZH,FRIC,WVEL
0,0,-0.1,0,0,1
```

$ 定义时间步长控制参数。

```
*CONTROL_TIMESTEP
$ DTINIT,TSSFAC,ISDO,TSLIMT,DT2MS,LCTM,ERODE,MS1ST
0.0000,0.5000,0,0.00,0.00
```

$ 定义计算结束条件。

```
*CONTROL_TERMINATION
$ ENDTIM,ENDCYC,DTMIN,ENDENG,ENDMAS,NOSOL
300
```

$ 定义二进制时间历程文件 D3THDT 的输出。

```
*DATABASE_BINARY_D3THDT
$ DT/CYCL,LCDT/NR,BEAM,NPLTC,PSETID,CID
0.1
```

$ 定义二进制状态文件 D3PLOT 的输出。

```
*DATABASE_BINARY_D3PLOT
$ DT/CYCL,LCDT/NR,BEAM,NPLTC,PSETID,CID
3.00
```

$ 定义刚性墙力 ASCII 文件 RWFORC 的输出。

```
*DATABASE_RWFORC
$ DT,BINARY,LCUR,IOOPT,OPTION1,OPTION2,OPTION3,OPTION4
0.1
```

$ 为*INCLUDE_TRANSFORM 关键字定义几何变换。

```
*DEFINE_TRANSFORMATION
$ TRANID
1
$ OPTION,A1,A2,A3,A4,A5,A6,A7
SCALE,0.1,0.1,0.1
```

$ 引用*DEFINE_TRANSFORMATION 定义的几何变换，包含泰勒杆网格模型文件。

```
*INCLUDE_TRANSFORM
$ FILENAME
trugrdo
$ IDNOFF,IDEOFF,IDPOFF,IDMOFF,IDSOFF,IDFOFF,IDDOFF

$ IDROFF,PREFIX,SUFFIX

$ FCTMAS,FCTTIM,FCTLEN,FCTTEM,INCOUT1

$ TRANID
1
```

$ *END 表示关键字文件的结束，LS-DYNA 读入时将忽略该语句后的所有内容。

```
*END
```

4.18.5 数值计算结果

在 LS-PrePost 新界面中按如下操作步骤显示 SPG 粒子：

（1）打开上面菜单栏 Settings→General settings。

（2）在 General settings 中，选择 SPH/Particle，并设置合适的 Radius 和 Divs。

（3）在 General settings 中，选择 Smooth 为 Style，并勾选 Fixed Radius，然后单击 Apply。

（4）单击右侧工具栏中的 Model and Part Appearance。

（5）在 Appearance 中，勾选 Sphere，然后拾取目标 PART，被选中 PART 的显示会由网格变成粒子形式。

计算得到的泰勒杆变形如图 4-45 所示。

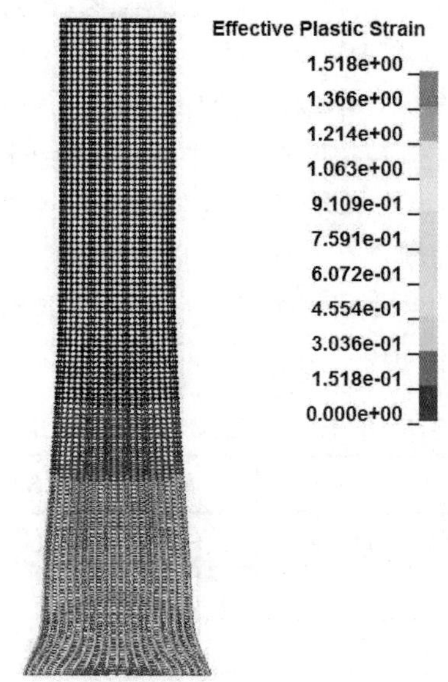

图 4-45　以球体粒子模式显示泰勒杆变形

4.19　多物质 ALE 流-固耦合算法三维 1/4 对称计算模型

在这个算例中，将介绍三维多物质 ALE 流-固耦合算法的使用方法。

流-固耦合（Fluid-Structure Interaction，FSI）算法用于定义流体和结构之间的相互作用，类似于 Lagrangian 单元之间采用的接触算法。

在 LS-DYNA 中有多种流-固耦合算法，例如：①ALE 流-固耦合；②S-ALE 流-固耦合；③ICFD 流-固耦合；④CESE 流-固耦合；⑤DUALCESE 流-固耦合。其中 S-ALE 流-固耦合、ICFD 流-固耦合、CESE 流-固耦合和 DUALCESE 流-固耦合均是 LS-DYNA 新增算法，传统上的流-固耦合指的是 ALE 流-固耦合，在本节的泰勒杆计算中，将用到这种算法。

4.19.1　ALE 流-固耦合算法

在 ALE 流-固耦合算法中，流体单元采用 ALE 算法，结构单元采用 Lagrangian 算法，流体给结构施加压力载荷，而结构则相当于流体的边界条件，用于约束流体的运动。

对于采用流-固耦合算法的计算模型，流体和结构在空间上通常不共节点。极个别情况下，流体和结构交界面处可以共节点，这时不必再采用流-固耦合算法，不过这种用法已被废弃。

LS-DYNA 软件中的 ALE 流-固耦合算法可以与拉格朗日结构、SPH、SPG、DEM 等模块耦合，还可与热学模块进行显式-隐式耦合，可应用于液体晃动、水箱跌落、轮胎打滑、结构入水、鸟撞、聚能装药破甲、空中和水中爆炸毁伤、金属锻造和切削等领域。

LS-DYNA 软件中有多个关键字用于定义 ALE 流-固耦合作用，如最常用的*CONSTRAINED_LAGRANGE_IN_SOLID，新增的*ALE_FSI_PROJECTION、*ALE_COUPLING_NODAL_CONSTRAINT、*ALE_COUPLING_NODAL_DRAG、*ALE_COUPLING_NODAL_PENALTY、*ALE_COUPLING_RIGID_BODY、*ALE_STRUCTURED_FSI 等。由于*CONSTRAINED_LAGRANGE_IN_SOLID 关键字最为常用，下面仅介绍该关键字的用法。

*CONSTRAINED_LAGRANGE_IN_SOLID 中的耦合算法分为两种：罚耦合和运动约束。前者遵循能量守恒，在流-固耦合计算中较为常用；后者遵循动量守恒，常用于将小构件如钢筋耦合在大尺寸的 Lagrangian 结构（如混凝土）中，而在流-固耦合计算中很少采用。流-固耦合时一般令结构网格较流体网格更密（即结构网格尺寸更小），以保证界面不出现泄漏，否则可以增大 NQUAD 参数值来增加耦合点。在 970 以上版本中，此命令第三行又增加了一个泄漏控制字段 ILEAK=0、1 或 2，一般可设置为 1。*CONSTRAINED_LAGRANGE_IN_SOLID 关键字卡片 1～3 见表 4-38～表 4-40。

表 4-38　*CONSTRAINED_LAGRANGE_IN_SOLID 关键字卡片 1

Card 1	1	2	3	4	5	6	7	8
Variable	LSTRSID	ALESID	LSTRSTYP	ALESTYP	NQUAD	CTYPE	DIREC	MCOUP
Type	I	I	I	I	I	I	I	I
Default	none	none	0	0	0	2	1	0

表 4-39　*CONSTRAINED_LAGRANGE_IN_SOLID 关键字卡片 2

Card 2	1	2	3	4	5	6	7	8
Variable	START	END	PFAC	FRIC	FRCMIN	NORM	NORMTYP	DAMP
Type	F	F	F	F	F	I	I	F
Default	0	1.0E10	0.1	0.0	0.5	0	0	0.0

表 4-40　*CONSTRAINED_LAGRANGE_IN_SOLID 关键字卡片 3

Card 3	1	2	3	4	5	6	7	8
Variable	K	HMIN	HMAX	ILEAK	PLEAK	LCIDPOR	NVENT	IBLOCK
Type	F	F	F	I	F	I	I	I
Default	0.0	none	none	0	0.1	0	0	0

- LSTRSID：定义 Lagrangian 结构 Part、Part 组或面段组的 ID。
- ALESID：定义 ALE 实体单元的 Part 或 Part 组。
- LSTRSTYP：LSTRSID 组类型。
  - LSTRSTYP=0：Part 组 ID (PSID)。
  - LSTRSTYP=1：Part ID (PID)。
  - LSTRSTYP=2：面段组 ID (SGSID)。
- ALESTYP：ALESID 组类型。
  - ALESTYP=0：Part 组 ID (PSID)。
  - ALESTYP=1：Part ID (PID)。
- NQUAD：每一被耦合 Lagrangian 面片上分布的耦合点数。

- NQUAD=0：被重设为默认值 2。
- NQUAD>0：每一被耦合 Lagrangian 面片上有 NQUAD×NQUAD 个耦合点。
- NQUAD<0：被重设为正值。在节点耦合已被废止。

- CTYPE：流-固耦合方法。约束耦合方法（CTYPE=1、2、3）不支持 MPP。
  - CTYPE=1：约束加速度。
  - CTYPE=2：约束加速度和速度（默认选项）。
  - CTYPE=3：仅在法向约束加速度和速度。
  - CTYPE=4：用于壳单元（带或不带失效）和实体单元（不带失效）的罚耦合方法。对于耦合刚体，必须采用 CTYPE=4。
  - CTYPE=5：Lagrangian 实体单元和厚壳单元中可带失效的罚耦合方法。
  - CTYPE=6：专门用于安全气囊建模的罚耦合方法，可内部自动控制 DIREC 参数。其相当于对于未折叠的区域，设置 CTYPE=4 和 DIREC=1，而对于折叠的区域，设置 CTYPE=4 和 DIREC=2。对于上述两种情况，均须设置 ILEAK=2 和 FRCMIN=0.3。
  - CTYPE=11：用于将 Lagrangian 渗流壳单元耦合到 ALE 材料中。采用此选项时，须定义可选卡片 4a 中的第 7 个参数 THKF 和可选卡片 4b 中的前 2 个参数。
  - CTYPE=12：用于将 Lagrangian 渗流实体单元耦合到 ALE 材料中。采用此选项时，须定义可选卡片 4b 中的参数 A*i* 和 B*i*（同时必须定义可选卡片 4a，全部参数留空即可）。

- DIREC：对于 CTYPE=4、5 或 6，DIREC 是耦合方向。
  - DIREC=1：法向，考虑压缩和拉伸（默认选项）。
  - DIREC=2：法向，仅考虑压缩。
  - DIREC=3：所有方向。

  对于 CTYPE=12，DIREC 是激活单元坐标系的标志。
  - DIREC=0：在全局坐标系中施加力。
  - DIREC=1：在附着于 Lagrangian 实体单元的局部坐标系中施加力，并与*LOAD_BODY_POROUS 中的 AOPT=1 保持一致。

- MCOUP：CTYPE=4、5、6、11 或 12 时的多物质选项。
  - MCOUP=0：与全部多物质组耦合。
  - MCOUP=1：与最高密度物质耦合。
  - MCOUP<0：MCOUP 必须为整数，|MCOUP|为 ALE 多物质组集，参见*SET_MULTI-MATERIAL_GROUP。

- START：耦合开始时间。
- END：耦合结束时间。如果 END<0，则在动力松弛阶段关闭耦合，动力松弛阶段结束后，其绝对值作为耦合结束时间。
- PFAC：对于 CTYPE=4、5 或 6，PFAC 是罚因子，是耦合系统预估刚度的缩放因子，用于计算分布在从 Part 和主 Part 之间的耦合力。
  - PFAC>0：预估临界刚度的缩放因子。
  - PFAC<0：PFAC 须为整数，|PFAC|是加载曲线 ID，此曲线用于定义耦合压力（X 轴为渗透量，Y 轴为耦合压力）。

  对于 CTYPE=11 或 12，PFAC 是时间步长缩放因子。
- FRIC：摩擦系数，仅用于 DIREC=1 和 2 时。
- FRCMIN：用于在一个多物质 ALE 单元中激活耦合的多物质组 AMMG 或流体的最小体积分数，默认值为 0.5。减小 FRCMIN（通常在 0.1 和 0.3 之间）会更早激活耦合，适用于在高速碰撞情况下避免耦合泄漏。
- NORM：Lagrangian 面段只能单面耦合于流体，NORM 决定了具体哪一面耦合于流体。要确保全部法向指向流体内部，否则就需要改变 NORM 的参数或修改法向。
  - NORM=0：在 Lagrangian 面段法向头部耦合于流体（AMMG）。
  - NORM=1：在 Lagrangian 面段法向尾部耦合于流体（AMMG）。
- NORMTYP：罚耦合弹簧（或力）方向（DIREC=1 或 2 时）。
  - NORMTYP=0：通过节点法向插值获得法线方向（默认选项）。

- NORMTYP=1：通过面段法向插值获得法线方向，有时这种方法对于 Lagrangian 尖角和折叠更为稳健。

- DAMP：罚耦合的阻尼因子。这是耦合阻尼缩放系数，通常在 0.0 和 1.0 之间。
- K：Lagrangian 结构面和 ALE 物质之间虚拟流体的热传导系数。
- HMIN：其绝对值是热传递的最小空气隙，h_{min}。

- HMIN<0：打开 LAG 结构和 ALE 流体之间的基于约束的热节点耦合。
- HMIN≥0：最小空气隙，如果 HMIN=0，则被重设为 1.0E-6。

- HMAX：热传递的最大空气隙，h_{max}，大于此值时，没有传热发生。
- ILEAK：耦合泄漏控制标志。

- ILEAK=0：没有控制（默认值）。
- ILEAK=1：弱耦合控制，如果渗透的体积分数>FRCMIN+0.2 就关闭泄漏控制。
- ILEAK=2：强耦合控制，改进了能量控制，如果渗透的体积分数>FRCMIN+0.4 就关闭泄漏控制。

- PLEAK：泄漏控制罚因子，推荐 0<PLEAK<0.2。该因子影响用于阻止泄漏的附加耦合力大小，概念上与 PFAC 类似，通常 0.1 就足够。
- LCIDPOR：用于渗流控制。

- LCIDPOR>0：载荷曲线 ID（LCID）定义了通过被耦合段的渗流。

$$横坐标=x=(P_{up}-P_{down})$$

$$纵坐标=y=渗流相对速度$$

- LCIDPOR<0：渗流由*MAT_FABRIC 中的参数 FLC、FAC 和 ELA 控制。

- NVENT：定义的出口数量。
- IBLOCK：用于控制 ALE 计算时 Lagrangian 接触对出口（或渗流）的阻挡。

经验和建议：由于*CONSTRAINED_LAGRANGE_IN_SOLID 关键字卡片较为复杂，在这里给出了一些关于简单、高效和稳健耦合方法的建议。这些只是一些建模经验，而不是硬性指导。

（1）定义（流体和结构）。流体/结构相互作用（FSI）中的术语“流体”是指具有 ALE 单元算法的材料，而不是指那些材料的相（固体、液体或气体）。事实上，固体、液体和气体都可以通过 ALE 算法来模拟。“结构”是指具有拉格朗日单元算法的材料。

（2）默认值（CTYPE 和 MCOUP）。通常，推荐使用罚耦合（CTYPE=4 或 5），建议采用 MCOUP=负整数定义与拉格朗日面耦合的特定 ALE 多材料组集（AMMG）。至少要定义卡片 1 上的所有参数，建议初始计算中其他大多数参数采用默认值（MCOUP 除外）。

（3）如何纠正泄漏。如果有泄漏，PFAC、FRCMIN、NORMTYPE 和 ILEAK 是可以调整的 4 个参数。

1）对于坚硬的结构（如钢）和压缩性很大的流体（如空气），PFAC 可以设置为 0.1（或更高），PFAC=常数值。

2）接下来，保持 PFAC=常数，并设置 PFACMM=3（可选卡片 4a）。该选项通过 Lagrangian 结构的体积模量来缩放罚因子。这种新方法对于某些安全气囊算例很有效果。

3）下一种方法是从常数 PFAC 切换到加载曲线方法（即 PFAC=加载曲线，PFACMM=0）。通过查看泄漏初始位置附近的压力，可以大致估计出阻止泄漏所需的压力。

4）对耦合力进行控制的一些迭代步之后如果仍然存在泄漏，可以尝试将 ILEAK=2 与其他控制组合以阻止泄漏。

5）如果以上措施仍然无法阻止泄漏，可能需要重新划分网格，以便 Lagrangian 结构和 ALE 流体之间有更好的相互作用。

在下面的例子中，带下划线的参数是通常定义的参数，此完整的卡片定义可供流-固耦合计算参考。

```
$...|....1....|....2....|....3....|....4....|....5....|....6....|....7....|....8
*CONSTRAINED_LAGRANGE_IN_SOLID
$LSTRSID ALESID LSTRSTYP ALESTYP NQUAD CTYPE DIREC MCOUP
1,11,0,0,4,4,2,-123
$ START END PFAC FRIC FRCMIN NORM NORMTYPE DAMP
0.0,0.0,0.1,0.00,0.3,0,0,0.0
$ CQ HMIN HMAX ILEAK PLEAK LCIDPOR NVENT IBLOCK
0,0,0,0,0.0,0,0,0
$4A IBOXID IPENCHK INTFORC IALESOF LAGMUL PFACMM THKF
$ 0,0,0,0,0,0,0
$4B A1 B1 A2 B2 A3 B3
$ 0.0,0.0,0.0,0.0,0.0,0.0
$4C VNTSID VENTYPE VENTCOEF POPPRES COEFLCID (STYPE:0=PSID;1=PID;2=SGSID)
$ 0,0,0,0.0,0
$...|....1....|....2....|....3....|....4....|....5....|....6....|....7....|....8
```

备注：

（1）网格划分。为了使流体与结构发生相互作用（FSI），Lagrangian 从结构网格必须与 ALE 主流体网格在空间上重叠。每个网格应使用独立的节点 ID 进行定义。LS-DYNA 搜索拉格朗日和 ALE 网格之间的空间交集，网格重叠的地方可能会发生相互作用，LSTRSID、ALESID、LSTRSTYP 和 ALESTYP 用于指定重叠域耦合搜索。

（2）耦合点的数量。NQUAD×NQUAD 个耦合点分布在每个拉格朗日面段上。通常，每个 Eulerian/ALE 单元宽度上有 2 或 3 个耦合点就足够了。因此，必须根据 Lagrangian 和 ALE 网格相对尺寸来估计适当的 NQUAD 值。

例如，如果 1 个拉格朗日壳单元跨越 2 个 ALE 单元，那么每个 Lagrangian 面段的 NQUAD 应该是 4 或 6。如果 2 或 3 个拉格朗日面段跨越 1 个 ALE 单元，那么 NQUAD=1 就足够了。

如果在耦合作用过程中 ALE 网格发生压缩或扩张，则每个 ALE 单元的耦合点数量也会改变。用户必须考虑到这一点，并在整个过程中尽量保持每个 ALE 单元边长至少有 2 个耦合点，以防止泄漏。太多的耦合点可能会导致不稳定，而耦合点不够则会导致泄漏。

（3）约束方法。约束方法不能保证动能守恒。因此推荐使用罚函数方法。历史上，CTYPE=2 有时用于将拉格朗日梁节点耦合到 ALE 或 Lagrangian 实体单元，例如用于对混凝土中的钢筋进行建模。对于这种基于约束的实体单元中梁的耦合，建议选择*CONSTRAINED_BEAM_IN_SOLID 和*DEFINE_BEAM_SOLID_COUPLING 耦合方式。

（4）耦合方向。对于耦合方向来说，DIREC=2（仅压缩）通常更加稳定和稳健。然而，应该根据问题的物理本质决定耦合方向。DIREC=1 在拉伸和压缩下耦合，这有时很有用，例如容器中液体突然加速的情况。DIREC=3 很少使用，通常用来模拟非常黏稠的液体。

（5）多材料耦合选项。当 MCOUP 是负整数时，例如 MCOUP=-123，则必须存在 123 的 ALE 多材料组集 ID（AMMSID），这是由*SET_MULTI-MATERIAL_GROUP_LIST 卡片定义的 ID。

这种方法可耦合到一组特定 AMMG，与拉格朗日面相互作用的流体界面清晰。这样，可以发现任何泄漏，并且可以更精确地计算罚函数力。

MCOUP=0 表示耦合到所有材料，此时不存在用于跟踪泄漏的流体界面，一般不建议使用该选项。

（6）法线方向。拉格朗日壳体部分的法线方向（NV）根据*ELEMENT 中节点的顺序通过右手规则定义。面段组以在*SET_SEGMENT 中节点的顺序定义。让 NV 指向的一面是“正的”。罚函数方法测量渗透作为 ALE 流体从拉格朗日面段的正侧渗透到负侧的距离。只有正面的流体会被“看到”并耦合到。壳的运动和法向如图 4-46 所示。

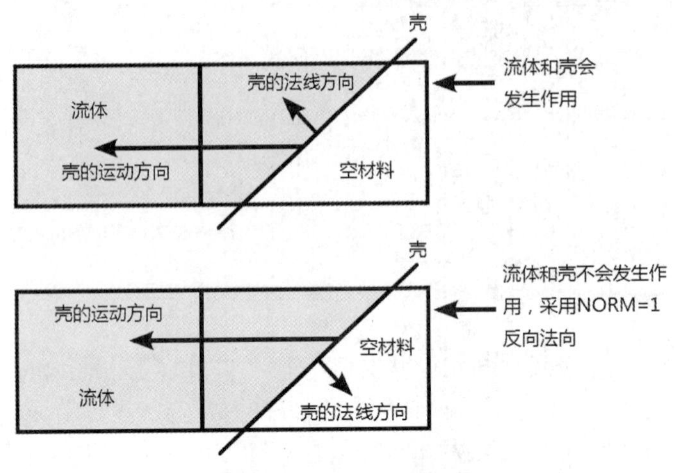

图 4-46　壳的运动和法向

因此，拉格朗日面段的所有法线方向应该一致指向要耦合的 ALE 流体和 AMMG。如果 NV 的方向都离开流体，则不会发生耦合。在这种情况下，可以通过设置 NORM=1 来激活耦合。有时壳体 PART 或网格的法线方向并不一致（一致是指全部朝向容器的内部或外部）。用户应该检查与全部流体相互作用的所有拉格朗日壳体 PART 的法线方向。NORM 参数可用于置反拉格朗日从结构中包含的所有面段的法线方向。

（7）泄漏控制。控制被耦合拉格朗日表面泄漏的力主要来自耦合罚函数，其次是用于泄漏控制的力。*DATABASE_FSI 关键字控制“dbfsi”文件的输出，该文件包含耦合力和泄漏控制力各自的份额，可用于对泄漏控制进行调试。

ILEAK=2 保证能量守恒，更适用于安全气囊。在以下情况下才激活泄漏控制：①耦合到特定的 AMMG（MCOUP 作为负整数）时；②通过*ALE_MULTI-MATERIAL_GROUP 卡片清晰定义和跟踪流体界面时。

（8）初始渗透检查。通常，只有在 t=0 时刻施加了很高的耦合力时才启用渗透检查（IPENCHK）。例如，通过*INITIAL_VOLUME_FRACTION_GEOMETRY 卡片填充非气态流体（即 ALE 液体或固体）的 Lagrangian 容器，有时由于网格分辨率或容器几何形状复杂的原因，流体会穿过容器表面产生初始渗透。这会在 t=0 时刻在流体上产生尖锐的瞬间耦合力。打开 IPENCHK 可能有助于消除耦合力的峰值。

4.19.2　*SET_MULTI

*SET_MULTI 是*SET_MULTI-MATERIAL_GROUP_LIST（以后这个名称很长的关键字可能会废弃不用，而是由*SET_MULTI 取而代之）的缩写。*SET_MULTI 用于定义 ALE 多物质组集的 ID（AMMSID），AMMSID 可以包含一种或多种 ALE 多物质组 ID（AMMGID）。*SET_MULTI 关键字卡片 1、2 见表 4-41、表 4-42。

表 4-41 *SET_MULTI 关键字卡片 1

Card 1	1	2	3	4	5	6	7	8
Variable	AMMSID							
Type	I							
Default	0							

表 4-42 *SET_MULTI 关键字卡片 2

Card 2	1	2	3	4	5	6	7	8
Variable	AMMGID1	AMMGID2	AMMGID3	AMMGID4	AMMGID5	AMMGID6	AMMGID7	AMMGID8
Type	I/A	I/A	I/A	I/A	I/A	I/A	I/A	I/A
Default	0	0	0	0	0	0	0	0

- AMMSID：ALE 多物质组集 ID（AMMSID），可包含一种或多种 ALE 多物质组 ID（AMMGID）。
- AMMGID*i*：第 *i* 种 ALE 多物质组 ID。对于传统 ALE，为 AMMGID；对于 S-ALE，可为 AMMGID 或 AMMG 名称（AMMGNM）。

4.19.3 计算模型概况

在该流-固耦合算例中，刚性墙不再采用*RIGIDWALL_PLANAR 定义，而是采用刚体 PART，其材料模型为*MAT_RIGID。

刚体墙PART采用拉格朗日算法，泰勒杆和周围空气采用多物质ALE算法，将刚体墙PART耦合在泰勒杆材料中，如图 4-47 所示。泰勒杆和周围空气共节点，空气 PART 提供泰勒杆变形流动的空间。

采用三维 1/4 对称模型，计算模型关于 YOZ 和 XOZ 平面对称。计算单位制为 cm-g-μs。

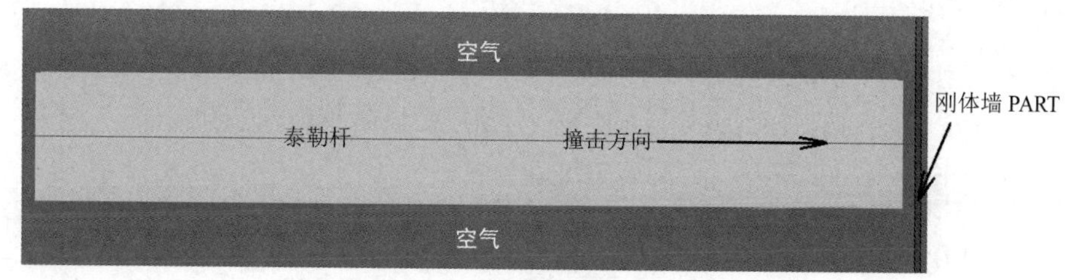

图 4-47 计算模型

4.19.4 TrueGrid 建模

TrueGrid 建模长度单位采用 mm，相关命令流如下：

```
plane 1 0 0 0 1 0 0 0.001 symm;          c 定义模型关于 YOZ 平面对称
plane 2 0 0 0 0 1 0 0.001 symm;          c 定义模型关于 XOZ 平面对称
mate 1                                   c 为泰勒杆指定材料号（LS-DYNA PART 号）
partmode i                               c Part 命令的间隔索引格式，便于建立三维网格
block 10 10;10 10;146;                   c 创建三维泰勒杆 PART
    0 5 5;0 5 5;-2 71
```

```
dei 2 3; 2 3; 1 2;                      c 删除局部网格
sfi -3; 1 2; 1 2;cy 0 0 0 0 0 1 10      c 向圆柱面投影
sfi 1 2; -3; 1 2;cy 0 0 0 0 0 1 10      c 向圆柱面投影
pb 2 2 1 2 2 2 xy 4.2 4.2               c 将节点移至指定位置
endpart                                 c 结束当前 Part 命令
mate 3                                  c 为刚体墙 PART 指定材料号（LS-DYNA PART 号）
block 20;20;1; 0 10;0 10;-1.5 -1        c 创建三维刚体墙 PART
endpart                                 c 结束当前 Part 命令
merge                                   c 进入 merge 阶段，合并 Part
bptol 1 2 -1;                           c 指定 PART 1 和 PART 2 之间不合并节点
stp 0.01                                c 设置节点合并阈值，节点之间距离小于该值即被合并
lsdyna keyword                          c 声明要为 LS-DYNA 软件输出关键字格式文件
write                                   c 输出网格模型文件
```

4.19.5 关键字文件讲解

下面讲解相关的 LS-DYNA 关键字文件。关键字输入文件有 2 个：计算模型参数主控文件 main.k 和网格模型文件 trugrdo。其中 main.k 中的内容及相关讲解如下。

$ 首行*KEYWORD 表示输入文件采用的是关键字输入格式。

```
*KEYWORD
```

$ 为二进制结果文件定义输出格式。

```
*DATABASE_FORMAT
$ IFORM,IBINARY
0
```

$ 为 ALE 算法设置全局控制参数。

$ DCT≠-1，表示采用默认的输运逻辑。

$ METH=2 表示采用默认的带有 HIS 的 Van Leer 物质输运算法，具有二阶精度。

```
*CONTROL_ALE
$ DCT,NADV,METH,AFAC,BFAC,CFAC,DFAC,EFAC
0,0,2,0.0000000,0.0000000,0.0000000,0.0000000
$ START,END,AAFAC,VFACT,PRIT,EBC,PREF,NSIDEBC
0000.0000,0.0000000,0.0000000
```

$ 当模型中存在两种或两种以上 ALE 多物质时，为了对同一单元内多种 ALE 物质界面

$ 进行重构，采用下面关键字卡片定义 ALE 多物质材料组 AMMG。

$ 当 ELFORM=11 时必须定义该关键字卡片。

```
*ALE_MULTI-MATERIAL_GROUP
$SID,IDTYPE
1,1
$SID,IDTYPE
2,1
```

$ *SECTION_SOLID 定义三维 ALE 单元算法。

$ ELFORM=11 为单点多物质 ALE 单元算法。

```
*SECTION_SOLID
$ SECID,ELFORM,AET
1,11
```

$ 定义三维常应力实体单元算法。

```
*SECTION_SOLID
2,1
```

$ 这是*MAT_015 材料模型，用于定义泰勒杆材料模型参数。

```
*MAT_JOHNSON_COOK
$ MID,RO,G,E,PR,DTF,VP,RATEOP
1,8.94,0.6074,1.64,0.350,0.000E+00,1
$ A,B,N,C,M,TM,TR,EPS0
1.4954E-3,3.0536E-3,0.096,0.034,1.09,1083,288.,5.000E-04
$ CP,PC,SPALL,IT,D1,D2,D3,D4
4.40E-6,-9.00,3.00,0.000E+00,1.000E+00,0.000E+00,0.000E+00,0.000E+00
$ D5,C2/P/XNP,EROD,EFMIN,NUMINT
0.000E+00
```

$ 这是*EOS_004 状态方程，用于定义泰勒杆的状态方程参数。

```
*EOS_GRUNEISEN
$ EOSID,C,S1,S2,S3,GAMAO,A,E0
1,0.394,1.489,0.000E+00,0.000E+00,2.02,0.47,0.000E+00
$ V0
0.000E+00
```

$ 这是*MAT_009 材料模型，用于定义空气的材料模型参数。

```
*MAT_NULL
$ MID,RO,PC,MU,TEROD,CEROD,YM,PR
2,1.280E-03,0.000E+00,0.000E+00,0.000E+00,0.000E+00
```

$这是*EOS_001 状态方程，用于定义空气的状态方程参数。

```
*EOS_LINEAR_POLYNOMIAL
$ EOSID,C0,C1,C2,C3,C4,C5,C6
2,0.000E-00,0.0,0.000E+00,0.000E+00,0.400,0.400,0.000E+00
$ E0,V0
2.5E-6,1
```

$ 这是*MAT_020 材料模型，用于定义刚体墙。

```
*MAT_RIGID
$MID,RO,E,PR,N,COUPLE,M,ALIAS or RE
3,7.85,2.1,0.3
$ CMO,CON1,CON2
1,7,7
$ LCO or A1,A2,A3,V1,V2,V3
```

$ 定义泰勒杆 Part。

```
*PART
$ HEADING

$ PID,SECID,MID,EOSID,HGID,GRAV,ADPOPT,TMID
1,1,1,1,0,0,0
```

$ 定义空气 Part。

```
*PART
$ HEADING

$ PID,SECID,MID,EOSID,HGID,GRAV,ADPOPT,TMID
2,1,2,2,0,0,0
```

$ 定义刚体墙 Part。

```
*PART
$ HEADING

$ PID,SECID,MID,EOSID,HGID,GRAV,ADPOPT,TMID
3,2,3,0,0,0,0
```

$ *INITIAL_VOLUME_FRACTION_GEOMETRY 在 ALE 网格中填充多物质材料。

$ FMSID 为背景 ALE 网格。

$ 当 FMSID 为 Part Set 时，FMIDTYP=0；当 FMSID 为 Part 时，FMIDTYP=1。

$ BAMMG 为最初填充 FMSID 的 ALE 网格区域的多物质材料组。

```
*INITIAL_VOLUME_FRACTION_GEOMETRY
$FMSID,FMIDTYP,BAMMG,NTRACE
1,1,2,
$ CNTTYP,FILLOPT,FAMMG,VX,VY,VZ
4,0,1,,,-1.65e-2
$ X0,Y0,Z0,X1,Y1,Z1,R1,R2
0,0,0,0,0,7,0.5,0.5
```

$ 定义流-固耦合关系。将刚体墙 PART 耦合到泰勒杆和空气 PART 中。

```
*CONSTRAINED_LAGRANGE_IN_SOLID
$ LSTRSID,ALESID,LSTRSTYP,ALESTYP,NQUAD,CTYPE,DIREC,MCOUP
3,2,1,0,2,4,2,1
$ START,END,PFAC,FRIC,FRCMIN,NORM,NORMTYP,DAMP

$ K,HMIN,HMAX,ILEAK,PLEAK,LCIDPOR,NVENT,IBLOCK

```

$ 将泰勒杆和空气 PART 定义为 PART SET 2。

```
*SET_PART_list
$ SID,DA1,DA2,DA3,DA4,SOLVER
2
$ PID1,PID2,PID3,PID4,PID5,PID6,PID7,PID8
1,2
```

$ 定义多物质组集 1，包含多物质组 1。

```
*SET_MULTI-MATERIAL_GROUP_LIST
$ AMMSID
1
$ AMMGID1～AMMGID8
1
```

$ 定义时间步长控制参数。

```
*CONTROL_TIMESTEP
$ DTINIT,TSSFAC,ISDO,TSLIMT,DT2MS,LCTM,ERODE,MS1ST
0.0000,0.3000,0,0.00,0.00
```

$ 定义计算结束条件。

```
*CONTROL_TERMINATION
$ ENDTIM,ENDCYC,DTMIN,ENDENG,ENDMAS,NOSOL
300
```

$ 定义二进制时间历程文件 D3THDT 的输出。

```
*DATABASE_BINARY_D3THDT
$ DT/CYCL,LCDT/NR,BEAM,NPLTC,PSETID,CID
0.1
```

$ 定义二进制状态文件 D3PLOT 的输出。

```
*DATABASE_BINARY_D3PLOT
$ DT/CYCL,LCDT/NR,BEAM,NPLTC,PSETID,CID
3.00
```

$ 为*INCLUDE_TRANSFORM 关键字定义几何变换。

```
*DEFINE_TRANSFORMATION
$ TRANID
1
```

```
$ OPTION,A1,A2,A3,A4,A5,A6,A7
SCALE,0.1,0.1,0.1
```

$ 引用*DEFINE_TRANSFORMATION 定义的几何变换，包含泰勒杆网格模型文件。

```
*INCLUDE_TRANSFORM
$ FILENAME
trugrdo
$ IDNOFF,IDEOFF,IDPOFF,IDMOFF,IDSOFF,IDFOFF,IDDOFF

$ IDROFF,PREFIX,SUFFIX

$ FCTMAS,FCTTIM,FCTLEN,FCTTEM,INCOUT1

$ TRANID
1
```

$ *END 表示关键字文件的结束，LS-DYNA 读入时将忽略该语句后的所有内容。

```
*END
```

4.19.6 数值计算结果

计算结束时刻泰勒杆外形如图 4-48 所示。

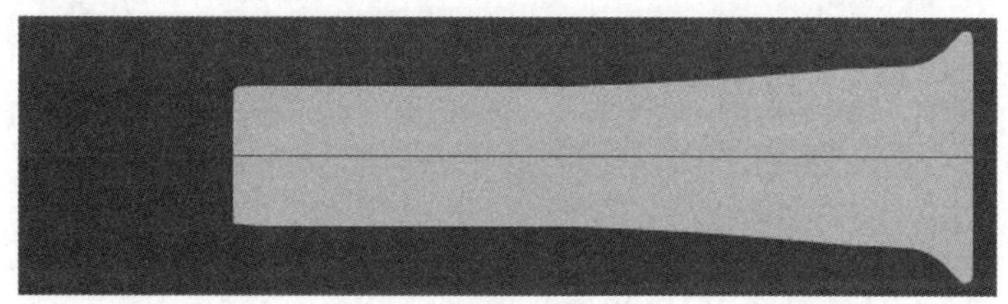

图 4-48 泰勒杆外形

4.20 多物质 ALE 单元流-固耦合算法二维轴对称计算模型

在这个算例中，将介绍二维轴对称多物质 ALE 流-固耦合算法的使用方法。

4.20.1 计算模型概况

在该流-固耦合算例中，刚性墙采用刚体 PART，其材料模型为*MAT_RIGID。

刚体墙 PART 采用拉格朗日算法，泰勒杆和周围空气采用多物质 ALE 算法，将刚体墙 PART 耦合在泰勒杆材料中。泰勒杆和周围空气共节点，空气 PART 提供泰勒杆变形流动的空间。

采用二维轴对称计算模型（图 4-49），计算单位制为 cm-g-μs。

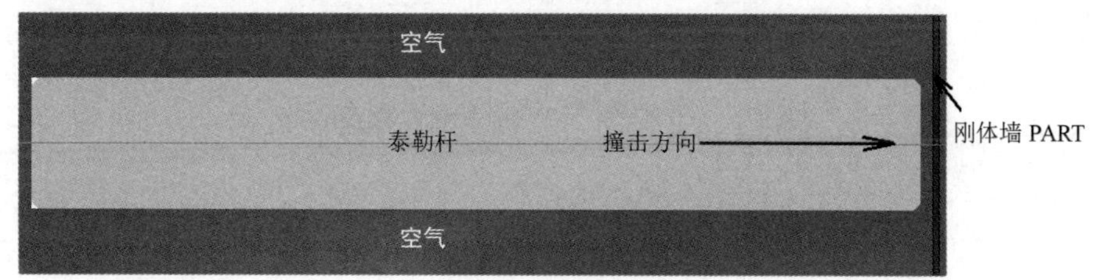

图 4-49 计算模型

4.20.2 TrueGrid 建模

TrueGrid 建模长度单位采用 mm，相关命令流如下：

```
mate 2                              c 为泰勒杆指定材料号（LS-DYNA PART 号）
block 1 21;1 147;-1;0 10;-2 71;0    c 创建二维泰勒杆 PART
endpart                             c 结束当前 Part 的定义
mate 3                              c 为刚体墙 PART 指定材料号（LS-DYNA PART 号）
block 1 21;1 2;-1;                  c 创建二维刚体墙 PART
   0 10;-1.5 -1;0
endpart                             c 结束当前 Part 的定义
merge                               c 进入 merge 阶段，合并 Part
bptol 1 2 -1;                       c 指定 PART 1 和 PART 2 之间不合并节点
stp 0.01                            c 设置节点合并阈值，节点之间距离小于该值即被合并
lsdyna keyword                      c 声明要为 LS-DYNA 软件输出关键字格式文件
write                               c 输出网格模型文件
```

4.20.3 关键字文件讲解

$ 首行*KEYWORD 表示输入文件采用的是关键字输入格式。

$ 设置分析作业标题。

```
*TITLE
Tayler Impact
```

$ 为二进制结果文件定义输出格式。

```
*DATABASE_FORMAT
$ IFORM,IBINARY
0
```

$ *SECTION_ALE2D 定义二维 ALE 单元算法。

$ ALEFORM=11 表示采用多物质 ALE 算法。

$ ELFORM=14 表示面积加权轴对称算法。

```
*SECTION_ALE2D
$ SECID,ALEFORM,AET,ELFORM
1,11,,14
```

$ 定义面积加权轴对称单元算法。

```
*SECTION_SHELL
$ SECID,ELFORM,SHRF,NIP,PROPT,QR/IRID,ICOMP,SETYP
2,14,0.833,5.0
$ T1,T2,T3,T4,NLOC,MAREA,IDOF,EDGSET
0.00,0.00,0.00,0.00,0.00
```

$ 定义 ALE 多物质材料组。

```
*ALE_MULTI-MATERIAL_GROUP
$SID,IDTYPE
1,1
$SID,IDTYPE
2,1
```

$ 这是*MAT_015 材料模型，用于定义泰勒杆材料模型参数。

```
*MAT_JOHNSON_COOK
$ MID,RO,G,E,PR,DTF,VP,RATEOP
1,8.94,0.6074,1.64,0.350,0.000E+00,1
$ A,B,N,C,M,TM,TR,EPS0
1.4954E-3,3.0536E-3,0.096,0.034,1.09,1083,288.,5.000E-04
```

```
$ CP,PC,SPALL,IT,D1,D2,D3,D4
4.40E-6,-9.00,3.00,0.000E+00,1.000E+00,0.000E+00,0.000E+00,0.000E+00
$ D5,C2/P/XNP,EROD,EFMIN,NUMINT
0.000E+00
```

$ 这是*EOS_004 状态方程，用于定义泰勒杆的状态方程参数。

```
*EOS_GRUNEISEN
$ EOSID,C,S1,S2,S3,GAMAO,A,E0
1,0.394,1.489,0.000E+00,0.000E+00,2.02,0.47,0.000E+00
$ V0
0.000E+00
```

$ 这是*MAT_009 材料模型，用于定义空气的材料模型参数。

```
*MAT_NULL
$ MID,RO,PC,MU,TEROD,CEROD,YM,PR
2,1.280E-03,0.000E+00,0.000E+00,0.000E+00,0.000E+00
```

$ 这是*EOS_001 状态方程，用于定义空气的状态方程参数。

```
*EOS_LINEAR_POLYNOMIAL
$ EOSID,C0,C1,C2,C3,C4,C5,C6
2,0.000E-00,0.0,0.000E+00,0.000E+00,0.400,0.400,0.000E+00
$ E0,V0
2.5E-6,1
```

$ 这是*MAT_020 材料模型，用于定义刚体墙。

```
*MAT_RIGID
$MID,RO,E,PR,N,COUPLE,M,ALIAS or RE
3,7.85,2.1,0.3
$ CMO,CON1,CON2
1,7,7
$ LCO or A1,A2,A3,V1,V2,V3

```

$ 定义泰勒杆 Part。

```
*PART
$ HEADING

$ PID,SECID,MID,EOSID,HGID,GRAV,ADPOPT,TMID
1,1,1,1,0,0,0
```

$ 定义空气 Part。

```
*PART
$ HEADING

$ PID,SECID,MID,EOSID,HGID,GRAV,ADPOPT,TMID
2,1,2,2,0,0,0
```

$ 定义刚体墙 Part。

```
*PART
$ HEADING

$ PID,SECID,MID,EOSID,HGID,GRAV,ADPOPT,TMID
3,2,3,0,0,0,0
```

$ 在 ALE 网格中填充泰勒杆材料。

```
*INITIAL_VOLUME_FRACTION_GEOMETRY
2,1,2,
4,0,1,,-1.65e-2
0,0,0.5,0,0.5,7,0,7
```

$ 定义流-固耦合关系。将刚体墙 PART 耦合到泰勒杆和空气 PART 中。

```
*CONSTRAINED_LAGRANGE_IN_SOLID
$ LSTRSID,ALESID,LSTRSTYP,ALESTYP,NQUAD,CTYPE,DIREC,MCOUP
3,2,1,0,2,4,2,1
$ START,END,PFAC,FRIC,FRCMIN,NORM,NORMTYP,DAMP

$ K,HMIN,HMAX,ILEAK,PLEAK,LCIDPOR,NVENT,IBLOCK

```

$ 将泰勒杆和空气 PART 定义为 PART 组 2。

```
*SET_PART_list
$ SID,DA1,DA2,DA3,DA4,SOLVER
2
$ PID1,PID2,PID3,PID4,PID5,PID6,PID7,PID8
1,2
```

$ 定义时间步长控制参数。

```
*CONTROL_TIMESTEP
$ DTINIT,TSSFAC,ISDO,TSLIMT,DT2MS,LCTM,ERODE,MS1ST
0.0000,0.9000,0,0.00,0.00
```

$ 定义计算结束条件。

```
*CONTROL_TERMINATION
$ ENDTIM,ENDCYC,DTMIN,ENDENG,ENDMAS,NOSOL
300
```

$ 定义二进制时间历程文件 D3THDT 的输出。

```
*DATABASE_BINARY_D3THDT
$ DT/CYCL,LCDT/NR,BEAM,NPLTC,PSETID,CID
0.1
```

$ 定义二进制状态文件 D3PLOT 的输出。

```
*DATABASE_BINARY_D3PLOT
$ DT/CYCL,LCDT/NR,BEAM,NPLTC,PSETID,CID
3.00
```

$ 为*INCLUDE_TRANSFORM 关键字定义几何变换。

```
*DEFINE_TRANSFORMATION
$ TRANID
1
$ OPTION,A1,A2,A3,A4,A5,A6,A7
SCALE,0.1,0.1,0.1
```

$ 引用*DEFINE_TRANSFORMATION 定义的几何变换，包含泰勒杆网格模型文件。

```
*INCLUDE_TRANSFORM
$ FILENAME
trugrdo
$ IDNOFF,IDEOFF,IDPOFF,IDMOFF,IDSOFF,IDFOFF,IDDOFF

$ IDROFF,PREFIX,SUFFIX

$ FCTMAS,FCTTIM,FCTLEN,FCTTEM,INCOUT1

$ TRANID
1
```

$ *END 表示关键字文件的结束，LS-DYNA 读入时将忽略该语句后的所有内容。

```
*END
```

4.20.4 数值计算结果

计算完成后泰勒杆外形如图 4-50 所示。

图 4-50　二维多物质 ALE 流-固耦合算法计算结果

4.21 塑性功转换为热三维 1/4 对称计算模型

LS-DYNA 可以求解各类二维、三维稳态和瞬态热传递问题，热分析还可与求解器耦合进行热-结构耦合或热-流体耦合分析。下面将通过泰勒杆撞击过程中塑性功转换为热的算例，介绍热-结构耦合计算方法。

前面的泰勒杆撞击计算算例均采用显式算法，而热分析则采用隐式算法，对于大多数问题，隐式热分析时间步长可设定为显式结构分析时间步长的 10～100 倍。

LS-DYNA 中用于热学分析的主要关键字有：

（1）*CONTROL_SOLUTION，用于定义分析类型。

（2）*CONTROL_THERMAL_SOLVER，定义热分析和热-结构耦合分析的热求解参数。

（3）*CONTROL_THERMAL_NONLINEAR，设置处理非线性热分析和热-结构耦合分析的热求解参数。

（4）*CONTROL_THERMAL_TIMSTEP，定义热分析和热-结构耦合分析的热求解时间步长控制参数。

4.21.1 计算模型概况

泰勒杆初始温度为 20 摄氏度，假设撞击过程中泰勒杆与周围环境无热交换，且塑性功可全部转换为热量，计算撞击过程中泰勒杆的温升。

采用三维 1/4 对称计算模型，计算单位制采用 m-kg-s-℃。

4.21.2 TrueGrid 建模

泰勒杆的 TrueGrid 建模命令流与 4.3.3 节相同。

4.21.3 关键字文件讲解

下面讲解相关的 LS-DYNA 关键字文件。关键字输入文件有 2 个：计算模型参数主控文件 main.k 和网格模型文件 trugrdo。其中 main.k 中的内容及相关讲解如下。

$ 首行*KEYWORD 表示输入文件采用的是关键字输入格式。

```
*KEYWORD
```

$ 为二进制结果文件定义输出格式。

```
*DATABASE_FORMAT
$ IFORM,IBINARY
0
```

$ 指定求解分析程序，SOLN=2 表示进行热-结构耦合分析。

```
*CONTROL_SOLUTION
$ SOLN,NLQ,ISNAN,LCINT,LCACC
2
```

$ 为热分析设置求解选项。

$ ATYPE=1 表示进行瞬态热分析。

```
*CONTROL_THERMAL_SOLVER
$ATYPE,PTYPE,SOLVER,CGTOL,GPT,EQHEAT,FWORK,SBC
1,0,1,,,,1.
```

$ 设置热分析时间步长。

$ TS=0 表示采用固定不变的时间步长。

$ ITS=1e-5s 表示热分析初始时间步长。

```
*CONTROL_THERMAL_TIMESTEP
$TS,TIP,ITS,TMIN,TMAX,DTEMP,TSCP,LCTS
0,1.,1e-5
```

$ 定义热输出，将相关数据输出到 TPRINT 文件中。

```
*DATABASE_TPRINT
$DT,BINARY,LCUR,IOOPT
1e-5
```

$ 为节点组定义初始温度 20℃。

```
*INITIAL_TEMPERATURE_SET
$NSID/NID,TEMP,LOC
1,20.
```

$ 定义节点组。

```
*SET_NODE_LIST_GENERATE
$ SID,DA1,DA2,DA3,DA4,SOLVER
1
$ B1BEG,B1END,B2BEG,B2END,B3BEG,B3END,B4BEG,B4END
1,12831
```

$ 定义常应力实体单元算法。

```
*SECTION_SOLID
$ SECID,ELFORM,AET
1,1
```

$ 这是*MAT_003 材料模型，用于定义泰勒杆材料模型参数。

```
*MAT_PLASTIC_KINEMATIC
$ MID,RO,E,PR,SIGY,ETAN,BETA
1,8930,1.17e11,0.35,4.0000E8,1.0000E8,1.000000
$ SRC,SRP,FS,VP
0.000,0.000,0.0000,0.000
```

$ 定义材料热学特性。

$ TMID 可为数字或字符，其 ID 必须与对应的材料模型 ID 一致。

```
*MAT_THERMAL_ISOTROPIC
$TMID,TRO,TGRLC,TGMULT,TLAT,HLAT
1,8930,0,0
$HC,TC
385.,377.
```

$ 定义泰勒杆 Part。

```
*PART
$ HEADING

$ PID,SECID,MID,EOSID,HGID,GRAV,ADPOPT,TMID
1,1,1,0,0,0,0,1
```

$ 给泰勒杆施加初始撞击速度。

```
*INITIAL_VELOCITY_GENERATION
$ ID,STYP,OMEGA,VX,VY,VZ,IVATN,ICID
1,2,,,,-165
$ XC,YC,ZC,NX,NY,NZ,PHASE,IRIGID

```

$ 定义刚性墙。

```
*RIGIDWALL_PLANAR
$ NSID,NSIDEX,BOXID,OFFSET,BIRTH,DEATH,RWKSF
0,
$ XT,YT,ZT,XH,YH,ZH,FRIC,WVEL
0,0,-0.001,0,0,1
```

$ 定义时间步长控制参数。

```
*CONTROL_TIMESTEP
$ DTINIT,TSSFAC,ISDO,TSLIMT,DT2MS,LCTM,ERODE,MS1ST
0.0000,0.9000,0,0.00,0.00
```

$ 定义计算结束条件。

```
*CONTROL_TERMINATION
$ ENDTIM,ENDCYC,DTMIN,ENDENG,ENDMAS,NOSOL
300e-6
```

$ 定义二进制时间历程文件 D3THDT 的输出。

```
*DATABASE_BINARY_D3THDT
$ DT/CYCL,LCDT/NR,BEAM,NPLTC,PSETID,CID
0.1e-6
```

$ 定义二进制状态文件 D3PLOT 的输出。

```
*DATABASE_BINARY_D3PLOT
$ DT/CYCL,LCDT/NR,BEAM,NPLTC,PSETID,CID
3.0e-6
```

$ 定义刚性墙力 ASCII 文件 RWFORC 的输出。

```
*DATABASE_RWFORC
$ DT,BINARY,LCUR,IOOPT,OPTION1,OPTION2,OPTION3,OPTION4
0.1
```

$ 为*INCLUDE_TRANSFORM 关键字定义几何变换。

```
*DEFINE_TRANSFORMATION
1
$ TRANID
1
$ OPTION,A1,A2,A3,A4,A5,A6,A7
SCALE,0.001,0.001,0.001
```

$ 引用*DEFINE_TRANSFORMATION 定义的几何变换，包含泰勒杆网格模型文件。

```
*INCLUDE_TRANSFORM
$ FILENAME
trugrdo
$ IDNOFF,IDEOFF,IDPOFF,IDMOFF,IDSOFF,IDFOFF,IDDOFF

```

```
$ IDROFF,PREFIX,SUFFIX

$ FCTMAS,FCTTIM,FCTLEN,FCTTEM,INCOUT1

$ TRANID
1
```

$ *END 表示关键字文件的结束，LS-DYNA 读入时将忽略该语句后的所有内容。

```
*END
```

4.21.4 数值计算结果

计算完成后，采用 LS-PrePost 软件读入 D3PLOT 文件，依次单击 Page 1→Fcomp→Misc→temperature，可显示撞击后泰勒杆的温度，如图 4-51 所示。

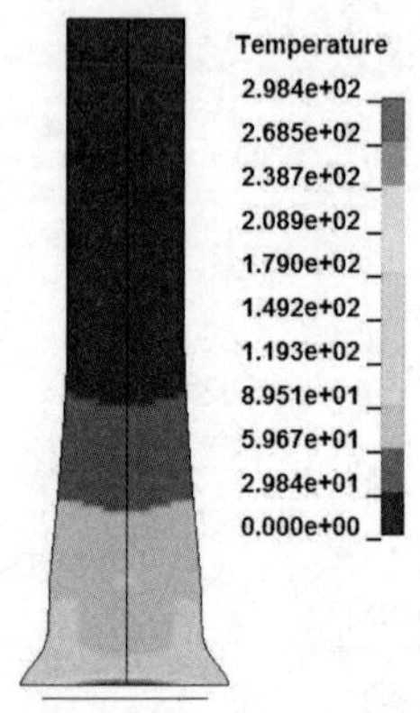

图 4-51　计算结束时刻泰勒杆温度（单位：℃）

ASCII 格式文件 tprint 包含了所有节点温度变化信息，通过以下步骤可显示特定节点的温度变化历程：

（1）在右侧工具栏中读入 tprint 文件（Page 1→ASCII→tprint*→Load）。

（2）在中间列表框中选择节点 2。

（3）在下侧列表框中选择 1-Temperature。

（4）单击 Plot。

节点 2 温度变化曲线如图 4-52 所示。

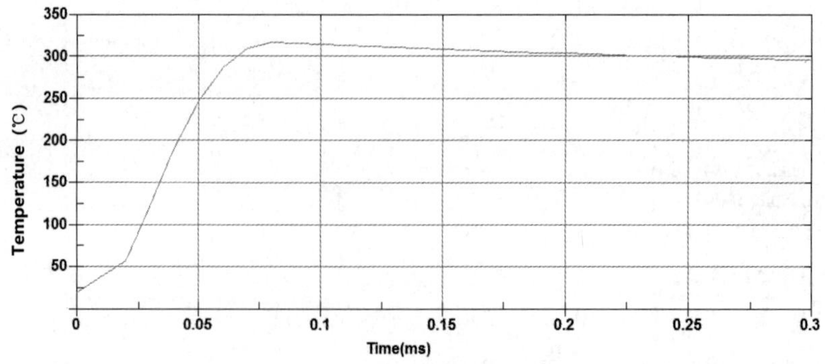

图 4-52　节点 2 温度变化曲线

4.22 显式–隐式转换连续求解三维 1/4 对称计算模型

LS-DYNA 软件支持隐式-显式转换连续求解和显式-隐式转换连续求解，本节仅介绍后者的使用方法。

要通过单次计算进行显式-隐式连续求解，需要采用以下步骤：

（1）通过*CONTROL_IMPLICIT_GENERAL 关键字定义 IMFLAG<0。

（2）通过*DEFINE_CURVE 定义显式-隐式转换阶跃函数。其中曲线 ID 为*CONTROL_IMPLICIT_GENERAL 关键字定义的|IMFLAG|，曲线数据点横坐标为时间，纵坐标为 0.0 时表示为显式分析，纵坐标为 1.0 时表示为隐式分析。

4.22.1 *CONTROL_IMPLICIT_GENERAL

该关键字用于激活隐式求解器，用于所有隐式分析，还可进行显式-隐式转换。*CONTROL_IMPLICIT_GENERAL 卡片见表 4-43。

表 4-43 *CONTROL_IMPLICIT_GENERAL 卡片

Card 1	1	2	3	4	5	6	7	8
Variable	IMFLAG	DT0	IMFORM	NSBS	IGS	CNSTN	FORM	ZERO_V
Type	I	F	I	I	I	I	I	I
Default	0	none	2	1	2	0	0	0

- IMFLAG：隐式/显式分析类型标志。
  - IMFLAG=0：显式分析。
  - IMFLAG=1：隐式分析。
  - IMFLAG=2：显式-隐式转换连续求解（如无缝回弹分析）。需要*INTERFACE_SPRINGBACK_SEAMLESS 来激活无缝回弹分析。
  - IMFLAG=4：带有自动隐式-显式转换的隐式分析。
  - IMFLAG=5：带有自动隐式-显式转换的隐式分析，且强制隐式分析结束。
  - IMFLAG=6：计算过程中抽取特征值的显式分析。
  - IMFLAG<0：曲线 ID=|IMFLAG|，将 IMFLAG 定义为时间的函数。
- DT0：隐式分析初始时间步长。
  - DT0<0：消除几何（初始应力）刚度中的负主应力，初始时间步长为|DT0|。
- IMFORM：用于无缝回弹分析的单元算法标志。
  - IMFORM=1：回弹分析时切换为全积分壳单元算法。
  - IMFORM=2：保持原有单元算法（默认设置）。
- NSBS：无缝回弹分析的隐式步数。
- IGS：几何（初始应力）刚度标志。
  - IGS=1：包含。
  - IGS=2：忽略。
  - IGS=3：包含在 PART 组|IGS|中。
- CNSTN：一致切线刚度的指示器（仅用于实体单元材料 3 和 115）。
  - CNSTN=0：不采用（默认设置）。
  - CNSTN=1：采用。
- FORM：全积分单元算法（仅用于 IMFLAG=2 和 IMFORM=1）。

> FORM=0：类型 16。
> FORM=1：类型 6。

- ZERO_V：显式-隐式转换前速度置为零。

> ZERO_V=0：速度不置零。
> ZERO_V=1：速度置零。

4.22.2 计算模型概况

泰勒杆撞击刚性墙计算采用显式算法，弹回后的计算则采用隐式算法。

采用三维 1/4 对称模型，计算单位制采用 cm-g-μs。

4.22.3 TrueGrid 建模

泰勒杆的 TrueGrid 建模命令流与 4.3.3 节相同。

4.22.4 关键字文件讲解

下面讲解相关的 LS-DYNA 关键字文件。关键字输入文件有 2 个：计算模型参数主控文件 main.k 和网格模型文件 trugrdo。其中 main.k 中的内容及相关讲解如下。

$ 首行*KEYWORD 表示输入文件采用的是关键字输入格式。

```
*KEYWORD
```

$ 启动显式-隐式连续求解，定义相关控制参数。

```
*control_implicit_general
$imflag,dt0,imform,nsbs,igs,cnstn,form
-1,20
```

$ 定义显式-隐式转换阶跃函数。

```
*define_curve
$lcid,sdir,sfa,sfo,offa,offo,dattyp
1
$a1,o1
0,0
$a2,o2
180,0
$a3,o3
180.1,1
$a4,o4
500,1
```

$激活二阶应力更新，提高计算准确度。

```
*control_accuracy
$ OSU,INN,PIDOSU,IACC,EXACC
1,3
```

$ 定义常应力实体单元算法。

```
*SECTION_SOLID
$ SECID,ELFORM,AET
1,1
```

$ 这是*MAT_003 材料模型，用于定义泰勒杆材料模型参数。

```
*MAT_PLASTIC_KINEMATIC
$ MID,RO,E,PR,SIGY,ETAN,BETA
1,8.930,1.17,0.35,4.0000E-3,1.0000E-3,1.000000
$ SRC,SRP,FS,VP
0.000,0.000,0.0000,0.000
```

$ 定义泰勒杆 Part。

```
*PART
$ HEADING

$ PID,SECID,MID,EOSID,HGID,GRAV,ADPOPT,TMID
1,1,1,0,0,0,0
```

$ 给泰勒杆施加初始撞击速度。

```
*INITIAL_VELOCITY_GENERATION
$ ID,STYP,OMEGA,VX,VY,VZ,IVATN,ICID
1,2,,,, -1.65e-2
$ XC,YC,ZC,NX,NY,NZ,PHASE,IRIGID
```

$ 定义刚性墙。

```
*RIGIDWALL_PLANAR
$ NSID,NSIDEX,BOXID,OFFSET,BIRTH,DEATH,RWKSF
0,
$ XT,YT,ZT,XH,YH,ZH,FRIC,WVEL
0,0,-0.1,0,0,1
```

$ 定义时间步长控制参数。

```
*CONTROL_TIMESTEP
$ DTINIT,TSSFAC,ISDO,TSLIMT,DT2MS,LCTM,ERODE,MS1ST
0.0000,0.9000,0,0.00,0.00
```

$ 定义计算结束条件。

```
*CONTROL_TERMINATION
$ ENDTIM,ENDCYC,DTMIN,ENDENG,ENDMAS,NOSOL
200
```

$ 定义二进制时间历程文件 D3THDT 的输出。

```
*DATABASE_BINARY_D3THDT
$ DT/CYCL,LCDT/NR,BEAM,NPLTC,PSETID,CID
0.1
```

$ 定义二进制状态文件 D3PLOT 的输出。

```
*DATABASE_BINARY_D3PLOT
$ DT/CYCL,LCDT/NR,BEAM,NPLTC,PSETID,CID
3.00
```

$ 定义刚性墙力 ASCII 文件 RWFORC 的输出。

```
*DATABASE_RWFORC
$ DT,BINARY,LCUR,IOOPT,OPTION1,OPTION2,OPTION3,OPTION4
0.1
```

$ 为*INCLUDE_TRANSFORM 关键字定义几何变换。

```
*DEFINE_TRANSFORMATION
$ TRANID
1
$ OPTION,A1,A2,A3,A4,A5,A6,A7
SCALE,0.1,0.1,0.1
```

$ 引用*DEFINE_TRANSFORMATION 定义的几何变换，包含泰勒杆网格模型文件。

```
*INCLUDE_TRANSFORM
$ FILENAME
trugrdo
$ IDNOFF,IDEOFF,IDPOFF,IDMOFF,IDSOFF,IDFOFF,IDDOFF

$ IDROFF,PREFIX,SUFFIX
```

```
$ FCTMAS,FCTTIM,FCTLEN,FCTTEM,INCOUT1

$ TRANID
1
```

$ *END 表示关键字文件的结束，LS-DYNA 读入时将忽略该语句后的所有内容。

```
*END
```

4.22.5 数值计算结果

计算完成后，显式-隐式转换前后泰勒杆的 VON Mises 应力如图 4-53 所示。

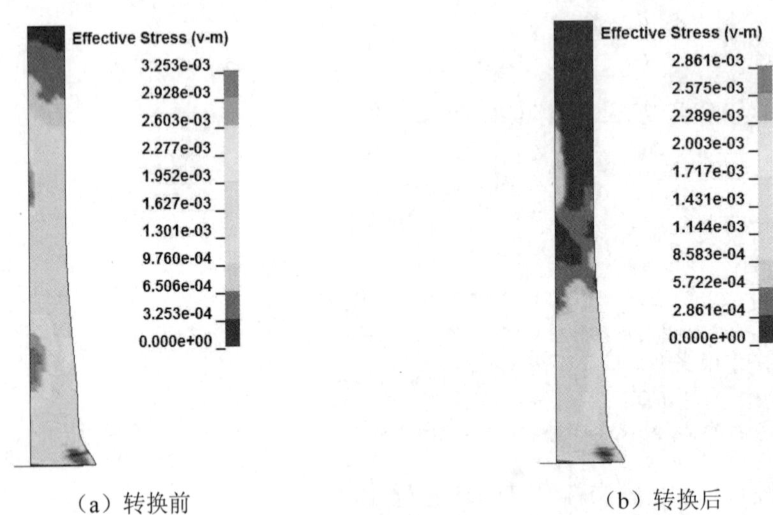

（a）转换前　　（b）转换后

图 4-53　显式-隐式转换前后泰勒杆 VON Mises 应力

4.23 特征值分析三维全尺寸计算模型

在这个算例中将介绍特征值分析计算方法。

特征值分析采用隐式算法。

4.23.1 计算模型概况

该算例仅分析泰勒杆前 20 阶特征值，不用刚性墙，也不施加初始速度。

不再采用对称模型，而是采用三维全尺寸模型，计算单位制采用 m-kg-s。

4.23.2 TrueGrid 建模

TrueGrid 建模长度单位采用 mm，相关命令流如下：

```
gct 3 rz 90;rz 180;rz 270;          c 定义全局复制变换
mate 1                              c 为泰勒杆指定材料号（LS-DYNA PART 号）
partmode i                          c Part 命令的间隔索引格式，便于建立三维网格
block 5 5;5 5;140;                  c 创建三维 PART
    0 2.5 2.5;0 2.5 2.5;0 70
dei 2 3; 2 3; 1 2;                  c 删除局部网格
```

```
sfi -3; 1 2; 1 2;cy 0 0 0 0 0 1 5          c 向圆柱面投影
sfi 1 2; -3; 1 2;cy 0 0 0 0 0 1 5          c 向圆柱面投影
pb 2 2 1 2 2 2 xy 2.1 2.1                  c 将节点移至指定位置
grep 0 1 2 3;                              c 执行全局复制变换
endpart                                    c 结束当前 Part 命令
merge                                      c 进入 merge 阶段，合并 Part
stp 0.01                                   c 设置节点合并阈值，节点之间距离小于该值即被合并
lsdyna keyword                             c 声明要为 LS-DYNA 软件输出关键字格式文件
write                                      c 输出网格模型文件
```

4.23.3 关键字文件讲解

下面讲解相关的 LS-DYNA 关键字文件。关键字输入文件有 2 个：计算模型参数主控文件 main.k 和网格模型文件 trugrdo。其中 main.k 中的内容及相关讲解如下。

$ 首行*KEYWORD 表示输入文件采用的是关键字输入格式。

```
*KEYWORD
```

$ 激活隐式特征值分析，设置相关输入参数。

$ neig=20 为抽取的特征值数量。

```
*CONTROL_IMPLICIT_EIGENVALUE
$neig,center,lflag,lftend,rflag,rhtend,eigmth,shfscl
20,0.0,0,0.0,0,0.0,0,0.0
```

$ 激活隐式分析，定义相关控制参数。

$ imflag=1 表示隐式分析。

```
*CONTROL_IMPLICIT_GENERAL
$imflag,dt0,imform,nsbs,igs,cnstn,form ,zero_v
1,0.0
```

$ 定义常应力实体单元算法。

```
*SECTION_SOLID
$ SECID,ELFORM,AET
1,1
```

$ 定义泰勒杆 Part。

```
*PART
$ HEADING

$ PID,SECID,MID,EOSID,HGID,GRAV,ADPOPT,TMID
1,1,1,0,0,0,0
```

$ 为泰勒杆定义线弹性材料模型参数。

```
*MAT_ELASTIC
$ MID,RO,E,PR,DA,DB,K
1,8930,1.17e11,0.35,
```

$ 定义计算结束条件。

```
*CONTROL_TERMINATION
$ ENDTIM,ENDCYC,DTMIN,ENDENG,ENDMAS,NOSOL
1.000000
```

$ 定义二进制状态文件 D3PLOT 的输出。

```
*DATABASE_BINARY_D3PLOT
$ DT/CYCL,LCDT/NR,BEAM,NPLTC,PSETID,CID
1.000000
```

$ 为*INCLUDE_TRANSFORM 关键字定义几何变换。

```
*DEFINE_TRANSFORMATION
```

```
$ TRANID
1
$ OPTION,A1,A2,A3,A4,A5,A6,A7
1
SCALE,0.001,0.001,0.001
```

$ 引用*DEFINE_TRANSFORMATION 定义的几何变换，包含泰勒杆网格模型文件。

```
*INCLUDE_TRANSFORM
$ FILENAME
trugrdo
$ IDNOFF,IDEOFF,IDPOFF,IDMOFF,IDSOFF,IDFOFF,IDDOFF

$ IDROFF,PREFIX,SUFFIX

$ FCTMAS,FCTTIM,FCTLEN,FCTTEM,INCOUT1

$ TRANID
1
```

$ *END 表示关键字文件的结束，LS-DYNA 读入时将忽略该语句后的所有内容。

```
*END
```

4.23.4 数值计算结果

特征值分析计算完成后，除了 D3PLOT 等文件外，还将生成 ASCII 格式频率文件 eigout 和二进制格式振型文件 d3eigv。其中 eigout 文件部分内容如下：

```
                    ls-dyna smp.113621 s              date 01/19/2017

 results    of    eigenvalue    analysis:

 problem time =    1.00000E+00

 (all frequencies de-shifted)

                                 |------ frequency -----|
      MODE      EIGENVALUE          RADIANS           CYCLES          PERIOD
        1     -1.655359E+05     4.068610E+02    6.475394E+01    1.544307E-02
        2     -1.135786E+05     3.370143E+02    5.363749E+01    1.864368E-02
        3     -8.274872E+04     2.876608E+02    4.578263E+01    2.184234E-02
        4     -7.412073E+04     2.722512E+02    4.333013E+01    2.307863E-02
        5      6.444512E+03     8.027772E+01    1.277660E+01    7.826811E-02
        6      5.963441E+04     2.442016E+02    3.886589E+01    2.572950E-02
        7      1.531868E+09     3.913908E+04    6.229178E+03    1.605348E-04
        8      1.531950E+09     3.914013E+04    6.229345E+03    1.605305E-04
        9      9.683492E+09     9.840473E+04    1.566160E+04    6.385044E-05
       10      9.944588E+09     9.972255E+04    1.587134E+04    6.300666E-05
 ........................................
       18      8.712188E+10     2.951642E+05    4.697683E+04    2.128709E-05
       19      1.042026E+11     3.228042E+05    5.137589E+04    1.946438E-05
       20      1.305392E+11     3.613022E+05    5.750302E+04    1.739039E-05
```

上面 5 列分别为模态阶数、特征值 λ、角频率 ω、频率 f 和周期 T，且：

$$T=1/f\,,\qquad \omega=2\pi f\,,\qquad \lambda=\omega^2$$

泰勒杆前 6 阶频率为刚体运动，第 7 阶振动频率为 6.229287E+03Hz，角频率为 45369.05rad/s。

采用 LS-PrePost 软件读入 d3eigv 文件，可显示泰勒杆模态振型，如图 4-54 所示。

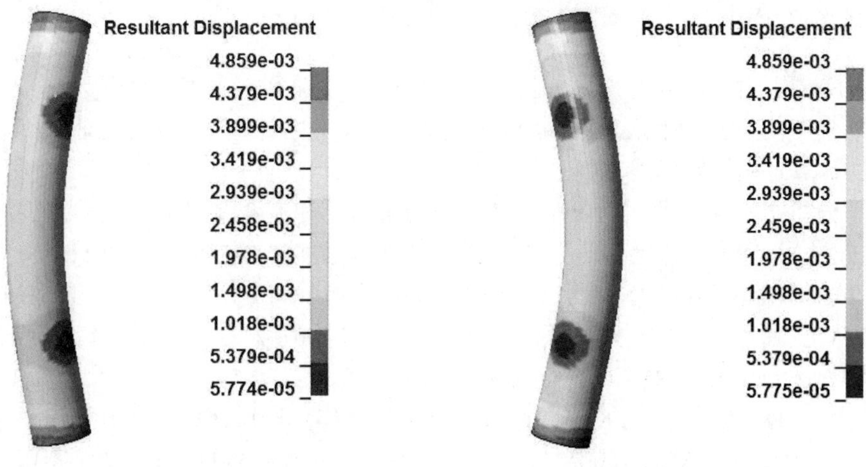

（a）第 7 阶振型　　（b）第 8 阶振型

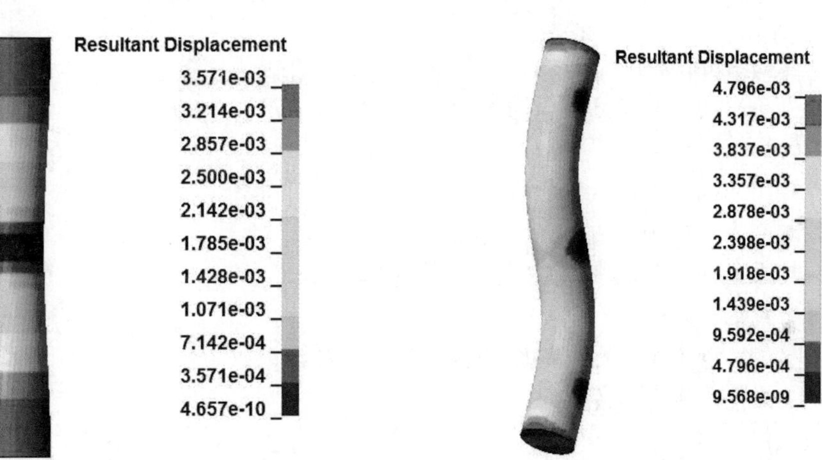

（c）第 9 阶振型　　（d）第 10 阶振型

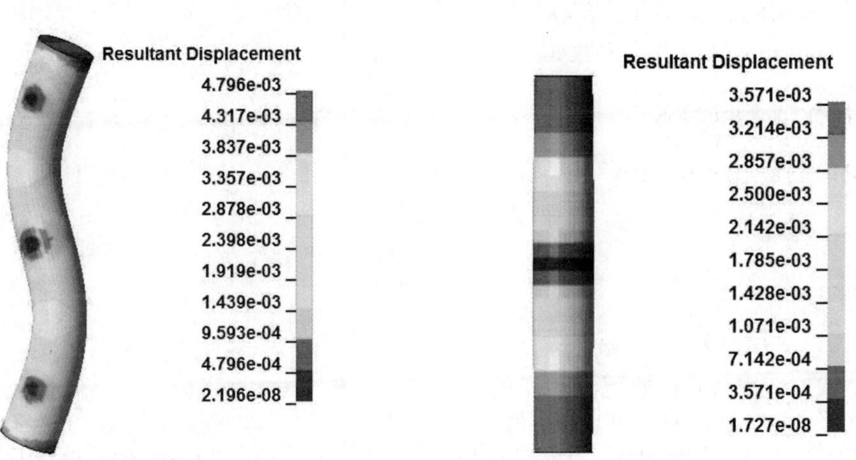

（e）第 11 阶振型　　（f）第 12 阶振型

图 4-54　泰勒杆振型（放大 10 倍）

4.24 完全重启动分析三维 1/4 对称计算模型

LS-DYNA 程序的重启动分析功能允许用户将整个作业的计算分成若干步完成，每次分析从求解的某个点接着进行计算，避免将机时浪费在不正确的计算上，并通过适当修改计算模型可使复杂的计算过程得以成功完成。

重启动分析有三种类型：简单重启动、小型重启动和完全重启动。三种重启动分析都需要包含某个时间点的模型全部信息的二进制重启动文件。可通过*DATABASE_BINARY_D3DUMP 或*DATABASE_BINARY_RUNRSF 关键字按时间/时间步间隔输出二进制重启动文件。D3DUMP 文件按累加方式输出，其文件名分别为 D3DUMP01、D3DUMP02、D3DUMP03、…。而 RUNRSF 文件采用覆盖输出方式。

（1）简单重启动。LS-DYNA 在达到终止时间前停止计算，重启动分析用于继续完成没有达到*CONTROL_TERMINATION 设定的计算结束时间就中断的作业。由于不用对关键字文件做任何修改，因此在命令行中不需要指定输入文件。例如，如果想以 D3DUMP01 文件进行重起动计算，则：

```
LSDYNA.EXE R=D3DUMP01
```

（2）小型重启动。只允许对模型做一些特定修改，如：

1）修改计算结束时间。

2）修改输出间隔。

3）修改时间步长控制。

4）修改加载曲线（曲线中的数据点数不能更改）。

5）添加节点约束。

6）删除接触、Part 或单元，以及 FSI，但不能新增。

7）Part 刚柔转换或柔刚转换。

8）修改阻尼。

9）修改速度。

小型重启动需要一个二进制重启动文件和一个简单的关键字输入文件。关键字输入文件（这里为 restart-input.k）内容大致如下：

```
*KEYWORD
*CONTROL_TERMINATION
15e-03
*DATABASE_BINARY_D3PLOT
1e-5
*DELETE_PART
4,5
*DELETE_CONTACT
3
*END
```

LS-DYNA 运行命令行如下：

```
LSDYNA.EXE I=restart-input.k R=D3DUMP01
```

（3）完全重启动。完全重启动分析可对模型做重大修改，如添加 PART、载荷和接触。

完全重启动需要一个二进制重启动文件和一个完整的关键字输入文件。在这个完整的关键字输入文件中，需要包含关于模型的完整描述。

1）原输入文件中需要保留下来的已有节点、单元、PART、材料模型、接触、载荷等，这是从原输入文件中直接拷贝过来的。

2）从原输入文件拷贝过来而且可根据需要进行适当修改的，如控制设置和加载曲线等。

3）新增的 PART、接触、材料模型和载荷。

在完全重启动分析中必须指定用*STRESS_INITIALIZATION 来初始化已有 PART 中的初始应力、初始应变、初始位移等。

完全重启动分析不得改变保留下来的网格拓扑形状，要保留*NODE 数据的初始坐标值，而不是变形后的节点坐标值。保留下来的已有接触需要带有原 ID，这样原输入文件中的接触 ID 能和完全重启动输入文件中的接触 ID 匹配。

完全重启动中不能使用*DELETE 关键字，要在完全重启动中删除 PART 和单元，可在完全重启动文件中不包含该部分 PART 和单元数据就可以了。

修改保留下来的节点的速度不能使用*INITIAL_VELOCITY 关键字，要使用*CHANGE_VELOCITY_OPTION。而对于新增 PART，可以使用*INITIAL_VELOCITY。

对于旧版 LS-DYNA，完全重启动的输出结果会覆盖已有的输出，需要在一个新的目录下进行完全重启动分析，后处理也要分开进行。

对于 MPP LS-DYNA，完全重启动文件名为 D3FULL*nn*，而不是 D3DUMP*nn*，完全重启动的命令行参数相应用 N=D3FULL*nn* 替代 R=D3DUMP*nn*。而 MPP LS-DYNA 的小型重启动命令行参数依旧使用 R=D3DUMP*nn*。

由于简单重启动和小型重启动分析较为简单，本章不再举例，这里仅给出完全重启动分析算例。

4.24.1　完全重启动分析计算模型概况

采用三维全尺寸模型，计算单位制采用 cm-g-μs。

第一次分析算例同 4.3 节内容。泰勒杆底面附近的刚性墙采用*RIGIDWALL_PLANAR 关键字定义。

在完全重启动分析模型中将刚性墙移至泰勒杆顶面上方，计算泰勒杆弹回后顶面与刚性墙的撞击。在完全重启动输入文件中顶面刚性墙的定义采用*CHANGE_RIGIDWALL_PLANAR 关键字。

4.24.2　完全重启动分析 TrueGrid 建模

完全重启动需要保留泰勒杆的初始网格模型，其 TrueGrid 建模命令流和第一次分析相同，即与 4.3.3 节相同。

4.24.3　完全重启动分析关键字文件讲解

下面讲解相关的 LS-DYNA 关键字文件。关键字输入文件有 2 个：计算模型参数主控文件 main.k 和网格模型文件 trugrdo。其中 main.k 中的内容及相关讲解如下。

$ 首行*KEYWORD 表示输入文件采用的是关键字输入格式。

```
*KEYWORD
```

$ 为二进制结果文件定义输出格式。

```
*DATABASE_FORMAT
$ IFORM,IBINARY
0
```

$ *SECTION_SOLID 定义常应力实体单元算法。

```
*SECTION_SOLID
$ SECID,ELFORM,AET
1,1
```

$ 这是*MAT_015 材料模型，用于定义泰勒杆材料模型参数。

```
*MAT_JOHNSON_COOK
$ MID,RO,G,E,PR,DTF,VP,RATEOP
1,8.94,0.6074,1.64,0.350,0.000E+00,1
$ A,B,N,C,M,TM,TR,EPS0
1.4954E-3,3.0536E-3,0.096,0.034,1.09,1083,288.,5.000E-04
$ CP,PC,SPALL,IT,D1,D2,D3,D4
4.40E-6,-9.00,3.00,0.000E+00,1.000E+00,0.000E+00,0.000E+00,0.000E+00
$ D5,C2/P/XNP,EROD,EFMIN,NUMINT
0.000E+00
```

$这是*EOS_004 状态方程，用于定义泰勒杆的状态方程参数。

```
*EOS_GRUNEISEN
$ EOSID,C,S1,S2,S3,GAMAO,A,E0
1,0.394,1.489,0.000E+00,0.000E+00,2.02,0.47,0.000E+00
$ V0
0.000E+00
```

$ 定义泰勒杆 Part，引用定义的单元算法、材料模型和状态方程。

```
*PART
$ HEADING

$ PID,SECID,MID,EOSID,HGID,GRAV,ADPOPT,TMID
1,1,1,1,0,0,0
```

$ 在完全重启动分析中重新定义刚性墙。

```
*CHANGE_RIGIDWALL_PLANAR
$ NSID,NSIDEX,BOXID,OFFSET,BIRTH,DEATH,RWKSF
0,
$ XT,YT,ZT,XH,YH,ZH,FRIC,WVEL
0,0,5.52,0,0,1
```

$ 应力初始化 PART 1。

```
*STRESS_INITIALIZATION
$ PIDO,PIDN
1,1
```

$ 定义时间步长控制参数。

```
*CONTROL_TIMESTEP
$ DTINIT,TSSFAC,ISDO,TSLIMT,DT2MS,LCTM,ERODE,MS1ST
0.0000,0.9000,0,0.00,0.00
```

$ 定义计算结束条件。

```
*CONTROL_TERMINATION
$ ENDTIM,ENDCYC,DTMIN,ENDENG,ENDMAS,NOSOL
300
```

$ 定义二进制时间历程文件 D3THDT 的输出。

```
*DATABASE_BINARY_D3THDT
$ DT/CYCL,LCDT/NR,BEAM,NPLTC,PSETID,CID
0.1
```

$ 定义二进制状态文件 D3PLOT 的输出。

```
*DATABASE_BINARY_D3PLOT
$ DT/CYCL,LCDT/NR,BEAM,NPLTC,PSETID,CID
3.00
```

$ 定义刚性墙力 ASCII 文件 RWFORC 的输出。

```
*DATABASE_RWFORC
$ DT,BINARY,LCUR,IOOPT,OPTION1,OPTION2,OPTION3,OPTION4
0.1
```

$ 为*INCLUDE_TRANSFORM 关键字定义几何变换。

```
*DEFINE_TRANSFORMATION
$ TRANID
1
$ OPTION,A1,A2,A3,A4,A5,A6,A7
SCALE,0.1,0.1,0.1
```

$ 引用*DEFINE_TRANSFORMATION 定义的几何变换，包含泰勒杆网格模型文件。

```
*INCLUDE_TRANSFORM
$ FILENAME
trugrdo
$ IDNOFF,IDEOFF,IDPOFF,IDMOFF,IDSOFF,IDFOFF,IDDOFF

$ IDROFF,PREFIX,SUFFIX

$ FCTMAS,FCTTIM,FCTLEN,FCTTEM,INCOUT1

$ TRANID
1
```

$ *END 表示关键字文件的结束，LS-DYNA 读入时将忽略该语句后的所有内容。

```
*END
```

本次完全重启动分析 LS-DYNA 执行的命令行如下：

```
ls910s.exe   i=main.k MEMORY=200M ncpu=1 r=d3dump01
```

其中 d3dump01 为 4.3 节第一次分析结束时输出的重启动文件。

4.24.4　完全重启动分析数值计算结果

完全重启动分析中泰勒杆与刚性墙撞击前后 VON Mises 应力如图 4-55 所示。

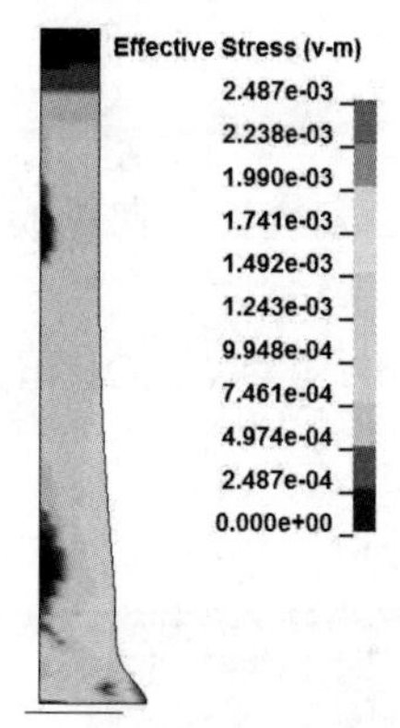

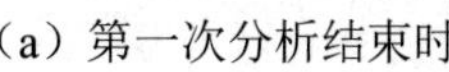

（a）第一次分析结束时

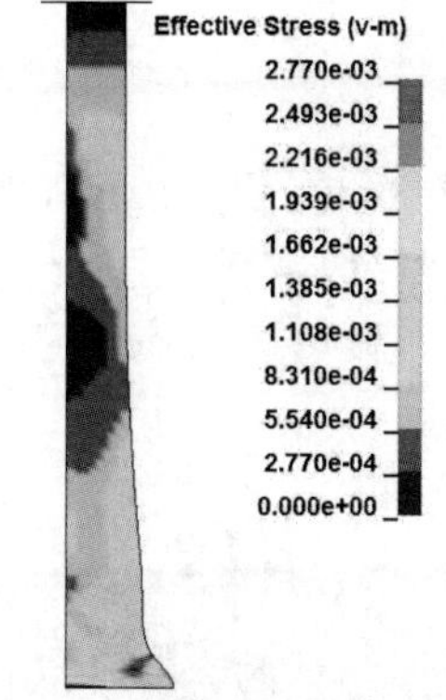

（b）顶面与刚性墙撞击前

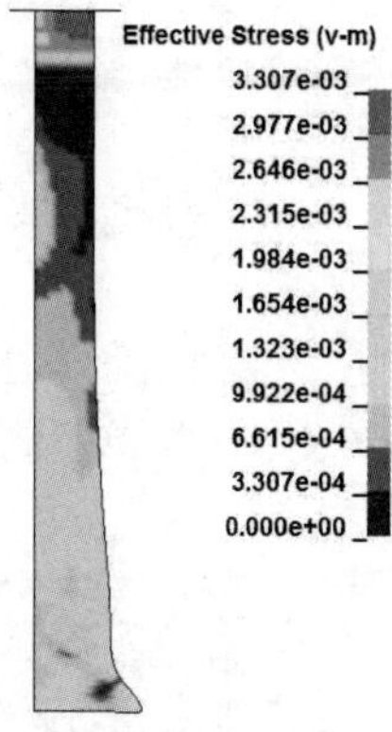

（c）顶面与刚性墙撞击后

图 4-55　泰勒杆与刚性墙撞击前后 VON Mises 应力

第 5 章　提高篇——侵彻计算

侵彻是指侵彻体钻入或穿透物体。侵彻计算是 LS-DYNA 最常见的应用，LS-DYNA 软件中侵彻的计算方法有：

（1）Lagrangian 法。Lagrangian 侵彻体和 Lagrangian 被侵彻体之间采用接触。

（2）ALE 共节点法。侵彻体和被侵彻体共节点，均采用 ELFORM=11 单元算法。

（3）ALE 接触法。侵彻体和被侵彻体可采用 ELFORM=5 单元算法，二者之间定义接触。

（4）流-固耦合法。侵彻体和被侵彻体一方采用 ELFORM=11 或 12 单元算法，另一方采用 Lagrangian 算法，二者之间定义流-固耦合关系。

（5）SPH、DEM、EFG 或 SPG 方法。侵彻体和被侵彻体的任一方可采用 SPH、DEM、EFG 或 SPG 方法。

5.1　破片撞击陶瓷二维轴对称计算

LS-DYNA 软件中的*MAT_JOHNSON_HOLMQUIST_JH1 材料模型（简称 JH1 模型）用于描述脆性材料强度随损伤、压力、应变率等变化规律，在 JH1 模型中脆性材料不发生软化效应，除非材料完全损伤，其软化并不连续累积，但在飞板撞击试验中研究人员发现了脆性材料的累积软化现象。*MAT_JOHNSON_HOLMQUIST_CERAMICS 模型（简称 JH2 模型）在 JH1 模型基础上进行了改进，考虑了损伤演化过程，用于获得不同损伤状态下脆性材料的冲击响应特征，在陶瓷复合装甲仿真计算领域该模型得到了广泛应用。

在本节，将采用 JH2 模型模拟在撞击作用下陶瓷内损伤演化和裂纹扩展过程，最后使用 LS-PrePost V4.10 进行破片统计。

5.1.1　计算模型概况

圆柱形钢破片直径 12mm，高度为 6mm，以初速 300m/s 撞击 SiC 陶瓷板，陶瓷板厚度为 250mm。

采用二维轴对称模型（图 5-1），陶瓷材料模型采用*MAT_JOHNSON_HOLMQUIST_CERAMICS。计算单位制采用 cm-g-μs。

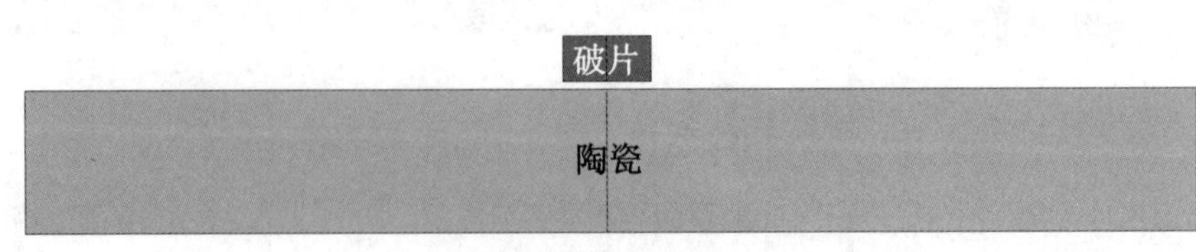

图 5-1　计算模型

5.1.2 TrueGrid 建模

TrueGrid 建模采用的长度单位为 mm，命令流如下：

```
mate 1                              c 为破片指定材料号（LS-DYNA PART 号）
block 1 11;1 11;-1;0 6;0 6;0        c 创建破片 PART
endpart                             c 结束当前 Part 命令
mate 2                              c 为陶瓷指定材料号（LS-DYNA PART 号）
block 1 121 201;1 101;-1;0 30 80;-26 -1;0          c 创建陶瓷 PART
res 2 1 1 3 2 1 i 1.02              c 控制 I 方向节点疏密分布
endpart                             c 结束当前 Part 命令
merge                               c 进入 merge 阶段，合并 Part
lsdyna keyword                      c 声明要输出 LS-DYNA 关键字格式文件
write                               c 输出网格模型文件
```

5.1.3 关键字文件讲解

下面讲解相关的 LS-DYNA 关键字文件。关键字输入文件有 2 个：计算模型参数主控文件 main.k 和网格模型文件 trugrdo。其中 main.k 中的内容及相关讲解如下。

$ 首行*KEYWORD 表示输入文件采用的是关键字输入格式。

```
*KEYWORD 10000000
```

$ 设定分析标题。

```
*TITLE

```

$ 为二进制结果文件定义输出格式。

```
*DATABASE_FORMAT
$ IFORM,IBINARY
0
```

$ 定义单元算法，14 表示面积加权轴对称算法。

```
*SECTION_SHELL
$ SECID,ELFORM,SHRF,NIP,PROPT,QR/IRID,ICOMP,SETYP
1,14,0.833,5.0,0.0,0.0,0
$ T1,T2,T3,T4,NLOC,MAREA,IDOF,EDGSET
0.00,0.00,0.00,0.00,0.00
```

$ 这是*MAT_015 材料模型，用于定义破片材料模型参数。

```
*MAT_JOHNSON_COOK
$ MID,RO,G,E,PR,DTF,VP,RATEOP
1,7.800,2.0,0.81,0.30,0.000E+00,1
$ A,B,N,C,M,TM,TR,EPS0
5.07E-3,3.20E-3,0.28,0.064,1.06,1795,300.,1.0E-6
$ CP,PC,SPALL,IT,D1,D2,D3,D4
469e-5,0.000E+00,0.000E+00,0.000E+00,0.5,0.760,0.57,0.005
$ D5,C2/P/XNP,EROD,EFMIN,NUMINT

```

$ 这是*EOS_004 状态方程，用于定义破片的状态方程参数。

```
*EOS_GRUNEISEN
$ EOSID,C,S1,S2,S3,GAMAO,A,E0
1,0.4610,1.73,0.0,0.0,1.67,0.0,0.0
$ V0
0.0
```

$ 这是*MAT_111 材料模型，用于定义陶瓷材料模型参数。

```
*MAT_JOHNSON_HOLMQUIST_CERAMICS
$ MID,RO,G,A,B,C,M,N
2,3.163,1.83,0.96,0.35,0.0,1.0,0.65
$ EPSI,T,SFMAX,HEL,PHEL,BETA
1.0,0.0037,0.8,0.14567,5.9E-2,1.00
$ D1,D2,K1,K2,K3,FS
0.48,0.48,2.04785,0,0,3.0
```

$ *MAT_ADD_EROSION 为混凝土材料模型附加失效方式。

$ MID 的数值必须与对应的材料模型号一致。

```
*MAT_ADD_EROSION
$ MID,EXCL,MXPRES,MNEPS,EFFEPS,VOLEPS,NUMFIP,NCS
2
$ MNPRES,SIGP1,SIGVM,MXEPS,EPSSH,SIGTH,IMPULSE,FAILTM
,,,0.3,0.9
```

$ 定义破片 PART，引用定义的单元算法、材料模型和状态方程。

```
*PART
$ HEADING

$ PID,SECID,MID,EOSID,HGID,GRAV,ADPOPT,TMID
1,1,1,1,0,0,0
```

$ 定义陶瓷 PART，引用定义的单元算法和材料模型。

```
*PART
$ HEADING

$ PID,SECID,MID,EOSID,HGID,GRAV,ADPOPT,TMID
2,1,2,0,0,0,0
```

$ 定义二维自动接触。

```
*CONTACT_2D_AUTOMATIC
$ SURFA,SURFB,SFACT,FREQ,FS,FD,DC
,,1
$ TBIRTH,TDEATH,SOS,SOM,NDS,NDM,COF,INIT

```

$ 给破片施加初始速度。

```
*INITIAL_VELOCITY_GENERATION
$ ID,STYP,OMEGA,VX,VY,VZ,IVATN,ICID
1,2,0,,-0.030
$ XC,YC,ZC,NX,NY,NZ,PHASE,IRIGID

```

$ 定义时间步长控制参数。

```
*CONTROL_TIMESTEP
$ DTINIT,TSSFAC,ISDO,TSLIMT,DT2MS,LCTM,ERODE,MS1ST
0.0000,0.8000
```

$ 定义附加写入 D3PLOT 文件的时间历程变量数目。

$ 第 2 个时间历程变量表示*MAT_JOHNSON_HOLMQUIST_CERAMICS 材料的损伤参数。

```
*DATABASE_EXTENT_BINARY
$ NEIPH,NEIPS,MAXINT,STRFLG,SIGFLG,EPSFLG,RLTFLG,ENGFLG
,2,
$ CMPFLG,IEVERP,BEAMIP,DCOMP,SHGE,STSSZ,N3THDT,IALEMAT

```

$ 定义计算结束条件。

```
*CONTROL_TERMINATION
$ ENDTIM,ENDCYC,DTMIN,ENDENG,ENDMAS,NOSOL
200
```

$ 定义二进制状态文件 D3PLOT 的输出。

```
*DATABASE_BINARY_D3PLOT
$ DT/CYCL,LCDT/NR,BEAM,NPLTC,PSETID,CID
1
```

$ 定义二进制文件 D3THDT 的输出。

```
*DATABASE_BINARY_D3THDT
$ DT/CYCL,LCDT/NR,BEAM,NPLTC,PSETID,CID
1
```

$ 为*INCLUDE_TRANSFORM 关键字定义几何变换。

$ *DEFINE_TRANSFORMATION 必须在*INCLUDE_TRANSFORM 前面定义。

$ OPTION= SCALE 时，缩放模型。建模长度单位为 mm，缩放为计算采用的 cm。

```
*DEFINE_TRANSFORMATION
$ TRANID
1
$ OPTION,A1,A2,A3,A4,A5,A6,A7
SCALE,.1,.1,.1
```

$ 引用*DEFINE_TRANSFORMATION 定义的几何变换，包含网格模型文件。

$ TRANID=1 是前面定义的几何变换。

```
*INCLUDE_TRANSFORM
$ FILENAME
trugrdo
$ IDNOFF,IDEOFF,IDPOFF,IDMOFF,IDSOFF,IDFOFF,IDDOFF

$ IDROFF,PREFIX,SUFFIX

$ FCTMAS,FCTTIM,FCTLEN,FCTTEM,INCOUT1
,,
$ TRANID
1
*END
```

5.1.4 数值计算结果

计算完成后，在 LS-DYNA 后处理软件 LS-PrePost V4.10 中读入 D3PLOT 文件，进行如下操作，即可显示在破片冲击作用下陶瓷裂纹的扩展过程，如图 5-2 所示。

（1）将一半模型镜像对称为全模型（Model and Part→Reflect Model→Reflect About YZ Plane）。

（2）选中 2 Part（Model and Part→Assembly and Select Part→2 Part）。

（3）选择第 2 个时间历程变量（Post→Fringe Component→Misc→history var#2）。

（4）选中全部 Part（Model and Part→Assembly and Select Part）。

从图 5-2 中可以看出，陶瓷板受到撞击后破裂成很多块。进行如下操作，可显示每枚破片质量（该值乘以 2π 即为破片实际质量）和速度统计分析结果，如图 5-3 所示。

（1）在底部工具栏中 State#对应的输入框中输入 202（即最后一个状态），并回车。

（2）单击菜单栏进行破片统计分析（Application→Fragment Analysis）。

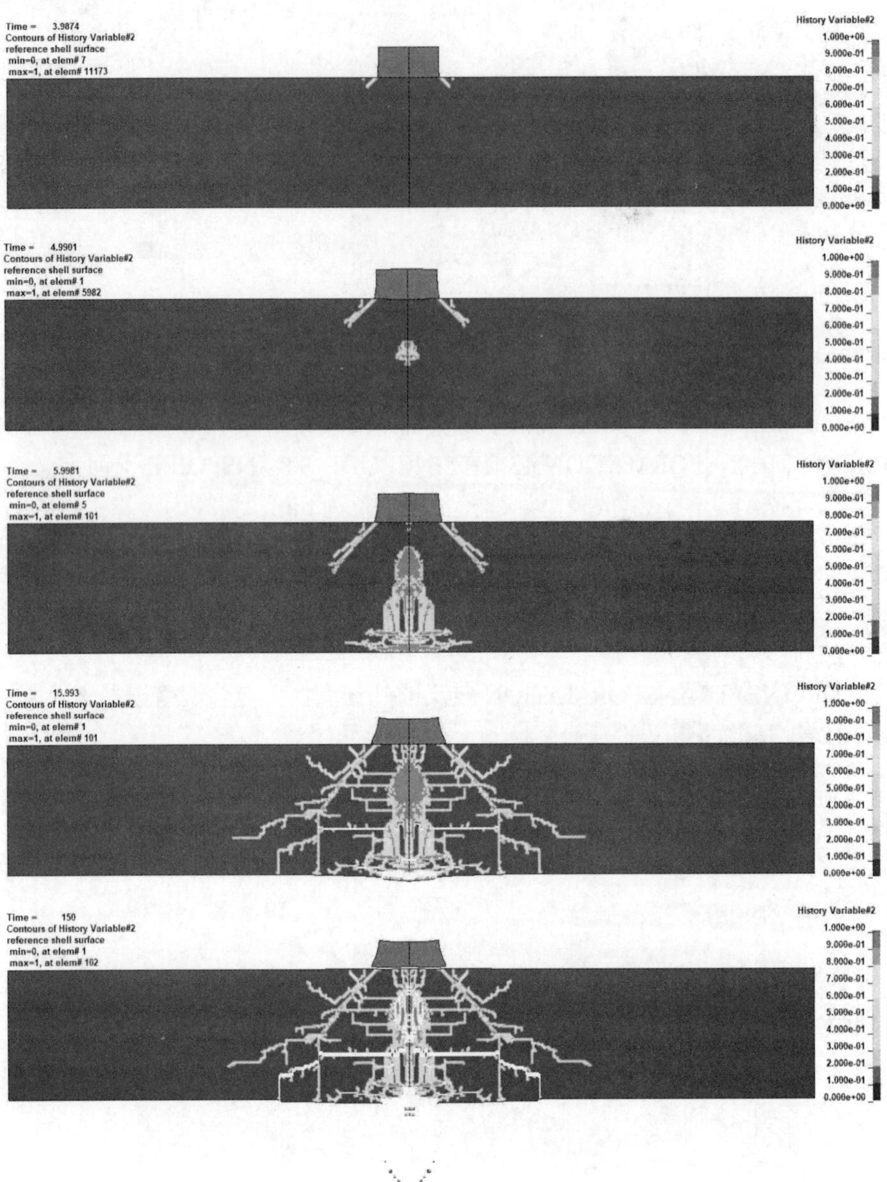

图 5-2　破片冲击过程中陶瓷裂纹扩展

Fragment Analysis

Filter: Elements　Threshold 0

No.	Name	Elements	Mass	Vel_x	Vel_y	Vel_z
1	1	100	0.8424	-1.81091e-05	0.000328641	0
2	2_m1	8	0.0649108	-5.60545e-07	-0.0111475	0
3	2_m2	18	0.145756	4.42245e-07	-0.00933301	0
4	2_m3	2429	19.5969	-6.03439e-07	-0.000478299	0
5	2_m4	16257	227.255	1.52993e-05	-0.000109116	0
6	2_m5	459	3.74914	-1.2783e-06	-0.000272276	0
7	2_m6	9	0.0732754	1.02225e-07	1.71587e-06	0
8	2_m7	6	0.0481292	-9.51872e-06	-0.000264464	0

Settings: ☑Name ☑Elements ☑Mass ☐CG_x ☐CG_y ☐CG_z ☐Volume ☑Vel_x ☑Vel_y ☑Vel_z

☐Show only　All　None　Reverse　Write　Done

图 5-3　全部破片质量和速度统计分析结果

5.2 弹体侵彻随机分层岩石计算

RHT 材料模型是由德国 Ernst Mach 研究所的 Riedel、Hiermaier 和 Thoma 发展起来的，用于模拟岩石、混凝土等脆性材料在动态加载下的力学行为，考虑了以下效应：压力硬化、应变硬化、应变率硬化、压缩、拉伸子午线的第三不变量、损伤效应、体积压缩、裂纹软化，可模拟弹体侵彻混凝土靶裂纹损伤分布和靶后崩落等破坏现象。使用时用户只需输入密度、剪切模量、单轴抗压强度，就可以自动生成材料模型所需要的其他参数。

在本节将采用*MAT_RHT 材料模型模拟弹体侵彻过程中岩层裂纹扩展过程，同时介绍在 TrueGrid 软件中采用 for 循环生成随机分层岩石模型。

5.2.1 计算模型概况

截卵形实心钢弹直径为 0.32m，长度为 1.0m，质量为 558.5kg，垂直侵彻，初速为 300m/s。方形靶标由分层岩石制成，长、宽、高均为 3.2m。分层岩石网格随机生成。

在如图 5-4 所示的计算模型中，实心钢弹粗短、初速低，侵彻过程中不会发生变形，可以看作刚体。岩层采用*MAT_RHT 材料模型。高强度岩层和低强度岩层单轴抗压强度分别为 120MPa 和 30MPa。计算单位制采用 mm-kg-ms。

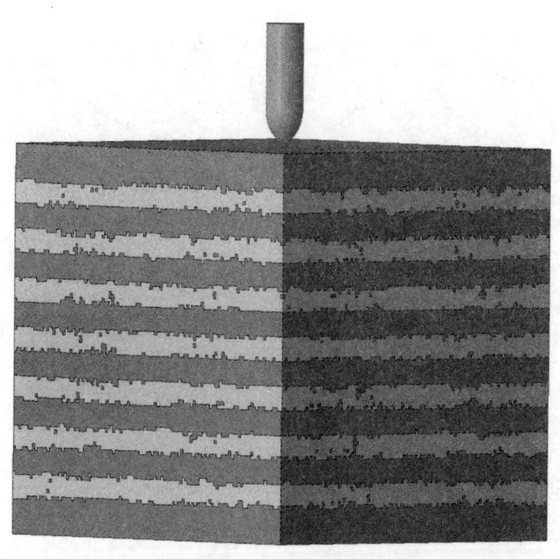

图 5-4　计算模型

5.2.2 TrueGrid 建模

TrueGrid 建模采用的长度单位为 mm，命令流（需要 TrueGrid 3.0 以上版本才能运行）如下：

```
lct 3 ryz;ryz rxz;rxz;                c 定义局部复制变换
mate 3                                c 为弹体指定材料号（LS-DYNA PART 号）
ld   2 lp2 0 0 20 0;lar 160 270 318.97;    c 定义弹体二维外轮廓曲线
        lp2 160 1000;;
sd 2 crz 2;                           c 定义弹体三维外轮廓曲面
partmode i;                           c  Part 命令的间隔索引格式，便于建立三维网格
block 4 4;4 4;4 8 34;0 50 50;0 50 50;0 100 250 1000;      c 创建三维弹体 PART
DEI   2 3; 2 3; 1 4;                  c 删除局部网格
```

```
DEI   1 2; 2 3; 1 2;
DEI   2 3; 1 2; 1 2;
sfi 1 2; -3; 2 4;sd 2          c 向弹体外表面投影
sfi -3; 1 2; 2 4;sd 2
sfi 1 2; 1 2; -1;sd 2
res 1 1 3 1 3 4 j 1            c 控制 J 方向节点疏密分布
res 1 1 3 3 1 4 i 1            c 控制 I 方向节点疏密分布
pb 2 2 3 2 2 4 xy 70 70        c 将节点移至指定位置
pb 2 2 3 2 2 3 xyz 65 65 240
pb 3 1 2 3 1 2 xz 70 40
pb 2 1 1 2 1 1 xz 70 40
pb 1 2 1 1 2 1 yz 70 40
pb 1 3 2 1 3 2 yz 70 40
pb 2 2 1 2 2 1 xyz 7.101100E+01 7.101100E+01 7.837080E+01
lrep 0 1 2 3;                  c 执行局部复制变换
endpart                        c 结束当前 Part 命令
merge                          c 进入 merge 阶段，合并 Part
offset bricks 2000000;         c 将实体单元号偏移 2000000
offset nodes 2000000;          c 将节点号偏移 2000000
stp 0.2                        c 设置节点合并阈值，节点之间距离小于该值即被合并
mof bomb.k                     c 指定输出弹体网格模型文件 bomb.k
lsdyna keyword                 c 声明要输出 LS-DYNA 关键字格式文件
write                          c 输出网格模型文件
```

生成的弹体网格模型如图 5-5 所示。

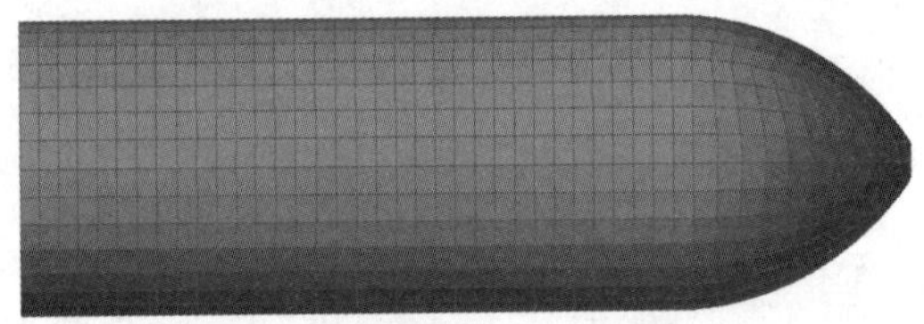

图 5-5　弹体网格模型

随机分层岩石靶标的 TrueGrid 建模命令流（需要 TrueGrid 3.0 以上版本才能运行）如下，每次运行下面的命令流将生成不同的岩层模型（图 5-6）。

```
para i 1;                                   c 用于定义参数
while (%i .le. 7)                           c 定义 while 循环
sd %i function -1600 1600 -1600 1600        c 定义曲面
     u+200*rand;v+200*rand;-1600+%i*400+200*rand;;
vd %i sd %i 15;                             c 定义体
para i [%i+1];                              c 递增变量 i
endwhile                                    c 结束 while 循环
mate 1                                      c 为高强度岩层指定材料号（LS-DYNA PART 号）
partmode i;                                 c  Part 命令的间隔索引格式，便于建立三维网格
block 111;111;111;-1600 1600;-1600 1600;-1600 1600          c 创建岩层 PART
for j 1 7 1                                 c 定义 for 循环
mtv 1 1 1 2 2 2 %j 2 2;                     c 将部分岩层设定为材料号 2
endfor                                      c 结束 for 循环
;
endpart                                     c 结束当前 Part 命令
merge                                       c 进入 merge 阶段，合并 Part
stp 0.1                                     c 设置节点合并阈值，节点之间距离小于该值即被合并
lsdyna keyword                              c 声明要输出 LS-DYNA 关键字格式文件
write                                       c 输出网格模型文件
```

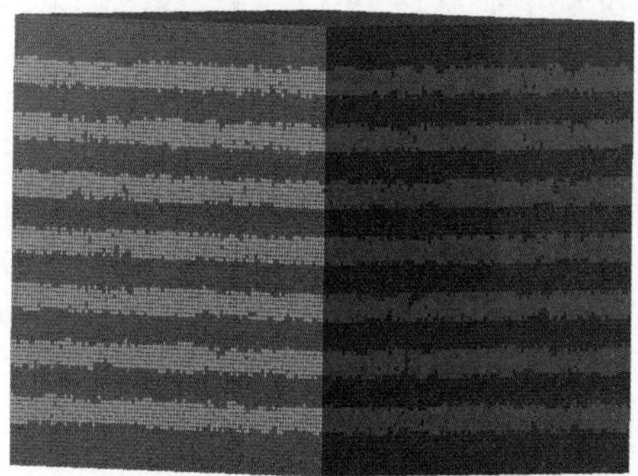

图 5-6 岩层网格模型

5.2.3 关键字文件讲解

下面讲解相关的 LS-DYNA 关键字文件。关键字文件有 3 个：计算模型参数主控文件 main.k、弹体网格模型文件 bomb.k 和靶标网格模型文件 trugrdo。其中 main.k 中的内容及相关讲解如下。

$ 首行*KEYWORD 表示输入文件采用的是关键字输入格式。

```
*KEYWORD
```

$ *SECTION_SOLID 用于定义单元算法。ELFORM=1 表示常应力实体单元算法。

```
*SECTION_SOLID
$ SECID,ELFORM,AET
1,1
```

$ 这是*MAT_020 材料模型，用于将弹体定义为刚体。

```
*MAT_RIGID
$ MID,RO,E,PR,N,COUPLE,M,ALIAS or RE
3,7.8e-6,210,0.3200000
$ CMO,CON1,CON2

$ LCO or A1,A2,A3,V1,V2,V3
```

$ 这是*MAT_272 材料模型，用于定义高强度岩层材料模型参数。

$ 只输入几个关键材料参数，其他参数由程序自动生成。

```
*MAT_RHT
$ MID,RO,SHEAR,ONEMPA,EPSF,B0,B1,T1
1,2.314e-6,22.8,-3
$ A,N,FC,FS*,FT*,Q0,B,T2
,,0.12
$ E0C,E0T,EC,ET,BETAC,BETAT,PTF

$ GC*,GT*,XI,D1,D2,EPM,AF,NF

$ GAMMA,A1,A2,A3,PEL,PCO,NP,ALPHA0
```

$ *MAT_ADD_EROSION 为*MAT_RHT 材料模型添加附加失效方式。

$ MID 的数字必须与对应的材料模型 ID 一致。

$ 这里添加的是剪切应变失效方式。

```
*MAT_ADD_EROSION
$ MID,EXCL,MXPRES,MNEPS,EFFEPS,VOLEPS,NUMFIP,NCS
```

```
1
$ MNPRES,SIGP1,SIGVM,MXEPS,EPSSH,SIGTH,IMPULSE,FAILTM
,,,,0.6
```

$ 定义低强度岩层材料模型参数。

```
*MAT_RHT
2,2.114e-6,16.4,-3,
,,0.03,



*MAT_ADD_EROSION
2
,,,,0.6
```

$ 定义高强度岩层 Part，引用定义的单元算法和材料模型。

```
*PART
$ HEADING

$ PID,SECID,MID,EOSID,HGID,GRAV,ADPOPT,TMID
1,1,1,0,0,0,0
```

$ 定义低强度岩层 Part，引用定义的单元算法和材料模型。

```
*PART

2,1,2,0,0,0,0
*PART

3,1,3,0,0,0,0
```

$ 在弹体和高强度岩层之间定义侵蚀面面接触。

```
*CONTACT_ERODING_SURFACE_TO_SURFACE
$ SSID,MSID,SSTYP,MSTYP,SBOXID,MBOXID,SPR,MPR
1,3,3,3
$ FS,FD,DC,VC,VDC,PENCHK,BT,DT

$ SFS,SFM,SST,MST,SFST,SFMT,FSF,VSF

$ ISYM,EROSOP,IADJ
1,1,1
$ SOFT,SOFSCL,LCIDAB,MAXPAR,SBOPT,DEPTH,BSORT,FRCFRQ
2,0,0,0,5,5,0
```

$ 在弹体和低强度岩层之间定义侵蚀面面接触。

```
*CONTACT_ERODING_SURFACE_TO_SURFACE
2,3,3,3



1,1,1
2,0,0,0,5,5,0
```

$ 给弹体施加初始速度，这里 VZ=-300mm/ms。

```
*INITIAL_VELOCITY_GENERATION
$ ID,STYP,OMEGA,VX,VY,VZ,IVATN,ICID
3,2,0,,,-300
$ XC,YC,ZC,NX,NY,NZ,PHASE,IRIGID

```

$ 定义时间步长控制参数。

```
*CONTROL_TIMESTEP
```

```
$ DTINIT,TSSFAC,ISDO,TSLIMT,DT2MS,LCTM,ERODE,MS1ST
0.0000,0.6000
```

$ 定义附加写入 D3PLOT 文件的时间历程变量数目。

$ NEIPH=4，第 4 个时间历程变量为 RHT 材料的损伤参数。

```
*DATABASE_EXTENT_BINARY
$ NEIPH,NEIPS,MAXINT,STRFLG,SIGFLG,EPSFLG,RLTFLG,ENGFLG
4,0
$ CMPFLG,IEVERP,BEAMIP,DCOMP,SHGE,STSSZ,N3THDT,IALEMAT
```

$ 定义计算结束条件。

```
*CONTROL_TERMINATION
$ ENDTIM,ENDCYC,DTMIN,ENDENG,ENDMAS,NOSOL
8
```

$ 定义二进制状态文件 D3PLOT 的输出。

```
*DATABASE_BINARY_D3PLOT
$ DT/CYCL,LCDT/NR,BEAM,NPLTC,PSETID,CID
0.5
```

$ 定义二进制文件 D3THDT 的输出。

```
*DATABASE_BINARY_D3thdt
$ DT/CYCL,LCDT/NR,BEAM,NPLTC,PSETID,CID
0.001
```

$ 为*INCLUDE_TRANSFORM 关键字定义几何变换。

$ OPTION=TRANSL 时，平移模型。

```
*DEFINE_TRANSFORMATION
$ TRANID
1
$ OPTION,A1,A2,A3,A4,A5,A6,A7
TRANSL,0,0,1605
```

$ 引用*DEFINE_TRANSFORMATION 定义的几何变换，包含弹体网格模型文件。

```
*INCLUDE_TRANSFORM
$ FILENAME
bomb.k
$ IDNOFF,IDEOFF,IDPOFF,IDMOFF,IDSOFF,IDFOFF,IDDOFF

$ IDROFF,PREFIX,SUFFIX

$ FCTMAS,FCTTIM,FCTLEN,FCTTEM,INCOUT1

$ TRANID
1
```

$包含块石和灰泥网格模型文件。

```
*INCLUDE
$ FILENAME
trugrdo
```

$ *END 表示关键字文件的结束，LS-DYNA 读入时将忽略该语句后的所有内容。

```
*END
```

5.2.4 数值计算结果

计算完成后，在 LS-DYNA 后处理软件 LS-PrePost 中读入 D3PLOT 文件，进行如下操作，即可显示如图 5-7 所示的弹体侵彻过程中岩层裂纹扩展过程。

（a）T=1.0ms

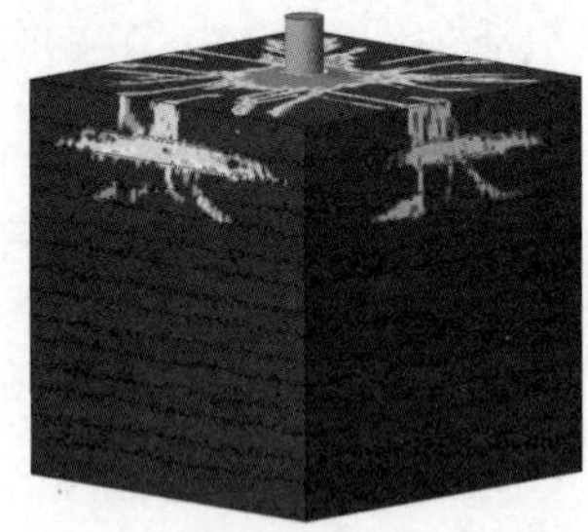

（b）T=2.0ms

（c）T=8.0ms（外部）

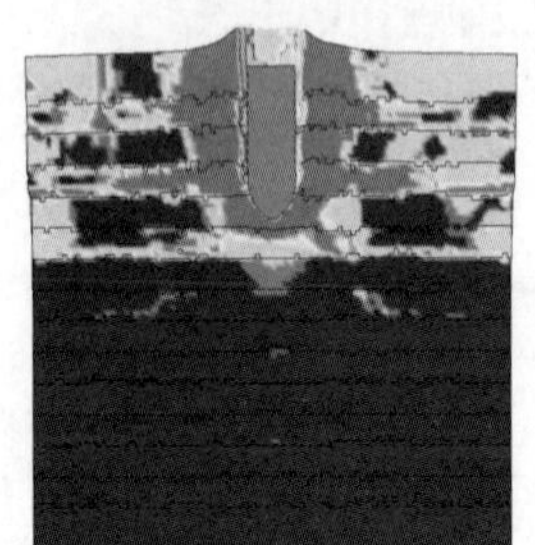

（d）T=8.0ms（剖面）

图 5-7　侵彻过程中岩层裂纹扩展计算结果（120MPa 和 30MPa）

（1）选中 1 Part 和 2 Part（Page 1→SelPar）。

（2）选择第 4 个时间历程变量（Fcomp→Misc→history #4）。

（3）选中 3 Part（Page 1→SelPar）。

当岩层强度修改为 90MPa 和 60MPa 时，岩层中裂纹扩展过程（图 5-8）与之截然不同。

（a）T=1.0ms

（b）T=2.0ms

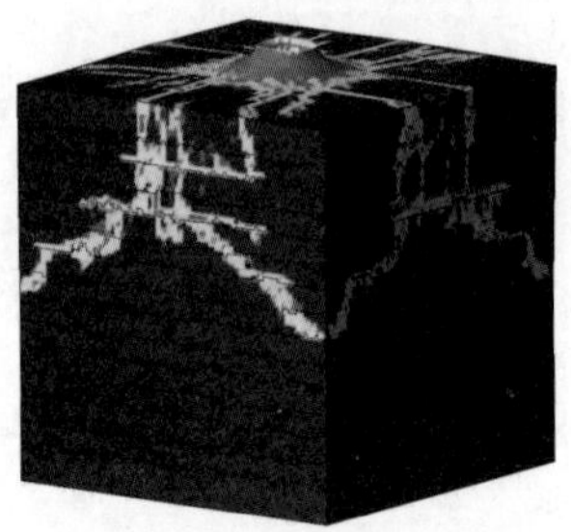

（c）T=8.0ms（外部）

（d）T=8.0ms（剖面）

图 5-8　侵彻过程中岩层裂纹扩展计算结果（90MPa 和 60MPa）

5.3 小球撞网计算

撞网回收是一种零距离的回收技术，能够克服伞降回收对场地面积要求较高的局限性，可用于无人机回收等领域。在本节，将介绍小球撞网回收计算算例。

5.3.1 计算模型概况

在如图 5-9 所示的计算模型中，铝质小球半径 80mm 以初速 20m/s 触网，尼龙网网线直径 5mm，四个角点分别由一根网格固定住。

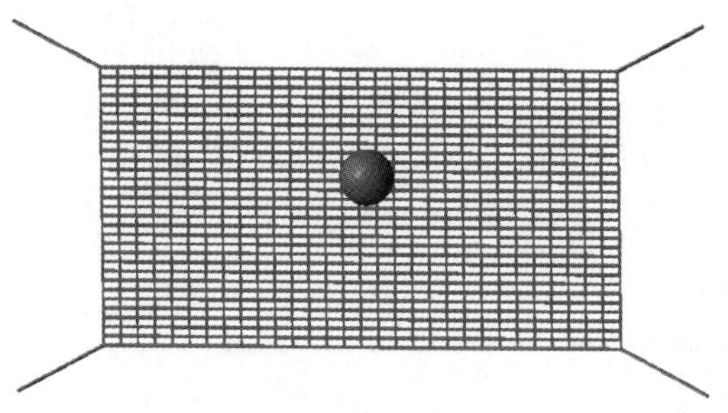

图 5-9 计算模型

5.3.2 TrueGrid 建模

TrueGrid 建模命令流如下：

```
xsca 0.1                    c 缩放 x 坐标，长度单位由 mm 转换为 cm
ysca 0.1                    c 缩放 y 坐标
zsca 0.1                    c 缩放 z 坐标
beam                        c 创建梁单元 PART
rt -750 -750 0;
rt -750 750 0;
rt -2000 0 0;
bm 1 2 150 3 1 3;
lct 30 mx 50;repe 30;lrep 0:30;
endpart                     c 结束当前 Part 命令
beam                        c 创建梁单元 PART
rt -750 -750 0;
rt 750 -750 0;
rt 0 -2000 0;
bm 1 2 150 3 1 3;
lct 30 my 50;repe 30;lrep 0:30;
endpart                     c 结束当前 Part 命令
beam
rt -1000 1000 0 dx 1 dy 1 dz 1 rx 1 ry 1 rz 1;
rt -750 750 0;
rt -2000 0 0;
bm 1 2 50 3 1 3;
endpart
beam
rt -1000 -1000 0 dx 1 dy 1 dz 1 rx 1 ry 1 rz 1;
```

```
rt -750 -750 0;
rt -2000 0 0;
bm 1 2 50 3 1 3;
endpart
beam
rt 1000 1000 0 dx 1 dy 1 dz 1 rx 1 ry 1 rz 1;
rt 750 750 0;
rt 2000 0 0;
bm 1 2 50 3 1 3;
endpart
beam
rt 1000 -1000 0 dx 1 dy 1 dz 1 rx 1 ry 1 rz 1;
rt 750 -750 0;
rt 2000 0 0;
bm 1 2 50 3 1 3;
endpart
zoff 9                       c 对以下模型的 Z 坐标进行偏移
mate 1                       c 为小球指定材料号（LS-DYNA PART 号）
block 1 7 13 19;1 7 13 19;1 7 13 19;          c 创建小球 PART
        -40   -40 40 40;-40   -40 40 40;-40   -40 40 40
DEI   1 2 0 3 4; 1 2 0 3 4; 1 4;              c 删除局部网格
DEI   1 2 0 3 4; 2 3; 1 2 0 3 4;
DEI   2 3; 1 2 0 3 4; 1 2 0 3 4;
sfi 2 3; -1; 2 3;sp 0 0 0 80                  c 向球面投影
sfi -4; 2 3; 2 3;sp 0 0 0 80
sfi 2 3; -4; 2 3;sp 0 0 0 80
sfi -1; 2 3; 2 3;sp 0 0 0 80
sfi 2 3; 2 3; -4;sp 0 0 0 80
sfi 2 3; -4; 2 3;sp 0 0 0 80
sfi 2 3; 2 3; -1;sp 0 0 0 80
pb 3 2 3 3 2 3 xyz 30 -30 30                  c 将节点移至指定位置
pb 3 3 3 3 3 3 xyz 30 30 30
pb 3 3 2 3 3 2 xyz 30 30 -30
pb 3 2 2 3 2 2 xyz 30 -30 -30
pb 2 3 2 2 3 2 xyz -30 30 -30
pb 2 2 2 2 2 2 xyz -30 -30 -30
pb 2 2 3 2 2 3 xyz -30 -30 30
pb 2 3 3 2 3 3 xyz -30 30 30
endpart                      c 结束当前 Part 命令
merge                        c 进入 merge 阶段，合并 Part
stp 0.01                     c 设置节点合并阈值，节点之间距离小于该值即被合并
lsdyna keyword               c 声明要输出 LS-DYNA 关键字格式文件
write                        c 输出网格模型文件
```

5.3.3 关键字文件讲解

下面讲解相关的 LS-DYNA 关键字文件。关键字输入文件有 2 个：计算模型参数主控文件 main.k 和网格模型文件 trugrdo。其中 main.k 中的内容及相关讲解如下。

$ 首行*KEYWORD 表示输入文件采用的是关键字输入格式。

```
*KEYWORD
```

$ 设置分析作业标题

```
*TITLE
Sphere Impact Net
```

$ 定义常应力实体单元算法。

```
*SECTION_SOLID
$ SECID,ELFORM,AET
1,1
```

$ 为尼龙网线定义梁单元算法。CST=1 表示圆截面梁。

```
*SECTION_BEAM
$ SECID,ELFORM,SHRF,QR/IRID,CST,SCOOR,NSM
3,6,,,1
$ VOL,INER,CID,CA,OFFSET,PRCON,SRCON,TRCON
,,,0.19635
```

$ 这是*MAT_020 材料模型，用于将小球定义为刚体。

```
*MAT_RIGID
$MID,RO,E,PR,N,COUPLE,M,ALIAS or RE
1,2.7500000,0.7000000,0.3200000
$ cmo,con1,con2

$ lco or a1,a2,a3,v1,v2,v3
```

$ 为尼龙网定义材料模型。

```
*MAT_CABLE_DISCRETE_BEAM
$ MID,RO,E,LCID,F0,TMAXF0,TRAMP,IREAD
3,0.4,2.1E-2,
```

$ 定义小球 Part，引用定义的单元算法和材料模型。

```
*PART
$# title

$# pid,secid,mid,eosid,hgid,grav,adpopt,tmid
1,1,1,0,0,0,0
```

$ 定义尼龙网 Part，引用定义的单元算法和材料模型。

```
*PART

3,3,3,0,0,0,0
```

$ 在小球和尼龙网之间定义自动接触。

```
*CONTACT_AUTOMATIC_BEAMS_TO_SURFACE
$ SSID,MSID,SSTYP,MSTYP,SBOXID,MBOXID,SPR,MPR
3,1,3,3
$ FS,FD,DC,VC,VDC,PENCHK,BT,DT

$ SFS,SFM,SST,MST,SFST,SFMT,FSF,VSF
```

$ 定义尼龙网线之间的自动单面接触。

```
*CONTACT_AUTOMATIC_SINGLE_SURFACE
$ SSID,MSID,SSTYP,MSTYP,SBOXID,MBOXID,SPR,MPR
3,0,3
$ FS,FD,DC,VC,VDC,PENCHK,BT,DT

$ SFS,SFM,SST,MST,SFST,SFMT,FSF,VSF
```

$ 定义小球初始速度。

```
*INITIAL_VELOCITY_GENERATION
$ ID,STYP,OMEGA,VX,VY,VZ,IVATN,ICID
1,1,0,,,-0.002
$ XC,YC,ZC,NX,NY,NZ,PHASE,IRIGID
```

$ 定义 PART 组，包含小球 PART。

```
*SET_PART_LIST
$ sid,da1,da2,da3,da4
1
$ pid1,pid2,pid3,pid4,pid5,pid6,pid7,pid8
1
```

$ 定义时间步长控制参数。

```
*CONTROL_TIMESTEP
$ DTINIT,TSSFAC,ISDO,TSLIMT,DT2MS,LCTM,ERODE,MS1ST
0.0000,0.6000
```

$ 定义计算结束条件。

```
*CONTROL_TERMINATION
$ ENDTIM,ENDCYC,DTMIN,ENDENG,ENDMAS,NOSOL
1E5
```

$ 定义二进制状态文件 D3PLOT 的输出。

```
*DATABASE_BINARY_D3PLOT
$ DT/CYCL,LCDT/NR,BEAM,NPLTC,PSETID,CID
500
```

$ 包含 TrueGrid 软件生成的网格节点模型文件。

```
*INCLUDE
$ FILENAME
trugrdo
```

$ *END 表示关键字输入文件的结束。

```
*END
```

5.3.4 数值计算结果

计算完成后，在 LS-DYNA 后处理软件 LS-PrePost 中读入 D3PLOT 文件，显示尼龙网截面（Toggle→Beam Prism）。图 5-10 是小球撞网及反弹过程。

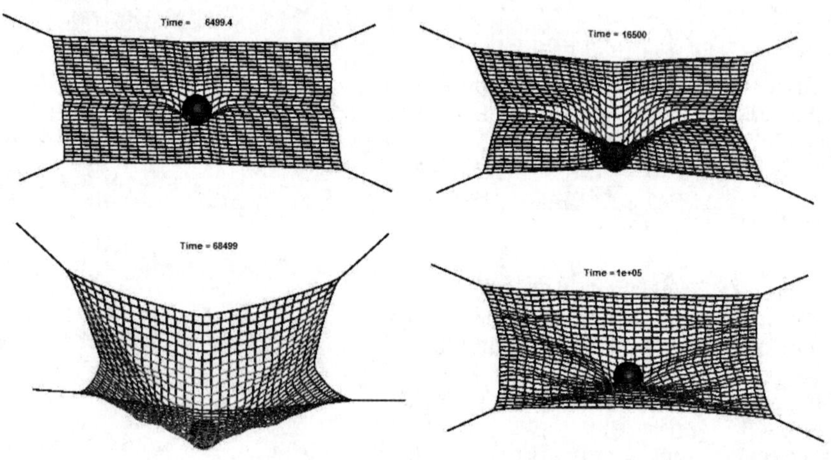

图 5-10 小球撞网及反弹过程

5.4 弹体侵彻两层间隔钢板 SPG 计算

大中型舰船是反舰导弹的主要打击目标。由于舰船甲板较薄，甲板之间间距大，反舰导弹内装的侵彻弹在侵彻过程中弹体姿态会逐渐发生偏转，易出现侵彻弹道不稳定现象，给弹体强度、装药安定性和引信作用可靠性带来很大风险，对打击效果产生不利影响。

反舰导弹内装的侵彻弹侵彻钢板时钢板会发生穿透性破坏。对于传统有限元法，通常采用单元失效删除方法来模拟这种破坏效应，其缺点是低估接触抗力，进而对侵彻过程会产生较大的影响。

SPG 方法是一种完全的无网格法，通过特殊的位移场光滑算法，解决了典型的基于节点积分型无网格法的数值震荡问题。SPG 算法通过键失效模拟材料破坏，不用删除单元，能够更为准确地计算出接触抗力，侵深、剩余速度等计算结果对失效准则和网格划分也不是特别敏感。

5.4.1 计算模型概况

在这个弹体侵彻双层间隔钢板计算问题中，采用的侵彻弹总质量 800kg，弹长 1980mm，弹径 369mm，CRH=2.45，侵彻弹壳体材料为高强钢，初始速度为 800m/s，初始攻角 0°。计算模型中单位制采用 cm-g-μs。侵彻弹结构如图 5-11 所示。

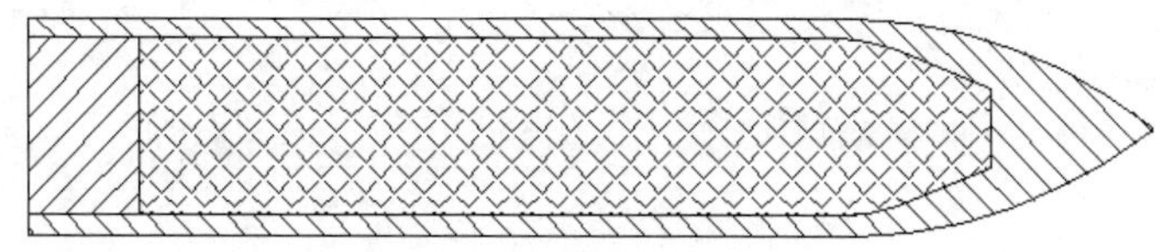

图 5-11 侵彻弹示意图

靶标为 2 层钢板，采用后倾 22°布置方式，如图 5-12 所示。首层厚度为 44mm，第二层厚度为 22mm，层高 3.3m。

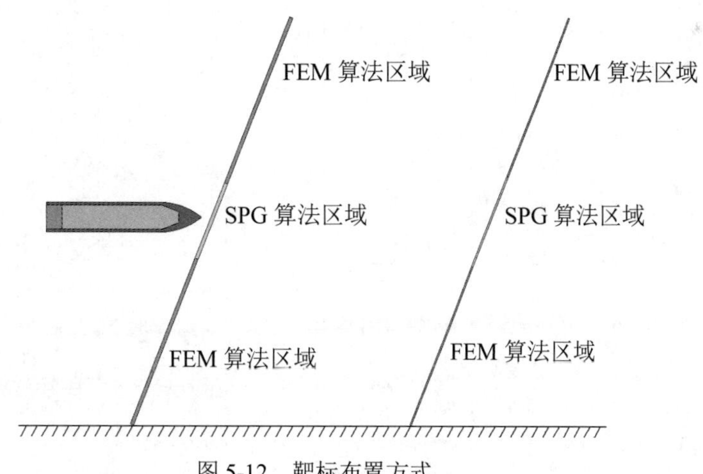

图 5-12 靶标布置方式

为了降低计算规模，根据对称性，采用 1/2 模型，对称面处施加对称边界条件。SPG 算法计算成本较高，在节点数量相同的情况下 SPG 计算时间至少是拉格朗日有限元法的 2～3 倍，因此，在计算模型中 SPG 算法仅用于钢板发生大变形和材料破坏的区域，周围区域采用传统有限元方法，交界面处共节点。

侵彻弹壳体和钢板强度模型采用可考虑大变形和高应变率的*MAT_JOHNSON_COOK 模型，状态方程采用*EOS_GRUNEISEN。

5.4.2 TrueGrid 建模

侵彻弹 TrueGrid 建模命令流如下：

```
lct 1 ryz;                              c 定义局部复制变换
xsca 0.132                              c 缩放 X 坐标
ysca 0.132                              c 缩放 Y 坐标
zsca 0.132                              c 缩放 Z 坐标
plane 1 0 0 0 0 1 0 0.1 symm;           c 定义模型关于 XOZ 平面对称
sd 1000 plan 0 0 0 1 0 0                c 强制对称
sd 2000 plan 0 0 0 0 1 0                c 强制对称
mate 1                                  c 为弹体壳体指定材料号（LS-DYNA PART 号）
ld 1 lp2 0 0;lar 4.3657 2.5626 5;       c 定义壳体二维外轮廓曲线
lar 140 400 686;lp2 140 1500;
sd 1 crz 1                              c 定义壳体三维外轮廓面
ld 2 lp2 50 220 99.6953 344.2383;       c 定义装药二维外轮廓曲线
lar 114 418.5165 200;lp2 114 1500;
sd 2 crz 2                              c 定义装药三维外轮廓面
partmode i                              c Part 命令的间隔索引格式，便于建立三维网格
block 4 3;4 3;3 10;                     c 创建弹体头部 PART
    0 50 50;0 50 50;0 60 220
DEI   2 3; 2 3; 1 3;                    c 删除网格
DEI   1 2; 2 3; 1 2;
DEI   2 3; 1 2; 1 2;
sfi 1 2; 1 2; -1;sd 1                   c 向外轮廓面投影
sfi -3; 1 2; 2 3;sd 1
sfi 1 2; -3; 2 3;sd 1
sfi 1 2; 1 2; -3;plan 0 0 220 0 0 1
sfi -2; 1 2; -3;sd 2                    c 向内腔面投影
sfi 1 2; -2; -3;sd 2
pb 2 2 2 2 2 2 xyz 19 19 65             c 将节点移至指定位置
pb 1 2 2 1 2 2 yz 22 63
pb 2 1 2 2 1 2 xz 22 63
pb 1 3 2 1 3 2 yz 40 40
pb 1 2 1 1 2 1 yz 40 40
pb 2 1 1 2 1 1 xz 40 40
pb 3 1 2 3 1 2 xz 40 40
pb 2 3 2 2 3 2 xyz 28 28 51
pb 2 2 1 2 2 1 xyz 28 28 51
pb 3 2 2 3 2 2 xyz 28 28 51
sfi -1; 1 3; 1 3;sd 1000                c 向强制对称面 1000 投影
sfi 1 3; -1; 1 3;sd 2000                c 向强制对称面 2000 投影
bb 2 1 3 3 2 3 1;                       c 指定网格疏密渐变界面-主面 1
bb 1 2 3 2 3 3 2;                       c 指定网格疏密渐变界面-主面 2
fset 1 1 1 2 2 1 = face                 c 将外轮廓面定义为面段组 face
fset 3 1 2 3 2 3 or face
fset 1 3 2 2 3 3 or face
lrep 0 1;                               c 对当前 Part 执行局部复制变换
endpart                                 c 结束当前 Part 命令
cylinder 3;8 8;12 70 10;                c 创建弹身和弹尾 PART
            114 140;0 45 90;200 400 1350 1500
sfi 1 2; 1 3; -4;plan 0 0 1500 0 0 1
sfi -2; 1 3; 1 2;sd 1
sfi -2; 1 3; 2 3;sd 1
sfi -2; 1 3; 3 4;sd 1
```

```
sfi -1; 1 3; 1 2;sd 2
sfi -1; 1 3; 2 3;sd 2
sfi -1; 1 3; 3 4;sd 2
sfi 1 2; -3; 1 4;sd 1000
sfi 1 2; -1; 1 4;sd 2000
trbb 1 1 1 2 2 1 1;
trbb 1 2 1 2 3 1 2;
bb 1 1 3 1 2 4 3;
bb 1 2 3 1 3 4 4;
fset 2 1 1 2 3 4 or face                c 将外轮廓面添加到面段组 face
lrep 0 1;
endpart
mate 3                                  c 为堵盖指定材料号（LS-DYNA PART 号）
block 4 4;4 4;10;                       c 创建堵盖 PART
      0 57 57;0 57 57;1350 1500
DEI   2 3; 2 3; 1 2;
sfi 1 2; -3; 1 2;sd 2
sfi -3; 1 2; 1 2;sd 2
pb 2 2 1 2 2 2 xy 46 46
sfi -1; 1 3; 1 2;sd 1000
sfi 1 3; -1; 1 2;sd 2000
trbb 3 1 1 3 2 2 3;
trbb 1 3 1 2 3 2 4;
lrep 0 1;
endpart
mate 2                                  c 为装药指定材料号（LS-DYNA PART 号）
block 4 3;4 3;12 60;0 57 57;0 57 57;200 400 1350        c 创建装药 PART
DEI   2 3; 2 3; 1 3;
sfi 1 2; -3; 1 3;sd 2
sfi -3; 1 2; 1 3;sd 2
res 1 1 1 3 1 3 i 1
res 1 1 1 1 3 3 j 1
pb 2 2 1 2 2 1 xy 24 24
pb 2 2 2 2 2 3 xy 52 52
sfi 1 3; 1 3; -1;plan 0 0 220 0 0 1
sfi 1 3; 1 3; -3;plan 0 0 1350 0 0 1
lrep 0 1;
endpart
merge                                   c 进入 merge 阶段，合并 Part
bptol 1 4 -1                            c 指定网格 PART 1 和 PART 4 之间不合并节点
bptol 2 4 -1
bptol 3 4 -1
stp 0.1                                 c 设置节点合并阈值，节点之间距离小于该值即被合并
mof bomb.k                              c 指定输出弹体网格模型文件 bomb.k
lsdyna keyword                          c 声明要输出 LS-DYNA 关键字格式文件
write                                   c 输出网格模型文件
```

靶标 TrueGrid 建模命令流如下：

```
plane 1 0 0 0 0 1 0 0.001 symm;         c 对称平面 XOZ，法线指向 y 轴负方向
gct 1 ryz;                              c 定义全局复制变换
partmode i                              c Part 命令的间隔索引格式，便于建立三维网格
mate 45                                 c 为第 1 层钢板中心区域指定材料号（LS-DYNA PART 号）
block 36 36 20;36 36 20;6;0 25 25 25;0 25 25 25;-1 -5.4     c 创建第 1 层钢板中心区域 PART
DEI   2 4; 2 4; 1 2;
sfi 1 2; -3; 1 2;cy 0 0 0 0 0 1 50
```

```
sfi -3; 1 2; 1 2;cy 0 0 0 0 0 1 50
sfi 1 2; -4; 1 2;cy 0 0 0 0 0 1 70
sfi -4; 1 2; 1 2;cy 0 0 0 0 0 1 70
pb 2 2 1 2 2 2 xy 20 20
bb 4 1 1 4 2 2 13;                          c 指定网格疏密渐变界面-主面 13
bb 1 4 1 2 4 2 14;                          c 指定网格疏密渐变界面-主面 14
mti 1 3; 1 3; 1 2;46;
nset 1 1 1 3 3 2 = nodes                    c 将钢板中心区域节点定义为节点组 nodes
grep 0 1;                                   c 执行全局复制变换
endpart
cylinder 12;12 12;2;70 270;0 45 90;-1 -5.4  c 创建第 1 层钢板外围区域 PART
trbb 1 1 1 1 2 2 13;                        c 指定网格疏密渐变界面-从面 13
trbb 1 2 1 1 3 2 14;                        c 指定网格疏密渐变界面-从面 14
res 1 1 1 2 3 2 i 1.3
grep 0 1;
endpart
para alpha 22;                              c 定义钢板后倾角
para x0 -0 z0 330;                          c 定义钢板间距
xoff [%x0]
para D1 [%x0*tan(%alpha)];
para D2 [%z0/cos(%alpha)];
para D [%D1+%D2];
block 42 42 20;42 42 20;3;                  c 创建第 2 层钢板中心区域 PART
 0 30 30 30;0 30 30 30;[-1*%D] [-2.2-%D]
DEI   2 4; 2 4; 1 2;
sfi 1 2; -3; 1 2;cy 0 0 0 0 0 1 60
sfi -3; 1 2; 1 2;cy 0 0 0 0 0 1 60
sfi 1 2; -4; 1 2;cy 0 0 0 0 0 1 80
sfi -4; 1 2; 1 2;cy 0 0 0 0 0 1 80
pb 2 2 1 2 2 2 xy 24 24
bb 4 1 1 4 2 2 23;
bb 1 4 1 2 4 2 24;
mti 1 3; 1 3; 1 2;46;
nset 1 1 1 3 3 2 or nodes                   c 将钢板中心区域节点添加到节点组 nodes
grep 0 1;
endpart
mate 45
cylinder 12;14 14;1;80 270;0 45 90;[-1*%D] [-2.2-%D]     c 创建第 2 层钢板外围区域 PART
trbb 1 1 1 1 2 2 23;
trbb 1 2 1 1 3 2 24;
res 1 1 1 2 3 2 i 1.3
grep 0 1;
endpart
merge
offset nodes 500000;           c 将实体单元号偏移 500000
offset bricks 500000;          c 将节点号偏移 500000
stp 0.1
lsdyna keyword
write
```

生成 trugrdo 文件后，需要在 LS-PrePost 软件中将 2 层钢板分别旋转 22 度，具体操作如下：

（1）在右侧工具栏中单击 Page 2→Rotate。

（2）在 Rot.Axis 下拉菜单中选择 Y 轴。

（3）在 Rot.Angle 输入框中输入 22。

（4）勾选 Pick node as origin，选择第 1 层钢板最左侧中间节点，这时 NodeID:和 XYZ:处的输入框中就会分别显示被选中的节点号和节点坐标。

（5）在左下角菜单栏中选中 Area 和 By Elem，框选该层钢板。

（6）依次单击 Rotate+和 Accept。

（7）重复步骤（4）～（6），将第 2 层钢板也旋转 22 度。

（8）在左上角菜单栏中单击 File→Save As→Save Active Keyword As...，将修改后的模型文件存为 target.k。

（9）从 trugrdo 文件中将节点组数据拷贝至 target.k 文件中，最后保存该文件。要拷贝的节点组数据如下：

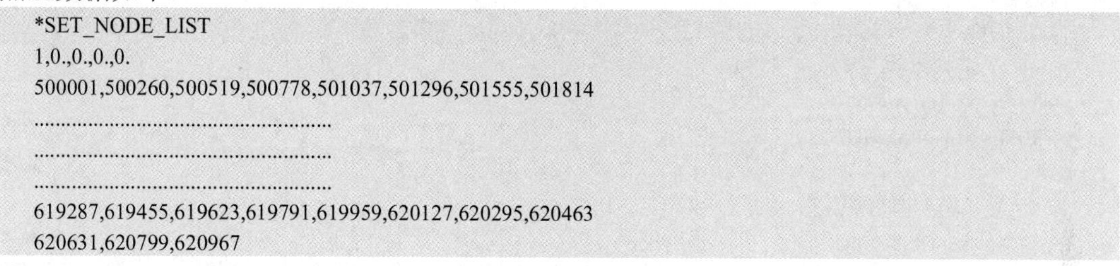

```
*SET_NODE_LIST
1,0.,0.,0.,0.
500001,500260,500519,500778,501037,501296,501555,501814
......................................................
......................................................
......................................................
619287,619455,619623,619791,619959,620127,620295,620463
620631,620799,620967
```

5.4.3 关键字文件讲解

下面讲解相关的 LS-DYNA 关键字文件。关键字输入文件有 3 个：计算模型参数主控文件 main.k、侵彻弹网格模型文件 bomb.k 和钢板网格模型文件 target.k。其中 main.k 中的内容及相关讲解如下。

$ 首行*KEYWORD 表示输入文件采用的是关键字输入格式。

```
*KEYWORD
```

$ 为二进制结果文件定义输出格式。

```
*DATABASE_FORMAT
$ IFORM,IBINARY
0
```

$ 为侵彻弹壳体 PART 定义 J-C 材料模型参数。

```
*MAT_JOHNSON_COOK
$ MID,RO,G,E,PR,DTF,VP,RATEOP
1,7.84,0.818,2.10,0.330,0.000E+00,1
$ A,B,N,C,M,TM,TR,EPS0
16.03E-03,3.825-03,0.245,0.025,0.96,1.793E+03,294.,1.000E-06
$ CP,PC,SPALL,IT,D1,D2,D3,D4
4.770E-06,-9.00,3.00,0.000E+00,0.000E+00,0.000E+00,0.000E+00,0.000E+00
$ D5,C2/P/XNP,EROD,EFMIN,NUMINT
0.0,0.0,1,0.001
```

$ 为装药 PART 定义线弹性材料模型参数。

```
*MAT_ELASTIC
$ MID,RO,E,PR,DA,DB,K
2,1.973283,0.02,0.32,0.0,0.0,0.0
```

$ 为堵盖 PART 定义材料模型参数。

```
*MAT_PLASTIC_KINEMATIC
$ MID,RO,E,PR,SIGY,ETAN,BETA
3,2.345358,1.30,0.30,0.0090
$ SRC,SRP,FS,VP
```

```
0.00,0.00,0.000
```

$ 为钢板 PART 定义 J-C 材料模型参数。

```
*MAT_JOHNSON_COOK
45,7.8,0.779,2.10,0.330,0.000E+00,1
8.986E-03,3.56E-03,0.586,0.022,1.05,1763.5,294.,1.0E-06
4.770E-06,-9.00,3.00,0.000E+00,0.000E+00,0.000E+00,0.000E+00,0.000E+00
0.0,
```

$ 为侵彻弹壳体和钢板 PART 定义 GRUNEISEN 状态方程参数。

```
*EOS_GRUNEISEN
$ EOSID,C,S1,S2,S3,GAMAO,A,E0
45,0.457,1.49,0.000E+00,0.000E+00,2.17,0.000E+00,0.000E+00
$V0
0.000E+00
```

$ 定义常应力实体单元算法。

```
*SECTION_SOLID
$ SECID,ELFORM,AET
1,1
```

$ 定义 SPG 单元算法。

```
*SECTION_SOLID_SPG
$ SECID,ELFORM,AET
2,47
$ IDAM,FS,STRETCH,ITB,MSFAC,ISC,IDBOX,PDAMP
1.6,1.6,1.6,0,2,0.0,30
1,0.5,1.2,1
```

$ 定义侵彻弹壳体 PART。

```
*PART

1,1,1,45,1,0,0
```

$ 定义装药 PART。

```
*PART

2,1,2,0,1,0,0
```

$ 定义堵盖 PART。

```
*PART

,3,1,3,0,1,0,0
```

$ 定义外围钢板 PART。

```
*PART

45,1,45,45,1,0,0
```

$ 定义中心钢板 SPG PART。

```
*PART

46,2,45,45,0,0,0
```

$ 定义沙漏控制参数。

```
*HOURGLASS
$ HGID,IHQ,QM,IBQ,Q1,Q2,QB/VDC,QW
1,2,0.15,1,0,0
```

$ 在侵彻弹壳体和装药之间定义接触。

```
*CONTACT_AUTOMATIC_SURFACE_TO_SURFACE_MORTAR
```

```
$ SSID,MSID,SSTYP,MSTYP,SBOXID,MBOXID,SPR,MPR
1,2,3,3,0,0,0,0
$ FS,FD,DC,VC,VDC,PENCHK,BT,DT
0.0000,0.000,0.000,0.000,0.000,0,0.000,0.100E+08
$ SFS,SFM,SST,MST,SFST,SFMT,FSF,VSF
1.000,1.000,0.000,0.000,1.000,1.000,1.000,1.000
```

$ 在堵盖和装药之间定义接触。

```
*CONTACT_AUTOMATIC_SURFACE_TO_SURFACE_MORTAR
2,3,3,3,0,0,0,0
0.0000,0.000,0.000,0.000,0.000,0,0.000,0.100E+08
1.000,1.000,0.000,0.000,1.000,1.000,1.000,1.000
```

$ 在钢板和侵彻弹壳体之间定义接触。

```
*CONTACT_AUTOMATIC_NODES_TO_SURFACE
1,1,4,0,0,0,0,0
0.3000,0.000,0.000,0.000,0.000,0,0.000,0.100E+08
1.000,1.000,0.000,0.000,1.000,1.000,1.000,1.000
1,0,0,0,0,2,1,0
```

$ 给侵彻弹施加初始速度。

```
*INITIAL_VELOCITY_GENERATION
$ ID,STYP,OMEGA,VX,VY,VZ,IVATN,ICID
1,1,,0,,-8.0e-2
$ XC,YC,ZC,NX,NY,NZ,PHASE,IRIGID
```

$ 定义侵彻弹 PART 组。

```
*SET_PART_list
$ SID,DA1,DA2,DA3,DA4,SOLVER
1
$ PID1,PID2,PID3,PID4,PID5,PID6,PID7,PID8
1,2,3
```

$ 定义时间步长控制参数。

```
*CONTROL_TIMESTEP
$ DTINIT,TSSFAC,ISDO,TSLIMT,DT2MS,LCTM,ERODE,MS1ST
0.0000,0.5000,0,0.00,0.00
```

$ 定义计算结束条件。

```
*CONTROL_TERMINATION
$ ENDTIM,ENDCYC,DTMIN,ENDENG,ENDMAS,NOSOL
9000
```

$ 定义二进制状态文件 D3PLOT 的输出。

```
*DATABASE_BINARY_D3PLOT
$ DT/CYCL,LCDT/NR,BEAM,NPLTC,PSETID,CID
100
```

$ 定义二进制时间历程文件 D3THDT 的输出。

```
*DATABASE_BINARY_D3THDT
$ DT/CYCL,LCDT/NR,BEAM,NPLTC,PSETID,CID
1
```

$ 为*INCLUDE_TRANSFORM 关键字定义几何变换。

```
*define_transformation
$ TRANID
1
$ OPTION,A1,A2,A3,A4,A5,A6,A7
transl,-14,0,-104
```

$ 引用*DEFINE_TRANSFORMATION 定义的几何变换，包含侵彻弹网格模型文件。

```
*INCLUDE_TRANSFORM
$ FILENAME
bomb.k
$ IDNOFF,IDEOFF,IDPOFF,IDMOFF,IDSOFF,IDFOFF,IDDOFF

$ IDROFF,PREFIX,SUFFIX

$ FCTMAS,FCTTIM,FCTLEN,FCTTEM,INCOUT1
,,
$ TRANID
1
```

$ 包含钢板网格模型文件。

```
*include
target.k
```

$ *END 表示关键字文件的结束，LS-DYNA 读入时将忽略该语句后的所有内容。

```
*end
```

5.4.4 数值计算结果

图 5-13 是侵彻姿态变化。

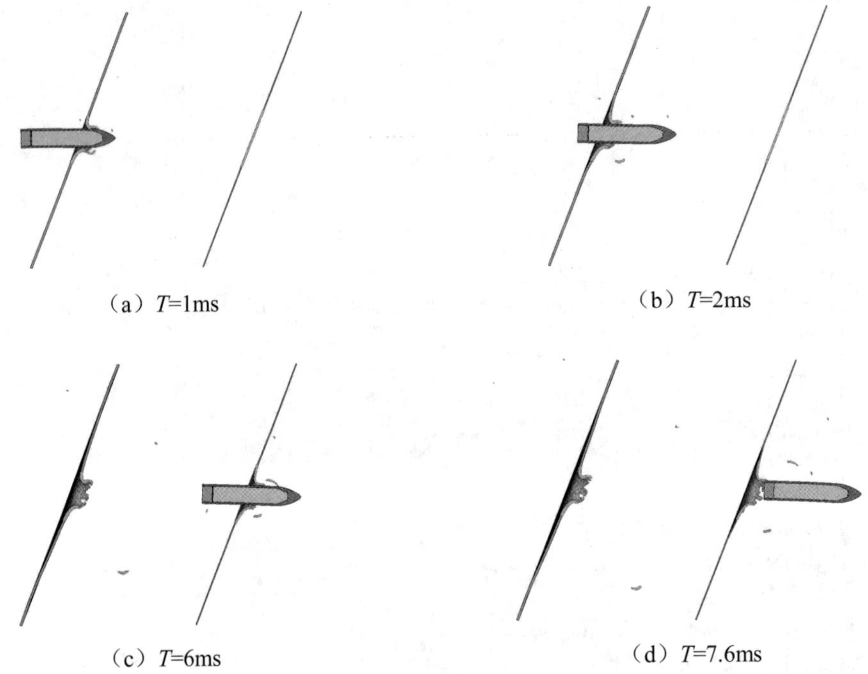

（a）T=1ms　（b）T=2ms

（c）T=6ms　（d）T=7.6ms

图 5-13 侵彻姿态变化

5.5 楔形体入水二维平面应变 SPH 流-固耦合计算

LS-DYNA 软件中可用于流-固耦合分析的算法有很多，流体除了可以采用 4.19.1 节提到的 ALE、S-ALE、ICFD、CESE 和 DUALCESE 算法外，还有以下几种：

（1）Lagrangian（流体）+Lagrangian（结构）。流体和结构之间采用共节点方式或采用*CONTACT 关键字定义接触。

（2）ALE（流体）+Lagrangian（结构）。流-固耦合的定义可采用关键字*CONSTRAINED_LAGRANGE_IN_SOLID、*ALE_COUPLING_NODAL_CONSTRAINT、*ALE_COUPLING_NODAL_DRAG、*ALE_COUPLING_NODAL_PENALTY、*ALE_COUPLING_RIGID_BODY 等。

（3）S-ALE（流体）+Lagrangian（结构）。首推采用关键字*ALE_STRUCTURED_FSI 定义流-固耦合作用，还可采用关键字*CONSTRAINED_LAGRANGE_IN_SOLID、*ALE_COUPLING_NODAL_CONSTRAINT、*ALE_COUPLING_NODAL_DRAG、*ALE_COUPLING_NODAL_PENALTY、*ALE_COUPLING_RIGID_BODY 等。

（4）ISPG（流体）+Lagrangian（结构）。流-固耦合的定义可采用关键字*DEFINE_FP_TO_SURFACE_COUPLING。

（5）CPM（流体）+Lagrangian（结构）。主要用于气囊展开模拟，流-固耦合的定义可采用关键字*AIRBAG_PARTICLE。

（6）PBM（流体）+Lagrangian（结构）。主要用于爆炸模拟，流-固耦合的定义可采用关键字*DEFINE_PARTICLE_BLAST。

（7）ICFD（流体）+Lagrangian（结构）。流-固耦合的定义可采用关键字*ICFD_CONTROL_FSI 和*ICFD_BOUNDARY_FSI。

（8）CESE（流体）+Lagrangian（结构）。流-固耦合的定义可采用 IBM 或 MMM 方法。

（9）DUALCESE（流体）+Lagrangian（结构）。流-固耦合的定义可采用 IBM 或 MMM 方法。

（10）*MAT_ACOUSTIC（流体）+Lagrangian（结构），流体采用声单元，即声-固耦合法。声-固耦合的定义可采用关键字*BOUNDARY_ACOUSTIC_COUPLING 或流体与结构共节点。

（11）SPH（流体）+Lagrangian（结构）也是常用的流-固耦合算法。当 SPH 算法用于固体结构时，容易出现拉伸不稳定的现象。而流体不能承受压力，采用 SPH 算法模拟流体时，不存在拉伸不稳定问题，因此 SPH 算法很适合模拟流体，SPH+Lagrangian 流-固耦合算法也可用来解决结构入水问题。流-固耦合的定义可采用关键字*CONTACT_AUTOMATIC_NODES_TO_SURFACE（三维模型）和*CONTACT_2D_NODE_TO_SOLID（二维模型）。

5.5.1 计算模型概况

假定楔形体很长，宽度 0.5m，高度为 0.147m，垂直入水，为楔形体指定恒定速度 6.15m/s。图 5-14 为楔形体入水计算模型。

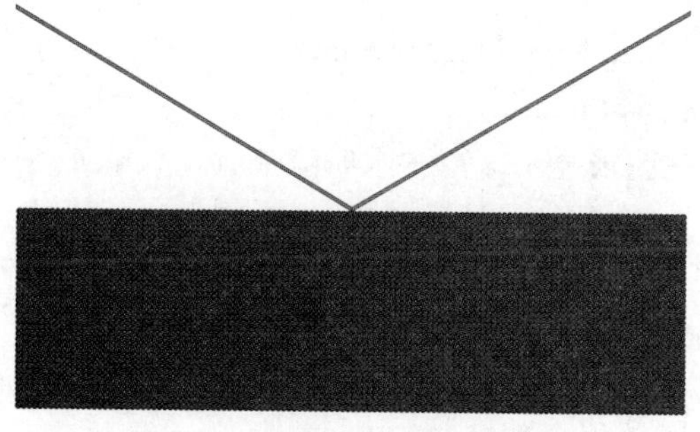

图 5-14 楔形体入水计算模型

水采用二维平面应变 SPH 算法，楔形体采用二维平面应变 Lagrangian 算法，并采用关键字*CONTACT_2D_NODE_TO_SOLID 定义流-固耦合关系。计算单位制采用 mm-s-ton。

5.5.2 TrueGrid 建模

采用平面应变模型，并根据对称性，只建立一半模型。TrueGrid 建模命令流如下：

```
mate 1                                  c 为楔形体指定材料号（LS-DYNA PART 号）
block 1 100;1 2;-1;0 250;0 3;0          c 创建楔形体 PART
pb 2 2 1 2 2 1 xy 250 147               c 将节点移至指定位置
pb 2 1 1 2 1 1 xy 250 144
endpart                                 c 结束当前 Part 命令
mate 2                                  c 为水域指定材料号（LS-DYNA PART 号）
block 1 63;1 37;-1;0 248;-144 0;0       c 创建水域 PART
endpart                                 c 结束当前 Part 命令
merge                                   c 进入 merge 阶段，合并 Part
lsdyna keyword                          c 声明要输出 LS-DYNA 关键字格式文件
write                                   c 输出网格模型文件
```

在 TrueGrid 中运行上述命令，生成网格模型文件 trugrdo 后，还需要在 LS-PrePost 中将 trugrdo 网格模型文件修改为 SPH 粒子模型文件。具体操作（图 5-15）如下：

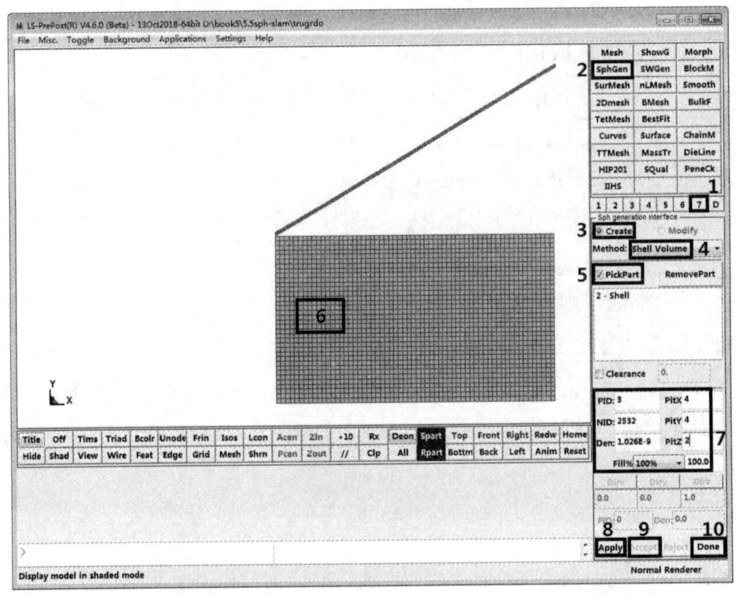

图 5-15　LS-PrePost 操作步骤

（1）单击右端工具栏 Page 7→sphGen→Create。

（2）选择 Method:Shell Volume。

（3）勾选 PickPart，在图形显示区单击水射流 Part，下拉列表中就会显示 2 Shell。

（4）依次输入：PID:3（自动显示该数字），NID:2532（自动显示该数字），Den:1.026E-9，PitX:4，PitY:4，PitZ:2。

（5）选择 Fill%为 100%。

（6）依次单击 Apply、Accept 和 Done，完成水射流 SPH Part 的创建。

（7）单击 Page 1→Sel Part，选择 1 Shell 和 3 SphNode。

（8）单击主菜单 File→Save As→Save Keyword As...，将当前活动的 SPH Part 和楔形体 Part 的粒子、网格另存为 k.k。

最后用 UltraEdit 软件打开 k.k 文件，删除全部 Part 定义行（即文件尾*END 前的第 4773～4777 行），并仍以原文件名 k.k 保存。

5.5.3 关键字文件讲解

下面讲解相关的 LS-DYNA 关键字文件。关键字文件有两个：计算模型参数主控文件 main.k、粒子和网格模型文件 k.k。其中 main.k 中的内容及相关讲解如下。

$ 首行*KEYWORD 表示输入文件采用的是关键字输入格式。

```
*KEYWORD
```

$ 设置分析作业标题。

```
*TITLE
slamming
```

$ 输出 LS-DYNA 结构化格式输入文件。

```
*control_structured
```

$ 定义计算结束条件。

```
*CONTROL_TERMINATION
$ endtim,endcyc,dtmin,endeng,endmas,nosol
0.0060000,0,0.0000000,0,0.0000000
```

$ 定义时间步长控制参数。

```
*CONTROL_TIMESTEP
$ DTINIT,TSSFAC,ISDO,TSLIMT,DT2MS,LCTM,ERODE,MS1ST
0.0000000,0.0000000,0,0.0000000,0.0000000,20,0,0
```

$ 曲线 20 定义最大时间步长。

```
*define_curve
$ LCID,SIDR,SFA,SFO,OFFA,OFFO,DATTYP
20
$ A1,O1
0,2e-6
1e6,2e-6
```

$ 定义二进制状态文件 D3PLOT 的输出。

```
*DATABASE_BINARY_D3PLOT
$ DT/CYCL,LCDT/NR,BEAM,NPLTC,PSETID,CID
2.e-4
```

$ 为楔形体指定恒定速度。

```
*boundary_prescribed_motion_rigid
$ pid,dof,vad,lcid,sf,vid,death,birth
1,2,0,456
```

$ 定义速度加载曲线。

```
*define_curve
456
0,-6150
1e9,-6150
```

$ 为楔形体定义刚体材料模型参数。

```
*mat_rigid
$MID,RO,E,PR,N,COUPLE,M,ALIAS or RE
1,2.7-9,7.+04,0.33
$ cmo,con1,con2
```

```
1,1,7
$ lco or a1,a2,a3,v1,v2,v3
```

$ 这是*MAT_009 材料模型，用于定义水的材料模型参数。

```
*MAT_NULL
$ MID,RO,PC,MU,TEROD,CEROD,YM,PR
3,1.0260-09,0.0000000,0.0000000,0.0000000,0.0000000,0.0000000,0.0000000
```

$ 这是*EOS_001 状态方程，用于定义水的状态方程参数。

```
*EOS_LINEAR_POLYNOMIAL
$ EOSID,C0,C1,C2,C3,C4,C5,C6
3,0.0000000,2.30000+3
$ E0,V0
0.0000000,0.0000000
```

$ 为楔形体定义平面应变单元算法。

```
*SECTION_SHELL
$ SECID,ELFORM,SHRF,NIP,PROPT,QR/IRID,ICOMP,SETYP
1,13
$ T1,T2,T3,T4,NLOC,MAREA,IDOF,EDGSET
```

$ 为水定义 SPH 粒子算法。

```
*SECTION_SPH
$ SECID,CSLH,HMIN,HMAX,SPHINI,DEATH,START
3,1.300000,0.200000,5.000000,0.000,1.0000E+20,0.000
```

$ 定义楔形体 PART。

```
*PART
$ HEADING

$ PID,SECID,MID,EOSID,HGID,GRAV,ADPOPT,TMID
1,1,1,0,0,0,0,0
```

$ 定义水 PART。

```
*PART

3,3,3,3,0,0,0,0
```

$ 定义水 PART 组。

```
*set_part
$ SID,DA1,DA2,DA3,DA4,SOLVER
3
$ PID1,PID2,PID3,PID4,PID5,PID6,PID7,PID8
3
```

$ 定义楔形体 PART 组。

```
*set_part
1
1
```

$ 在楔形体和水之间定义二维点面接触。

```
*contact_2d_node_to_solid
$ SSID,MSID,TBIRTH,TDEATH
-3,-1
$ SOFT,MAXPAR,VC,OFFD,PEN,FS,FD,DC
1,,0.0,0.0,0.1,0.0,0.0,0.0
```

$ 定义 SPH 对称边界条件。

```
*boundary_sph_symmetry_plane
$ VTX,VTY,VTZ,VHX,VHY,VHZ
```

```
0,0,0,1,0,0
*boundary_sph_symmetry_plane
0,-144,0,0,-143,0
```

$ 定义 SPH 控制参数。IDIM=2 表示采用平面应变 SPH 算法。

```
*CONTROL_SPH
$ NCBS,BOXID,DT,IDIM,MEMORY,FORM,START,MAXV
1,0,,2,1000,6
0,0,0,0
```

$ 包含楔形体网格和 SPH 粒子模型文件。

```
*INCLUDE
k.k
```

$ *END 表示关键字文件的结束，LS-DYNA 读入时将忽略该语句后的所有内容。

```
*END
```

5.5.4 数值计算结果

计算完成后，在 LS-DYNA 后处理软件 LS-PrePost 中读入 D3PLOT 文件，进行如下操作，即可显示如图 5-16 所示的楔形体入水过程。

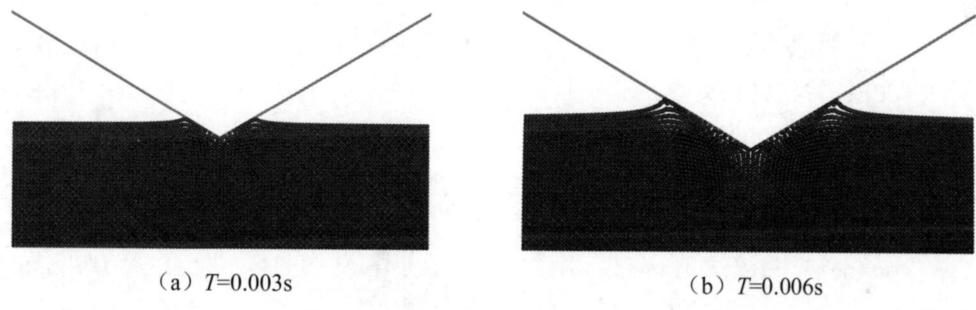

（a）T=0.003s （b）T=0.006s

图 5-16 楔形体入水过程

（1）将一半模型镜像对称为全模型（Misc→Reflect Model→Reflect About YZ Plane）。

（2）选中 PART 1 和 3（Page 1→SelPar）。

5.6 压力管传感器碰撞信号计算

压力管传感器是汽车主动式机罩系统常用的探测器。压力管由充满空气的封闭塑料软管组成，两端贴传感器。在车辆与行人发生碰撞时，压力管受到挤压，压力管内气体体积发生变化，压力随之改变，传感器捕捉压力变化信号，作为碰撞信号输出给行车电脑。LS-DYNA 软件中的 CPM 法或关键字*DEFINE_PRESSURE_TUBE 都能够模拟压力管传感器的工作过程，其中*DEFINE_PRESSURE_TUBE 采用梁单元模拟压力管，可快速有效地预测不同工况碰撞的剧烈程度，区分行人与非行人碰撞信号。

5.6.1 *DEFINE_PRESSURE_TUBE

该关键字定义了一个封闭的压力管，用于模拟由于管道截面面积变化而产生的内部压力波。压力管由梁单元定义，气体体积由梁单元截面面积和初始单元长度确定，截面面积的变化由梁单元的接触侵入量或自动生成的壳/实体单元变形决定。

*DEFINE_PRESSURE_TUBE 关键字卡片 1～4 分别见表 5-1～表 5-4。

表 5-1　*DEFINE_PRESSURE_TUBE 关键字卡片 1

Card 1	1	2	3	4	5	6	7	8
Variable	PID	WS	PR	MTD	TYPE			
Type	I	F	F	I	I			
Default	0	0.0	0.0	0	0			

- PID：压力管的 PART ID。仅支持管状梁单元，即在*SECTION_BEAM 设置 ELFORM=1、4、5、11，且 CST=1。根据*SECTION_BEAM 给出的管内径 TT1 或 TT2 计算压力管初始截面积。如果没有给出管内径，则通过管外径 TS1 或 TS2 计算压力管初始截面积。
- WS：管中气体声速 C_0。
- PR：压力管中初始气体压力 p_0。
- MTD：求解方法：
  - MTD=0：标准 Galerkin FEM。
  - MTD=1：不连续 Galerkin。
  - MTD=2：基于等温欧拉方程的不连续 Galerkin。
- TYPE：管状单元类型。
  - TYPE=0：压力管全部由梁单元模拟。截面面积的变化由梁单元的接触侵入量决定。梁单元的径向力学响应由接触刚度决定。仅支持 mortar 接触类型。
  - TYPE=1：压力管由自动生成的壳单元模拟，且被赋予梁 PART ID 和梁材料模型。原有梁单元被赋予新的 PART ID，但不用于力学计算。与原有梁单元 PART ID 相关的接触以及其他属性被转移至新的壳单元 PART。截面面积的变化由壳单元节点决定，力学响应全部由壳单元决定。TYPE=1 支持全部接触类型。由 BOUNDARY_{SPC、PRESCRIBED_MOTION}、*CONSTRAINED_{EXTRA_NODES、NODAL_RIGID_BODY} 定义的约束或与刚体共享的节点被移至新的壳单元压力管。请参见图 5-17。
  - TYPE=2：压力管全部由自动生成的实体单元模拟，与 TYPE=1 类似。
  - TYPE<0：如同上面一样自动生成单元，但会给梁节点分配新的节点 ID，旧的节点 ID 会被移动到自动生成的压力管上（沿长度方向排列的一行节点），这样任意节点约束会施加到新的压力管，而不是梁单元压力管。

在图 5-17 中，梁单元管端通过*CONSTRAINED_NODAL_RIGID_BODY 连接，因 TYPE 取值不同，约束施加于新生成的壳/实体单元压力管的方式也不同。

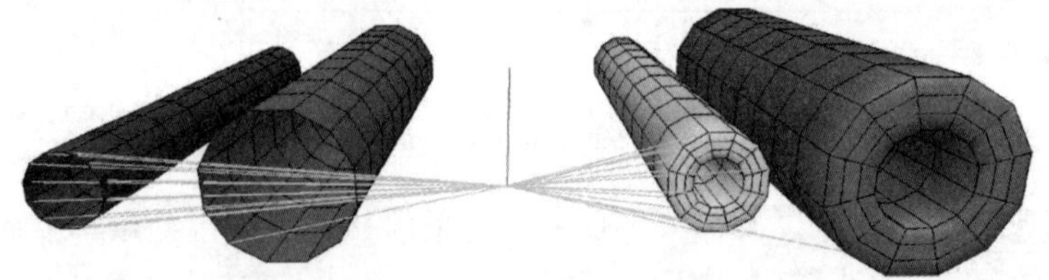

图 5-17　从左到右分别是采用 TYPE=1、-1、0、2 和-2 自动生成的压力管

表 5-2　*DEFINE_PRESSURE_TUBE 关键字卡片 2

Card 2	1	2	3	4	5	6	7	8
Variable	VISC	CFL	DAMP	BNDL	BNDR	CAVL	CAVR	SNODE
Type	F	F	F	F	F	F	F	I
Default	1.0	0.9	0.0	0.0	0.0	0.0	0.0	0

- VISC：人工黏性系数/斜率限制光滑因子：
  - MTD=0：人工黏性系数（VISC>0.0）。设置较小的值会在较短的波长处产生更清晰的信号，但这可能会导致不稳定。对于典型的汽车碰撞问题（压力管长2m，直径5mm），推荐采用默认值。
  - MTD>0.0：斜率限制光滑因子。设置较小的值会在较短的波长处产生更清晰的信号，但这可能会导致不稳定。
- CFL：时间步长稳定系数（CFL>0.0）。设置较小的值会提高稳定性，但增加计算耗费。对于典型的汽车碰撞问题，推荐采用默认值。
- DAMP：线性阻尼系数（DAMP>0.0）。
- BND*i*：左/右边界条件（0≤BND*i*≤1）。典型设置如下：
  - BND*i*=0.0：封闭管端，即为零速度边界条件。
  - BND*i*=0.5：无反射边界条件。
  - BND*i*=1.0：开放管端，即为常压力边界条件。

  最小/最大梁节点编号被分别定义为左/右管端。
- CAV*i*：左/右空腔：
  - CAV*i*>0.0：管端附近的单元被空腔替代。CAV*i* 的整数部分决定了替换为空腔的单元数量，小数部分决定了压力管和空腔之间界面的边界条件。
  - CAV*i*<0.0：通过添加新的梁单元的方式将压力管延长成空腔。新增空腔长度为：L=int(|CAV*i*|)/100，这里，int(x)截断 x 的小数部分，仅保留整数部分。|CAV*i*|的小数部分决定了压力管和空腔之间界面的边界条件。
- SNODE：可选的起始节点。该节点决定了压力管左端，如果没有设置，压力管起始于编号最小的梁单元。

表 5-3 自动生成的壳单元卡片，仅用于 TYPE=1

Card 3a	1	2	3	4	5	6	7	8
Variable	NSHL	ELFORM	NIP	SHRF	BPID			
Type	F	F	F	F	I			
Default	12.0	16.0	3.0	1.0	可选项			

表 5-4 自动生成的实体单元卡片，仅用于 TYPE=2

Card 3b	1	2	3	4	5	6	7	8
Variable	NSLD	ELFORM	NTHK		BPID			
Type	F	F	F		I			
Default	12.0	1.0	3.0		可选项			

- NSHL/NSLD：压力管沿周向自动生成的壳/实体单元数量。
- ELFORM：自动生成的壳/实体单元截面属性（单元算法）。
- NIP：自动生成的壳单元沿厚度方向积分点数量。
- NTHK：沿压力管厚度方向自动生成的实体单元数量。
- SHRF：自动生成的壳单元剪切修正系数。
- BPID：自动生成壳/实体单元时赋予梁单元的 PID（可选项）。

5.6.2 计算模型概况

压力管碰撞几何模型如图 5-18 所示。在该模型中，前防撞梁固定不动，并为冲击器施加强制位移。冲击器和前防撞梁均采用*MAT_RIGID 材料模型，压力管采用*MAT_ELASTIC 材料模型。计算单位制采用 mm-kg-ms。

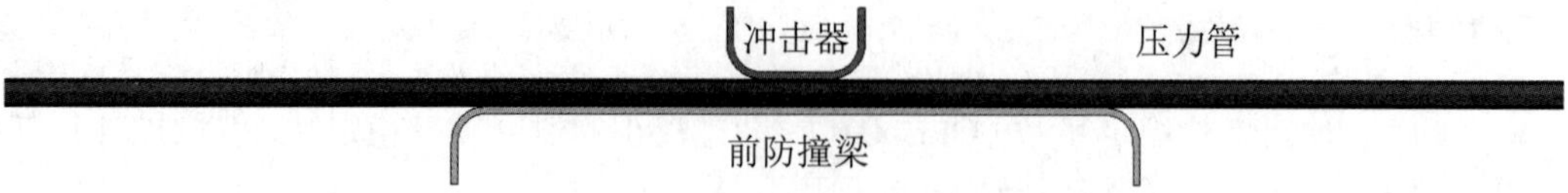

冲击器
压力管
前防撞梁

图 5-18　压力管碰撞几何模型

5.6.3　TrueGrid 建模

冲击器和前防撞梁均采用实体单元，压力管采用梁单元。TrueGrid 建模命令流如下：

```
ld 1 lp2 0 -36 10 -36;lar 18 -28 8;lp2 18 -8;                c 定义冲击器内腔二维外轮廓曲线
      lar 10 0 8;lp2 0 0;
sd 1 cp 1 rx 90;                                             c 定义冲击器内腔三维轮廓面
ld 2 lp2 0 -38 10 -38;lar 20 -28 10;lp2 20 -8;               c 定义冲击器二维外轮廓曲线
      lar 10 2 10;lp2 0 2;
sd 2 cp 2 rx 90;                                             c 定义冲击器三维外轮廓面
mate 1                                                       c 为冲击器指定材料号（LS-DYNA PART 号）
partmode i;                                                  c Part 命令的间隔索引格式，便于建立三维网格
block 1;8 22 8;36;18 20;-12 -6 44 48;-36 36;                 c 创建冲击器 PART
sfi -1; 1 4; 1 2;sd 1                                        c 向冲击器内腔轮廓面投影
sfi -2; 1 4; 1 2;sd 2                                        c 向冲击器外轮廓面投影
pb 1 1 1 2 1 2 x 0                                           c 将节点移至指定位置
pb 1 4 1 2 4 2 x 0
endpart                                                      c 结束当前 Part 命令
ld 11 lp2 50 -116 38 -116;lar 30 -108 -8;lp2 30 72;          c 定义前防撞梁内腔外轮廓曲线
lar 38 80 -8;lp2 50 80;
sd 11 cp 11 rx 90;                                           c 定义前防撞梁内腔三维轮廓面
ld 12 lp2 50 -118 38 -118;lar 28 -108 -10;lp2 28 72;         c 定义前防撞梁外轮廓曲线
lar 38 82 -10;lp2 50 82;
sd 12 cp 12 rx 90;                                           c 定义前防撞梁三维外轮廓面
mate 2                                                       c 为前防撞梁指定材料号（LS-DYNA PART 号）
partmode i;
block 1;12 80 12;36;18 20;-90 -80 116 126;-36 36;            c 创建前防撞梁 PART
sfi -1; 1 4; 1 2;sd 11                                       c 向前防撞梁内腔轮廓面投影
sfi -2; 1 4; 1 2;sd 12                                       c 向前防撞梁外轮廓面投影
pb 1 1 1 2 1 2 x 50                                          c 将节点移至指定位置
pb 1 4 1 2 4 2 x 50
endpart                                                      c 结束当前 Part 命令
beam rt 24 -800 0 dx 1;rt 24 800 0 dx 1;rt 100 0 0;          c 创建压力管 PART
bm 1 2 400 3 1 3;
endpart                                                      c 结束当前 Part 命令
merge                                                        c 进入 merge 阶段，合并 Part
lsdyna keyword                                               c 声明要输出 LS-DYNA 关键字格式文件
write                                                        c 输出网格模型文件
```

5.6.4　关键字文件讲解

下面讲解相关的 LS-DYNA 关键字文件。关键字文件有 2 个：计算模型参数主控文件 main.k 和网格模型文件 trugrdo。其中 main.k 中的内容及相关讲解如下。

$ 首行*KEYWORD 表示输入文件采用的是关键字输入格式。

```
*KEYWORD
```

$ 定义实体单元算法。

```
*SECTION_SOLID
$ SECID,ELFORM,AET
1,1
```

$ 为压力管 PART 定义梁单元算法。

```
*SECTION_BEAM
$ SECID,ELFORM,SHRF,QR/IRID,CST,SCOOR,NSM
3,1,1.0,2,1,0.0,0.0
$ TS1,TS2,TT1,TT2,NSLOC,NTLOC
8.0,8.0,4.0,4.0,0.0,0.0
```

$ 为冲击器 PART 定义刚体材料模型参数。

```
*MAT_RIGID
$MID,RO,E,PR,N,COUPLE,M,ALIAS or RE
1,1.E-3,210.0,0.3,0.0,0.0,0.0
$ cmo,con1,con2
1.0,5,7
$ lco or a1,a2,a3,v1,v2,v3
0.0,0.0,0.0,0.0,0.0,0.0
```

$ 为前防撞梁 PART 定义刚体材料模型参数。

```
*MAT_RIGID
2,7.80000E-6,210.0,0.3,0.0,0.0,0.0
1.0,7,7
0.0,0.0,0.0,0.0,0.0,0.0
```

$ 为压力管 PART 定义线弹性材料模型参数。

```
*MAT_ELASTIC_TITLE
$ Title
Silicone
$ MID,RO,E,PR,DA,DB,K
3,2.30000E-6,1.0,0.2,0.0,0.0,0
```

$ 定义冲击器 Part。

```
*PART
$# title

$# pid,secid,mid,eosid,hgid,grav,adpopt,tmid
1,1,1,0,0,0
```

$ 定义前防撞梁 Part。

```
*PART

2,1,2,0,0,0
```

$ 定义压力管 Part。

```
*PART

3,3,3,0,0,0
```

$ 定义压力管，用于模拟由于管道截面面积变化而产生的内部压力波。

```
*DEFINE_PRESSURE_TUBE
$ PID,WS,PR,MTD,TYPE
3,340.0,1.00000E-4
```

$ 在压力管与冲击器之间定义接触。

```
*CONTACT_AUTOMATIC_SURFACE_TO_SURFACE_MORTAR
$ ssid,msid,sstyp,mstyp,sboxid,mboxid,spr,mpr
3,1,3,3,0,0,0,0
```

```
$ fs,fd,dc,vc,vdc,penchk,bt,dt
0.2,0.2,0.0,0.0,10.0,0,0.0,1.00000E20
$ sfs, sfm,sst,mst,sfst,sfmt,fsf,vsf
10.0,10.0,0.0,0.0,1.0,1.0,1.0,1.0
```

$ 在压力管与前防撞梁之间定义接触。

```
*CONTACT_AUTOMATIC_SURFACE_TO_SURFACE_MORTAR
3,2,3,3,0,0,0,0
0.2,0.2,0.0,0.0,10.0,0,0.01.00000E20
10.0,10.0,0.0,0.0,1.0,1.0,1.0,1.0
```

$ 为冲击器施加强制位移。

```
*BOUNDARY_PRESCRIBED_MOTION_RIGID
$ pid,dof,vad,lcid,sf,vid,death,birth
1,1,2,3,1.0,0,1.00000E28,0.0
```

$ 定义位移加载曲线。

```
*DEFINE_CURVE
$ lcid,sidr,sfa,sfo,offa,offo,dattyp
3,0,1.0,1.0,0.0,0.0,0,0
$ a1,o1
0.0,0.0
1.0,5.5
2.0,0.0
5.0,0.0
```

$ 定义时间步长控制参数。

```
*CONTROL_TIMESTEP
$ DTINIT,TSSFAC,ISDO,TSLIMT,DT2MS,LCTM,ERODE,MS1ST
0.0000,0.6000
```

$ 定义计算结束条件。

```
*CONTROL_TERMINATION
$ endtim,endcyc,dtmin,endeng,endmas,nosol
4.0
```

$ 定义输出 ASCII 格式 PRTUBE 文件，内含压力管不同位置处单元的压力。

```
*DATABASE_PRTUBE
$ dt,binary,lcur,ioopt
0.01,3,0,1
```

$ 定义附加写入 D3PLOT 文件的梁单元应力/应变数据。

```
*DATABASE_EXTENT_BINARY
$ NEIPH,NEIPS,MAXINT,STRFLG,SIGFLG,EPSFLG,RLTFLG,ENGFLG
0,0,3,0,1,1,1,1
$ CMPFLG,IEVERP,BEAMIP,DCOMP,SHGE,STSSZ,N3THDT,IALEMAT
0,0,2,0,0,0,2
```

$ 定义二进制状态文件 D3PLOT 的输出。

```
*DATABASE_BINARY_D3PLOT
$ DT/CYCL,LCDT/NR,BEAM,NPLTC,PSETID,CID
0.1
```

$ 包含 TrueGrid 软件生成的网格模型文件。

```
*INCLUDE
$ FILENAME
trugrdo
```

$ *END 表示关键字文件的结束。

```
*END
```

5.6.5 数值计算结果

计算完成后，在 LS-DYNA 后处理软件 LS-PrePost 中读入 D3PLOT 文件，进行如下操作，即可显示如图 5-19 所示的压力管的 Von Mises 应力。

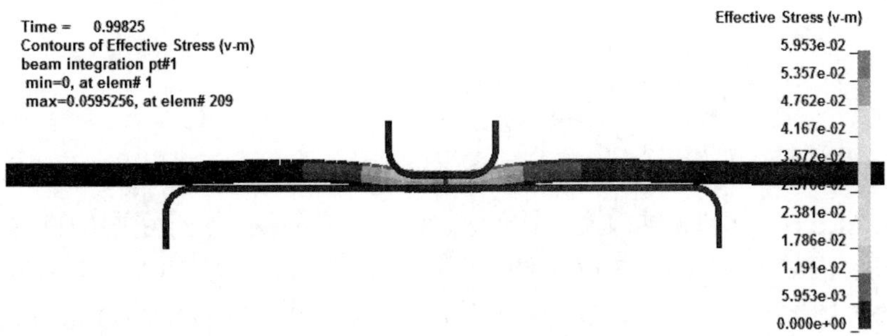

图 5-19 1ms 时刻压力管的 Von Mises 应力

（1）显示梁单元截面（Toggle→Beam Prism）。

（2）显示应力（Page 1→Beam→Von Mises stress）。

在后处理中还可显示压力管特定单元压力时程曲线，操作步骤如图 5-20 所示。

（1）单击 ASCII（Page 1→ASCII）。

（2）在下拉列表中选择 prtube *，单击 Load，导入该文件。

（3）在单元下拉列表中选择特定单元，在紧随其后的下拉列表中选择 2-pressure。

（4）单击 Plot，绘制曲线（图 5-21）。

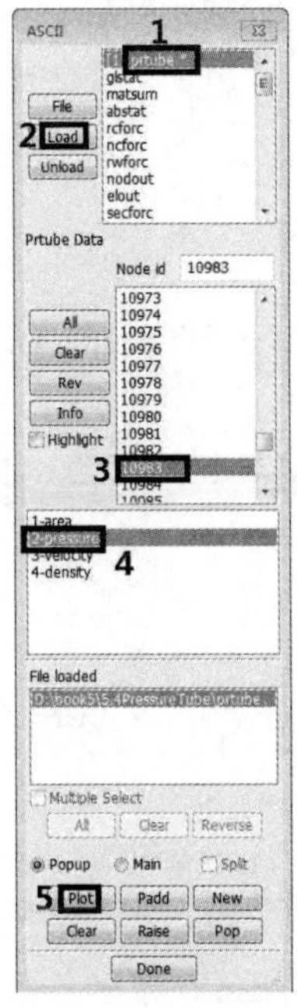

图 5-20 压力管特定单元压力时程曲线显示步骤

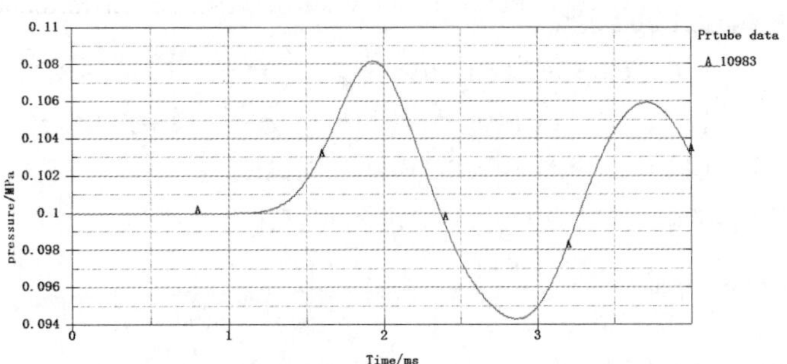

图 5-21 压力管特定单元压力时程曲线

第 6 章　深入篇——爆炸计算

LS-DYNA 软件中爆炸及其对结构作用的计算方法有：

（1）传统 ALE 法。炸药和结构等共节点，均采用 ALE 算法。炸药可采用*EOS_JWL、*EOS_IGNITION_AND_GROWTH_OF_REACTION_IN_HE 和*EOS_PROPELLANT_DEFLAGRATION 状态方程。也有人尝试采用其他类型状态方程如*EOS_LINEAR_POLYNOMIAL 或*INITIAL_EOS_ALE，不考虑炸药的反应过程，其中的内能项 E0 等于炸药爆炸能。

（2）Lagrangian 法。炸药和结构共节点或采用滑移接触，只考虑爆轰产物的作用，仅适用于近距离接触爆炸。

（3）流-固耦合法。炸药等采用 ALE 或 S-ALE 算法，结构采用 Lagrangian 算法，二者之间定义流-固耦合关系。

（4）采用*LOAD_BLAST（常规炸药空中爆炸和贴地表爆炸）、*LOAD_BRODE（高空爆炸）或*LOAD_BLAST_ENHANCED（考虑地面反射）关键字将空中爆炸载荷直接施加在结构上，适用于结构之间没有相互遮挡的工况。这三种均是快速计算方法。

（5）结合使用*LOAD_BLAST_ENHANCED、ALE 或 S-ALE 算法（*SECTION_SOLID 中 ELFORM=11 和 AET=5）计算爆炸及对结构的作用，可用于结构之间有相互遮挡的工况。

（6）采用*LOAD_SSA 关键字计算中远场水下爆炸对结构的毁伤。这是一种快速计算方法。

（7）采用声-固耦合法计算远场水下爆炸对结构的毁伤。

（8）采用 USA 模块计算远场水下爆炸对结构的毁伤。

（9）微粒法（Corpuscular Particle Method，CPM）。

（10）粒子爆破法（Particle Blast Method，PBM）。采用*DEFINE_PARTICLE_BLAST 关键字模拟近距离爆炸作用，如地雷爆炸对装甲车辆的毁伤。

（11）*INITIAL_IMPULSE_MINE，用于模拟地下埋藏地雷对装甲车辆的毁伤。这也是一种快速计算方法。

（12）CESE+Chemistry+FSI，从化学反应层面模拟爆燃或爆炸对结构的破坏。

（13）DUALCESE+炸药反应率方程+凝聚态爆炸状态方程，模拟炸药爆轰。

（14）*CESE_BOUNDARY_BLAST_LOAD+*LOAD_BLAST_ENHANCED+FSI，模拟爆炸对结构的破坏，可用于结构之间有相互遮挡的工况。

（15）SPH、DEM、EFG 或 SPG 方法。做法有两种：第一种为流-固耦合方法，炸药等采用 ALE 或 S-ALE 算法，结构采用 SPH、DEM、EFG 或 SPG 方法，二者之间通过*ALE_COUPLING_NODAL_DRAG、*ALE_COUPLING_NODAL_PENALTY 等定义流-固耦合关系；第二种为接触方法，主要用于模拟接触爆炸。

6.1 空中爆炸一维计算

炸药在空气中爆炸后瞬间形成高温高压的爆炸产物，产物强烈压缩周围静止的空气，在空气中形成冲击波向四周传播，对结构造成破坏。

由于炸药爆炸初期产生的冲击波是高频波，在数值计算模型中炸药及其附近区域需要划分细密网格才能反映出足够频宽的冲击波特性，否则计算出的压力峰值会被抹平。

无限空间 TNT 空中爆炸问题具有球对称性质，一维计算模型是最佳选择，可显著降低计算规模和计算时间，提高计算准确度。

6.1.1 空气冲击波工程计算模型

典型的 TNT 空气中爆炸冲击波曲线如图 6-1 所示。在冲击波到达之前，该处的压力等于大气压力 P_0，冲击波在时间 t_a 到达该处后，压力瞬间由大气压力突跃至最大值。压力最大值与 P_0 的差值，通常称为入射超压峰值 P_i。波阵面通过后压力迅速下降，经过时间 t_d 压力衰减到大气压力并继续下降，直至出现负超压峰值，在一定时间内又逐渐地回升到大气压力，负超压峰值与 P_0 的差值，通常称为负超压峰值 P_n。

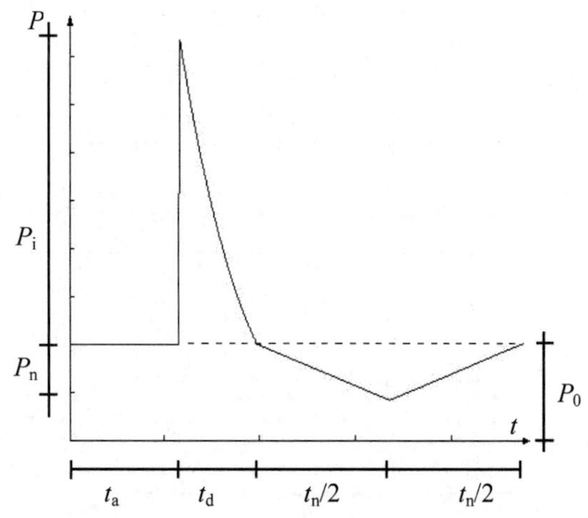

图 6-1 自由场空气冲击波压力-时间曲线示意图

空气冲击波压力在正压段大致按指数规律衰减，有许多经验公式可以描述此压力衰减过程，其中修正的 Friedlander 方程较接近实际过程且又简单易于计算：

$$P = P_0, \quad t < t_a$$

$$P = P_0 + P_i\left(1 - \frac{t - t_a}{t_d}\right)e^{\frac{-b(t-t_a)}{t_d}}, \quad t_a \leqslant t \leqslant t_a + t_d$$

式中，P_0 为大气压力；P_i 为入射超压；t_a 为冲击波到达时间；t_d 为正压作用时间。

1984 年，Kingery 在对大量试验数据总结分析的基础上提出了 Kingery-Bulmash 空气冲击波参数计算模型，其研究成果已被广泛采用，并被植入多种计算程序如 CONWEP 和 LS-DYNA

（即*LOAD_BLAST 关键字）中。为了把后来进行的一系列试验测试结果也考虑进去，1998 年 Kingery 对 Kingery-Bulmash 超压模型作了一些修改，远场超压预测值比以前高出许多。

Kingery 冲击波正压区参数计算公式：

$$\mathrm{FUNCTION} = \mathrm{EXP}(A + B\ln Z + C(\ln Z)^2 + D(\ln Z)^3 + E(\ln Z)^4 + F(\ln Z)^5 + G(\ln Z)^6)$$

式中，FUNCTION代表冲击波到达时间 t_a、入射超压 P_i 及正压作用时间 t_d 等参数；Z 为比例距离，$Z = d/\sqrt[3]{W}$；d 为距爆心的距离；W 为装药质量。当比例距离 $Z > 40\mathrm{m/kg}^{1/3}$ 时，对于大多数结构已无破坏能力。A、B、C、D、E、F、G 为系数，具体取值见表 6-1。

表 6-1　简化的 Kingery 空气冲击波参数

冲击波到达时间，t_a（$\mathrm{ms/kg}^{1/3}$）							
RANGE，Z（$\mathrm{m/kg}^{1/3}$）	A	B	C	D	E	F	G
0.06～1.50	−0.7604	1.8058	0.1257	−0.0437	−0.0310	−0.00669	0
1.50～40	−0.7137	1.5732	0.5561	−0.4213	0.1054	−0.00929	0
入射超压，P_i（kPa）							
RANGE，Z（$\mathrm{m/kg}^{1/3}$）	A	B	C	D	E	F	G
0.2～2.9	7.2106	−2.1069	−0.3229	0.1117	0.0685	0	0
2.9～23.8	7.5938	−3.0523	0.40977	0.0261	−0.01267	0	0
23.8～198.5	6.0536	−1.4066	0	0	0	0	0
正压作用时间，t_d（$\mathrm{ms/kg}^{1/3}$）							
RANGE，Z（$\mathrm{m/kg}^{1/3}$）	A	B	C	D	E	F	G
0.2～1.02	0.5426	3.2299	−1.5931	−5.9667	−4.0815	−0.9149	0
1.02～2.80	0.5440	2.7082	−9.7354	14.3425	−9.7791	2.8535	0
2.80～40	−2.4608	7.1639	−5.6215	2.2711	−0.44994	0.03486	0

对于衰减系数 b，Martin Larcher 提出了下面的计算公式：

$$b = 5.2777Z^{-1.1975}$$

负压区冲击波参数虽然对刚性结构（钢筋混凝土）的设计不重要，但对柔性防护结构（一般指钢框架）尤其有用。Martin Larcher 采用双折线方程来计算负压区压力：

$$P = P_0 - \frac{2P_n}{t_n}(t - t_a - t_d)，\quad t_a + t_d < t \leqslant t_a + t_d + \frac{t_n}{2}$$

$$P = P_0 - \frac{2P_n}{t_n}(t_a + t_d + t_n - t)，\quad t_a + t_d + \frac{t_n}{2} < t \leqslant t_a + t_d + t_n$$

$$P = P_0，\quad t > t_a + t_d + t_n$$

式中，P_0 为大气压力；P_n 为负超压；t_n 为负超压持续时间。

对于负压区参数（负超压及其持续时间），Martin Larcher 对 Krauthammer 提供的图表进行拟合，得出下列计算公式。

负超压计算公式：

$$P_n = \frac{0.35}{Z} 10^5 \text{Pa}, \quad Z \geqslant 3.5$$

$$P_n = 10^4 \text{Pa}, \quad Z < 3.5$$

负超压持续时间计算公式：

$$t_n = 0.0104 W^{1/3} [\text{sec}], \quad Z < 0.3$$

$$t_n = (0.003125 \log(Z) + 0.01201) W^{1/3} [\text{sec}], \quad 0.3 \leqslant Z \leqslant 1.9$$

$$t_n = 0.0139 W^{1/3} [\text{sec}], \quad Z > 1.9$$

将上述空气冲击波正压区和负压区工程计算公式结合起来，便可形成 TNT 空气自由场爆炸冲击波工程计算模型，该模型可以快速计算出不同 TNT 当量在不同距离处的冲击波压力曲线。

6.1.2 *SECTION_ALE1D

该关键字为一维 ALE 单元定义单元算法。关键字卡片 1～2 分别见表 6-2 和表 6-3。

表 6-2　*SECTION_ALE1D 关键字卡片 1

Card 1	1	2	3	4	5	6	7	8
Variable	SECID	ALEFORM	AET	ELFORM				
Type	I/A	I	I	I				
Default	none	none	0	none				

表 6-3　*SECTION_ALE1D 关键字卡片 2

Card 2	1	2	3	4	5	6	7	8
Variable	THICK	THICK						
Type	F	F						
Default	none	none						

- SECID：单元算法 ID。SECID 被*PART 卡片引用，可为数字或字符，其 ID 必须唯一。
- ALEFORM：ALE 算法。
  - ALEFORM=11：多物质 ALE 算法。
- AET：环境单元类型。
  - AET=4：压力流入。
- ELFORM：单元算法。
  - ELFORM=7：平面应变。
  - ELFORM=8：轴对称（每弧度）。
  - ELFORM=-8：球对称。
- THICK：节点厚度。

6.1.3 计算模型概况

LS-DYNA 可采用一维梁单元球对称计算模型，如图 6-2 所示。在计算模型中采用多物质 Euler 算法。计算单位制采用 cm-g-μs。

TNT 空气

图 6-2 LS-DYNA 一维梁单元球对称计算模型

空气密度为 $1.225kg/m^3$，采用*EOS_LINEAR_POLYNOMIAL 状态方程，γ=1.4。空气中初始压力为 1 个大气压。

计算模型中的炸药为 1kg TNT，TNT 炸药爆炸产物压力用*EOS_JWL 状态方程来描述。

$$P = A\left(1-\frac{\omega}{R_1 V}\right)e^{-R_1 V} + B\left(1-\frac{\omega}{R_2 V}\right)e^{-R_2 V} + \frac{\omega E}{V}$$

式中，E 为单位质量内能；V 为比容；A、B、R_1、R_2、ω 为常数。其中，方程式右端第一项在高压段起主要作用，第二项在中压段起主要作用，第三项代表低压段。在爆轰产物膨胀的后期，方程式前两项的作用可以忽略，为了加快求解速度，将炸药从 JWL 状态方程转换为更为简单的理想气体状态方程（绝热指数 $\gamma = \omega + 1$）。

6.1.4 TrueGrid 建模

计算空气域为 10m，网格划分总数为 10000，网格尺寸为 1mm。相关的 TrueGrid 建模命令流如下：

```
merge                          c 进入 MERGE 阶段
bm rt1 0 0 0;rt2 1000 0 0;     c 梁起点为 0 0 0，终点为 1000 0 0
mate 2 cs 1 nbms 10000;        c 梁材料号为 2，梁截面号为 1，梁网格数为 10000
lsdyna keyword                 c 指定 LS-DYNA 关键字输出格式
write                          c 输出网格模型文件
```

6.1.5 关键字文件讲解

下面讲解相关的 LS-DYNA 关键字文件。关键字文件有 2 个：计算模型参数主控文件 main.k 和网格模型文件 trugrdo。其中 main.k 中的内容及相关讲解如下。

$ 首行*KEYWORD 表示输入文件采用的是关键字输入格式。

```
*KEYWORD
```

$ 为二进制结果文件定义输出格式。

```
*DATABASE_FORMAT
$ IFORM,IBINARY
0
```

$ 为 ALE 算法设置全局控制参数。

$ 对于爆炸问题通常设置 DCT=-1，表示采用交错输运逻辑。

$ NADV=1 表示每两物质输运步之间有一步 Lagrangian 计算。

$ NADV 数值越大，计算速度越快，计算也越不稳定。

$ METH=-2 表示采用带有 HIS 的 Van Leer 物质输运算法。

$ PREF=1.01e-6 Mbar 为参考压力，即 1 个大气压。

```
*CONTROL_ALE
$ DCT,NADV,METH,AFAC,BFAC,CFAC,DFAC,EFAC
-1,1,-2
$ START,END,AAFAC,VFACT,PRIT,EBC,PREF,NSIDEBC
,,,,,1,1.01e-6
```

$ *SECTION_ALE1D 为 1D ALE 单元定义单元算法。

$ ALEFORM=11 表示采用多物质 ALE 算法。

$ ELFORM=-8 表示球对称。对于 ELFORM=-8，THICK 的数值没有意义，但必须定义。

```
*SECTION_ALE1D
$ SECID,ALEFORM,AET,ELFORM
1,11,,-8
$THICK,THICK
0.1,0.1,
```

$ 定义 ALE 多物质材料组。

```
*ALE_MULTI-MATERIAL_GROUP
$SID,IDTYPE
1,1
$SID,IDTYPE
2,1
```

$ 这是*MAT_008 材料模型，用于定义高能炸药的爆轰。

```
*MAT_HIGH_EXPLOSIVE_BURN
$MID,RO,D,PCJ,BETA,K,G,SIGY
1,1.58,0.6880,.194,.0000000,.0000000,.0000000,.0000000
```

$ 这是*EOS_002 状态方程，用于定义炸药爆炸产物内的压力。

```
*EOS_JWL
$ EOSID,A,B,R1,R2,OMEG,E0,V0
1,3.07,0.03898,4.4850000,0.7900000,.3000000,0.069684,1.000000
```

$ 这是*MAT_009 材料模型，用于定义空气材料模型参数。

```
*MAT_NULL
$ MID,RO,PC,MU,TEROD,CEROD,YM,PR
2,1.280E-03,0.000E+00,0.000E+00,0.000E+00,0.000E+00
```

$ 这是*EOS_001 状态方程，用于定义空气的热力学参数。

$ C4=C5=1.4-1=0.4。

$ E0=2.5E-6 用于设置空气内的初始压力，即为 C4*2.5E-6=1.0E-6Mbar。

```
*EOS_LINEAR_POLYNOMIAL
$ EOSID,C0,C1,C2,C3,C4,C5,C6
2,0.000E-00,0.0,0.000E+00,0.000E+00,0.400,0.400,0.000E+00
$ E0,V0
2.5E-6,1
```

$ 定义炸药 Part，引用定义的单元算法、材料模型和状态方程。

```
*PART
$ HEADING

$ PID,SECID,MID,EOSID,HGID,GRAV,ADPOPT,TMID
1,1,1,1,0,0,0
```

$ 定义空气 Part，引用定义的单元算法、材料模型和状态方程。

```
*PART
```

```
$ HEADING

$ PID,SECID,MID,EOSID,HGID,GRAV,ADPOPT,TMID
2,1,2,2,0,0,0
```

$ 为炸药定义起爆点和起爆时间。

$ PID 为采用*MAT_HIGH_EXPLOSIVE_BURN 材料的网格 Part。

$ X,Y,Z 是起爆点。

$ LT 是起爆时间。

```
*INITIAL_DETONATION
$PID,X,Y,Z,LT
2,0,0,0
```

$ *INITIAL_VOLUME_FRACTION_GEOMETRY 在 ALE 网格中填充多物质材料。

$ FMSID 为背景 ALE 网格。

$ 当 FMSID 为 Part Set 时，FMIDTYP=0；当 FMSID 为 Part 时，FMIDTYP=1。

$ BAMMG 为最初填充 FMSID 的 ALE 网格区域的多物质材料组。

$ BAMMG=2，表示空气材料所在的多物质材料组 AMMG 2。

$ CNTTYP=6，表示采用球体方式进行填充。

$ FILLOPT 表示采用几何体内或体外方式填充多物质材料组。

$ FILLOPT=0 表示体内填充方式。

$ FAMMG 是要填充的多物质材料组。

$ X0,Y0,Z0 表示球心坐标。

$ R0 表示球体半径。

```
*INITIAL_VOLUME_FRACTION_GEOMETRY
$FMSID,FMIDTYP,BAMMG,NTRACE
2,1,2,
$ CNTTYP,FILLOPT,FAMMG,VX,VY,VZ
6,0,1
$ X0,Y0,Z0,R0
0,0,0,5.3262
```

$ 定义示踪粒子，将物质点时间历程数据记录到 ASCII 文件中。

$ TIME 为示踪粒子开始记录时间。

$ TRACK=0 表示示踪粒子跟随物质材料运动。

$ TRACK=1 表示示踪粒子在空间固定不动。

$ X,Y,Z 为示踪粒子初始坐标。

$ AMMGID 为被跟踪的多物质 ALE 单元内的 AMMG 组。

$ AMMGID=0，按多物质 ALE 单元内全部 AMMG 组的体积分数加权平均输出压力。

```
*DATABASE_TRACER
$ TIME,TRACK,X,Y,Z,AMMGID,NID,RADIUS
,1,100,0,0,0
*DATABASE_TRACER
,1,200,0,0,0
*DATABASE_TRACER
,1,300,0,0,0
*DATABASE_TRACER
,1,400,0,0,0
*DATABASE_TRACER
```

```
,1,500,0,0,0
*DATABASE_TRACER
,1,600,0,0,0
```

$ DT 定义 TRHIST 文件的输出时间间隔，这里 DT=1μs。

```
*DATABASE_TRHIST
$ DT,BINARY,LCUR,IOOPT,OPTION1,OPTION2,OPTION3,OPTION4
1
```

$ 定义计算结束条件。

```
*CONTROL_TERMINATION
$ ENDTIM,ENDCYC,DTMIN,ENDENG,ENDMAS,NOSOL
30000
```

$ 定义时间步长控制参数。

```
*CONTROL_TIMESTEP
$ DTINIT,TSSFAC,ISDO,TSLIMT,DT2MS,LCTM,ERODE,MS1ST
0,0.9
```

$ 定义二进制状态文件 D3PLOT 的输出。

```
*DATABASE_BINARY_D3PLOT
$ DT/CYCL,LCDT/NR,BEAM,NPLTC,PSETID,CID
1000
```

$ 定义二进制时间历程文件 D3THDT 的输出。

```
*DATABASE_BINARY_D3THDT
$ DT/CYCL,LCDT/NR,BEAM,NPLTC,PSETID,CID
1
```

$ 包含 TrueGrid 软件生成的网格模型文件。

```
*INCLUDE
$ FILENAME
trugrdo
```

$ *END 表示关键字文件的结束。

```
*END
```

6.1.6 计算结果

经 LS-DYNA 计算完毕后，打开 LS-PrePost 软件读入计算结果，显示特定点的压力曲线，具体操作如下：

（1）在右侧工具栏中单击 Page 1→ASCII。

（2）在 Ascii File Operation 下拉列表中选取 trhist，然后单击左侧按钮 Load。

（3）在 Particle Id 下拉列表中选取相应测点 1、2、3、4、5 或 6。

（4）在 Trhist Data 下拉列表中选取 15-Pressure，然后单击左侧按钮 Plot，即可绘出特定点的压力曲线。

图 6-3 是距离爆心不同距离处冲击波压力计算曲线。图中 LS-DYNA 数值计算曲线上存在多个峰值，第二个峰值是由 TNT 炸药的爆心汇聚反射追赶造成的。由于空气密度和压强远小于爆轰产物的密度和压强，在冲击波形成的同时由界面向炸药中心反射回一个稀疏波，使爆轰产物发生膨胀，降低内部压力，此稀疏波在炸药中心汇聚后又向外传播一压缩波，由于前导冲击波已经将空气绝热压缩，此压缩波的传播速度将大于前导冲击波，并逐渐向前追赶前导冲击波。如果测点离炸药不远，此二次压力波峰值足够高，就有可能将负压区强行打断，并再次衰减到负压。

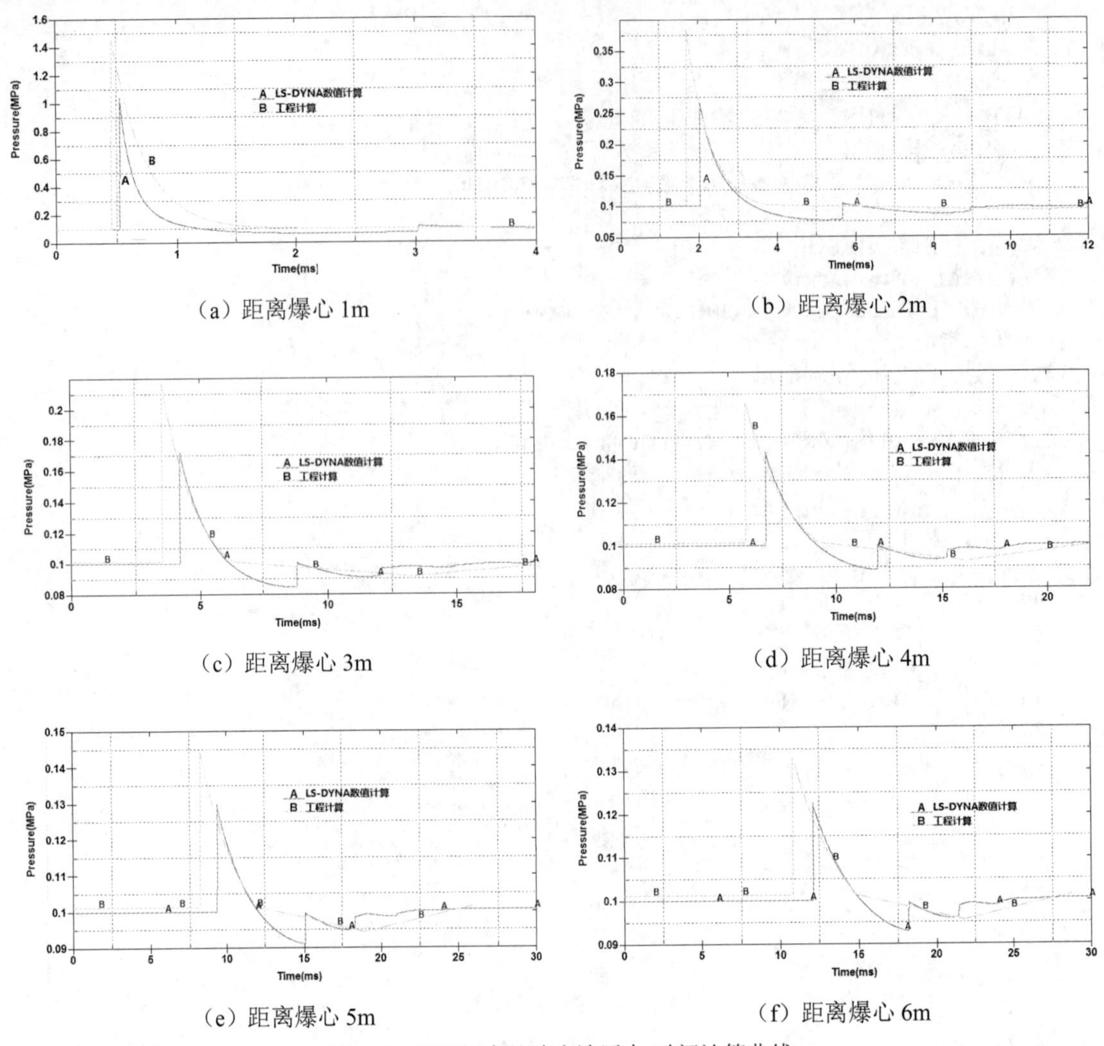

（a）距离爆心 1m （b）距离爆心 2m

（c）距离爆心 3m （d）距离爆心 4m

（e）距离爆心 5m （f）距离爆心 6m

图 6-3 不同距离处冲击波压力-时间计算曲线

由图 6-3 可见，LS-DYNA 数值计算曲线走势与工程计算曲线基本一致。距爆心越远，两条曲线符合程度越高，且数值计算曲线提供的信息更加丰富。

6.2 水中爆炸一维到三维映射计算

LS-DYNA 提供了多种计算结果映射（MAPPING）技术。

（1）ALE 到 ALE 结果映射技术。

（2）ALE 到 Lagrangian 结果映射技术。

（3）Lagrangian 到 Lagrangian 结果映射技术。

其中的 ALE 到 ALE 结果映射技术可以将低维模型计算结果映射到高维模型中，或将同维模型计算结果映射到其他同维模型中，接着计算。在低维模型中可采用细密网格，而高维模型中可采用较粗网格，这有利于减少计算耗费，提高计算准确度。

下面采用 TNT 炸药水中爆炸算例来介绍一维到三维 ALE 映射计算方法。

6.2.1 计算模型概况

1kg 球形 TNT 在水中爆炸，药球中心距离钢板 1.5m，如图 6-4 所示。计算单位制采用 cm-g-μs。

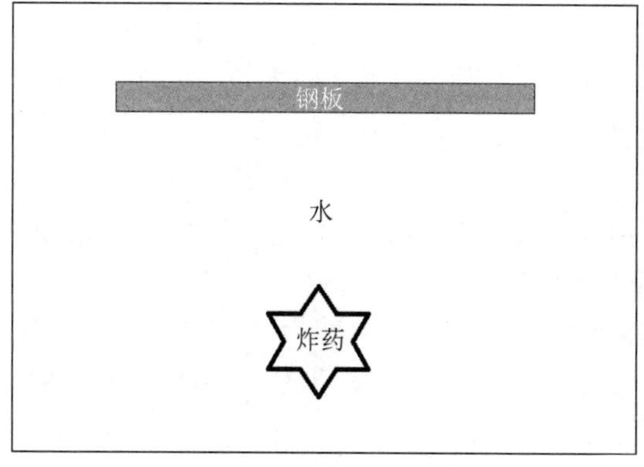

图 6-4 计算模型示意图

TNT 为球形，可采用一维球对称模型模拟其爆炸过程，当冲击波将要到达钢板时终止计算，并将最后一步计算结果输出到映射文件。映射文件包含了如下节点和单元信息：最后一步节点坐标、节点速度、PART ID、单元节点、单元中心、密度、体积分数、应力、塑性应变、内能、体积黏性、相对体积。

采用三维 1/2 对称模型继续模拟冲击波对钢板的作用过程，计算初始时刻读入一维模型计算结果映射文件中的数据。

在一维和三维模型中炸药和水均采用 ALE 算法。在三维模型中采用流-固耦合算法将钢板耦合在水中。

6.2.2 TrueGrid 建模

关于一维模型 TrueGrid 建模的命令流如下：

```
merge                                    c 进入 MERGE 阶段
bm rt1 0 0 0;rt2 150 0 0;                c 创建梁 PART
mate 2 cs 1 nbms 1500;
lsdyna keyword                           c 指定 LS-DYNA 关键字输出格式
write                                    c 输出网格模型文件
```

关于三维模型 TrueGrid 建模的命令流如下：

```
plane 1 0 0 0 0 1 0 0.001 symm;          c 定义模型关于 XOZ 平面对称
mate 2                                   c 为水指定材料号（LS-DYNA PART 号）
partmode i                               c  Part 命令的间隔索引格式，便于建立三维网格
block 100;50;70;-250 250;0 250;-100 250  c 创建水域 PART
fset 1 1 2 2 2 2 = up                    c 输出 SEGMENT SET，以定义无反射边界条件
fset 1 1 1 2 2 1 = down
fset 1 1 1 1 2 2 = left
fset 2 1 1 2 2 2 = right
fset 1 2 1 2 2 2 = front
endpart                                  c 结束当前 Part 命令
mate 15                                  c 为钢板指定材料号（LS-DYNA PART 号）
block 60;30;4;-150 150;0 150;150 170     c 创建钢板 PART
```

```
endpart                          c 结束当前 Part 命令
merge                            c 进入 merge 阶段，合并 Part
bptol 1 2 -1                     c 设定 PART 1 和 2 之间不合并节点
lsdyna keyword                   c 声明要输出 LS-DYNA 关键字格式文件
write                            c 输出网格模型文件
```

6.2.3 ALE 边界条件和载荷

如果 ALE 流体域外围没有指定边界条件，ALE 网格边界为自由的，物质可从边界处流出，而部分压力波会从网格边界处反射回来。要避免反射，一种方法是增大网格区域，在压力波没有反射回来前结束计算，但这种方法需要耗费额外的计算时间和内存。

另一种方法是采用*BOUNDARY_NON_REFLECTING（施加于三维模型的面段组）和*BOUNDARY_NON_REFLECTING_2D（施加于二维模型的节点组）关键字施加无反射边界条件（透射边界条件）来减少压力波的反射，可以将垂直于边界的压力波完全透射出去，而在其他方向的透射效果要大打折扣。因此，迫切期待 LS-DYNA 能够改进*BOUNDARY_NON_REFLECTING 及其他无反射边界条件。

6.2.4 关键字文件讲解

下面讲解相关的 LS-DYNA 关键字输入文件。

一维模型关键字输入文件有 2 个：计算模型参数主控文件 main.k 和网格模型文件 trugrdo。其中 main.k 中的内容及相关讲解如下。

$ 首行*KEYWORD 表示输入文件采用的是关键字输入格式。

```
*KEYWORD
```

$ 为二进制结果文件定义输出格式。

```
*DATABASE_FORMAT
$ IFORM,IBINARY
0
```

$ 为 ALE 算法设置全局控制参数。

```
*CONTROL_ALE
$ DCT,NADV,METH,AFAC,BFAC,CFAC,DFAC,EFAC
-1,1,-2
$ START,END,AAFAC,VFACT,PRIT,EBC,PREF,NSIDEBC
,,,,,1,1.01e-6
```

$ *SECTION_ALE1D 为 1D ALE 单元定义单元算法。

```
*SECTION_ALE1D
$ SECID,ALEFORM,AET,ELFORM
1,11,,-8
$THICK,THICK
0.1,0.1,
```

$ 定义 ALE 多物质材料组。

```
*ALE_MULTI-MATERIAL_GROUP
$SID,IDTYPE
1,1
$SID,IDTYPE
2,1
```

$ 这是*MAT_008 材料模型，用于定义高能炸药的爆轰。

```
*MAT_HIGH_EXPLOSIVE_BURN
$MID,RO,D,PCJ,BETA,K,G,SIGY
```

```
1,1.58,0.6880,.194,.0000000,.0000000,.0000000,.0000000
```

$ 这是*EOS_002 状态方程，用于定义炸药爆炸产物内的压力。

```
*EOS_JWL
$ EOSID,A,B,R1,R2,OMEG,E0,V0
1,3.07,0.03898,4.4850000,0.7900000,.3000000,0.069684,1.000000
```

$ 这是*MAT_009 材料模型，用于定义水的材料模型参数。

```
*MAT_NULL
$ MID,RO,PC,MU,TEROD,CEROD,YM,PR
2,1.00,.0000000,.0000000,.0000000,.0000000,.0000000,.0000000
```

$ 这是*EOS_001 状态方程，用于定义水的热力学参数。

```
*EOS_LINEAR_POLYNOMIAL
$ EOSID,C0,C1,C2,C3,C4,C5,C6
2,0,2.002E-2,8.436E-2,8.010E-2,0.4394,1.3937,0.0
$ E0,V0
2.306E-6,1.0
```

$ 定义炸药 Part，引用定义的单元算法、材料模型和状态方程。

```
*PART
$ HEADING

$ PID,SECID,MID,EOSID,HGID,GRAV,ADPOPT,TMID
1,1,1,1,0,0,0
```

$ 定义水 Part，引用定义的单元算法、材料模型和状态方程。

```
*PART
$ HEADING

$ PID,SECID,MID,EOSID,HGID,GRAV,ADPOPT,TMID
2,1,2,2,0,0,0
```

$ 为炸药定义起爆点和起爆时间。

```
*INITIAL_DETONATION
$PID,X,Y,Z,LT
1,0,0,0
```

$ 在 ALE 网格中填充多物质材料。

```
*INITIAL_VOLUME_FRACTION_GEOMETRY
$FMSID,FMIDTYP,BAMMG,NTRACE
2,1,2,
$ CNTTYP,FILLOPT,FAMMG,VX,VY,VZ
6,0,1
$ X0,Y0,Z0,R0
0,0,0,5.3262
```

$ 定义示踪粒子，将物质点时间历程数据记录到 ASCII 文件中。

```
*DATABASE_TRACER
$ TIME,TRACK,X,Y,Z,AMMGID,NID,RADIUS
,1,100,0,0,0
*DATABASE_TRACER
,1,145,0,0,0
*DATABASE_TRACER
,1,149,0,0,0
```

$ DT 定义 TRHIST 文件的输出时间间隔，这里 DT=1μs。

```
*DATABASE_TRHIST
$ DT,BINARY,LCUR,IOOPT,OPTION1,OPTION2,OPTION3,OPTION4
1
```

$ 定义计算结束条件。

```
*CONTROL_TERMINATION
$ ENDTIM,ENDCYC,DTMIN,ENDENG,ENDMAS,NOSOL
870
```

$ 定义时间步长控制参数。

```
*CONTROL_TIMESTEP
$ DTINIT,TSSFAC,ISDO,TSLIMT,DT2MS,LCTM,ERODE,MS1ST
0,0.9
```

$ 定义二进制状态文件 D3PLOT 的输出。

```
*DATABASE_BINARY_D3PLOT
$ DT/CYCL,LCDT/NR,BEAM,NPLTC,PSETID,CID
870
```

$ 定义二进制文件 D3THDT 的输出。

```
*DATABASE_BINARY_D3THDT
$ DT/CYCL,LCDT/NR,BEAM,NPLTC,PSETID,CID
1
```

$ 包含 TrueGrid 软件生成的网格模型文件。

```
*INCLUDE
$ FILENAME
trugrdo
```

$ *END 表示关键字文件的结束。

```
*END
```

三维模型关键字输入文件也有两个：计算模型参数主控文件 main.k 和网格模型文件 trugrdo。其中 main.k 中的内容及相关讲解如下。

```
*KEYWORD
```

$ 为 ALE 算法设置全局控制参数。

```
*CONTROL_ALE
$ DCT,NADV,METH,AFAC,BFAC,CFAC,DFAC,EFAC
2,1,2,-1.0,0.00,0.00,0.00,0.00
$ START,END,AAFAC,VFACT,PRIT,EBC,PREF,NSIDEBC
0.00,0.100E+21,1.00,0.00,0.00,0,1.01e-6
```

$　定义 3D ALE 单元算法。

```
*SECTION_SOLID
$ SECID,ELFORM,AET
1,11
```

$ *SECTION_SOLID 为钢板定义常应力体单元算法。

```
*SECTION_SOLID
$ SECID,ELFORM,AET
3,1
```

$ 读入上次 ALE 计算中最后一步 ALE 计算结果。

$ PID 和 TYP 指定 3D 模型网格。

$ AMMSID 是 3D 模型中*SET_MULTI-MATERIAL_GROUP 定义的 ALE 多物质组。

$ X0,Y0,Z0 是映射坐标原点。

$ VECID 定义映射对称轴。

$ ANGLE 定义 3D 到 3D 映射时绕*DEFINE_VECTOR 定义的轴旋转的角度。

```
*INITIAL_ALE_MAPPING
$ PID,TYP,AMMSID
100,0,200
```

```
$ X0,Y0,Z0,VECID,ANGLE
0,0,0,300
```

$ 定义 PART 组。

```
*SET_PART
$ SID,DA1,DA2,DA3,DA4,SOLVER
100
$ PID1,PID2,PID3,PID4,PID5,PID6,PID7,PID8
1,2
```

$ 定义 ALE 多物质组集，可包含一个或多个 ALE 多物质组。

```
*SET_MULTI-MATERIAL_GROUP_LIST
$ AMSID
200
$ AMGID1,AMGID2,AMGID3,AMGID4,AMGID5,AMGID6,AMGID7,AMGID8
1,2
```

$ 定义方向矢量，即旋转轴。

```
*DEFINE_VECTOR
$ VID,XT,YT,ZT,XH,YH,ZH,CID
300,0,0,0,0,1,0
```

$ 定义 ALE 多物质材料组。

```
*ALE_MULTI-MATERIAL_GROUP
$ SID,IDTYPE
1,1
$ SID,IDTYPE
2,1
```

$ 这是*MAT_008 材料模型，用于定义高能炸药的爆轰。

```
*MAT_HIGH_EXPLOSIVE_BURN
$MID,RO,D,PCJ,BETA,K,G,SIGY
1,1.58,0.6880,.194,.0000000,.0000000,.0000000,.0000000
```

$ 这是*EOS_002 状态方程，用于定义炸药爆炸产物内的压力。

```
*EOS_JWL
$ EOSID,A,B,R1,R2,OMEG,E0,V0
1,3.07,0.03898,4.4850000,0.7900000,.3000000,0.069684,1.000000
```

$ 这是*MAT_009 材料模型，用于定义水的材料模型参数。

```
*MAT_NULL
$ MID,RO,PC,MU,TEROD,CEROD,YM,PR
2,1.00,.0000000,.0000000,.0000000,.0000000,.0000000,.0000000
```

$ 这是*EOS_001 状态方程，用于定义水的状态方程参数。

```
*EOS_LINEAR_POLYNOMIAL
$ EOSID,C0,C1,C2,C3,C4,C5,C6
2,0,2.002E-2,8.436E-2,8.010E-2,0.4394,1.3937,0.0
$ E0,V0
2.306E-6,1.0
```

$ 这是*MAT_PLASTIC_KINEMATIC 材料模型，可用材料序号替代，即*MAT_003。

$ 用于定义钢板的材料模型参数。

```
*MAT_003
$ MID,RO,E,PR,SIGY,ETAN,BETA
3,7.8,2.1,0.3,4e-3,1e-2,1
$ SRC,SRP,FS,VP
```

$ 定义炸药 PART。

```
*PART
$ HEADING
```

```
$ PID,SECID,MID,EOSID,HGID,GRAV,ADPOPT,TMID
1,1,1,1,0,0,0
```

$ 定义水 PART。

```
*PART
$ HEADING

$ PID,SECID,MID,EOSID,HGID,GRAV,ADPOPT,TMID
2,1,2,2,0,0,0
```

$ 定义钢板 PART。

```
*PART
$ HEADING

$ PID,SECID,MID,EOSID,HGID,GRAV,ADPOPT,TMID
15,3,3,0,0,0,0
```

$ 定义 PART 组。

```
*SET_PART_LIST
$ SID,DA1,DA2,DA3,DA4,SOLVER
1
$ PID1,PID2,PID3,PID4,PID5,PID6,PID7,PID8
15
```

$ 定义 PART 组。

```
*SET_PART_LIST
$ SID,DA1,DA2,DA3,DA4,SOLVER
2
$ PID1,PID2,PID3,PID4,PID5,PID6,PID7,PID8
2
```

$ 定义流-固耦合作用，即将结构 PART 组耦合到流体 PART 组中。

```
*CONSTRAINED_LAGRANGE_IN_SOLID
$ LSTRSID,ALESID,LSTRSTYP,ALESTYP,NQUAD,CTYPE,DIREC,MCOUP
1,2,0,0,3,5,0,0
$ START,END,PFAC,FRIC,FRCMIN,NORM

$ K HMIN HMAX ILEAK PLEAK LCIDPOR NVENT IBLOCK
```

$ 将流体外围面（对称面除外）定义为无反射边界。

```
*BOUNDARY_NON_REFLECTING
$ SSID,AD,AS
1,
*BOUNDARY_NON_REFLECTING
2,
*BOUNDARY_NON_REFLECTING
3,
*BOUNDARY_NON_REFLECTING
4,
*BOUNDARY_NON_REFLECTING
5,
*CONTROL_TIMESTEP
$ DTINIT,TSSFAC,ISDO,TSLIMT,DT2MS,LCTM,ERODE,MS1ST
0.0000,0.8000,0,0.00,0.00
*CONTROL_TERMINATION
$ ENDTIM,ENDCYC,DTMIN,ENDENG,ENDMAS,NOSOL
1e4
*DATABASE_BINARY_D3PLOT
```

```
$ DT/CYCL,LCDT/NR,BEAM,NPLTC,PSETID,CID
200
*DATABASE_BINARY_D3THDT
$ DT/CYCL,LCDT/NR,BEAM,NPLTC,PSETID,CID
1
```

$ 包含 TrueGrid 软件生成的三维模型网格节点模型文件。

```
*include
$ FILENAME
trugrdo
*END
```

6.2.5 作业任务的运行

运行一维模型的批处理文件内容如下：

```
LS81.EXE   i=main.k   MEMORY=50M   map=1dto3dmap
```

1dto3dmap 即是结果映射文件。运行三维模型的批处理文件内容如下：

```
LS81.EXE   i=main.k   map=1dto3dmap   MEMORY=100M
```

6.2.6 数值计算结果

图 6-5 是一维模型计算出的距离爆心 1m 处水中冲击波压力曲线。

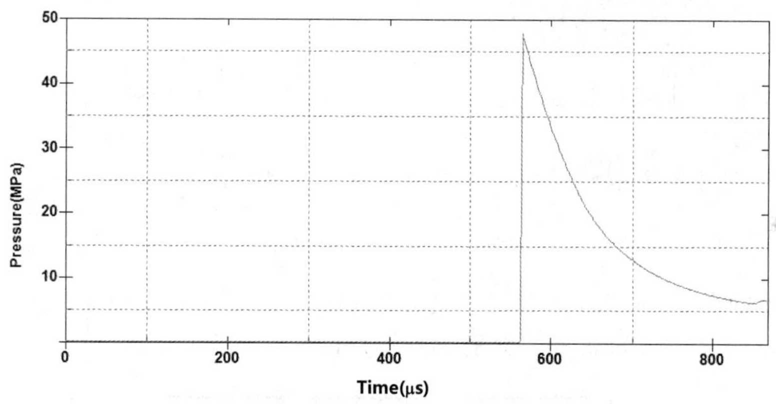

图 6-5　距离爆心 1m 处水中冲击波压力曲线

图 6-6 和图 6-7 依次是三维模型计算出的冲击波传播过程和平板速度变化曲线。

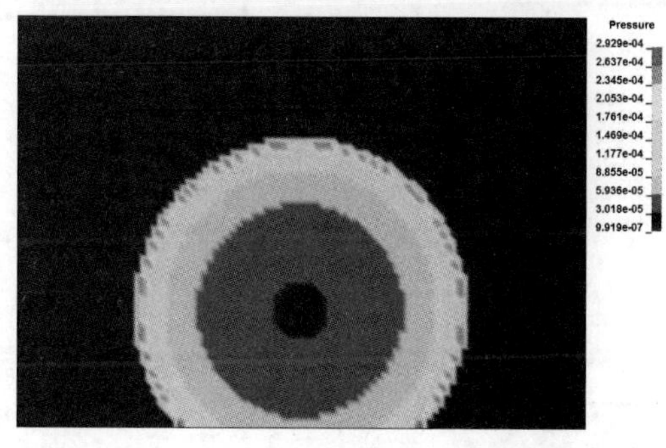

（a）T=870μs

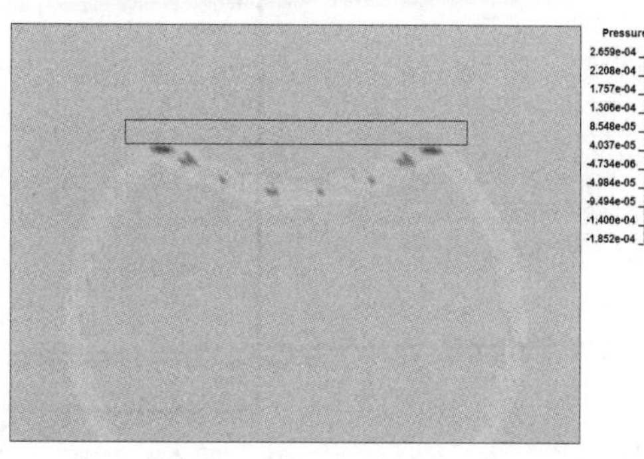

（b）T=1265μs

图 6-6　3D 模型计算出的冲击波传播过程

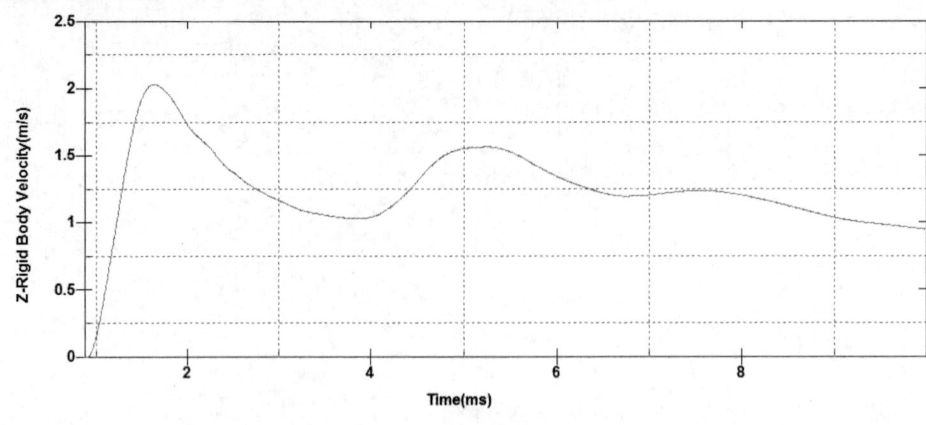

图 6-7 平板速度变化曲线

本节介绍了 1D ALE 到 3D ALE 映射计算方法，如果要实现链式映射如 1D 到 2D 再到 3D 映射计算，则在 2D 计算命令行中既要读入映射文件又要输出映射文件，须采用“map=”读入 1D 模型 ALE 计算数据，并采用“map1=”输出 2D 模型 ALE 计算数据，命令行如下：

```
LS81.EXE   i=2d.k   MEMORY=50M   map=1dmap   map1=2dmap
```

6.3 岩石深孔爆破二维计算

爆炸计算大都采用 ALE 算法。对于近距离接触爆炸，不用考虑空气冲击波，拉格朗日算法依旧有效。

在本节，将采用拉格朗日算法和二维轴对称模型计算岩石深孔爆破。

6.3.1 计算模型概况

图 6-8 所示的岩石深孔爆破计算模型采用径向耦合装药，孔深 1.5m，炮孔直径 32mm，炸药高度为 0.5m，水的高度为 0.7m，炮泥高度为 0.3m。

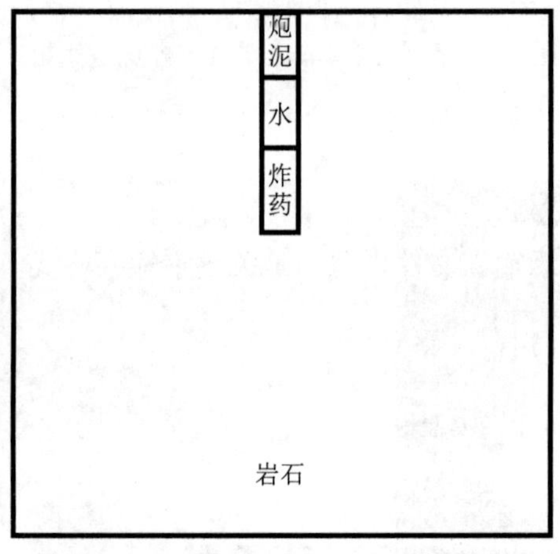

图 6-8 岩石深孔爆破几何模型示意图

采用二维轴对称模型，计算单位制为 mm-kg-ms。

6.3.2 TrueGrid 建模

TrueGrid 建模长度单位为 mm，命令流如下：

```
mate 1                                              c 为炮泥指定材料号（LS-DYNA PART 号）
block 1 5;1 76;-1;0 16;-300 0;0;                    c 创建炮泥 PART
endpart                                             c 结束当前 Part 命令
mate 2                                              c 为水指定材料号（LS-DYNA PART 号）
block 1 5;1 176;-1;0 16;-1000 -300;0;               c 创建水 PART
endpart                                             c 结束当前 Part 命令
mate 3                                              c 为炸药指定材料号（LS-DYNA PART 号）
block 1 5;1 126;-1;0 16;-1500 -1000;0;              c 创建炸药 PART
endpart                                             c 结束当前 Part 命令
mate 4                                              c 为岩石指定材料号（LS-DYNA PART 号）
block 1 5 151;1 151 526;-1;0 16 600;-2100 -1500 0;0;    c 创建岩石 PART
DEI   1 2; 2 3; -1;                                 c 删除部分网格
bb 1 1 1 3 1 1 1;                                   c 指定网格疏密渐变界面-主面 1
bb 3 1 1 3 3 1 2;                                   c 指定网格疏密渐变界面-主面 2
endpart                                             c 结束当前 Part 命令
block 1 51 126;1 201 376;-1;0 600 1500;-4500 -2100 0;0;    c 创建岩石 PART
DEI   1 2; 2 3; -1;                                 c 删除部分网格
trbb 1 2 1 2 2 1 1;                                 c 指定网格疏密渐变界面-从面 1
trbb 2 2 1 2 3 1 2;                                 c 指定网格疏密渐变界面-从面 2
nset 1 1 1 3 1 1 = nodes                            c 将边界处的节点定义为输出节点组
nset 3 1 1 3 3 1 or nodes                           c 将边界处的节点添加到输出节点组
endpart                                             c 结束当前 Part 命令
merge                                               c 进入 merge 阶段，合并 Part
bptol 1 2 -1;                                       c 禁止 PART 1 和 2 之间合并节点
bptol 2 3 -1;                                       c 禁止 PART 2 和 3 之间合并节点
bptol 3 4 -1;                                       c 禁止 PART 3 和 4 之间合并节点
bptol 1 4 -1;                                       c 禁止 PART 1 和 4 之间合并节点
bptol 2 4 -1;                                       c 禁止 PART 2 和 4 之间合并节点
stp 0.2        c 设置节点合并阈值，若节点之间的距离小于阈值，两个节点就被合并
curd 1 lp3 0 -4500 0 1500 -4500 0 1500 0 0;;        c 定义三维曲线，用于节点排序
crvnset nodes 1 0 1                                 c 对输出节点组中的节点按逆时针排序
lsdyna keyword                                      c 声明要输出 LS-DYNA 关键字格式文件
write                                               c 输出网格模型文件
```

6.3.3 关键字文件讲解

下面讲解相关的 LS-DYNA 关键字文件。关键字输入文件有 2 个：计算模型参数主控文件 main.k 和网格模型文件 trugrdo。其中 main.k 中的内容及相关讲解如下。

$ 首行*KEYWORD 表示输入文件采用的是关键字输入格式。

```
*KEYWORD
```

$ 设置分析作业标题。

```
*TITLE
Deep Hole Blast
```

$ 定义单元算法，14 表示面积加权轴对称算法。

```
*SECTION_SHELL
$ SECID,ELFORM,SHRF,NIP,PROPT,QR/IRID,ICOMP,SETYP
1,14
$ T1,T2,T3,T4,NLOC,MAREA,IDOF,EDGSET
```

$ 这是*MAT_005 材料模型，用于定义炮泥材料模型参数。

```
*MAT_SOIL_AND_FOAM
$ MID,RO,G,KUN,A0,A1,A2,PC
1,1.8e-6,1.601E-2,1.328e3,3.300E-07,1.310E-07,0.1232,0.0
$ VCR,REF,LCID
0.0,0.0
$ EPS1,EPS2,EPS3,EPS4,EPS5,EPS6,EPS7,EPS8
0.0,0.050,0.090,0.11,0.15,0.19,0.21,0.22
$ EPS9,EPS10
0.25,0.30
$ P1,P2,P3,P4,P5,P6,P7,P8
0.0,3.420,4.530,6.760,1.2701E1,2.080E1,2.710E1,3.920E1
$ P9,P10
5.660E1,1.230E2
```

$ 这是*MAT_009 材料模型，用于定义水的材料模型参数。

```
*MAT_NULL
$ MID,RO,PC,MU,TEROD,CEROD,YM,PR
2,1.0e-6,0.000E+00,0.000E+00,0.000E+00,0.000E+00
```

$ 这是*EOS_004 状态方程，用于定义水的状态方程参数。

```
*EOS_GRUNEISEN
$ EOSID,C,S1,S2,S3,GAMAO,A,E0
2,1480,1.75,0.000E+00,0.000E+00,0.49340,0.000E+00,
$V0
1.00
```

$ 这是*MAT_008 材料模型，用于定义高能炸药的爆轰。

```
*MAT_HIGH_EXPLOSIVE_BURN
$MID,RO,D,PCJ,BETA,K,G,SIGY
3,1.3e-6,4000,7.4,0.000,0.000,0.000,0.000
```

$ 这是*EOS_002 状态方程，用于定义炸药爆炸产物内的压力。

```
*EOS_JWL
$ EOSID,A,B,R1,R2,OMEG,E0,V0
3,2.14e2,0.1820,4.150000,0.950000,0.150000,4.1200,1.000000
```

$ 这是*MAT_272 材料模型，用于定义岩石材料模型参数。

$ 只输入几个参数，其他参数由 LS-DYNA 程序自动生成。

```
*MAT_RHT
$ MID,RO,SHEAR,ONEMPA,EPSF,B0,B1,T1
4,2.4e-6,19.5,-3
$ A,N,FC,FS*,FT*,Q0,B,T2
,,0.09
$ E0C,E0T,EC,ET,BETAC,BETAT,PTF

$ GC*,GT*,XI,D1,D2,EPM,AF,NF

$ GAMMA,A1,A2,A3,PEL,PCO,NP,ALPHA0
```

$ 定义炮泥 PART。

```
*PART
$ HEADING

$ PID,SECID,MID,EOSID,HGID,GRAV,ADPOPT,TMID
1,1,1,0,0,0
```

$ 定义水 PART。

```
*PART

2,1,2,2,0,0,0
```

$ 定义炸药 PART。

```
*PART

3,1,3,3,0,0,0
```

$ 定义岩石 PART。

```
*PART

4,1,4,0,0,0,0
$
```

$ 为炸药定义起爆点和起爆时间。

```
*INITIAL_DETONATION
$PID,X,Y,Z,LT
3,,-1000,
*INITIAL_DETONATION
3,4,-1000,
*INITIAL_DETONATION
3,12,-1000,
*INITIAL_DETONATION
3,16,-1000,
*CONTROL_TIMESTEP
0.0000,0.8000,,,,,1
```

$ 定义二维无反射边界。

```
*BOUNDARY_NON_REFLECTING_2D
$ NSID
1
```

$ 定义二维自动接触。

```
*CONTACT_2D_AUTOMATIC
$ SURFA,SURFB,SFACT,FREQ,FS,FD,DC
,,1
$ TBIRTH,TDEATH,SOS,SOM,NDS,NDM,COF,INIT

```

$ 定义附加写入 D3PLOT 文件的时间历程变量数目。

$ 第 4 个时间历程变量表示 RHT 混凝土材料的损伤参数。

```
*DATABASE_EXTENT_BINARY
$ NEIPH,NEIPS,MAXINT,STRFLG,SIGFLG,EPSFLG,RLTFLG,ENGFLG
0,4
$ CMPFLG,IEVERP,BEAMIP,DCOMP,SHGE,STSSZ,N3THDT,IALEMAT

```

$ 定义计算结束条件。

```
*CONTROL_TERMINATION
$ ENDTIM,ENDCYC,DTMIN,ENDENG,ENDMAS,NOSOL
5,,0.9
```

$ 定义二进制状态文件 D3PLOT 的输出。

```
*DATABASE_BINARY_D3PLOT
$ DT/CYCL,LCDT/NR,BEAM,NPLTC,PSETID,CID
0.05
```

$ 定义二进制文件 D3THDT 的输出。

```
*DATABASE_BINARY_D3THDT
```

```
$ DT/CYCL,LCDT/NR,BEAM,NPLTC,PSETID,CID
0.001
*INCLUDE
$ FILENAME
trugrdo
```

$ *END 表示关键字输入文件的结束，LS-DYNA 读入时不会解析该语句后的所有内容。

```
*END
```

6.3.4 数值计算结果

计算完成后，在 LS-DYNA 后处理软件 LS-PrePost 中读入 D3PLOT 文件，显示爆破作用下岩石损伤（Page 1→Fcomp→Misc→history #4）。由图 6-9 可见，虽然边界处施加了无反射边界条件，但还是存在少许反射波，以至于岩石底部存在损伤。

（a）T=0.15ms

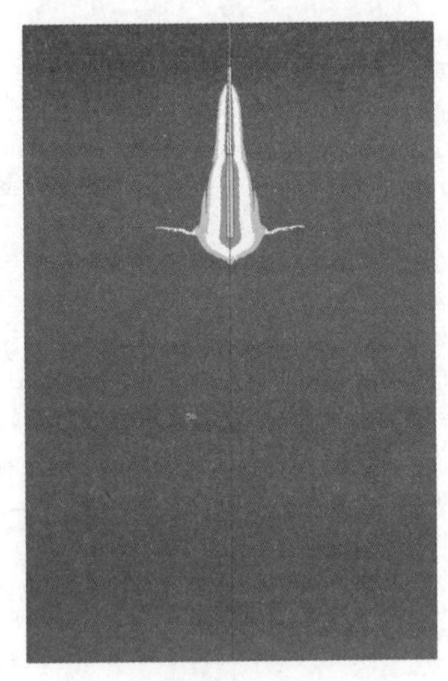

（b）T=0.4ms

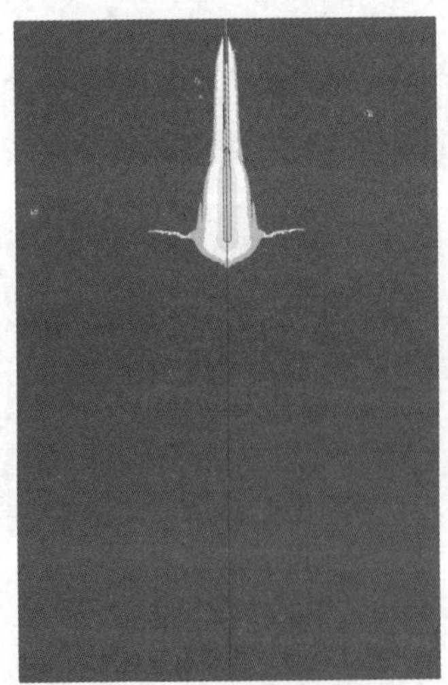

（c）T=0.6ms

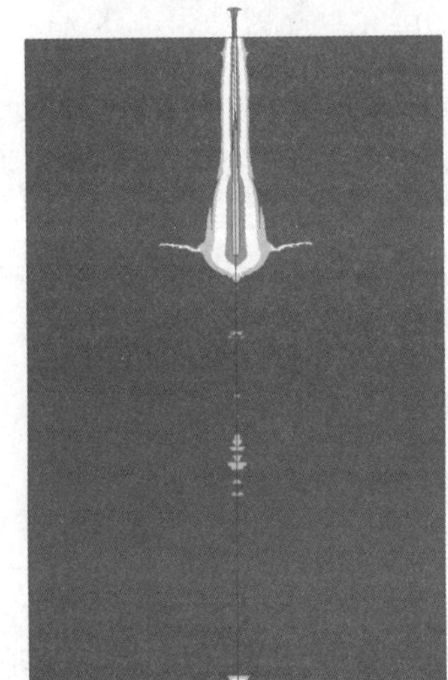

（d）T=2ms

图 6-9　爆破作用下岩石损伤

6.4 飞片撞击作用下炸药冲击起爆二维计算

炸药在外界刺激作用下可能发生爆轰现象。在本节将采用点火增长状态方程（*EOS_IGNITION_AND_GROWTH_OF_REACTION_IN_HE）来模拟炸药由点火到爆轰的过程。

6.4.1 计算模型概况

在图 6-10 中，飞片以初速 850m/s 撞击 B 炸药块，通过数值模拟查看炸药内部的反应情况。

B 炸药材料模型和状态方程分别采用*MAT_ELASTIC_PLASTIC_HYDRO 和*EOS_IGNITION_AND_GROWTH_OF_REACTION_IN_HE。计算单位制采用 mm-g-ms。

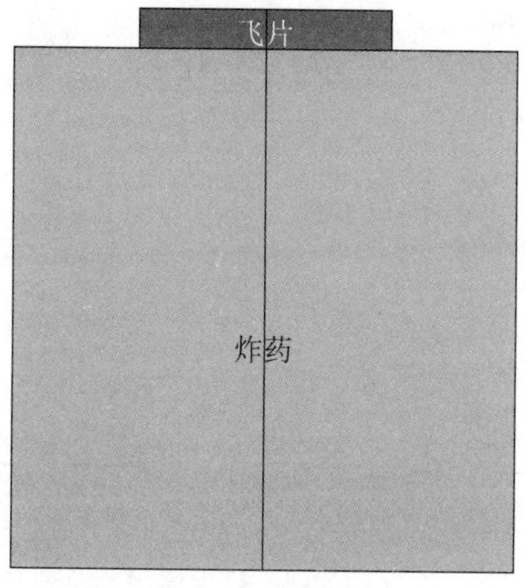

图 6-10 计算模型

6.4.2 TrueGrid 建模

TrueGrid 建模长度单位为 mm，命令流如下：

```
mate 1                                        c 为飞片指定材料号（LS-DYNA PART 号）
block 1 21;1 7;-1;0 10;-3 0;0                 c 创建飞片 PART
endpart                                       c 结束当前 Part 命令
mate 2                                        c 为炸药指定材料号（LS-DYNA PART 号）
block 1 2 41;1 81;-1;0 0.5 20;-43.1 -3.1;0    c 创建炸药 PART
eset 1 1 1 2 2 1 = output                     c 定义要输出数据的单元组
endpart                                       c 结束当前 Part 命令
merge                                         c 进入 merge 阶段，合并 Part
lsdyna keyword                                c 声明要输出 LS-DYNA 关键字格式文件
write                                         c 输出网格模型文件
```

6.4.3 关键字文件讲解

下面讲解相关的 LS-DYNA 关键字文件。关键字输入文件有 2 个：计算模型参数主控文件 main.k 和网格模型文件 trugrdo。其中 main.k 中的内容及相关讲解如下。

$ 首行*KEYWORD 表示输入文件采用的是关键字输入格式。

$ 10000000 为计算采用的内存（以字计）。

```
*KEYWORD 10000000
$ 设置分析作业标题。
*TITLE
```

$ 为二进制结果文件定义输出格式。

```
*DATABASE_FORMAT
$ IFORM,IBINARY
0
```

$ 定义单元算法，14 表示面积加权轴对称算法。

```
*SECTION_SHELL
$ SECID,ELFORM,SHRF,NIP,PROPT,QR/IRID,ICOMP,SETYP
1,14,0.833,5.0,0.0,0.0,0
$ T1,T2,T3,T4,NLOC,MAREA,IDOF,EDGSET
0.00,0.00,0.00,0.00,0.00
```

$ 为飞片定义材料模型参数。

```
*MAT_PLASTIC_KINEMATIC
$ MID,RO,E,PR,SIGY,ETAN,BETA
1,7.8E-3,2.1E5,0.32,400,1000,1.0000000
$ SRC,SRP,FS,VP
,,
```

$ 这是*MAT_010 材料模型，用于定义 B 炸药材料模型参数。

```
*MAT_ELASTIC_PLASTIC_HYDRO
$ MID,RO,G,SIG0,EH,PC,FS,CHARL
2,1.717e-3,3.54E3,20.0,0.0,0.0
$ EPS1,EPS2,EPS3,EPS4,EPS5,EPS6,EPS7,EPS8

$ EPS9,EPS10,EPS11,EPS12,EPS13,EPS14,EPS15,EPS16

$ ES1,ES2,ES3,ES4,ES5,ES6,ES7,ES8

$ ES9,ES10,ES11,ES12,ES13,ES14,ES15,ES16
```

$ 这是*EOS_007 状态方程，用于定义 B 炸药的冲击起爆行为。

```
*EOS_IGNITION_AND_GROWTH_OF_REACTION_IN_HE
$ EOSID,A,B,XP1,XP2,FRER,G,R1
2,524.2E3,7.678E3,4.2,1.1,0.667,0.34,48.5E6
$ R2,R3,R5,R6,FMXIG,FREQ,GROW1,EM
-3.90925E3,2.223,11.3,1.13,0.022,40.0E3,14.0E-6,2.0
$ AR1,ES1,CVP,CVR,EETAL,CCRIT,ENQ,TMP0
0.333,0.667,1.0,2.487,7.0,0.0367,8.5E3,298
$ GROW2,AR2,ES2,EN,FMXGR,FMNGR
1.0E-9,1.0,0.222,3.0,0.7,0.00
```

$ 定义飞片 PART，引用定义的单元算法和材料模型。

```
*PART
$ HEADING

$ PID,SECID,MID,EOSID,HGID,GRAV,ADPOPT,TMID
1,1,1,0,0,0,0
```

$ 定义B炸药PART，引用定义的单元算法、材料模型和状态方程。

```
*PART
$ HEADING

$ PID,SECID,MID,EOSID,HGID,GRAV,ADPOPT,TMID
2,1,2,2,0,0,0
```

$ 定义2D自动接触，所有PART均包含在内。

```
*CONTACT_2D_AUTOMATIC
$ SURFA,SURFB,SFACT,FREQ,FS,FD,DC
,,1
$ TBIRTH,TDEATH,SOS,SOM,NDS,NDM,COF,INIT
```

$ 定义计算结束条件。

```
*CONTROL_TERMINATION
$ endtim,endcyc,dtmin,endeng,endmas,nosol
8E-3
```

$ 定义时间步长控制参数。

```
*CONTROL_TIMESTEP
$ DTINIT,TSSFAC,ISDO,TSLIMT,DT2MS,LCTM,ERODE,MS1ST
0,0.2
```

$ 定义二进制状态文件D3PLOT的输出。

```
*DATABASE_BINARY_D3PLOT
$ DT/CYCL,LCDT/NR,BEAM,NPLTC,PSETID,CID
0.5E-3
```

$ 定义二进制文件D3THDT的输出。

```
*DATABASE_BINARY_D3THDT
$ DT/CYCL,LCDT/NR,BEAM,NPLTC,PSETID,CID
0.01E-3
```

$ 定义要输出到二进制文件D3THDT文件的壳单元组。

```
*DATABASE_HISTORY_SHELL_SET
$ ID1,ID2,ID3,ID4,ID5,ID6,ID7,ID8
1
```

$ 给飞片施加初始速度。

```
*INITIAL_VELOCITY_GENERATION
$ ID,STYP,OMEGA,VX,VY,VZ,IVATN,ICID
1,2,,,-850
$ XC,YC,ZC,NX,NY,NZ,PHASE,IRIGID
```

$ 包含TrueGrid软件生成的网格模型文件。

```
*include
$ FILENAME
trugrdo
```

$ *END表示关键字文件的结束，LS-DYNA读入时将忽略该语句后的所有内容。

```
*END
```

6.4.4 数值计算结果

图6-11是冲击过程中B炸药内部压力云图。由图可见，在冲击作用下压缩波由上至下向炸药底部传播，在大约3μs时刻距离上部中心1/3处的单元首先起爆，单元内的压力急剧升高（图6-12），爆轰波向四周快速传播，最终炸药块起爆非常完全。

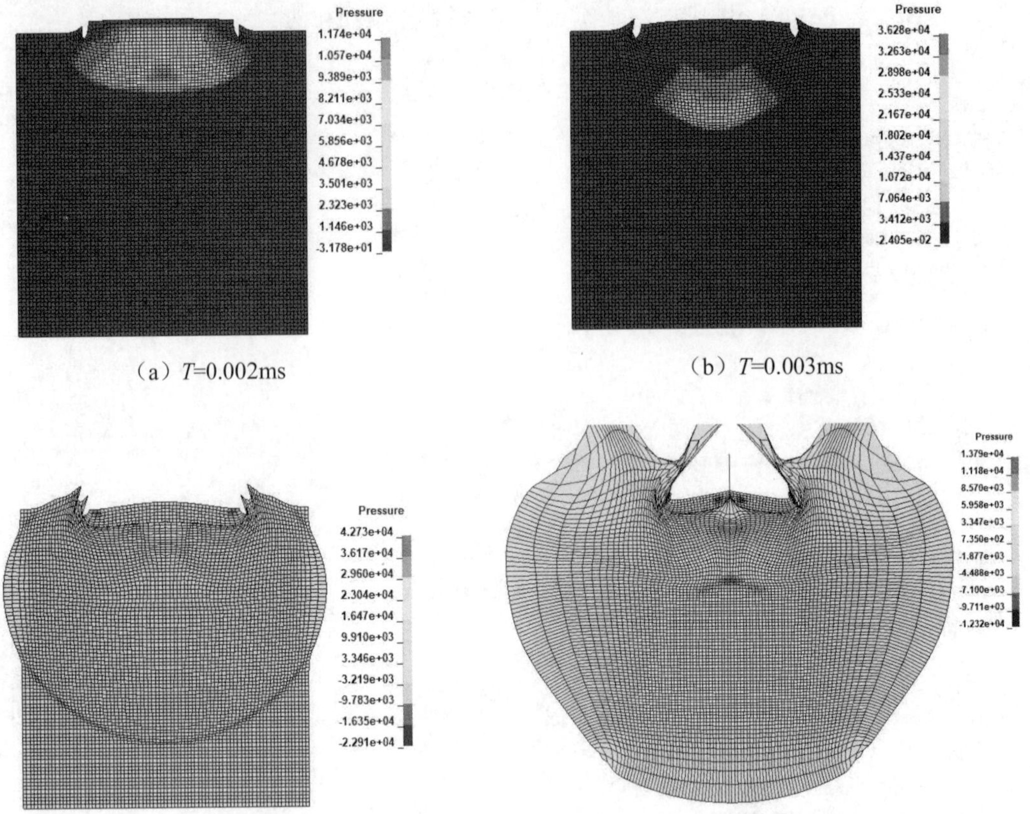

（a）T=0.002ms

（b）T=0.003ms

（c）T=0.0055ms

（d）T=0.008ms

图 6-11　B 炸药内部压力变化

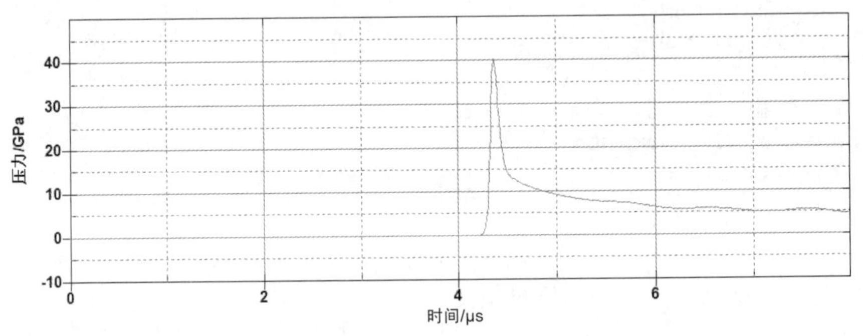

图 6-12　B 炸药内部 155 号单元压力曲线

6.5　*LOAD_BLAST 空中爆炸计算

爆炸对结构的毁伤计算多采用 ALE 或 S-ALE 流-固耦合算法，这些算法计算耗费很大。LS-DYNA 软件中实现了多种介质内爆炸毁伤快速计算方法，如*LOAD_BLAST（空中爆炸）、*LOAD_BLAST_ENHANCED（空中爆炸，见第 6.6 节）、*INITIAL_IMPULSE_MINE（地雷爆炸，见第 6.7 节）、*LOAD_SSA（水中爆炸）等方法，这些方法是在对大量爆炸试验数据总结分析的基础上提出来的，既能保证计算结果的准确性，又能大大提高计算效率。

6.5.1 相关关键字

6.5.1.1 *LOAD_BLAST

*LOAD_BLAST 用于定义作用在结构上的常规炸药空中爆炸冲击波载荷曲线。通过关键字*LOAD_SEGMENT、*LOAD_SEGMENT_SET 或*LOAD_SHELL 定义施加爆炸载荷的结构，施加载荷的面段法向必须朝向爆源。爆炸冲击波一般具有正压段和负压段，*LOAD_BLAST 关键字只考虑冲击波正压段。

*LOAD_BLAST 关键字实现了两种功能：炸药空气自由场爆炸和贴近地表爆炸。*LOAD_BLAST 采用与 ConWep 程序近似的爆炸加载模型，该模型是在对大量炸药爆炸试验数据总结分析的基础上提出来的，较为准确可靠。不同位置处单元上的压力载荷计算公式为：

$$P_l = P_r \cos^2\theta + P_i(1+\cos^2\theta - 2\cos\theta)$$

式中，P_r 为正反射压力；P_i 为入射压力；θ 为入射角，即单元中心和爆源连线与单元法线的夹角，如图 6-13 所示。

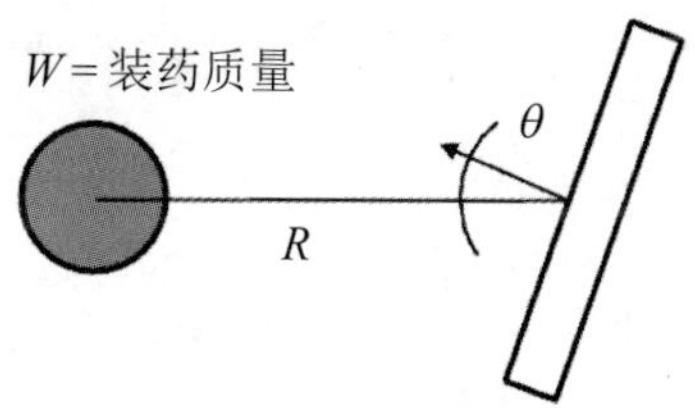

图 6-13 *LOAD_BLAST 爆炸加载示意图

*LOAD_BLAST 关键字卡片 1 和卡片 2 见表 6-4、表 6-5。

表 6-4 *LOAD_BLAST 关键字卡片 1

Card 1	1	2	3	4	5	6	7	8
Variable	WGT	XBO	YBO	ZBO	TBO	IUNIT	ISURF	
Type	F	F	F	F	F	I	I	
Default	none	0.0	0.0	0.0	0.0	2	2	

表 6-5 *LOAD_BLAST 关键字卡片 2

Card 2	1	2	3	4	5	6	7	8
Variable	CFM	CFL	CFT	CFP	DEATH			
Type	F	F	F	F	F			
Default	0.0	0.0	0.0	0.0	0.0			

- WGT：等效 TNT 质量。
- XBO：爆点 X 坐标。
- YBO：爆点 Y 坐标。
- ZBO：爆点 Z 坐标。

- TBO：爆炸零时。
  - TBO≥0：起爆延时时间。即 TBO 时刻后炸药起爆。
  - TBO<0：零时刻起爆，但从|TBO|时刻开始计算冲击波的传播，可大大减少计算机空算时间。
- IUNIT：单位换算标志。
  - IUNIT=1：英尺、磅（质量）、秒、psi。
  - IUNIT=2：米、千克、秒、帕斯卡，这是默认的选项。
  - IUNIT=3：英寸、$\text{lbf.s}^2\text{/inch}$、秒、psi。
  - IUNIT=4：厘米、克、微秒、兆巴。
  - IUNIT=5：用户自定义单位换算，见表 6-5。
- ISURF：爆炸类型。
  - ISURF=1：贴近地表爆炸。爆炸发生在地表或离地表很近。
  - ISURF=2：空气中爆炸，球面波，这是默认选项。
- CFM：换算系数：磅/LS-DYNA 质量单位。
- CFL：换算系数：英尺/LS-DYNA 长度单位。
- CFT：换算系数：毫秒/LS-DYNA 时间单位。
- CFP：换算系数：psi/LS-DYNA 压力单位。
- DEATH：爆炸载荷终止时间，在该时间点爆炸载荷被移除。

备注：

备注 1　TNT 等效当量。LS-DYNA 关键字用户手册中给出了根据炸药 CJ 爆速进行 TNT 当量折算的方法：

$$M_{\text{TNT}} = M_{\text{e}}\frac{v_{\text{e}}^2}{v_{\text{TNT}}^2}$$

式中，M_{TNT} 为等效 TNT 质量；v_{e} 为被折算炸药的 CJ 爆速；v_{TNT} 为 TNT 炸药的 CJ 爆速。计算公式中 LS-DYNA 推荐采用的 TNT 密度和 CJ 爆速分别为1.57g/cm^3 和 0.693cm/μs 。

备注 2　模型适用范围。定义比例距离 Z：

$$Z = R / {M_{\text{TNT}}}^{1/3}$$

式中，R 为装药中心到目标的距离，M_{TNT} 为等效 TNT 质量。比例距离决定了模型的适用范围。对于空气中爆炸球面波，该模型的适用范围为$0.147\text{kg/m}^{1/3} < Z < 40\text{kg/m}^{1/3}$ 。对于地表爆炸半球面波，该模型的适用范围为$0.178\text{kg/m}^{1/3} < Z < 40\text{kg/m}^{1/3}$ 。

备注 3　爆源数量。该模型仅适用于单个爆源计算，对于多个爆源计算，请采用 *LOAD_BLAST_ENHANCED。

备注 4　二维计算。该模型不能用于二维计算，二维计算请采用*LOAD_BLAST_ENHANCED。

备注 5　目标表面法向。施加爆炸载荷的目标面段法向必须一致，且朝向爆源。该关键字不考虑结构之间的相互遮挡。

备注 6　载荷曲线。由于历史原因，该关键字加载需要定义两条虚拟的载荷曲线（由 *DEFINE_CURVE 定义），其中一条的 LCID 为-2。

6.5.1.2　*LOAD_SEGMENT_SET

该关键字为面段组的每一面段施加分布压力载荷。

*LOAD_SEGMENT_SET 关键字卡片见表 6-6。

表 6-6 *LOAD_SEGMENT_SET 关键字卡片

Card 1	1	2	3	4	5	6	7	8
Variable	SSID	LCID	SF	AT				
Type	I	I	F	F				
Default	none	none	1.	0.0				

- SSID：面段组 ID（请参见*SET_SEGMENT）。
- LCID：载荷曲线 ID（请参见*DEFINE_CURVE）或函数 ID（请参见*DEFINE_FUNCTION）。对于载荷曲线 ID，载荷曲线必须是压力随时间变化的函数。对于函数 ID，函数可包含 7 个参数：当前时间减去激活时间，当前 X、Y、Z 坐标，初始 X、Y、Z 坐标。
- SF：载荷曲线缩放因子。
- AT：压力到达时间或压力激活时间。

备注：

备注 1　压力函数。如果 LCID=-1，那么采用 Brode 函数作为加载压力载荷，请参见*LOAD_BRODE；如果 LCID=-2，那么采用冲击波工程计算函数（类似 CONWEP）作为加载压力载荷，请参见*LOAD_BLAST。

备注 2　载荷缩放因子 SF。载荷缩放因子用于缩放压力，但时间不会被缩放。

备注 3　到达时间 AT。到达时间是求解过程中压力开始作用的时间，在此之前，压力被忽略。

6.5.2　计算模型概况

LS-DYNA 软件中有多种方法可用来模拟玻璃裂纹产生和破碎过程，例如单元失效删除方法、节点分离方法、近场动力学（请参见 7.14 节）以及 Böhm 提出的*MAT_GLASS 损伤模型等。这里我们将采用*MAT_GLASS 模型以及*LOAD_BLAST 关键字来模拟空中爆炸作用下玻璃的破碎过程。

在图 6-14 所示的空中爆炸计算模型中，1kg TNT 在 4mm 厚玻璃平板正上方 5m 处爆炸，约束平板周边垂直方向位移，计算爆炸作用下玻璃裂纹扩展情况。

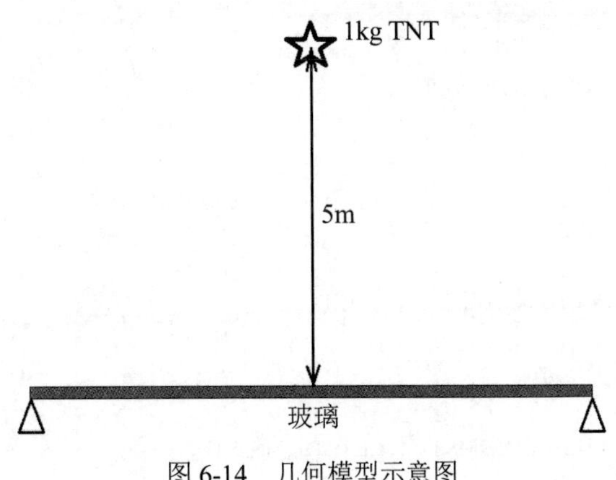

图 6-14　几何模型示意图

采用*LOAD_BLAST 进行爆炸加载，玻璃采用*MAT_GLASS 材料模型。计算单位制采用 mm-kg-ms，该单位制并不在*LOAD_BLAST 内置单位制中，因此要进行单位换算。

6.5.3 TrueGrid 建模

TrueGrid 建模长度单位为 mm，命令流如下：

```
mate 1                              c 为玻璃指定材料号（LS-DYNA PART 号）
block 1 201;1 201;-1;-250 250;-250 250;-2       c 创建玻璃 PART
fset 1 1 1 2 2 1 = pre              c 输出 SEGMENT SET，以定义加载面
b 1 1 1 1 2 1 dz 1;                 c 约束周边的 Z 向自由度
b 1 2 1 2 2 1 dz 1;
b 2 1 1 2 2 1 dz 1;
b 1 1 1 2 1 1 dz 1;
endpart                             c 结束当前 Part 命令
merge                               c 进入 merge 阶段，合并 Part
lsdyna keyword                      c 声明要输出 LS-DYNA 关键字格式文件
write                               c 输出网格模型文件
```

6.5.4 关键字文件讲解

下面讲解相关的 LS-DYNA 关键字文件。关键字输入文件有 2 个：计算模型参数主控文件 main.k 和网格模型文件 trugrdo。其中 main.k 中的内容及相关讲解如下。

$ 首行*KEYWORD 表示输入文件采用的是关键字输入格式。

```
*KEYWORD 200000000
```

$ 设置分析作业标题。

```
*TITLE
Blast on Glass Panel
```

$ 为玻璃 PART 定义壳单元算法。

```
*SECTION_SHELL
$ SECID,ELFORM,SHRF,NIP,PROPT,QR/IRID,ICOMP,SETYP
1,2
$ T1,T2,T3,T4,NLOC,MAREA,IDOF,EDGSET
4,4,4,4
```

$ 为玻璃 PART 定义材料模型参数。

```
*MAT_GLASS
$ MID,RO,E,PR,,,IMOD,ILAW
1,2.4000E-6,70.0,0.23
$ FMOD,FT,FC,AT,BT,AC,BC,FTSCL
2,0.08,0.8
$ SFSTI,SFSTR,CRIN,ECRCL,NCYCR,NIPF
0.000,0.000,0.0,0.000,5,1
```

$ 定义玻璃 PART。

```
*PART
$ HEADING

$ PID,SECID,MID,EOSID,HGID,GRAV,ADPOPT,TMID
1,1,1,0,0,0,0
```

$ 定义时间步长控制参数。

```
*CONTROL_TIMESTEP
$ DTINIT,TSSFAC,ISDO,TSLIMT,DT2MS,LCTM,ERODE,MS1ST
0.0000,0.8500,0,0.00,0.00
```

$ 定义计算结束条件。

```
*CONTROL_TERMINATION
$ ENDTIM,ENDCYC,DTMIN,ENDENG,ENDMAS,NOSOL
10
```

$ 定义二进制时间历程文件 D3THDT 的输出。

```
*DATABASE_BINARY_D3THDT
$ DT/CYCL,LCDT/NR,BEAM,NPLTC,PSETID,CID
1
```

$ 定义作用在玻璃上的空中爆炸冲击波载荷曲线。

```
*load_blast
$ WGT,XBO,YBO,ZBO,TBO,IUNIT,ISURF
1.0,0,0,5000,-8.0,5,2
$ CFM,CFL,CFT,CFP,DEATH
2.20462,0.00328,1,1.4505E5
```

$ 将空中爆炸冲击波载荷施加到玻璃 PART 的面段组上。

```
*load_segment_set
$ SSID,LCID,SF,AT
1,-2
```

$ 定义虚拟载荷曲线 1。

```
*DEFINE_CURVE
$ LCID,SIDR,SFA,SFO,OFFA,OFFO,DATTYP,LCINT
1
$ A1,O1
0,1
$ A2,O2
1,1
```

$ 定义虚拟载荷曲线 2。

```
*DEFINE_CURVE
2
0,1
1,1
```

$ 定义附加写入 D3PLOT 文件的时间历程变量数目。

```
*DATABASE_EXTENT_BINARY
$ NEIPH,NEIPS,MAXINT,STRFLG,SIGFLG,EPSFLG,RLTFLG,ENGFLG
0,4,5,1
$ CMPFLG,IEVERP,BEAMIP,DCOMP,SHGE,STSSZ,N3THDT,IALEMAT

$ NINTSLD,PKP_SEN,SCLP,HYDRO,MSSCL,THERM,INTOUT,NODOUT

```

$ 定义二进制状态文件 D3PLOT 的输出。

```
*DATABASE_BINARY_D3PLOT
$ DT/CYCL,LCDT/NR,BEAM,NPLTC,PSETID,CID
0.5
```

$ 包含 TrueGrid 软件生成的网格模型文件。

```
*include
$ FILENAME
trugrdo
```

$ *END 表示关键字文件的结束，LS-DYNA 读入时将忽略该语句后的所有内容。

```
*END
```

6.5.5 数值计算结果

计算完成后，在 LS-DYNA 后处理软件 LS-PrePost 中读入 D3PLOT 文件，进行如下操作，即可显示玻璃上每个位置处的裂纹数量（图 6-15）。

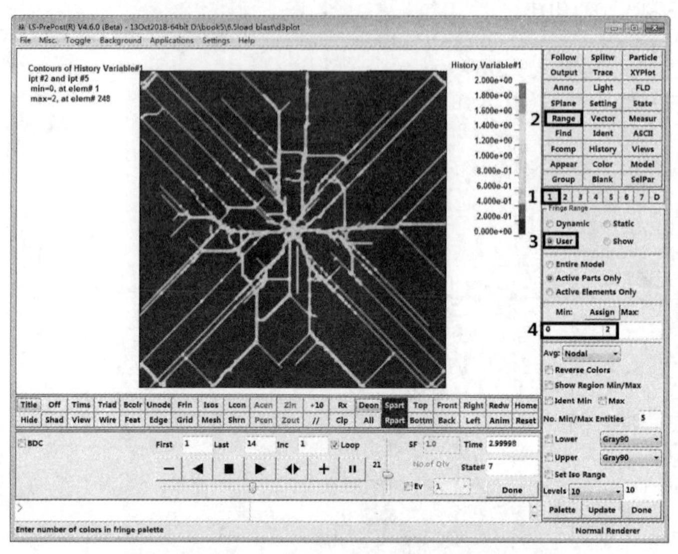

图 6-15 *T*=11ms 时刻各处的玻璃裂纹数量

（1）在底部工具栏中 State#对应的输入框中输入 7，并回车。

（2）在右端工具栏中选择第 1 个时间历程变量（Fcomp→Misc→history var#1）。

（3）单击右端工具栏 Page 1→Range。

（4）选择 User。

（5）依次输入：Min:0 和 Max:2，并回车。

6.6 *LOAD_BLAST_ENHANCED 空中爆炸二维计算

*LOAD_BLAST_ENHANCED 也能用于在结构上加载空中爆炸载荷，该关键字是*LOAD_BLAST 功能的扩展，其与*LOAD_BLAST 的区别如下：

（1）该关键字需要通过关键字*LOAD_BLAST_SEGMENT 定义施加爆炸载荷的结构。

（2）可考虑多个爆源，而*LOAD_BLAST 只能考虑一个。

（3）该关键字还可以考虑地面附近空气中爆炸时地面的反射波，而 LOAD_BLAST 只能考虑炸药空气自由场爆炸和贴地表爆炸。

（4）可考虑负压效应。若不考虑，则与*LOAD_BLAST 相同。

（5）通过关键字*DATABASE_BINARY_BLSTFOR 可输出冲击波压力曲线。

（6）可用于二维轴对称计算。

（7）可考虑由战斗部的运动引起的爆炸波聚焦和稀疏效应。

（8）该关键字的计算耗费远低于 ALE 方法，可作为边界条件，联合 ALE、S-ALE 或 CESE（*CESE_BOUNDARY_BLAST_LOAD）算法进行复杂工况如遮挡条件下结构爆炸毁伤计算。

6.6.1 相关关键字

6.6.1.1 *LOAD_BLAST_ENHANCED

该关键字定义作用在结构上的常规炸药空气中爆炸冲击波载荷曲线。

*LOAD_BLAST_ENHANCED 关键字卡片 1、卡片 2、附加卡片 3a 和附加卡片 3b 见表 6-7～表 6-10。

表 6-7 LOAD_BLAST_ENHANCED 关键字卡片 1

Card 1	1	2	3	4	5	6	7	8
Variable	BID	M	XBO	YBO	ZBO	TBO	UNIT	BLAST
Type	I	F	F	F	F	F	F	I
Default	none	0.0	0.0	0.0	0.0	0.0	2	2

- BID：爆炸 ID。须为每个爆源定义唯一的 ID 数字。可以定义多个爆源，但不考虑空气冲击波的相互作用。
- M：等效 TNT 质量。
- XBO：装药中心 X 坐标。
- YBO：装药中心 Y 坐标。
- ZBO：装药中心 Z 坐标。
- TBO：爆炸零时。
  - TBO≥0：起爆延时时间。即 TBO 时刻后炸药起爆。
  - TBO<0：零时刻起爆，但从|TBO|时刻开始计算冲击波的传播，可大大减少空算时间。
- UNIT：单位换算标志。
  - UNIT=1：磅（质量）、英尺、秒、psi。
  - UNIT=2：米、千克、秒、帕斯卡，这是默认的选项。
  - UNIT=3：lbf.s^2/inch、英寸、秒、psi。
  - UNIT=4：克、厘米、微秒、兆巴。
  - UNIT=5：用户自定义单位换算，见表 6-8。
  - UNIT=6：千克、毫米、毫秒、GPa。
  - UNIT=7：吨、毫米、秒、MPa。
  - UNIT=8：克、毫米、毫秒、MPa。
- BLAST：爆源类型。
  - BLAST=1：地表爆炸，即爆炸发生在地表或离地表很近，波形为半球面波。
  - BLAST=2：空气中爆炸（默认选项），即没有由地面反射作用引起的初始冲击波增强，波形为球面波。
  - BLAST=3：空气中爆炸，运动的战斗部（非球面波）。
  - BLAST=4：带有地面反射的空气中爆炸，即初始冲击波入射至地面后与反射波作用，合成为马赫波。

表 6-8 LOAD_BLAST_ENHANCED 关键字卡片 2

Card 2	1	2	3	4	5	6	7	8
Variable	CFM	CFL	CFT	CFP	NIDBO	DEATH	NEGPHS	
Type	F	F	F	F	I	F	I	
Default	0.0	0.0	0.0	0.0	none	1E20	0	

- CFM：质量换算系数：磅/LS-DYNA 质量单位。

- CFL：长度换算系数：英尺/LS-DYNA 长度单位。
- CFT：时间换算系数：毫秒/LS-DYNA 时间单位。
- CFP：压力换算系数：psi/LS-DYNA 压力单位。
- NIDBO：用来代表装药中心的节点 ID（可选项），若非零，则忽略 XBO、YBO 和 ZBO。
- DEATH：终止时间，在该时间点爆炸载荷被移除。
- NEGPHS：负压段的处理方式。

> NEGPHS=0：负压段通过 Friedlander 公式来描述。
> NEGPHS=1：忽略 ConWep 中的负压段。

表 6-9　BLAST=3（运动的战斗部，即非球面波）时的附加卡片 3a

Card 3a	1	2	3	4	5	6	7	8
Variable	VEL	TEMP	RATIO	VID				
Type	F	F	F	F				
Default	0.0	70.0	1.0	none				

- VEL：战斗部速度。
- TEMP：环境温度，华氏度。
- RATIO：非球面爆轰波纵横比，即轴向半径除以环向半径。对于聚能装药战斗部，环向爆轰波很显著，呈 RATIO<1 的扁球体状，如图 6-16 所示。而圆柱状装药轴向的爆轰能量更大，呈 RATIO>1 的长球体状，如图 6-17 所示。

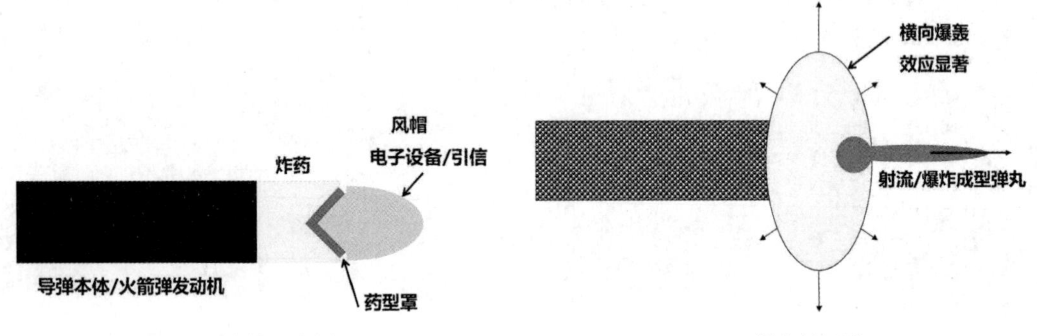

（a）结构示意图　　（b）爆轰波形状

图 6-16　聚能装药战斗部结构和爆轰波形状

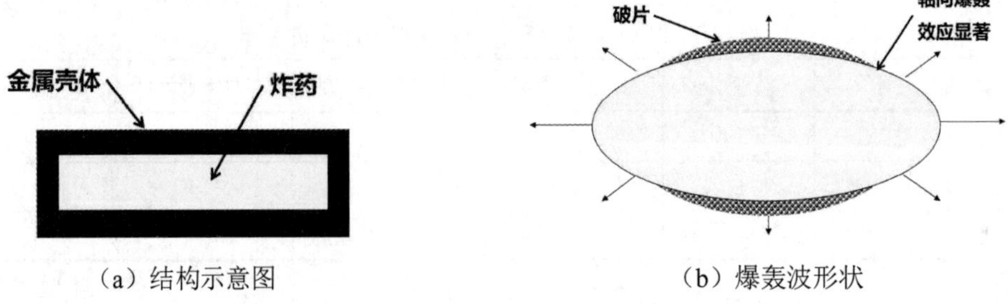

（a）结构示意图　　（b）爆轰波形状

图 6-17　圆柱状装药战斗部结构和爆轰波形状

- VID：战斗部的径轴矢量，当定义了战斗部非零速度 VEL 时该矢量平行于速度方向。

表 6-10 BLAST=4（带有地面反射的空气中爆炸）时的附加卡片 3b

Card 3b	1	2	3	4	5	6	7	8
Variable	GNID	GVID				FLOOR		
Type	I	I				I		
Default	none	none				0		

- GNID：位于地表的节点 ID。
- GVID：垂直向上的矢量 ID，即地表的法向。
- FLOOR：地表下的面段的处理方式。
  - FLOOR=0：爆炸不影响地表下的面段。
  - FLOOR=1：爆炸波施加到地表下的面段上。根据到地表的距离计算压力，忽略面段到地表深度的影响。

备注：

备注 1 TNT 等效当量。LS-DYNA 关键字用户手册中给出了根据炸药 CJ 爆速进行 TNT 当量折算的方法：

$$M_{\mathrm{TNT}} = M_{\mathrm{e}} \frac{v_{\mathrm{e}}^2}{v_{\mathrm{TNT}}^2}$$

式中，M_{TNT} 为等效 TNT 质量；v_{e} 为被折算炸药的 CJ 爆速；v_{TNT} 为 TNT 炸药的 CJ 爆速。计算公式中 LS-DYNA 推荐采用的 TNT 密度和 CJ 爆速分别为$1.57\mathrm{g/cm^3}$ 和 $0.693\mathrm{cm/\mu s}$ 。

备注 2 模型适用范围。定义比例距离 Z：

$$Z = R / M_{\mathrm{TNT}}^{1/3}$$

式中，R 为装药中心到目标的距离；M_{TNT} 为等效 TNT 质量。比例距离决定了模型的适用范围。对于空气中爆炸球面波，该模型的适用范围为$0.147\mathrm{kg/m^{1/3}} < Z < 40\mathrm{kg/m^{1/3}}$ 。对于地表爆炸半球面波，该模型的适用范围为$0.178\mathrm{kg/m^{1/3}} < Z < 40\mathrm{kg/m^{1/3}}$ 。

对于带有地面反射的空气中爆炸（BLAST=4），为装药中心到地表的高度，该模型的适用范围为$0.397\mathrm{kg/m^{1/3}} < Z < 2.78\mathrm{kg/m^{1/3}}$ 。

备注 3 二维计算。该模型可用于二维轴对称计算，定义面段时 N3、N4 与 N2 相同。

```
*SET_SEGMENT
$       SID
          1
$        N1        N2        N3        N4
          1         5         5         5
```

备注 4 BLSTFOR 分量。BLSTFOR 文件（请参见*DATABASE_BINARY_BLSTFOR）包含了爆炸压力波、爆炸风速、空气密度和波形指数。该文件被读入到 LS-PrePost 中后，显示的参量——波形指数（Wave Index）仅用于 BLAST=4，表示施加到面段上的爆炸波性质。

- BLSTFOR=-1：位于地平面下。
- BLSTFOR=0：没有爆炸波。
- BLSTFOR=1：主入射波。
- BLSTFOR=2：分离的地表反射波。
- BLSTFOR=3：马赫杆区。

6.6.1.2　*LOAD_BLAST_SEGMENT_SET

该关键字为面段组的全部面段施加*LOAD_BLAST_ENHANCED 定义的爆炸压力载荷。

*LOAD_BLAST_SEGMENT_SET 关键字卡片 1 见表 6-11。

表 6-11　*LOAD_BLAST_SEGMENT_SET 关键字卡片 1

Card 1	1	2	3	4	5	6	7	8
Variable	BID	SSID	ALEPID	SFNRB	SCALEP			
Type	I	I	I	F	F			
Default	none	none	↓	0.0	1.0			

- BID：爆源 ID（请参见*LOAD_BLAST_ENHANCED）。
- SSID：面段组 ID（请参见*SET_SEGMENT）。
- ALEPID：ALE 环境 PART ID，将爆炸载荷施加到 ALEPID 中指定的面段组上（请参见*PART、*SECTION_SOLID 和 AET=5）。仅用于将爆炸载荷耦合到 ALE 或 S-ALE 空气域中。
- SFNRB：环境单元无反射边界条件缩放因子。通过该参数可衰减由边界反射至环境单元中的冲击波。默认值 1.0 适用于大多数工况。
- SCALEP：压力缩放因子。

6.6.2　计算模型概况

在图 6-18 所示的空中爆炸计算模型中，4kg TNT 在 10mm 厚钢板正上方 1m 处爆炸，约束钢板底部周边垂直方向位移，计算爆炸作用下钢板的变形。

采用*LOAD_BLAST_ENHANCED 进行爆炸加载。钢板采用*MAT_PLASTIC_KINEMATIC 材料模型。计算单位制采用 m-kg-s。

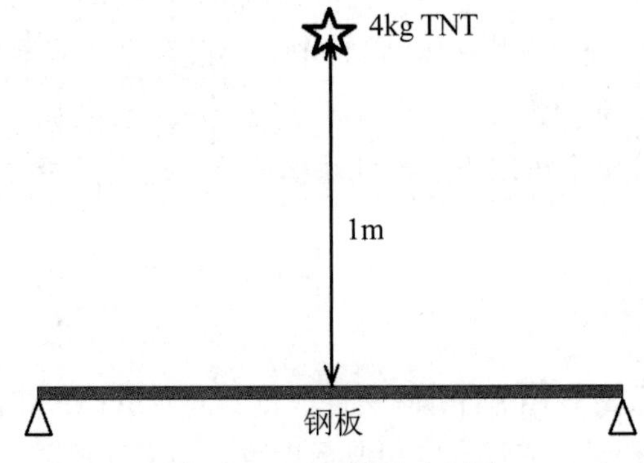

图 6-18　几何模型示意图

6.6.3　TrueGrid 建模

TrueGrid 建模命令流如下：

```
mate 1                                    c 为钢板指定材料号（LS-DYNA PART 号）
block 1 201;1 9;-1;0 0.25;-0.01 0;0       c 创建钢板 PART
b 2 1 1 2 1 1 dy 1;                       c 约束底面周边的 Y 向自由度
```

```
endpart              c 结束当前 Part
merge                c 进入 merge 阶段，合并 Part
lsdyna keyword       c 声明要输出 LS-DYNA 关键字格式文件
write                c 输出网格模型文件
```

计算采用的是二维轴对称模型，爆炸载荷要加载在二维面段组（SEGMENT SET）上，但 TrueGrid 软件无法生成二维面段组。因此，生成网格模型文件 trugrdo 后，需要借助 LS-PrePost 软件生成二维面段组，具体操作如图 6-19 所示。

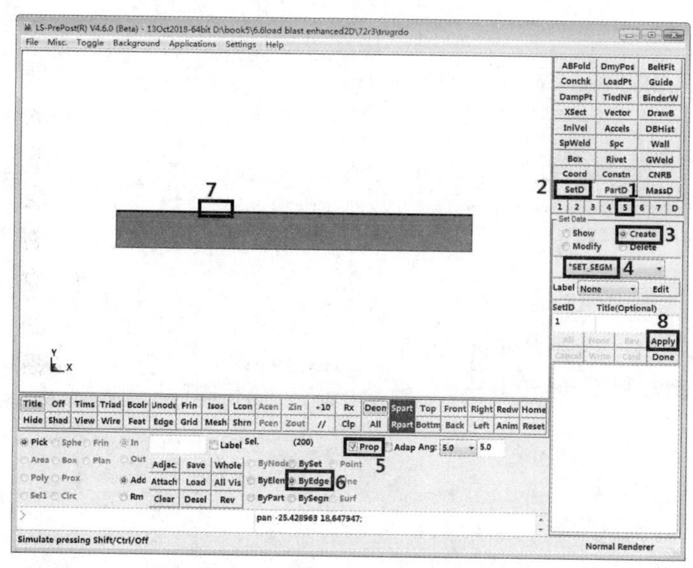

图 6-19　创建 2D SEGMENT SET 步骤

（1）将 trugrdo 文件读入 LS-PrePost 软件中。

（2）单击 Page 5→SetD。

（3）点选 Create，在下拉列表中选择*SET_SEGM。

（4）在下面选择工具栏中，保持默认的 Pick 选择模式不变，勾选下右边的 Prop 和 ByEdge。

（5）点选模型 Y 方向的最上边（即迎爆面），然后单击右侧按钮 Apply，创建面段组。

（6）依次单击右侧工具栏中的 Show 和 Write，将面段组数据保存至 bc.k 文件。

6.6.4　关键字文件讲解

下面讲解相关的 LS-DYNA 关键字文件。关键字输入文件有 3 个：计算模型参数主控文件 main.k、网格模型文件 trugrdo 和面段组文件 bc.k。其中 main.k 中的内容及相关讲解如下。

$ 首行*KEYWORD 表示输入文件采用的是关键字输入格式。

```
*KEYWORD 200000000
```

$ 设置分析作业标题。

```
*TITLE
```

$ 定义单元算法，14 表示面积加权轴对称算法。

```
*SECTION_SHELL
$ SECID,ELFORM,SHRF,NIP,PROPT,QR/IRID,ICOMP,SETYP
1,14
```

$ 为钢板 PART 定义材料模型参数。

```
*mat_003
$ MID,RO,E PR,SIGY,ETAN,BETA
1,7800,2.1e11,0.3,4e8,8e8,1
$ SRC,SRP,FS,VP
,,
```

$ 定义钢板 Part。

```
*PART
$ HEADING

$ PID,SECID,MID,EOSID,HGID,GRAV,ADPOPT,TMID
1,1,1,0,0,0,0
```

$ 定义质量加权阻尼系数。

```
*DAMPING_PART_MASS
$ LCID,VALDMP,STX,STY,STZ,SRX,SRY,SRZ
1,3,349.000
```

$ 定义阻尼加载曲线。

```
*DEFINE_CURVE
$ LCID,SIDR,SFA,SFO,OFFA,OFFO,DATTYP,LCINT
3
$ A1,O1
0.000,1.00000000
$ A2,O2
2.000,1.00000000
```

$ 定义时间步长控制参数。

```
*CONTROL_TIMESTEP
$ DTINIT,TSSFAC,ISDO,TSLIMT,DT2MS,LCTM,ERODE,MS1ST
0.0000,0.8500,0,0.00,0.00
```

$ 定义计算结束条件。

```
*CONTROL_TERMINATION
$ ENDTIM,ENDCYC,DTMIN,ENDENG,ENDMAS,NOSOL
10e-3
```

$ 定义二进制时间历程文件 D3THDT 的输出。

```
*DATABASE_BINARY_D3THDT
$ DT/CYCL,LCDT/NR,BEAM,NPLTC,PSETID,CID
1
```

$ 定义作用在钢板上的爆炸冲击波载荷曲线。

```
*load_blast_enhanced
$ BID,M,XBO,YBO,ZBO,TBO,UNIT,BLAST
1,4.0,0,1.0,0,-0.0e-3,2,2
$ CFM,CFL,CFT,CFP,NIDBO,DEATH,NEGPHS
```

$ 将爆炸冲击波载荷施加到钢板上。

```
*load_blast_segment_set
$ BID,SSID,ALEPID,SFNRB,SCALEP
1,1
```

$ 定义二进制状态文件 D3PLOT 的输出。

```
*DATABASE_BINARY_D3PLOT
$ DT/CYCL,LCDT/NR,BEAM,NPLTC,PSETID,CID
0.1e-3
```

$ 定义二进制载荷文件 BLSTFOR 的输出，可输出作用在钢板上的爆炸载荷。

```
*DATABASE_BINARY_BLSTFOR
$ dt
2e-6
```

$ 包含钢板网格节点模型文件。

```
*include
$ FILENAME
trugrdo
```

$ 包含面段组文件，用于施加爆炸载荷。

```
*include
bc.k
```

$ *END 表示关键字文件的结束，LS-DYNA 读入时将忽略该语句后的所有内容。

```
*end
```

6.6.5 数值计算结果

计算完成后，在 LS-DYNA 后处理软件 LS-PrePost 中读入 D3PLOT 文件，进行如下操作，即可显示爆炸作用下钢板变形过程。

（1）将一半模型镜像对称为全模型（Misc→Reflect Model→Reflect About YZ Plane）。

（2）在 State#对应的输入框中输入 102（即最后一个状态），并回车。

（3）显示等效塑性应变（Page 1→Fcomp→effective plastic stain），如图 6-20 所示。

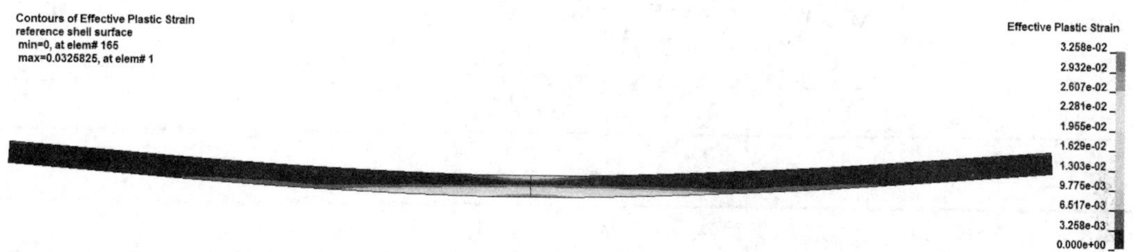

图 6-20 显示 T=0.01s 时刻钢板变形

在 LS-PrePost 中读入生成的 blstfor 文件，进行如下操作，即可显示入射压力和作用在钢板上的总压力（图 6-21）。

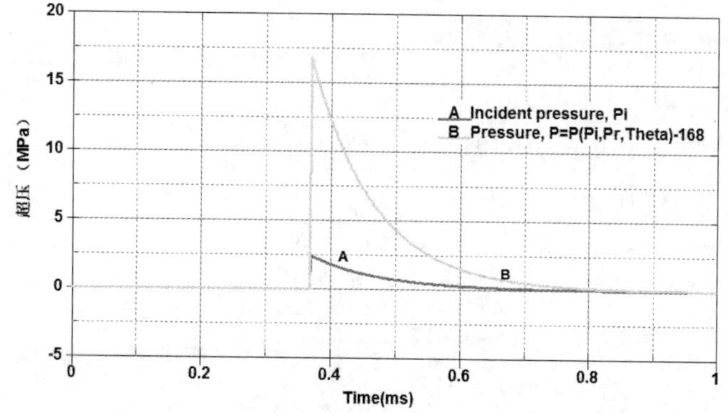

图 6-21 作用在钢板上的压力以及入射压力

（1）在右端工具栏中单击 Page 1→History→Segment。

（2）在钢板的迎爆面上随意点选一个面段。

（3）在下拉列表中选择 Incident pressure, Pi，然后单击 Plot。这里显示的是入射压力曲线。

（4）在下拉列表中选择 Pressure, P=P(Pi,Pr,Theta)，然后单击 Padd。这里添加的是作用在钢板上的总压力曲线。

6.7 *INITIAL_IMPULSE_MINE 地雷爆炸计算

地雷爆炸涉及爆炸产物、空气冲击波、地雷碎片和沙土的高速冲击作用，数值模拟可采用 ALE、S-ALE、SPH、PBM 等方法，这里将采用*INITIAL_IMPULSE_MINE 关键字进行快速计算。

6.7.1 *INITIAL_IMPULSE_MINE

*INITIAL_IMPULSE_MINE 根据土中埋藏地雷爆炸产生的冲量给三维结构上的节点施加初始速度。该功能是基于美国陆军坦克司令部的 Tremblay 在 1998 年提出的工程模型开发的。该关键字不能用于二维模型和刚体材料模型，也不能用于 MPP 计算，建议采用面段组施加该载荷。

*INITIAL_IMPULSE_MINE 关键字卡片 1 和 2 分别见表 6-12、表 6-13。

表 6-12 *INITIAL_IMPULSE_MINE 关键字卡片 1

Card 1	1	2	3	4	5	6	7	8
Variable	SSID	MTNT	RHOS	DEPTH	AREA	SCALE	未使用	UNIT
Type	I	F	F	F	F	F		F
Default	none	0.0	0.0	0.0	0.0	1.0		1

表 6-13 *INITIAL_IMPULSE_MINE 关键字卡片 2

Card 2	1	2	3	4	5	6	7	8
Variable	X	Y	Z	NIDMC	GVID	TBIRTH	PSID	SEARCH
Type	F	F	F	I	I	F	I	F
Default	0.0	0.0	0.0	0	none	0.0	0	0.0

- SSID：面段组 ID。
- MTNT：等效 TNT 质量。
- RHOS：覆土密度。
- DEPTH：地雷中心距地表的埋深。该值必须为正。
- AREA：地雷截面面积。
- SCALE：冲量缩放系数。
- UNIT：单位制，须与有限元模型采用的单位一致。

> IUNIT=1：英寸、lbf.s^2/inch、秒、psi，这是默认的选项。
> IUNIT=2：米、千克、秒、帕斯卡。
> IUNIT=3：厘米、克、微秒、兆巴。
> IUNIT=4：毫米、千克、毫秒、GPa。
> IUNIT=5：毫米、吨、秒、MPa。
> IUNIT=6：毫米、克、毫秒、MPa。

- X、Y、Z：地雷中心点 X、Y、Z 坐标。
- NIDMC：代表地雷中心的可选节点 ID，给定以后会忽略 X、Y、Z。
- GVID：垂直向上的矢量 ID，即地表的法向。
- TBIRTH：地雷爆炸载荷的生效时间，在该时间点冲量载荷被激活。
- PSID：承受地雷爆炸载荷的 Part 组 ID。
- SEARCH：结构内的搜索深度。

备注：

备注 1 面段朝向。面段法向须朝向地雷。

备注 2 单元类型。面段可以属于三维薄壳、三维实体或厚壳单元，该关键字不能用于二维几何模型。

备注 3 进行 MPP 并行计算的变通方法。该功能尚不支持 MPP 并行计算，可以采用变通方法：先采用 SMP 进行初始化，输出初始速度场，然后进行 MPP 计算。

备注 4 TNT 等效当量。LS-DYNA 关键字用户手册中给出了根据炸药 CJ 爆速进行 TNT 当量折算的方法：

$$M_{\mathrm{TNT}} = M_{\mathrm{e}}\frac{v_{\mathrm{e}}^2}{v_{\mathrm{TNT}}^2}$$

式中，M_{TNT} 为等效 TNT 质量；v_{e} 为被折算炸药的 CJ 爆速；v_{TNT} 为 TNT 炸药的 CJ 爆速。计算公式中 LS-DYNA 推荐采用的 TNT 密度和 CJ 爆速分别为$1.57\mathrm{g/cm^3}$ 和 $0.693\mathrm{cm/\mu s}$ 。

备注 5 能量释放。该模型假设 1kg TNT 释放的能量为 4.516 MJ。

备注 6 误差范围。冲量的预测基于由实验结果拟合的曲线，误差上限为 1.8×预测值，下限为预测值/1.8。

备注 7 模型适用范围。满足以下准则时计算值有效：

$$0.106 \leqslant \frac{\delta}{z} \leqslant 1，\ 6.35 \leqslant \frac{E/A}{\rho c^2 z} \leqslant 150，\ 0.154 \leqslant \frac{\sqrt{A}}{z} \leqslant 4.48，\ 0 \leqslant \frac{d}{z} \leqslant 19.3$$

式中，δ 为地雷中心到地表的距离，即 DEPTH；z 为地雷中心到目标点的垂向距离；E 为炸药释放的能量；ρ 为覆土密度，即 RHOS；c 为土壤中的声速；d 为地雷中心到目标点的水平距离。地雷爆炸参数示意图如图 6-22 所示。

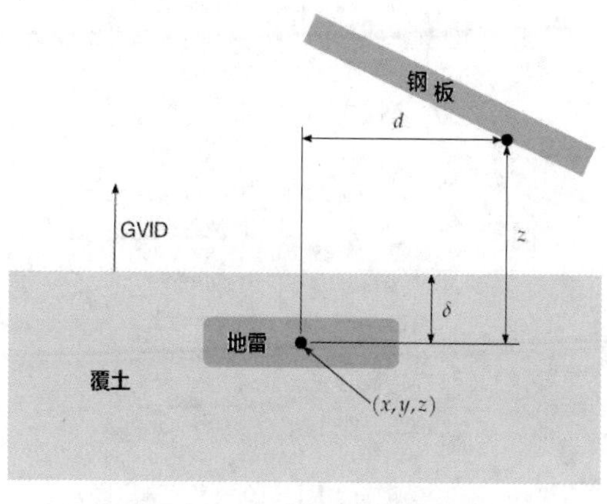

图 6-22 地雷爆炸参数示意图

6.7.2 计算模型概况

在图 6-23 中，4kg TNT 在 V 形钢板正下方 0.6m 处的土中爆炸，TNT 在土中的埋藏深度为 0.5m，计算爆炸作用下钢板的变形。

采用*INITIAL_IMPULSE_MINE 关键字进行爆炸加载。钢板采用*MAT_PLASTIC_KINEMATIC 材料模型。计算单位制采用 cm-g-μs。

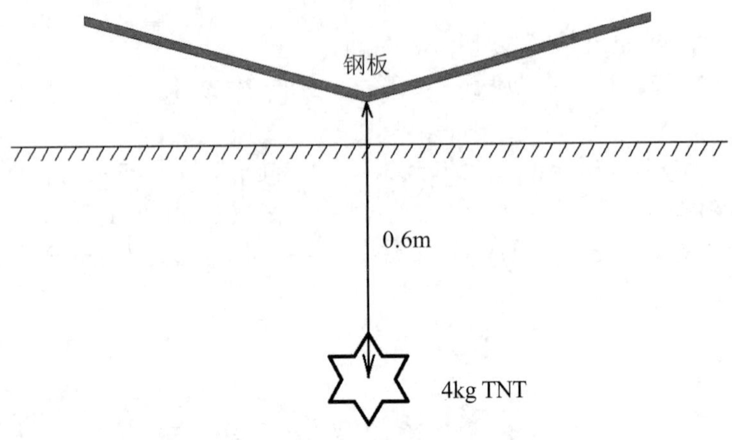

图 6-23 地雷爆炸几何模型示意图

6.7.3 TrueGrid 建模

TrueGrid 建模命令流如下：

```
xsca 0.1                                   c 缩放 X 坐标，长度单位由 mm 转换为 cm
ysca 0.1                                   c 缩放 Y 坐标
zsca 0.1                                   c 缩放 Z 坐标
sd 1000 plan 0 0 0 1 0 0                   c 定义投影面
sd 2000 plan 1000 0 0 1 0 0
sd 1 plan 0 0 0 [sin(15)] 0 [-cos(15)]
sd 2 plan 0 0 30 [sin(15)] 0 [-cos(15)]
lct 1 ryz;                                 c 定义局部复制变换
mate 1                                     c 为钢板指定材料号（LS-DYNA PART 号）
partmode i                                 c Part 命令的间隔索引格式，便于建立三维网格
block 100;100;3;                           c 创建钢板 PART，首先生成 1/2 模型
      0 1000;-500 500;0 30
sfi 1 2; 1 2; -1;sd 1                      c 向钢板外表面投影
sfi 1 2; 1 2; -2;sd 2
sfi -1; 1 2; 1 2;sd 1000
sfi -2; 1 2; 1 2;sd 2000
orpt - 0 0 2000                            c 重新定义钢板底面法线方向
n 1 1 1 2 2 1                              c 定义 orpt 命令的影响区域
fset 1 1 1 2 2 1 = blast                   c 输出 SEGMENT SET，爆炸载荷施加于该面段组
lrep 0 1;                                  c 对当前 Part 执行局部复制变换
endpart                                    c 结束当前 Part 命令
merge                                      c 进入 merge 阶段，合并 Part
stp 0.01                                   c 设置节点合并阈值，节点之间距离小于该值即被合并
lsdyna keyword                             c 声明要输出 LS-DYNA 关键字格式文件
write                                      c 输出网格模型文件
```

6.7.4 关键字文件讲解

下面讲解相关的 LS-DYNA 关键字文件。关键字输入文件有 2 个：计算模型参数主控文件 main.k 和网格模型文件 trugrdo。其中 main.k 中的内容及相关讲解如下。

$ 首行*KEYWORD 表示输入文件采用的是关键字输入格式。

```
*KEYWORD
```

$ 为二进制结果文件定义输出格式。

```
*DATABASE_FORMAT
$ IFORM,IBINARY
0
```

$ 这是*MAT_003 材料模型，为钢板 PART 定义材料模型参数。

```
*MAT_PLASTIC_KINEMATIC
$ MID,RO,E PR,SIGY,ETAN,BETA
1,7.75,2.07,0.30,0.009,0.02,1.00
$ SRC,SRP,FS,VP
0.00,0.00,
```

$ *SECTION_SOLID 定义常应力实体单元算法。

```
*SECTION_SOLID
1,1
```

$ 定义钢板 Part。

```
*PART
$ HEADING

$ PID,SECID,MID,EOSID,HGID,GRAV,ADPOPT,TMID
1,1,1,0,1,0,0
```

$ 定义沙漏黏性。

```
*HOURGLASS
$ HGID,IHQ,QM,IBQ,Q1,Q2,QB/VDC,QW
1,2,0.15,1,0,0
```

$ 根据土中埋藏地雷爆炸产生的冲量给钢板上的节点施加初始速度。

```
*INITIAL_IMPULSE_MINE
$ SSID,MTNT,RHOS,DEPTH,AREA,SCALE,not used,UNIT
1,4e3,1.80,50,113,1,,3
$ X,Y,Z,NIDMC,GVID,TBIRTH,PSID,SEARCH
0,0,-60,,1,1,
```

$ 通过两个坐标点定义矢量。

```
*DEFINE_VECTOR
$ VID,XT,YT,ZT,XH,YH,ZH,CID
1,0,0,-60,0,0,0
```

$ 定义 PART 组。

```
*SET_PART_list
$ SID,DA1,DA2,DA3,DA4,SOLVER
1
$ PID1,PID2,PID3,PID4,PID5,PID6,PID7,PID8
1
```

$ 定义时间步长控制参数。

```
*CONTROL_TIMESTEP
$ DTINIT,TSSFAC,ISDO,TSLIMT,DT2MS,LCTM,ERODE,MS1ST
0.0000,0.9000,0,0.00,0.00
```

$ 定义计算结束条件。

```
*CONTROL_TERMINATION
$ ENDTIM,ENDCYC,DTMIN,ENDENG,ENDMAS,NOSOL
14000
```

$ 定义二进制状态文件 D3PLOT 的输出。

```
*DATABASE_BINARY_D3PLOT
$ DT/CYCL,LCDT/NR,BEAM,NPLTC,PSETID,CID
200
```

$ 定义二进制时间历程文件 D3THDT 的输出。

```
*DATABASE_BINARY_D3THDT
$ DT/CYCL,LCDT/NR,BEAM,NPLTC,PSETID,CID
1
```

$ 包含钢板网格节点模型文件。

```
*include
$ FILENAME
trugrdo
```

$ *END 表示关键字文件的结束，LS-DYNA 读入时将忽略该语句后的所有内容。

```
*end
```

6.7.5 数值计算结果

计算完成后，在 LS-DYNA 后处理软件 LS-PrePost 中读入 D3PLOT 文件，进行如下操作，即可显示爆炸作用下钢板变形。

（1）在底部工具栏中 State#对应的输入框中输入 72（即最后一个状态），并回车。

（2）显示塑性变形（Page 1→Fcomp→effective plastic stain），如图 6-24 所示。

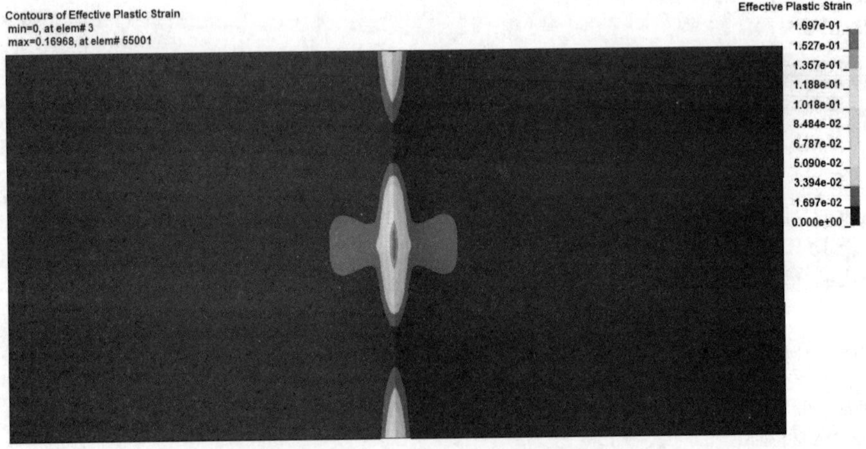

图 6-24 显示 T=14ms 时刻钢板顶面变形

第 7 章　精通篇——多物理场求解器

近年来，LS-DYNA 迅速发展，功能得到了极大扩充，新增了多种物理场求解器，如前面介绍的无单元伽辽金法（EFG）、光滑粒子迦辽金法（SPG）等。此外，还增加了结构化求解器（S-ALE）、可压缩流求解器（CESE）、双网格可压缩流求解器（DUALCESE）、不可压缩流求解器（ICFD）、微粒法（CPM）、粒子爆破法（PBM）、离散元（DEM）、近场动力学（PD）、化学反应计算（CHEMISTRY）等，不同求解器之间可以进行多物理场耦合计算。下面介绍这些新增求解器。

7.1　S-ALE 空中爆炸流-固耦合计算

大多数情况下，ALE 模型采用规则的立方体正交网格，也称为 IJK 网格。这种特殊网格的几何信息非常简单，在善加利用的情况下，可以很大程度上降低算法的复杂度，从而达到减少运算时间、降低内存需求的目的。

另外，LS-DYNA 旧有的 ALE 求解器开发之初是用来解决固体大变形问题的。在这类问题中，网格随物质边界变形而移动，而固体也只是用单材料单元来模拟。虽然 LSTC 的开发者不断扩展原程序来支持多物质材料和网格运动等，但旧有的算法和逻辑远非最优，改进遇到很多困难。

最近十年以来，ALE 计算模型的单元数量增长很快，由百万量级剧增到现在的千万量级，输入文件极为庞大，修改编辑文件耗时很长，极为不便。而对规则网格而言，完全可以根据用户提供的简单几何信息，由程序本身自行创建网格，从而省去用户创建网格和程序读入的麻烦，同时也节省了大量读写操作带来的运算时间和内存需要。

为此，2015 年陈皓博士将结构化 S-ALE 算法引入了 LS-DYNA。理论方面，S-ALE 求解器与 ALE 完全相同，采用相同的输运和界面重构算法，但 S-ALE 具有如下优点：

（1）网格生成更加简单。S-ALE 可以内部自动生成 ALE 正交网格，关键字输入文件更加简洁，易于维护，I/O 处理时间更少。

（2）需要更少的内存。

（3）计算时间可比传统 ALE 算法减少 20%～40%。

（4）并行效率更高，S-ALE 适合于处理大规模 ALE 模型，目前有 SMP、MPP、MPP 混合并行版本。借助于 MPP 算法的全新设计，MPP 的可扩展性得到极大提高，运行在 400 核上的大型算例一般可以保持 0.9 的加速比。

（5）非常稳健。

7.1.1 S-ALE 算法简介

S-ALE 作为 LS-DYNA 新增的 ALE 求解器，采用结构化正交网格求解 ALE 问题。S-ALE 可生成多块网格，每块网格独立求解。不同的网格可占据相同的空间区域。

S-ALE 中定义了两种 PART：

（1）网格 PART：指 S-ALE 网格，由一系列单元和节点组成，没有材料信息，仅是一个网格 PART。由*ALE_STRUCTURED_MESH 中的 DPID 定义，在所有 ALE 相关的关键字中，PID 指的是网格 PART ID。

（2）材料 PART：材料 PART 没有包含任何网格信息，S-ALE 网格中流动的多物质材料与材料 PART 一一对应，可有多个卡片，每个卡片定义了一种多物质（*MAT+*EOS+*HOURGLASS）。其 ID 仅出现在*ALE_MULTI-MATERIAL_GROUP 关键字中，其他任何对该 ID 的引用都是错误的。

定义 S-ALE 时用户需要指定三个方向的网格间距。还可通过一个节点定义网格源节点，并指定网格平动，另外三个节点定义局部坐标系，并指定网格旋转运动。S-ALE 建模过程有以下三个步骤：

（1）网格生成。生成单块网格 PART。由*ALE_STRUCTURED_MESH 关键字卡片生成网格 PART。由*ALE_STRUCTURED_MESH_CONTROL_POINTS 关键字卡片控制 X、Y、Z 方向的网格间距。

（2）定义 ALE 多物质，定义 S-ALE 网格中的材料。对每一种 ALE 材料，定义一个 PART，该 PART 将*MAT+*EOS+*HOURGLASS 组合在一起，由此形成材料 PART。然后在*ALE_MULTI-MATERIAL_GROUP 关键字卡片下列出全部 ALE 多物质 PART 或通过*ALE_STRUCTURED_MULTI-MATERIAL_GROUP 定义多物质材料。

（3）填充多物质材料。初始阶段在 S-ALE 网格 PART 中填充多物质材料，这通过*INITIAL_VOLUME_FRACTION_GEOMETRY 或*ALE_STRUCTURED_MESH_VOLUME_FILLING 实现。

7.1.2 S-ALE 主要关键字

LS-DYNA 中有数个特定于 S-ALE 的新增关键字，大都以*ALE_STRUCTURED 开头：

- *ALE_STRUCTURED_FSI。
- *ALE_STRUCTURED_MESH。
- *ALE_STRUCTURED_MESH_CONTROL_POINTS。
- *ALE_STRUCTURED_MESH_MOTION。
- *ALE_STRUCTURED_MESH_REFINE。
- *ALE_STRUCTURED_MESH_TRIM。
- *ALE_STRUCTURED_MESH_VOLUME_FILLING。
- *ALE_STRUCTURED_MULTI-MATERIAL_GROUP。
- *BOUNDARY_SALE_MESH_FACE 等。

7.1.2.1 *ALE_STRUCTURED_MESH

*ALE_STRUCTURED_MESH 关键字用于定义 S-ALE 网格，激活 S-ALE 求解器，进行

ALE 输运步计算。

在同一算例中*ALE_STRUCTURED_MESH 关键字可使用多次，每次使用时均创建独立的单块网格，这些网格可占据不同或相同的空间区域，每块网格中的计算都独立进行。

对于已有的具有正正方方网格的旧有 ALE 模型，*ALE_STRUCTURED_MESH 可通过设置 CPIDX=-1 或 0，并将其他字段置空，从而将其中的 ALE 网格转换为 S-ALE 网格，LS-DYNA 会将所有 ALE 关键字转换为 S-ALE 格式，并修改输入文件，保存为 saleconvrt.inc。若 CPIDX=-1，则采用 S-ALE 求解器，若 CPIDX=0，则采用 ALE 求解器。

*ALE_STRUCTURED_MESH 关键字卡片 1 和 2 分别见表 7-1、表 7-2。

表 7-1 *ALE_STRUCTURED_MESH 关键字卡片 1

Card 1	1	2	3	4	5	6	7	8
Variable	MSHID	DPID	NBID	EBID				TDEATH
Type	I	I	I	I				F
Default	0	none	0	0				10^{16}

- MSHID：S-ALE 网格 ID。此网格 ID 唯一，不可重名。MSHID 可被*ALE_STRUCTURED_MESH_TRIM 、 *ALE_STRUCTURED_MESH_MOTION 、 *ALE_STRUCTURED_MESH_VOLUME_FILLING、*ALE_STRUCTURED_MESH_REFINE 卡片引用。
- DPID：默认的网格 Part ID，生成的网格被赋予 DPID。DPID 指的是空 Part，不包含任何材料，也没有单元算法信息，仅用于引用网格。DPID 可用于指示进行网格合并，具有相同 DPID 的多个相邻子网格块可合并为单块 S-ALE 网格。合并时界面处的网格尺寸须匹配（合并容差为网格尺寸的 1/100）。DPID 可被*ALE_STRUCTURED_FSI、*CONSTRAINED_LAGRANGE_IN_SOLID、*INITIAL_DETONATION、*INITIAL_VOLUME_FRACTION_GEOMETRY 等卡片引用。
- NBID：用于生成节点，节点 ID 从 NBID 开始。注意，为了避免冲突，NBID 必须大于现有的最大节点编号。
- EBID：用于生成单元，单元 ID 从 EBID 开始。注意，为了避免冲突，EBID 必须大于现有的最大单元编号。
- TDEATH：设置此 S-ALE 网格的作用终止时间。终止后会删除 S-ALE 网格，与之相关的 *ALE_STRUCTURED_FSI 、 *CONSTRAINED_LAGRANGE_IN_SOLID 和 *ALE_COUPLING_NODAL 等流-固耦合卡片的作用会失效，ALE 计算随之终止，而拉格朗日 Part 的计算会继续进行。

表 7-2 *ALE_STRUCTURED_MESH 关键字卡片 2

Card 2	1	2	3	4	5	6	7	8
Variable	CPIDX	CPIDY	CPIDZ	NID0	LCSID			
Type	I	I	I	I	I			
Default	none	none	none	none	none			

- CPIDX、CPIDY、CPIDZ：局部坐标系中每个局部坐标轴方向的控制点 ID。同一控

制点 ID 可被重复使用。

- NID0：网格原点。在输入阶段指定网格原点，随后在计算过程中，在该节点施加*BOUNDARY_PRESCRIBED_MOTION 指定的运动，可使 S-ALE 网格平动。如果只对 S-ALE 网格做一次局部坐标系平动，仅需改变网格原点坐标就可以了。
- LCSID：局部坐标系 ID。推荐采用*DEFINE_COORDINATE_NODE，该关键字用三个节点定义该局部坐标系，并使用 FLAG=1 选项。用户只要对此三个节点分别指定运动，那么 S-ALE 网格就可以按用户所希望的方式旋转。如果只在计算初始对 S-ALE 网格做一次旋转运动，仅需改变定义该局部坐标系的三个节点坐标就可以了。

7.1.2.2　*ALE_STRUCTURED_MESH_CONTROL_POINTS

该关键字卡片为*ALE_STRUCTURED_MESH 卡片提供网格各个方向的尺寸信息，以定义结构化网格。关键字卡片 1 和 2 见表 7-3、表 7-4。

表 7-3　*ALE_STRUCTURED_MESH_CONTROL_POINTS 关键字卡片 1

Card 1	1	2	3	4	5	6	7	8
Variable	CPID		ICASE	SFO		OFFO		
Type	I		I	F		F		
Default	none		0	1.		0.		

- CPID：控制点 ID。该 ID 号唯一，被*ALE_STRUCTURED_MESH 中的 CPIDX、CPIDY、CPIDZ 所引用。
- ICASE：激活网格尺寸渐变的标志。
- SFO：纵坐标缩放系数。用于对网格进行简单修改。

➢ SFO=0.0：重设为默认值 1.0。

- OFFO：纵坐标偏移值。偏移缩放后的纵坐标值为：纵坐标值=SFO×(定义的值+OFFO)。

表 7-4　*ALE_STRUCTURED_MESH_CONTROL_POINTS 关键字卡片 2

Card 2	1	2	3	4	5	6	7	8
Variable	N		X		RATIO			
Type	I		F		F			
Default	none		none		0.0			

- N：控制点节点序号。
- X：控制点位置。注意，控制点位置是相对于 S-ALE 网格源节点 NID0 的距离。
- RATIO：渐变网格间距比。

➢ RATIO>0.0：网格尺寸渐进增大。即 $dl_{n+1} = dl_n \times (1 + RATIO)$ 。

➢ RATIO<0.0：网格尺寸渐进减小。即 $dl_{n+1} = dl_n / (1 - RATIO)$ 。

7.1.2.3　*ALE_STRUCTURED_MESH_VOLUME_FILLING

该关键字卡片为*ALE_STRUCTURED_MESH 卡片生成的 S-ALE 网格进行体积填充，即定义每种多物质材料在 S-ALE 网格中的体积占比。关键字卡片 1 和 2 见表 7-5、表 7-6。

表 7-5 *ALE_STRUCTURED_MESH_VOLUME_FILLING 关键字卡片 1

Card 1	1	2	3	4	5	6	7	8
Variable	MSHID		AMMGTO		NSAMPLE			VID
Type	I		I		I			I
Default	0		0		3			none

表 7-6 *ALE_STRUCTURED_MESH_VOLUME_FILLING 关键字卡片 2

Card 2	1	2	3	4	5	6	7	8
Variable	GEOM	IN/OUT	E1	E2	E3	E4	E5	
Type	A	I	I 或 F	I 或 F	I 或 F	I 或 F	I 或 F	
Default	none	0	none	none	none	none	none	

- MSHID：S-ALE 网格 ID。该 ID 号唯一，由*ALE_STRUCTURED_MESH 卡片定义。
- AMMGTO：用于填充几何体的多物质组 AMMG ID。其定义可参见*ALE_MULTI-MATERIAL_GROUP 卡片。
- NSAMPLE：采样点数量。假如单元被部分填充，则在每个方向生成$2\times NSAMPLE+1$个点，共有$(2\times NSAMPLE+1)^3$个点，每个点代表一个小体积，用于判断小体积内物质的有无。
- VID：*DEFINE_VECTOR 卡片定义的 ID，为域内填充材料赋予初速。*DEFINE_VECTOR 卡片中的字段 2～字段 4（XT、YT、ZT）定义初始平动速度。
- GEOM：几何体类型，可以是 ALL、PARTSET、PART、SEGSET、PLANE、CYLINDER、BOXCOR、BOXCPT 和 ELLIPSOID。
- IN/OUT：填充几何体内或外。对于 PARTSET、PART、SEGSET 选项，所包含面段的法线方向为几何体内。
  - IN/OUT=0：内（默认设置）。
  - IN/OUT=1：外。
- E1、E2、E3、E4、E5：几何体类型不同，其定义不同。

下面列出了 GEOM 为不同类型几何体时 E1～E5 的取值，若没有定义 E*n*，则将其忽略。

- ALL：填充网格内的全部区域，不需要其他额外参数。
- PARTSET：采用 PART 组定义的几何体填充。E1 是壳单元 PART 组 ID，E2 是偏移距离。
- PART：采用 PART 定义的几何体填充。E1 是壳单元 PART ID，E2 是偏移距离。
- SEGSET：采用面段组定义的几何体填充。E1 是面段组 ID，E2 是偏移距离。
- PLANE：采用平面定义的几何体填充。E1 是 PLANE 平面上的节点 ID，E2 是偏离平面的另一节点 ID，矢量 E2–E1 是平面法向。
- CYLINDER：采用圆柱面定义的几何体填充。E1、E2 是圆柱两端中心节点 ID，E3、E4 是圆柱两端半径。
- BOXCOR：采用方盒定义的几何体填充。E1 是方盒 ID。*DEFINE_BOX 定义全局坐标系下的方盒，*DEFINE_BOX_LOCAL 定义局部坐标系下的方盒。
- BOXCPT：采用方盒定义的几何体填充。E1 是方盒 ID。*DEFINE_BOX 采用 S-ALE 控制点（CPT）定义方盒。
- ELLIPSOID：采用椭球定义的几何体填充。E1 是椭球中心节点 ID。E2、E3、E4 分别是椭球在 X、Y、Z 方向的半径。如果采用局部坐标系，则 E5 是局部坐标系 ID，参见*DEFINE_COORDINATE_SYSTEM。

7.1.2.4 *ALE_STRUCTURED_FSI

*ALE_STRUCTURED_FSI 关键字对*ALE_STRUCTURED_MESH 关键字生成的 S-ALE 网格设置流-固耦合计算参数。

使用传统的 ALE 求解器解决流-固耦合问题时，通常采用*CONSTRAINED_LAGRANGE_IN_SOLID（简称*CLIS）设置流-固耦合计算参数，该关键字存在如下问题：

- 虽然该关键字能够探测并治愈大部分泄漏，但有些情况下（例如某些爆炸问题）的泄漏很难控制。
- *CLIS 没有对 MPP 并行进行优化，尤其是采用多个*CLIS 关键字的时候。
- *CLIS 关键字被赋予的功能太多，关键字手册上该关键字共有 38 个参数和 22 页说明，该关键字常常给用户带来混乱和卡片输入错误。*CLIS 功能如下：

> - 基于惩罚算法的流-固耦合模拟。
> - 将梁单元约束于实体单元中的约束算法，如模拟钢筋混凝土。
> - 渗流模拟。

自 2018 年初开始，陈皓博士开始开发新的基于惩罚算法的更加干净的 S-ALE 流-固耦合关键字*ALE_STRUCTURED_FSI，新的 S-ALE 流-固耦合关键字与*CLIS 关键字的区别如下：

- 耦合类型：与*CLIS 卡片不同，*ALE_STRUCTURED_FSI 只有罚耦合方法，这与*CLIS 中的 CTYPE=4/5 耦合方法类似。
- 耦合点数量：对于每个 Lagrangian 面段，需要定义一定数量的耦合点均匀地分布在面段表面上，惩罚弹簧附着在这些耦合点上。当采用*CLIS 时，用户需要通过参数 NQUAD 定义耦合点数，而采用*ALE_STRUCTURED_FSI 就不用手动定义，LS-DYNA 在初始化阶段自动确定耦合点数量。
- 泄漏控制：采用*ALE_STRUCTURED_FSI 自动进行泄漏控制，流体泄漏被自动检测到，并被自动解决，不需人工干预。图 7-1 是两种流-固耦合关键字泄漏控制效果对比。
- 法向：*ALE_STRUCTURED_FSI 卡片基于局部几何自动确定法向，用户不需选取节点/面段法向。

（a）*CONSTRAINED_LAGRANGE_IN_SOLID 耦合存在泄漏

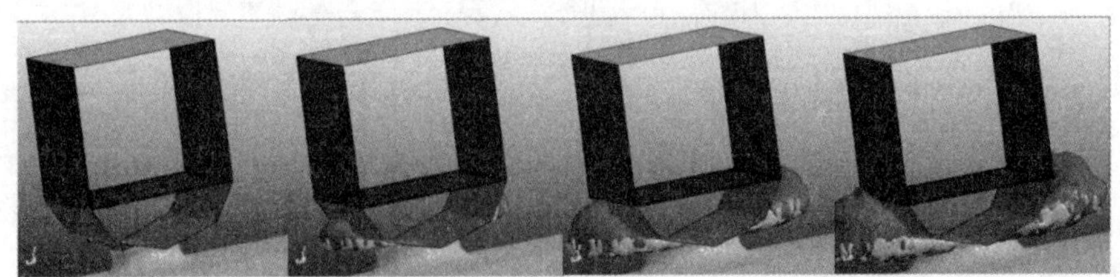

（b）*ALE_STRUCTURED_FSI 耦合无泄漏

图 7-1　两种流-固耦合关键字泄漏控制效果对比

- 边耦合：自动进行边耦合。程序自动检出壳的面段，并耦合裸露的边，不需要*CONSTRAINED_LAGRANGE_IN_SOLID_EDGE。

- 侵蚀耦合：实体单元侵蚀后会改变耦合面段，需删除隶属于侵蚀单元的面段，并添加新的裸露面段。对于*CLIS，需设置 CTYPE=5 来激活面段更新。在新的*ALE_STRUCTURED_FSI 卡片中，该选项总是处于开启状态，不需要设置任何标识。

*ALE_STRUCTURED_FSI 关键字卡片 1 和 2 见表 7-7、表 7-8。

表 7-7 *ALE_STRUCTURED_FSI 关键字卡片 1

Card 1	1	2	3	4	5	6	7	8
Variable	LSTRSID	ALESID	LSTRSTYP	ALESTYP				MCOUP
Type	I	I	I	I				I
Default	none	none	0	0				0

表 7-8 *ALE_STRUCTURED_FSI 关键字卡片 2

Card 2	1	2	3	4	5	6	7	8
Variable	START	END	PFAC			FLIP		
Type	F	F	F			I		
Default	0.0	10^{10}	0.1			0		

- LSTRSID：被耦合的结构，可定义为 Lagrangian 结构 Part、Part 组或面段组。
- ALESID：结构化 ALE 流体，可定义为 S-ALE 流体 Part 或 Part 组。
- LSTRSTYP：LSTRSID 从结构的类型。
  - LSTRSTYP=0：Part 组 ID（PSID）。
  - LSTRSTYP=1：Part ID（PID）。
  - LSTRSTYP=2：segment 组 ID（SGSID）。
- ALESTYP：ALESID 主 S-ALE 流体的类型。
  - ALESTYP=0：Part 组 ID（PSID）。
  - ALESTYP=1：Part ID（PID）。
- MCOUP：多物质耦合选项。
  - MCOUP=0：与全部多物质组耦合，该选项不利于泄漏控制，不推荐采用。
  - MCOUP=-N：与 ALE 多物质组集耦合，N 为*SET_MULTI-MATERIAL_GROUP 定义的多物质组集 ID。在流-固耦合计算中，要避免流体从结构的一侧渗透到另一侧，在这种工况中，需要指出结构一侧的 AMMG，并在*SET_MULTI-MATERIAL_GROUP 卡片下将其列出。
- START：耦合开始时间。
- END：耦合结束时间。
- PFAC：PFAC 是罚因子，是耦合系统预估刚度的缩放因子，用于计算分布在从结构和主流体之间的耦合力。
  - PFAC>0：预估临界刚度的缩放因子。
  - PFAC<0：PFAC 须为整数，|PFAC|是载荷曲线 ID，此曲线用于定义耦合压力（X 轴为渗透量，Y 轴为耦合压力）。
- FLIP：只能 Lagrangian 面段的单侧耦合于流体，假定面段法向指向耦合的流体，否则，则设置 FLIP=1，置反法向。
  - FLIP=0：对法向不作处理。
  - FLIP=1：置反法向。

7.1.2.5 *ALE_STRUCTURED_MULTI-MATERIAL_GROUP

该关键字为 S-ALE 求解器中的每个 ALE 多物质组（AMMG）定义材料属性。每种 AMMG

表示在 S-ALE 网格中流动的特定“流体”。关键字卡片 1 见表 7-9。

表 7-9　*ALE_STRUCTURED_MULTI-MATERIAL_GROUP 关键字卡片 1

Card 1	1	2	3	4	5	6	7	8
Variable	AMMGNM	MID	EOSID					PREF
Type	A	I	I					I
Default	none	none	none					0.0

也可采用*ALE_MULTI-MATERIAL_GROUP 定义 AMMG，但是*ALE_STRUCTURED_ULTI-MATERIAL_GROUP 不采用 PART ID，而是采用材料模型和状态方程进行定义。对于 3D 问题，该关键字采用*SECTION_SOLID 中的 ELFORM=11，对于 2D 平面应变问题（对应于 PLNEPS 选项），采用*SECTION_ALE2D 中的 ELFORM=13，而对于 2D 轴对称问题（对应于 AXISYM 选项），采用*SECTION_ALE2D 中的 ELFORM=14。该关键字还可以为每种 AMMG 定义名称和参考压力，*CONTROL_ALE 中的 PREF 也可用于定义参考压力，但推荐采用该关键字分别为每种 AMMG 单独定义参考压力的方式。

- AMMGNM：AMMG 名称。该名称用于识别 AMMG（S-ALE 流体），对大小写不敏感，但必须唯一。
- MID：材料模型 ID。
- EOSID：状态方程 ID。
- PREF：该 AMMG 的参考压力。

7.1.2.6　*BOUNDARY_SALE_MESH_FACE

在 S-ALE 网格面快速定义边界条件。该关键字可替代*SET_NODE_GENERAL（带 SALEFAC 选项）、*SET_SEGMENT_GENERAL（带 SALEFAC 选项）、*BOUNDARY_SPC_SET 和*BOUNDARY_NON_REFLECTING 的边界条件定义方式。关键字卡片 1 见表 7-10。

表 7-10　*BOUNDARY_SALE_MESH_FACE 关键字卡片 1

Card 1	1	2	3	4	5	6	7	8
Variable	BCTYPE	MSHID	NEGX	POSX	NEGY	POSY	NEGZ	POSZ
Type	A	I	I	I	I	I	I	I
Default	none	none	0	0	0	0	0	0

- BCTYPE：可选的边界条件。

> ➢ BCTYPE=FIXED：约束该面上所有节点的全部自由度。
> ➢ BCTYPE=NOFLOW：没有流动通过该面。
> ➢ BCTYPE=SYM：该面为对称平面。
> ➢ BCTYPE=NONREFL：在该面施加无反射边界条件。

- MSHID：S-ALE 网格 ID。
- NEG[X、Y、Z]、POS[X、Y、Z]：边界条件施加的网格面。NEGX、POSX、NEGY、POSY、NEGZ 或 POSZ 分别表示在局部-X、+X、-Y、+Y、-Z 或+Z 方向带有朝外法向的网格面。

> ➢ NEG/POS=0：边界条件没有施加在该外法向面上。
> ➢ NEG/POS=1：边界条件施加在该外法向面上。

7.1.3 S-ALE 边界条件定义

传统 ALE 中的边界条件如无反射边界、节点约束等同样适用于 S-ALE，但定义过程与之稍有不同，下面介绍两种 S-ALE 无反射边界定义流程：

（1）通过*BOUNDARY_SALE_MESH_FACE 定义，一步到位，方便快捷。

（2）通过*SET_SEGMENT_GENERAL 定义：

1）通过*SET_SEGMENT_GENERAL 选定面段组。

2）通过*BOUNDARY_NON_REFLECTING 将选定的面段组定义为无反射面。

7.1.4 计算模型概况

模型描述：钢锭和钢壳结构置于空气中，钢壳厚度为 0.2cm，球状炸药位于钢结构下方。建立 1/2 对称模型，计算模型关于 XOZ 平面对称，如图 7-2 所示。

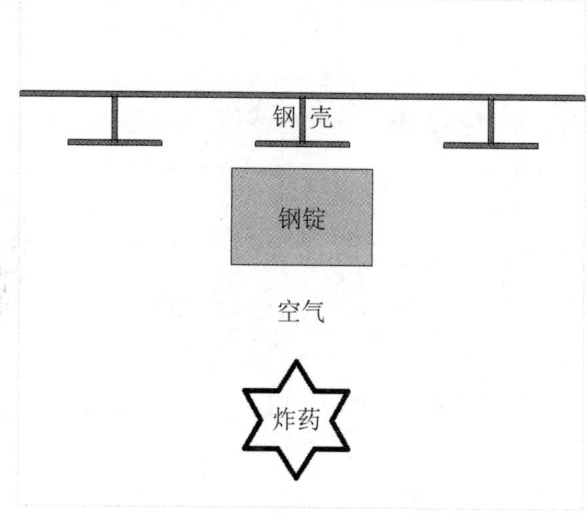

图 7-2 S-ALE 空中爆炸计算模型

钢结构采用*MAT_PLASTIC_KINEMATIC 材料模型。计算单位制采用 cm-g-μs。

7.1.5 TrueGrid 建模

这里仅采用 TrueGrid 建立钢结构网格，流体网格通过 S-ALE 求解器自动生成。

```
plane 1 0 0 0 0 1 0 0.001 symm;                     c 定义模型关于 XOZ 平面对称
mate 1                                              c 指定钢壳结构材料号
block 1 3 -7 10 15 -19 22 27 -30 34 37;1 17;-1 -2;  c 生成网格，创建钢壳 PART
      -12 -10 -8 -6 -2 0 2 6 8 10 12;0 12;9.99 11.99
dei 1 2 0 4 5 0 7 8 0 10 11; 1 2; -1;               c 删除不需要的部分
orpt + 0 0 0                                        c 重新定义壳单元法线方向
n 1 1 2 11 2 2                                      c 定义 orpt 命令的影响区域
n 2 1 1 4 2 1
n 5 1 1 7 2 1
n 8 1 1 10 2 1
thic 0.2                                            c 设置钢壳结构的厚度
endpart                                             c  Part 结束命令
```

```
mate 2                              c 指定钢锭材料号
partmode i                          c Part 命令的间隔索引格式，便于建立三维网格
block 7;8;5;-3 3;0 7;5 9;           c 生成钢锭网格
endpart                             c Part 结束命令
merge                               c 进入 merge 阶段，合并 Part
lsdyna keyword                      c 声明要输出 LS-DYNA 关键字格式文件
write                               c 输出网格模型文件
```

7.1.6 关键字文件讲解

下面讲解相关的 LS-DYNA 关键字输入文件。关键字输入文件有 2 个：计算模型参数主控文件 main.k 和网格模型文件 trugrdo。其中 main.k 中的内容及相关讲解如下。

$ 首行*KEYWORD 表示输入文件采用的是关键字输入格式。

```
*KEYWORD
```

$ 定义计算结束条件。

```
*CONTROL_TERMINATION
$ ENDTIM,ENDCYC,DTMIN,ENDENG,ENDMAS,NOSOL
300.000000
```

$ 定义时间步长控制参数。

```
*CONTROL_TIMESTEP
$ DTINIT,TSSFAC,ISDO,TSLIMT,DT2MS,LCTM,ERODE,MS1ST
0.000,0.900000
$ dt2msf,dt2mslc,imscl
0.000,0,0
```

$ 定义二进制状态文件 D3PLOT 的输出。

```
*DATABASE_BINARY_D3PLOT
$ DT/CYCL,LCDT/NR,BEAM,NPLTC,PSETID,CID
10.000000
$ ioopt
0
```

$ 定义二进制时间历程文件 D3THDT 的输出。

```
*DATABASE_BINARY_D3THDT
$ DT/CYCL,LCDT/NR,BEAM,NPLTC,PSETID,CID
1.000000
```

$ 定义钢壳 PART，引用定义的单元算法和材料模型。

```
*PART
$# title
material type # 3 (Kinematic/Isotropic Elastic-Plastic)
$ PID,SECID,MID,EOSID,HGID,GRAV,ADPOPT,TMID
1,1,1
```

$ 定义钢锭 PART，引用定义的单元算法和材料模型。

```
*PART
$# title
material type # 3 (Kinematic/Isotropic Elastic-Plastic)
$ PID,SECID,MID,EOSID,HGID,GRAV,ADPOPT,TMID
2,2,1
```

$ 为钢壳 PART 定义壳单元算法。

```
*SECTION_SHELL
$ secid,elform,shrf,nip,propt,qr/irid,icomp,setyp
1,2,0.000,3
$ t1,t2,t3,t4,nloc,marea,idof,edgset
0.200000,0.200000,0.200000,0.200000
```

$ 为钢锭定义常应力体单元算法。

```
*SECTION_SOLID
$ SECID,ELFORM,AET
2,1
```

$ 这是*MAT_003 材料模型，用于定义钢壳材料模型参数。

```
*MAT_PLASTIC_KINEMATIC
$ MID,RO,E,PR,SIGY,ETAN,BETA
1,7.830000,2.070000,0.300000,0.008000
$ SRC,SRP,FS,VP
0.000,0.000,0.000,0.000
```

$ 为 ALE 算法设置全局控制参数。

```
*CONTROL_ALE
$ dct,nadv,meth,afac,bfac,cfac,dfac,efac
0,1,1,-1.000000
$ star,end,aafac,vfact,prit,ebc,pref,nsidebc
0.000,0.000,0.000,0.000,0.000,0,0.000,0
```

$ 定义 PART 组 1。

```
*SET_PART_LIST
$ sid,da1,da2,da3,da4
1
$ pid1,pid2,pid3,pid4,pid5,pid6,pid7,pid8
1,2
```

$ 采用*ALE_STRUCTURED_FSI 定义流-固耦合关系。

```
*ALE_STRUCTURED_FSI
$ LSTRSID,ALESID,LSTRSTYP,ALESTYP,,,,MCOUP
1,9,0,1,,,,-1
$ START,END,PFAC,FRIC,,FLIP

*ALE_STRUCTURED_FSI
1,9,0,1,,,,-2
```

$ 定义多物质组集 1，包含多物质组 1。

```
*SET_MULTI-MATERIAL_GROUP_LIST
$ AMMSID
1
$ AMMGID1～AMMGID8
1
```

$ 定义多物质组集 2，包含多物质组 2。

```
*SET_MULTI-MATERIAL_GROUP_LIST
2
2
```

$ 采用*CONSTRAINED_LAGRANGE_IN_SOLID 定义流-固耦合关系，这里未使用。

```
*COMMENT *CONSTRAINED_LAGRANGE_IN_SOLID
$ LSTRSID,ALESID,LSTRSTYP,ALESTYP,NQUAD,CTYPE,DIREC,MCOUP
1,2,0,0,4,4,1
$ START,END,PFAC,FRIC,FRCMIN,NORM,NORMTYP,DAMP

$ K,HMIN,HMAX,ILEAK,PLEAK,LCIDPOR,NVENT,IBLOCK
```

$ 定义节点。

```
*NODE
```

```
$ NID,X,Y,Z,TC,RC
199997,0.0000000e+00,0.0000000e+00,0.0000000e+00
199998,0.0000000e+00,0.0000000e+00,0.0000000e+00
199999,0.1000000e+00,0.0000000e+00,0.0000000e+00
200000,0.0000000e+00,0.1000000e+00,0.0000000e+00
```

$ S-ALE 网格加密控制。

$ refx=refy=refz=1，网格密度保持不变。若 refx=refy=refz=2，S-ALE 网格加密一倍。

```
*ALE_STRUCTURED_MESH_REFINE
$ mshid,refx,refy,refz
1,1,1,1
```

$ 生成 S-ALE 网格，激活 S-ALE 求解器。

```
*ALE_STRUCTURED_MESH
$ mshid,pid,nbid,ebid,ityp,nparts
1,9,200001,200001,0,0
$ nptx,npty,nptz,nid0,lcsid
3001,3002,3003,199997,890
```

$ 定义局部坐标系。

```
*DEFINE_COORDINATE_NODES
$ cid,nid1,nid2,nid3
890,199998,199999,200000
```

$ 为*ALE_STRUCTURED_MESH 卡片提供 X 方向间距信息，以定义 3D 结构化网格。

```
*ALE_STRUCTURED_MESH_CONTROL_POINTS
$ CPID,Not used,ICASE,SFO,Not used,OFFO
3001,0,0,1.000,0.000,0.000,0
$ N,X,RATIO
1,-12.00,-0.05
$ N,X,RATIO
13,0.00,0.05
$ N,X,RATIO
25,12.00
```

$ 为*ALE_STRUCTURED_MESH 卡片提供 Y 方向间距信息，以定义 3D 结构化网格。

```
*ALE_STRUCTURED_MESH_CONTROL_POINTS
$ CPID,Not used,ICASE,SFO,Not used,OFFO
3002,0,0,1.000,0.000,0.000,0
$ N,X,RATIO
1,0.00,0.05
$ N,X,RATIO
13,12.00
```

$ 为*ALE_STRUCTURED_MESH 卡片提供 Z 方向间距信息，以定义 3D 结构化网格。

```
*ALE_STRUCTURED_MESH_CONTROL_POINTS
$ CPID,Not used,ICASE,SFO,Not used,OFFO
3003,0,0,1.000,0.000,0.000,0
$ N,X,RATIO
1,-5.00,0.05
$ N,X,RATIO
22,16.00
```

$ 定义 ALE 多物质材料组。

```
*ALE_MULTI-MATERIAL_GROUP
$ SID,IDTYPE
11,1
$ SID,IDTYPE
12,1
```

$ 定义炸药 PART，引用定义的单元算法、材料模型、状态方程和沙漏。

```
*PART
$# title
high explosive
$ PID,SECID,MID,EOSID,HGID,GRAV,ADPOPT,TMID
11,10,11,11,10
```

$ 定义空气 PART，引用定义的单元算法、材料模型、状态方程和沙漏。

```
*PART
$# title
air
$ PID,SECID,MID,EOSID,HGID,GRAV,ADPOPT,TMID
12,10,12,12,10
```

$ 为流体单元定义单点 ALE 多物质算法。

```
*SECTION_SOLID
$ SECID,ELFORM,AET
10,11
```

$ 为 ALE 流体单元定义沙漏黏性，沙漏系数 QM=1.0e-6。

```
*HOURGLASS
$ HGID,IHQ,QM,IBQ,Q1,Q2,QB/VDC,QW
10,1,1.0e-6
```

$ 在 PART 中填充 ALE 多物质材料。

```
*INITIAL_VOLUME_FRACTION_GEOMETRY
$ sid,idtyp,bammg,ntrace
9,1,2
$ type,fillopt,fammg
6,,1
$ x0,y0,z0,x1,y1,z1
0.0,0.0,0.0,2.0
```

$ 这是*MAT_008 材料模型，用于定义高能炸药的爆轰。

```
*MAT_HIGH_EXPLOSIVE_BURN
$MID,RO,D,PCJ,BETA,K,G,SIGY
11,1.630000,0.784000,0.260000
```

$ 这是*EOS_002 状态方程，用于定义炸药爆炸产物内的压力。

```
*EOS_JWL
$ EOSID,A,B,R1,R2,OMEG,E0,V0
11,3.710000,0.032300,4.150000,.950000,0.300000,0.043000,1.000000
```

$ 这是*MAT_009 材料模型，用于定义空气的材料模型参数。

```
*MAT_NULL
$ MID,RO,PC,MU,TEROD,CEROD,YM,PR
12,0.001280
```

$ 这是*EOS_001 状态方程，用于定义空气状态方程参数。

```
*EOS_LINEAR_POLYNOMIAL
$ eosid,c0,c1,c2,c3,c4,c5,c6
12,0.000,1.0000E-5,0.000,0.000,0.400000,0.400000
$ e0,v0
0.000,0.000
```

$ 为炸药定义起爆点和起爆时间。

```
*INITIAL_DETONATION
$ PID,X,Y,Z,LT
9
```

$ 将方盒 1 包含的节点定义为节点组 1。

```
*SET_NODE_GENERAL
$ SID
1
$ OPTION,E1,E2,E3,E4
BOX,1
```

$ 定义方盒 1，XOZ 对称面。

```
*DEFINE_BOX
$ BOXID,XMN,XMX,YMN,YMX,ZMN,ZMX
1,-12.0,12.0,0.0,0.01,0.0,16.0
```

$ 为节点组定义约束：对称边界条件。此处约束 Y 方向平动和绕 X 轴、绕 Z 轴转动。

```
*BOUNDARY_SPC_SET
$ NID/NSID,CID,DOFX,DOFY,DOFZ,DOFRX,DOFRY,DOFRZ
1,,0,1,0,1,0,1
```

$ 也可采用如下方式定义约束：对称边界条件。这里没使用该方法。

```
$*BOUNDARY_SALE_MESH_FACE
$SYM,1,0,0,1,0,0,0
```

$ 空气域其他 5 个面定义为无反射边界。

```
*BOUNDARY_SALE_MESH_FACE
NONREFL,1,1,1,0,1,1,1
```

$ 包含 TrueGrid 软件生成的钢结构网格节点模型文件。

```
*INCLUDE
$ FILENAME
trugrdo
```

$ *END 表示关键字输入文件的结束，LS-DYNA 读入时将忽略该语句后的所有内容。

```
*END
```

在 LS-PrePost 中读入 main.k，可以显示 S-ALE 求解器自动生成的渐变网格，具体操作及生成的 S-ALE 网格如图 7-3 所示。

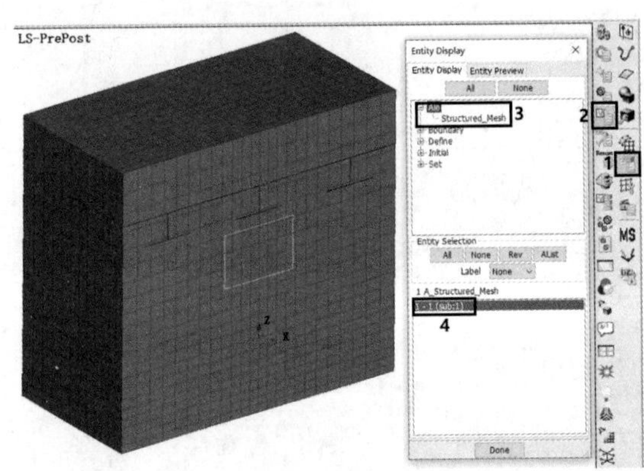

图 7-3　在 LS-PrePost 中显示 S-ALE 网格

（1）X 方向网格数为 25-1=24，中间密，两边疏。

（2）Y 方向网格数为 13-1=12，一边密，然后向另一边渐变为粗网格。

（3）Z 方向网格数为 22-1=21，一边密，然后向另一边渐变为粗网格。

7.1.7　数值计算结果

图 7-4 为炸药爆炸后冲击波传播过程。

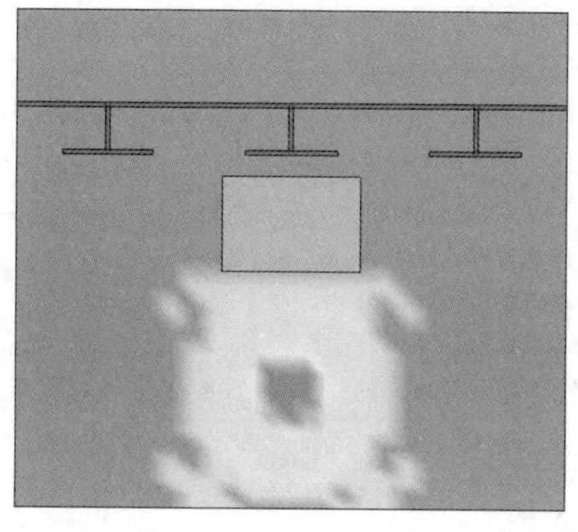

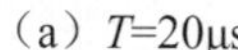

（a）T=20μs

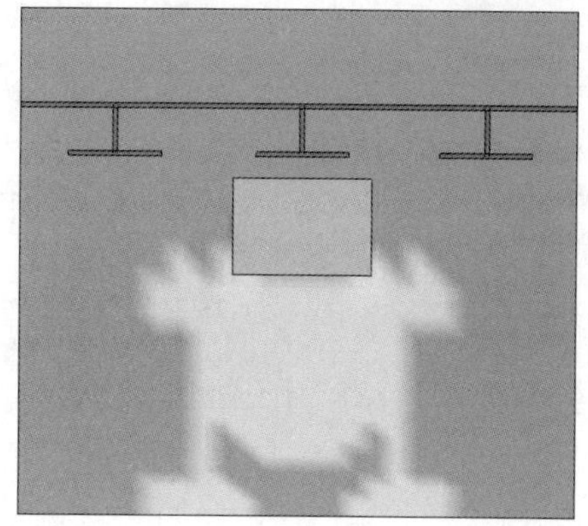

（b）T=30μs

图 7-4　炸药空中爆炸冲击波的传播

图 7-5 和图 7-6 分别是 150μs 时刻爆炸产物的扩散范围、钢结构的应力云图。

图 7-5　150μs 时刻爆炸产物的扩散范围

图 7-6　150μs 时刻钢结构的应力云图

7.2　混凝土爆破 S-ALE 二维流-固耦合计算

S-ALE 除了能够进行三维流-固耦合分析外，还实现了二维（平面应变和轴对称）流-固耦合分析功能。

7.2.1　计算模型概况

在图 7-7 中，2kg B 炸药在混凝土正上方爆炸。混凝土厚度 0.25m。药柱直径 20cm，高 20cm，质量为 10.8kg。计算爆炸作用下混凝土的破碎。

采用 S-ALE 二维轴对称流-固耦合算法进行爆炸加载。计算单位制采用 mm-kg-ms。

炸药

混凝土

图 7-7　计算模型

7.2.2 TrueGrid 建模

TrueGrid 建模长度单位为 mm，命令流如下：

```
mate 3                                  c 为混凝土指定材料号（实际为 LS-DYNA PART 号）
block 1 201;1 26;-1;0 1400;-250 0;0     c 创建混凝土 PART
endpart                                 c 结束当前 Part 命令
merge                                   c 进入 merge 阶段，合并 Part
lsdyna keyword                          c 声明要输出 LS-DYNA 关键字格式文件
write                                   c 输出网格模型文件
```

7.2.3 关键字文件讲解

下面讲解相关的 LS-DYNA 关键字文件。关键字输入文件有 2 个：计算模型参数主控文件 main.k 和网格模型文件 trugrdo。其中 main.k 中的内容及相关讲解如下。

$ *KEYWORD 表示输入文件采用的是关键字输入格式。

```
*KEYWORD
```

$定义分析标题。

```
*TITLE
```

$ 此处设置 ALE 算法全局控制参数。

```
*CONTROL_ALE
$ DCT,NADV,METH,AFAC,BFAC,CFAC,DFAC,EFAC
-1,1,3,-1.0
$ START,END,AAFAC,VFACT,PRIT,EBC,PREF,NSIDEBC
,,,,,1.01e-4
```

$ 这是*MAT_009 材料模型，用于为空气 PART 定义材料模型参数。

```
*MAT_NULL
$ MID,RO,PC,MU,TEROD,CEROD,YM,PR
1,1.29290-9,.0000000,.0000000,.0000000,.0000000,.0000000,.0000000
```

$ 这是*EOS_001 状态方程，用于为空气 PART 定义状态方程参数。

```
*EOS_LINEAR_POLYNOMIAL
$ EOSID,C0,C1,C2,C3,C4,C5,C6
1,.0000000,.0000000,.0000000,.0000000,.4000000,.4000000,.0000000
$ E0,V0
2.50000-4,1.0000000
```

$ 这是*MAT_008 材料模型，用于定义高能炸药的爆轰。

```
*MAT_HIGH_EXPLOSIVE_BURN
2,1.717e-6,7980,29.5,.0000000,.0000000,.0000000,.0000000
```

$ 这是*EOS_002 状态方程，用于定义炸药爆炸产物内的压力。

```
*EOS_JWL
$ EOSID,A,B,R1,R2,OMEG,E0,V0
2,5.2423e2,7.678,4.2000000,1.1000000,.3400000,8.5000,1.000000
```

$ 这是*MAT_272 材料模型，用于为混凝土 PART 定义材料模型参数。

```
*MAT_RHT
$ MID,RO,SHEAR,ONEMPA,EPSF,B0,B1,T1
3,2.4E-6,16.7,-3,0.7,1.22,1.22,35.47
$ A,N,FC,FS*,FT*,Q0,B,T2
1.6,0.61,0.040,0.18,0.1,0.6805,0.0105,0.0
$ E0C,E0T,EC,ET,BETAC,BETAT,PTF
3E-8,3E-9,3E22,3E22,0.032,0.036,0.001
```

```
$ GC*,GT*,XI,D1,D2,EPM,AF,NF
0.53,0.7,0.08,0.004,1.0,0.01,1.6,0.61
$ GAMMA,A1,A2,A3,PEL,PCO,NP,ALPHA0
0.0,35.27,39.58,9.04,0.0233,6.0,3.0,1.1884
```

$ 定义空气 PART。

```
*PART
$ HEADING

$ PID,SECID,MID,EOSID,HGID,GRAV,ADPOPT,TMID
1,1,1,1,0
```

$ 定义炸药 PART。

```
*PART

2,1,2,2,0
```

$ 定义混凝土 PART。

```
*PART

3,2,3,0
```

$ 定义 ALE 多物质材料组。

```
*ALE_MULTI-MATERIAL_GROUP
$ SID,IDTYPE
1,1
$ SID,IDTYPE
2,1
```

$ 生成 S-ALE 网格，激活 S-ALE 求解器。

```
*ALE_STRUCTURED_MESH
$ MSHID,DPID,NBID,EBID,,,,TDEATH
11,123,50001,50001
$ CPIDX,CPIDY,CPIDZ,NID0,LCSID
1,2,0,
```

$ 为*ALE_STRUCTURED_MESH 卡片提供间距信息，以定义 2D 结构化网格。

```
*ALE_STRUCTURED_MESH_CONTROL_POINTS
$ CPID,Not used, ICASE,SFO,Not used,OFFO
1
$ N,X,RATIO
1,0
$ N,X,RATIO
61,600,0.045
$ N,X,RATIO
101,1600
*ALE_STRUCTURED_MESH_CONTROL_POINTS
2
1,-550
131,750
```

$ 在 PART 中填充 ALE 多物质材料。

```
*INITIAL_VOLUME_FRACTION_GEOMETRY
$ FMSID,FMIDTYP,BAMMG,NTRACE
123,1,1,5
$ CNTTYP,FILLOPT,FAMMG,VX,VY,VZ
5,0,2
$ X0,Y0,Z0,X1,Y1,Z1,LCSID
0,0,-1,100,200,1
```

$ *SECTION_ALE2D 定义二维 ALE 单元算法。

```
*SECTION_ALE2D
$ SECID,ALEFORM,AET,ELFORM
1,11,,14
```

$ 定义单元算法，14 表示面积加权轴对称算法。

```
*SECTION_SHELL
$ SECID,ELFORM,SHRF,NIP,PROPT,QR/IRID,ICOMP,SETYP
2,14
$ T1,T2,T3,T4,NLOC,MAREA,IDOF,EDGSET
```

$ 定义流-固耦合关系。将混凝土 PART 耦合到 S-ALE PART 中。

```
*CONSTRAINED_LAGRANGE_IN_SOLID
$ LSTRSID,ALESID,LSTRSTYP,ALESTYP,NQUAD,CTYPE,DIREC,MCOUP
3,123,1,1,3,5,2,-1
$ START,END,PFAC,FRIC,FRCMIN,NORM,NORMTYP,DAMP
,,0.1,,0.3
$ K,HMIN,HMAX,ILEAK,PLEAK,LCIDPOR,NVENT,IBLOCK
,,,0.1
*CONSTRAINED_LAGRANGE_IN_SOLID
3,123,1,1,3,5,2,-2
,,0.1,,0.3
,,,0.1
```

$ 定义多物质组集 1，包含多物质组 1。

```
*SET_MULTI-MATERIAL_GROUP_LIST
$ AMMSID
1
$ AMMGID1～AMMGID8
1
```

$ 定义多物质组集 2，包含多物质组 2。

```
*SET_MULTI-MATERIAL_GROUP_LIST
2
2
```

$ 采用*ALE_STRUCTURED_FSI 定义流-固耦合关系。在本算例中，没有采用该方法。

```
*COMMENT *ALE_STRUCTURED_FSI
LSTRSID,ALESID,LSTRSTYP,ALESTYP,,,,MCOUP
3,123,1,1,,,,-1
START,END,PFAC,FRIC,,FLIP
0.1
*COMMENT ALE_STRUCTURED_FSI
3,123,1,1,,,,-2
0.1
```

$ 为炸药定义起爆点和起爆时间。PID 为 S-ALE Part。

```
*INITIAL_DETONATION
$PID,X,Y,Z,LT
123,0,200,0
```

$ 为 S-ALE 网格定义无反射边界条件。

```
*BOUNDARY_SALE_MESH_FACE
$ BCTYPE,MSHID,NEGX,POSX,NEGY,POSY,NEGZ,POSZ
NONREFL,11,0,1,1,1,
```

$ 定义附加写入 D3PLOT 文件的时间历程变量数目。

$ 第 4 个时间历程变量表示 RHT 混凝土材料的损伤参数。

```
*DATABASE_EXTENT_BINARY
$ NEIPH,NEIPS,MAXINT,STRFLG,SIGFLG,EPSFLG,RLTFLG,ENGFLG
0,4,3,0,1,1,1,1
$ CMPFLG,IEVERP,BEAMIP,DCOMP,SHGE,STSSZ,N3THDT,IALEMAT
0,0,0,0,0,0,2
```

$ 定义时间步长控制参数。

```
*CONTROL_TIMESTEP
$ DTINIT,TSSFAC,ISDO,TSLIMT,DT2MS,LCTM,ERODE,MS1ST
0.0000,0.8,0
```

$ 定义计算结束时间。

```
*CONTROL_TERMINATION
$ ENDTIM,ENDCYC,DTMIN,ENDENG,ENDMAS,NOSOL
2.0
```

$ 定义二进制状态文件 D3PLOT 的输出。

```
*DATABASE_BINARY_D3PLOT
$ DT/CYCL,LCDT/NR,BEAM,NPLTC,PSETID,CID
0.05
```

$ 定义二进制文件 D3THDT 的输出。

```
*DATABASE_BINARY_D3THDT
$ DT/CYCL,LCDT/NR,BEAM,NPLTC,PSETID,CID
1e-3
```

$ 包含 TrueGrid 软件生成的网格模型文件。

```
*include
$ FILENAME
trugrdo
```

$ *END 表示关键字文件的结束，LS-DYNA 读入时将忽略该语句后的所有内容。

```
*END
```

7.2.4 数值计算结果

计算完成后，在 LS-DYNA 后处理软件 LS-PrePost 中读入 D3PLOT 文件，进行如下操作，即可显示爆炸作用下混凝土板的损伤（图 7-8）。

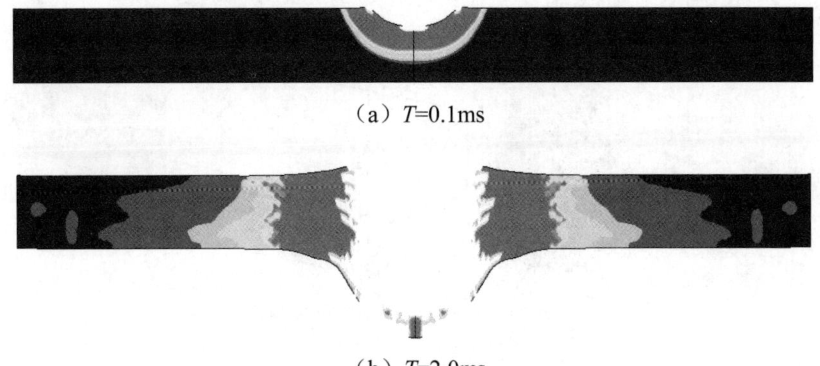

（a）T=0.1ms

（b）T=2.0ms

图 7-8 混凝土板的损伤破坏过程

（1）将一半模型镜像对称为全模型（Misc→Reflect Model→Reflect About YZ Plane）。

（2）在右端工具栏中选择 3（Page 1→SelPar）。

（3）显示爆炸作用下混凝土板的损伤（Page 1→Fcomp→Misc→history #4）。

7.3 ICFD 流-固耦合计算

7.3.1 ICFD 基础

目前市场上 CFD 求解器大都基于有限差分法（Finite Difference Method，FDM）或有限体积法（Finite Volume Method，FVM），自 R7 版本开始，LS-DYNA 中也加入了 ICFD，LS-DYNA ICFD 是采用有限元方法的双精度隐式求解器。由于后续版本中的 ICFD 求解器性能改进很大，推荐使用最新版本（或至少 R9 以上双精度版本）。其主要功能特点如下：

（1）采用动态内存分配方式。

（2）支持 2D 和 3D 计算。

（3）支持自由液面流、双相流、渗流和多种湍流模型（LES、k-e、k-w、realizable k-e、Spalart-Allmaras 和 WALE 等）。

（4）支持 SMP 和 MPP。

（5）ICFD 求解器可与结构求解器、热求解器、离散元求解器、电磁求解器耦合求解。

（6）目前仅实现了瞬态分析功能，稳态分析功能尚在开发中。

ICFD 基于以下三个假设：

（1）流场中流体密度不变。

（2）低马赫数（Ma<0.3），物体在空气中的速度低于 370km/h。

（3）流场中温度不会随着流体速度的变化而改变。

ICFD 求解器具有体网格自动生成功能，在计算模型中用户只需输入梁（用于生成 2D 网格模型）或面网格（用于生成 3D 网格模型），这极大地简化了前处理过程。为此，必须提供高质量的贴体表面网格。前处理器可采用 TrueGrid、LS-PrePost 或 ANSA，网格生成后需要将 *NODE 修改为 *MESH_SURFACE_NODE，将 *ELEMENT_SHELL 修改为 *MESH_SURFACE_ELEMENT。ICFD 求解器还可采用已生成的 2D 三角形或 3D 四面体网格。

LS-DYNA 中的 ICFD 主要应用如下所述，应用算例如图 7-9 所示。

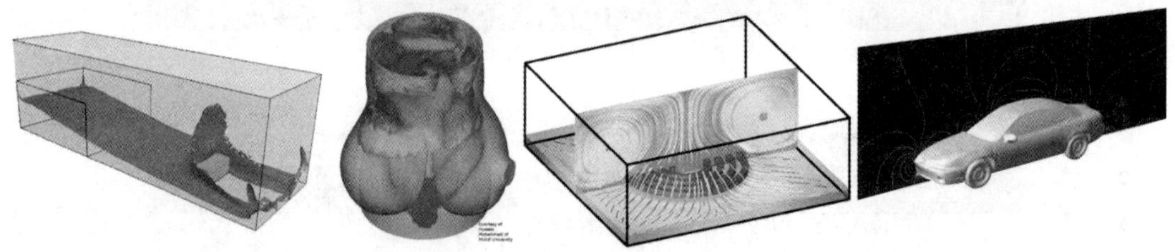

图 7-9　LS-DYNA ICFD 算例

（1）地面车辆的气动分析计算，如图 7-10 所示。

（2）冷却系统中的流场分析。

（3）复合材料生产中的树脂传递模型。

（4）透平机械内的流场模拟计算。

（5）生物医学领域中的流-固耦合计算。

图 7-10 汽车外流场计算

7.3.1.1 ICFD 主要关键字

ICFD 关键字主要以*ICFD_（激活和控制 ICFD 求解器）和*MESH_（生成和控制流体网格）开头。

- *ICFD_CONTROL_TIME
- *ICFD_CONTROL_ADAPT
- *ICFD_BOUNDARY_NONSLIP
- *ICFD_BOUNDARY_FSI
- *ICFD_PART
- *ICFD_PART_VOL
- *ICFD_MAT
- *MESH_VOLUME
- *MESH_INTERF
- *MESH_BL

7.3.1.2 ICFD 边界条件

ICFD 求解器有多种流体边界条件：自由滑移边界、无滑移边界、入口流速及出口压力等。

- *ICFD_BOUNDARY_CONJ_HEAT：指定与固体结构交换热量的流体域边界。
- *ICFD_BOUNDARY_FLUX_TEMP：在边界处指定热流。
- *ICFD_BOUNDARY_FREESLIP：自由滑移边界，这是空气 PART 边界。
- *ICFD_BOUNDARY_FSWAVE：波浪流入边界条件。
- *ICFD_BOUNDARY_GROUND：地面边界条件。
- *ICFD_BOUNDARY_NONSLIP：无滑移边界，即壁面边界，用于流场中的障碍物。
- *ICFD_BOUNDARY_PERIODIC：指定周期性边界条件。
- *ICFD_BOUNDARY_PRESCRIBED_VEL：入口流速，即来流边界，类似于结构中的强制位移。
- *ICFD_BOUNDARY_PRESCRIBED_PRE：出口压力。
- *ICFD_BOUNDARY_PRESCRIBED_MOVEMESH：允许流体表面节点以 ALE 方法沿某方向平动。
- *ICFD_BOUNDARY_PRESCRIBED_TEMP：在流体边界处指定温度。

7.3.1.3　ICFD 流-固耦合

ICFD 通过*ICFD_CONTROL_FSI 和*ICFD_BOUNDARY_FSI 关键字与结构求解器耦合。对于 FSI 流-固耦合模拟，求解器使用 ALE 方法进行网格运动，如果位移过大，求解器可以自动更新网格以确保可接受的网格质量。耦合分强耦合（隐式结构求解器的默认耦合方式）和弱耦合（显式结构求解器的默认耦合方式）两种。

在强耦合中载荷和位移通过 FSI 接口传递，流体和结构求解器时间步长相等，每一时间步内流体和结构求解器都是反复迭代多次，直至边界处所有变量的残差小于指定值。强耦合精确、稳健，但计算耗费大，适用于附带质量较为显著的计算问题，在此类工况中结构要做很多功才能推动流体，根据经验，$\rho_s/\rho_f \approx 1$，典型应用如下：

（1）血液动力学。血液和组织密度大体相同。

（2）柔性薄膜。

（3）稳态分析。

在弱耦合中结构求解器将位移传递给流体求解器，流体和结构求解器时间步长可不相等，每一时间步内不检查收敛性，每一时间步内流体和结构求解器仅被调用一次。弱耦合求解速度快，但准确度和稳健性要低，适用于结构易于推动周围流体的计算问题，根据经验，$\rho_s/\rho_f >> 1$，典型应用如下：

（1）气动弹性分析。

（2）刚度很大的固体。

（3）非线性程度较低的较重固体。

对于刚体，还有一种单向耦合方式，需要通过关键字*ICFD_CONTROL_FSI 来激活。在这种方式中，流体求解器将力传递给结构求解器，流体中计算出的力不会改变刚体的状态，好像流-固耦合边界处存在速度边界条件。这种耦合方式的求解速度与弱耦合一样快。

所有流-固耦合界面都是 Lagrangian，流体网格随结构网格的变形而变化，这便于在流-固耦合界面处施加精确边界条件，但会导致流体网格严重畸变。要改进网格质量，流体求解器可对流体域进行网格重分。默认情况下，程序检测到反转单元就会重分网格，对大多数问题这种做法很有效，但在某些情况下在单元反转前单元严重畸变，以至于使计算恶化。采用关键字*ICFD_CONTROL_ADAPT_SIZE，求解器可检查全部单元是否满足最低质量约束，若不满足就重分网格，该关键字可更加频繁地进行网格重分。

流-固耦合界面处不必匹配网格，节点不必一一对应，但流体和固体须紧密贴合以自动跟踪界面。

对于流-固耦合计算模型，用户可分别建立流体部分和结构部分模型，分别单独调试，调试成功后再组合在一起，进行流-固耦合计算。

7.3.1.4　ICFD 与其他求解器耦合

ICFD 求解器通过关键字*ICFD_BOUNDARY_CONJ_HEAT 与结构、传热求解器耦合，如图 7-11 所示。

ICFD 还可与 DEM、SPH、EM 等求解器耦合计算，如图 7-12 所示。通过*ICFD_CONTROL_DEM_COUPLING 关键字与 DEM 耦合，可用于汽车除泥和河床侵蚀分析。

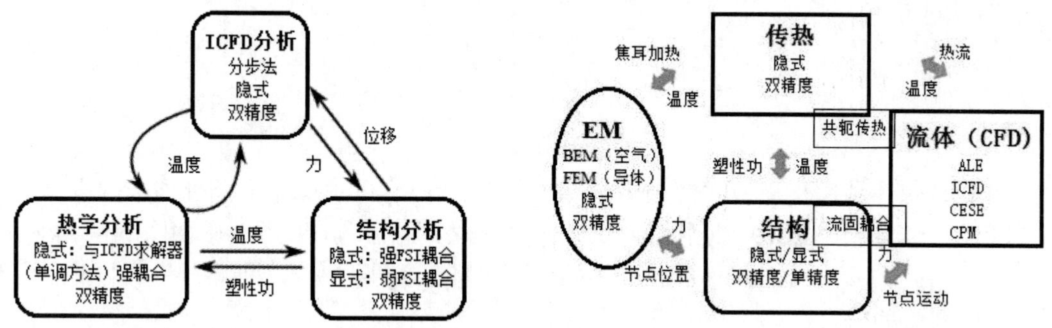

图 7-11　ICFD 与结构、传热求解器耦合计算　　图 7-12　ICFD 与多种求解器耦合计算

7.3.2　计算模型概况

平板在来流作用下变形计算模型示意图如图 7-13 所示。该模型有四种边界条件：

（1）入口边界。左侧 Part 1。

（2）出口边界。右侧 Part 2。

（3）无滑移边界。包括底面 Part 4 和平板外轮廓 Part 5。

（4）自由滑移边界。包括流体域其他剩余三个面，Part 3。

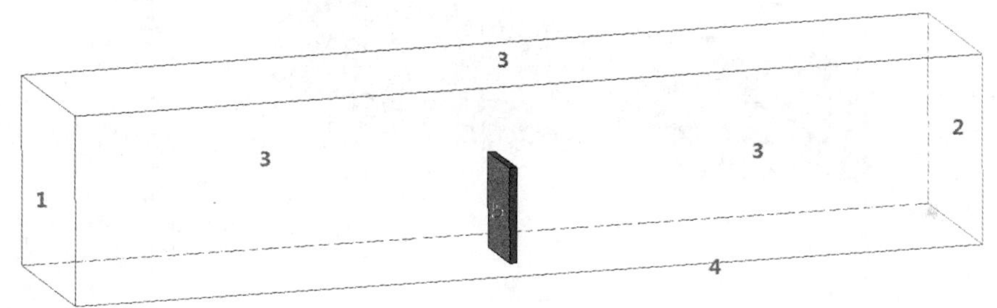

图 7-13　计算模型示意图

本算例来自 DYNAmore Nordic，这里采用 TrueGrid 软件重新创建网格。

7.3.3　TrueGrid 建模

采用 TrueGrid 为流体域表面 5 个 Part 建立四边形网格。TrueGrid 建模文件 fluid-model.tg 内容如下：

```
mate 3                                              c 为流体域外围边界面指定默认材料号
block -1 -51 -52 -101;-1 -11 -21;-1 -7 -15 -21;     c 创建流体域外围面 Part
      0 2.48 2.52 5;0 0.5 1;0 0.3 0.7 1
DEI  1 4; -2; 1 2 0 3 4;                            c 删除不需要的网格
DEI  1 4; 2 3; -2 0 -3;
DEI  -2 0 -3; 2 3; 1 4;
DEI  -2 0 -3; 1 2; 1 2 0 3 4;
DEI  1 2 0 3 4; 1 2; -2 0 -3;
DEI  1 2 0 3 4; -2; 2 3;
DEI  2 3; -1; 2 3;
mti -1; 1 3; 1 4;1                                  c 为流体域入口边界面指定材料号（LS-DYNA Part 号）
mti -4; 1 3; 1 4;2                                  c 为流体域出口边界面指定材料号（LS-DYNA Part 号）
```

```
mti 1 4; -1; 1 4;4              c 为流体域底面指定材料号（LS-DYNA Part 号）
mti 2 3; 1 2; 2 3;5             c 为流体域平板外轮廓面指定材料号（LS-DYNA Part 号）
endpart                         c 结束当前 Part 命令
merge                           c 进入 merge 阶段，合并 Part
lsdyna keyword                  c 声明要输出 LS-DYNA 关键字格式文件
write                           c 输出网格模型文件
```

在 TrueGrid 生成网格模型文件 trugrdo 后，需要采用 LS-PrePost 软件将四边形网格转换为三角形网格，计算起始 ICFD 可以据此生成三维四面体网格。具体操作步骤如图 7-14 所示。

（1）在右端工具栏 Page 2→ElEdit 中选择 Split/Merge 和⊠模式，即将一个四边形网格裂变成 4 个三角形网格。

（2）在下端选择工具栏中依次选择 Area 和 ByPart，然后在视图区框选所有 Part。

（3）依次单击按钮 Apply、Accept 和 Done。

（4）在菜单栏 File→Save As→Save Active Keyword As...中，以文件名 fluid-mesh.k 保存网格模型。

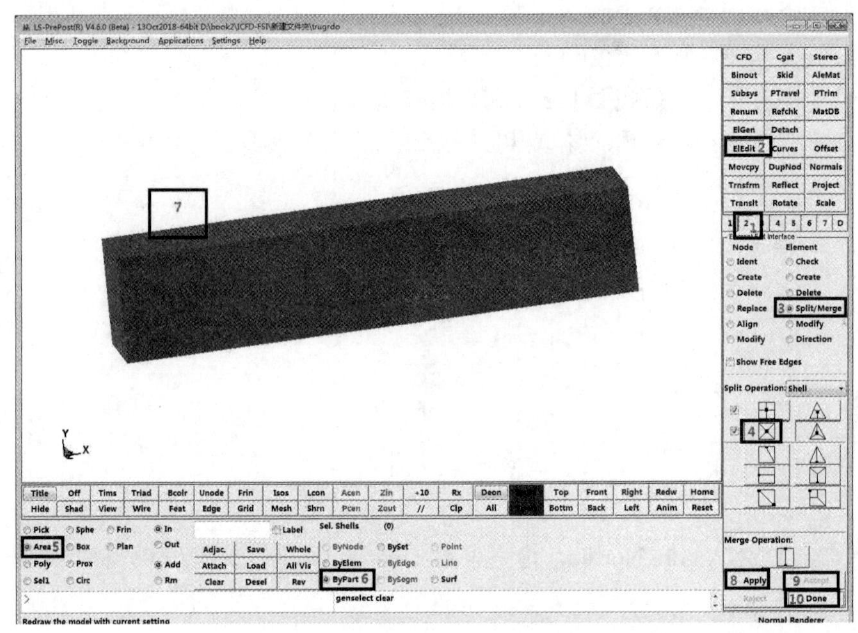

图 7-14　四边形单元转换为三角形网格操作步骤

接着还需要采用 UltraEdit 软件修改该文件的*ELEMENT_SHELL_THICKNESS 和*NODE 部分，具体操作步骤如下：

（1）将文件中的：

```
*ELEMENT_SHELL_THICKNESS
```

替换为：

```
*MESH_SURFACE_ELEMENT
```

然后，将该行后面所有的壳单元厚度行：

```
          0.0          0.0          0.0          0.0          0.0
```

替换为：

```
$
```

即将所有壳单元厚度行全部注释掉。

（2）将文件中的：

```
*NODE
```

替换为：

```
*MESH_SURFACE_NODE
```

（3）以原文件名 fluid-mesh.k 保存模型。

平板结构 Part 的 TrueGrid 建模文件 solid-model.tg 内容如下：

```
partmode i                                      c  Part 命令的间隔索引格式，便于建立三维网格
mate 2                                          c  为平板结构指定材料号（LS-DYNA Part 号）
block 2;12;10;2.48 2.52;0 0.5;0.3 0.7          c  创建平板结构 Part
b 1 1 1 2 2 1 dx 1 dy 1 dz 1 rx 1 ry 1 rz 1;    c  约束平板底面节点全部自由度
endpart                                         c  结束当前 Part 命令
merge                                           c  进入 merge 阶段，合并 Part
lsdyna keyword                                  c  声明要输出 LS-DYNA 关键字格式文件
write                                           c  输出网格模型文件
```

在 TrueGrid 生成平板网格模型文件 trugrdo 后，将其改名为 solid-mesh.k。

7.3.4 关键字文件讲解

下面讲解相关的 LS-DYNA 关键字输入文件。关键字输入文件有 3 个：计算模型参数主控文件 main.k、流体网格模型文件 fluid-mesh.k 和平板网格模型文件 solid-mesh.k。其中 main.k 中的内容及相关讲解如下。

$ 本算例的计算控制参数来自 DYNAmore GmbH，为尊重版权，保留该注释。

```
$ Example provided by Marcus Timgren (DYNAmore Nordic)
$
$ E-Mail: info@dynamore.de
$ Web: http://www.dynamore.de
$
$ Copyright, 2015 DYNAmore GmbH
$ Copying for non-commercial usage allowed if
$ copy bears this notice completely.
```

$ 首行*KEYWORD 表示输入文件采用的是关键字输入格式。

```
*KEYWORD
```

$ 设置分析作业标题。

```
*TITLE
$# title
ICFD FSI
```

$ 定义 ICFD PART，并引用定义的单元算法（属性）和材料模型。

```
*ICFD_PART
$ pid,secid,mid
1,1,1
```

$ 定义 ICFD PART，并引用定义的单元算法（属性）和材料模型。

```
*ICFD_PART
$ pid,secid,mid
2,1,1
```

$ 定义 ICFD PART，并引用定义的单元算法（属性）和材料模型。

```
*ICFD_PART
$ pid,secid,mid
3,1,1
```

$ 定义 ICFD PART，并引用定义的单元算法（属性）和材料模型。

```
*ICFD_PART
$ pid,secid,mid
4,1,1
```

$ 定义 ICFD PART，并引用定义的单元算法（属性）和材料模型。

```
*ICFD_PART
$ pid,secid,mid
5,1,1
```

$ 在 Part 3 上定义自由滑移流体边界条件。

```
*ICFD_BOUNDARY_FREESLIP
$ pid
3
```

$ 在 Part 4 和 Part5 上定义非滑移流体边界条件。

```
*ICFD_BOUNDARY_NONSLIP
$ pid
4
5
```

$ 在 Part 1 边界上定义速度。

```
*ICFD_BOUNDARY_PRESCRIBED_VEL
$ pid,dof,vad,lcid,sf,vid,death,birth
1,1,1,1,40.000000,0,1.00000E28,0.000
```

$ 在 Part 2 边界上定义压力。

```
*ICFD_BOUNDARY_PRESCRIBED_PRE
$ pid,lcid,sf,death,birth
2,2,1.0000000,1.00000E28,0.000
```

$ 定义加载曲线，用于定义速度。

```
*DEFINE_CURVE
$ lcid,sidr,sfa,sfo,offa,offo,dattyp
1,0,1.000000,1.000000,0.000,0.000,0
$ a1,o1
0.000,0.000
$ a2,o2
1.00000000,1.00000000
$ a3,o3
100.000000,1.00000000
```

$ 定义加载曲线，用于定义压力。

```
*DEFINE_CURVE
$ lcid,sidr,sfa,sfo,offa,offo,dattyp
2,0,1.000000,1.000000,0.000,0.000,0
$ a1,o1
0.000,0.000
$ a2,o2
100.000000,0.000
```

$ 修改 ICFD 求解器屏幕输出和文件输出默认值。

```
*ICFD_CONTROL_OUTPUT
$ msgl,outl,dtout
4,0,0.01000000
```

$ 定义时间参数。ttm=1.50 为计算结束时间。

```
*ICFD_CONTROL_TIME
$ ttm,dt,cfl
1.5000000,0.000,1.0000000
```

$ 定义流体材料模型参数。

```
*ICFD_MAT
$ mid,flg,ro,vis,thd
1,1,998.20001,0.00100500,0.000,0.000
```

$ 为 ICFD PART 围成的节点赋予单元算法（属性）和材料模型。

```
*ICFD_PART_VOL
$ pid,secid,mid
1,1,1
$ spid1,spid2,spid3,spid4,spid5,spid6,spid7,spid8
1,2,3,4,5,0,0,0
```

$ 定义单元算法（属性）。

```
*ICFD_SECTION
$ sid
1
```

$ 定义要划分网格的体空间。

$ pid1,pid2,pid3,pid4,pid5,pid6,pid7,pid8 为围成体的面（梁）单元所在 PART ID。

```
*MESH_VOLUME
$ volid
1
$ pid1,pid2,pid3,pid4,pid5,pid6,pid7,pid8
1,2,3,4,5,0,0,0
```

$ 定义要与结构发生耦合的流体面。

```
*ICFD_BOUNDARY_FSI
$ pid
5
```

$ 修改流-固耦合算法参数的默认值。

```
*ICFD_CONTROL_FSI
$ owc,bt,dt,idc
0,0.000,1.00000E28,0.25000000
```

$ 定义计算结束条件。

```
*CONTROL_TERMINATION
$ endtim,endcyc,dtmin,endeng,endmas,nosol
1.5000000,0,0.000,0.000,1.000000E8
```

$ 定义曲线，用于限制最大时间步长。

```
*DEFINE_CURVE
$ lcid,sidr,sfa,sfo,offa,offo,dattyp
700,0 1.0000000,1.0000000,0.000,0.000,0
$ a1,o1
0.000,0.10000000
$ a2,o2
1.00000000,0.10000000
$ a3,o3
100.000000,0.10000000
```

$ 定义平板 PART。

```
*PART
$ title
PSOLID
$ pid,secid,mid,eosid,hgid,grav,adpopt,tmid
2,1,1,0,0,0,0,0
```

$ 为平板定义全积分实体单元算法。

```
*SECTION_SOLID
$ secid,elform,aet
1,-2,0
```

$ 为平板定义材料模型参数。

```
*MAT_PIECEWISE_LINEAR_PLASTICITY
$ mid,ro,e,pr,sigy,etan,fail,tdel
1,7800.0000,5.00000E10,0.30000001,2.300000E8,5.000000E8,1.00000E21,0.000
$ c,p,lcss,lcsr,vp
0.000,0.000,0,0,0.000
$ eps1,eps2,eps3,eps4,eps5,eps6,eps7,eps8
0.000,0.000,0.000,0.000,0.000,0.000,0.000,0.000
$ es1, es2,es3,es4,es5,es6,es7,es8
0.000,0.000,0.000,0.000,0.000,0.000,0.000,0.000
```

$ 激活自动时间步长控制。

```
*CONTROL_IMPLICIT_AUTO
$ iauto,iteopt,itewin,dtmin,dtmax,dtexp,kfail,kcycle
1,100,20,0.000,-700,0.000,0,0
```

$ 启动隐式动态分析，定义时间积分常数。

$ imass=1 表示启动采用 Newmark 时间积分的隐式动态分析。

```
*CONTROL_IMPLICIT_DYNAMICS
$ imass,gamma,beta,tdybir,tdydth,tdybur,irate
1,0.55000001,0.27563000,0.000,,,1
```

$ 激活隐式分析，定义相关控制参数。

$ imflag=1 表示隐式分析。

$ dt0=0.100s 为隐式分析初始时间步长。

$ imform=2 表示保持原单元算法。

```
*CONTROL_IMPLICIT_GENERAL
$ imflag,dt0,imform,nsbs,igs,cnstn,form,zero_v
1,0.10000000,2,0,1,0,0,0
```

$ 为隐式分析定义线性/非线性求解控制参数。

```
*CONTROL_IMPLICIT_SOLUTION
$ nsolvr,ilimit,maxref,dctol,ectol,rctol,lstol,abstol
12,11,15,0.00100000,0.01000000,0.000,0.000,1.0000E-20
$ dnorm,diverg,istif,nlprint,nlnorm,d3itctl,cpchk
2,1,1,3,2,10,0
$ arcctl,arcdir,arclen,arcmth,arcdmp,arcpsi,arcalf,arctim
0,0,0.000,1,2,0,0,0
$ lsmtd,lsdir,irad,srad,awgt,sred
,5,2,0.000,0.000,0.000,0.000
```

$ 指定求解分析程序，SOLN=0 表示仅进行结构分析。

```
*CONTROL_SOLUTION
$ soln,nlq,isnan,lcint
0,0,0,1000
```

$ 定义二进制状态文件 D3PLOT 的输出。

```
*DATABASE_BINARY_D3PLOT
$ DT/CYCL,LCDT/NR,BEAM,NPLTC,PSETID,CID
0.1000000,0,0,0,0
```

$ 包含生成的流体网格节点模型文件。

```
*INCLUDE
$ FILENAME
fluid-mesh.k
```

$ 包含生成的平板网格节点模型文件。

```
*INCLUDE
$ FILENAME
solid-mesh.k
```

$ *END 表示关键字输入文件的结束。

```
*END
```

7.3.5 数值计算结果

计算完成后，打开 LS-PrePost 软件，读入 D3PLOT 文件，选择相关项（Page 1→Fcomp→Extend→ICFD），显示计算结果。计算出的流体速度如图 7-15 所示。

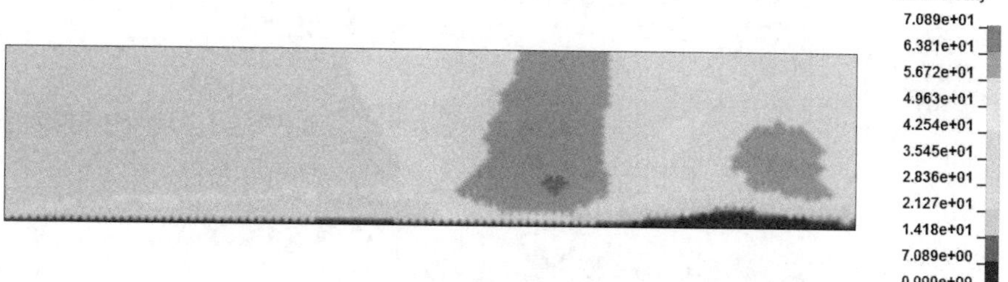

图 7-15　1s 时刻流场中面速度

在 Page 1→Vector→Fluid velocity:ICFD surface 下查看流场速度矢量计算结果，如图 7-16 所示。1s 时刻平板变形如图 7-17 所示。

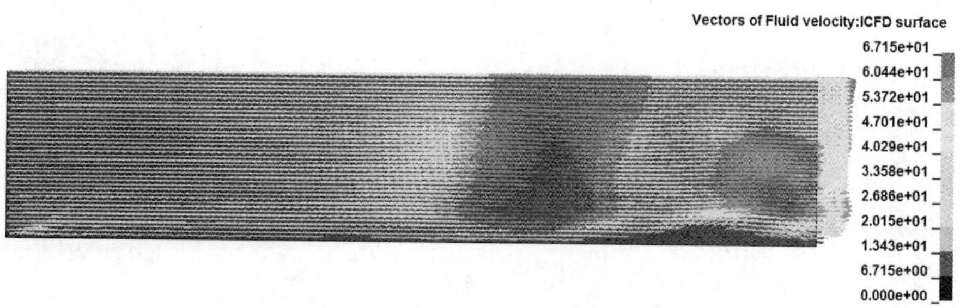

图 7-16　1s 时刻流场中面速度矢量

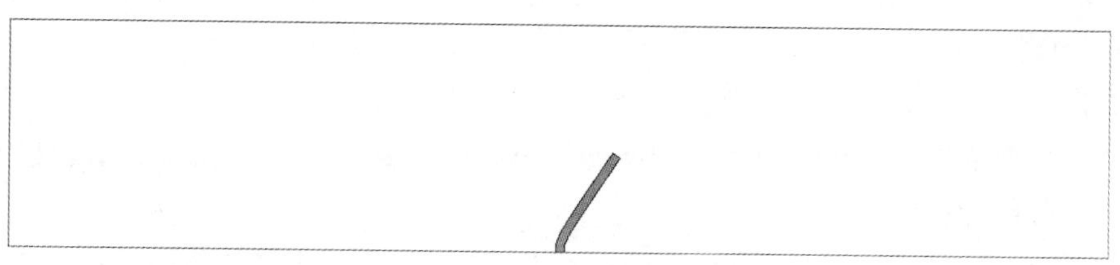

图 7-17　1s 时刻平板变形

7.4 CESE 流-固耦合计算

7.4.1 CESE 基础

CESE（Space-Time Conservation Element and Solution Element Method）求解器是基于时-空守恒元/解元方法的高分辨率、真正的多维可压缩流求解器，这种算法最初是由 NASA Glenn 研究中心的 S. C. CHANG 博士提出来的，这是一种全新的守恒方程数值框架，具有许多非传统特性，包括统一的空间和时间处理方法、引入了单独的守恒元（CE）和解元（SE）以及不使用黎曼求解器的新型激波捕获策略。该方法已用于解决多种流动问题，例如爆轰波、冲击波/声波相互作用、空化流动、超声速液体射流和化学反应流，航天飞机外大气层高超音速飞行计算结果如图 7-18 所示。

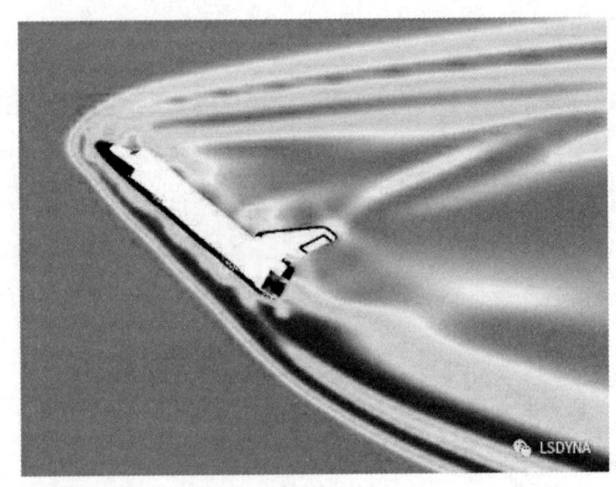

图 7-18　航天飞机外大气层高超音速飞行

7.4.1.1　CESE 功能特点

CESE 方法的功能特点如下：

（1）二阶精度显式双精度求解器。

（2）采用动态内存分配方式。

（3）支持 SMP 和 MPP。

（4）当前版本仅限于单流体计算。

（5）固定 Euler 网格。

（6）拥有 2D、2D 轴对称和 3D EULER 求解器、2D 和 3D N-S 求解器，可进行 2D 和 3D EULER 流-固耦合计算。

（7）流动模式可以是无黏和黏性流动（层流和湍流）。

（8）自由灵活的单元形状。支持 2D-四边形、三角形或混合网格，以及 3D-六面体、楔形、四面体或混合网格。

（9）CESE 求解器可与结构求解器、热求解器、化学（*CHEMISTRY）和随机粒子（*STOCHASTIC）求解器耦合（图 7-19 和图 7-20）。

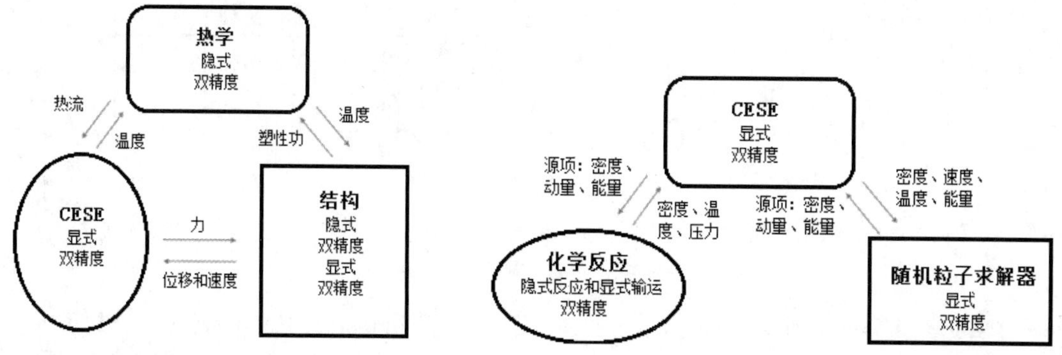

图 7-19　CESE 求解器与结构、热求解器耦合计算　　图 7-20　CESE 求解器与化学、随机粒子求解器耦合计算

7.4.1.2　CESE 主要优点

CESE 方法主要优点包括：

（1）格式构造思想简单，通用性好，精度高。

（2）时空统一处理方法。

（3）利用守恒型积分方程，通过定义守恒元和解元，使得格式在局部和整体都能严格保证物理意义上的守恒。

（4）与传统方法不同，能将流场变量及其空间导数作为变量同时求解。

（5）在空间和时间上 2 阶精度。

（6）基于时空通量守恒构建边界：反射、无反射和固壁边界。

（7）不采用黎曼求解方法，而是采用新的高精度激波捕捉技术，能同时准确捕捉强激波和连续流中的细微扰动（声波），适合于求解各类可压缩流（$M>0.3$）和高超声速（$M>1$）问题。

7.4.1.3　CESE 边界条件

LS-DYNA CESE 方法中有几种边界条件，以施加压力、密度、温度、速度，或定义无反射边界、反射边界、滑移边界、刚性墙边界。

- *CESE_BOUNDARY_PRESCRIBED：定义流体边界处压力、密度、温度、速度。
- *CESE_BOUNDARY_NON_REFLECTIVE：定义无反射边界。
- *CESE_BOUNDARY_REFLECTIVE：定义反射边界。
- *CESE_BOUNDARY_SLIDING：定义滑移边界。
- *CESE_BOUNDARY_SOLID_WALL：定义刚性墙，即壁面边界。

在域边界中，求解器会将网格域扩展一层，并将用户定义的条件作为输入应用于该层单元中，然后用于相邻单元的求解。图 7-21 展示了不同边界条件，无反射边界条件用于定义远场边界条件。对于刚性墙和反射边界，法向速度分量定义为入射速度的反方向，这样界面处的速度正好为零（自由滑移边界条件）。另外，对于刚性墙边界条件，切向速度分量定义为反方向（非滑移边界条件）。对于无黏流，刚性墙和反射边界作用效果相同。

7.4.1.4　CESE 流-固耦合

LS-DYNA CESE 采用分区策略解决流体—结构相互作用（FSI）问题，结构采用 FEM（拉格朗日），流体采用 CESE（欧拉），这种松散耦合方法与传统 ALE 中的 FSI 方法截然不同，可充分利用已有的成熟求解器，发挥 FEM 和 CESE 的优势。

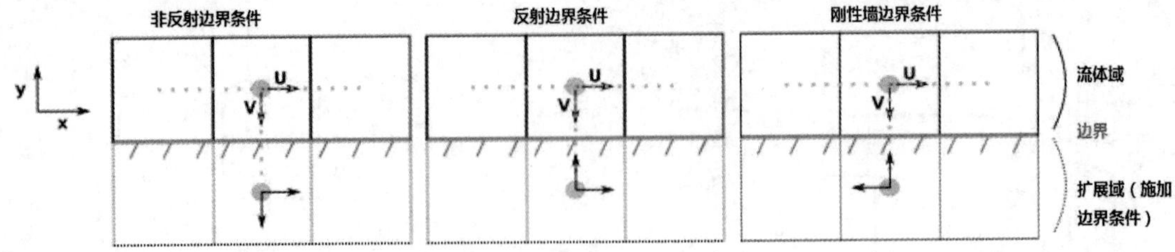

图 7-21　CESE 中流体边界条件

CESE FSI 有两种界面处理方法：边界沉浸式方法（Immersed Boundary Method，IBM）和动网格法（Moving Mesh Method，MMM）。这两种方法中，流体网格和结构网格都是相互独立的，流体/结构界面由流体求解器自动跟踪。

（1）边界沉浸式方法，在固定的欧拉流体网格上求解可压缩流方程，而结构在流体网格中运动，CESE 求解器跟踪探测流-固耦合界面。而对于流体-结构界面附近的单元，则使用直接强制边界沉浸式方法和虚拟流体法（Ghost Fluid Method，GFM）。流体求解器从结构求解器获得界面的位移和速度，并将流体压力作为外部边界条件反馈给结构求解器，如图 7-22 所示。化学求解器通过在守恒方程中交换所有源项来与 CESE 求解器通信。

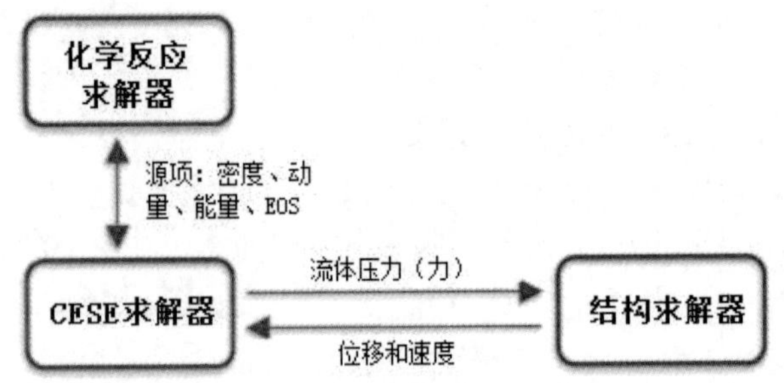

图 7-22　CESE 求解器与结构、化学求解器耦合计算时的界面数据传递

以下是边界沉浸式方法计算程序主要步骤：

1）为流体和结构生成网格，这些网格相互独立，随后初始化流场和结构状态变量。

2）计算从结构边界到单个解元（SE）点的最短距离。根据这个距离，解元点被分成 4 类：内部流体点（图 7-23 中的 A）、流体附近点（图 7-23 中的 B）、虚拟流体点（图 7-23 中的 C）和势流体点（图 7-23 中的 D）。

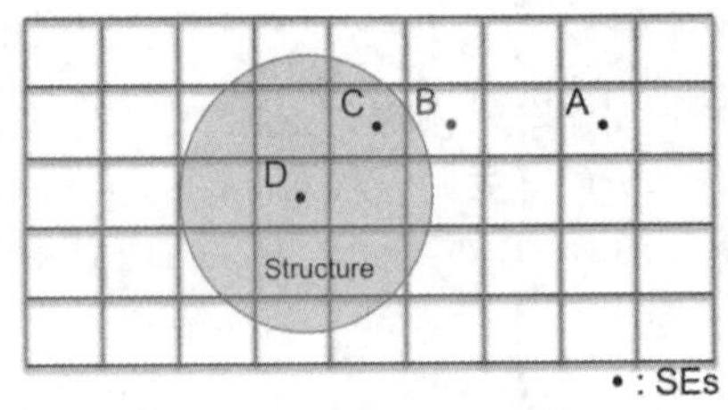

图 7-23　计算域中不同解元点

3）基于结构加载和从流体求解器得到的流体-结构界面边界条件，采用 LS-DYNA FEM 求解器求解固体结构方程。

4）从结构求解器获得更新的流体-结构界面位置和界面速度。

5）更新最短距离（仅为邻近界面解元点），从而获得新的内部流体点、流体附近点和虚拟流体点。

6）采用 CESE 格式为内部流体点更新流体解。

7）采用直接强制 IBM 法或常规 CESE 格式为流体附近点更新流体解。

8）采用虚拟流体法来处理虚拟流体点，这是因为某些点要用于下一时间步内部流体点求解计算。

9）将流体压力反馈给结构求解器，作为外部力施加在流体-结构界面，充当边界条件。

10）如果没有达到终止时间，则回到步骤 2）。

注意： 在某些情况下可能需要流体和结构解之间进行子迭代，以使 FSI 求解器更加稳健。共轭传热求解器也可添加在上述计算程序中，在这种情况下，步骤 4）需要从结构求解器获得更多的结构变量，如温度，并且步骤 9）在 FSI 界面需要反馈流体热流。

（2）动网格法，流体网格跟随结构运动，使得其 FSI 边界表面与运动结构网格的对应 FSI 边界表面相匹配，流体和结构边界处的界面被看作运动的刚性墙。动网格法是 CESE 框架的自然延伸，对于 FSI 问题，这种方法更准确，特别是边界层流问题。动网格法需要花费更多的时间来解决网格运动，计算效率不如边界沉浸式方法，在结构发生大变形甚至破坏时也不如边界沉浸式方法稳健，适用于结构小变形问题。

ICFD 求解器要求用户必须指定与结构求解器发生流-固耦合作用的流体面 PART，而 CESE 求解器中的流体自动与其中的结构发生耦合作用。要想流体不与某个结构 PART 发生耦合，可用*ICFD_BOUNDARY_FSI_EXCLUDE 排除该 PART，或为该 PART 指定一个很大的 ID 号，如 10000。

7.4.1.5 CESE 典型应用

CESE 可压缩 CFD 求解器的典型应用（图 7-24）包括：

（1）爆轰波和冲击波相互作用。

（2）高速燃烧。

（3）气体爆轰。

（4）共轭传热。

（5）随机粒子流：燃料喷雾和粉尘流动。

（6）化学反应流动。

（7）汽车安全气囊模拟。

（8）超音速达到 10 马赫或更高。

（9）各类刚性问题，如磁流体力学（Magneto Hydro Dynamic，MHD）问题。

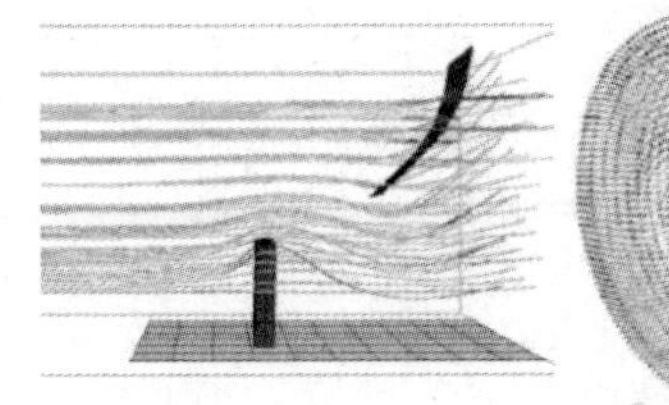
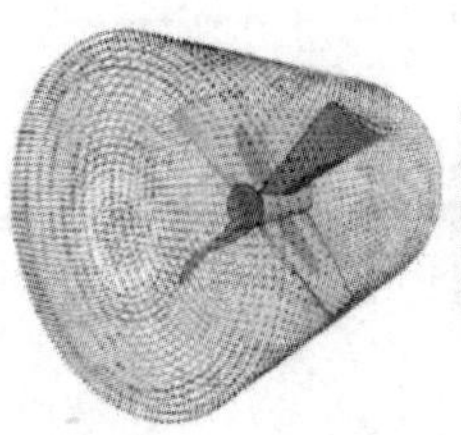
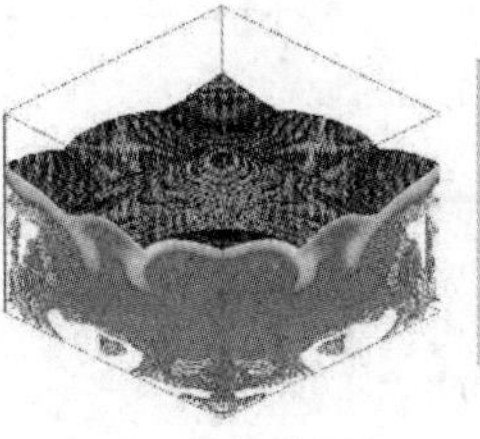

图 7-24 LS-DYNA 中的 CESE 算例

ICFD、ALE 求解器也能用于流体计算，CESE 应用领域与 ICFD、ALE 的异同见表 7-11。

表 7-11　CESE 应用领域与 ICFD、ALE 求解器的异同

具体应用	CESE	ICFD	ALE
低速气动力学（湍流）	×	√	×
高速气动力学（冲击波）	√	×	×
采用 JWL 状态方程计算爆炸及其他类似问题	×	×	√
气囊-活塞	√	×	√
自由液面问题（入水砰击问题）	×	√	√
流-固耦合	√	√	√
化学反应	√	×	×
随机粒子	√	×	×

7.4.2　计算模型概况

在图 7-25 所示的计算模型中，高压气体从左向右流动，途经竖直厚板和斜置薄板，在高压气体和重力作用下，竖直厚板和斜置薄板发生运动和变形。在该模型中，流体域左面为来流（流入）边界，地面为刚性墙，其他面为无反射边界。

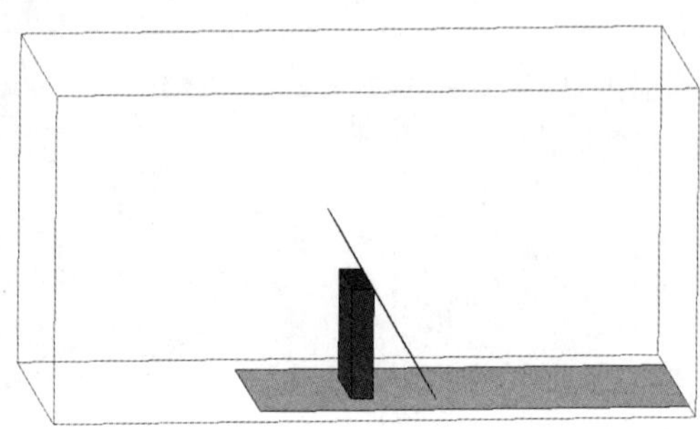

图 7-25　CESE 流-固耦合计算模型

本算例来自网站www.dynaexamples.com，这里采用 TrueGrid 软件重新划分网格。

7.4.3　TrueGrid 建模

TrueGrid 建模命令流如下：

```
mate 15                                        c 为斜置薄板指定材料号（LS-DYNA PART 号）
block 1 11;1 11;-1;0.2785 0.3685;0.1 0.2;0     c 创建斜置薄板 PART
pb 1 1 1 1 1 1 xyz 0.2785 0.1 0.156            c 移动节点到指定位置
pb 1 2 1 1 2 1 xyz 0.2785 0.2 0.156
pb 2 1 1 2 1 1 xyz 0.3685 0.1 0.0001155
pb 2 2 1 2 2 1 xyz 0.3685 0.2 0.0001155
endpart                                        c 结束当前 Part 命令
```

```
mate 10005                                      c 为地面薄板指定材料号（LS-DYNA PART 号）
block 1 11;1 7;-1;0.2 0.6;0.05 0.25;0           c 创建地面薄板 PART
nset 1 1 1 2 2 1 = nodes                        c 定义节点组，方便施加约束
endpart                                         c 结束当前 Part 命令
mate 1                                          c 为流体指定材料号（LS-DYNA PART 号）
partmode i                                      c  Part 命令的间隔索引格式，便于建立三维网格
block 60;30;30;0 0.6;0 0.3;0 0.3                c 创建流体 PART
fset 1 1 1 1 2 2 = left                         c 输出 SEGMENT SET，方便定义边界条件
fset 2 1 1 2 2 2 = right
fset 1 1 1 2 1 2 = front
fset 1 2 1 2 2 2 = back
fset 1 1 1 2 2 1 = bottom
fset 1 1 2 2 2 2 = up
endpart                                         c 结束当前 Part 命令
mate 3                                          c 为竖直厚板指定材料号（LS-DYNA PART 号）
block 2;4;8;0.29 0.31;0.1 0.2;0.001 0.101       c 创建竖直厚板 PART
endpart                                         c 结束当前 Part 命令
merge                                           c 进入 merge 阶段，合并 Part
lsdyna keyword                                  c 声明要输出 LS-DYNA 关键字格式文件
write                                           c 输出网格模型文件
```

在 TrueGrid 生成网格模型文件 trugrdo 后，还需要采用 UltraEdit 软件修改该文件的*SET_NODE_LIST 和*SET_SEGMENT 部分。

（1）修改 trugrdo 文件的*SET_NODE_LIST 部分。

1）在 trugrdo 文件中搜索*SET_NODE_LIST 字符串。

2）在下一行末尾处添加,CESE，即将

```
1,0.,0.,0.,0.
```

修改为

```
1,0.,0.,0.,0.,CESE
```

（2）修改 trugrdo 文件的*SET_SEGMENT 部分。

1）在 trugrdo 文件中搜索*SET_SEGMENT 字符串。

2）在下一行末尾处添加：

```
,CESE
```

即将：

```
1,0.000E+00,0.000E+00,0.000E+00,0.000E+00
```

修改为：

```
1,0.000E+00,0.000E+00,0.000E+00,0.000E+00,CESE
```

3）重复步骤 1）和 2）共 5 次，总共修改 6 处。

4）以原文件名 trugrdo 保存。

7.4.4 关键字文件讲解

下面讲解相关的 LS-DYNA 关键字输入文件。关键字输入文件有 2 个：计算模型参数主控文件 main.k 和网格模型文件 trugrdo。其中 main.k 中的内容及相关讲解如下。

$ *KEYWORD 表示输入文件采用的是关键字输入格式。

```
*KEYWORD
```

$ 定义分析作业标题。

```
*TITLE
CESE FSI
```

$ 为 CESE 求解器设置控制选项。

$ icese=200 表示采用浸入式边界流-固耦合法。

$ iflow=1 表示无黏性流。

```
*CESE_CONTROL_SOLVER
$ icese,iflow,igeom,iframe
200,1,0
```

$ 为 CESE 求解器设置时间步长控制参数。

```
*CESE_CONTROL_TIMESTEP
$ iddt,cfl,dtint
2,0.7,0.0001
```

$ 设置稳定性参数。

$ 0≤alfa，alfa 越大越稳定，但准确度下降。

$ 0≤beta≤1，beta 越大越稳定，对于冲击波，推荐 beta=1。

```
*CESE_CONTROL_LIMITER
$ idlmt,alfa,beta,epsr
0,1.0,1.0,0.
```

$ 定义计算结束条件。

```
*CONTROL_TERMINATION
$ endtim,endcyc,dtmin,endeng,endmas,nosol
0.04
```

$ 定义竖直厚板 PART。

```
*PART
$ HEADING
solid
$ PID,SECID,MID,EOSID,HGID,GRAV,ADPOPT,TMID
3,3,3,0,0
```

$ 为竖直厚板 PART 定义常应力实体单元算法。

```
*SECTION_SOLID
$ SECID,ELFORM,AET
3,1
```

$ 为竖直厚板 PART 定义材料模型参数。

```
*MAT_ELASTIC
$ MID,RO,E,PR,DA,DB K
3,1.4e+3,1.15e+10,0.1,0.0,0.0,0.0
```

$ 定义斜置薄板 PART。

```
*PART
$ HEADING

$ PID,SECID,MID,EOSID,HGID,GRAV,ADPOPT,TMID
15,15,15,0,0,0,0,0
```

$ 为斜置薄板 PART 定义壳单元算法。

```
*SECTION_SHELL
$ SECID,ELFORM,SHRF,NIP,PROPT,QR/IRID,ICOMP,SETYP
15,2,0.0,0.0,0.0
$ T1,T2,T3,T4,NLOC,MAREA,IDOF,EDGSET
0.003,0.003,0.003,0.003
```

$ 为斜置薄板 PART 定义材料模型参数。

```
*MAT_ELASTIC
$ MID,RO,E,PR,DA,DB K
```

```
15,6.4e+2,5.15e+8,0.1,0.0,0.0,0.0
```

$ 定义地面薄板 PART。

$ 设置数值很大的 PART ID，避免被耦合。

```
*PART
$ HEADING
bottom_table
$ PID,SECID,MID,EOSID,HGID,GRAV,ADPOPT,TMID
10005,10005,10005,0,0,0,0,0
```

$ 为地面薄板 PART 定义壳单元算法。

```
*SECTION_SHELL
$ SECID,ELFORM,SHRF,NIP,PROPT,QR/IRID,ICOMP,SETYP
10005,16,0.0,0.0,0.0
$ T1,T2,T3,T4,NLOC,MAREA,IDOF,EDGSET
0.002,0.002,0.002,0.002
```

$ 为地面薄板 PART 定义材料模型参数。

```
*MAT_ELASTIC
$ MID,RO,E,PR,DA,DB K
10005,5.0e+3,1.0e+11,0.1,0.0,0.0,0.0
```

$ 为竖直厚板 PART、斜置薄板 PART、地面薄板 PART 之间定义自动接触。

```
*CONTACT_AUTOMATIC_GENERAL_INTERIOR_MPP
,10
 910,0,2
 0.0,0.0,0.0,0.0,50.0,2,0.0,0.0

 1
```

$ 定义接触控制参数。

```
*CONTROL_CONTACT
$ SLSFAC,RWPNAL,ISLCHK,SHLTHK,PENOPT,THKCHG,ORIEN,ENMASS
0.10000
$ USRSTR,USRFRC,NSBCS,INTERM,XPENE,SSTHK,ECDT,TIEDPRJ

$ SFRIC,DFRIC,EDC,VFC,TH,TH_SF,PEN_SF,PTSCL

$ IGNORE,FRCENG,SKIPRWG,OUTSEG,SPOTSTP,SPOTDEL,SPOTHIN
2
```

$ 定义 PART 组。

```
*SET_PART_LIST
$ SID,DA1,DA2,DA3,DA4,SOLVER
910,0.0,0.0,0.0,0.0
$ PID1,PID2,PID3,PID4,PID5,PID6,PID7,PID8
3,15,10005
```

$ 定义 PART 组。

```
*SET_PART_LIST
$ SID,DA1,DA2,DA3,DA4,SOLVER
922,0.0,0.0,0.0,0.0
$ PID1,PID2,PID3,PID4,PID5,PID6,PID7,PID8
3,15
```

$ 定义重力加速度载荷。

```
*LOAD_BODY_Z
$ LCID,SF,LCIDDR,XC,YC,ZC,CID
101,9.81
```

$ 指定重力加速度作用的 PSID。

```
*LOAD_BODY_PARTS
$ PSID
922
```

$ 约束地面薄板 PART 所有节点自由度。

```
*BOUNDARY_SPC_SET
$ NID/NSID,CID,DOFX,DOFY,DOFZ,DOFRX,DOFRY,DOFRZ
1,0,1,1,1,1,1,1
```

$ 定义加载曲线，方便施加重力加速度。

```
*DEFINE_CURVE
$ LCID,SIDR,SFA,SFO,OFFA,OFFO,DATTYP,LCINT
101
$ A1,O1
0.0,1.0
$ A2,O2
1000000.0,1.0
```

$ 施加入口边界条件。

```
*CESE_BOUNDARY_PRESCRIBED_SET
$ ssid
1
$ lcid_u,lcid_v,lcid_w,lcid_d,lcid_p,lcid_t
-1,-1,-1,-1,,-1
$ sf_u,sf_v,sf_w,sf_d,sf_p,sf_t
,,,,1.51988e+5
```

$ 施加无反射边界条件。

```
*CESE_BOUNDARY_NON_REFLECTIVE_SET
$ ssid
2
3
4
6
```

$ 施加刚性墙边界条件。

```
*CESE_BOUNDARY_SOLID_WALL_SET
$ ssid
5
```

$ 为流体域设置密度和压力初始条件。

```
*CESE_INITIAL
$ u,v,w,rho,p,t
0.0,0.0,0.0,1.22,1.01325e5
```

$ 定义 CESE Part，引用定义的材料模型和状态方程。

```
*CESE_PART
$ pid,mid,eosid
1,4,3
```

$ 定义流体材料特性。

```
*CESE_MAT_GAS
$ mid,c1,c2,prnd
4,1.458e-6,110.4,0.72
```

$ 定义理想气体状态方程及其参数。

```
*CESE_EOS_IDEAL_GAS
$ eosid,cv,cp
3,713.5,1001.5
```

$ 定义二进制状态文件 D3PLOT 的输出。

```
*DATABASE_BINARY_D3PLOT
$ DT/CYCL,LCDT/NR,BEAM,NPLTC,PSETID,CID
0.1e-2,,0
```

$ 定义二进制重启动文件 D3PLOT 的输出。

```
*DATABASE_BINARY_D3DUMP
$ DT/CYCL,LCDT/NR,BEAM,NPLTC,PSETID,CID
300000
```

$ 包含网格模型文件。

```
*INCLUDE
$ FILENAME
trugrdo
```

$ 输出 LS-DYNA 结构化格式输入文件。

```
*CONTROL_STRUCTURED
*END
```

7.4.5 数值计算结果

计算完成后，打开 LS-PrePost 软件，读入 D3PLOT 文件，选择相关项（Page 1→Fcomp→Extend→CESE CFD element），显示计算结果（图 7-26 和图 7-27）。

（a）流场速度变化

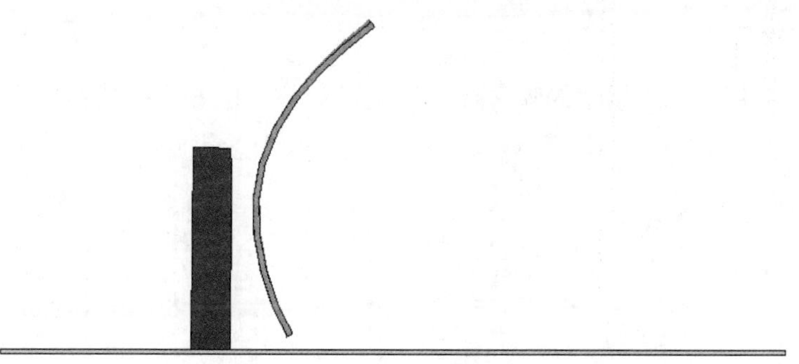

（b）结构运动和变形

图 7-26 T=0.005s 时刻流场速度和结构运动

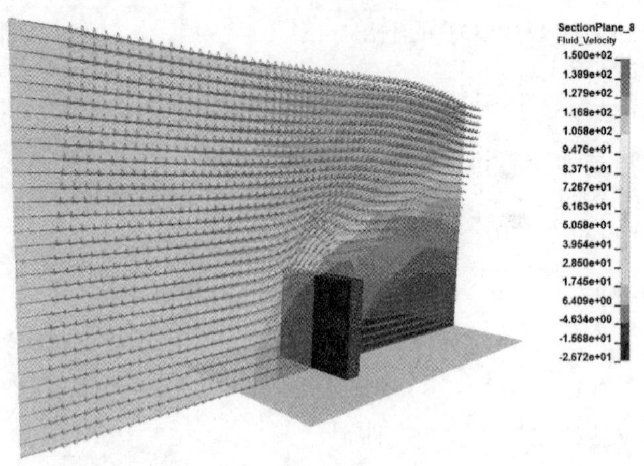

图 7-27　T=0.009s 时刻流场速度矢量

7.5　STOCHASTIC 随机粒子与 CESE 耦合的喷雾计算

STOCHASTIC 模块通过求解随机偏微分方程（stochastic PDEs）来描述粒子及其数值特性。目前，仅实现了两种随机偏微分方程模型：温压炸药（Thermal-Baric Explosive，TBX）中内嵌粒子模型和喷雾（SPRAY）模型，分别采用以下两个关键字定义。

- *STOCHASTIC_TBX_PARTICLES
- *STOCHASTIC_SPRAY_PARTICLES

对于喷雾计算，粒子分布由特定的概率分布函数（PDF）描述：

$$f = f(x,V,r,T_d,y,\dot{y},t)$$

$$\frac{\partial f}{\partial t}+\nabla_x\cdot(fV)+\nabla_V\cdot(fF)+\frac{\partial}{\partial r}(f\dot{r})+\frac{\partial}{\partial T_d}(f\dot{T})+\frac{\partial}{\partial r}(fy)+\frac{\partial}{\partial r}(f\dot{y})=\dot{f}_{\text{breakup}}+\dot{f}_{\text{collision}}$$

式中，x 为液滴坐标位置；V 为三个速度分量；r 为平衡半径；T_d 为温度；y 为球度变形；$\dot{y}$ 为变形的时间速率；t 为时间。

由上面的公式可以看出该方法考虑液滴的破碎和碰撞，可用于灰尘、化妆品、气雾剂工作过程分析，以及汽车、航空和航天飞行器发动机燃料喷雾计算。

7.5.1　计算模型概况

图 7-28 是随机粒子在流场中的喷雾计算模型，流体外围 6 个面均施加无反射边界条件。

本算例的计算控制参数来自 LSTC 公司，这里采用 TrueGrid 建立网格模型。

图 7-28　计算模型

7.5.2 TrueGrid 建模

TrueGrid 建模命令流如下：

```
mate 1                      c 为流体指定材料号（LS-DYNA PART 号）
partmode i                  c Part 命令的间隔索引格式，便于建立三维网格
block 10;10;60;             c 创建 PART
    0 0.01;0 0.01;0 0.03
fset 1 1 1 2 1 2 = f1       c 定义 SEGMENT SET，方便施加边界条件
fset 1 2 1 2 2 2 = f2
fset 1 1 1 1 2 2 = f3
fset 2 1 1 2 2 2 = f4
fset 1 1 1 2 2 1 = f5
fset 1 1 2 2 2 2 = f6
endpart                     c 结束当前 Part 命令
merge                       c 进入 merge 阶段，合并 Part
lsdyna keyword              c 声明要输出 LS-DYNA 关键字格式文件
write                       c 输出网格模型文件
```

在 TrueGrid 生成网格模型文件 trugrdo 后，还需要采用 UltraEdit 软件修改该文件的*SET_SEGMENT 部分：

（1）在 trugrdo 文件中搜索*SET_SEGMENT 字符串。

（2）在下一行末尾处添加：

```
,CESE
```

即将：

```
1,0.000E+00,0.000E+00,0.000E+00,0.000E+00
```

修改为：

```
1,0.000E+00,0.000E+00,0.000E+00,0.000E+00,CESE
```

（3）然后重复步骤（1）和步骤（2）共 5 次，总共修改 6 处。

（4）以原文件名 trugrdo 保存。

7.5.3 关键字文件讲解

下面讲解相关的 LS-DYNA 关键字输入文件。关键字输入文件有 2 个：计算模型参数主控文件 main.k 和网格模型文件 trugrdo。其中 main.k 中的内容及相关讲解如下。

$ *KEYWORD 表示输入文件采用的是关键字输入格式。

```
*KEYWORD
```

$首定义分析标题。

```
*TITLE
$ TITLE
water_spray_jet
```

$ 为 CESE 求解器设置控制选项。

$ icese=0 表示采用 Eulerian 求解器。

$ iflow=1 表示无黏性流。

$ igeom=3 表示 3D 问题。

```
*CESE_CONTROL_SOLVER
$ icese,iflow,igeom,iframe
0,1,3
```

$ 为 CESE 求解器设置时间步长控制参数。

$ iddt=0 表示采用固定时间步长。

$ cfl=0.5 为 CFL 数，判断计算的收敛条件。

$ dtint=1.0e-7 为初始时间步长。

```
*CESE_CONTROL_TIMESTEP
$ iddt,cfl,dtint
0,0.5,1.0e-7
```

$ 设置稳定性参数。

$ 0≤alfa，alfa 越大越稳定，但准确度下降。

$ 0≤beta≤1，beta 越大越稳定，对于冲击波，推荐 beta=1。

```
*CESE_CONTROL_LIMITER
$ idlmt,alfa,beta,epsr
0,2.0,1.0,0.0
```

$ 定义计算结束条件。

```
*CONTROL_TERMINATION
$ endtim,endcyc,dtmin,endeng,endmas,nosol
40.0,900000
```

$ 为流体外围面设置无反射边界条件。

```
*CESE_BOUNDARY_NON_REFLECTIVE_SET
$ ssid
1
2
3
4
5
6
```

$ 设置初始条件。

```
*CESE_INITIAL
$ uic,vic,wic,rhoic,pic,tic
1.0,0.0,0.0,1.2,101325.0,300.0
```

$ 设置生成随机粒子。

$ injdist 用于设置粒子大小分布。

$ ibrkup 设置粒子破碎模型。

$ limprt 设置粒子数量上限。

$ fuelid 设置粒子材料类型。

$ XORIG、YORIG 和 ZORIG 设置粒子初始位置。

```
*STOCHASTIC_SPRAY_PARTICLES
$ injdist,ibrkup,icollide,ievap,ipulse,limprt,fuelid
3,0,0,0,0,100000,1
$ rhop,tip,pmass[Kg],prtrte,str_inj,dur_inj
1000.0,300.,0.01,1.0e8,0.0,10.0
```

$ 该行设置粒子位置、速度。

```
$ XORIG,YORIG,ZORIG,SMR,Velinj,Drnoz,Dthnoz
0.005,0.005,1.0e-5,5.0e-6,200.0,2.0e-4
$ TILTXY,TILTXZ,CONE,DCONE,ANOZ,AMP0
0.0,0.0,45.0,15.0,2.5e-8,0.0
```

$ 创建 CESE PART。

```
*CESE_PART
$ pid,mid,eosid
1, ,5
```

$ 定义理想气体状态方程及其参数。

```
*CESE_EOS_IDEAL_GAS
$ eosid,cv,cp
5,717.5,1004.5
```

$ 定义二进制状态文件 D3PLOT 的输出。

```
*DATABASE_BINARY_D3PLOT
$ DT/CYCL,LCDT/NR,BEAM,NPLTC,PSETID,CID
1.0e-5,,0
```

$ 定义二进制重启动文件 D3DUMP 的输出。

```
*DATABASE_BINARY_D3DUMP
$ dt/cycl,lcdt,beam,npltc
10000
```

$ 包含网格节点模型文件。

```
*INCLUDE
$ FILENAME
trugrdo
*END
```

7.5.4 数值计算结果

计算完成后，打开 LS-PrePost 软件，读入 D3PLOT 文件，选择相关项（Page 1→Fcomp→Extend→Stochastic particles），显示随机粒子喷雾计算结果，如图 7-29 所示。

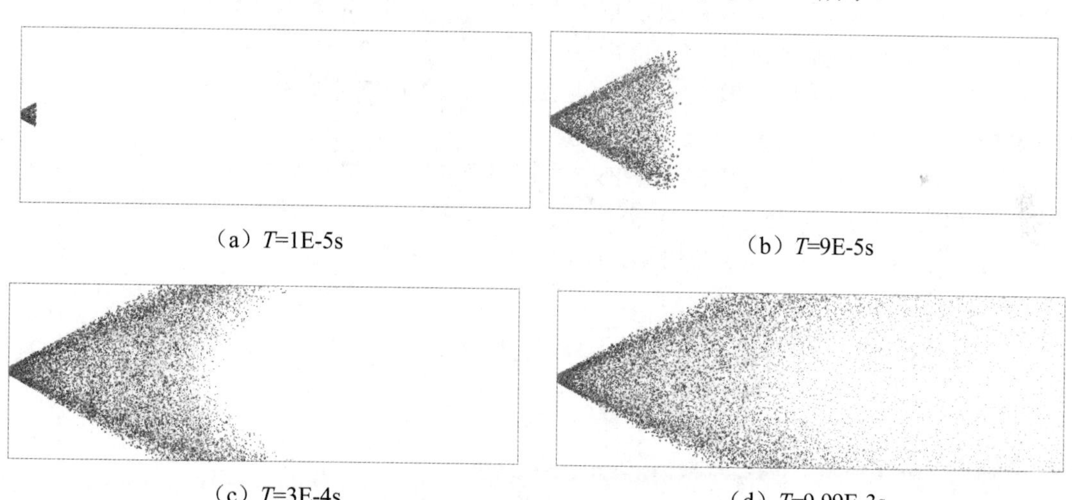

（a）T=1E-5s　（b）T=9E-5s

（c）T=3E-4s　（d）T=9.99E-3s

图 7-29　随机粒子喷雾过程模拟

7.6 CHEMISTRY 化学反应之氢气燃烧计算

在炸药和推进剂爆燃、爆轰模拟方面，LS-DYNA 既有不考虑化学反应的分析方法，如采用*EOS_JWL、*EOS_IGNITION_AND_GROWTH_OF_REACTION_IN_HE、*EOS_PROPELLANT_DEFLAGRATION 等状态方程的方法以及 CPM 微粒法、PBM 粒子爆破法，又有考虑化学反应的分析方法，如 CESE+CHEMISTRY 化学反应方法。图 7-30 是 Tritonal 推进剂密闭空间爆炸化学反应 LS-DYNA 计算和测试结果对比，由图可见，计算结果和实验测试结果吻合较好。

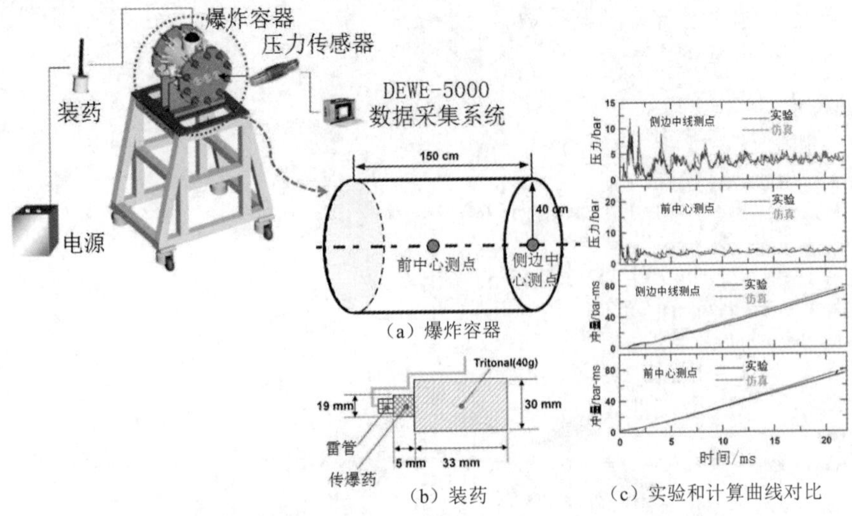

图 7-30　Tritonal 推进剂密闭空间爆炸化学反应 LS-DYNA 计算和测试结果对比

7.6.1　CESE+CHEMISTRY 化学反应方法的功能特点

CESE+CHEMISTRY 化学反应方法的功能特点如下：

- 可采用 2D、2D 轴对称和 3D EULER 求解器，2D 和 3D N-S 求解器。
- 模拟温压炸药，须采用 2D 和 3D EULER 求解器。
- 带有化学反应的流-固耦合，须采用 2D 和 3D EULER 求解器。
- 多至 60 种组分，如氢气、甲烷等。
- 典型应用：高能炸药模拟（如 TNT 与铝粉反应）、气囊烟火药燃烧反应、气体爆轰对结构的作用、防爆墙、核容器的多尺度分析等。

图 7-31 是 H_2 与 O_2 反应 LS-DYNA 与 CHENKIN 计算结果对比。

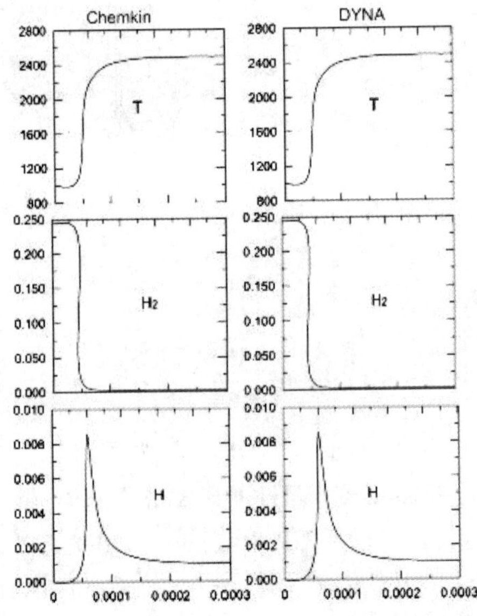

图 7-31　H_2 与 O_2 反应 LS-DYNA 与 CHENKIN 计算结果对比

CESE+CHEMISTRY 化学反应方法是基于物理的。这种方法既可以考虑不同化学组分的影响，也可以考虑不同压力和温度的作用。CHEMISTRY 化学反应模块计算准确度很高，可用 5 阶多项式拟合，而 FLACS 软件仅具有 2 阶多项式。计算输入的黏性、热传导、热扩散系数均可以看作变量，而不是常量。该模块还可以考虑推进剂颗粒的尺寸对燃烧的影响。

由于化学反应的时间尺度跨度很大，使得控制方程组变得刚硬，这需要使用耗时的隐式常微分方程求解。总的计算时间与方程数的平方成正比，这样计算耗时就很长，例如，甲烷的燃烧需要涉及 53 个组分，计算时间比不考虑化学反应所需的时间多 53^2 倍。控制化学反应流的时间尺度示意图如图 7-32 所示。

化学反应求解器还可与结构求解器进行耦合（图 7-33），模拟气体或推进剂爆燃作用下结构的响应、子母战斗部爆炸抛撒过程等。

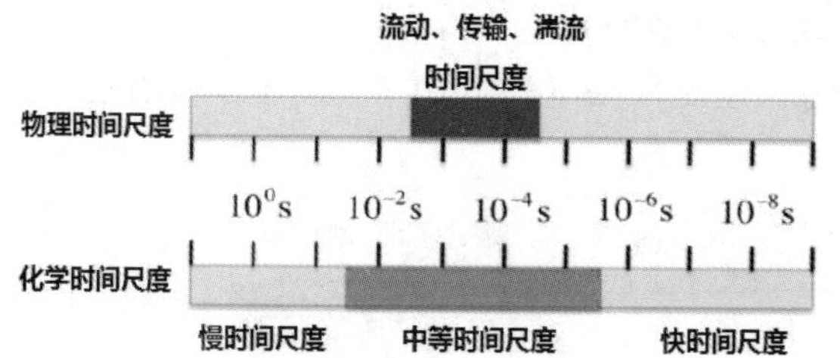

图 7-32　控制化学反应流的时间尺度示意图

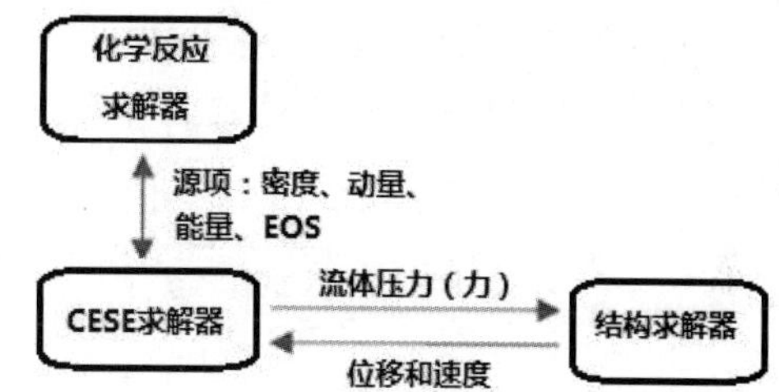

图 7-33　CESE、结构和化学反应三种求解器耦合

7.6.2　计算模型概况

H_2 和 O_2 管内反应计算问题，计算模型如图 7-34 所示。管周向封闭，两端开放。

图 7-34　H_2 和 O_2 管内反应计算模型

本算例部分计算参数来自 ftp.lstc.com。注：本模型中的参数仅用于演示化学反应相关关键字的使用。

7.6.3　TrueGrid 建模

TrueGrid 建模命令流如下：

```
mate 1                         c 为流体指定材料号（LS-DYNA PART 号）
block 1 121 131 251;1 11 26;-1;0 0.24 0.26 0.5;0 0.02 0.05;0     c 创建流体 PART
eset 2 1 1 3 2 1 = esets       c 定义单元组
endpart                        c 结束当前 Part 命令
merge                          c 进入 merge 阶段，合并 Part
lsdyna keyword                 c 声明要输出 LS-DYNA 关键字格式文件
write                          c 输出网格模型文件
```

TrueGrid 不支持生成*CESE 单元类型和 2D SEGMENT SET，因此在 TrueGrid 生成网格模型文件 trugrdo 后，需要采用 UltraEdit 软件修改该文件，并采用 LS-PrePost 软件建立 2D SEGMENT SET。

（1）首先，将*ELEMENT_SHELL_THICKNESS 替换为*ELEMENT_SOLID。

然后，将该行后面所有的壳单元厚度行：

```
0.000000E+00,0.000000E+00,0.000000E+00,0.000000E+00
```

替换为：

```
$
```

即将所有壳单元厚度行全部注释掉。

（2）将*SET_SHELL_LIST 修改为*SET_SOLID。

将其后的：

```
1,0.,0.,0.,0.
```

替换为：

```
1,CESE
```

并保存。

（3）将修改保存后的 trugrdo 文件读入 LS-PrePost 软件中。

（4）依次单击 Page 5→SetD 将模型四条边创建为 SEGMENT SET。具体过程如图 7-35 所示。

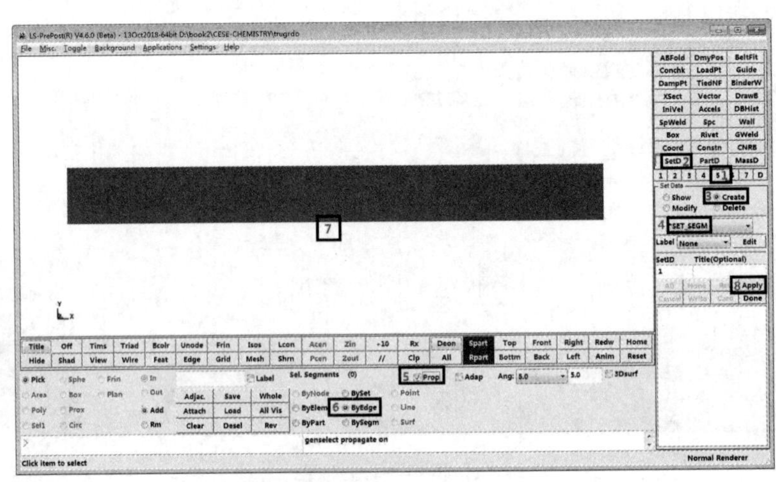

图 7-35 创建 2D SEGMENT SET 步骤

1）点选 Create，在下拉列表中选择*SET_SEGM。

2）勾选下面选择工具栏中的 Prop 和 ByEdge。

3）点选模型左边，然后单击右侧按钮 Apply，创建第 1 个 SEGMENT SET。

4）随后点选模型右边，然后单击 Apply，创建第 2 个 SEGMENT SET。

5）随后点选模型下边，然后单击 Apply，创建第 3 个 SEGMENT SET。

6）随后点选模型上边，然后单击 Apply，创建第 4 个 SEGMENT SET。

7）依次单击右侧工具栏中的 Show、All 和 Write，将这 4 个 SEGMENT SET 保存为 bc.k。

8）打开 bc.k，将其中的 MECH 修改为 CESE，并保存。

7.6.4 关键字文件讲解

下面讲解相关的 LS-DYNA 关键字输入文件。关键字输入文件有 6 个：

（1）计算模型参数主控文件 main.k。

（2）边界文件 bc.k。

（3）兼容 Chemkin 的组分及化学反应方程输入文件 det.inp。

（4）组分的热力学数据文件 therm.dat。

（5）组分的传输特性数据文件 tran.dat。

（6）网格模型文件 trugrdo。

其中 main.k 中的内容及相关讲解如下。

$ *KEYWORD 表示输入文件采用的是关键字输入格式。

```
*KEYWORD
```

$ 为 CESE 求解器设置控制选项。

$ icese=0 表示采用 Eulerian 求解器。

$ iflow=1 表示无黏性流。

$ igeom=2 表示 2D 问题。

```
*CESE_CONTROL_SOLVER
$ icese,iflow,igeom,iframe
0,1,2
```

$ 为 CESE 求解器设置时间步长控制参数。

```
*CESE_CONTROL_TIMESTEP
$ iddt,cfl,dtint
1,0.1,5.0e-9
```

$ 设置稳定性参数。

```
*CESE_CONTROL_LIMITER
$ idlmt,alfa,beta,epsr
0,2.0,0.5,0.0
```

$ 定义计算结束条件。

```
*CONTROL_TERMINATION
$ endtim,endcyc,dtmin,endeng,endmas,nosol
1e-3,900000
```

$ 设置无反射边界。1 为来流边界，2 为流出边界。

```
*CESE_BOUNDARY_NON_REFLECTIVE_SET
$ ssid
1
2
```

$ 为顶面和底面设置反射边界。

```
*CESE_BOUNDARY_REFLECTIVE_SET
$ ssid
3
4
```

$ 输入定义 Chemkin 化学模型的文件。

$ FILE1 为 Chemkin 输入文件。

$ FILE2 为热动力学数据文件。

$ FILE3 为传输特性数据文件。

```
*CHEMISTRY_MODEL
$ model_id,jacsel,errlim
10,1,0.0
$ FILE1
det.inp
$ FILE2
therm.dat
```

```
$ FILE3
tran.dat
```

$ 输入化学组分。

```
*CHEMISTRY_COMPOSITION
$ comp_id,model_id
11,10
$ MoleNo,Species
2.0,H2
1.0,O2
7.0,AR
```

$ 设置进行完全化学反应计算。

```
*CHEMISTRY_CONTROL_FULL
$ sol_id,errlim
5
```

$ 设置流体和化学反应初始条件。

```
*CESE_INITIAL_CHEMISTRY
$ sol_id,comp_id
5,11
$ uic,vic,wic,ric,pic,tic,hic
500.0,0.0,0.0,1.64829,303975.0,700.0,0.0
```

$ 为单元组设置流体和化学反应初始条件。

```
*CESE_INITIAL_CHEMISTRY_SET
$ elesetID,sol_id,comp_id
1,5,11
$ uic,vic,wic,ric,pic,tic,hic
500.0,0.0,0.0,1.282,3546375.0,3000.0,0.0
$ Setup fluid properties
```

$ 定义 CESE Part。

```
*CESE_PART
$ pid,mid,eosid,chem_id
1,1,1,1
```

$ 定义流体材料特性。

```
*CESE_MAT_GAS
$ mid,c1,c2,prnd
1,1.0,1.0,1.0
```

$ 定义理想气体状态方程及其参数。

```
*CESE_EOS_IDEAL_GAS
$ eosid,cv,cp
1,1.0,1.0
```

$ 定义二进制状态文件 D3PLOT 的输出。

```
*DATABASE_BINARY_D3PLOT
$ DT/CYCL,LCDT/NR,BEAM,NPLTC,PSETID,CID
1.0e-6,,0
```

$ 定义二进制重启动文件 D3DUMP 的输出。

```
*DATABASE_BINARY_D3DUMP
$ dt/cycl,lcdt,beam,npltc
10000
```

$ 包含网格节点模型文件。

```
*INCLUDE
$ FILENAME
trugrdo
```

$ 包含边界 SEGMENT SET 文件。

```
*INCLUDE
$ FILENAME
bc.k
```

$ *END 表示关键字输入文件的结束。

```
*END
```

组分和化学反应方程输入文件 det.inp 中的内容及相关讲解如下（注意：在 CHEMKIN 中，!表示后面的内容为注释）：

! 化学反应涉及的元素。

```
ELEMENTS
H  O  AR
END
```

! 化学反应组分。

```
SPECIES
H2 O2 OH H2O H O HO2 H2O2 AR
END
```

! 热力学数据。

```
THERMO
END
```

! 非平衡化学反应。

! 第 2 行中的后 3 个字段为修正的 Arrhenius 表达式 $k_{f_i} = A_i T^{B_i} \exp\left(\frac{-E_i}{R_c T}\right)$ 的三个参数，

! 即 A_i、B_i、E_i。

! 第 3 行中的 REV 表示逆反应，后 3 个字段为修正的 Arrhenius 表达式的三个参数。

```
REACTIONS
H+OH=O+H2                     8.43E+09   1.00      6955.
  REV /1.81E+10    1.00     8903./
H+HO2=H2+O2                   2.53E+13   0.00       696.
  REV /5.48E+13    0.00    57828./
H+HO2=OH+OH                   2.53E+14   0.00      1888.
  REV /1.20E+13    0.00    40142./
H+HO2=O+H2O                   5.00E+13   0.00       994.
  REV /1.05E+12    0.45    56437./
H+H2O2=HO2+H2                 1.69E+12   0.00      3776.
  REV /7.23E+11    0.00    18680./
H+H2O2=OH+H2O                 3.18E+14   0.00      8943.
  REV /2.40E+14    0.00    80483./
OH+H2=H+H2O                   1.10E+09   1.30      3657.
  REV /1.08e+10    1.20    19097./
OH+OH=H2+O2                   6.56E+10   0.26     29212.
  REV /1.69e+13    0.00    48091./
OH+OH=O+H2O                   6.02E+07   1.30         0.
  REV /1.93E+09    1.16    17428./
OH+HO2=H2O+O2                 5.00E+13   0.00      1000.
  REV /1.43E+14    0.17    73329./
OH+H2O2=HO2+H2O               1.02E+13   0.00      1808.
  REV /2.83E+13    0.00    32789./
HO2+H2=OH+H2O                 7.23E+11   0.00     18700.
  REV /8.01E+09    0.43    71938./
HO2+HO2=H2O2+O2               1.81E+13   0.00       994.
```

```
  REV /9.45E+14   -0.38        43719./
O+OH=H+O2                                  1.64E+12   0.28          -161.
  REV /2.23E+14    0.00        16792./
O+HO2=OH+O2                                5.01E+13   0.00          1000.
  REV /1.32E+13    0.18        56040./
O+H2O2=H2O+O2                              8.43E+11   0.00          4213.
  REV /3.43E+10    0.52        89028./
O+H2O2=OH+HO2                              8.43E+11   0.00          4233.
  REV /1.25E+09    0.64        16355./
H2+M=H+H+M                                 2.23E+14   0.00         95983.
   H2O/6.0/
  REV /6.53E+17   -1.00            0./
HO2+M=H+O2+M                               2.11E+15   0.00         45706.
   H2/2.0/    H2O/16.0/
  REV /1.50E+15    0.00          -994./
OH+M=O+H+M                                 1.40E+14 0.21         101349.
   H2O/4./
  REV /3.00E+19   -1.00            0./
O2+M=O+O+M                                 1.81E+18 -1.00        118041.
  REV /1.89E+13    0.00          -1789/
H+OH+M=H2O+M                               2.25E+22 -2.00              0.
  REV /3.49E+15    0.00       105124./
OH+OH+M=H2O2+M                             9.07E+14   0.00         -5076.
   H2O/15./
  REV /1.20E+17    0.00        45508./
O+OH+M=HO2+M                               1.02E+17   0.00             0.
   O2/4./
  REV /6.62E+19   -0.43        63989./
END
```

组分的热力学数据文件 therm.dat，采用 5 阶多项式和两套热力学参数（共 14 个数据）拟合高温和低温区。输入采用固定的格式（数据由相关 NASA 平衡代码计算得出）。

为了更加准确地拟合高低温下的热力学数据，采用了两套参数来求解反应物比热、焓和熵：

$$\frac{C_{pk}}{R}=a_{1k}+a_{2k}T_k+a_{3k}T_k^2+a_{4k}T_k^3+a_{5k}T_k^4$$

$$\frac{H_{pk}}{R}=a_{1k}T_k+\frac{a_{2k}}{2}T_k^2+\frac{a_{3k}}{3}T_k^3+\frac{a_{4k}}{4}T_k^4+\frac{a_{5k}}{5}T_k^5+a_{6k}$$

$$\frac{S_{pk}}{R}=a_{1k}\ln T_k+a_{2k}T_k+\frac{a_{3k}}{2}T_k^2+\frac{a_{4k}}{3}T_k^3+\frac{a_{5k}}{4}T_k^4+a_{7k}$$

！首行表示热力学数据文件。

！第 2 行中的三个字段表示 2 套参数适用的默认温度范围：低温、中间温度和高温。

！第 3 行中的字段分别为组分、时间、原子组成、物态，适用的温度范围：低温、高温和中间温度。

！第 4 行中的前 5 个字段分别为拟合高温区间的参数 a_1～a_5。

！第 5 行中的前 2 个字段分别为拟合高温区间的参数 a_6～a_7。

！第 5 行中的后 3 个字段分别为拟合低温区间的参数 a_1～a_3。

！第 6 行中的前 4 个字段分别为拟合低温区间的参数 a_4～a_7。

```
THERMO
   300.000   1000.000   5000.000
```

```
(CH2O)3              70590C   3H   6O   3      G   0300.00     4000.00   1500.00          1
 0.01913678E+03 0.08578044E-01-0.08882060E-05-0.03574819E-08 0.06605143E-12        2
-0.06560876E+06-0.08432507E+03-0.04662286E+02 0.06091547E+00-0.04710536E-03        3
...........................................
H2                  121286H    2               G   0300.00    5000.00   1000.00          1
 0.02991423E+02 0.07000644E-02-0.05633829E-06-0.09231578E-10 0.01582752E-13        2
-0.08350340E+04-0.01355110E+02 0.03298124E+02 0.08249442E-02-0.08143015E-05        3
-0.09475434E-09 0.04134872E-11-0.01012521E+05-0.03294094E+02                       4
...........................................
TICL4               41894CL   4TI   1          G   0300.00    5000.00   0800.00          1
 0.01220230E+03 0.01003197E-01-0.04778859E-05 0.09877883E-09-0.07416465E-13        2
-0.09559289E+06-0.02743381E+03 0.09049202E+02 0.01030555E+00-0.05074092E-04        3
-0.07381952E-07 0.06054385E-10-0.09489398E+06-0.01167171E+03                       4
END
```

组分的输运特性数据文件 tran.dat 中的内容及相关讲解如下：

！每行中的第 1 个字段为组分名称。

！每行中的第 2 个字段指示分子是否为单原子、线性或非线性几何构型。如果为 0，分子是单原子；如果为 1，分子为线性；如果为 2，则分子为非线性几何构型。

！每行中的第 3 个字段为 Lennard-Jones 深度。

！每行中的第 4 个字段为 Lennard-Jones 直径。

！每行中的第 5 个字段为偶极力矩。

！每行中的第 6 个字段为极性。

！每行中的第 7 个字段为转动松弛因子。

```
AR                0    136.500     3.330      0.000      0.000      0.000
AS                0   1045.500     4.580      0.000      0.000      0.000 ! mec
...........................................
H2                1     38.000     2.920      0.000      0.790    280.000
...........................................
```

7.6.5 数值计算结果

计算出的流场压力、速度和温度如图 7-36～图 7-38 所示。

图 7-36　不同时刻流场压力

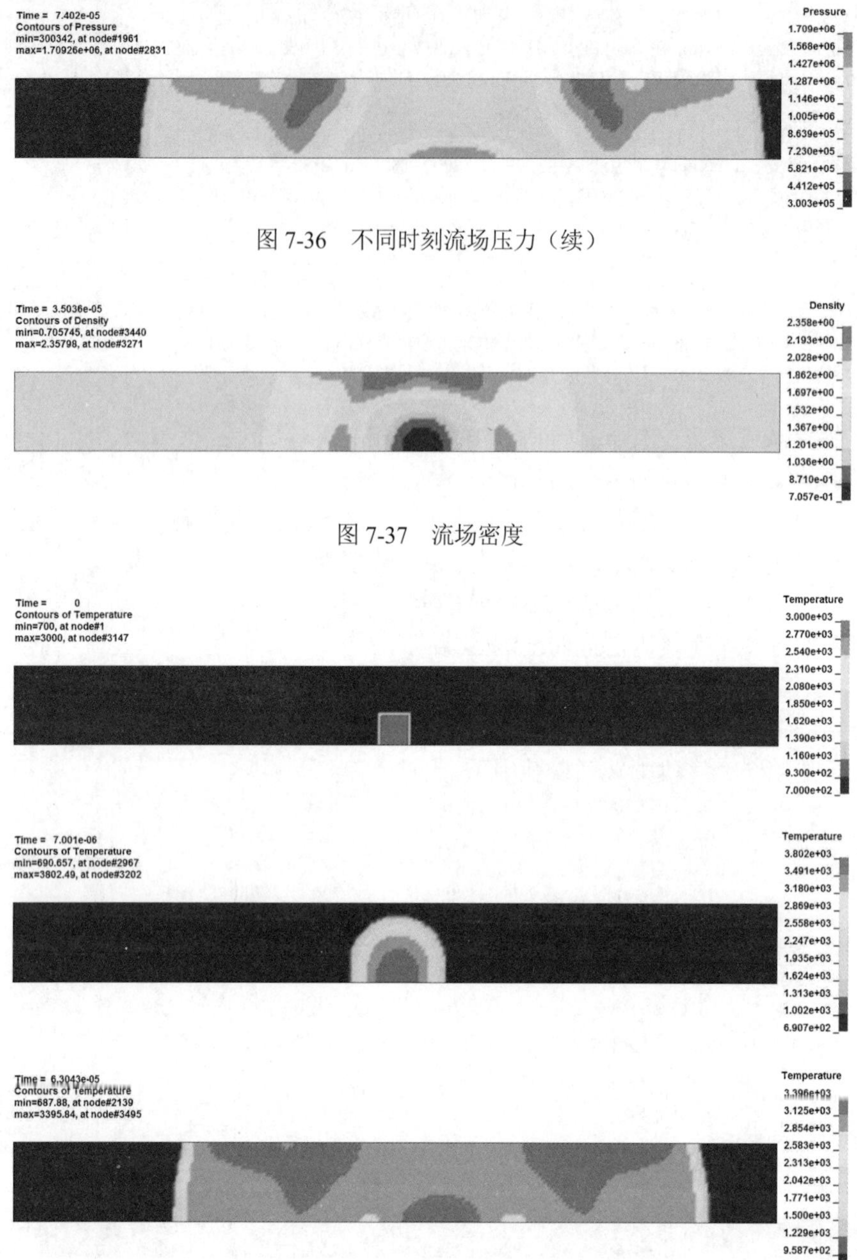

图 7-36 不同时刻流场压力（续）

图 7-37 流场密度

图 7-38 不同时刻流场温度

7.7 CESE 联合*LOAD_BLAST_ENHANCED 流-固耦合计算

CESE 联合 CHEMISTRY 模块进行爆炸反应模拟（见 7.6 节）的计算效率很低，而 CESE 还可以联合*LOAD_BLAST_ENHANCED 关键字进行中远场空中爆炸计算，这种计算方法既不用考虑炸药各组分的反应，也不用考虑初期冲击波的传播，因此，计算速度很快。

7.7.1 计算模型概况

在图 7-39 中，8kg TNT 在距离钢板 0.5m 处爆炸，在距离爆心 0.3m 处建立 CESE 计算空气域，并通过*LOAD_BLAST_ENHANCED 关键字将爆炸载荷导入 CESE 计算域，冲击波会在计算域中传播，随后作用到钢板上。计算单位制采用 m-kg-s。

注意，该算例需要 LS-DYNA R9 以上双精度版本才能运行。

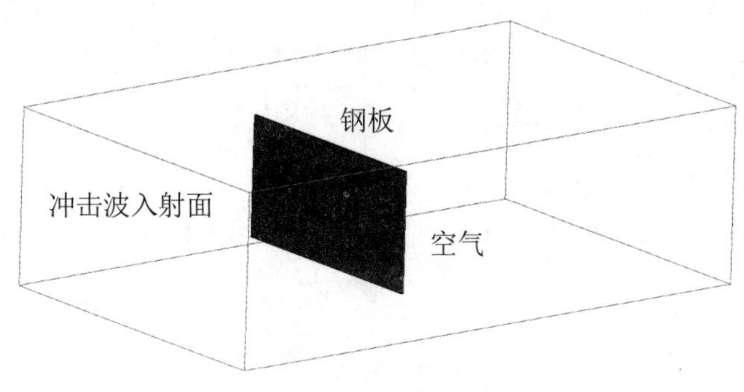

图 7-39　几何模型

7.7.2 TrueGrid 建模

TrueGrid 建模命令流如下：

```
partmode i                          c  Part 命令的间隔索引格式，便于建立三维网格
mate 5                              c  为 CESE 流体指定材料号（LS-DYNA PART 号）
block 125;75;36;0.3 0.8;-0.15 0.15;-0.073 0.073        c  创建 CESE 流体 PART
fset 1 1 1 1 2 2 = lbe              c  输出 SEGMENT SET，定义爆炸载荷加载面
fset 2 1 1 2 2 2 = Sides
fset 1 1 1 2 1 2 or Sides
fset 1 2 1 2 2 2 or Sides
fset 1 1 1 2 2 1 or Sides
fset 1 1 2 2 2 2 or Sides
endpart                             c  结束当前 Part 命令
partmode s;                         c Part 命令的索引格式，这里为标准格式（standard）
mate 6                              c  为钢板指定材料号（LS-DYNA PART 号）
block -1;1 51;1 25;0.5;-0.10 0.10;-0.05 0.05           c  创建钢板 PART
thi -1;;;0.002                      c 设置钢板厚度
endpart                             c  结束当前 Part 命令
merge                               c  进入 merge 阶段，合并 Part
bptol 1 2 -1;                       c  指定 PART 1 和 PART 2 之间不合并节点
stp 0.0001                          c  设置节点合并阈值，节点之间距离小于该值即被合并
lsdyna keyword                      c  声明要输出 LS-DYNA 关键字格式文件
write                               c  输出网格模型文件
```

在 TrueGrid 生成网格模型文件 trugrdo 后，还需要采用 UltraEdit 软件修改该文件的*SET_SEGMENT 部分。

（1）在 trugrdo 文件中搜索*SET_SEGMENT 字符串。

（2）在下一行末尾处添加：

```
,CESE
```

即将：

```
1,0.000E+00,0.000E+00,0.000E+00,0.000E+00
```

修改为：

```
1,0.000E+00,0.000E+00,0.000E+00,0.000E+00,CESE
```

（3）接着重复步骤（1）和（2），总共修改 2 处。

（4）以原文件名 trugrdo 保存。

7.7.3 关键字文件讲解

下面讲解相关的 LS-DYNA 关键字文件。关键字文件有两个：计算模型参数主控文件 main.k 和网格模型文件 trugrdo。其中 main.k 中的内容及相关讲解如下。

```
$ Example provided by Iñaki (LSTC)
$ E-Mail: info@dynamore.de
$ Web: http://www.dynamore.de
$ Copyright, 2015 DYNAmore GmbH
```

$ 首行*KEYWORD 表示输入文件采用的是关键字输入格式。

```
*KEYWORD
```

$ 设置分析作业标题。

```
*TITLE
CESE Load Blast example
```

$ 定义参数，首字母 R 表示参数类型为实数，I 表示参数类型为整数。

```
*PARAMETER
R       T_end        2e-4
R   dt_plot          5e-6
R dt_fluid       0.0001
Rcfl_fluid           0.5
R P_1          1.000e+5
R cv              717.6
R cp             1004.5
R W                 130
```

$ 定义计算结束时间。

```
*CONTROL_TERMINATION
$ ENDTIM,ENDCYC,DTMIN,ENDENG,ENDMAS,NOSOL
&T_end
```

$ 为 CESE 求解器设置控制选项。

```
*CESE_CONTROL_SOLVER
$ ICESE,IFLOW,IGEOM,IFRAME,MIXID,IDC,ISNAN
200,1,3
```

$ 为 CESE 求解器设置时间步长控制参数。

```
*CESE_CONTROL_TIMESTEP
$ IDDT,CFL,DTINT
2,&cfl_fluid,&dt_fluid
```

$ 设置稳定性参数。

```
*CESE_CONTROL_LIMITER
$ IDLMT,ALFA,BETA,EPSR
2,10.0,1.0,.1
```

$ 定义 CESE Part。

```
*CESE_PART
$ PID,MID,EOSID
5,,3
```

$ 定义理想气体状态方程及其参数。

```
*CESE_EOS_IDEAL_GAS
```

```
$ EOSID,Cv,Cp
3,&Cv,&Cp
```

$ 为钢板 PART 定义材料模型参数。

```
*MAT_PLASTIC_KINEMATIC
$ MID,RO,E PR,SIGY,ETAN,BETA
6,7800,2.1e11,0.3,400e6,1e9
$ SRC,SRP,FS,VP
```

$ 为钢板 PART 定义壳单元算法。

```
*SECTION_SHELL
$ SECID,ELFORM,SHRF,NIP,PROPT,QR/IRID,ICOMP,SETYP
6,2
$ T1,T2,T3,T4,NLOC,MAREA,IDOF,EDGSET
```

$ 定义钢板 PART。

```
*PART
$ HEADING

$ PID,SECID,MID,EOSID,HGID,GRAV,ADPOPT,TMID
6,6,6,0,0
```

$ 为流体域设置密度和压力初始条件。

```
*CESE_INITIAL
$ U,V,W,RH,P,T
0.0,0.0,0.0,1.29,100000.0,0.0
```

$ 定义爆炸加载。

```
*LOAD_BLAST_ENHANCED
$ BID,M,XBO,YBO,ZBO,TBO,UNIT,BLAST
1,8.0,0.0,0.0,0.0,-4.5000E-5,2,2
$ CFM,CFL,CFT,CFP,NIDBO,DEATH,NEGPHS
0.0,0.0,0.0,0.0,0,1.00000E20,0
*CESE_BOUNDARY_REFLECTIVE_SET
$ SSID
2
```

$ 将爆炸载荷加载到面段组上。

```
*CESE_BOUNDARY_BLAST_LOAD_SET
$ BID,SSID
1,1
```

$ 定义二进制状态文件 D3PLOT 的输出。

```
*DATABASE_BINARY_D3PLOT
$ DT/CYCL,LCDT/NR,BEAM,NPLTC,PSETID,CID
&dt_plot
```

$ 包含网格模型文件。

```
*INCLUDE
$ FILENAME
trugrdo
*END
```

7.7.4 数值计算结果

计算完成后，打开 LS-PrePost 软件，读入 D3PLOT 文件，显示压力（Page 1→Fcomp→Extend→CESE CFD element→Pressure），如图 7-40 所示。

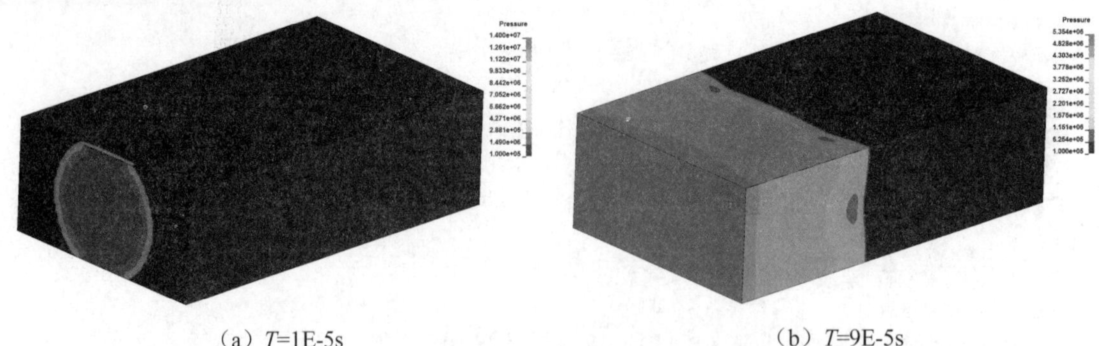

（a）T=1E-5s　　（b）T=9E-5s

图 7-40　空气冲击波压力传播过程

在右侧工具栏单击 Page 1→Fcomp→Stress→Von Mises stess，查看钢板应力云图（图 7-41）。

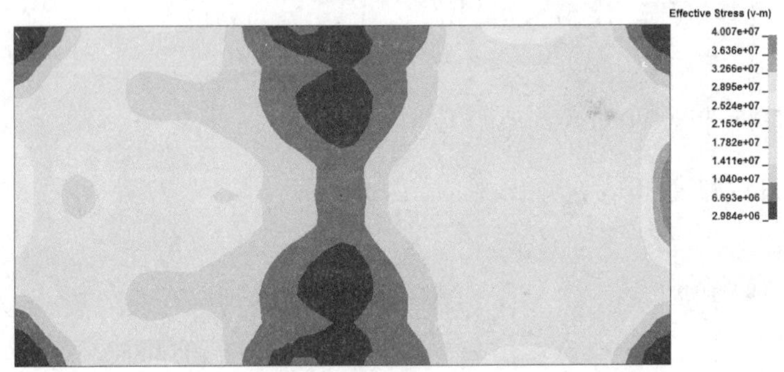

图 7-41　2E-4s 时刻钢板 Von Mises 应力

7.8　电磁轨道炮发射 EM 计算

7.8.1　EM 计算基础

电磁（EM）求解器模块求解涡流（感应扩散）近似中的麦克斯韦方程，适用于可以将空气（或真空）中的电磁波传播视为瞬时的情况，不需要求解电磁波传播。主要应用为电磁金属成型、感应加热、电磁金属切削、电磁金属焊接、磁通压缩、线圈优化设计、电磁炮、电池受损短路、心脏工作过程分析等，如图 7-42 所示。

图 7-42　LS-DYNA 电磁计算算例

EM 模块允许将电源引入结构导体，并计算相关的磁场、电场以及感应电流。EM 求解器可与结构求解器（洛伦兹力被添加到力学运动方程）、热求解器（欧姆加热作为额外的热源添加到热求解器）耦合。求解电磁场麦克斯韦方程时导体采用有限元法（FEM），而周围空气/绝缘体采用边界元法（BEM）求解，二者相互耦合，因此，不需要空气网格。

7.8.1.1　EM 求解器的特点

LS-DYNA 电磁（EM）求解器的特点：

（1）EM 求解器是双精度求解器。

（2）全隐式求解。

（3）支持 FEM+BEM 算法。

（4）导体采用实体单元，绝缘层采用壳单元。

（5）全面支持 SMP 和 MPP，但 SMP 并行没有加速。

（6）动态分配内存，命令行中的“memory=...M”命令对 EM 求解器没有影响。

（7）电磁接触类型。

（8）结构、热、ICFD 和电磁求解器无缝耦合，如图 7-43 所示。

（9）可进行 2D 轴对称电磁场分析，2D 电磁还可以与 3D 结构、传热耦合。

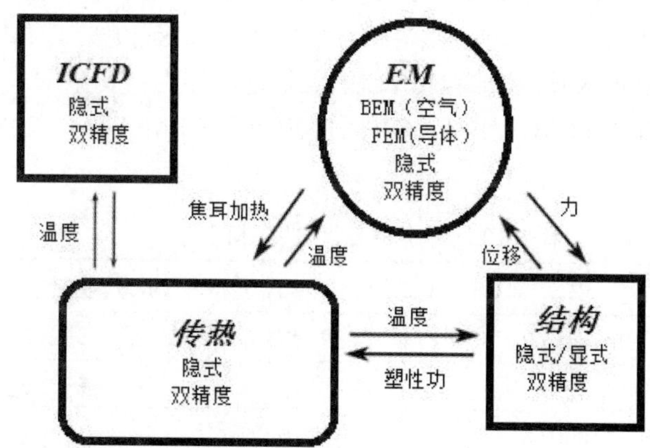

图 7-43　结构-热-电磁-流体耦合分析示意图

7.8.1.2　EM 求解器的主要关键字

（1）*EM_SOLVER_BEM。*EM_SOLVER_BEM 为边界元 BEM 求解器定义计算参数。其关键字卡片见表 7-12。

表 7-12　*EM_SOLVER_BEM 关键字卡片

Card 1	1	2	3	4	5	6	7	8
Variable	RELTOL	MAXITER	STYPE	PRECON	USELAST	NCYLBEM		
Type	F	I	I	I	I	I		
Default	1E-6	1000	2	2	1	5000		

- RELTOL：不同迭代求解器（PCG 或 GMRES）的相对容差。如果计算结果不够准确，需要尽量减小容差，迭代次数会相应增加，进而延长计算时间。
- MAXITER：最大迭代次数。
- STYPE：选择迭代求解器类型。

➢ STYPE=1：直接求解器。数值矩阵按照稠密矩阵进行求解，需要内存较大。

- STYPE=2：预条件梯度法（PCG）。对系数矩阵作预处理，以加快迭代收敛速度，将大型矩阵分块处理，以减少内存占用。
- STYPE=3：最小残差法（GMRES）。此方法允许具有低秩块的块矩阵，从而减少使用的内存。目前 GMRES 仅用于串行计算。

- PRECON：对 PCG 或 GMRES 迭代求解器进行预处理。
  - PRECON=0：无预处理。
  - PRECON=1：对角线。
  - PRECON=2：对角块。
  - PRECON=3：包括所有相邻面的宽对角线。
  - PRECON=4：LLT 分解。目前仅用于串行计算。
- USELAST：仅用于迭代求解器（PCG 或 GMRES）。
  - USELAST=-1：对于线性系统求解，以 0 作为初值。
  - USELAST=1：以被 RHS 变化归一化的上一个解开始。
- NCYLBEM：BEM 边界元矩阵更新频率，即重新计算边界元矩阵时间隔的电磁步数。BEM 边界元矩阵跟导体的节点相关，当导体节点发生移动时，需要重新计算 BEM 矩阵。通过 NCYLBEM 可以控制重新计算的频率。如果重新计算的频率过高，例如 NCYLBEM=1，表示每个时间步重新计算一次，非常消耗计算资源。如果两个相互接触的导体互相高速移动时，推荐 NCYLBEM=1，快速更新 BEM 矩阵，有助于提高计算精度。如果输入负值，则|NCYLBEM|是以时间为自变量的载荷曲线 ID。

（2）*EM_SOLVER_FEM。*EM_SOLVER_FEM 为 EM_FEM 求解器定义计算参数。关键字卡片见表 7-13。

表 7-13 *EM_SOLVER_FEM 关键字卡片

Card 1	1	2	3	4	5	6	7	8
Variable	RELTOL	MAXITER	STYPE	PRECON	USELAST	NCYCLFEM		
Type	F	I	I	I	I	I		
Default	1E-3	1000	1	1	1	5000		

- RELTOL：不同迭代求解器（PCG 或 GMRES）的相对容差。如果计算结果不够准确，需要尽量减小容差，迭代次数会相应增加，进而延长计算时间。
- MAXITER：最大迭代次数。
- STYPE：选择迭代求解器类型。
  - STYPE=1：直接求解器。数值矩阵按照稠密矩阵进行求解，需要内存较大。
  - STYPE=2：预条件梯度法（PCG）。对系数矩阵作预处理，以加快迭代收敛速度，将大型矩阵分块处理，以减少内存占用。
- PRECON：PCG 迭代求解器的预处理器类型。
  - PRECON=0：无预处理。
  - PRECON=1：对角线。
- USELAST：仅用于 PCG 求解器。
  - USELAST=-1：对于线性系统求解，以 0 作为初值。
  - USELAST=1：以被右侧变化归一化的上一个解开始。
- NCYCLFEM：FEM 有限元矩阵更新频率，即重新计算有限元矩阵时间隔的电磁步数。如果计算时导体发生变形，或者导体的材料参数发生改变（例如电导率），需要降低 NCYLBEM 参数来提高 FEM 矩阵的更新频率。如果输入负值，则|NCYLFEM|是以时间为自变量的载荷曲线 ID。

（3）*EM_SOLVER_BEMMAT。*EM_SOLVER_BEMMAT 定义 BEM 矩阵类型。关键字卡片见表 7-14。

表 7-14　*EM_SOLVER_BEMMAT 关键字卡片

Card 1	1	2	3	4	5	6	7	8
Variable	MATID							RELTOL
Type	I							F
Default	none							1E-6

- MATID：定义该卡片指向的 BEM 矩阵类型。
  - MATID=1：P 矩阵。
  - MATID=2：Q 矩阵。
  - MATID=3：W 矩阵。
- RELTOL：进行低秩近似时矩阵子块的相对容差。如果计算结果不够准确，需要尽量减小容差，则需要更多内存。

7.8.2　计算模型概况

在图 7-44 中，电磁轨道炮利用电磁系统中电磁场产生的洛伦兹力来对弹丸进行加速，使其达到打击目标所需的动能。电磁轨道炮由两条平行金属导轨和一个可在其中滑行的金属弹丸组成。当导轨接入电源时，强大的电流从一条导轨流入，经弹丸从另一条导轨流回时，在两导轨间产生强磁场，弹丸在洛伦兹力的作用下以很高的速度发射出去。

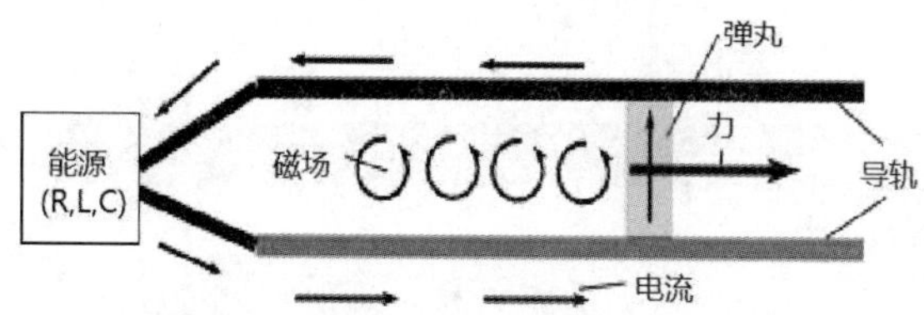

图 7-44　电磁发射原理示意图

电磁轨道炮发射算例需要 LS-DYNA MPP R8.0.0 以上双精度版本。计算单位制采用 g-mm-s。

本算例来自网站www.dynaexamples.com，这里采用 TrueGrid 软件重新划分网格。

7.8.3　TrueGrid 建模

采用 TrueGrid 软件分别建立两条导轨和弹丸模型，三者不共节点。计算过程中导体外表面自动生成边界元 BEM 网格（图 7-45），将三者缝合起来，电流从而可在其中流动。

```
partmode i                          c  Part 命令的间隔索引格式，便于建立三维网格
mate 2                              c  为下导轨指定材料号（LS-DYNA PART 号）
block 72;8;4;0 202.5;-12 12;-18 -6.78;       c  创建下导轨 PART
fset 1 1 1 1 2 2 = face1            c  生成 SEGMENT SET
endpart                             c  结束当前 Part 命令
mate 3                              c  为上导轨指定材料号（LS-DYNA PART 号）
block 72;8;4;0 202.5;-12 12;6.78 18;        c  创建上导轨 PART
```

```
fset 1 1 1 1 2 2 = face2              c 生成 SEGMENT SET
endpart                               c 结束当前 Part 命令
ld 1 lp2 6 -5.13 19 -1.4729;lar 19 1.4729 1.58;lp2 6 5.13;  c 定义弹丸二维外轮廓曲线
sd 1 cp 1;;                           c 定义弹丸三维外轮廓面
mate 1                                c 为弹丸指定材料号（LS-DYNA PART 号）
block 18 30;11;5 3 3 5;5 21 43;-4.5 4.5;-6.78 -1.5 0 1.5 6.78;   c 创建弹丸 PART
dei 1 2;1 2;2 4;                      c 删除不需要的网格区域
sfi 1 2; 1 2; -2;sd 1                 c 向外轮廓面投影
sfi -2; 1 2; 2 4;sd 1
sfi 1 2; 1 2; -4;sd 1
sfi -1; 1 2; 1 5;plan 6 0 0 1 0 0
pb 2 1 4 2 2 4 xz 19 1.4729           c 将节点移至指定位置
pb 2 1 2 2 2 2 xz 19 -1.4729
pb 2 1 5 2 2 5 x 19
pb 2 1 1 2 2 1 x 19
res 3 1 1 3 2 5 k 1                   c 控制 K 方向网格疏密
nset 1 1 5 3 2 5 = up                 c 定义节点组
nset 1 1 1 3 2 1 = down
fset 2 1 3 3 2 3 = face3              c 定义 SEGMENT SET
endpart                               c 结束当前 Part 命令
merge                                 c 进入 merge 阶段，合并 Part
lsdyna keyword                        c 声明要输出 LS-DYNA 关键字格式文件
write                                 c 输出网格模型文件
```

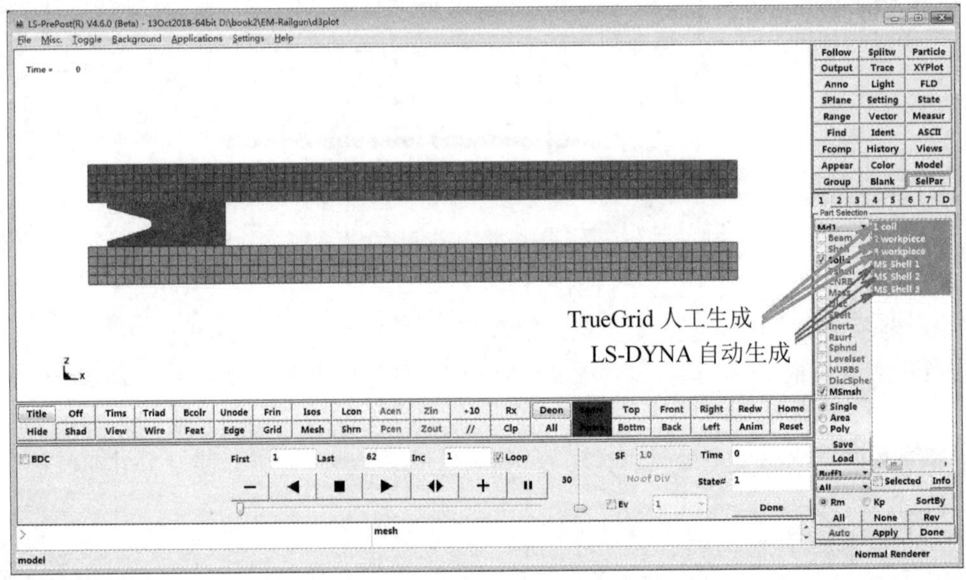

图 7-45　计算网格

7.8.4　关键字文件讲解

下面讲解相关的 LS-DYNA 关键字输入文件。关键字输入文件有 2 个：计算模型参数主控文件 main.k 和网格模型文件 trugrdo。其中 main.k 中的内容及相关讲解如下。

```
$ Example provided by Iñaki (LSTC)
$ E-Mail: info@dynamore.de
```

```
$ Web: http://www.dynamore.de
$ Copyright, 2015 DYNAmore GmbH
$ Copying for non-commercial usage allowed if
$ copy bears this notice completely.
$X 1. Run file as is.
$X      Requires LS-DYNA MPP R8.0.0 (or higher) with double precision
$# UNITS: (g/mm/s)
```

$ 首行*KEYWORD 表示输入文件采用的是关键字输入格式。

```
*KEYWORD
```

$ 设置分析作业标题。

```
*TITLE
EM Railgun example
```

$ 定义参数，R 表示参数类型为实数，I 表示参数类型为整数。

```
*PARAMETER
$ PRMR1,VAL1,PRMR2,VAL2,PRMR3,VAL3,PRMR4,VAL4
R      T_end        3e-4
R   dt_plot        5e-6
```

$ 电磁计算参数。

```
R      em_dt        5e-6
Iem_bemmtx             3
Iem_femmtx             3
R   em_cond           25
```

$ 结构计算参数。

```
R struc_dt         5e-6
Rstruc_rho     2.64e-3
R   struc_E     9.7e+10
R struc_nu         0.31
```

$ 激活 EM 求解器，并设置计算选项。

$ emsol=1 表示涡电流求解器。

```
*EM_CONTROL
$ emsol,numls,dtinit,dtmax,t_init,t_end,ncyclfem,ncyclbem
1
```

$ 激活 EM 接触算法，检测导体间的接触，发现接触后电磁场便在导体间传播。

```
*EM_CONTROL_CONTACT
$ EMcont
1
```

$ 控制 EM 时间步长。

```
*EM_CONTROL_TIMESTEP
$ tstype,dtconst,factor
1,&em_dt
```

$ 定义 Rogowsky 线圈，测量流经面段组的电流变化。

$ 生成 ASCII 文件 em_rogoCoil_004.dat。

```
*EM_CIRCUIT_ROGO
$ rogid,setid,settype,curtyp
4,3,1,1
```

$ 定义电路。电流由 ssidVltin 流入，由 ssidVltOt 流出。

```
*EM_CIRCUIT
$ circid,circtype,lcid
```

```
1,1,4
$ ssidCurr,ssidVltin,ssidVltOt,partID
3,1,2
```

$ 定义弹丸电磁材料类型及材料的绝对磁导率。

```
*EM_MAT_001
$ em_mid,mtype,sigma,eosId skinDepth
1,2,&em_cond
```

$ 定义导轨 1 电磁材料类型及材料的绝对磁导率。

```
*EM_MAT_001
$ em_mid,mtype,sigma,eosId skinDepth
2,2,&em_cond
```

$ 定义导轨 2 电磁材料类型及材料的绝对磁导率。

```
*EM_MAT_001
$ em_mid,mtype,sigma,eosId skinDepth
3,2,&em_cond
```

$ 定义 BEM 矩阵类型。matid=1 为 ***P*** 矩阵，matid=2 为 ***Q*** 矩阵。

```
*EM_SOLVER_BEMMAT
$ matid,,,,,,reltol
2,,,,,,1e-6
```

$ 定义 BEM 求解器类型和参数。

```
*EM_SOLVER_BEM
$ reltol,maxit,stype,precon,uselas,ncyclbem
1e-6,1000,2,2,1,&em_bemmtx
```

$ 为 EM_FEM 求解器定义参数。

```
*EM_SOLVER_FEM
$ reltol,maxit,stype,precon,uselas,ncyclbem
1e-3,1000,1,1,1,&em_femmtx
```

$ 定义将 EM 数据输出到屏幕和 messag 文件。

```
*EM_OUTPUT
$ matS,matF,solS,solF,mesh
2,2,2,2,0
```

$ 激活 EM 能量数据文件 em_globEnergy.dat 的输出。

```
*EM_DATABASE_GLOBALENERGY
$ outlv
1
```

$ 定义电流加载曲线。

```
*DEFINE_CURVE
$ LCID,SIDR,SFA,SFO,OFFA,OFFO,DATTYP
4,,1.e-3,2.e6
$ A1,O1
0.00, 0.
0.08,350.
0.20,450.
0.40,310.
0.60,230.
1.00,125
```

$ 定义计算结束条件。

```
*CONTROL_TERMINATION
$ ENDTIM,ENDCYC,DTMIN,ENDENG,ENDMAS,NOSOL
&T_end
```

$ 定义时间步长控制参数。

$ 通过时间步长曲线来限制最大时间步长。

```
*CONTROL_TIMESTEP
$ DTINIT,TSSFAC,ISDO,TSLIMT,DT2MS,LCTM,ERODE,MS1ST
,,,,,5
```

$ 定义时间步长曲线。

```
*DEFINE_CURVE
$ LCID,SIDR,SFA,SFO,OFFA,OFFO,DATTYP
5
$ A1,O1
0,&struc_dt
$ A2,O2
&T_end,&struc_dt
```

$ 定义弹丸 PART，引用定义的单元算法和材料模型。

```
*PART
$ HEADING
coil
$ PID,SECID,MID,EOSID,HGID,GRAV,ADPOPT,TMID
1,1,1
```

$ 定义下导轨 PART，引用定义的单元算法和材料模型。

```
*PART
$ HEADING
workpiece
$ PID,SECID,MID,EOSID,HGID,GRAV,ADPOPT,TMID
2,1,2
```

$ 定义上导轨 PART，引用定义的单元算法和材料模型。

```
*PART
$ HEADING
workpiece
$ PID,SECID,MID,EOSID,HGID,GRAV,ADPOPT,TMID
3,1,3,,,,,2
```

$ 为下导轨定义刚体材料模型及其参数。

```
*MAT_RIGID
$MID,RO,E,PR,N,COUPLE,M,ALIAS or RE
2,&struc_rho,&struc_E,&struc_nu
$ CMO,CON1,CON2
1,7,7
$ LCO or A1,A2,A3,V1,V2,V3
```

$ 为上导轨定义刚体材料模型及其参数。

```
*MAT_RIGID
$MID,RO,E,PR,N,COUPLE,M,ALIAS or RE
3,&struc_rho,&struc_E,&struc_nu
$ CMO,CON1,CON2
1,7,7
$ LCO or A1,A2,A3,V1,V2,V3
```

$ 为弹丸定义线弹性材料模型及其参数。

```
*MAT_ELASTIC
$ MID,RO,E,PR,DA,DB,K
1,&struc_rho,&struc_E,&struc_nu
```

$ *SECTION_SOLID 定义常应力实体单元算法。

```
*SECTION_SOLID
$ SECID,ELFORM,AET
1,1
```

$ 为节点组定义单点约束。

```
*BOUNDARY_SPC_SET_BIRTH_DEATH
$ nsid,cid,dofx,dofy,dofz,dofrx,dofry,dofrz
1,0,0,0,1,1,1,0
$ birth,death
0.0,0.0
```

$ 为节点组定义约束。

```
*BOUNDARY_SPC_SET_BIRTH_DEATH
$ nsid,cid,dofx,dofy,dofz,dofrx,dofry,dofrz
2,0,0,0,1,1,1,0
$ birth,death
0.0,0.0
```

$ 定义二进制状态文件 D3PLOT 的输出。

```
*DATABASE_BINARY_D3PLOT
$ DT/CYCL,LCDT/NR,BEAM,NPLTC,PSETID,CID
&dt_plot
```

$ 包含 TrueGrid 软件生成的网格节点模型文件。

```
*INCLUDE
$ FILENAME
trugrdo
```

$ *END 表示关键字输入文件的结束，LS-DYNA 读入时将忽略该语句后的所有内容。

```
*END
```

7.8.5 数值计算结果

图 7-46 是弹丸应力、电场、磁场和速度计算结果，由图可见，弹丸出炮口前的速度为 1.825E6mm/s 即 1825m/s，出炮口后速度为 2034m/s。

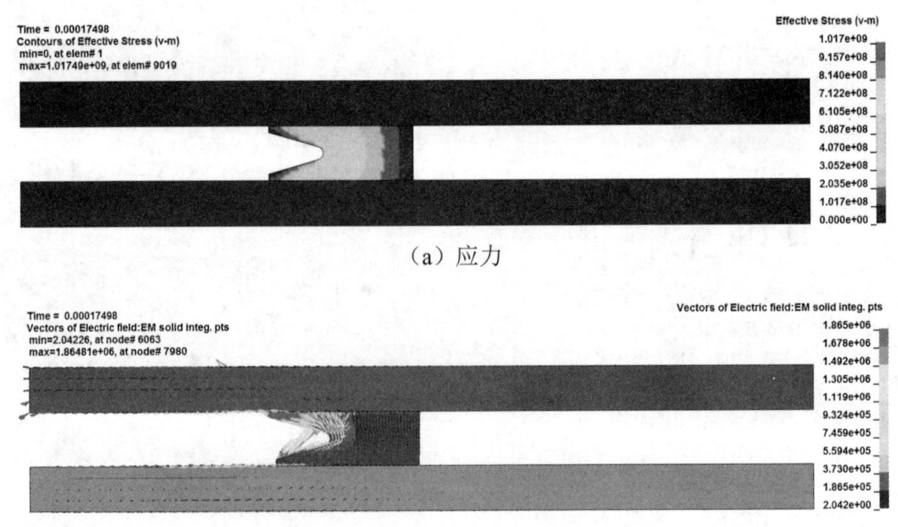

（a）应力

（b）电场

图 7-46　电磁轨道炮发射计算结果

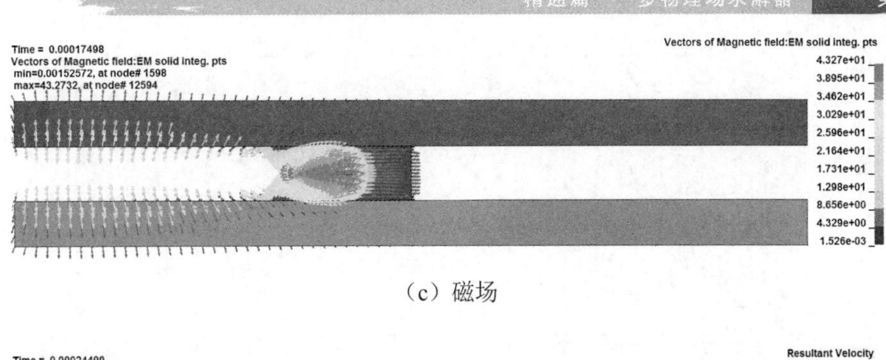

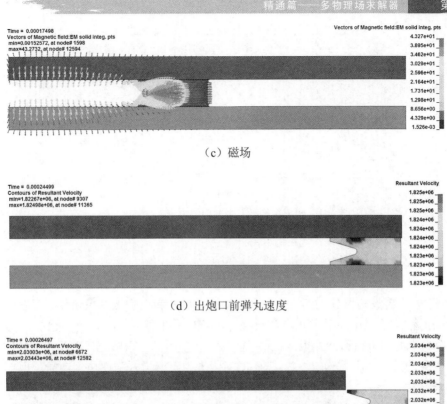

（c）磁场

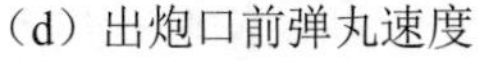

（d）出炮口前弹丸速度

（e）出炮口后弹丸速度

图 7-46　电磁轨道炮发射计算结果（续）

采用 LS-PrePost 软件可绘制流经弹丸中截面的电流变化曲线。这需要对生成的 em_rogoCoil_004.dat 文件内容稍作修改，即删除前四行（第 2 行会因采用的求解器版本而略有不同），然后添加两行，即将：

```
EM Railgun example
                         ls-dyna smp.113244 d              date 01/19/2017
EM Rogowsky Coil data
  time,          VolCurrent
  0.0000E+00   0.0000E+00
  0.5000E-05   0.4334E+08
.......................................................
  0.2600E-03   0.8151E+09
  0.2650E-03   0.8081E+09
```

修改为（首行中的 54 表示文件中有 54 对数据）：

```
54

  0.0000E+00   0.0000E+00
  0.5000E-05   0.4334E+08
.......................................................
  0.2600E-03   0.8151E+09
  0.2650E-03   0.8081E+09
```

绘制出的流经弹丸中截面的电流变化曲线如图 7-47 所示。

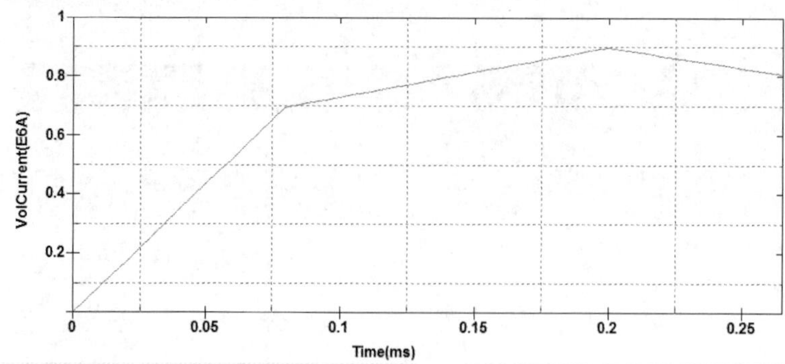

图 7-47　流经弹丸中截面的电流变化曲线

7.9　EM 与热耦合电磁感应加热计算

LS-DYNA 电磁求解器分为两类，分别是涡流求解器和电阻加热求解器。开发电阻加热求解器是为了通过简单地施加流过正极和负极的电流仿真工件的加热，目前已扩展到锂电池仿真，模拟锂电池内部短路和外部短路。对于磁铁需要使用涡流求解器，主要有两种应用，一种用于金属成型，另一种用于感应加热。在 R13 版本中新增了永磁铁仿真功能，现也可应用于感应加热求解器中。

电磁感应加热的原理是感应加热电源产生的交变电流通过感应线圈产生交变磁场，导磁性物体置于其中切割交变磁力线，从而在物体内部产生交变的涡电流，涡电流使物体内部的原子高速无规则运动，原子相互碰撞、摩擦而产生热能，从而达到加热物体的目的。

下面介绍 EM 求解器与热求解器耦合感应加热计算算例。

7.9.1　计算模型概况

在图 7-48 电磁感应加热计算模型中，平板和通电线圈初始温度为 25℃。平板以 2.375mm/s 的恒定速度穿过通电线圈。

图 7-48　计算模型

本算例需要 LS-DYNA MPP R8.0.0 以上双精度计算版本。计算单位制采用 g-mm-s。

7.9.2　TrueGrid 建模

TrueGrid 建模命令流如下：

```
mate 1                    c 为线圈指定材料号（LS-DYNA PART 号）
partmode i                c Part 命令的间隔索引格式，便于建立三维网格
```

```
cylinder 3;50 50;3;45 55;10 180 350;-5 5;     c 创建线圈 PART
sfi 1 2; -1; 1 2;plan 0 5 0 0 1 0             c 向平面投影
sfi 1 2; -3; 1 2;plan 0 -5 0 0 1 0            c 向平面投影
fset 1 3 1 2 3 2 = face1                      c 生成 SEGMENT SET
fset 1 1 1 2 1 2 = face2
fset 1 2 1 2 2 2 = face3
endpart                                       c 结束当前 Part 命令
mate 6                                        c 为平板指定材料号（LS-DYNA PART 号）
block 20;3;40;-40 40;-1.25 1.25;-115 75       c 创建平板 PART
nset 1 1 1 2 2 2 = nodes                      c 生成节点组
endpart                                       c 结束当前 Part 命令
merge                                         c 进入 merge 阶段，合并 Part
stp 0.001                                     c 设置节点合并阈值，节点之间距离小于该值即被合并
lsdyna keyword                                c 声明要输出 LS-DYNA 关键字格式文件
write                                         c 输出网格模型文件
```

7.9.3 关键字文件讲解

下面讲解相关的 LS-DYNA 关键字输入文件。关键字输入文件有 2 个：计算模型参数主控文件 main.k 和网格模型文件 trugrdo。其中 main.k 中的内容及相关讲解如下。

$ 本算例的计算控制参数来自 DYNAmore GmbH，为尊重版权，保留该注释。

```
$ Example provided by Iñaki (LSTC)
$ E-Mail: info@dynamore.de
$ Web: http://www.dynamore.de
$ Copyright, 2015 DYNAmore GmbH
$ Copying for non-commercial usage allowed if
$ copy bears this notice completely.
$X 1. Run file as is.
$X      Requires LS-DYNA MPP R8.0.0 (or higher) with double precision
$# UNITS: (g/mm/s)
```

$ *KEYWORD 表示输入文件采用的是关键字输入格式。

```
*KEYWORD
```

$ 设置分析作业标题。

```
*TITLE
EM Inductive heating example
```

$ 定义参数，首字母 R 表示参数类型为实数，I 表示参数类型为整数。

```
*PARAMETER
R      T_end          20.
R    dt_plot         0.5
```

$ 电磁计算参数。

```
Rem_macrdt           2.
Iem_bemmtx             1
Iem_femmtx            1
Inumls             100
R em_cond1          25.
R em_cond2          1.5
```

$ 结构计算参数。

```
R struc_dt       1e-3
Rstruc_ro1     8.49e-3
Rstruc_ro2     7.83e-3
R    struc_E       200e9
R struc_nu        0.33
```

$ 热学计算参数。

```
R therm_dt        1.e-1
Rtherm_hc1       896.e6
Rtherm_tc1       238.e6
Rtherm_hc2       6.50e8
Rtherm_tc2        3.2e7
R therm_ti          25.
```

$ 定义二进制文件状态 D3PLOT 的输出。

```
*DATABASE_BINARY_D3PLOT
$ DT/CYCL,LCDT/NR,BEAM,NPLTC,PSETID,CID
&dt_plot
```

$ 定义计算结束条件。

```
*CONTROL_TERMINATION
$ ENDTIM,ENDCYC,DTMIN,ENDENG,ENDMAS,NOSOL
&T_end
```

$ 定义时间步长控制参数。

$ 通过时间步长曲线来限制最大时间步长。

```
*CONTROL_TIMESTEP
$ DTINIT,TSSFAC,ISDO,TSLIMT,DT2MS,LCTM,ERODE,MS1ST
,,,,,5
```

$ 定义时间步长曲线。

```
*DEFINE_CURVE
$ LCID,SIDR,SFA,SFO,OFFA,OFFO,DATTYP
5
0,&struc_dt
1e-4,&struc_dt
```

$ 定义线圈 PART，引用定义的单元算法和材料模型。

```
*PART
$ HEADING
$ coil
coil
$ PID,SECID,MID,EOSID,HGID,GRAV,ADPOPT,TMID
1,1,1,,,,,1
```

$ 定义平板 PART，引用定义的单元算法和材料模型。

```
*PART
$ HEADING
$ die
workpiece
$ PID,SECID,MID,EOSID,HGID,GRAV,ADPOPT,TMID
6,1,2,,,,,2
```

$ *SECTION_SOLID 定义常应力实体单元算法。

```
*SECTION_SOLID
$ SECID,ELFORM,AET
1,1
```

$ 为线圈定义刚体材料模型参数。

```
*MAT_RIGID
$MID,RO,E,PR,N,COUPLE,M,ALIAS or RE
1,&struc_ro1,&struc_E,&struc_nu
$ CMO,CON1,CON2
1,7,7
$ LCO or A1,A2,A3,V1,V2,V3
```

$ 为平板定义刚体材料模型参数。

```
*MAT_RIGID
$MID,RO,E,PR,N,COUPLE,M,ALIAS or RE
2,&struc_ro2,&struc_E,&struc_nu
$ CMO,CON1,CON2
1,4,7
$ LCO or A1,A2,A3,V1,V2,V3
```

$ 定义加载曲线。

```
*DEFINE_CURVE
$ lcid,sidr,dist,tstart,tend,trise,v0
10,0,1.000000,1.000000,0.000,0.000,0
$ a1,o1
0.000,2.3750000
$ a2,o2
1000.0000000,2.3750000
```

$ 指定平板恒定速度。

```
*BOUNDARY_PRESCRIBED_MOTION_RIGID
$ pid,dof,vad,lcid,sf,vid,death,birth
6,3,0,10,1.000000,0,1.0000E+28,0.000
```

$ 指定求解分析程序，SOLN=2 表示进行热-结构耦合分析。

```
*CONTROL_SOLUTION
$ SOLN,NLQ,ISNAN,LCINT,LCACC
2
```

$ 为热分析设置求解选项。

$ ATYPE=1 表示进行瞬态热分析。

$ SOLVER=3 表示采用默认的对角比例共轭梯度迭代热分析求解器。

```
*CONTROL_THERMAL_SOLVER
$ ATYPE,PTYPE,SOLVER,CGTOL,GPT,EQHEAT,FWORK,SBC
1,0,3,1.e-04
```

$ 设置热分析时间步长。

$ TS=0 表示采用固定不变的时间步长。

$ ITS=&therm_dt 表示初始时间步长。

```
*CONTROL_THERMAL_TIMESTEP
$ TS,TIP,ITS,TMIN,TMAX,DTEMP,TSCP,LCTS
0,1.,&therm_dt
```

$ 为所有节点定义初始温度。

```
*INITIAL_TEMPERATURE_SET
$ NSID/NID,TEMP,LOC
0,&therm_ti
```

$ 为线圈定义材料热学特性。

```
*MAT_THERMAL_ISOTROPIC
$ TMID,TRO,TGRLC,TGMULT,TLAT,HLAT
1,&struc_ro1
$ HC,TC
&therm_hc1,&therm_tc1
```

$ 为平板定义材料热学特性。

```
*MAT_THERMAL_ISOTROPIC
$ TMID,TRO,TGRLC,TGMULT,TLAT,HLAT
2,&struc_ro2
```

```
$ HC,TC
&therm_hc2,&therm_tc2
```

$ 激活 EM 求解器，并设置计算选项。

$ emsol=2 表示感应加热求解器。

```
*EM_CONTROL
$ emsol,numls,dtinit,dtmax,t_init,t_end,ncyclfem,ncyclbem
2,&numls,&em_macrdt
```

$ 定义电路，在线圈两端施加电压。

```
*EM_CIRCUIT
$ circid,circtyp,lcid,r/f,l/a,c/t0,v0
1,11,,025.e3,200.e4
$ sidcurr,sidvin,sidvout,partid
-3,1,2
```

$ 定义线圈的电磁材料类型及材料的绝对磁导率。

```
*EM_MAT_001
$ em_mid,mtype,sigma,eosId skinDepth
1,2,&em_cond1
```

$ 定义平板的电磁材料类型及材料的绝对磁导率。

```
*EM_MAT_001
$ em_mid,mtype,sigma,eosId skinDepth
2,4,&em_cond2
```

$ 定义 BEM 矩阵类型。matid=1 为 P 矩阵，matid=2 为 Q 矩阵。

```
*EM_SOLVER_BEMMAT
$ matid,,,,,,reltol
1,,,,,,1e-6
*EM_SOLVER_BEMMAT
$ matid,,,,,,reltol
2,,,,,,1e-6
```

$ 定义 BEM 求解器类型和参数。

```
*EM_SOLVER_BEM
$ reltol,maxit,stype,precon,uselas,ncyclbem
1e-6,1000,2,2,1,&em_bemmtx
```

$ 为 EM_FEM 求解器定义参数。

```
*EM_SOLVER_FEM
$ reltol,maxit,stype,precon,uselas,ncyclbem
1e-3,1000,1,1,1,&em_femmtx
```

$ 定义将 EM 数据输出到屏幕和 messag 文件。

```
*EM_OUTPUT
$ matS,matF,solS,solF,mesh
2,2,2,2,0
```

$ 包含 TrueGrid 软件生成的网格节点模型文件。

```
*INCLUDE
$ FILENAME
trugrdo
```

$ *END 表示关键字输入文件的结束，LS-DYNA 读入时将忽略该语句后的所有内容。

```
*END
```

7.9.4 数值计算结果

图 7-49～图 7-51 依次是电场、磁场和温度计算结果。

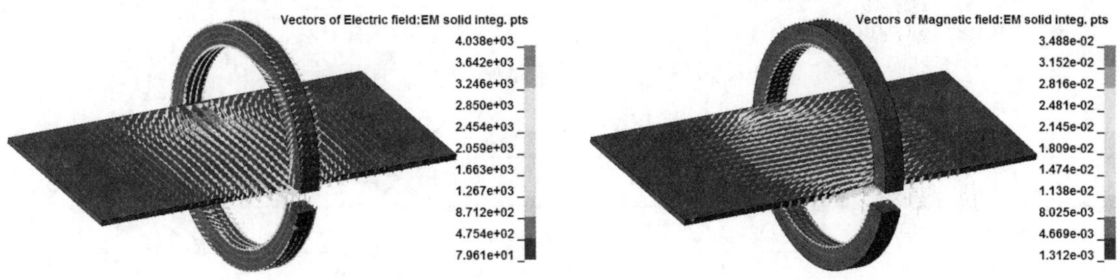

图 7-49　*T*=11.553s 时的电场　　图 7-50　*T*=11.553s 时的磁场

图 7-51　*T*=3.6742s 时的温度变化

7.10　楞次实验 EM 计算

1834 年，俄国物理学家海因里希·楞次通过实验总结出一条用来判断由电磁感应而产生的电动势的方向的规律，称为楞次定律。楞次定律表述为：电磁感应中的感应电流的磁场，总是反抗外部磁通量的变化。LS-DYNA R13 中加入了*EM_PERMANENT_MAGNET 关键字，可以用于模拟永磁铁。本节将采用该关键字数值再现楞次实验。

7.10.1　*EM_PERMANENT_MAGNET

该关键字用于定义永磁铁。关键字卡片 1 和 2 分别见表 7-15、表 7-16。

表 7-15　*EM_PERMANENT_MAGNET 关键字卡片 1

Card 1	1	2	3	4	5	6	7	8
Variable	ID	PARTID	MTYPE	NORTH	SOUTH	HC		
Type	I	I	I	I	I	I		
Default	none	none	none	none	none	none		

- ID：磁铁 ID。
- PARTID：PART ID。
- MTYPE：磁铁定义方式。
  - MTYPE=0：采用两个节点组分别定义磁铁北极和南极。
  - MTYPE=1：采用两个面段组分别定义磁铁北极和南极。
  - MTYPE=3：采用全局矢量方向定义磁铁。
  - MTYPE=4：采用由两个节点 ID 确定的全局矢量方向定义磁铁。
- NORTH：MTYPE=0 和 MTYPE=1 时磁铁北极面所在组 ID。

- SOUTH：MTYPE=0 和 MTYPE=1 时磁铁南极面所在组 ID。
- HC：强制力。如果输入为负值，给出的是随时间变化的曲线。请参见备注 1。

表 7-16　*EM_PERMANENT_MAGNET 关键字卡片 2（仅当 MTYPE=3 或 MTYPE=4 时定义）

Card 2	1	2	3	4	5	6	7	8
Variable	X/NID1	Y/NID2	Z					
Type	F	F	F					
Default	0.	0.	0.					

- X、Y、Z：MTYPE=3 时的磁化矢量方向。
- NID1/NID2：MTYPE=4 时的定义磁化矢量的两个节点 ID。

备注：

备注 1　强制力。磁铁（A/m）强制力 H_c 的绝对值与剩余感应 B_r 有关：$H_c = B_r/u$。这里，u 是磁铁的磁导率，可定义为常数相对磁导率或采用*EM_MAT_002 定义的 B-H 曲线。

7.10.2　计算模型概况

图 7-52 所示的计算模型基于楞次实验：永磁铁自空中坠落进铜管，铜管中产生感应电流，进而形成感应磁场，感应磁场方向与永磁铁周围的原磁场方向相反，对原磁场产生阻碍作用，使永磁铁减速。

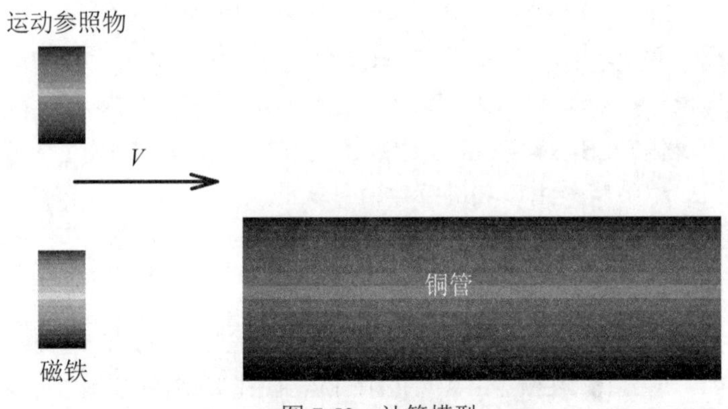

图 7-52　计算模型

本算例需要 LS-DYNA MPP R13.0.0 以上双精度版本。计算单位制采用 m-kg-s。

7.10.3　TrueGrid 建模

TrueGrid 建模命令流如下：

```
lct 3 ryz;rzx;ryz rzx;                    c 定义局部复制变换
partmode i;                               c Part 命令的间隔索引格式，便于建立三维网格
mate 1                                    c 为铜管指定材料号（LS-DYNA PART 号）
cylinder 4;40;30;0.007 0.01;0 360;-0.08 -0.02        c 创建铜管 PART
endpart                                   c 结束当前 Part 命令
mate 2                                    c 为磁铁指定材料号（LS-DYNA PART 号）
block 6 4;6 4;10;0 0.0035 0.0035;0 0.0035 0.0035;0 0.006;          c 创建磁铁 PART
dei   2 3; 2 3; 1 2;
sfi -3; 1 2; 1 2;cy 0 0 0 0 0 1 0.006
```

```
sfi 1 2; -3; 1 2;cy 0 0 0 0 0 1 0.006
pb 2 2 1 2 2 2 xy 0.0028 0.0028
nset 1 1 2 3 3 2 = 1              c 将磁铁顶面节点定义为节点组 1，用于定义磁铁北极
nset 1 1 1 3 3 1 = 2              c 将磁铁底面节点定义为节点组 2，用于定义磁铁南极
lrep 0 1 2 3;                     c 执行局部复制变换
endpart                           c 结束当前 Part 命令
xoff 0.025                        c X 方向偏移 0.025
mate 3                            c 为参照物指定材料号（LS-DYNA PART 号）
block 6 4;6 4;10;0 0.0035 0.0035;0 0.0035 0.0035;0 0.006;      c 创建参照物 PART
dei   2 3; 2 3; 1 2;
sfi -3; 1 2; 1 2;cy 0 0 0 0 0 1 0.006
sfi 1 2; -3; 1 2;cy 0 0 0 0 0 1 0.006
pb 2 2 1 2 2 2 xy 0.0028 0.0028
lrep 0 1 2 3;
endpart                           c 结束当前 Part 命令
merge                             c 进入 merge 阶段，合并 Part
stp 0.0001                        c 设置节点合并阈值，节点之间距离小于该值即被合并
lsdyna keyword                    c 声明要输出 LS-DYNA 关键字格式文件
write                             c 输出网格模型文件
```

7.10.4 关键字文件讲解

下面讲解相关的 LS-DYNA 关键字输入文件。关键字输入文件有 2 个：计算模型参数主控文件 main.k 和网格模型文件 trugrdo。其中 main.k 中的内容及相关讲解如下。

$ 首行*KEYWORD 表示输入文件采用的是关键字输入格式。

```
*KEYWORD
```

$ 设置分析作业标题。

```
*TITLE
TAILSIT: LENZ EXPERIMENT
```

$ 定义参数，R 表示参数类型为实数，I 表示参数类型为整数。

```
*PARAMETER
$ PRMR1,VAL1,PRMR2,VAL2,PRMR3,VAL3,PRMR4,VAL4
R         dt        1e-3
R       endt       0.250
R      sigma   5.7143e7
R sigmaEps           1e5
R      murel        1.03
R roMagnet        3729.5
R roCopper        449.71
R      young       200e9
R         pr         0.3
R         v0         0.0
R magnetis 3.12739e5
I magnetId             2
I      refId           3
I     tubeId           1
ImagnetMat               1
I   tubeMat            2
I    refMat            3
I     north            1
I     south            2
I   cyclBEM              2
I   cyclFEM         1000
```

$ 定义计算结束时间。

```
*CONTROL_TERMINATION
$ ENDTIM,ENDCYC,DTMIN,ENDENG,ENDMAS,NOSOL
&endt
```

$ 定义时间步长控制参数。

```
*CONTROL_TIMESTEP
$ DTINIT,TSSFAC,ISDO,TSLIMT,DT2MS,LCTM,ERODE,MS1ST
,,,,1.e-5
```

$ 定义二进制状态文件 D3PLOT 的输出。

```
*DATABASE_BINARY_D3PLOT
$ DT/CYCL,LCDT/NR,BEAM,NPLTC,PSETID,CID
&dt
```

$ 定义磁铁 PART。

```
*PART
$ HEADING
magnet
$ PID,SECID,MID,EOSID,HGID,GRAV,ADPOPT,TMID
&magnetId,1,&magnetMat
```

$ 定义铜管 PART。

```
*PART
tube
$ PID,SECID,MID,EOSID,HGID,GRAV,ADPOPT,TMID
&tubeId,1,&tubeMat
```

$ 定义运动参照物 PART。

```
*PART
reference object
$ PID,SECID,MID,EOSID,HGID,GRAV,ADPOPT,TMID
&refId,1,&refMat
```

$ 定义实体单元算法。

```
*SECTION_SOLID
$ SECID,ELFORM,AET
1,1
```

$ 为铜管 PART 定义材料模型参数。

```
*MAT_RIGID
$MID,RO,E,PR,N,COUPLE,M,ALIAS or RE
&tubeMat,&roCopper,&young,&pr
$ CMO,CON1,CON2
1.0,7,7
$ LCO,A2,A3,V1,V2,V3
0.0,0.0,0.0,0.0,0.0,0.0
```

$ 为磁铁 PART 定义材料模型参数。

```
*MAT_RIGID
$MID,RO,E,PR,N,COUPLE,M,ALIAS or RE
&magnetMat,&roMagnet,&young,&pr
$ CMO,CON1,CON2
1.0,4,7
$ LCO,A2,A3,V1,V2,V3
0.0,0.0,0.0,0.0,0.0,0.0
```

$ 为运动参照物 PART 定义材料模型参数。

```
*MAT_RIGID
```

```
$MID,RO,E,PR,N,COUPLE,M,ALIAS or RE
&refMat,&roMagnet,&young,&pr
$ CMO,CON1,CON2
1.0,4,7
$ LCO,A2,A3,V1,V2,V3
0.0,0.0,0.0,0.0,0.0,0.0
```

$ 定义重力加速度加载曲线。

```
*DEFINE_CURVE_TITLE
$ TITLE
constant gravity
$ LCID,SIDR,SFA,SFO,OFFA,OFFO,DATTYP,LCINT
1,0,0.0,0.0,0.0,0.0,0
$ A1,O1
0E+00,9.81
$ A2,O2
5E+02,9.81
```

$ 为磁铁施加 Z 向初始速度 v0。

```
*INITIAL_VELOCITY_GENERATION
$ ID,STYP,OMEGA,VX,VY,VZ,IVATN,ICID
&magnetId,2,0.0,0.0,0.0,&v0,0,0
$ XC,YC,ZC,NX,NY,NZ,PHASE,IRIGID
0.0,0.0,0.0,0.0,0.0,0.0,0,0
```

$ 施加重力加速度。

```
*LOAD_BODY_Z
$ LCID,SF,LCIDDR,XC,YC,ZC,CID
1,1.0,0
```

$ 为磁铁 PART 定义电磁材料类型，其磁导率异于绝对磁导率。

```
*EM_MAT_002
$ MID,MTYPE,SIGMA,EOSID,MUREL,EOSMU,DEATHT
&magnetMat,4,&sigmaEps,0,&murel
```

$ 为铜管 PART 定义电磁材料类型及材料的绝对磁导率。

```
*EM_MAT_001
$ MID,MTYPE,SIGMA,EOSID,,,DEATHT,RDLTYPE
&tubeMat,4,&sigma,0
```

$ 为运动参照物 PART 定义电磁材料类型。

```
*EM_MAT_001
$ MID,MTYPE,SIGMA,EOSID,,,DEATHT,RDLTYPE
&refMat,1
```

$ 激活 EM 求解器，并设置计算选项。

```
*EM_CONTROL
$ EMSOL,NUMLS,MACRODT,DIMTYPE,NPERIO,,NCYLFEM,NCYLBEM
1,,&dt
```

$ 定义 EM 求解器与其他求解器的耦合。

```
*EM_CONTROL_COUPLING
$ THCPL,SMCPL,THLCID,SMLCID,THCPLFL,SMCPLFL
,2
```

$ 为 EM_FEM 求解器定义参数。

```
*EM_SOLVER_FEM
$ RELTOL,MAXITE,STYPE,PRECON,USELAST,NCYCLFEM
1.e-6,10000,1,1,1,&cyclFEM
```

$ 定义 EM_BEM 求解器类型和参数。

```
*EM_SOLVER_BEM
$ RELTOL,MAXITE,STYPE,PRECON,USELAST,NCYLBEM
1.e-6,10000,2,2,1,&cyclBEM
```

$ 为 EM_BEM 和 EM_FEM 求解器之间的耦合定义参数。

```
*EM_SOLVER_FEMBEM
$ RELTOL,MAXITE,FORCON
1.e-4,50,,3
```

$ 定义 BEM 矩阵类型。matid=1 为 P 矩阵，matid=2 为 Q 矩阵，matid=3 为 W 矩阵。

```
*EM_SOLVER_BEMMAT
$ MATID,,,,,,, RELTOL
1,,,,,,,1.e-14
*EM_SOLVER_BEMMAT
$ MATID,,,,,,, RELTOL
2,,,,,,,1.e-14
*EM_SOLVER_BEMMAT
$ MATID,,,,,,, RELTOL
3,,,,,,,1.e-14
```

$ 定义将 EM 数据输出到屏幕和 messag 文件。

```
*EM_OUTPUT
$ MATS,MATF,SOLS,SOLF,MESH,MEM,TIMING
2,2,2,2,0,0,0,0
$ mf2,gmv,d3plotFor,timeHist
0,0,0
```

$ 定义永磁铁。

```
*EM_PERMANENT_MAGNET
$ ID,PART,ID,MTYPE,NORTH,SOUTH,HC
1,&magnetId,,&north,&south,&magnetis
```

$ 激活整体 FEM-BEM 求解器。

```
*EM_SOLVER_FEMBEM_MONOLITHIC
$ MTYPE,STYPE,ABSTOL,RELTOL,MAXIT
0,,1.e-8,1.e-5,10000
$NEWT_STOL,NEWT_ATOL,NEWT_RTOL,NEWT_MAXI

$ LS_ON,LS_FTOL,LS_GTOL,LS_RTOL,LS_SAMPL,LS_NUM_SP,LS_MAXFUN
2
$USE_ENERG,STOP_ERR,WIDTH_ERR,XTRAPF
```

$ 包含 TrueGrid 软件生成的网格节点模型文件。

```
*INCLUDE
$ FILENAME
trugrdo
```

$ *END 表示关键字输入文件的结束，LS-DYNA 读入时将忽略该语句后的所有内容。

```
*END
```

7.10.5 数值计算结果

图 7-53 和图 7-54 是电流密度、磁场和速度计算结果，由两图可见，在感应磁场作用下，磁铁下落速度减缓，逐渐趋于恒定。

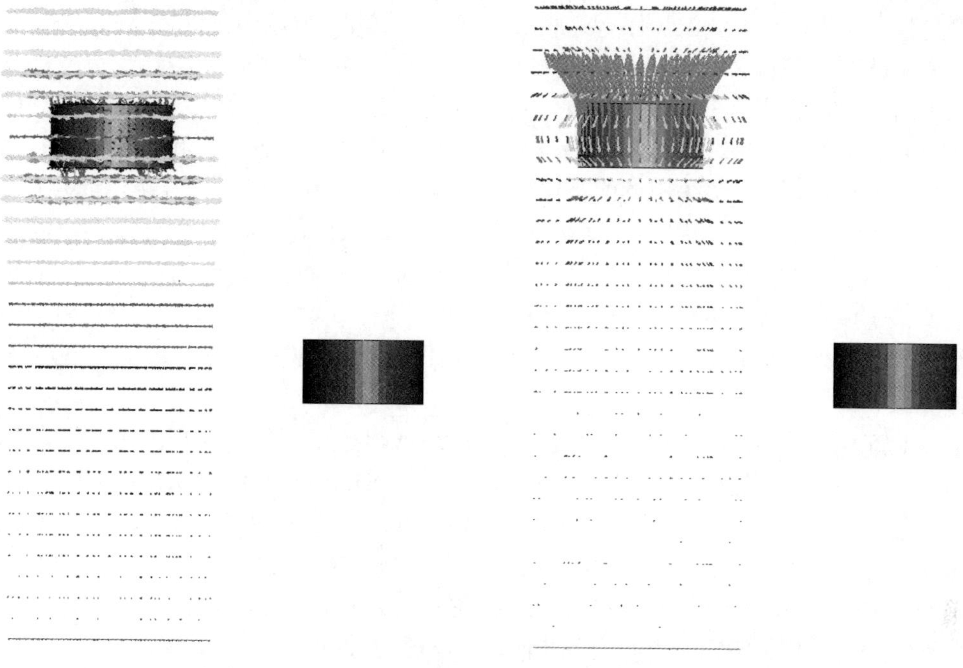

（a）电流密度　　　　（b）磁场

图 7-53　0.108s 时的电流密度和磁场

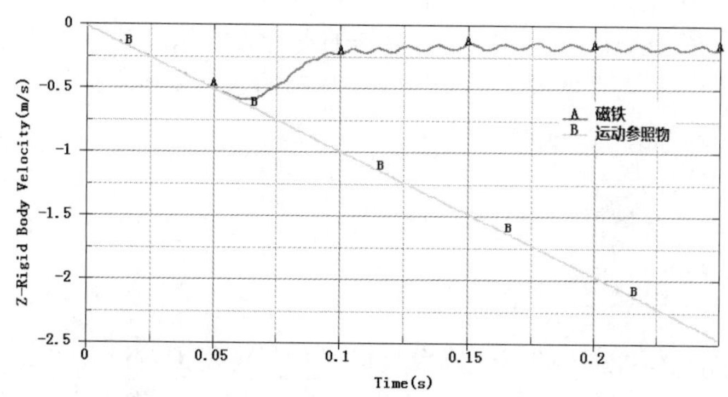

图 7-54　磁铁和参照物速度变化对比

7.11　激波与气泡作用 DUALCESE 计算

ANSYS LST 在 LS-DYNA R12 中加入了 DUALCESE 算法，该算法已成为其重点开发方向之一，而对传统 CESE（见 7.4 节～7.7 节）仅维护不再新增功能。

在本节，将采用 DUALCESE 算法进行水中冲击波压缩气泡并毁伤结构的计算。

7.11.1　DUALCESE 概述

DUALCESE（dual-mesh CESE，又可简称 dCESE、双网格 CESE、交替网格 CESE）采用双网格交替地在流体单元中心点和流体单元节点上求解流体状态变量，而传统的 CESE 求解器的流体变量都在流体单元的中心点上，这种新的 CESE 求解器对传统 CESE 求解器进行了重新编码。与传统 CESE 求解器相比，在采用相同网格的前提下 DUALCESE 计算结果更加精确。在网格质量不高，尤其是采用三角形和四面体单元的时候，DUALCESE 算法还能提高计算稳定性。

DUALCESE 求解器采用分区求解策略，即允许不同的网格区域采用不同的 DUALCESE 算法，以提高计算效率。当采用动网格算法（MMM）进行流-固耦合计算时，DUALCESE 运动网格流-固耦合算法可以仅用于流固界面附近很小的区域内，大大减少网格运动计算的耗费。

自 LS-DYNA R13 起，DUALCESE 支持带有边界层网格划分的*MESH（已用于 ICFD 求解器）网格生成器，用于生成*DUALCESE 体网格。

边界沉浸式（IBM）流-固耦合现在也支持三维工况下的材料侵蚀，被侵蚀单元可以是实体、厚壳或壳单元。

DUALCESE 求解器的输入卡片设置与 LS-DYNA 其他求解器不同。在同一计算模型中可以有多个*DUALCESE 模型，每个模型都只能使用一个*DUALCESE_MODEL 卡片指定包含的关键字文件。该关键字文件可以使用*DUALCESE_INCLUDE_MODEL 卡片嵌套任意数量的其他关键字文件，但不能使用*INCLUDE 卡片。在*DUALCESE_MODEL 卡片包含的文件中，只能使用*DUALCESE 卡片（*KEYWORD 和*END 除外），否则将出错。也就是说，任何必需的非*DUALCESE 关键字卡片都应在其他非 DUALCESE 文件中定义。

7.11.2 DUALCESE 多相流模型

R13 首次在 DUALCESE 框架中引入了多相流模型。DUALCESE 可压缩多相流 CFD 求解器基于混合算法，即多相流算法和增广欧拉算法的混合。多相流模型专为凝聚态炸药的数值模拟而设计，主要应用包括工业级和军用级凝聚态炸药的数值模拟，例如：

- 模拟凝聚态炸药的燃烧及转爆轰。
- 封闭空间中装药爆炸后爆轰波的传播。
- 通过微气泡闭合模拟工业炸药的感度。
- 液体炸药中冲击引起的空穴闭合。

DUALCESE 多相流模型可以处理：

（1）两种可混溶的组分，即反应物和反应产物，可用于对涉及凝聚态炸药的多相流/多流体进行模拟。爆炸模拟需要采用反应率方程和凝聚态爆炸状态方程。与此求解器相关的关键字是：

- *DUALCESE_EOS_SET。
- *DUALCESE_PART_MULTIPHASE。
- *DUALCESE_BOUNDARY_PRESCRIBED_HYBRID。
- *DUALCESE_INITIAL_HYBRID。
- *DUALCESE_INITIAL_HYBRID_SET。

（2）两种不混溶材料的多相流问题。这种混合模型的显著特点为：它可为所有组分提供准确的温度场，可以允许材料界面处的密度差异很大，还可以适应真实状态方程和任意（基于压力或温度的）反应率方程。与此相关的关键字是：

- *DUALCESE_EOS_SET。
- *DUALCESE_PART_MULTIPHASE。

- *DUALCESE_BOUNDARY_PRESCRIBED_TWO-PHASE。
- *DUALCESE_INITIAL_TWO-PHASE。
- *DUALCESE_INITIAL_TWO-PHASE_SET。

（3）一种惰性的不混溶组分，例如速率棒问题（图 7-55～图 7-57）中的金属约束壳体。

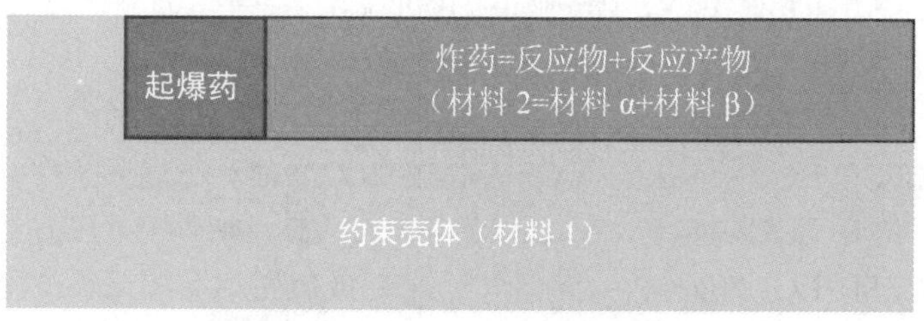

图 7-55 受约束的速率棒问题示意图

（a）文献计算结果

（b）DUALCESE 计算结果

图 7-56 密度云图对比

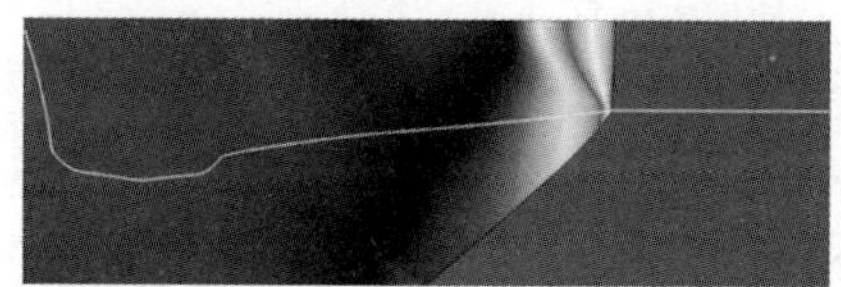

（a）文献计算结果

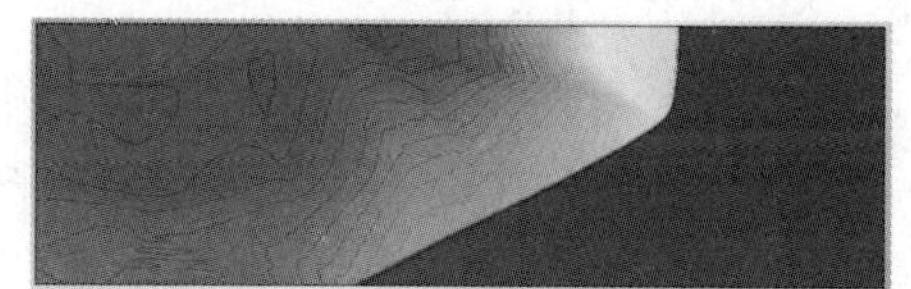

（b）DUALCESE 计算结果

图 7-57 压力云图对比

7.11.3 DUALCESE 状态方程

DUALCESE 目前支持的状态方程如下：

- *DUALCESE_EOS_REFPROP。现在使用 REFPROP v10.0（替换 REFPROP v9.1），并为用户提供更多工程应用的真实气体和真实液体状态方程。
- *DUALCESE_EOS_COCHRAN_CHAN。凝聚态炸药 Cochran-Chan 状态方程。
- *DUALCESE_EOS_JWL。凝聚态炸药 JWL 状态方程。
- *DUALCESE_EOS_STIFFENED_GAS。刚性气体状态方程。
- *DUALCESE_EOS_VAN_DER_WAALS_GENERALIZED。广义范德沃瓦尔状态方程。
- *DUALCESE_EOS_IDEAL_GAS。理想气体状态方程。
- *DUALCESE_EOS_INFLATOR1。带有单一温度范围的充气状态方程。
- *DUALCESE_EOS_INFLATOR2。带有两个温度范围的充气状态方程。

7.11.4 DUALCESE 反应率方程

反应率方程用于描述凝聚态炸药模拟中反应物向产物的转化。DUALCESE 目前支持的反应率方程如下：

- *DUALCESE_REACTION_RATE_IG。点火和增长模型的反应率方程。
- *DUALCESE_REACTION_RATE_IG_REDUCED。点火和增长模型的简化形式反应率方程。
- *DUALCESE_REACTION_RATE_P_DEPEND。显式压力相关反应率方程。

7.11.5 DUALCESE 边界条件

- *DUALCESE_BOUNDARY_AXISYMMETRIC。轴对称边界条件。
- *DUALCESE_BOUNDARY_NON_REFLECTIVE。被动（无反射）边界条件。
- *DUALCESE_BOUNDARY_CYCLIC。平行或旋转扇区的循环或周期性边界条件。
- *DUALCESE_BOUNDARY_SOLID_WALL_ROTATE。旋转壁面边界条件。
- *DUALCESE_BOUNDARY_SLIDING。涉及移动网格流-固耦合求解器的滑动边界条件，其中的节点沿着保持其形状的表面（例如由活塞外表面的运动而新生成的表面）移动。

7.11.6 DUALCESE 主要关键字

7.11.6.1 *DUALCESE_BOUNDARY_AXISYMMETRIC_OPTION

可用选项有：

- MSURF。
- SEGMENT_SET。

该关键字为 2D 轴对称 DUALCESE 求解器在对称轴上设置轴对称边界条件。

当采用*MESH 卡片定义 DUALCESE 网格时应使用 MSURF 选项。当采用*DUALCESE_ELE2D 或*DUALCESE_ELE3D 卡片定义 DUALCESE 网格时使用 SEGMENT_SET 选项。

*DUALCESE_BOUNDARY_AXISYMMETRIC_OPTION 关键字卡片 1a 和 1b 见表 7-17、表 7-18。

表 7-17 关键字选项 MSURF 的卡片 1a

Card 1a	1	2	3	4	5	6	7	8
Variable	MSPID							
Type	I							
Default	none							

表 7-18 关键字选项 SEGMENT_SET 的卡片 1b

Card 1b	1	2	3	4	5	6	7	8
Variable	SSID							
Type	I							
Default	none							

- MSPID：*MESH_SURFACE_ELEMENT 卡片引用的网格边界面 PART ID。
- SSID：*DUALCESE_SEGMENTSET 定义的面段组 ID。

7.11.6.2　*DUALCESE_BOUNDARY_NON_REFLECTIVE_OPTION

可用选项有：

- MSURF。
- SEGMENT_SET。

该关键字为DUALCESE可压缩流定义被动边界条件，该无反射边界条件为被动开放边界提供了人工计算边界。

当采用*MESH卡片生成DUALCESE网格时应使用MSURF选项。当采用*DUALCESE_ELE2D或*DUALCESE_ELE3D卡片定义DUALCESE网格时使用SEGMENT_SET选项。

*DUALCESE_BOUNDARY_NON_REFLECTIVE_OPTION关键字卡片1a和1b见表7-19、表7-20。

表7-19　关键字选项MSURF的卡片1a

Card 1a	1	2	3	4	5	6	7	8
Variable	MSPID	DIRX	DIRY	DIRZ				
Type	I	F	F	F				
Default	none	0.0	0.0	0.0				

表7-20　关键字选项SEGMENT_SET的卡片1b

Card 1b	1	2	3	4	5	6	7	8
Variable	SSID	DIRX	DIRY	DIRZ				
Type	I	F	F	F				
Default	none	0.0	0.0	0.0				

- MSPID：*MESH_SURFACE_ELEMENT卡片引用的网格边界面PART ID。
- （DIRX、DIRY、DIRZ）：如果该矢量非零，则用于指定流动方向。
- SSID：*DUALCESE_SEGMENTSET定义的面段组ID。

备注：

备注1　边界面流。该边界条件通常施加在远离关注的扰动流的开放面上，换句话说，该边界面上的流动应基本为均匀流。

备注2　默认边界条件。如果流体边界没有被*DUALCESE_BOUNDARY_...卡片定义边界条件，则默认为无反射边界。

7.11.6.3　*DUALCESE_CONTROL_LIMITER

*DUALCESE_CONTROL_LIMITER用于为当前的DUALCESE模型设置稳定性参数。关键字卡片见表7-21。

表7-21　*CESE_CONTROL_LIMITER关键字卡片1

Card 1	1	2	3	4	5	6	7	8
Variable	IDLMT	ALPHA	BETA	EPSR				
Type	I	F	F	F				
Default	0	0.0	0.0	0.0				

- IDLMT：设置稳定性限制器选项。
  - IDLMT=0：限制器格式 1（再加权）。
  - IDLMT=1：限制器格式 2（松弛）。
- ALPHA：再加权系数α，$\alpha \geqslant 0$，α越大，稳定性越高，准确度越低。对于正反射冲击波，推荐α=2.0 或α=4.0。
- BETA：数值黏性控制系数β，$0 \leqslant \beta \leqslant 1$，$\beta$越大，稳定性越高，对于冲击波问题，建议$\beta$=1.0。
- EPSR：稳定性控制系数ε，$\varepsilon \geqslant 0$，ε越大，稳定性越高，准确度越低。

7.11.6.4 *DUALCESE_CONTROL_SOLVER

该关键字为 DUALCESE 可压缩流求解器设置通用控制参数，如流-固耦合算法、计算维数、流动性质（黏性流或非黏性流）等。关键字卡片 1 见表 7-22。

表 7-22 *DUALCESE_CONTROL_SOLVER 关键字卡片 1

Card 1	1	2	3	4	5	6	7	8
Variable	EQNS	IGEOM	IFRAME	MIXTYPE	IDC	ISNAN		
Type	A	A	A	A	F	I		
Default	EULER	none	FIXED	none	0.25	0		

- EQNS：为 DUALCESE 求解器选择求解的方程。
  - EQNS=NS：Navier-Stokes 方程。
  - EQNS=EULER：Euler 方程。
- IGEOM：设置几何模型的维数。
  - IGEOM=2D：二维问题。
  - IGEOM=3D：三维问题。
  - IGEOM=AXI：二维轴对称问题。
- IFRAME：设置参考坐标系。
  - IFRAME=FIXED：常用的非运动参考坐标系（默认）。
  - IFRAME=ROT：非惯性旋转参考坐标系。也可采用 IFRAME=ROTATING。
- MIXTYPE：选择混合或多相流求解器。
  - MIXTYPE=<*此处为空*>：无混合或多相流求解器。
  - MIXTYPE=HYBRID：混合多相流求解器。
  - MIXTYPE=TWO-PHASE：两相流求解器。
- IDC：接触作用探测系数（用于流-固耦合和共轭传热问题）。
- ISNAN：每个时间步结束时检查 DUALCESE 求解器求解矩阵中是否存在 NaN 数的标志。可用于调试，打开后会增加计算耗费。
  - ISNAN=0：不打开。
  - ISNAN=1：打开。

7.11.6.5 *DUALCESE_CONTROL_TIMESTEP

该关键字为DUALCESE 可压缩流求解器设置时间步长控制参数。关键字卡片 1 见表 7-23。

表 7-23 *CESE_CONTROL_TIMESTEP 关键字卡片 1

Card 1	1	2	3	4	5	6	7	8
Variable	IDDT	CFL	DTINT					
Type	I	F	F					
Default	0	0.9	1.E-3					

- IDDT：时间步长设置选项。
  - IDDT=0：采用初始给定的固定时间步长 DTINT。
  - IDDT≠0：根据 CFL 数和上一时间步的流动解算结果计算时间步长。
- CFL：CFL 数（Courant-Friedrichs-Lewy 条件），$0.0<CFL\leqslant 1.0$。
- DTINT：初始时间步长。

7.11.6.6 *DUALCESE_D3PLOT

定义输出到 D3PLOT 文件中的 DUALCESE 流体变量。关键字卡片 1 见表 7-24。

表 7-24 *DUALCESE_D3PLOT 关键字卡片 1

Card 1	1	2	3	4	5	6	7	8
Variable	FLOW_VAR							
Type	A							

- FLOW_VAR：输出到 D3PLOT 文件中的 DUALCESE 流体变量名称。当前支持的流体变量如下：
  - FLOW_VAR=DENSITY：密度。
  - FLOW_VAR=VELOCITY：速度。
  - FLOW_VAR=MOMENTUM：动量。
  - FLOW_VAR=VORTICITY：涡度。
  - FLOW_VAR=TOTAL_ENERGY：总能量。
  - FLOW_VAR=INTERNAL_ENERGY：内能。
  - FLOW_VAR=PRESSURE：压力。
  - FLOW_VAR=TEMPERATURE：温度。
  - FLOW_VAR=ENTROPY：熵。
  - FLOW_VAR=ENTHALPY：焓。
  - FLOW_VAR=SCHLIEREN_NUMBER：用于捕捉或突出可压缩流中激波结构的数量。
  - FLOW_VAR=VOID_FRACTION：空材料的体积分数。
  - FLOW_VAR=VOLUME_FRACTION：多相模型中不同材料的体积分数。
  - FLOW_VAR=REACTANT_MASS_FRACTION：混合多相模型中反应物（材料 a）相对于炸药材料（材料 2）的质量分数。

7.11.6.7 *DUALCESE_ELE2D

定义三节点或四节点单元。关键字卡片 1 见表 7-25。

表 7-25 *DUALCESE_ELE2D 关键字卡片 1

Card 1	1	2	3	4	5	6	7	8	9	10
Variable	EID	PID	N1	N2	N3	N4				
Type	I	I	I	I	I	I				
Default	none	none	none	none	none	none				

- EID：单元 ID。该 ID 唯一，不能重名。
- PID：Part ID，请参见*DUALCESE_PART。
- N1：节点 1。
- N2：节点 2。
- N3：节点 3。
- N4：节点 4。

7.11.6.8　*DUALCESE_ELEMENTSET

该关键字用于定义 DUALCESE 单元组。关键字卡片 1 和 2 分别见表 7-26、表 7-27。

表 7-26　*DUALCESE_ELEMENTSET 关键字卡片 1

Card 1	1	2	3	4	5	6	7	8
Variable	ESID							
Type	I							
Default	none							

- ESID：单元组 ID。该 ID 唯一，不能重名。

表 7-27　*DUALCESE_ELEMENTSET 关键字卡片 2

Card 2	1	2	3	4	5	6	7	8
Variable	EID1	EID2	EID3	EID4	EID5	EID6	EID7	EID8
Type	I	I	I	I	I	I	I	I

- EID*i*：第 *i* 个单元 ID。

7.11.6.9　*DUALCESE_EOS_IDEAL_GAS

该关键字为 DUALCESE 求解器定义理想气体状态方程系数 C_v 和 C_p。关键字卡片 1 见表 7-28。

表 7-28　*CESE_EOS_IDEAL_GAS 关键字卡片 1

Card 1	1	2	3	4	5	6	7	8
Variable	EOSID	Cv	Cp	E0				
Type	I	F	F	F				
Default	none	717.5	1004.5	0.0				

- EOSID：状态方程 ID。
- Cv：定容比热。
- Cp：定压比热。
- E0：反应过程中释放的爆热，或添加的后燃烧能的常数释放速率 e0。

7.11.6.10　*DUALCESE_EOS_VAN_DER_WAALS_GENERALIZED

该关键字为 DUALCESE 求解器定义广义范德沃瓦尔流体状态方程系数。关键字卡片 1 说明见表 7-29。

表 7-29　*DUALCESE_EOS_VAN_DER_WAALS_GENERALIZED 关键字卡片 1

Card 1	1	2	3	4	5	6	7	8
Variable	EOSID	A	B	GA	BT			
Type	I	F	F	F	F			
Default	none	none	none	none	none			

- EOSID：状态方程 ID。
- A：分子内聚力 Van Der Waals 气体常数，a。
- B：分子有限大小 Van Der Waals 气体常数，b。
- GA：比热比，$\gamma > 1.0$。
- BT：参考压力，$\beta \geqslant 0.1$。

7.11.6.11　*DUALCESE_INCLUDE_MODEL

该关键字包含 DUALCESE 模型的关键字文件的文件名。在一个 DUALCESE 模型中可以包含任何数量的*DUALCESE_INCLUDE_MODEL 关键字。而在顶层，整个模型以*DUALCESE_MODEL 卡片开头。

*DUALCESE_INCLUDE_MODEL 关键字卡片 1 见表 7-30。

表 7-30　*DUALCESE_INCLUDE_MODEL 关键字卡片 1

Card 1	1	2	3	4	5	6	7	8
Variable	FILENAME							
Type	A							

- FILENAME：包含 DUALCESE 模型的关键字文件的文件名。此卡片仅允许在*DUALCESE_MODEL 关键字卡片包含的文件中使用。

7.11.6.12　*DUALCESE_INITIAL

在每个 DUALCESE 流体单元质心为流体变量设置初值。关键字卡片 1 见表 7-31。

表 7-31　*DUALCESE_INITIAL 关键字卡片 1

Card 1	1	2	3	4	5	6	7	8
Variable	U	V	W	RHO	P	T		IFUNC
Type	F	F	F	F	F	F		I
Default	0.0	0.0	0.0	1.225	0.0	0.0		none

- U、V、W：分别为 X、Y、Z 方向速度分量。
- RHO：密度，ρ。
- P：压力，P。
- T：温度，T。
- IFUNC：可选项，采用*DEFINE_FUNCTION 定义初始条件。
  - IFUNC=0：未使用。
  - IFUNC=1：采用*DEFINE_FUNCTION 定义速度、压力、密度和温度。

备注：

备注 1　*DUALCESE_INITIAL 关键字必需的输入值。通常只需输入 RHO、P 和 T 中的两个即可（速度除外），如果全部给定这三个参数，则只采用 RHO 和 P。

备注 2　*DUALCESE_INITIAL 关键字应用的单元。这些初值只施加在没有被*DUALCESE_INITIAL_OPTION 卡片赋值的单元上。

7.11.6.13　*DUALCESE_INITIAL_TWO-PHASE_SET

该关键字为 DUALCESE 单元组初始化两相流模型初值，如速度、压力等。关键字卡片 1

和 2 分别见表 7-32、表 7-33。

表 7-32　*DUALCESE_INITIAL_TWO-PHASE_SET 关键字卡片 1

Card 1	1	2	3	4	5	6	7	8
Variable	ESID	IFUNC						
Type	I	I						
Default	none	none						

表 7-33　*DUALCESE_INITIAL_TWO-PHASE_SET 关键字卡片 2

Card 2	1	2	3	4	5	6	7	8
Variable	Z1	UIC	VIC	WIC	RHO_1	RHO_2	PIC	TIC
Type	F	F	F	F	F	F	F	F
Default	none	none	none	none	none	none	none	none

- ESID：*DUALCESE_ELEMENTSET 定义的单元组 ID。
- IFUNC：可选项，采用*DEFINE_FUNCTION 定义初始条件。
  - IFUNC=0：未使用。
  - IFUNC=1：采用*DEFINE_FUNCTION 定义速度、压力、密度和温度。
- Z1：材料 1 的体积分数（或颜色函数）。
- UIC、VIC、WIC：分别为 X、Y、Z 方向多相流速度分量。
- RHO_1：材料 1 的密度。
- RHO_2：材料 2 的密度。
- PIC：多相流平衡压力。
- TIC：多相流平衡温度。

7.11.6.14　*DUALCESE_MODEL

设置 DUALCESE 可压缩流问题采用的单位，并指定 DUALCESE 模型的文件名。可以指定任意数量的 DUALCESE 模型（每个模型都有其独立的网格），并且每个模型必须位于不同的文件中。关键字卡片 1 见表 7-34。

表 7-34　*DUALCESE_MODEL 关键字卡片 1

Card 1	1	2	3	4	5	6	7	8
Variable	UNITSYS	FILENAME						
Type	A	A						

- UNITSYS：该 DUALCESE 模型采用的单位制名称（由*UNIT_SYSTEM 定义）。
  - UNITSYS=<*此处为空*>：使用与整个计算模型相同的单位。
- FILENAME：包含 DUALCESE 模型的关键字文件名。请注意，该文件中只允许使用*DUALCESE_...关键字卡片。

7.11.6.15　*DUALCESE_NODE2D

该关键字在全局坐标系中定义一个节点及其坐标。关键字卡片 1 见表 7-35。

表 7-35 *DUALCESE_NODE2D 关键字卡片 1

Card 1	1	2	3	4	5	6	7	8	9	10
Variable	NID	X		Y						
Type	I	F		F						
Default	none	0.		0.						

- NID：节点 ID。该节点 ID 不能与*DUALCESE_NODE2D 或*DUALCESE_NODE3D 卡片定义的节点 ID 重名。
- X：X 坐标。
- Y：Y 坐标。

7.11.6.16 *DUALCESE_PART

该关键字定义 DUALCESE 流体 PART，引用定义的材料模型和状态方程。该关键字还可用于定义分区求解策略，指定在 DUALCESE 网格区域上使用的求解器类型，即为该 PART 指定采用的边界沉浸式流-固耦合求解器、动网格法流-固耦合求解器或非流-固耦合欧拉求解器。关键字卡片 1 见表 7-36。

表 7-36 *DUALCESE_PART 关键字卡片 1

Card 1	1	2	3	4	5	6	7	8
Variable	PID	MID	EOSID	FSITYPE	MMSHID			
Type	I	I	I	A	I			
Default	none	none	none	可选项	0			

- PID：PART ID。注意，该 PID 不能与*DUALCESE_PART 或*DUALCESE_PART_MULTIPHASE 卡片定义的 PID 重名。
- MID：*DUALCESE_MAT_…卡片定义的材料模型 ID。仅在黏性流中需要定义材料黏性，在无黏流动中可不定义 MID。
- EOSID：*DUALCESE_EOS_…卡片定义的状态方程 ID。
- FSITYPE：在该 PART 上使用的流-固耦合类型。
  - FSITYPE=<*此处为空*>：如果为空，则不进行流-固耦合。
  - FSITYPE=IBM：边界沉浸式流-固耦合。
  - FSITYPE=MOVMESH：动网格法流-固耦合。也可采用 FSITYPE=MMM。
- MMSHID：该 PART 上动网格法流-固耦合求解器采用的网格运动算法 ID。该 ID 指向*DUALCESE_CONTROL_MESH_MOV 卡片 ID。

7.11.6.17 *DUALCESE_PART_MULTIPHASE

该关键字定义 DUALCESE 多相流 PART，引用定义的材料模型和状态方程。关键字卡片 1 见表 7-37。

表 7-37 *DUALCESE_PART_MULTIPHASE 关键字卡片 1

Card 1	1	2	3	4	5	6	7	8
Variable	PID	REACT_ID	EOSSID	MID	FSITYPE	MMSHID		
Type	I	I	I	I	A	I		
Default	none	none	none	none	可选项	0		

- PID：PART ID。注意，该 PID 不能与*DUALCESE_PART 或*DUALCESE_PART_MULTIPHASE 卡片定义的 PID 重名。
- REACT_ID：*DUALCESE_REACTION_RATE_...定义的化学反应率方程 ID。
- EOSSID：*DUALCESE_EOS_SET 卡片定义的状态方程组 ID。
- MID：*DUALCESE_MAT_…卡片定义的材料模型 ID。
- FSITYPE：在该 PART 上使用的流-固耦合类型。
  - FSITYPE=<*此处为空*>：如果为空，则不进行流-固耦合。
  - FSITYPE=IBM：边界沉浸式流-固耦合。
  - FSITYPE=MOVMESH：动网格法流-固耦合。也可采用 FSITYPE=MMM。
- MMSHID：该 PART 上动网格法流-固耦合求解器采用的网格运动算法 ID。该 ID 指向*DUALCESE_CONTROL_MESH_MOV 卡片 ID。

7.11.6.18　*DUALCESE_SEGMENTSET

该关键字定义 DUALCESE 面段组。对于三维模型，面段是三角形或四边形。对于二维模型，面段是由两个节点定义的线段。关键字卡片 1 和 2 分别见表 7-38、表 7-39。

表 7-38　*DUALCESE_SEGMENTSET 关键字卡片 1

Card 1	1	2	3	4	5	6	7	8
Variable	SID							
Type	I							
Default	none							

- SID：面段 ID。注意，该 SID 不能重名。

表 7-39　*DUALCESE_SEGMENTSET 关键字卡片 2

Card 2	1	2	3	4	5	6	7	8
Variable	N1	N2	N3	N4				
Type	I	I	I	I				

- N1：节点 1。
- N2：节点 2。
- N3：节点 3。定义线面段，设置 N3=N2。
- N4：节点 4。定义三角形面段，设置 N4=N3。定义线面段，设置 N4=N2。

7.11.7　计算模型概况

在图 7-58 中，初始压力峰值为 1GPa 的冲击波在水中从右向左传播，压缩途经的气泡后，作用于结构，使之产生变形。

采用二维平面应变模型。流体部分和结构部分分别采用 DUALCESE 和 Lagrangian 算法，二者之间采用边界沉浸式流-固耦合算法（自动耦合）模拟冲击波对结构的作用。

图 7-58　DUALCESE 激波与气泡作用几何模型

7.11.8　TrueGrid 建模

流体域的 TrueGrid（建议采用 3.0 以上版本）建模命令流如下：

```
mate 1                                   c 为 DUALCESE 流体指定材料号（LS-DYNA PART 号）
block 1 191 241;1 201;-1;0 0.95 1.2;0 1.0;0   c 创建 DUALCESE 流体 PART
eset 2 1 1 3 2 1 = shock                 c 定义要施加冲击波的单元组
endpart                                  c 结束当前 Part 命令
merge                                    c 进入 merge 阶段，合并 Part
offset nodes 303;                        c 将实体单元号偏移 303
offset shells 200;                       c 将节点号偏移 200
stp 0.0001                               c 设置节点合并阈值，节点之间距离小于该值即被合并
mof cese-mesh.k                          c 指定输出流体域网格模型文件 cese-mesh.k
lsdyna keyword                           c 声明要输出 LS-DYNA 关键字格式文件
write                                    c 输出网格模型文件
```

在 TrueGrid 生成网格模型文件 cese-mesh.k 后，需要在 LS-PrePost 软件中建立 2D SEGMENT SET，并修改其中的关键字。

（1）依次单击 Page 5→SetD 将模型四条边创建为 SEGMENT SET。具体过程如图 7-59 所示。

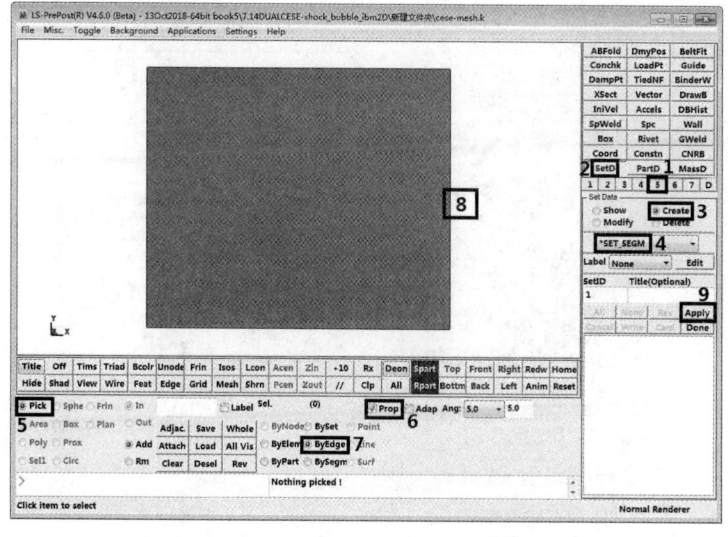

图 7-59　创建 2D SEGMENT SET 步骤

1）点选 Create，在下拉列表中选择*SET_SEGM。

2）在下面选择工具栏中，保持默认的 Pick 选择模式不变，勾选 Prop 和 ByEdge。

3）点选模型左边，然后单击右侧按钮 Apply，创建第 1 个 SEGMENT SET。

4）随后点选模型右边，然后单击 Apply，创建第 2 个 SEGMENT SET。

5）随后点选模型下边，然后单击 Apply，创建第 3 个 SEGMENT SET。

6）随后点选模型上边，然后单击 Apply，创建第 4 个 SEGMENT SET。

7）依次单击右侧工具栏中的 Show、All 和 Write，将这 4 个 SEGMENT SET 保存为 cese-segset.k。

8）打开 cese-segset.k，将其中的*SET_SEGMENT 修改为*DUALCESE_ELEMENTSET，并保存。

（2）创建气泡域。具体过程如图 7-60 和图 7-61 所示。

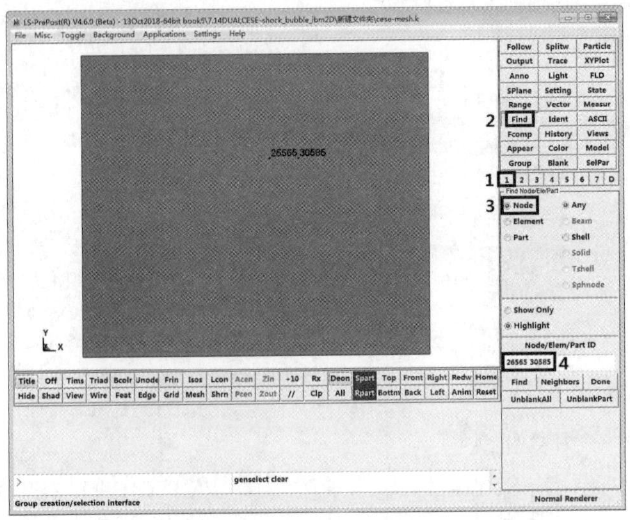

图 7-60　创建气泡域步骤 1

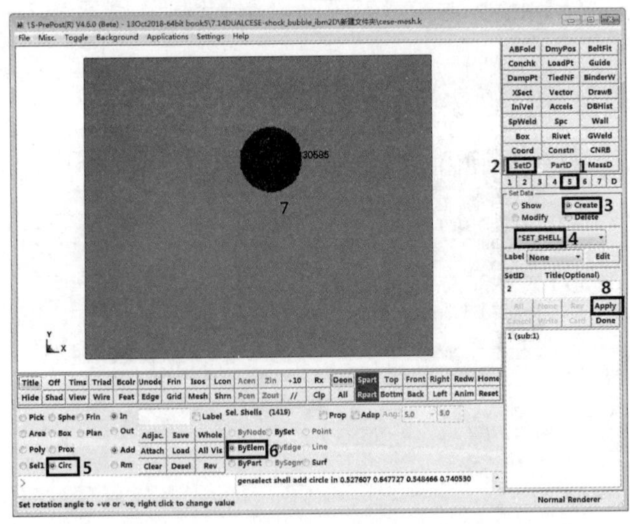

图 7-61　创建气泡域步骤 2

1）依次单击 Page 1→Find→Node，在节点选择对话框中输入两个节点号 26565 和 30585，并回车。

2）依次单击 Page 5→*SetD→Create，在下拉列表中选择*SET_SHELL。

3）在下端选择对话框中点选 Circ 和 ByElem，以节点 26565 为圆心画虚拟圆，圆的边界为节点 30585，即节点 26565 到节点 30585 之间的距离为圆的半径。

4）单击 Apply。

5）依次单击右侧工具栏中的 Show、All 和 Write，将新生成的单元组保存为 cese-eleset.k。

6）打开 cese-eleset.k，将其中的*SET_SHELL_LIST 修改为*DUALCESE_ELEMENTSET，并保存。

（3）接着采用 UltraEdit 软件打开 cese-mesh.k 文件，修改其中的关键字，并保存。

1）将*NODE 修改为*DUALCESE_NODE2D。

2）将*ELEMENT_SHELL 修改为*DUALCESE_ELE2D。

3）将*SET_SHELL_LIST 修改为*DUALCESE_SEGMENTSET。

4）保存该文件。

结构部分的 TrueGrid 建模命令流如下：

```
mate 11                                          c 为结构指定材料号（LS-DYNA PART 号）
block 1 3;1 101;-1;0.421 0.456;0 1.0;0           c 创建结构 PART
b 1 2 1 2 2 1 dx 1 dy 1 dz 1 rx 1 ry 1 rz 1;     c 约束结构 PART 一端
b 1 1 1 2 1 1 dx 1 dy 1 dz 1 rx 1 ry 1 rz 1;     c 约束结构 PART 另一端
endpart                                          c 结束当前 Part 命令
merge                                            c 进入 merge 阶段，合并 Part
stp 0.0001                                       c 设置节点合并阈值，节点之间距离小于该值即被合并
mof struck-mesh.k                                c 指定输出结构网格模型文件 struck-mesh.k
lsdyna keyword                                   c 声明要输出 LS-DYNA 关键字格式文件
write                                            c 输出网格模型文件
```

7.11.9　关键字文件讲解

下面讲解相关的 LS-DYNA 关键字输入文件。关键字输入文件有 7 个：

（1）计算模型参数主控文件 main.k。

（2）流体域计算参数文件 fluid_setup.k、流体域网格模型文件 cese-mesh.k、流体域气泡单元组文件 cese-eleset.k、流体域边界文件 cese-segset.k。

（3）结构计算参数文件 struct_setup.k 和其网格模型文件 struck-mesh.k。

其中计算模型参数主控文件 main.k 中的内容及相关讲解如下。

$ 首行*KEYWORD 表示输入文件采用的是关键字输入格式。

```
*KEYWORD
```

$ 设置分析作业标题。

```
*TITLE
shock_bubble_shell_interaction
```

$ 定义计算结束时间。

```
*CONTROL_TERMINATION
$ endtim,endcyc,dtmin,ending,endmas
6.0e-4,20000
```

$ 定义二进制状态文件 D3PLOT 的输出。

```
*DATABASE_BINARY_D3PLOT
```

```
$ dt/cycl,lcdt,beam,npltc
1.0e-5,,0
```

$ 定义重启动文件 D3DUMP 的输出。

```
*DATABASE_BINARY_D3DUMP
$ dt/cycl,lcdt,beam,npltc
10000
```

$ 包含结构计算参数文件 struct_setup.k。

```
*INCLUDE
struct_setup.k
```

$ 包含流体域计算参数文件 fluid_setup.k。

```
*DUALCESE_MODEL
$ UNITSYS,FILENAME
              fluid_setup.k
```

$ *END 表示关键字输入文件的结束。

```
*END
```

流体域计算参数文件 fluid_setup.k 中的内容及相关讲解如下。

```
*KEYWORD
```

$ 为 DUALCESE 求解器设置控制选项。

```
*DUALCESE_CONTROL_SOLVER
$ EQNS,IGEOM,IFRAME,MIXTYPE,IDC,ISNAN
Euler,2D,fixed,two-phase
```

$ 为 DUALCESE 求解器设置时间步控制参数。

```
*DUALCESE_CONTROL_TIMESTEP
$ IDDT,CFL,DTINT
1,0.5,1.e-7
```

$ 设置稳定性参数。

```
*DUALCESE_CONTROL_LIMITER
$ IDLMT,ALPHA,BETA,EPSR
2,2.,1.0,.0
```

$ 包含 DUALCESE 节点网格文件。

```
*DUALCESE_INCLUDE_MODEL
$ FILENAME
cese-mesh.k
```

$ 包含 DUALCESE 边界面段组文件。

```
*DUALCESE_INCLUDE_MODEL
$ FILENAME
cese-segset.k
```

$ 包含 DUALCESE 气泡单元组文件。

```
*DUALCESE_INCLUDE_MODEL
cese-eleset.k
```

$ 设置无反射边界。

```
*DUALCESE_BOUNDARY_NON_REFLECTIVE_SEGMENT_SET
$ SSID,DIRX,DIRY,DIRZ
1
```

$ 设置反射边界。

```
*DUALCESE_BOUNDARY_REFLECTIVE_SEGMENT_SET
$ SSID
2
3
4
```

$ 为 DUALCESE 两相流模型设置初始条件，如压力、速度等。

```
*DUALCESE_INITIAL_TWO-PHASE
$ Z1,UIC,VIC,WIC,RHO_1,RHO_2,PIC,TIC
1.0,0.0,0.0,0.0,1.0e+3,0.0,1.0e+5
$ IFUNC
```

$ 为 DUALCESE 两相流模型设置初始条件，如压力、速度等。
$ 这里在单元组 1 中施加冲击波。

```
*DUALCESE_INITIAL_TWO-PHASE_SET
$ ESID,IFUNC
1
$ Z1,UIC,VIC,WIC,RHO_1,RHO_2,PIC,TIC
1.0,-432.69,0.0,0.0,1.23e+3,0.0,1.0e+9
```

$ 在单元组 2 中（气泡）为 DUALCESE 两相流模型设置初始条件，如压力、速度等。

```
*DUALCESE_INITIAL_TWO-PHASE_SET
$ ESID,IFUNC
2
$ Z1,UIC,VIC,WIC,RHO_1,RHO_2,PIC,TIC
0.0,0.0,0.0,0.0,0.0,1.2,1.0e+5
```

$ 定义 DUALCESE 多相流 PART。

```
*DUALCESE_PART_MULTIPHASE
$ PID,REACT_ID,EOSSID,MID,FSITYPE,MMSHID
1,,11,ibm
```

$ 定义状态方程组，包括惰性物、反应物和生成物状态方程。

```
*DUALCESE_EOS_SET
$ EOSSID,EOSINID,EOSRCTID,EOSPRDID
11,5,6
```

$ 定义 Van Der Waals 广义状态方程参数。

```
*DUALCESE_EOS_VAN_DER_WAALS_GENERALIZED
$ EOSID,A,B,GA,BT
5,0.0,0.0,4.4,6.0e+8
*DUALCESE_EOS_VAN_DER_WAALS_GENERALIZED
$ EOSID,A,B,GA,BT
6,5.0,1.0e-3,1.4,0.0
```

$ 定义输出到 D3PLOT 文件的 DUALCESE 变量。

```
*DUALCESE_D3PLOT
$ FLOW_VAR
density
pressure
velocity
total_energy
internal_energy
temperature
volume_fraction
```

$ *END 表示关键字输入文件的结束，LS-DYNA 读入时将忽略该语句后的所有内容。

```
*END
```

结构计算参数文件 struct_setup.k 中的内容及相关讲解如下。

```
*KEYWORD
*TITLE
struct_shell
```

$ 定义结构 PART。

```
*PART
shell
11,6,5,0,0,0,0,0
```

$ 为结构 PART 定义平面应变壳单元算法。

```
*SECTION_SHELL
$ SECID,ELFORM,SHRF,NIP,PROPT,QR/IRID,ICOMP,SETYP
6,12,0.0,0.0,0.0
$ T1,T2,T3,T4,NLOC,MAREA,IDOF,EDGSET
0.009,0.009,0.009,0.009
```

$ 为结构 PART 定义材料模型参数。

```
*MAT_ELASTIC
$ MID,RO,E,PR,DA,DB,K
5,5.2e+3,2.0e+13,0.1,0.0,0.0,0.0
```

$ 包含结构 PART 的网格节点模型文件。

```
*INCLUDE
struck-mesh.k
*END
```

7.11.10 数值计算结果

计算完成后，打开 LS-PrePost 软件，读入 D3PLOT 文件，选择相关项（Page 1→Fcomp→Extend→CESE CFD element），显示计算结果，如图 7-62 所示。

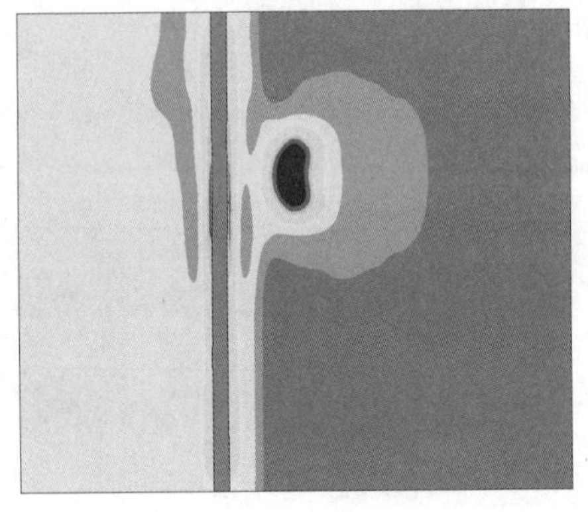

（a）流场密度变化

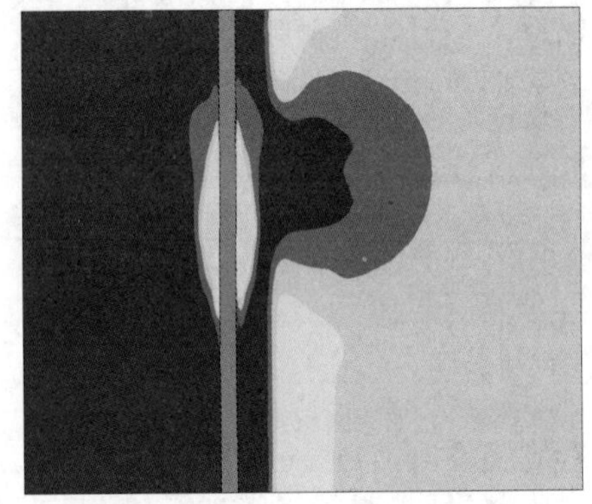

（b）流场压力变化

图 7-62 *T*=1.8E-4s 时刻流场密度和压力

7.12 玻璃弹珠堆积溅落 DEM 计算

7.12.1 DEM 基础

DEM 理论是 P. Cundall 在 20 世纪 70 年代首先提出来的，该理论在模拟颗粒状物质特性、大范围自由液面液体流动等方面具有天然的优势。目前，离散元的理论体系并不完善，其局限性表现在接触模型和参数确定困难、计算效率低、稳定性难以保证等方面。

LS-DYNA 中的离散元法（DEM）可用于分析不同类型颗粒（例如沙粒、碎石、土壤、谷物、药粒、冰块等）的混合、储存、装卸和传输过程，如图 7-63 和图 7-64 所示。

图 7-63　典型的颗粒状物质

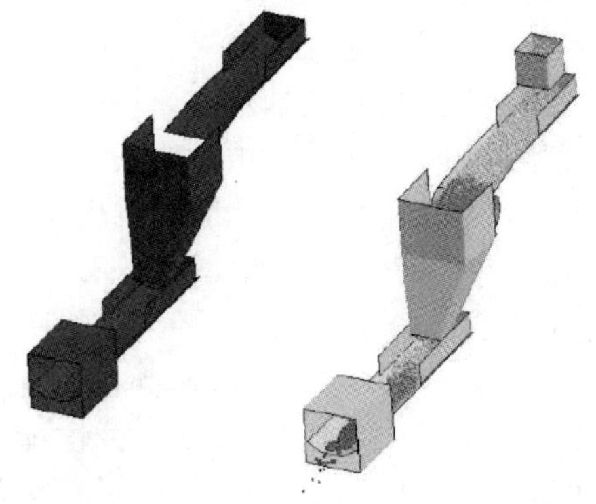

图 7-64　传送带传输模拟

这些颗粒状物质的驱动力为：

- 小尺寸颗粒：通常表面驱动（附着力等）。
- 大尺寸颗粒：体积驱动（重力）。

这些颗粒状物质是具有内部摩擦的材料，典型特征为：

- 压缩时呈现类似固体的行为，不违背静摩擦定律，载荷由颗粒与颗粒的接触力承担。
- 运动时具有流体状行为，违背了静摩擦定律，滚动/滑动引起运动。
- 单个分离颗粒具有“简单”牛顿运动行为。

连续介质力学方法（FEM、EFG、SPH、ALE）将这些颗粒作为连续介质处理，忽略单个颗粒，假设计算模型关键部件的长度尺度远大于颗粒长度尺度，适合分析大尺寸模型，不适合研究在粒径长度范围内发生的现象。

离散元方法（如 DEM）用于模拟单个颗粒与其他颗粒以及结构之间的相互作用，计算单个颗粒的动力学行为，系统整体行为是粒子个体相互作用的结果。建模时需要输入粒子尺度方面的信息，如粒子大小、形状、力学性能。DEM 方法非常适合研究在粒径尺度范围内发生的现象，是用于模拟粒子过程的最准确、有效的方法，不适合精确模拟大尺寸模型。

DEM 方法还可用于模拟连续体介质在准静态或动态条件下的变形及破坏过程，这是通过键连接的方式将颗粒与其相邻的颗粒粘结在一起形成连续体来模拟块体材料，颗粒之间接触点处的键可以承受外载荷，当所受载荷超过连接键的强度时，键发生断裂，能自然地处理裂纹的产生和扩展。

如地雷土中爆炸、岩石爆破、混凝土爆破（图 7-65）、混凝土穿甲、大坝泄洪、汽车泥土冲洗，并能与 ALE、S-ALE、ICFD 等算法进行耦合计算。

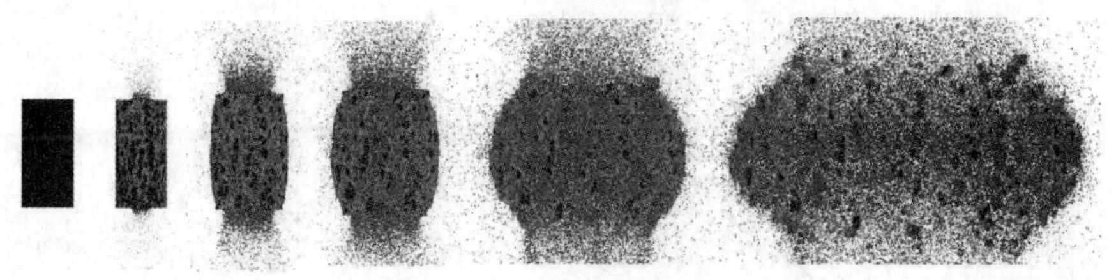

图 7-65　混凝土试件爆破模拟

7.12.1.1 DEM 理论概述

DEM 方法基本思想如下：

- 碰撞检测确定碰撞体对。
- 使用耗散能量的理想力模型近似颗粒之间的相互作用。
- 数值积分用于确定单个粒子的位置和速度，这需要小的时间步长。
- 计算相关的输运量、整体特性并分析不断变化的微观结构。

DEM 方法计算流程如图 7-66 所示。

DEM 中典型的力有：

（1）体力。体力在粒子质心处起作用，不会对粒子造成转矩。

（2）接触力。通常可分解为法向接触力和切向接触力，法向力与切向力无关，切向接触力与法向力相关。

（3）内聚力（液桥）。内聚力又称毛细力，是由具有固定容积的液桥（图 7-67）引起的，用于湿颗粒。

（4）键力。用于连续体分析。

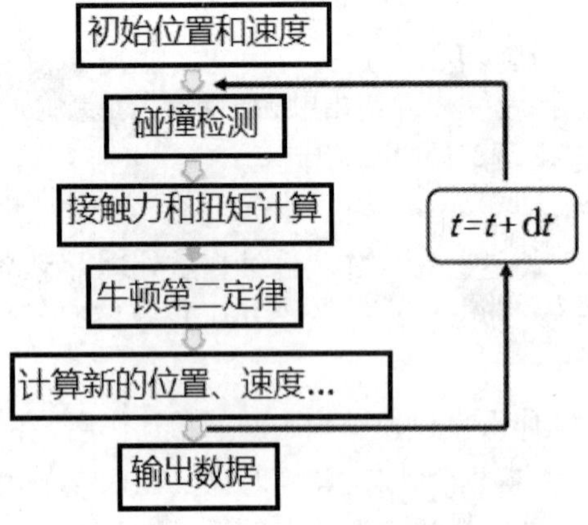

图 7-66 DEM 方法计算流程

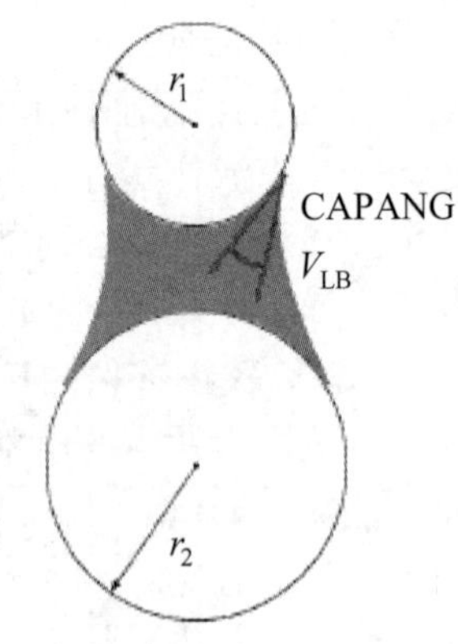

图 7-67 DEM 湿颗粒之间的液桥

7.12.1.2 DEM 方法涉及的主要关键字

DEM 方法涉及的主要关键字有：

- *PART：定义粒子 Part。*PART 引用定义的*SECTION_SOLID 或*SECTION_SHELL，但忽略其单元算法。
- *NODE：给出粒子坐标位置。
- *ELEMENT_DISCRETE_SPHERE_：定义单元 ID、质量、绕自身轴的转动惯量和粒子半径，质量和转动惯量计算公式如下：

$$M = V\rho = \frac{4}{3}\pi r^3 \rho \text{，} I = \frac{2}{5}Mr^2 = \frac{8}{15}\pi r^5 \rho$$

- *CONTROL_DISCRETE_ELEMENT：设置阻尼系数、湿粒子的刚度缩放和其他全局控制选项，用于粒子之间的接触。
- *DEFINE_DE_TO_BEAM_COUPLING：在 DEM 粒子和梁 Part 之间定义接触。这是 DEM 专用接触方式之一。

- *DEFINE_DE_TO_SURFACE_COUPLING：在 DEM 粒子和结构 Part 之间定义接触。这是 DEM 专用的接触方式。
- *DEFINE_DE_TO_SURFACE_TIED：在 DEM 粒子和结构 Part 之间定义固连接触。这也是 DEM 专用的接触方式。
- *DEFINE_DE_ACTIVE_REGION：给出粒子活动区域。如果粒子超出此范围，则在粒子-粒子搜索和与结构 Part 接触处理时处于禁用状态，即不进行接触处理。
- *DEFINE_DE_MASSFLOW_PLANE：测量经过预定义平面的粒子质量流量。此关键字必须与控制质量流速输出时间间隔的*DATABASE_DEMASSFLOW 一起使用。
- *DATABASE_DEMASSFLOW：设置质量流速输出时间间隔。
- *DEFINE_DE_BOND：定义粒子之间的键接模型，可用于模拟连续体介质。目前仅实现了两种方法：弹簧方法和用于结构分析的线弹性方法。
- *DEFINE_DE_INJECTION：生成粒子流，从而不用在初始输入文件中指定。这可节省 CPU 时间和内存。粒子注入几何为矩形平面。
- *DEFINE_DE_INJECTION_ELLIPSE：生成粒子流。粒子注入几何为椭圆平面。

7.12.1.3 DEM 粒子的材料模型

DEM 粒子常用材料模型为*MAT_RIGID，也可采用其他材料模型，程序仅从中读取体积模量和密度（仅当采用*ELEMENT_DISCRETE_SPHERE_VOLUME 时才使用密度）。

7.12.1.4 DEM 方法中的约束、速度和边界条件定义

DEM 粒子采用*MAT_RIGID 材料模型时，会自动禁用其中的约束设置。要设置约束，可采用*BOUNDARY_SPC_OPTION 或在*NODE 中设置 TC 和 RC。

通过*LOAD_NODE_或*LOAD_BODY_OPTION 施加力，例如重力加速度。

*INITIAL_VELOCITY_可用于为粒子施加初始速度。

*BOUNDARY_PRESCRIBED_MOTION_用于为粒子指定速度。

无反射边界采用下面的关键字定义，用于模拟无限域，以防止在模型边界处生成的人工应力波反射回模型干扰计算结果。

```
*BOUNDARY_DE_NON_REFLECTING
$# NSID，NSID 是节点组 ID。
22
```

7.12.1.5 DEM 方法中的接触定义

DEM 粒子还可通过点面单面接触（即通常的_NODES_接触类型）与结构 Part 发生作用，例如：

- *CONTACT_NODES_TO_SURFAC
- *CONTACT_AUTOMATIC_NODES_TO_SURFACE
- *CONTACT_ERODING_NODES_TO_SURFACE

需要注意的是，对于 DEM 点面接触：

- 接触时程序考虑粒子半径。
- 从面是 DEM 粒子。
- 接触卡上的接触厚度缩放和设置对于 DEM 粒子无效。
- 可以使用_MORTAR 和_SMOOTH 选项。
- 可以使用 SOFT=1，但不能使用 SOFT=2，因为不能基于节点生成段。

- 也可以使用固连接触。

使用 DEM 点面接触定义的优点如下：

- 可设置静态和动态摩擦系数。
- 可设置罚函数比例因子。
- MPP 并行效率很高。

使用 DEM 点面接触定义的缺点如下：

- 不能施加滚动摩擦。
- 摩擦力施加于粒子中心。
- 不适用于复杂几何结构。

专门用于 DEM 的接触是*DEFINE_DE_TO_SURFACE_COUPLING，用于和使用壳单元或实体单元建模的结构 PART 接触，这是 LS-DYNA 首推的 DEM 接触方式。该关键字可以给出阻尼和摩擦，以及接触颗粒的速度曲线。采用该关键字，DEM 颗粒可以与传送带结构 PART 接触。

使用 DEM 耦合卡（即*DEFINE_DE_TO_SURFACE_COUPLING）定义的优点如下：

- 可设置静态和滚动摩擦系数。
- 可在颗粒周边施加摩擦力。
- 可通过 LCVX、LCVY、LCVZ 定义用作接触主面的传送带的速度。
- 可用于复杂几何结构。
- 很容易设置。

使用 DEM 耦合卡定义的缺点如下：

- 无法通过罚函数缩放系数进行扭转。
- 有时 MPP 存在问题。

其他 DEM 专用耦合接触为：

- *DEFINE_DE_TO_SURFACE_TIED 定义 DEM 球体和结构 PART 之间的连接失效接触。
- *DEFINE_DE_TO_BEAM_COUPLING 定义 DEM 球体和梁之间的耦合。
- *DEFINE_SPH_DE_COUPLING 定义 SPH 粒子和 DEM 球体之间的耦合。

7.12.1.6　DEM 方法中的阻尼

DEM 颗粒忽略 LS-DYNA 中通常采用的质量和刚度阻尼（*DAMPING_OPTION）。而是在*CONTROL_DISCRETE_ELEMENT 中使用 NDAMP 和 TDAMP 选项。这些系数与临界阻尼系数无关，但以 DEM 粒子速度的比例因子的形式给出：

$$NDAMP \times V_{\mathrm{Normal}}，\quad TDAMP \times V_{\mathrm{Tangential}}$$

7.12.1.7　DEM 方法中的时间步长计算

计算采用的时间步长是模型中所有单元的最小计算步长。LS-DYNA 中 DEM 颗粒的时间步长计算公式为：

$$\Delta t_{DES} = TSSFAC \times 0.2 \times \pi \times \sqrt{\frac{m}{K_{\mathrm{Bulk}} \times RADIUS \times NormK}}$$

式中，m 为质量；$TSSFAC$ 为*CONTROL_TIMESTEP 给出的时间步长比例因子；K_{Bulk} 为材料的体积模量；$RADIUS$ 为粒子半径；$NormK$ 为法向弹簧的比例因子（默认值为 0.01）。

体积模量计算公式：

$$K_{\text{Bulk}} = \frac{E}{3(1-2\nu)}$$

式中，E 为材料杨氏模量；ν 为泊松比。

7.12.1.8　DEM 方法中的流-固耦合

DEM 通过*ALE_COUPLING_NODAL_与 ALE 耦合，该关键字有三种选项：

（1）CONSTRAINT，不允许相对运动。

（2）PENALTY，不能正确模拟重力。

（3）DRAG，可模拟以下两种力：阻力和浮力。其中浮力等于颗粒排开水的体积对应的重量，$F_b = g\rho V_p$。而阻力=阻力系数×面积×动压，即 $F_d = \frac{C_d \rho_f V_f^2 A}{2}$，$C_d = \left(0.63 + \frac{4.8}{\sqrt{\text{Re}}}\right)^2$。

DEM 还可通过*ICFD_CONTROL_DEM_COUPLING 与 ICFD 求解器耦合（见 7.13 节），目前支持以下两种力：阻力和浮力。

7.12.1.9　DEM 方法中的球体键接模型

到目前为止，LS-DYNA 已经考虑了 DEM 粒子及其相互作用，这是通过颗粒之间的特殊相互作用（接触）来完成的，它们都是独立的粒子。

LSTC 还开发了用于“粘合”颗粒的键接模型，这使得连续体的建模成为可能，它也可以看作是一个粒子系统。在键接模型中，所有颗粒通过键与其相邻颗粒连接，键代表固体力学的完整力学行为，键独立于 DEM。

用于指定键的相关关键字是*DEFINE_DE_BOND。每个键将受到压缩、拉伸、剪切、弯曲和扭转作用（图 7-68），键可能会破坏，具体取决于*DEFINE_DE_BOND 卡上的设置和方法，键的断裂会导致微损坏。

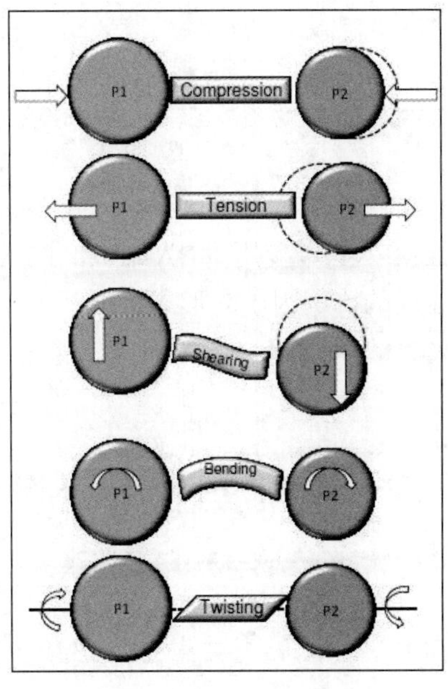

图 7-68　键的力学行为

7.12.1.10　DEM 方法中的结果数据输出

LS-DYNA 可分别输出关于 DEM 的 ASCII 和二进制格式结果数据，均包含 DEM 颗粒作用在结构上的力，可用于显示*DEFINE_DE_TO_SURFACE_COUPLING 定义的粒子和结构之间接触界面力。结果文件中只写入了接触主面的结果数据。可采用以下两个关键字为二进制 DEM 耦合文件设置输出间隔。

（1）*DATABASE_RCFORC。这将生成一个名为 demrcft 的 ASCII 文件，其格式与 rcforc 文件相同。

（2）*DATABASE_BINARY_DEMFOR。只有在命令行中使用了 dem 选项时，二进制结果数据才会被写入结果文件。

```
lsdyna I= inputfile.k dem=deminterface
```

这里，deminterface 是一个任意文件名。

可以使用打开接触界面力文件的选项将二进制文件 demfile 加载到 LS-PrePost。该文件的内容类似于传统接触的界面力文件中的内容，为界面压力和力，该文件既可以用来绘制云图，也可以绘制段的时间历程图。

7.12.1.11　DEM 粒子的显示

默认情况下，DEM 粒子在 LS-PrePost 显示为点，这可通过 Settings→General Settings→Discrete Sphere Element 将其显示为球，如图 7-69 所示。对于 LS-PrePost V4.6 以前的旧版本，若 Settings 菜单下不出现 General Settings 菜单，可按 F11。

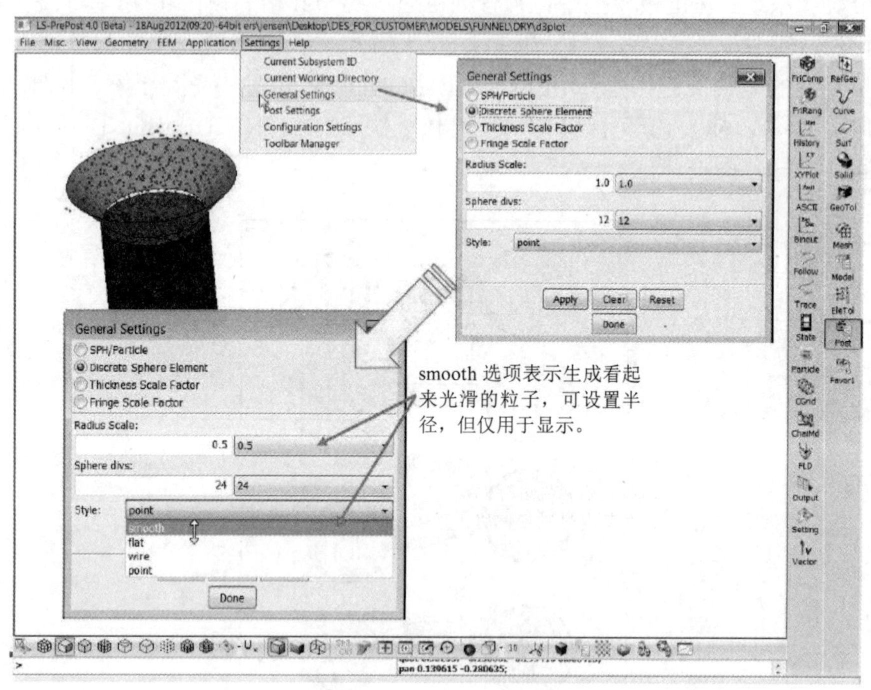

图 7-69　DEM 粒子显示更改

7.12.2　计算模型概况

图 7-70 是一个玻璃弹珠漏斗堆积的算例。玻璃弹珠在重力作用下堆积漏斗，随后掉落在

地面上。计算单位制采用 m-kg-s。

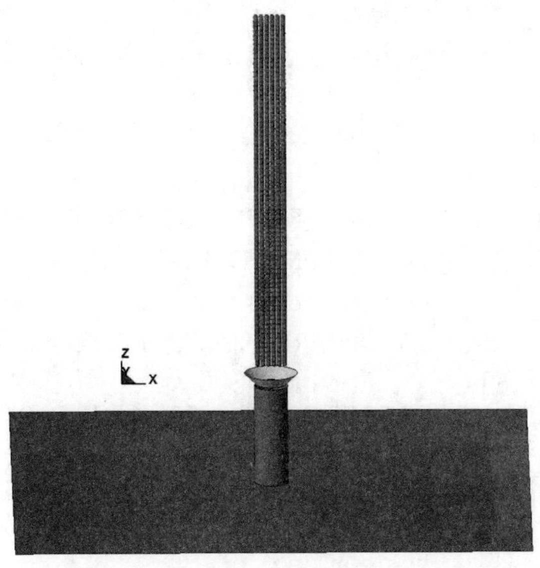

图 7-70　玻璃弹珠堆积溅落计算模型

注：本算例计算控制参数来自 ftp.lstc.com，几何模型与之略有不同。

7.12.3　TrueGrid 建模

漏斗和地面 TrueGrid 建模文件为 model-FEM.tg，相关命令流如下：

```
zoff -0.115                          c 对该命令后面的 Part 沿 Z 向进行偏移
mate 11                              c 为圆柱筒指定材料号（LS-DYNA PART 号）
cylinder -1;1 141;1 81;0.026;0 360;-0.085 0.065;    c 创建圆柱筒 PART
endpart                              c 结束当前 Part 命令
mate 12                              c 为锥形漏斗指定材料号（LS-DYNA PART 号）
cylinder -1;1 65;1 7;0.041;0 360;0.068 0.085;    c 创建锥形漏斗 PART
sfi -1; 1 2; -1;cy 0 0 0 0 0 1 0.024       c 向圆柱面投影
endpart                              c 结束当前 Part 命令
mate 3                               c 为刚性地面 PART 指定材料号（LS-DYNA PART 号）
block 1 81;1 81;-1;-0.4 0.4;-0.4 0.4;-0.085;    c 创建刚性地面 PART
endpart                              c 结束当前 Part 命令
merge                                c 进入 merge 阶段，合并 Part
offset shells 500000;                c 对壳单元号进行偏移
offset nodes 500000;                 c 对节点号进行偏移
stp 0.001                            c 设置节点合并阈值，节点之间距离小于该值即被合并
mof FEM.k                            c 指定输出 FEM.k，替代默认的 trugrdo 文件名
lsdyna keyword                       c 声明要输出 LS-DYNA 关键字格式文件
write                                c 输出网格模型文件
```

玻璃弹珠 TrueGrid 建模文件为 model-DEM.tg，相关命令流如下：

```
partmode i;                          c  Part 命令的间隔索引格式，便于建立三维网格
mate 1                               c 为玻璃弹珠 PART 指定材料号（LS-DYNA PART 号）
block 5;5;74;-0.021 0.021;-0.021 0.021;-0.01 0.5216;      c 创建玻璃弹珠 PART
endpart                              c 结束当前 Part 命令
merge                                c 进入 merge 阶段，合并 Part
```

```
mof DEM.k                     c 指定输出 DEM.k，替代默认的 trugrdo 文件名
lsdyna keyword                c 声明要输出 LS-DYNA 关键字格式文件
write                         c 输出网格模型文件
```

玻璃弹珠网格模型文件 DEM.k 生成后，还需要采用 UltraEdit 软件进行编辑，以生成离散元计算需要的关键字输入文件。

（1）打开 DEM.k 文件，删除 2710～4559 行之间的内容，即删除*ELEMENT_SOLID 下的单元，仅保留节点部分内容。

（2）将*ELEMENT_SOLID 修改为*ELEMENT_DISCRETE_SPHERE。

（3）将*NODE 下的节点号拷贝至*ELEMENT_DISCRETE_SPHERE 下面，并删除其中的空格。

（4）在*ELEMENT_DISCRETE_SPHERE 下面的每个节点号后面添加如下内容：

```
,1,3.218e-04,1.297e-09,3.175e-03
```

其中，1、3.218e-04、1.297e-09 和 3.175e-03 分别代表玻璃弹珠 PART 号、质量、转动惯量和半径。

（5）以原文件名 DEM.k 保存文件。

7.12.4 关键字文件讲解

下面讲解相关的 LS-DYNA 关键字输入文件。关键字输入文件有 3 个：计算模型参数主控文件 main.k、漏斗和地面网格模型文件 FEM.k、玻璃弹珠网格模型文件 DEM.k。其中 main.k 中的内容及相关讲解如下。

$ *KEYWORD 表示输入文件采用的是关键字输入格式。

```
*KEYWORD
```

$ 定义分析标题。

```
*TITLE
$# title
Glass (kg-m-s)
```

$ 定义计算结束条件。

```
*CONTROL_TERMINATION
$ endtim,endcyc,dtmin,endeng,endmas,nosol
0.75
```

$ 定义时间步长控制参数。

```
*CONTROL_TIMESTEP
$ DTINIT,TSSFAC,ISDO,TSLIMT,DT2MS,LCTM,ERODE,MS1ST
0.000,0.900000,0,0.000,0.000
$ dt2msf,dt2mslc,imscl,unused,unused,rmscl
0.000,0,0
```

$ 定义二进制状态文件 D3PLOT 的输出。

```
*DATABASE_BINARY_D3PLOT
$ DT/CYCL,LCDT/NR,BEAM,NPLTC,PSETID,CID
0.002000
```

$ *SECTION_SOLID 定义单元算法。

```
*SECTION_SOLID
$ SECID,ELFORM,AET
1,0,0
```

$ 定义壳单元算法。

```
*SECTION_SHELL
$ SECID,ELFORM,SHRF,NIP,PROPT,QR/IRID,ICOMP,SETYP
4,2,1.000000,2,1,0,0,1
$ T1,T2,T3,T4,NLOC,MAREA,IDOF,EDGSET
1e-3,1e-3,1e-3,1e-3
```

$ 定义圆柱 PART，引用定义的单元算法和材料模型。

```
*PART
$# title
Filter
$ PID,SECID,MID,EOSID,HGID,GRAV,ADPOPT,TMID
11,4,4
```

$ 定义锥形漏斗 PART，引用定义的单元算法和材料模型。

```
*PART
$# title
Funnel
$ PID,SECID,MID,EOSID,HGID,GRAV,ADPOPT,TMID
12,4,4
```

$ 这是*MAT_020 材料模型，用于将玻璃弹珠定义为刚体。

```
*MAT_RIGID_TITLE
Glass Beads
$MID,RO,E,PR,N,COUPLE,M,ALIAS or RE
1,2400.0 ,6.000E+10,0.240000,0.000,0.000,0.000
$ cmo,con1,con2
0.000000,0,0
$ lco or a1,a2,a3,v1,v2,v3
```

$ 这是*MAT_020 材料模型，用于将漏斗和地面定义为刚体。

```
*MAT_RIGID_TITLE
Filter - grd by con1&2
$MID,RO,E,PR,N,COUPLE,M,ALIAS or RE
4,1000.0000,2.2500E+7,0.300000,0.000,0.000,0.000
$ cmo,con1,con2
1.000000,7,7
$ lco or a1,a2,a3,v1,v2,v3
```

$ 定义刚性地面 PART，引用定义的单元算法和材料模型。

$ 也可以用刚性墙替代该 PART。

```
*PART
$# title
Rigid Floor
$ PID,SECID,MID,EOSID,HGID,GRAV,ADPOPT,TMID
3,4,4
```

$ 定义玻璃弹珠 PART，引用定义的单元算法和材料模型。

```
*PART
$# title
Glass Beads
$ PID,SECID,MID,EOSID,HGID,GRAV,ADPOPT,TMID
1,1,1
```

$ 在玻璃弹珠和漏斗、地面之间定义接触。

```
*DEFINE_DE_TO_SURFACE_COUPLING
$ slave,master,stype,mtype
1,1,
$ frics,fricd,damp,bsort,lcvx,lcvy,lcvz,wearc
0.16,0.1,0.9
```

$ 将漏斗、地面定义为 PART 组。

```
*SET_PART_LIST
$ sid,da1,da2,da3,da4
1
$ pid1,pid2,pid3,pid4,pid5,pid6,pid7,pid8
11,12,3
```

$ 将玻璃弹珠全部节点定义为节点组。

```
*SET_NODE_LIST_GENERATE
1
1,2700
```

$ 施加重力。

```
*LOAD_BODY_Z
$ lcid,sf,lciddr,xc,yc,zc,cid
1,9.810000
```

$ 定义加载曲线。

```
*DEFINE_CURVE_TITLE
Turn on Gravity
$ lcid,sidr,sfa,sfo,offa,offo,dattyp
1,0,1.000000,1.000000,0.000,0.000,0
$ a1,o1
0.000,1.0000000
1.0000000e+06,1.0000000
```

$ 为离散元设置全局控制参数。

```
*CONTROL_DISCRETE_ELEMENT
$ ndamp,tdamp,fric,fricr,normk,sheark,cap,mxnsc
0.90,0.9,0.3,0.1
```

$ 包含 TrueGrid 软件生成的漏斗和钢板网格节点模型文件。

```
*INCLUDE
$ FILENAME
FEM.k
```

$ 包含生成的玻璃弹珠离散元模型文件。

```
*INCLUDE
$ FILENAME
DEM.k
```

$ *END 表示关键字输入文件的结束，LS-DYNA 读入时将忽略该语句后的所有内容。

```
*END
```

7.12.5 数值计算结果

玻璃弹珠注入漏斗溅落过程速度变化如图 7-71 所示。

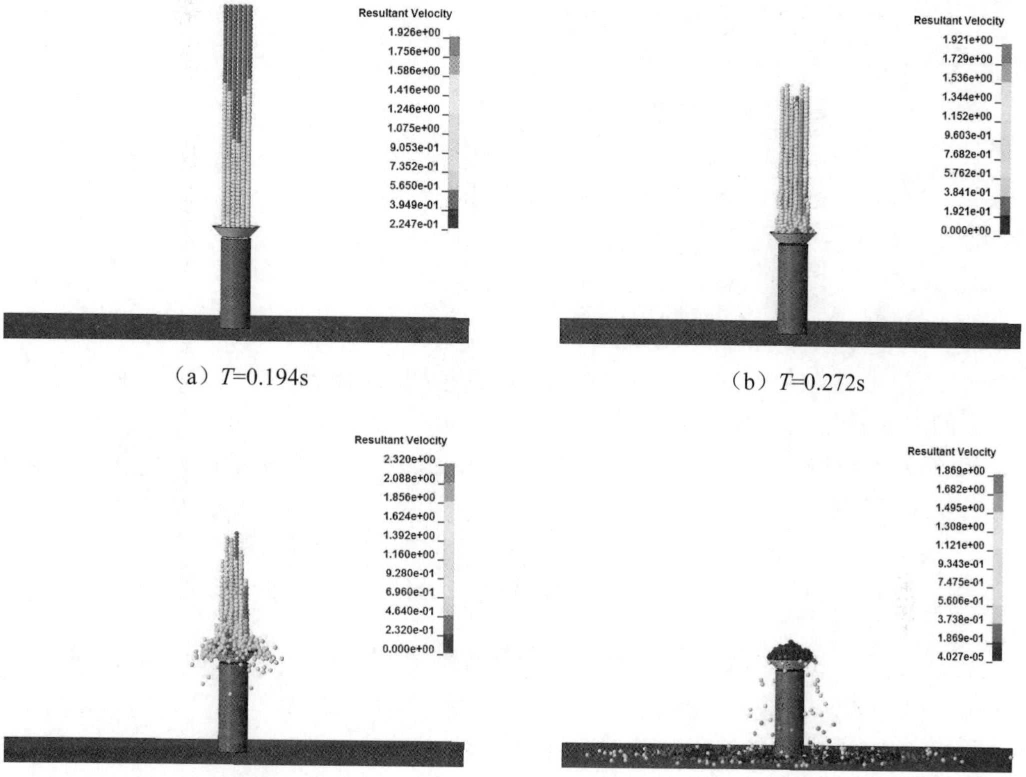

（a）T=0.194s

（b）T=0.272s

（c）T=0.35s

（d）T=0.75s

图 7-71　玻璃弹珠堆积溅落过程速度变化

7.13　DEM 与 ICFD 耦合气力输送计算

ICFD 求解器可以和 DEM 求解器进行耦合求解，该功能可用于泥土、灰尘和雪的清洗以及河床侵蚀等计算。

7.13.1　计算模型概况

DEM 粒子在来流作用下气力输送计算问题，计算模型示意图如图 7-72 所示。该模型有 3 种边界条件：

（1）入口边界。左侧 Part 1。

（2）出口边界。右侧 Part 2。

（3）自由滑移边界。其他 4 个面，即 Part 3。

计算单位制与该模型尺寸无关。

本算例的主要控制参数来自网站 www.dynaexamples.com上的算例，而几何模型与之略有差异。

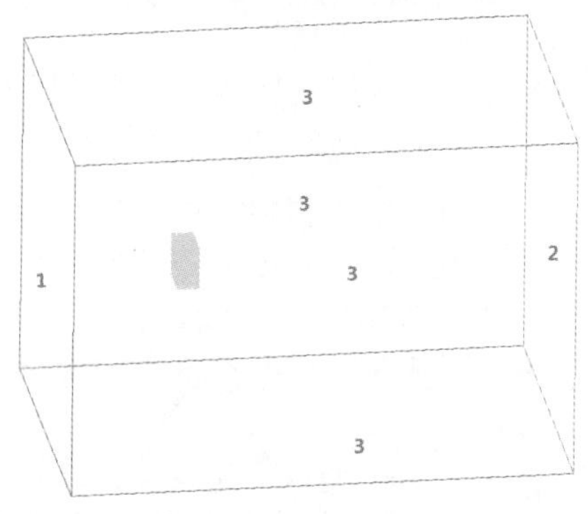

图 7-72　计算模型

7.13.2 TrueGrid 建模

DEM 粒子的 TrueGrid 建模文件为 dem-model.tg，命令流如下：

```
partmode i                c  Part 命令的间隔索引格式，便于建立三维网格
mate 101                  c 为 DEM 粒子指定材料号（LS-DYNA PART 号）
block 8;16;16;-0.49 -0.25;-0.24 0.24;-0.24 0.24       c 创建 DEM 粒子 PART
endpart                   c 结束当前 Part 命令
merge                     c 进入 merge 阶段，合并 Part
mof DEM.k                 c 指定输出 DEM.k，替代默认的 trugrdo 文件名
lsdyna keyword            c 声明要输出 LS-DYNA 关键字格式文件
write                     c 输出网格模型文件
```

DEM 网格模型文件 DEM.k 生成后，还需要采用 UltraEdit 软件进行编辑，以生成离散元计算需要的关键字输入文件：

（1）打开 DEM.k 文件，删除 2611～4658 行之间的内容，即删除*ELEMENT_SOLID 下的单元，仅保留节点部分内容。

（2）将*ELEMENT_SOLID 修改为*ELEMENT_DISCRETE_SPHERE。

（3）将*NODE 下的节点号拷贝至*ELEMENT_DISCRETE_SPHERE 下面，并删除其中的空格。

（4）在*ELEMENT_DISCRETE_SPHERE 下面的每个节点号后面添加如下内容：

```
,101,4.91620E-6,2.1880E-10,0.010548
```

其中，101、4.91620E-6、2.1880E-10 和 0.010548 分别代表 DEM 粒子 PART 号、质量、转动惯量和半径。

（5）以原文件名 DEM.k 保存文件。

流体网格的 TrueGrid 建模文件为 fluid-model.tg，命令流如下：

```
mate 3                    c 为流体面指定材料号（LS-DYNA PART 号）
block -1 -13;-1 -9;-1 -9;-2 4;-2 2;-2 2     c 创建流体面 PART
mti -1; 1 2; 1 2;1;       c 为来流边界面指定材料号（LS-DYNA PART 号）
mti -2; 1 2; 1 2;2;       c 为出口边界面指定材料号（LS-DYNA PART 号）
endpart                   c 结束当前 Part 命令
merge                     c 进入 merge 阶段，合并 Part
lsdyna keyword            c 声明要输出 LS-DYNA 关键字格式文件
write                     c 输出网格模型文件
```

在 TrueGrid 生成网格模型文件 trugrdo 后，需要采用 LS-PrePost 软件将四边形网格转换为三角形网格，计算开始 ICFD 可以据此生成三维四面体网格。具体操作步骤如下：

（1）在右端工具栏 Page 2→ElEdit 中选择 Split/Merge 和⊠模式。

（2）在下端选择工具栏中依次选择 Area 和 ByPart，然后在视图区框选所有 PART。

（3）依次单击按钮 Apply、Accept 和 Done。

（4）单击菜单栏 File→Save As→Save Active Keyword As...，以文件名 fluid-mesh.k 保存网格模型。

（5）接着还需要采用 UltraEdit 软件修改该文件的*ELEMENT_SHELL_THICKNESS 和*NODE 部分，具体操作步骤如下：

1）将文件中的：

```
*ELEMENT_SHELL_THICKNESS
```

替换为：

```
*MESH_SURFACE_ELEMENT
```

然后，将该行后面所有的壳单元厚度行：

```
          0.0          0.0          0.0          0.0          0.0
```

替换为：

```
$
```

即将所有壳单元厚度行全部注释掉。

2）将文件中的：

```
*NODE
```

替换为：

```
*MESH_SURFACE_NODE
```

3）以原文件名 fluid-mesh.k 保存模型。

7.13.3 关键字文件讲解

下面讲解相关的 LS-DYNA 关键字输入文件。关键字输入文件有 3 个：计算模型参数主控文件 main.k、DEM 粒子网格模型文件 DEM.k、流体网格模型文件 fluid-mesh.k。其中 main.k 中的内容及相关讲解如下。

$ 本算例的计算控制参数来自 DYNAmore GmbH，为尊重版权，保留该注释。

```
$ Example provided by Iñaki (LSTC)
$ E-Mail: info@dynamore.de
$ Web: http://www.dynamore.de
$ Copyright, 2015 DYNAmore GmbH
$ Copying for non-commercial usage allowed if
$ copy bears this notice completely.
$X 1. Run file as is.
$X     Requires LS-DYNA MPP R9.0.0 (or higher) with double precision
$# UNITS: Dimensionless.
```

$ *KEYWORD 表示输入文件采用的是关键字输入格式。

```
*keyword
```

$ 设置分析作业标题。

```
*title
ICFD DEM Coupling
```

$ 定义计算结束条件。

```
*CONTROL_TERMINATION
$ endtim,endcyc,dtmin,endeng,endmas,nosol
100.000
```

$ 定义时间步长控制参数。

```
*CONTROL_TIMESTEP
$ DTINIT,TSSFAC,ISDO,TSLIMT,DT2MS,LCTM,ERODE,MS1ST
,0.8,,,0.0
```

$ 定义 DEM 粒子 PART。

```
*PART
$ HEADING
Disc_Sphere_101
$ PID,SECID,MID,EOSID,HGID,GRAV,ADPOPT,TMID
101,6,6,0,0,0,0,0
```

$ 定义常应力实体单元算法。

```
*SECTION_SOLID
$ SECID,ELFORM,AET
6,0,0
```

$ 为 DEM 粒子定义材料模型参数。

```
*MAT_RIGID_DISCRETE
$ mid,ro,e,pr
6,1000.0000,10000.000,0.300000
```

$ 为离散元设置全局控制参数。

```
*CONTROL_DISCRETE_ELEMENT
$ ndamp,tdamp,fric,fricr,normk,sheark,cap,mxnsc
0.900000,0.900000,0.300000,0.001000,0.000,0.000,0,0
```

$ 定义参数。参数前的 R 表示该参数为实数。

```
*PARAMETER
$ PRMR1,VAL1
R      T_end       100.0
R   dt_plot        1.00
R   v_inlet         1.0
Rrho_fluid          2.0
R mu_fluid         0.01
R dt_fluid      0.050
```

$ 激活 ICFD 与 DEM 求解器之间的耦合求解。

```
*ICFD_CONTROL_DEM_COUPLING
$ ctype
0
```

$ 定义时间参数。

$ ttm=&T_end 为计算结束时间。

$ dt=&dt_fluid 为流体计算时间步长。

```
*ICFD_CONTROL_TIME
$ ttm,dt
&T_end,&dt_fluid
```

$ 定义单元算法（属性）。

```
*ICFD_SECTION
$ sid
1
```

$ 定义流体材料模型参数。

```
*ICFD_MAT
$ mid,flg,ro,vis,thd
1,1,&rho_fluid,&mu_fluid
```

$ 定义 ICFD PART，并引用定义的单元算法（属性）和材料模型。

```
*ICFD_PART
$ pid,secid,mid
1,1,1
```

$ 定义 ICFD PART，并引用定义的单元算法（属性）和材料模型。

```
*ICFD_PART
$ pid,secid,mid
2,1,1
```

$ 定义 ICFD PART，并引用定义的单元算法（属性）和材料模型。

```
*ICFD_PART
$ pid,secid,mid
3,1,1
```

$ 为 ICFD PART 围成的节点赋予单元算法（属性）和材料模型。

```
*ICFD_PART_VOL
$ pid,secid,mid
```

```
10,1,1
$ spid1,spid2,spid3,spid4,spid5,spid6,spid7,spid8
1,2,3
```

$ 在 Part 1 边界上定义来流速度。

```
*ICFD_BOUNDARY_PRESCRIBED_VEL
$ pid,dof,vad,lcid,sf,vid,death,birth
1,1,1,1
```

$ 在 Part 2 边界上定义出口压力。

```
*ICFD_BOUNDARY_PRESCRIBED_PRE
$ pid,lcid,sf,death,birth
2,2
```

$ 在 Part 3 上定义自由滑移流体边界条件。

```
*ICFD_BOUNDARY_FREESLIP
$ pid
3
```

$ 为流体初始化速度。

```
*ICFD_INITIAL
$ PID,Vx,Vy,Vz,T,P
0,&v_inlet
```

$ 定义加载曲线。

```
*DEFINE_CURVE_TITLE
$ TITLE
Velocity inlet
$ LCID,SIDR,SFA,SFO,OFFA,OFFO,DATTYP,LCINT
1,,,&v_inlet
$ a1,o1
0.0,1.0
$ a2,o2
10000.0,1.0
```

$ 定义加载曲线。

```
*DEFINE_CURVE_TITLE
$ TITLE
Pressure outlet
$ LCID,SIDR,SFA,SFO,OFFA,OFFO,DATTYP,LCINT
2
$ a1,o1
0.0,0.0
$ a2,o2
10000.0,0.0
```

$ 定义要划分网格的体空间。

$ pid1,pid2,pid3,pid4,pid5,pid6,pid7,pid8 为围成体的面单元所在 PART ID。

```
*MESH_VOLUME
$ volid
1
$ pid1,pid2,pid3,pid4,pid5,pid6,pid7,pid8
1,2,3
```

$ 在指定区域定义局部网格尺寸。

```
*MESH_SIZE_SHAPE
$ sname
box
$ msize,pminx,pminy,pminz,pmaxx,pmaxy,pmaxz
0.050,-1,-1,-1,1,1,1
```

$ 定义二进制状态文件 D3PLOT 的输出。

$ DT=&dt_plot 表示输出时间间隔。

```
*DATABASE_BINARY_D3PLOT
$ DT/CYCL,LCDT/NR,BEAM,NPLTC,PSETID,CID
&dt_plot
```

$ 包含流体网格节点模型文件。

```
*include
$ FILENAME
fluid-mesh.k
```

$ 包含 DEM 网格节点模型文件。

```
*include
$ FILENAME
DEM.k
*END
```

7.13.4 数值计算结果

图 7-73 和图 7-74 分别是计算出的流场压力和 DEM 粒子速度。

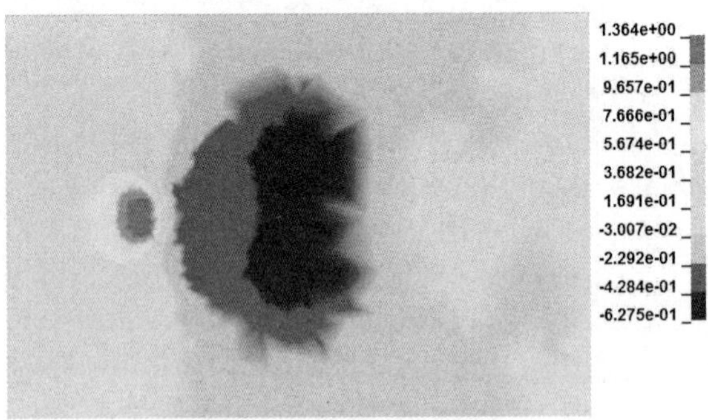

图 7-73　*T*=45 时的流场压力

图 7-74　*T*=36 时的粒子速度

7.14 破片撞击下玻璃破碎的近场动力学计算

2015 年 6 月 LSTC 公司采用不连续迦辽金法将键基 PD（bond-based Peridynamics）方法植入 LS-DYNA 试用版中，目前正式版中也发布了该方法。

下面将采用键基 PD 方法来模拟冲击作用下玻璃的破碎问题。

7.14.1 键基 PD 方法简介

传统的数值计算方法（如有限元理论）建立在连续介质力学之上，这类方法的控制方程需要进行求导，在处理裂纹等不连续区域时会产生奇异性。而 PD 方法将物体离散成一系列空间域内的物质点，一个物质点的状态被在一个有限半径的区域内的物质点所影响，采用积分方程描述物质点的运动，该理论突破了连续性假设和空间微分方程在不连续问题上出现的求解瓶颈。

键基 PD 方法可以看作是宏观意义上的分子动力学。对于在参考构型下 t 时刻任意点（X）的运动方程用如下方程描述。

$$\rho\ddot{u} = \int_{H_X} f(u(X',t) - u(X,t), X' - X)\,\mathrm{d}V_{X'} + b(X,t)$$

式中，H_X 为以 δ 为半径的近场邻域，$H_X = \left\{X' \,\|\, X' - X| \leqslant \delta\right\}$；$f$ 为 PD 键中连接点 X 和 X' 的对力函数；b 为外力密度函数。

引入相对位置 ξ 和相对位移 η 两个变量：

$$\xi = X' - X$$

$$\eta = u(X',t) - u(X,t)$$

对力只在邻域内起作用：

当 $|\xi| > \delta$ 时，$f(\eta,\xi) = 0$，

且满足牛顿第三定律：

$$f(-\eta,-\xi) = -f(\eta,\xi)$$

在键基 PD 模型中，材料被看作微弹性材料，那么，对力可由下式得出：

$$f(\eta,\xi) = \partial w(\eta,\xi) / \partial\eta$$

式中，$w(\eta,\xi)$ 为对力势能函数，是存储在键中的弹性能。

对与点 X 相连的全部键上的弹性能进行求和，可得总势能：

$$W = \frac{1}{2}\int_{H_X} w(\eta,\xi)\mathrm{d}V_{X'}$$

式中，$w(\eta,\xi)$ 为材料类型，可以是线性各向同性、非线性各向同性和各向异性材料，LS-DYNA 目前仅加入了微弹性脆性及相关层压材料模型，这是一种线性各向同性材料模型，在微弹性脆性材料中，每个键被看作一个线形弹簧，根据键的伸长计算微势能：

$$w(|\eta|,|\xi|) = \frac{1}{2}cs^2|\xi|$$

式中，c 为微模量，是个常数，可由体积模量 k 求得：

$$c = \frac{18k}{\pi\delta^4}$$

s 定义为键的伸长率：

$$s = \frac{|\xi + \eta - |\xi||}{|\xi|}$$

在小变形条件下，对力函数：

$$f(\eta,\xi)=\frac{cs\xi}{|\xi|}$$

当两点之间的键伸长率超过临界值 s_c 时，两点之间的键就断开，且不可恢复。s_c 与经典断裂力学中的临界能量释放率 G_c 有关，三维条件下：

$$G_c=\frac{\pi c s_c^2\delta^5}{10}$$

7.14.2 计算模型概况

夹层板结构上下两层为普通钠钙平板玻璃，中间夹持 PC 板，长宽均为 100mm，厚度均为 3mm。钢质球形破片直径为 10mm，以初速 30m/s 垂直撞击夹层板，计算模型如图 7-75 所示。单位制采用 m-kg-s。

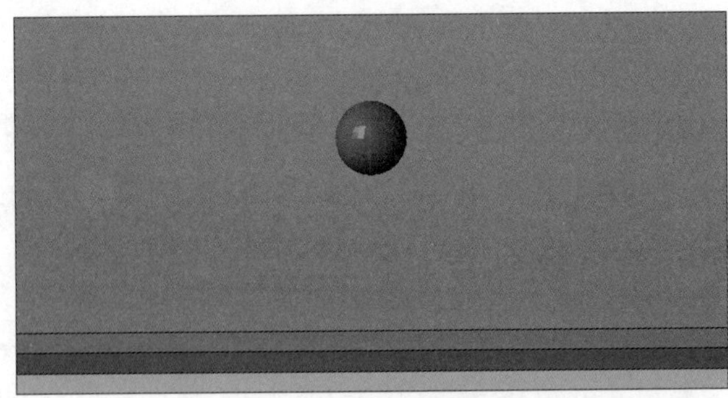

图 7-75 计算模型

本算例中的计算参数主要来自 ftp.lstc.com，玻璃采用*MAT_ELASTIC_PERI 材料模型，材料参数取值如下：密度 $\rho=2440\text{kg/m}^3$，弹性模量 $E=72\text{GPa}$，临界断裂能释放率 $G_c=8\text{J/m}^2$，在键基 PD 方法中泊松比内定为恒值 0.25。

计算采用的 LS-DYNA 试用版本号（SVN Version）为 111516。

7.14.3 TrueGrid 建模

TrueGrid 建模命令流如下：

```
partmode i                              c Part 命令的间隔索引格式，便于建立三维网格
mate 1                                  c 为钢球指定材料号（LS-DYNA PART 号）
block 4 8 4;4 8 4;4 8 4;                c 创建钢球 PART
  -0.0025 -0.0025 0.0025 0.0025;-0.0025 -0.0025 0.0025 0.0025;
  -0.0025 -0.0025 0.0025 0.0025
DEI  1 2 0 3 4; 1 2 0 3 4; 1 4;         c 删除网格
DEI  1 2 0 3 4; 2 3; 1 2 0 3 4;
DEI  2 3; 1 2 0 3 4; 1 2 0 3 4;
sfi 2 3; -1; 2 3;sp 0 0 0 0.005         c 向球面投影
sfi -4; 2 3; 2 3;sp 0 0 0 0.005
```

```
sfi 2 3; -4; 2 3;sp 0 0 0 0.005
sfi -1; 2 3; 2 3;sp 0 0 0 0.005
sfi 2 3; 2 3; -4;sp 0 0 0 0.005
sfi 2 3; -4; 2 3;sp 0 0 0 0.005
sfi 2 3; 2 3; -1;sp 0 0 0 0.005
endpart                                      c 结束当前 Part 命令
zoff -0.0051                                 c 对该命令后面的 Part 沿着 Z 向进行偏移
mate 2                                       c 为上层玻璃指定材料号（LS-DYNA PART 号）
block 100;100;4;-0.05 0.05;-0.05 0.05;-0.003 0      c 创建上层玻璃 PART
endpart                                      c 结束当前 Part 命令
mate 3                                       c 为中间 PC 板指定材料号（LS-DYNA PART 号）
block 50;50;1;-0.05 0.05;-0.05 0.05;-0.006 -0.003   c 创建中间 PC 板 PART
endpart                                      c 结束当前 Part 命令
mate 4                                       c 为下层玻璃指定材料号（LS-DYNA PART 号）
block 100;100;4;-0.05 0.05;-0.05 0.05;-0.009 -0.006 c 创建下层玻璃 PART
endpart                                      c 结束当前 Part 命令
merge                                        c 进入 merge 阶段，合并 Part
bptol 1 2 -1;                                c 禁止 PART 1 和 2 之间合并节点
bptol 2 3 -1;                                c 禁止 PART 2 和 3 之间合并节点
bptol 3 4 -1;                                c 禁止 PART 3 和 4 之间合并节点
stp 0.0002                                   c 设置节点合并阈值，节点之间距离小于该值即被合并
lsdyna keyword                               c 声明要输出 LS-DYNA 关键字格式文件
write                                        c 输出网格模型文件
```

采用近场动力学算法的 PART 的单元不能共节点，这就需要采用 LS-PrePost 软件对 TrueGrid 生成的 PART 网格进行节点分离处理，步骤如图 7-76 所示。

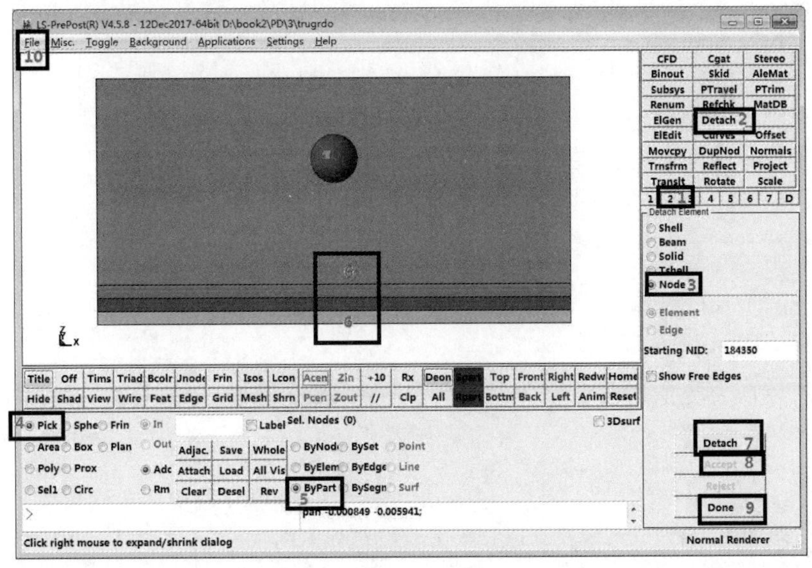

图 7-76 节点分离操作步骤

（1）单击右端工具栏中 Page 2→Detach。

（2）在 Detach element 选择框下点选 Node。

（3）在下端选择对话框中点选 Pick，在 Sel.Nodes 选择框下点选 ByPart，然后在视图区单击蓝色的 PART 2 和黄色的 PART 4。

（4）单击右端的 Detach 按钮进行分离，接着依次单击 Accept 和 Done 按钮。

（5）最后在最上端主菜单中单击 File→Save As→Save Keyword As...，将当前活动的 Part 存为 k.k。

经 LS-PrePost 软件处理后模型中相邻玻璃单元不再共节点和边，如图 7-77 所示。

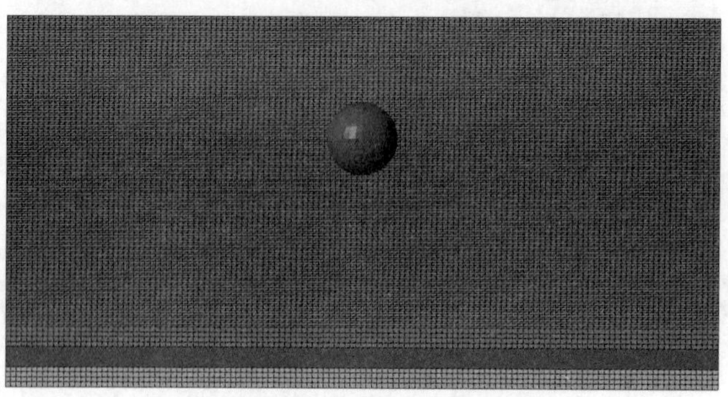

图 7-77　分离后的模型

7.14.4　关键字文件讲解

下面讲解相关的 LS-DYNA 关键字文件。关键字输入文件有 2 个：计算模型参数主控文件 main.k 和网格模型文件 k.k。其中 main.k 中的内容及相关讲解如下。

$ 首行*KEYWORD 表示输入文件采用的是关键字输入格式。

```
*KEYWORD 200000000
```

$ 设置分析作业标题。

```
*TITLE
$# title
Glass-PC Impact
```

$ 用于定义计算结束条件。

```
*CONTROL_TERMINATION
$ endtim,endcyc,dtmin,endeng,endmas
0.00010
```

$ 定义时间步长控制参数。

```
*CONTROL_TIMESTEP
$ dtinit,tssfac,isdo,tslimt,dt2ms,lctm,erode,ms1st
0.000,0.300000,0,0.000,0.000,0,1
$ dt2msf,dt2mslc,imscl
0.000,0,0
```

$ 用于定义钢球采用的单元算法，elform=1 表示采用常应力实体单元算法。

```
*SECTION_SOLID
$ secid,elform,aet
1,1
```

$ 用于定义玻璃采用的单元算法，elform=48 表示采用 PD 算法。

```
*SECTION_SOLID_PERI
$# secid,elform,aet
2,48
$ dr,ptype
0.80,0
```

$ 这是*MAT_020 材料模型，用于将钢球定义为刚体。

```
*MAT_RIGID
$MID,RO,E,PR,N,COUPLE,M,ALIAS or RE
1,7850,2.10E+011,0.300000,0.000,0.000,0.000
$ cmo,con1,con2
0.000,0,0
$ lco or a1,a2,a3,v1,v2,v3
0.000,0.000,0.000,0.000,0.000,0.000
```

$ 采用*MAT_ELASTIC_PERI 将玻璃定义为线弹性 PD 材料。

```
*MAT_ELASTIC_PERI
$ mid,ro,E,G
3,2.440E+3,72.0E+09,8.0E+0
```

$ 定义中间 PC 钣金料模型参数。

```
*MAT_ELASTIC
$ MID,RO,E,PR,DA,DB K
3,1.200E+3,2.0E+09,0.25
```

$ 定义钢球 Part，引用定义的单元算法和材料模型。

```
*PART
$# title
Impactor
$# pid,secid,mid,eosid,hgid,grav,adpopt,tmid
1,1,1
```

$ 定义上层玻璃 Part，引用定义的单元算法和材料模型。

```
*PART
$# title
Glass top
$# pid,secid,mid,eosid,hgid,grav,adpopt,tmid
2,2,2
```

$ 定义中间 PC 板 Part，引用定义的单元算法和材料模型。

```
*PART
$# title
PC
$# pid,secid,mid,eosid,hgid,grav,adpopt,tmid
3,1,3
```

$ 定义下层玻璃 Part，引用定义的单元算法和材料模型。

```
*PART
$# title
Glass bottom
$# pid,secid,mid,eosid,hgid,grav,adpopt,tmid
4,2,2
```

$ 在钢球和上层玻璃之间定义自动面面接触。

```
*CONTACT_AUTOMATIC_surface_TO_SURFACE
$ SSID,MSID,SSTYP,MSTYP,SBOXID,MBOXID,SPR,MPR
1,2,3,3
$ FS,FD,DC,VC,VDC,PENCHK,BT,DT
0.000000,0.000000
$ SFS,SFM,SST,MST,SFST,SFMT,FSF,VSF
0.000,0.000,0.000,0.000,0.000,0.000,0.000,0.000
```

$ 在上层玻璃和中间 PC 板之间定义自动面面接触。

```
*CONTACT_AUTOMATIC_surface_TO_SURFACE
$ SSID,MSID,SSTYP,MSTYP,SBOXID,MBOXID,SPR,MPR
```

```
2,3,3,3
$ FS,FD,DC,VC,VDC,PENCHK,BT,DT
0.000000,0.000000
$ SFS,SFM,SST,MST,SFST,SFMT,FSF,VSF
0.000,0.000,0.000,0.000,0.000,0.000,0.000,0.000
```

$ 在中间 PC 板和下层玻璃之间定义自动面面接触。

```
*CONTACT_AUTOMATIC_surface_TO_SURFACE
$ SSID,MSID,SSTYP,MSTYP,SBOXID,MBOXID,SPR,MPR
3,4,3,3
$ FS,FD,DC,VC,VDC,PENCHK,BT,DT
0.000000,0.000000
$ SFS,SFM,SST,MST,SFST,SFMT,FSF,VSF
0.000,0.000,0.000,0.000,0.000,0.000,0.000,0.000
```

$ 定义二进制状态文件 D3PLOT 的输出。

```
*DATABASE_BINARY_D3PLOT
$ DT/CYCL,LCDT/NR,BEAM,NPLTC,PSETID,CID
1.0000E-6
$ ioopt
0
```

$ 给钢球施加初始速度。

```
*INITIAL_VELOCITY_GENERATION
$ ID,STYP,OMEGA,VX,VY,VZ,IVATN,ICID
1,2,0.000,0.000,0.00,-30.000
$ XC,YC,ZC,NX,NY,NZ,PHASE,IRIGID
0.000,0.000,0.000,0.000,0.000,0.000,0
```

$ 包含网格节点模型文件。

```
*include
$FILENAME
k.k
```

$ *END 表示输入文件的结束，LS-DYNA 将忽略该语句后的所有内容。

```
*END
```

7.14.5 数值计算结果

计算完毕后，打开 LS-PrePost 软件读入计算结果，显示破片撞击作用下玻璃碎裂过程（Page 1→Fcomp→Stress→effective plastic strain），如图 7-78 所示。

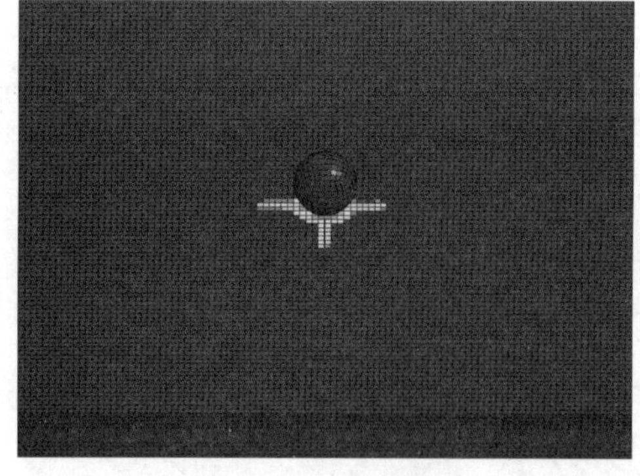

（a）T=10μs（正面）

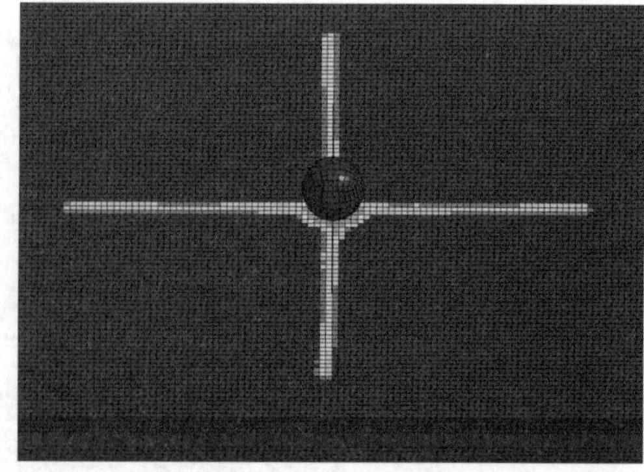

（b）T=24μs（正面）

图 7-78 破片撞击作用下玻璃碎裂过程

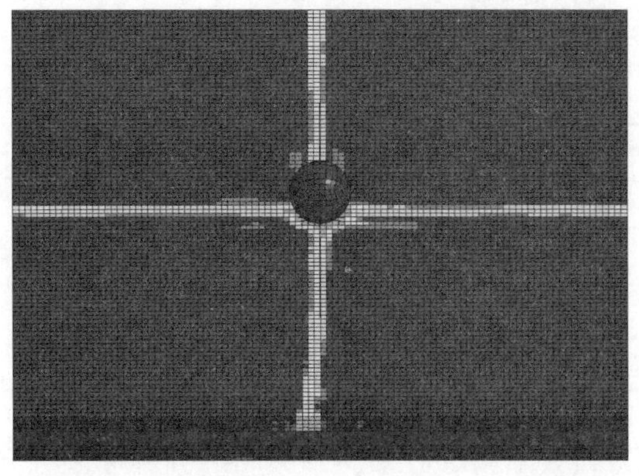

（c）T=36μs（正面）

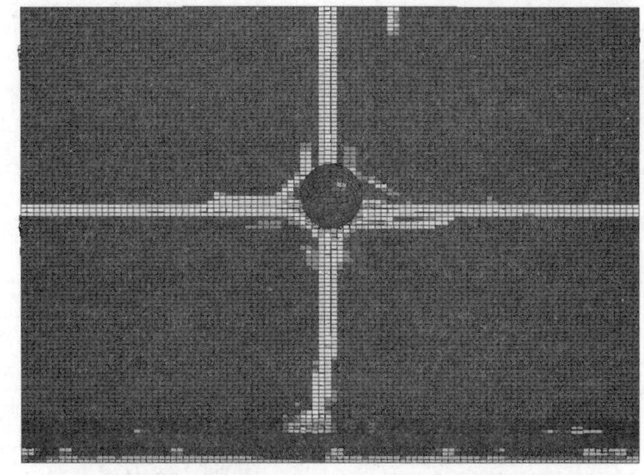

（d）T=100μs（正面）

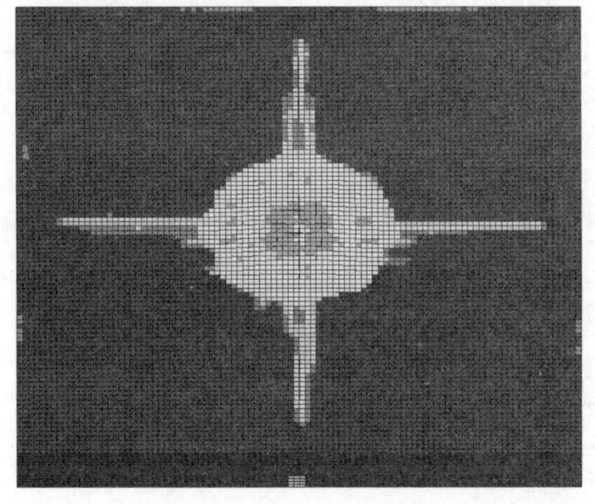

（e）T=16μs（背面）

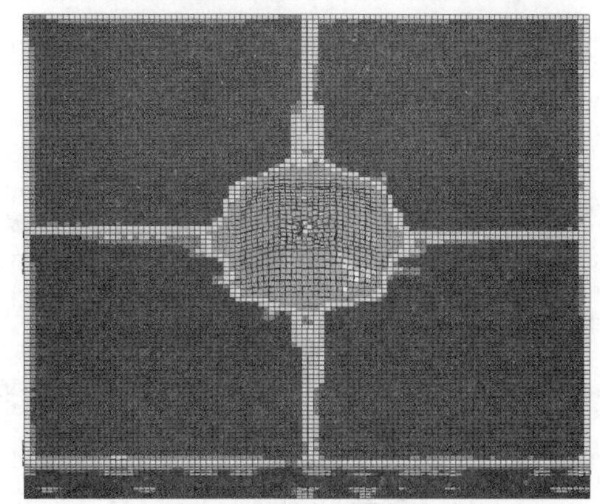

（f）T=100μs（背面）

图 7-78　破片撞击作用下玻璃碎裂过程（续）

7.15　*DEFINE_OPTION_FUNCTION

*DEFINE_OPTION_FUNCTION 系列关键字包括：*DEFINE_FUNCTION、*DEFINE_CURVE_FUNCTION 和*DEFINE_FUNCTION_TABULATED，这些关键字定义的载荷可随着计算中间结果变化，并被部分关键字所引用。

由于该关键字涉及的函数众多，在函数卡片中仅列出部分函数。

7.15.1　*DEFINE_CURVE_FUNCTION 关键字

*DEFINE_CURVE_FUNCTION 关键字定义载荷（纵坐标）-时间（横坐标）曲线。载荷通过函数表达式给出，该函数可以调用其他函数定义、运动学量、力、插值多项式、内置函数及上述组合。许多函数需要定义局部坐标系。可通过*DATABASE_CURVOUT 关键字将曲线以 ASCII 数据格式输出。*DEFINE_CURVE_FUNCTION 不可用于定义材料模型中的曲线。方括号“[ ]”中的参数是可选的。关键字卡片 1 和函数卡片分别见表 7-40、表 7-41，根据需要可插入任意多个卡片，这些卡片一起作为一个单独输入行，下一个关键字(“*”)结束该输入。

表 7-40 *DEFINE_CURVE_FUNCTION 关键字卡片 1

Card 1	1	2	3	4	5	6	7	8
Variable	LCID	SIDR						
Type	I	I						
Default	none	0						

表 7-41 函数卡片

Card	1	2	3	4	5	6	7	8
Variable	FUNCTION							
Type	A80							

- LCID：载荷曲线 ID。表（由*DEFINE_TABLE 定义）和载荷曲线不可共用同一 ID。ID 号必须唯一。
- SIDR：通过动力松弛进行应力初始化。
  - SIDR=0：载荷曲线仅用于瞬态分析或其他应用。
  - SIDR=1：载荷曲线用于应力初始化而非瞬态分析。
  - SIDR=2：载荷曲线同时用于应力初始化和瞬态分析。
- FUNCTION：包含以下数学表达式的可能组合。

常数和变量：

函数　　　　描 述

- TIME：当前计算时间。
- TIMESTEP：当前计算时间步长。
- PI：圆周率常数。
- DTOR：将角度从度转换为弧度的转换系数（π/180）。
- RTOD：将角度从弧度转换为度的转换系数（180/π）。
- NCYCLE：当前积分循环。
- IDRFLG：在动态松弛阶段携带值 1（单位 1），在瞬态阶段携带值 0（零）

内置函数：

函数　　　　描 述

- ABS(*a*)：*a* 的绝对值。
- AINT(*a*)：离 *a* 最近且不大于 *a* 的整数。
- ANINT(*a*)：离 *a* 最近的整数。
- MOD(*a*1,*a*2)：*a*1 除以 *a*2 的余数。
- SIGN(*a*1,*a*2)：将 *a*2 的正负号赋予 *a*1。
- MAX(*a*1,*a*2)：*a*1 和 *a*2 的最大值。
- MIN(*a*1,*a*2)：*a*1 和 *a*2 的最小值。
- SQRT(*a*)：*a* 的平方根。
- EXP(*a*)：以 *e* 为底、以 *a* 为指数。
- LOG(*a*)：*a* 的自然对数。
- LOG10(*a*)：以 10 为底 *a* 的对数。
- SIN(*a*)：*a* 的正弦。
- COS(*a*)：*a* 的余弦。
- TAN(*a*)：*a* 的正切。
- ASIN(*a*)：*a* 的反正弦。
- ACOS(*a*)：*a* 的反余弦。
- ATAN(*a*)：*a* 的反正切。

- ATAN2($a1$,$a2$)：$a1/a2$ 的反正切。
- SINH(a)：a 的双曲正弦。
- COSH(a)：a 的双曲余弦。
- TANH(a)：a 的双曲正切。

载荷曲线：

函数	描 述

- LCn：其他地方定义的曲线 n 的纵坐标。参见*DEFINE_CURVE。
- DELAY(LCn,t_{delay},y_{def})：由*DEFINE_CURVE_FUNCTION、*DEFINE_FUNCTION 或 DEFINE_CURVE 定义的延迟曲线 n，如果计算时间≥t_{delay}，则将曲线延迟 t_{delay}，否则将延迟曲线值设为 y_{def}。

$$f_{\text{delay}}(t)=\begin{cases} f(t-t_{\text{delay}}) & t\geqslant t_{\text{delay}} \\ y_{\text{def}} & t<t_{\text{delay}} \end{cases}$$

  对于非线性曲线，如果 t_{delay} 大于 5000 倍时间步长，可能导致准确度下降，使用时要谨慎。
  如果 t_{delay} 是负值，则 t_{delay} 输入值是时间步数，$|t_{delay}|$ 是延迟时间步数，这种情况下，$|t_{delay}|$ 最大值限制为 100。例如，t_{delay}=-2，将曲线延迟 2 个时间步。

坐标函数：

函数	描 述

- CX(n)：节点 n 的 x 坐标。
- CY(n)：节点 n 的 y 坐标。
- CZ(n)：节点 n 的 z 坐标。

7.15.2 *DEFINE_FUNCTION 关键字

*DEFINE_FUNCTION 关键字采用一种类似 C 语言的脚本编程语言，可以调用 C 语言的大部分函数，可用于自由灵活地定义各类载荷，例如计算进程中的引用几何坐标、速度、温度、时间和压力等参数。该关键字可被少量关键字所引用，对于引用*DEFINE_FUNCTION 的每个关键字，函数参数会有所不同，但参数名称是固定的，不能随意改变。除非特别说明，参数列表必须包含全部参数，且以正确次序排列。个别情况下，可以改变参数列表中的参数次序或省略部分参数。关键字卡片 1 和函数卡片分别见表 7-42、表 7-43，根据需要可插入任意多个卡片，这些卡片一起作为一个单独输入行，下一个关键字(“*”)结束该输入。

表 7-42　*DEFINE_FUNCTION 关键字卡片 1

Card 1	1	2	3	4	5	6	7	8
Variable	FID	HEADING						
Type	I	A70						

表 7-43　函数卡片

Card	1	2	3	4	5	6	7	8
Variable	FUNCTION							
Type	A80							

注意：如果没有明确声明函数类型，首字母为 $i\sim n$ 的函数会返回一个整数值，其他的函数则会返回一个实数。例如，如果一个函数定义为

```
ifunc(x) = sqrt(x)
```

那么 ifunc(2.0)会返回整数 1，而不是 1.414。

- FID：函数 ID。函数、表（由*DEFINE_TABLE 定义）不可共用同一 ID。ID 号必须唯一。
- HEADING：可选的描述性标题。
- FUNCTION：包含多个独立变量和其他函数的数学表达式。例如，f(a,b,c)=a*2+b*c+sqrt(a*c)，这里 a、b 和 c 是独立变量。函数名称 f(a,b,c)必须唯一，以方便其他函数引用该函数，如 g(a,b,c,d)=f(a,b,c)**2+d，在这个例子中需要采用两个*DEFINE_FUNCTION 分别定义函数 f 和 g。

备注：

备注 1　变量和常数的保留名称。某些常用常数通过保留名称定义为内部常数，例如：

- TIME：当前计算时间。
- PI：圆周率常数。
- DTOR：将角度从度转换为弧度的转换系数（π/180）。
- RTOD：将角度从弧度转换为度的转换系数（180/π）。

备注 2　三角函数和其他内置函数。Fortran 和 C 语言中常用的大多数三角函数和其他数学函数在*DEFINE_FUNCTION 中都是有效的，例如 sin、cos、abs 和 max 等。

备注 3　角度单位。除非特别说明，参数和函数输出采用的角度单位为弧度。

备注 4　动力松弛。与*DEFINE_CURVE 和*DEFINE_CURVE_FUNCTION 不同，*DEFINE_FUNCTION 在动力松弛阶段依旧起作用。

例子：为节点指定 *x* 和 *z* 向正弦速度。

```
*BOUNDARY_PRESCRIBED_MOTION_SET
$# nsid,dof,vad,lcid,sf
1,1,0,1
1,3,0,2
*DEFINE_FUNCTION
1,x-velo
x(t)=1000*sin(100*t)
*DEFINE_FUNCTION
2,z-velo
a(t)=x(t)+200
```

7.15.3　*DEFINE_FUNCTION_TABULATED 关键字

*DEFINE_FUNCTION_TABULATED 关键字定义一个函数，该函数仅有一个变量，即两列输入数据（以*DEFINE_CURVE 的形式），该关键字可被少量关键字或由*DEFINE_FUNCTION 定义的其他函数引用。该关键字必须先定义后引用。关键字卡片 1 和函数卡片分别见表 7-44、表 7-45，根据需要可插入任意多个卡片，这些卡片一起作为一个单独输入行，下一个关键字(“*”)结束该输入。

表 7-44　*DEFINE_FUNCTION_TABULATED 关键字卡片 1

Card 1	1	2	3	4	5	6	7	8
Variable	FID	HEADING						
Type	I	A70						

表 7-45　函数卡片

Card 2	1	2	3	4	5	6	7	8
Variable	FUNCTION							
Type	A80							

- FID：函数 ID。函数、表（由*DEFINE_TABLE 定义）和载荷曲线不可共用同一 ID。ID 号必须唯一。
- HEADING：可选的描述性标题。
- FUNCTION：函数名。

每张点卡片包含一个点对，见表 7-46。

表 7-46　点卡片

Card 3	1	2	3	4	5	6	7	8
Variable	A1		O1					
Type	F		F					
Default	0.0		0.0					

- A1、A2、…：横坐标值。
- O1、O2、…：纵坐标（函数）值。

例子：为节点指定 z 向加速度。

```
*BOUNDARY_PRESCRIBED_MOTION_SET
$ 函数 300 指定节点组 1000 的 Z 向加速度。
1000,3,1,300
*DEFINE_FUNCTION_TABULATED
201
tabfunc
0.,200
0.03,2000.
1.0,2000.
*DEFINE_FUNCTION
300
a(t)=tabfunc(t)*t
$ 若 t <0.03，则函数 300 为 a(t)=(200. + 60000.*t)*t。
$ 若 t≥0.03，则函数 300 为 a(t)=(2000.)*t。
```

7.15.4　计算模型概况

本算例将*DEFINE_FUNCTION 定义的静水压力载荷缓慢加载到浸水壳体结构上。浸水壳体结构底部固定，计算单位制采用 m-kg-s。

静水压力计算公式：$P = \rho gh$

式中，ρ 为水的密度；g 为重力加速度；h 为水深。

7.15.5　TrueGrid 建模

TrueGrid 建模命令流如下：

```
mate 1                              c 为壳体结构指定材料号（LS-DYNA PART 号）
block 1 21;1 21;-1;-0.5 0.5;-0.5 0.5;0      c 创建壳体结构 PART
```

```
fset 1 1 1 2 2 1 = face        c 定义输出 SEGMENT SET，方便施加载荷
nset 1 1 1 2 1 1 = nodes       c 定义输出 NODE SET，方便施加约束
endpart                        c 结束当前 Part 命令
merge                          c 进入 merge 阶段，合并 Part
lsdyna keyword                 c 声明要输出 LS-DYNA 关键字格式文件
write                          c 输出网格模型文件
```

图 7-79 是 TrueGrid 软件生成的计算网格。

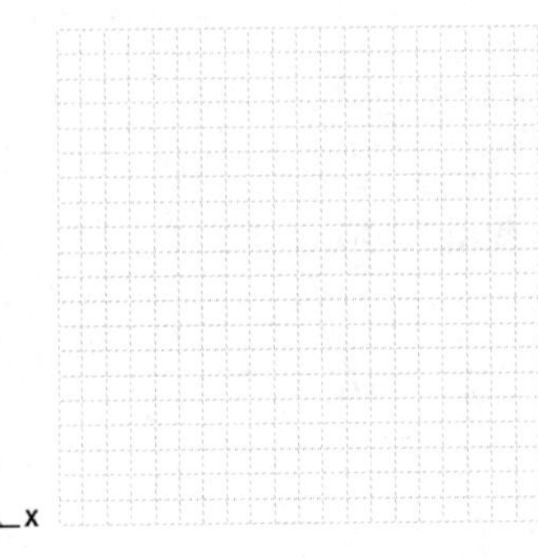

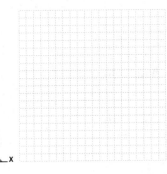

图 7-79 计算网格

7.15.6 关键字文件讲解

下面讲解相关的 LS-DYNA 关键字输入文件。关键字输入文件有 2 个：计算模型参数主控文件 main.k 和网格模型文件 trugrdo。其中 main.k 中的内容及相关讲解如下。

$ 首行*KEYWORD 表示输入文件采用的是关键字输入格式。

```
*KEYWORD
```

$ 定义函数。

```
*DEFINE_FUNCTION
$ FID,HEADING
10
float hpres(float t, float x, float y, float z, float x0, float y0,
float z0)
{
  float   fac, trise, refy, rho, grav, p;
  trise=0.10; refy=0.5; rho=1000.; grav=9.81;
  fac=1.0;
  if(t<=trise) fac=t/trise;
  p=fac*rho*grav*(refy-y);
  return (p);
}
```

$ 将载荷施加到指定面上。

```
*LOAD_SEGMENT_SET
$ SSID,LCID,SF,AT
1,10
```

$ 设置分析作业标题。

```
*TITLE
$# title
hydrostatic loading with ramp time
```

$ 为节点组定义约束：约束全部自由度。

```
*BOUNDARY_SPC_SET
```

```
$#nid/nsid,cid,dofx,dofy,dofz,dofrx,dofry,dofrz
1,0,1,1,1,1,1,1
```

$ 定义计算结束条件。

```
*CONTROL_TERMINATION
$ endtim,endcyc,dtmin,endeng,endmas
0.200000,0,0.000,0.000,0.000
```

$ 定义二进制状态文件 D3PLOT 的输出。

```
*DATABASE_BINARY_D3PLOT
$ DT/CYCL,LCDT/NR,BEAM,NPLTC,PSETID,CID
0.002
$ ioopt
0
```

$ 定义壳体结构 PART，引用定义的单元算法和材料模型。

```
*PART
$ HEADING

$ PID,SECID,MID,EOSID,HGID,GRAV,ADPOPT,TMID
1,1,1,0,0,0,0,0
```

$ 定义全积分壳单元算法。

```
*SECTION_SHELL
$ secid,elform,shrf,nip,propt,qr/irid,icomp,setyp
1,16,0.000,0,1,0,0,1
$ t1,t2,t3,t4,nloc,marea
0.050000,0.050000,0.050000,0.050000
```

$ 为壳体结构定义线弹性材料模型参数。

```
*MAT_ELASTIC
$ mid,ro,e,pr,da,db,not used
1,7830.0000,2.0700E+11,0.300000,0.000,0.000,0
```

$ 包含 TrueGrid 软件生成的网格节点模型文件。

```
*INCLUDE
$ FILENAME
trugrdo
```

$ *END 表示关键字输入文件的结束。

```
*END
```

7.15.7 数值计算结果

图 7-80 是计算结束时刻壳体结构上 Von Mises 应力计算结果。

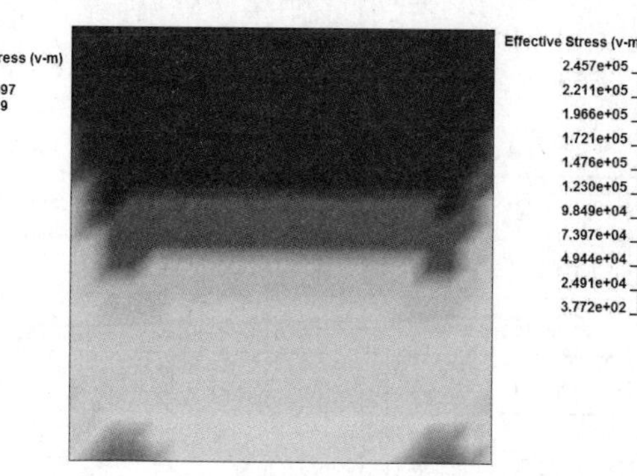

图 7-80　Von Mises 应力计算结果

7.16 岩石爆破 PBM 计算

CPM 方法适用于气囊展开模拟分析，但这种方法假定气体达到了热力学平衡，不适用于高温高压气体（尤其是 GPa 以上的压力）的模拟。

粒子爆破法（Particle Blast Method，PBM）方法是 CPM 方法的扩展，这种方法考虑处于非平衡热力学状态气体的余容效应，主要用于模拟高能炸药爆炸及周围空气对结构的作用。这种方法基于拉格朗日描述，与 ALE 流-固耦合算法相比，更加简单、稳定和高效。

在 PBM 方法中，粒子为刚性球，每个粒子代表一大团分子，如 10^{15} 或更多个分子。

对于空气，满足理想气体方程：$pV=nRT$。空气与结构之间没有热交换。零时刻的空气粒子被初始化随机速度、位置等，达到初始热平衡。

而初始时刻的炸药粒子排列紧密，用理想气体方程无法准确模拟。对于炸药，满足真实气体方程：$p(V-b)=nRT$，其中 b 是余容常数，用于模拟爆炸气体绝热膨胀时的压力急剧下降。

对于单原子气体，粒子之间是理想弹性碰撞。

（1）粒子尺寸。要满足理想气体定律，粒子尺寸应该远小于分子平均自由程。粒子尺寸也不应过小，否则粒子数太多，粒子碰撞检测会非常耗时。

（2）结构网格尺寸。假设采用 N 个粒子模拟炸药，且这 N 个粒子均布于面积为 A 的结构表面上，碰撞的平均间距为：$d=\sqrt[2]{A/N}$。如果 A=1m^2，且 N=10000，那么 d=1cm。要获得光滑的计算响应，至少多个粒子对应一个结构网格，这样结构网格尺寸不应大于 1cm。

由下式计算粒子中的全部或滞止压力：

$$p=\frac{2W_k}{3}=\frac{2E_k}{3V}$$

式中，W_k 为单位体积的比平动能；E_k 为体积 V 内全部粒子的总动能，选取 V 时要包含相当数量的粒子。

7.16.1 PBM 主要关键字

7.16.1.1 *DEFINE_PARTICLE_BLAST

*DEFINE_PARTICLE_BLAST 为粒子爆破法定义控制参数，在 LS-DYNA R11 以前该功能由*PARTICLE_BLAST 关键字定义。*DEFINE_PARTICLE_BLAST 和*PARTICLE_BLAST 关键字卡片参数都是相同的。关键字卡片 1 用于定义爆炸作用的 FEM 结构或 DEM 粒子。卡片 1 见表 7-47。

表 7-47 *DEFINE_PARTICLE_BLAST 关键字卡片 1

Card 1	1	2	3	4	5	6	7	8
Variable	LAGSID	LAGSTYPE	NODID	NODTYPE	HECID	HECTYPE	AIRCID	
Type	I	I	I	I	I	I	I	
Default	0	0	0	0	0	0	0	

- LAGSID：定义与粒子作用的结构 ID。

- LAGSTYPE：结构类型。
  - LAGSTYPE=0：PART 组。
  - LAGSTYPE=1：PART。
- NODID：定义粒子和节点之间相互作用的离散球（DES）或光滑粒子流体动力学（SPH）ID。
- NODTYPE：节点类型。
  - NODTYPE=0：节点组。
  - NODTYPE=1：节点。
  - NODTYPE=2：PART 组。
  - NODTYPE=3：PART。
- HECID：定义炸药粒子占据的初始几何形状 ID。
- HECTYPE：炸药几何类型。
  - HECTYPE=0：封闭壳单元 PART 组。壳单元法向指向炸药内部，采用*MAT_RIGID 或 MAT_NULL 定义 PART 材料，忽略壳单元厚度。
  - HECTYPE=1：封闭壳单元 PART。壳单元法向指向炸药内部。
  - HECTYPE=2：由*DEFINE_PBLAST_GEOMETRY 预定义几何体。这种方法最快。
- AIRCID：定义空气粒子占据的初始几何体。
  - AIRCID=0：空气粒子充满卡片 5 定义的整个区域。
  - AIRCID>0：指向*DEFINE_PBLAST_AIRGEO 定义的 ID。

卡片 2 用于定义粒子数量和单位制。关键字卡片 2 见表 7-48。

表 7-48 *DEFINE_PARTICLE_BLAST 关键字卡片 2

Card 2	1	2	3	4	5	6	7	8
Variable	NPHE	NPAIR	IUNIT					
Type	I	I	I					
Default	0	0	0					

- NPHE：炸药粒子数量。
- NPAIR：空气粒子数量。
- IUNIT：单位制。
  - IUNIT=0：kg-mm-ms-K。
  - IUNIT=1：m-kg-s。
  - IUNIT=2：Ton-mm-s-K。
  - IUNIT=3：g-cm-μs-K。
  - IUNIT=4：blob-in-s-K，这里 blob=lbf.s^2/in。

卡片 3 用于定义炸药属性。关键字卡片 3 见表 7-49。

表 7-49 *DEFINE_PARTICLE_BLAST 关键字卡片 3

Card 3	1	2	3	4	5	6	7	8
Variable	IHETYPE	DENSITY	ENERGY	GAMMA	COVOL	DET_V		
Type	I	F	F	F	F	F		
Default	0	0.	0.	0.	0.	0.		

- IHETYPE：炸药类型（请参见备注 1）。
  - IHETYPE=0：用户自定义。

➢ IHETYPE=1：TNT。
➢ IHETYPE=2：C4。

- DENSITY：用户自定义炸药的密度（请参见备注 1）。
- ENERGY：用户自定义炸药的单位体积内能（请参见备注 1）。
- GAMMA：用户自定义炸药的 C_p 和 C_v 之比（请参见备注 1）。
- COVOL：用户自定义炸药的余容（请参见备注 1）。
- DET_V：用户自定义炸药的爆速（请参见备注 1）。

卡片 4 用于定义起爆点、起爆时间以及粒子求解器停止求解时间。关键字卡片 4 见表 7-50。

表 7-50　*DEFINE_PARTICLE_BLAST 关键字卡片 4

Card 4	1	2	3	4	5	6	7	8
Variable	DETX	DETY	DETZ	TDET	BTEND	NID		
Type	F	F	F	F	F	I		
Default	0.	0.	0.	0.	0.	0		

- DETX：起爆点 x 坐标。
- DETY：起爆点 y 坐标。
- DETZ：起爆点 z 坐标。
- TDET：起爆时间。
- BTEND：爆炸作用结束时间。
- NID：可选项，用于定义起爆点的节点。如果定义了 NID，则其坐标覆盖前面定义的 DETX、DETY 和 DETZ。

卡片 5 用于定义包围盒（也可采用*DEFINE_PBLAST_AIRGEO 关键字定义），内部填充空气。包围盒外的粒子处于不活动状态，包围盒越大，计算时间越长。关键字卡片 5 见表 7-51。

表 7-51　*DEFINE_PARTICLE_BLAST 关键字卡片 5

Card 5	1	2	3	4	5	6	7	8
Variable	BCX0	BCX1	BCY0	BCY1	BCZ0	BCZ1		
Type	F	F	F	F	F	F		
Default	0.	0.	0.	0.	0.	0.		

- BCX0：粒子作用区域 X_{min}。
- BCX1：粒子作用区域 X_{max}。
- BCY0：粒子作用区域 Y_{min}。
- BCY1：粒子作用区域 Y_{max}。
- BCZ0：粒子作用区域 Z_{min}。
- BCZ1：粒子作用区域 Z_{max}。

卡片 6 用于定义空气域边界条件。关键字卡片 6 见表 7-52。

表 7-52　*DEFINE_PARTICLE_BLAST 关键字卡片 6

Card 6	1	2	3	4	5	6	7	8
Variable	IBCX0	IBCX1	IBCY0	IBCY1	IBCZ0	IBCZ1	BC_P	
Type	I	I	I	I	I	I	I	
Default	0	0	0	0	0	0	0	

- IBCX0：粒子作用区域 Xmin 的边界类型。
  - IBCX0=0：自由边界。
  - IBCX0=1：刚性反射边界。
- IBCX1：粒子作用区域 Xmax 的边界类型。
  - IBCX0=0：自由边界。
  - IBCX0=1：刚性反射边界。
- IBCY0：粒子作用区域 Ymin 的边界类型。
  - IBCY0=0：自由边界。
  - IBCY0=1：刚性反射边界。
- IBCY1：粒子作用区域 Ymax 的边界类型。
  - IBCY0=0：自由边界。
  - IBCY0=1：刚性反射边界。
- IBCZ0：粒子作用区域 Zmin 的边界类型。
  - IBCZ0=0：自由边界。
  - IBCZ0=1：刚性反射边界。
- IBCZ1：粒子作用区域 Zmax 的边界类型。
  - IBCZ0=0：自由边界。
  - IBCZ0=1：刚性反射边界。
- BC_P：粒子作用区域压力环境边界条件。
  - BC_P =0：关闭（默认）。
  - BC_P =1：打开（请参见备注 2）。

备注：

备注 1　常用炸药材料参数。如果炸药类型为 TNT 或 C4，则 LS-DYNA 会自动采用表 7-53 中的 DENSITY(ρ)、ENERGY($e0$)、GAMMA(γ)、COVOL(COV)和 DET_V(D)，否则，用户需要自己定义炸药参数。

表 7-53　PBM 中 TNT 和 C4 炸药的材料参数

IHETYPE	ρ/(kg/m^3)	$e0$/(GJ/m^3)	γ	COV	D/(m/s)
TNT	1630	7.0	1.35	0.6	6930
C4	1601	9.0	1.32	0.6	8193

备注 2　压力边界条件。如果采用压力边界条件，当域中的压力低于环境压力时，粒子不会从全局计算域中溢出。在 LS-DYNA 中自动假定环境压力为 1 个标准大气压。

7.16.1.2　*DEFINE_PBLAST_AIRGEO

*DEFINE_PBLAST_AIRGEO 用于定义空气粒子占据的初始几何形状。

关键字卡片 1 用于定义几何 ID 和形状，卡片 1 见表 7-54。

表 7-54　*DEFINE_PBLAST_AIRGEO 关键字卡片 1

Card 1	1	2	3	4	5	6	7	8
Variable	GID	GTYPE1	GTYPE2					
Type	I	I	I					
Default	0	0	0					

- GID：定义空气粒子占据的初始几何 ID。
- GTYPE1：几何体类型。
  - GTYPE1=1：方盒。
  - GTYPE1=2：球体。
  - GTYPE1=3：圆柱。
  - GTYPE1=4：椭球。
  - GTYPE1=5：半球（请参见备注 1）。
- GTYPE2：几何体类型。
  - GTYPE2=1：方盒。
  - GTYPE2=2：球体。
  - GTYPE2=3：圆柱。
  - GTYPE2=4：椭球。
  - GTYPE2=5：半球（请参见备注 1）。

卡片 2 用于定义装药方向。关键字卡片 2 见表 7-55。

表 7-55　*DEFINE_PBLAST_AIRGEO 关键字卡片 2

Card 2	1	2	3	4	5	6	7	8
Variable	XA	YA	ZA	XB	YB	ZB		
Type	F	F	F	F	F	F		
Default	0.	0.	0.	0.	0.	0.		

- XA、YA、ZA：(XA、YA、ZA)为定义 X 轴的矢量。
- XB、YB、ZB：(XB、YB、ZB)为定义 Y 轴的矢量。

卡片 3 用于定义装药中心位置。关键字卡片 3 见表 7-56。

表 7-56　*DEFINE_PBLAST_AIRGEO 关键字卡片 3

Card 3	1	2	3	4	5	6	7	8
Variable	X0	Y0	Z0	G1	G2	G3		
Type	F	F	F	F	F	F		
Default	0.	0.	0.	0.	0.	0.		

- X0、Y0、Z0：空气域的中心坐标。
- G1：与 GTYPE1 有关的尺寸参数。
  - GTYPE1=1：X 边的长度。
  - GTYPE1=2：球体半径。
  - GTYPE1=3：截面半径。
  - GTYPE1=4：X 轴长度。
  - GTYPE1=5：半球半径。

- G2：与 GTYPE1 有关的尺寸参数。
  - GTYPE1=1：Y 边的长度。
  - GTYPE1=3：圆柱高度。
  - GTYPE1=4：Y 轴长度。
- G3：与 GTYPE1 有关的尺寸参数。
  - GTYPE1=1：Z 边的长度。
  - GTYPE1=4：Z 轴长度。

卡片 4 用于定义装药形状参数。关键字卡片 4 见表 7-57。

表 7-57 *DEFINE_PBLAST_AIRGEO 关键字卡片 4

Card 4	1	2	3	4	5	6	7	8
Variable	XC	YC	ZC	G4	G5	G6		
Type	F	F	F	F	F	F		
Default	0.	0.	0.	0.	0.	0.		

- XC、YC、ZC：空气域中被除掉区域的中心坐标。
- G4、G5、G6：请参见 G1、G2、G3 的定义。

备注：

备注 1 如果 GTYPE1 或 GTYPE2 为 5，则半球定义在 Y 和 X 轴的叉积，即负 Z 方向。

7.16.1.3 *DEFINE_PBLAST_GEOMETRY

*DEFINE_PBLAST_GEOMETRY 用于定义炸药粒子占据的初始几何形状。关键字卡片 1～4 见表 7-58～表 7-61。

表 7-58 *DEFINE_PBLAST_GEOMETRY 关键字卡片 1

Card 1	1	2	3	4	5	6	7	8
Variable	GID	GTYPE						
Type	I	I						
Default	0	none						

- GID：定义炸药粒子占据的初始几何 ID。
- GTYPE：几何体类型。
  - GTYPE=1：方盒。
  - GTYPE=2：球体。
  - GTYPE=3：圆柱。
  - GTYPE=4：椭球。
  - GTYPE=5：半球（请参见备注 1）。

表 7-59 *DEFINE_PBLAST_GEOMETRY 关键字卡片 2

Card 2	1	2	3	4	5	6	7	8
Variable	XA	YA	ZA	XB	YB	ZB		
Type	F	F	F	F	F	F		
Default	0.	0.	0.	0.	0.	0.		

- XA、YA、ZA：（XA、YA、ZA）为定义 X 轴的矢量。
- XB、YB、ZB：（XB、YB、ZB）为定义 Y 轴的矢量。

表 7-60　*DEFINE_PBLAST_GEOMETRY 关键字卡片 3

Card 3	1	2	3	4	5	6	7	8
Variable	XC	YC	ZC					
Type	F	F	F					
Default	0.	0.	0.					

- XC、YC、ZC：装药中心坐标。

表 7-61　*DEFINE_PBLAST_GEOMETRY 关键字卡片 4

Card 4	1	2	3	4	5	6	7	8
Variable	G1	G2	G3					
Type	F	F	F					
Default	0.	0.	0.					

- G1：与 GTYPE 有关的尺寸参数。
  - GTYPE=1：X 边的长度。
  - GTYPE=2：球体半径。
  - GTYPE=3：截面半径。
  - GTYPE=4：X 轴长度。
  - GTYPE=5：半球半径。
- G2：与 GTYPE 有关的尺寸参数。
  - GTYPE=1：Y 边的长度。
  - GTYPE=3：圆柱高度。
  - GTYPE=4：Y 轴长度。
- G3：与 GTYPE 有关的尺寸参数。
  - GTYPE=1：Z 边的长度。
  - GTYPE=4：Z 轴长度。

备注：

备注 1　如果 GTYPE1 或 GTYPE2 为 5，则半球定义在 Y 轴和 X 轴的叉积，即负 Z 方向。

7.16.1.4　*DEFINE_DE_BOND

*DEFINE_DE_BOND 在离散单元间定义键接模型。注意，*DEFINE_DE_BOND_OVERRIDE 会覆盖 DES 键接参数。该关键字卡片 1 和 2 见表 7-62、表 7-63。

表 7-62　*DEFINE_DE_BOND 关键字卡片 1

Card 1	1	2	3	4	5	6	7	8
Variable	SID	STYPE	BDFORM					
Type	I	I	I					
Default	none	0	1					

- SID：键接作用的节点组 ID、PART 组 ID 或 PART ID。
- STYPE：SID 类型。

- STYPE=0：DES 节点组 ID。
- STYPE=2：DES PART 组。
- STYPE=3：DES PART。

- BDFORM：键接算法。
  - BDFORM=1：线性键接算法。

表 7-63　*DEFINE_DE_BOND 关键字卡片 2，用于 BDFORM=1

Card 2	1	2	3	4	5	6	7	8
Variable	PBN	PBS	PBN_S	PBS_S	SFA	ALPHA		MAXGAP
Type	F	F	F	F	F	F		F
Default	none	none	none	none	1.0	0.0		10^{-4}

- PBN：法向键接刚度，单位制与杨氏模量相同，请参见备注 1 和备注 2。
- PBS：法向键接刚度比，即切向刚度/法向刚度，请参见备注 2。
- PBN_S：最大法向键接应力。输入零表示无限大法向应力。
- PBS_S：最大切向键接应力。输入零表示无限大切向应力。
- SFA：键接半径乘子。
- ALPHA：数值阻尼，0.0≤ALPHA≤1.0。
- MAXGAP：两个键接球之间的最大间隙。
  - MAXGAP>0.0：采用两个键接球中的小球半径计算最大间隙，即 MAXGAP×min(r_1, r_2)。
  - MAXGAP <0.0：绝对值用作最大间隙。

备注：

备注 1　法向力。具有半径 r_1 和 r_2 的两个键接离散单元之间的法向力：

$$\Delta f_{\mathrm{n}} = \frac{PBN}{(r_1 + r_2)} \times A \times \Delta u_{\mathrm{n}}$$

这里，

$$A = \pi r_{\mathrm{eff}}^2$$

$$r_{\mathrm{eff}} = \min(r_1, r_2) \times \mathrm{SFA}$$

备注 2　切向力。计算公式如下：

$$\Delta f_{\mathrm{s}} = PBS \times \frac{PBN}{(r_1 + r_2)} \times A \times \Delta u_{\mathrm{s}}$$

7.16.2　计算模型概况

在图 7-81 中，2kg TNT 在岩石正上方爆炸。岩石长、宽、高分别为 0.5m、0.2m 和 0.1m。TNT 药柱质量为 0.36kg，直径 6cm，高 8cm。计算爆炸作用下岩石的破碎。

采用 PBM 进行爆炸加载。计算单位制采用 m-kg-s。

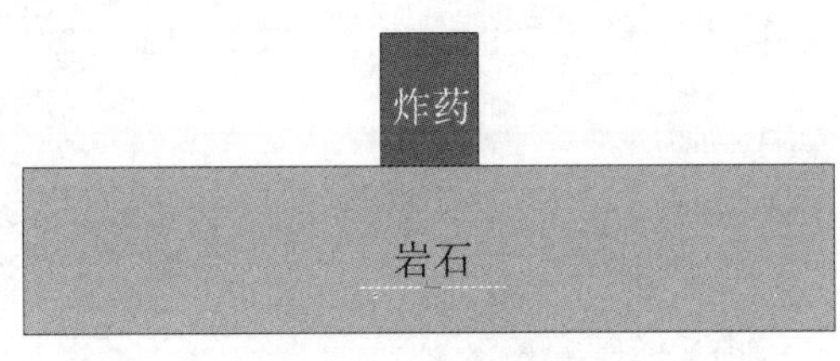

图 7-81　几何模型示意图

7.16.3 TrueGrid 建模

DEM 粒子建模方法有很多种，由于该模型比较简单，这里采用 SPH 粒子转换为 DEM 粒子的方法。为此，首先建立 SPH 粒子模型，TrueGrid 建模命令流如下：

```
LSDYMATS 1 3 sph;              c 指定 LS-DYNA SPH 材料模型
partmode i;                    c Part 命令的间隔索引格式，便于建立三维网格
sparticle                      c 指定为 LS-DYNA 输出 SPH 单元
block 150;60;30;-0.25 0.25;-0.1 0.1;-0.1 0      c 创建岩石 Part
endpart                        c 结束当前 Part 命令
merge                          c 进入 merge 阶段，合并 Part
lsdyna keyword                 c 声明要输出 LS-DYNA 关键字格式文件
write                          c 输出网格模型文件
```

生成网格模型文件 trugrdo 后，采用 UltraEdit 软件打开该文件，进行如下操作，将 SPH 粒子模型转换为 DEM 粒子模型。

（1）删除 trugrdo 文件开头部分的材料模型、沙漏、单元算法及 Part 定义行（即第 3～17 行）。被删除部分的内容如下：

```
$ MATERIAL CARDS
$
$
$ DEFINITION OF MATERIAL        1
$
*MAT_PLASTIC_KINEMATIC
1,0.0,0.0,0.0,0.0,0.0,0.0
0.0,0.0,0.0,0.0
*HOURGLASS
1,0,0.0,0,0.0,0.0
*SECTION_SPH
1,0.0,0.0,0.0,0.0,0.0,0.0
*PART
material type # 3 (Kinematic/Isotropic Elastic-Plastic)
1,1,1,0,1,0,0,0
```

（2）将*ELEMENT_SPH 替换为*ELEMENT_DISCRETE_SPHERE。

（3）将 3.704E-08 替换为：

```
5.2363E-5,5.8183E-5,1.6667e-3
```

上面的三个数值分别为 DEM 粒子的质量、绕自身轴的转动惯量和半径。

（4）保存文件。

7.16.4 关键字文件讲解

下面讲解相关的 LS-DYNA 关键字文件。关键字输入文件有 2 个：计算模型参数主控文件 main.k 和网格模型文件 trugrdo。其中 main.k 中的内容及相关讲解如下。

$ 首行*KEYWORD 表示输入文件采用的是关键字输入格式。

```
*KEYWORD
```

$ 在离散单元间定义键接模型。

```
*DEFINE_DE_BOND
$ SID,STYPE,BDFORM
1,3,1
$ PBN,PBS,PBN_S,PBS_S,SFA,ALPHA,,MAXGAP
16.7e+9,0.2,25.e+6,25.e+6,1.00,0.00,,1.e-2
```

$ 为粒子爆破法（PBM）定义控制参数。

```
*DEFINE_PARTICLE_BLAST
$ SSID,SSTYPE,NODID,NODTYPE,HECID,HECTYPE,AIRCID
0,0,1,3,10,2,11
$ NPHE,NPAIR,IUNIT
40000,80000,1
$ IHETYPE,DENSITY,ENERGY,GAMMA,COVOL,DETO_V
1,1590,6.2E9,1.4,0.3,6741
$ DETX,DETY,DETZ,TDET,BTEND
0.0,0.0,0.08,0.0
$ BCX0,BCX1,BCY0,BCY1,BCZ0,BCZ1
-0.30,0.30,-0.15,0.15,-0.15,0.50
$ IBCX0,IBCX1,IBCY0,IBCY1,IBCZ0,IBCZ1
0,0,0,0,0,0
```

$ 定义炸药粒子占据的初始几何形状。

```
*DEFINE_PBLAST_GEOMETRY
$ GID,GTYPE
10,3
$ XA,YA,ZA,XB,YB,ZB
1,0,0,0,1,0
$ Xc,Yc,Zc
0.0,0.0,0.03
$ G1,G2,G3
0.02,0.06
```

$ 定义空气粒子占据的初始几何形状。

```
*DEFINE_PBLAST_AIRGEO
$ GID,GTYPE
11,3,3
$ XA,YA,ZA,XB,YB,ZB
1,0,0,0,1,0
$ Xc,Yc,Zc,G1,G2,G3
0,0.0,0.10,0.20,0.20
$ Xc2,Yc2,Zc2,G4,G5,G6
0.0,0.0,0.03,0.02,0.06
```

$ 为岩石 PART 定义材料模型参数。

```
*MAT_ELASTIC
$ MID,RO,E,PR,DA,DB,K
1,2700,1.67e10,0.22
```

$ 定义岩石 PART。

```
*PART
$ title

$ pid,secid,mid,eosid,hgid,grav,adpopt,tmid
1,1,1,0,0,0,0,0
```

$ 为岩石 PART 定义单元算法。

```
*SECTION_SOLID
$ SECID,ELFORM,AET
1,1
```

$ 定义重力加速度载荷。

```
*LOAD_BODY_Z
$ LCID,SF,LCIDDR,XC,YC,ZC,CID
1,9.810000
```

$ 定义加载曲线，方便施加重力加速度。

```
*DEFINE_CURVE
1,0,1.000000,1.000000,0.000,0.000,0
0.000,1.0000000
1.0000000e+06,1.0000000
```

$ 定义计算结束时间。

```
*CONTROL_TERMINATION
$ endtim,endcyc,dtmin,endeng,endmas,nosol
2e-3
```

$ 定义时间步长控制参数。

```
*CONTROL_TIMESTEP
$ DTINIT,TSSFAC,ISDO,TSLIMT,DT2MS,LCTM,ERODE,MS1ST
0.000,0.80000,0,0.000,0.0,0,0,0
```

$ 定义二进制状态文件 D3PLOT 的输出。

```
*DATABASE_BINARY_D3PLOT
$ DT/CYCL,LCDT/NR,BEAM,NPLTC,PSETID,CID
50e-6
```

$ 为离散元设置全局控制参数。

```
*CONTROL_DISCRETE_ELEMENT
$ ndamp,tdamp,fric,fricr,normk,sheark,cap,mxnsc
0.9,0.9,0.51,0.10,0.10,0.00286,0,0
```

$ 包含生成的岩石离散元模型文件。

```
*include
trugrdo
```

$ *END 表示关键字输入文件的结束，LS-DYNA 读入时将忽略该语句后的所有内容。

```
*END
```

7.16.5 数值计算结果

计算初始时刻生成的模型如图 7-82 所示。

图 7-82　计算初始时刻生成的计算模型

图 7-83 是岩石破碎过程，由图可见，在爆炸作用下岩石破碎成很多块。

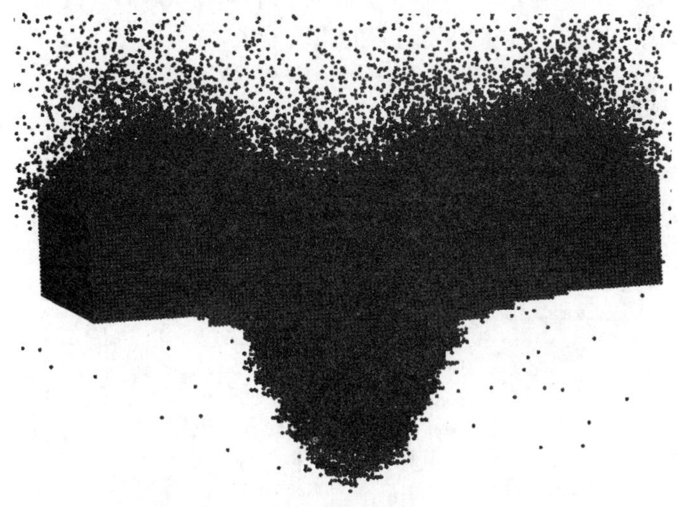

（a）T=0.001s

（b）T=0.005s

图 7-83 岩石破碎过程

7.17 DDAM 舰载设备抗冲击分析

从 LS971 R5 版本开始，黄云和崔喆两位博士在 LS-DYNA 中逐渐增加了频域内振动、声学、疲劳分析、响应谱分析等方面的计算功能，还实现了声学与结构振动的耦合分析。自 R10 版本开始，响应谱分析又扩展至动态设计分析方法（Dynamic Design Analysis Method，DDAM），DDAM 方法可用于考核评估水下爆炸作用下舰船设备的抗冲击能力。

进行 DDAM 分析，首先需要对结构进行模态分析，抽取自然频率和自振模态，然后计算每个方向（x、y 和 z）的有效模态质量，最后根据基于设计冲击载荷的输入加速度谱，采用关键字*FREQUENCY_DOMAIN_RESPONSE_SPECTRUM_DDAM 进行 DDAM 分析。

7.17.1 计算模型概况

图 7-84 所示的支架安装在水面舰船船体上，两端固定。冲击输入采用 NRL-1396 标准设

计响应谱，冲击方向为纵向。计算安装支架的峰值响应。

支架采用线弹性安装方式和线弹性材料模型。计算单位制采用 lbf*s2/in、inch、s、lbf、psi。

图 7-84　安装支架简化几何模型

7.17.2　TrueGrid 建模

TrueGrid 建模命令流如下：

```
mate 357                          c 为安装支架指定材料号（LS-DYNA PART 号）
block -1 -21;1 81;-1 11;-3019 -2785;-477 483;385 477        c 创建安装支架 PART
nset 1 1 1 2 1 2 = nodes          c 将边界处的节点定义为输出节点组，方便施加约束
nset 1 2 1 2 2 2 or nodes
endpart                           c 结束当前 Part 命令
merge                             c 进入 merge 阶段，合并 Part
lsdyna keyword                    c 声明要输出 LS-DYNA 关键字格式文件
write                             c 输出网格模型文件
```

7.17.3　关键字文件讲解

下面讲解相关的 LS-DYNA 关键字文件。关键字输入文件有 2 个：计算模型参数主控文件 main.k 和网格模型文件 trugrdo。其中 main.k 中的内容及相关讲解如下。

$ 首行*KEYWORD 表示输入文件采用的是关键字输入格式。

```
*KEYWORD
```

$ *CONTROL_TERMINATION 定义计算结束条件。

```
*CONTROL_TERMINATION
$ ENDTIM,ENDCYC,DTMIN,ENDENG,ENDMAS,NOSOL
1.0000,0
```

$ 启动隐式分析，定义相关控制参数。

```
*CONTROL_IMPLICIT_GENERAL
$ imflag,dt0,imform,nsbs,igs,cnstn,form,zero_v
1,1.0000,0
```

$ 定义隐式非线性分析控制参数。

```
*CONTROL_IMPLICIT_NONLINEAR
$ nsolvr,ilimit,maxref,dctol,ectol,not used,lstol,rssf
1,0,0,0.000,0.000,0.000,0.000,0.000
$ dnorm,diverg,istif,nlprint
2,1,0,2
$ arcctl,arcdir,arclen,arcmth,arcdmp
0,0,0.000,1,2
```

$ 进行隐式模态分析，获取有效模态质量。

```
*CONTROL_IMPLICIT_EIGENVALUE
```

```
$ neig,center,lflag,lftend,rflag,rhtend,eigmth,shfscl
20,.0
$ isolid,ibeam,ishell,itshell,mstres,evdump
,,,,1
```

$ 设置壳单元计算的一些控制参数。

```
*CONTROL_SHELL
$ wrpang,esort,irnxx,istupd,theory,bwc,miter,proj
20.000000,2,-1,0,2,2,1,0
$# rotascl,intgrd,lamsht ,cstyp6,tshell,nfail1,nfail4
1.000000,1,0,1,0,0,0,0
$ psstupd,irquad,cntco
0,0,0
```

$ 通过响应谱分析获得结构的峰值响应。

```
*FREQUENCY_DOMAIN_RESPONSE_SPECTRUM_DDAM
$ MDMIN,MDMAX,FNMIN,FNMAX,RESTRT,MCOMB,RELATV,MPRS
1,20,0.,5000.,,4
$ DAMPF,LCDAMP,LDTYP,DMPMAS,DMPSTF
.01
$ STD,UNIT,AMIN,VID,XC,YC,ZC,EFFMAS
1,4,6,1
$ SHPTYP,MOUNT,MOVEMT,MATTYP
2,1,3,1
```

$ 输出响应谱分析结果数据。binary=1 表示输出 D3SPCM 文件。

```
*DATABASE_FREQUENCY_BINARY_D3SPCM
$ binary
1
```

$ 定义二进制文件 D3PLOT 的输出。

```
*DATABASE_BINARY_D3PLOT
$ dt/cycl
.000E+00
```

$ 生成结构化输入文件。

```
*CONTROL_STRUCTURED
```

$ 为节点组施加约束。

```
*BOUNDARY_SPC_SET
$ NID/NSID,CID,DOFX,DOFY,DOFZ,DOFRX,DOFRY,DOFRZ
1,0,1,1,1,1,1,1
```

$ 定义安装支架 Part。

```
*PART
$ title
f_ch_floorpan_cross_rail3
$ pid,secid,mid,eosid,hgid,grav,adpopt,tmid
357,357,13,0,0,0,0,0
```

$ 为安装支架 Part 定义壳单元算法。

```
*SECTION_SHELL
$ secid,elform,shrf,nip,propt,qr/irid,icomp,setyp
357,20,0.0,3,1.0,0,0,1
$ t1,t2,t3,t4,nloc,marea,idof,edgset
1.5,1.5,1.5,1.5,0.0,0.0,0.0,0
```

$ 这是*MAT_001 材料模型，用于定义线弹性材料。

```
*MAT_ELASTIC
$ MID,RO,E,PR,DA,DB,K
```

```
13,7.3575E-4,3.0E+7,0.280000,0.000,0.000,0
```

$ 包含 TrueGrid 生成的网格模型文件。

```
*include
trugrdo
```

$ *END 表示关键字输入文件的结束，LS-DYNA 读入时将忽略该语句后的所有内容。

```
*END
```

7.17.4 数值计算结果

计算完成后，生成二进制文件 D3SPCM，该文件仅包含一个状态，内有冲击加载下安装支架的峰值响应，如节点位移、速度、加速度、单元应力和应变（图 7-85）。

（1）在 LS-DYNA 后处理软件 LS-PrePost 中读入该文件。

（2）显示应力（Fcomp→Stress→Von Mises stress）。

（3）显示 x 方向位移、速度和加速度（Fcomp→Ndv→x-displacement/x-velocity/ x-acceleration）。

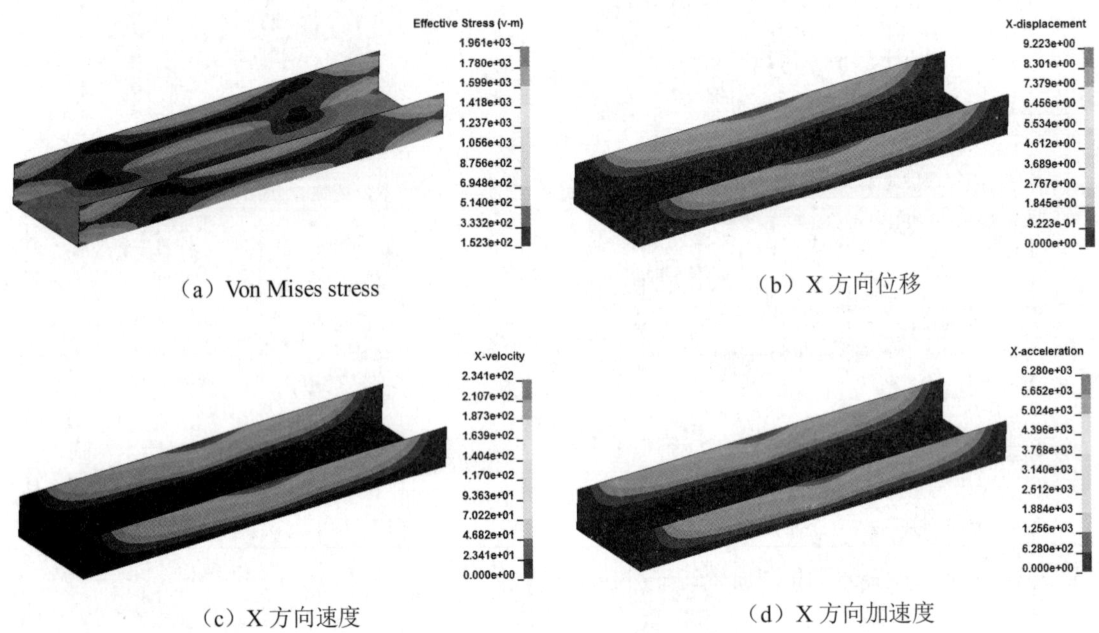

（a）Von Mises stress　（b）X 方向位移

（c）X 方向速度　（d）X 方向加速度

图 7-85　安装支架的峰值响应计算结果

7.18 双重尺度协同仿真

LS-DYNA 中实现了多种多尺度分析方法，例如：

（1）代表性体积单元（Representative Volume Element，RVE）。这是基于细观力学有限元模拟的材料均质化方法，可进行高保真度的复合材料微尺度分析与设计，已在 LS-DYNA R13 中实现。

（2）深度材料网络（Deep Material Network，DMN）。这是一种基于人工智能技术的大型复合材料结构多尺度协同分析方法。目前该功能尚处于开发中。

（3）双重尺度几何协同仿真。可用于解析宏观尺度结构分析中的几何细节。这些细节通常在细观尺度下，和宏观结构尺寸相比，几何细节的尺寸相对较小，导致计算时间步长很小，计算时间很长，但这些几何细节在结构响应中起着非常重要的作用，典型应用包括产品中的连接件和装配件，例如电子产品可靠性分析中印刷电路板和芯片上的焊点，汽车耐撞性仿真中的点焊和铆接等。

其中的双重尺度协同仿真能够同时运行两个独立的 LS-DYNA MPP 作业：一个在宏观尺度下，另一个在介观尺度下。两个作业以不同的时间步长运行，并在每个大的时间步长自动同步，这样既保证了计算准确度，又大大提高了计算效率。为了减少建模工作量，可以在耦合界面处使用非协调网格，这样在与介观尺度模型耦合时就不需要修改宏观尺度模型的网格。目前，实现了两种不同类型的双重尺度协同仿真：弱耦合（关键字*BOUNDARY_COUPLED、*DEFINE_MULTISCALE、*INCLUDE_MULTISCALE）和强耦合（关键字*INCLUDE_COSIM）。在弱耦合中，宏观尺度模型对耦合界面处的介观尺度模型施加运动约束并驱动其变形，介观尺度分析确定了宏观尺度模型中代表性梁单元的破坏。强耦合是两种尺度的完全协同仿真，宏观尺度模型将运动学约束施加到介观尺度模型上，介观尺度模型将动力学响应返回宏观尺度模型。因此，在强耦合的宏观尺度计算中，介观尺度模型不必采用简化模型。

7.18.1 *INCLUDE_COSIM

*INCLUDE_COSIM 定义 MPI 协同仿真中宏观和介观尺度模型之间的耦合界面。只有 MPP LS-DYNA R13 以上版本支持该关键字。该关键字卡片 1 见表 7-64。

表 7-64 *INCLUDE_COSIM 关键字卡片 1

Card 1	1	2	3	4	5	6	7	8
Variable	FILENAME							
Type	C							
Default	none							

- FILENAME：包含耦合信息的输入文件名称。

备注：

备注 1 定义耦合界面。对于宏观尺度模型，该文件（即 FILENAME 定义的文件）包含耦合界面处的面段组，由*SET_SEGMENT 定义；对于介观尺度模型，该文件包含耦合界面处的节点组，由*SET_NODE 定义。在*INCLUDE_COSIM 定义的输入文件中可包含多对耦合界面，同一耦合界面处的宏观模型面段组和介观尺度模型节点组的 ID 编号要相同。

备注 2 耦合算法。目前在*INCLUDE_COSIM 关键字中实现了两种耦合算法（图 7-86）。

（1）固连接触。宏观模型中的面段组通过在介观尺度模型节点平动自由度上施加运动约束，驱动介观尺度模型中的节点组，介观尺度模型返回插值的约束力给宏观模型面段组上的节点。在这种耦合模式中，必须设置*SET_SEGMENT 和*SET_NODE 中的 ITS=1。

（2）实体浸入壳体。在耦合界面处介观实体模型和宏观壳体模型占据相同的空间位置。介观尺度模型中的节点组跟随着宏观模型壳体面段组的平动和转动，介观尺度模型返回约束力和力矩给宏观模型面段组上的节点。在这种耦合模式中，必须设置*SET_SEGMENT 和*SET_NODE 中的 ITS=2。

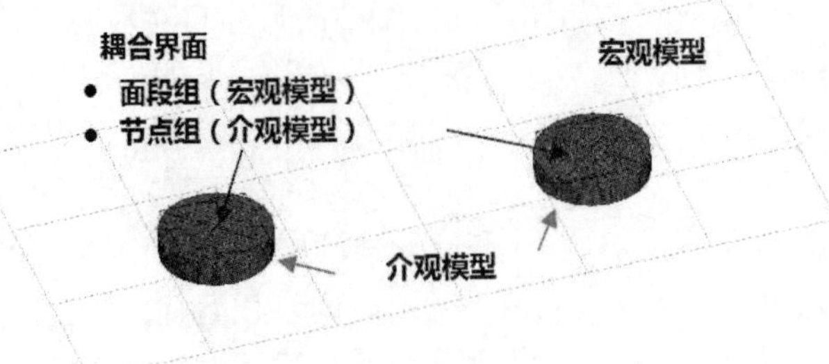

（a）固连接触

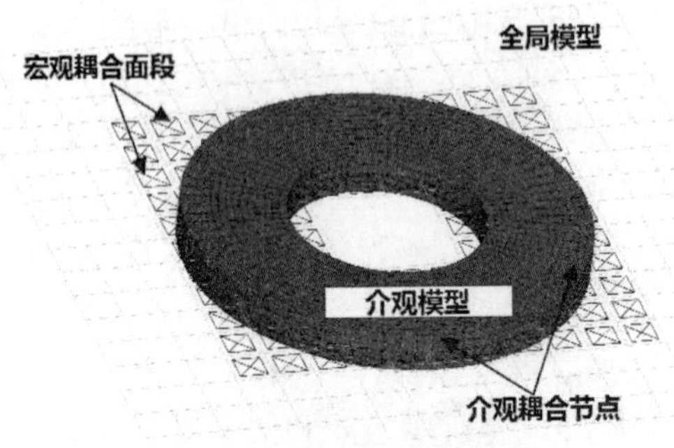

（b）实体浸入壳体

图 7-86　双重尺度协同仿真支持的两种耦合方式

备注 3　作业名称。两个任务中，LS-DYNA 输出文件和临时文件分别单独存放。建议为宏观和介观尺度运行任务分别指定不同的作业名称 JOBID。如果作业名称相同或没有指定，程序会在全部介观尺度模型输出文件名前加前缀 cs_，以示与宏观模型的区别。

备注 4　计算结束时间和输出时间间隔。在宏观和介观尺度模型输入文件中要通过 *CONTROL_TERMINATION 设置相同的计算结束时间，以保证两个任务的正常结束。D3PLOT 文件的输出时间间隔也要相同，以保证后处理的时间一致性。

7.18.2　计算模型概况

在图 7-87 中，两个薄壁管一端固定，另一端施加强制位移运动，中部采用一对螺栓进行连接。

图 7-87　几何模型

采用实体浸入壳体的强耦合方式。计算单位制采用 m-kg-s。

7.18.3 TrueGrid 建模

宏观尺度模型的 TrueGrid（建议采用 TrueGrid 3.0 以上版本）建模命令流如下：

```
ld 1 lp2 -34 1 -17 1 -14 18 14 18 17 1 34 1;          c 定义上薄壁管二维外轮廓曲线
sd 1 cp 1 rz 90;                      c 定义上薄壁管三维外轮廓曲面
ld 2 lp2 -34 0 -17 0 -14 -17 14 -17 17 0 34 0;          c 定义下薄壁管二维外轮廓曲线
sd 2 cp 2 rz 90;                      c 定义下薄壁管三维外轮廓曲面
mate 11                               c 为上薄壁管指定材料号（LS-DYNA PART 号）
block 1 7 56 65 114 120;1 5 14 18 36 64 82 86 95 99;-1;          c 创建上薄壁管 PART
        -59.5 -53.5 -4.5 4.5 53.5 59.5;
        -34 -30 -21 -17 -14 14 17 21 30 34;1
sfi ;; -1; sd 1
pb 1 5 1 6 5 1 yz -14 18
pb 1 6 1 6 6 1 yz 14 18
c nset 1 1 1 1 10 1 = 1
c nset 6 1 1 6 10 1 = 2
nset 1 1 1 2 10 1 = 3                 c 定义节点组，方便施加约束
nset 5 1 1 6 10 1 = 4
fset 3 2 1 4 3 1 = 11                 c 输出面段，以定义主耦合面 11
fset 3 8 1 4 9 1 or 11
endpart
mate 12                               c 为下薄壁管指定材料号（LS-DYNA PART 号）
block 1 7 56 65 114 120;1 5 14 18 36 64 82 86 95 99;-1;          c 创建下薄壁管 PART
        -59.5 -53.5 -4.5 4.5 53.5 59.5;
        -34 -30 -21 -17 -14 14 17 21 30 34;0
sfi ;; -1; sd 2
pb 1 5 1 6 5 1 yz -14 -17
pb 1 6 1 6 6 1 yz 14 -17
c nset 1 1 1 1 10 1 or 1
c nset 6 1 1 6 10 1 or 2
nset 1 1 1 2 10 1 or 3                c 定义节点组，方便施加约束
nset 5 1 1 6 10 1 or 4
fset 3 2 1 4 3 1 = 12                 c 输出面段，以定义主耦合面 12
fset 3 8 1 4 9 1 or 12
endpart                               c 结束当前 Part 命令
merge                                 c 进入 merge 阶段，合并 Part
mof mmesh.k                           c 指定输出 mmesh.k 文件
lsdyna keyword                        c 声明要输出 LS-DYNA 关键字格式文件
write                                 c 输出网格模型文件
```

在 TrueGrid 生成宏观尺度网格模型文件 mmesh.k 后，进行如下操作：

（1）将该文件分割成两个文件，一个文件名称为 mmesh.k，包含节点、网格和节点组，另一个文件名称为 mcosim.k，仅包含两个面段组。

（2）打开 mcosim.k。首先将

```
11,0.0,0.0,0.0,0.0
```

替换为

```
11,0.0,0.0,0.0,0.0,MECH,2
```

接着将

```
12,0.0,0.0,0.0,0.0
```

替换为

```
12,0.0,0.0,0.0,0.0,MECH,2
```

生成的宏观模型网格如图 7-88 所示。

图 7-88　宏观模型网格

介观尺度模型的 TrueGrid 建模命令流如下：

```
partmode i
yoff -25
mate 221
cylinder 2 4;80;2 8 2;0.563 0.938 1.688;0 360;-1 -0.5 1.5 2
DEI   2 3; 1 2; 2 3;
endpart
mate 231
cylinder 8;80;4;0.938 2.438;0 360;0.505 1.5
endpart
mate 241
cylinder 3 3;80;4;2.438 3 3.563;0 360;0.505 1.5
nset 2 1 1 3 2 2 or 11                    c 输出节点组，以定义从耦合面 11
endpart
mate 232
cylinder 8;80;4;0.938 2.438;0 360;-0.5 0.495
endpart
mate 242
cylinder 3 3;80;4;2.438 3 3.563;0 360;-0.5 0.495
nset 2 1 1 3 2 2 or 12                    c 输出节点组，以定义从耦合面 12
endpart
yoff 25
mate 721
cylinder 2 4;80;2 8 2;0.563 0.938 1.688;0 360;-1 -0.5 1.5 2
DEI   2 3; 1 2; 2 3;
endpart
mate 731
cylinder 8;80;4;0.938 2.438;0 360;0.505 1.5
endpart
mate 741
cylinder 3 3;80;4;2.438 3 3.563;0 360;0.505 1.5
nset 2 1 1 3 2 2 or 11
endpart
mate 732
cylinder 8;80;4;0.938 2.438;0 360;-0.5 0.495
endpart
mate 742
cylinder 3 3;80;4;2.438 3 3.563;0 360;-0.5 0.495
```

```
nset 2 1 1 3 2 2 or 12
endpart
merge
bptol 1 2 -1;
bptol 1 4 -1;
bptol 6 7 -1;
bptol 6 9 -1;
stp 0.0001
mof smesh.k
lsdyna keyword
write
```

在 TrueGrid 生成介观尺度网格模型文件 smesh.k 后，进行如下操作：

（1）将该文件分割成两个文件，一个文件名称为 smesh.k，包含节点和网格，另一个文件名称为 scosim.k，仅包含两个节点组。

（2）打开 scosim.k。首先将

```
11,0.0,0.0,0.0,0.0
```

替换为

```
11,0.0,0.0,0.0,0.0,MECH,2
```

接着将

```
12,0.0,0.0,0.0,0.0
```

替换为

```
12,0.0,0.0,0.0,0.0,MECH,2
```

生成的介观尺度模型网格如图 7-89 所示。

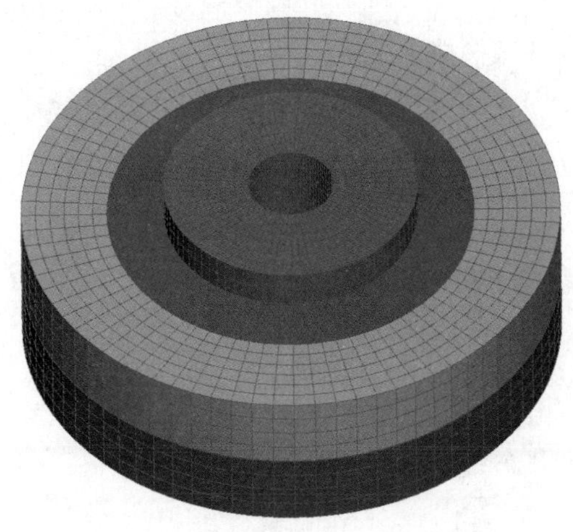

图 7-89　介观尺度模型网格（仅显示一个螺栓）

7.18.4　关键字文件讲解

下面讲解相关的 LS-DYNA 关键字输入文件。关键字输入文件有 6 个：

（1）宏观模型参数主控文件 minput.k、宏观网格模型文件 mmesh.k、宏观模型面段组文件 mcosim.k。

（2）介观尺度模型参数主控文件 sinput.k、介观网格模型文件 smesh.k、介观尺度模型节点组文件 scosim.k。

其中宏观模型参数主控文件 minput.k 中的内容及相关讲解如下。

$ 首行*KEYWORD 表示输入文件采用的是关键字输入格式。

```
*KEYWORD
```

$ 定义与介观尺度模型耦合的界面，mcosim.k 文件包含两个宏观模型的面段组。

```
*INCLUDE_COSIM
mcosim.k
```

$ 包含宏观模型网格模型文件，内含节点、网格和节点组。

```
*INCLUDE
mmesh.k
```

$ ENDTIM 定义计算结束时间。

```
*CONTROL_TERMINATION
0.7000
```

$ 定义 GLSTAT 文件的输出时间间隔。

```
*DATABASE_GLSTAT
0.01,0
```

$ 定义 MATSUM 文件的输出时间间隔。

```
*DATABASE_MATSUM
0.01,0
```

$ 定义 NODOUT 文件的输出时间间隔。

```
*DATABASE_NODOUT
0.01,0
```

$ 定义 D3PLOT 文件的输出时间间隔。

```
*DATABASE_BINARY_D3PLOT
0.01,0,0,0
```

$ 定义附加写入 D3PLOT 文件的数据。

```
*DATABASE_EXTENT_BINARY
0,0,3,1,1,1,2,2
0,1,0,0,0,0,0
```

$ 定义壳单元算法，ELFORM=16 表示全积分壳单元算法。

```
*SECTION_SHELL
$ SECID,ELFORM,SHRF,NIP,PROPT,QR/IRID,ICOMP,SETYP
1,16,1.0,3.0,3.0,0.0
$ T1,T2,T3,T4,NLOC,MAREA,IDOF,EDGSET
1.0,1.0,1.0,1.0,0.0
```

$ 这是*MAT_024 材料模型，用于为薄壁管 PART 定义材料模型参数。

```
*MAT_PIECEWISE_LINEAR_PLASTICITY_TITLE
$ TITLE
Base Steel
$ MID,RO,E,PR,SIGY,ETAN,FAIL,TDEL
1,7.85E-6,210.0,0.29,0.710,0,0,0
$ C,P,LCSS,LCSR,VP
0,0,980,0,0
$ EPS1,EPS2,EPS3,EPS4,EPS5,EPS6,EPS7,EPS8
0,0,0,0,0,0,0,0
$ ES1,ES2,ES3,ES4,ES5,ES6,ES7,ES8
0,0,0,0,0,0,0,0
```

$ 定义有效塑性应变-等效应力曲线，用于材料模型。

```
*DEFINE_CURVE
$ LCID,SIDR,SFA,SFO,OFFA,OFFO,DATTYP,LCINT
```

```
980,0,0,0.001,0,0,0,0
$ A1,O1
0.0000000000e+00,7.1000000000e+02
1.6129555297e-04,7.2103002930e+02
3.0927234329e-03,8.3433477783e+02
6.2213381752e-03,8.9613732910e+02
9.0450914577e-03,9.2703863525e+02
1.2069923803e-02,9.5278967285e+02
1.5094323084e-02,9.7339056396e+02
1.8420558423e-02,9.8884118652e+02
2.1041503176e-02,1.0042918701e+03
2.4266548455e-02,1.0145922852e+03
2.6987383142e-02,1.0197424927e+03
3.0111242086e-02,1.0248927002e+03
3.3134344965e-02,1.0300429688e+03
3.6157447845e-02,1.0351931152e+03
3.9180550724e-02,1.0403433838e+03
```

$ 定义沙漏控制参数。

```
*HOURGLASS
$ HGID,IHQ,QM,IBQ,Q1,Q2,QB,QW
1,5,0.10000,1,1.50000,0.06000
```

$ 定义上薄壁管 PART。

```
*PART
$ PID,SECID,MID,EOSID,HGID,GRAV,ADPOPT,TMID
Shell_u
11,1,1,0,1,0,0,0
```

$ 定义下薄壁管 PART。

```
*PART
$ PID,SECID,MID,EOSID,HGID,GRAV,ADPOPT,TMID
Shell_o
12,1,1,0,1,0,0,0
```

$ 在薄壁管一端施加强制位移。

```
*BOUNDARY_PRESCRIBED_MOTION_SET
$ TYPEID,DOF,VAD,LCID,SF,VID,DEATH,BIRTH
4,1,2,1,-25.0
```

$ 在薄壁管两端定义约束。

```
*BOUNDARY_SPC_SET
$ NID/NSID,CID,DOFX,DOFY,DOFZ,DOFRX,DOFRY,DOFRZ
3,0,1,1,1,1,1,1
4,0,0,1,1,1,1,1
```

$ 定义位移加载曲线。

```
*DEFINE_CURVE
$ LCID,SIDR,SFA,SFO,OFFA,OFFO,DATTYP,LCINT
1
$ A1,O1
0.0,0.0
$ A2,O2
100,200.0
```

$ 定义 PART 组，用于接触定义。

```
*SET_PART_LIST
$ SID,DA1,DA2,DA3,DA4,SOLVER
1112,0.0,0.0,0.0,0.0
```

```
$ PID1,PID2,PID3,PID4,PID5,PID6,PID7,PID8
11,12
```

$ 定义自动单面接触。

```
*CONTACT_AUTOMATIC_SINGLE_SURFACE
$ SSID,MSID,SSTYP,MSTYP,SBOXID,MBOXID,SPR,MPR
1112,,2
$ FS,FD,DC,VC,VDC,PENCHK,BT,DT

$ SFS,SFM,SST,MST,SFST,SFMT,FSF,VSF

$ SOFT,SOFSCL,LCIDAB,MAXPAR,SBOPT,DEPTH,BSORT,FRCFRQ
2,,,,2,3
```

$ *END 表示关键字输入文件的结束。

```
*END
```

介观尺度模型参数主控文件 sinput.k 中的内容及相关讲解如下。

```
*KEYWORD
```

$ 定义与宏观尺度模型耦合的界面，scosim.k 文件包含两个介观尺度模型的节点组。

```
*INCLUDE_COSIM
scosim.k
```

$ 包含介观尺度模型网格模型文件，内含节点、网格。

```
*INCLUDE
smesh.k
```

$ 这是*MAT_024 材料模型，用于为薄壁管 PART 定义材料模型参数。

```
*MAT_PIECEWISE_LINEAR_PLASTICITY_TITLE
$ TITLE
Base Steel
$ MID,RO,E,PR,SIGY,ETAN,FAIL,TDEL
1,7.85E-6,210.0,0.29,0.710,0,0,0
$ C,P,LCSS,LCSR,VP
0,0,980,0,0
$ EPS1,EPS2,EPS3,EPS4,EPS5,EPS6,EPS7,EPS8
0,0,0,0,0,0,0,0
$ ES1,ES2,ES3,ES4,ES5,ES6,ES7,ES8
0,0,0,0,0,0,0,0
```

$ 定义有效塑性应变-等效应力曲线，用于材料模型。

```
*DEFINE_CURVE
$ LCID,SIDR,SFA,SFO,OFFA,OFFO,DATTYP,LCINT
980,0,0,0.001,0,0,0,0
0.0000000000e+00,7.1000000000e+02
1.6129555297e-04,7.2103002930e+02
3.0927234329e-03,8.3433477783e+02
6.2213381752e-03,8.9613732910e+02
9.0450914577e-03,9.2703863525e+02
1.2069923803e-02,9.5278967285e+02
1.5094323084e-02,9.7339056396e+02
1.8420558423e-02,9.8884118652e+02
2.1041503176e-02,1.0042918701e+03
2.4266548455e-02,1.0145922852e+03
2.6987383142e-02,1.0197424927e+03
3.0111242086e-02,1.0248927002e+03
3.3134344965e-02,1.0300429688e+03
3.6157447845e-02,1.0351931152e+03
```

```
3.9180550724e-02,1.0403433838e+03
```

$ 这是*MAT_020 刚体材料模型，用于为螺杆 PART 定义材料模型参数。

```
*MAT_RIGID
2,7.85E-04,210.0,0.2900000
```

$ 定义螺杆 PART。

```
*PART

221,1,2,0,0,0,0,0
*PART

231,2,1,0,0,0,0,0
*PART

232,2,1,0,0,0,0,0
*PART

241,1,1,0,0,0,0,0
*PART

242,1,1,0,0,0,0,0
*PART

721,1,2,0,0,0,0,0
*PART

731,2,1,0,0,0,0,0
*PART

732,2,1,0,0,0,0,0
*PART

741,1,1,0,0,0,0,0
*PART

742,1,1,0,0,0,0,0
```

$ 为螺杆 PART 定义实体单元算法。

```
*SECTION_SOLID
1,1
```

$ 定义 SPG 算法。

```
*SECTION_SOLID_SPG
2,47
,,,,1
1,0.11.09,3
```

$ 定义计算结束时间。

```
*CONTROL_TERMINATION
0.70
```

$ 定义 rcforc 文件输出时间间隔。

```
*database_rcforc
0.01
```

$ 定义 D3PLOT 文件输出时间间隔。

```
*DATABASE_BINARY_D3PLOT
```

```
0.01,0,0,0
```

$ 定义 PART 组。

```
*SET_PART_LIST
23344,0.0,0.0,0.0,0.0
231,232
```

$ 定义自动单面接触。

```
*CONTACT_automatic_SINGLE_SURFACE
23344,,2


2,,,,2,3
```

$ 将 PART 231 的全部节点定义为节点组。

```
*SET_NODE_GENERAL
23345
PART,231
```

$ 定义自动点面接触。

```
*CONTACT_automatic_NODES_to_surface
23345,221,4,3


1
*SET_NODE_GENERAL
23346
PART,232
*CONTACT_automatic_NODES_to_surface
23346,221,4,3


1
*SET_PART_LIST
73344,0.0,0.0,0.0,0.0
731,732
*CONTACT_automatic_SINGLE_SURFACE
73344,,2


2,,,,2,3
*SET_NODE_GENERAL
73345
PART,731
*CONTACT_automatic_NODES_to_surface
73345,721,4,3


1
*SET_NODE_GENERAL
73346
PART,732
*CONTACT_automatic_NODES_to_surface
73346,721,4,3


1
```

$ *END 表示关键字输入文件的结束。

```
*END
```

7.18.5 作业任务的运行

两个 LS-DYNA MPP 任务的运行与安装相关，通常情况下指定宏观和介观尺度运行作业的脚本文件 appfile 的内容如下：

```
-np 1 mpp971R13_ts i=minput.k jobid=ms
-np 20 mpp971R13_ts slave=7 i=sinput.k jobid=ss
```

其中的 slave 标志告诉 LS-DYNA 哪个作业运行介观尺度模型。注意，必须指定 slave=7。

在 Windows 操作系统中通过如下命令运行该问题。

```
mpiexec -configfile appfile
```

在 Linux 操作系统中通过如下命令运行该问题。

```
mpirun -f appfile
```

7.18.6 数值计算结果

图 7-90、图 7-91 分别是宏观和介观尺度模型变形计算结果。

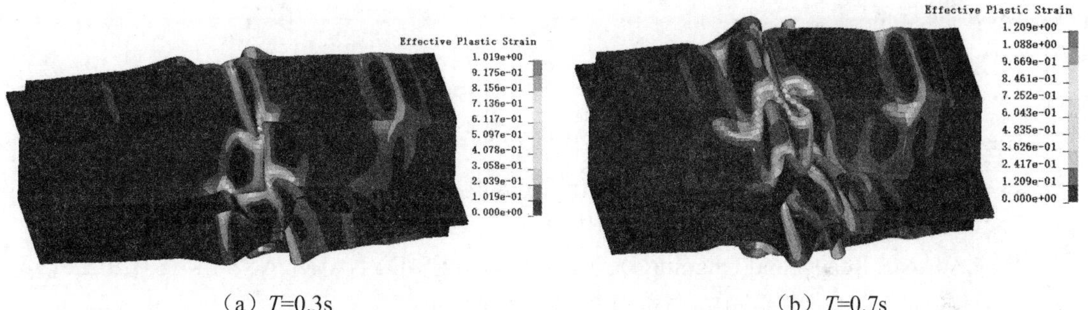

（a）T=0.3s （b）T=0.7s

图 7-90 宏观尺度模型变形计算结果

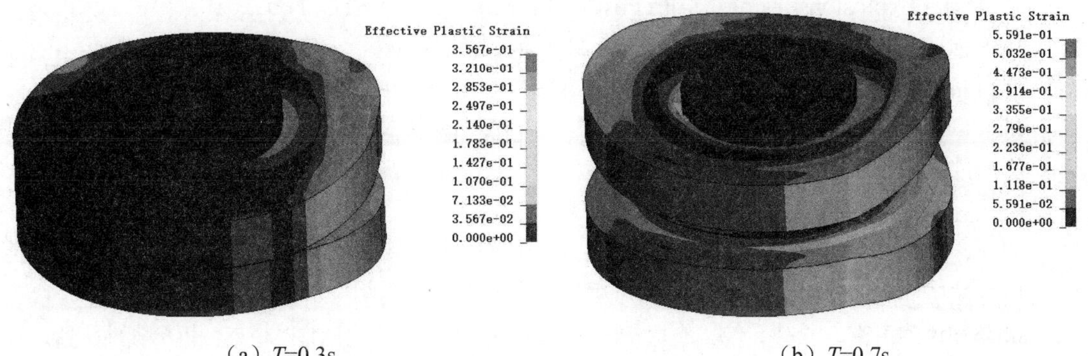

（a）T=0.3s （b）T=0.7s

图 7-91 介观尺度模型单个螺栓变形计算结果

参考文献

[1] TrueGrid User's Manual Version 3.0.0[Z]. XYZ Scientific Applications Inc. Sep 25, 2014.

[2] TrueGrid Examples Manual Version 2.1[Z]. XYZ Scientific Applications Inc. Oct 30, 2001.

[3] TrueGrid Training Version 2.3.0[Z]. XYZ Scientific Applications Inc. Oct 15, 2007.

[4] TrueGrid Tutorial Version 2.2.0[Z]. XYZ Scientific Applications Inc. Oct 15, 2005.

[5] TrueGrid Advanced Training Version 2.3.0[Z]. XYZ Scientific Applications Inc. Jun 27, 2002.

[6] 辛春亮，朱星宇，王凯，等．LS-DYNA 有限元建模、分析和优化设计[M]．北京：清华大学出版社，2019.

[7] LS-DYNA KEYWORD USER'S MANUAL[Z], ANSYS LST, 2022.

[8] 赵海鸥．LS-DYNA 动力分析指南[M]．北京：兵器工业出版社，2003．

[9] www.lstc.com.

[10] www.ls-dyna.com.

[11] www.lsdyna-china.com.

[12] Hughes T J R, Cottrel J A, Bazilevs Y. Isogeometric analysis:CAD, finite elements,NURBS, exact geometry and mesh refinement[J]. Computer Methods in Applied Mechnics and Engineering, 2005,194(39-41): 4135-4195.

[13] Jason WANG. Recent and Ongoing Developments in LS-DYNA[R]. ANSYS LST, 2022.

[14] N. Karajan, et al. Particle methods in LS-DYNA[R]. 2014.

[15] ANSYS/LS-DYNA USER'S Guide[Z]. ANSYS INC, 2009.

[16] www.lsdynasupport.com.

[17] Modeling Explosions Using LS-PrePost's ALE Module[R].LSTC, Feb, 2010.

[18] 邓国强．私人通讯．军事科学院国防工程研究院，2018．

[19] Morten Rikard Jensen. Introduction to LS-DYNA® Implicit[R]. LSTC, 2017.

[20] 吕剑，何颖波，田常津，等．泰勒杆实验对材料动态本构参数的确认和优化确定[J]．爆炸与冲击，2006，26（4）：339-344．

[21] Restarting LS-DYNA[R], LSTC, 2012.

[22] 胡炜，吴政唐，任波，等．LS-DYNA 应用于制造过程和材料失效的先进有限元和无网格方法[C]，2018 第三届 LS-DYNA 中国论坛，2018.

[23] 辛春亮，薛再清，涂建，等．有限元分析常用材料参数手册[M]．北京：机械工业出版社，2020．

[24] 辛春亮，薛再清，涂建，等．TrueGrid 和 LS-DYNA 动力学数值计算详解[M]．北京：机械工业出版社，2019.

[25] 董琳，岳国辉，孙晴，等．基于 LS-DYNA 的新功能模拟压力管传感器信号[C]．2019 年第四届 LS-DYNA 中国用户大会论文集，上海，108-112．

[26] 郑伟．含泡沫铝吸波层陶瓷复合装甲设计及其抗侵彻特性研究[D]．哈尔滨：哈尔滨工业大学，2015.

[27] 辛春亮．高能炸药爆炸能量输出结构的数值分析[D]．北京：北京理工大学，2008.

[28] Jim Day. Guidelines for ALE Modeling in LS-DYNA[R], LSTC, 2009.

[29] 辛春亮，王俊林，余道建，等．TNT 空中爆炸冲击波的工程和数值计算[J]．导弹与航天运载技术，2018，361（3）：98-102.

[30] 辛春亮，王新泉，涂建，等．远场水下爆炸作用下平板的冲击响应仿真[J]．弹箭与制导学报，2017，37（2）：80-94.

[31] 宋浦，杨凯，梁安定，等．国内外 TNT 炸药的 JWL 状态方程及其能量释放差异分析[J]．火炸药学报，2013，36（2）：42-45.

[32] Henrych J. The Dynamics of explosion and its use[M] .Amsterdam: Elsevier, 1979.

[33] Kingery, Charles N.. Bulmash, Gerald, Airblast Parameters from TNT Spherical Air Burst and Hemispherical Surface Burst[R], Defence Technical Information Center, Ballistic Research Laboratory, Aberdeen Proving Ground, Maryland, 1984.

[34] Kinney G.F., Graham K.J.. Explosive Shocks in Air[M]. (2nd Edition) Springer-Verlag, New York, 1985.

[35] J.B.W. Borgers, J.Vantomme. Towards a Parametric Model of a Planar Blastwave Created with Detonating Cord[C], 19th military aspects of blast and shock, Canada, Calgary, 2006.

[36] J.K.Clutter, M.Stahl. Hydrocode Simulations of Air and Water Shocks for Facility Vulnerability Assessments[J]. Journal of Hazardous Materials, 2004, 106: 9-24.

[37] A.Alia, M.Souli. High explosive simulation using multi-material formulations[J], Applied Thermal Engineering, 2006, 26: 1032-1042.

[38] Martin Larcher. Simulation of the Effects of an Air Blast Wave[R]. JRC41337,2007.

[39] TM 5-855-1, Fundamentals of protective design for conventional weapons[R], US department of the Army, 1987.

[40] CONWEP (software), Hyde D.W.. Conventional Weapon Effects[R]. US Army Engineering Waterways Experimental Station, 1992.

[41] TB 700-2, NAVSEAINST 8020.8 B, DoD Ammunition and Explosives Hazards Classification Procedures[R], 1998.

[42] MM Swisdak. Simplified Kingery Airblast Calculations[C].Proceedings of the 26th DoD Explosives Safety Seminar, Naval Surface Warefare Centre, Florida, August 16-18, 1994: 100-117.

[43] T. Krauthammer, A. Altenberg. Negative phase blast effects on glass panels, International Journal of Impact Engineering, 2000, 24 (1): 1-18.

[44] R. Böhm, A. Haufe, A. Erhart. A novel approach to model laminated glass[C]. 14th European LS-DYNA conference, Detroit, USA, 2016.

[45] Todd P. Slavid. Blast Loading in LS-DYNA®[R]. LSTC, 2012.

[46] James M. Kennedy. Introductory Examples Manual for LS-DYNA Users[R], 2013.

[47] www.dynaexamples.com

[48] CHANG S C. Compressible CFD (CESE) Module Presentation[R].LSTC,Mar,2013.

[49] Hailong Teng. Discrete Element Method in LS-DYNA[R]. LSTC,Nov,2015.

[50] Facundo DELPIN. LS-DYNA R7: Strong Fliud Structure Interaction (FSI) capabilities and associated meshing tools for the incompressible CFD solver (ICFD), applications and examples[R]. LSTC, Jun, 2013.

[51] P. L'Eplattenier. Introduction of an Electromagnetism Module in LS-DYNA for Coupled Mechanical-Thermal-Electromagnetic Simulations[R].LSTC,2015.

[52] Test Case Documentation and Testing Results Test Case ID CESE-VER-1.11-D Shock Tube Problem[R]. LSTC,Jun,2012.

[53] Facundo Del Pin, Iñaki Caldichoury, Rodrigo R. Paz, et al. ICFD: Summary of Recent and Future Developments[C]. 15th International LS-DYNA Conference, Detroit, 2018.

[54] Facundo Del Pin, Iñaki Caldichoury. LS-DYNA® R7: Strong Fluid Structure Interaction(FSI) capabilities and associated meshing tools for the incompressible CFD solver (ICFD), applications and examples[R]. LSTC, Jun, 2013.

[55] Chang S C. The method of space-time conservation element and solution element：A new approach for solving the Navier-Stokes and Euler equations[J]. Journal of Computational Physics, 1995, 119: 295-324.

[56] Bo Ren, C.T. Wu, Yong Guo, et al. An Introduction of LS-DYNA-Peridynamics for Brittle Failure Analysis[R].LSTC, 2016.

[57] Kyoung Su Im, Grant Cook Jr., Zeng-Chan Zhang, et al. FSI with Detailed Chemistry and their Applications in LS-DYNA CESE Compressible Solver[C].11th European LS-DYNA Conference, Salzburg, 2017.

[58] Zeng-Chan Zhang, Iñaki Caldichoury. LS-DYNA R7: Recent developments, application areas and validation results of the compressible fluid solver(CESE) specialized in high speed flows[C].9th European LS-DYNA Conference, Salzburg, 2013.

[59] Edith GRIPPON, Nicolas DORSSELAER, Vincent LAPOUJADE. A Contribution to CESE method validation in LS-DYNA[C].10th European LS-DYNA Conference,Würzburg, 2015.

[60] ftp.lstc.com.

[61] LS-DYNA EM Solver[D]. ETA China, 2018.

[62] Y. C. Wu, C. T. Wu, Wei Hu, et al. Introduction and Application of the Smoothed Particle Galerkin Method[R], ANSY LST, 2020.

[63] Kyoung Su Im, Zeng-Chan Zhang, Grant Cook Jr.. CESE Compressible Flows, Gaseous Explosions, and their FSIs: Part 1[R]. LSTC, Oct 18, 2017.

[64] Kyoung Su Im, Zeng-Chan Zhang, Grant Cook Jr.. CESE Compressible Flows, Gaseous Explosions, and their FSIs: Part 2[R]. LSTC, Oct 18, 2017.